항공전의 역사

항공전의 역사

존 안드레아스 올슨 엮음
강창부 옮김

A HISTORY OF
AIR WARFARE

한울
아카데미

차례

프랑스가 1794년 7월 26일 플뢰뤼스 전투에서 관측의 목적으로 기구를 사용하여 승리에 도움을 얻은 사례는 전쟁에서 공중정찰이 처음 사용된 경우로 언급된다.

라이트 형제의 '라이트 플라이어(Wright Flyer)'.

토네이도 GR4(영국 공군 제12대대/ 스코틀랜드 로시머스 공군기지).

KC1 공중급유기(영국 공군 제216대대)가 토네이도 F3(제111대대)에게 공중급유하고 있다.

영국 공군 E3-D, AEW-1, F3(제111대대)와 KC1 공중급유기(제216대대).

전술훈련비행 중인 허큘리스 C-130K
(영국 공군 제47, 70대대/ 남부 잉글랜드 라인엄 공군기지).

토네이도 GR4와 GR4A(영국 공군 제11, 1X, X111, 31대대/ 잉글랜드 마람 공군기지).

토네이도 F3(영국 공군 제43대대/ 스코틀랜드 루카스 공군기지).

재규어 GR3(영국 공군 제6대대/ 콜티솔 공군기지).

F15C 이글(미 공군 제493전투비행대대/ 영국 공군 레이큰히스 기지에서 출격).

KC-135RT(미 공군 제351공중급유대대/ 영국 공군 밀든홀 기지에서 출격)와
F-15C(미 공군 제493전투비행대대).

스코틀랜드 하이랜드 상공의 F-15E 스트라이크 이글
(미 공군 제49전투비행대대/ 영국 공군 레이큰히스 기지에서 출격).

토네이도 F3(영국 공군 제43대대/ 스코틀랜드 로치라녹 기지).

영국 공군의 곡예비행대 레드 애로우(Red Arrow)(잉글랜드 링컨셔).

전술훈련비행 중인 허큘리스 C-130K
(영국 공군 제47, 70대대/ 남부 잉글랜드 라인엄 공군기지).

해리어 GR7[영국 공군 제20(R)대대].

해리어 GR7[영국 공군 제20(R)대대].

재규어 GR3(영국 공군 제41대대).

해리어 GR7[영국 공군 제20(R)대대].

이탈리아 돌로미티 상공의 F-16C, F-16D
(미 공군 제510전투비행대대/ 아비아노 공군기지에서 출격).

호크 T1(영국 공군 제208대대).

북해를 비행 중인 님로드 MR2(영국 공군 제42대대/ 스코틀랜드 킨로스 공군기지).

북부 잉글랜드 상공의 F-15C
(미 공군 제493전투비행대대/ 영국 공군 레이큰히스 기지에서 출격).

북부 스코틀랜드 상공의 F-15E
(미 공군 제494전투비행대대/ 영국 공군 레이큰히스 기지에서 출격).

F-16A(노르웨이 공군 제331대대/ 보도마인 항공기지에서 출격).

F-16A(노르웨이 공군 제331대대/ 보도마인 항공기지에서 출격).

폭격기 호위 임무를 마치고 이탈리아의 기지로 복귀하고 있는 P51 머스탱
(제332전투비행전대).

옮긴이의 글

영국의 운명을 절체절명의 위기로 몰아갔던 영국전투가 한창이던 1940년 9월 3일, 처칠(Winston Churchill) 수상은 내각에 보낸 메모에서 "해군은 우리에게 패전을 안겨줄 수 있습니다. 그러나 공군은 전쟁을 승리로 이끌 수 있습니다. 그렇기 때문에 우리는 공중을 압도적으로 제패하기 위해 모든 노력을 기울여야 합니다. 전투기는 우리를 구원해줄 수 있습니다. 그러나 폭격기만이 승리의 수단을 제공해줄 수 있습니다"라고 역설했다.

그로부터 1년 반이 지난 1942년 3월 13일, 독일에 대항한 '공중에서의 제2전선'을 숙고하던 처칠은 공군장관 싱클레어(Archibald Sinclair)에게 "독일을 폭격하는 것은… 결정적이지 못할 것입니다. 그러나 아무것도 안 하는 것보다는 낫다는 게 본인의 의견입니다"라고 썼다.

처칠의 이러한 입장 변화는 전쟁수행(나아가 그 억제)에 항공력이 기여한 깊이와 범위를 둘러싼 해묵은 논쟁이 피할 수 없는 '이론과 실제', '기대와 각성'의 문제를 가장 상징적으로 보여준다. 1943년에 "전략적 항공력은 그 자체가 '승전을 이끄는 결정적 무기(a war-winning weapon)'"라고 주장했던 미 육군항공군 사령관 아놀드(Henry Arnold) 대장과 같은 이들은 '이론'과 '기대'를 부여잡고 있었다. 한편, 전쟁의 최종적인 결과에 항공력이 그 자체로 결정적인 역할을 한 사례는 존재하지 않음을 강조하며 '항공력의 종말'까지 점치고 있는 최근의 학자나 국방전문가들은 '실제'를 지적하며 '각성'을 요구하고 있는 셈이다. 인류의 전쟁에 쓰였던 다양한 무기체계 중에 항공력만큼 이론과 실제, 기대와 체험, 환상과 각성 간의 심대한 간극과 그로 인한 논쟁의 격화를 경험했던 것이 또 있을까?

『항공전의 역사』는 전쟁수행에 항공력이 사용된 '실제'를 치밀하게 분석하는 데 초점을 두고 있으나 '이론'과 '기대'에 대한 관심 또한 소홀히 하지 않고 있다(다만 항공력 이론들을 직접적인 분석의 대상으로 삼고 있지는 않다). 나아가 항공력의 미래에 대한 상반되는 관점까지 도전적으로 제시하고 있다. 항공전과 항공전의 역사에 관한 연구에서 세계적으로 권위를 인정받고 있는 16명의 전문가들은 항공력의 탄생과 제1차 세계대전부터 2006년의 제2차 레바논 전쟁까지의 항공전을 전역별로 분석하여 항공력의 군사적 유용성을 '정밀'하게 평가하고 있다. 그뿐만 아니라 재래식 전쟁 또는 정규전에 일방적으로 쏠려 있는 우리의 시선을 비정규전('작은 전쟁')으로까지 확장시키고 있으며, 독자들을 항공력(항공전)의 미래를 전망하는 일에까지 수완 있게 참여시키고 있다. 합동작전이나 연합작전 시 항공력의 운용과 관련해 발생하는 난제에 대한 치밀한 분석도 이 책의 강렬한 매력이다.

대표 저자가 밝히고 있듯이 『항공전의 역사』는 '개설서'로서 의도되었다. 그래서 각 전역을 다룬 저자들은 각자가 맡은 분쟁의 발발, 경과, 주요 행위자 등을 먼저 개관한 뒤 그 분쟁에서 항공력이 수행한 역할을 다양한 맥락에서 조명하고 있다. 그 과정에서 발견되는 정치와 군사 간의 상호작용도 각 저자들이 놓칠 수 없는 논제였다. 다만, 군사학 분야에 이미 지대한 발전을 이룬 영국과 미국의 저자들이 말하는 '개설서'의 수준과 상대적으로 뒤늦게 그 분야의 발전을 도모해가고 있는 우리가 공감할 수 있는 '개설서'의 수준에는 다소간의 격차가 존재함을 인정하지 않을 수 없다. 이 격차는 옮긴이 주를 통해 일부나마 좁혀지기를 기대한다.

이런 부류의 양서(洋書)를 번역하다 보면, 탁월한 학문적 가치와 독자들에게 다가갈 수 있는 충분한 매력을 지닌 군사학(또는 군사사) 명저들이 더 활발히 국내에 소개되지 못하는 이유를 새삼 깨닫게 된다. 번역자를 괴롭히겠다고 작심한 듯 끝도 없이 혁신을 거듭해온 낯선 이름의 무기체계·조직·작전개념 들, 그리고 당혹스러우리만치 생소하게 읽히는 인명·지명, 겹겹이 이어지는 날짜·통계·수치 들… 혹시 이런 부분에 대한 오류들이 발견된다면 순전히 옮긴이의 몫임을 미리 밝히며, 더 철저하게 살피고 파고들지 못한 나 자신을 깨우치는 채찍으로 여길 요량이다.

『항공전의 역사』는 항공력과 항공전에 대한 급격히 증대되는 관심에도 불구하고 국문으로 된 양서(良書) 하나 없는 현실에 대한 문제의식(아니 '위기의식'!)에서 출발했다. 그러나 많은 이들의 도움이 없었다면 이런 문제의식은 여전히 의식으로 남아 나 자신을 괴롭혔을 것이다. 먼저, 출판 제안을 선뜻 수용해주고 세 번째 양서를 소개할 수 있게 해준 한울엠플러스(주) 김종수 대표와 경영기획실 윤순현 차장, 그리고 무거운 내용과 매우 촉박한 출판 일정 가운데서도 헌신적인 도움을 준 편집부 배유진 팀장에게 감사의 인사를 전한다. 아울러 깊은 관심과 격려로 번역의 고된 과정에 힘이 되어준 공군사관학교 군사학과 동료 교수들, 특히 철저히 교착된 번역 전선을 돌파하는 데 혜안을 제공해준 전쟁사 강의팀의 이지원, 이상현, 최정훈 선생에게도 마음의 빚을 졌다.

내가 책상 앞에 앉아 책과 노트북을 번갈아 바라보는 일이 며칠간 이어지면 이제 아내는 또 다른 번역이 시작되었음 쉬이 눈치챈다. 해를 더할수록 깊이와 정성이 더해지는 그녀의 기도와 격려가 또 하나의 결실을 맺게 했다. 두 아들은 그 존재만으로도 내 마음에 강장제인 동시에 각성제가 된다. 구순(九旬)의 어머니는 수그러들지 않는 조바심과 걱정, 그리고 기도로 함께해 주셨다. 믿음의 벗들에게도 기도의 빚을 졌다.

중국 제나라의 명장 사마양저(司馬穰苴)는 『사마법(司馬法)』에서 '천하수안(天下雖安) 망전필위(忘戰必危)'를 외쳤다. 이제는 진부한 이야기처럼 들리기까지 하지만, 태평한 바로 그 시절에 오히려 전쟁을 대비해야 한다. 다만 우리가 '치르고 싶은 전쟁'이 아니라 '치러야 하는 전쟁'을! 그 첫 출발점은 항공력이 해온 일과 할 수 있는 일을 올바로 이해하는 것이 될 것이다. '구호'와 '희망'이 아니라 '지식'과 '각성'이 필요하다.

2017년 2월
강창부

감사의 말

2008년 여름에 나는 스웨덴 국방대의 군사학과에 방문교수로 임명되었다. 대학은 내게 가르치는 책임과 더불어 항공전의 역사를 한 권 분량으로 종합하라는 구체적인 도전거리 또한 부여했다. 부여된 과업은 직업군인들, 군사학 분야의 학자들과 전문가들, 항공력의 역사·이론·교리·전략에 관심 있는 일반 독자들, 그리고 군과 민간의 단과대학이나 종합대학에 있는 교수나 학생들의 흥미를 끌 수 있는 책을 만들어내는 것이었다.

이러한 목표를 충족시키기 위해 나는 세계적으로 주요한 항공전 전문가들에게 접근해 제1차 세계대전부터 제2차 레바논 전쟁까지의, 항공력이 중대한 역할을 수행했던 다양한 전역들을 기술하고 분석해줄 것을 요청했다. 이 책의 저자들은 항공전과 그 역사에 대한 그들의 통찰력, 항공력의 유용성에 대한 그들의 비판적 접근, 그리고 간략하고도 읽기 쉽게 자신들의 분석을 제시해줄 수 있는 그들의 능력 때문에 선택되었다. 나는 저자들에게 그들의 기여, 단체정신, 그리고 장(章)이 많아 저자도 많을 수밖에 없는 상황에서도 프로젝트를 괴롭히는 마감일과 편집이라는 매우 현실적인 어려움에 공감해준 것을 가장 감사히 여긴다.

당연히 이 프로젝트를 시작하고 재정적인 지원을 해준 스웨덴 국방대에도 감사의 마음을 전한다. 사진을 제공해준 시타쿠마리(Sitakumari)와 편집을 도와준 무어스(Somon Moores)에게도 큰 빚을 졌다. 또한 충고와 격려를 아끼지 않은 오래된 친구 윌못(H. P. Willmott)에게 감사하며, 원고를 마무리하는 데 친절한 도움을 준 맥도널드(Margaret S. MacDonald)에게도 깊은 감사를 전한다. 마지막으로, 전에도 포토맥 출판사(Potomoac Books)와 함께 작업했던 적이 있는데, 이번에도 그 팀은 원고들을 책으로 변모시키기 위해 전문적인 헌신을 보여주었다. 특히 처치(John Church), 디머스(Elizabeth Demers), 도런스(Sam Dorrance), 키멜(Julie Kimmel), 얌브릭(Lisa Yambrick)에게 감사의 마음을 전한다.

일러두기

이 책에 달린 각주는 모두 옮긴이가 달았다.

역사: 끝없는 논쟁

역사는 지식에 기여한다. 그러나 전쟁사를 공부하는 학생이 어떻게 하면 군사사와 군사전역에 대한 그들의 지식을 가장 잘 증가시킬 수 있을까? 20세기의 가장 탁월한 군사사가 중 한 명인 하워드(Michael Howard)는 이 질문에 답하면서 학생들에게 세 가지 일반적인 "공부의 규칙"을 제시했다.[1]

첫째, 학생은 폭(width)에 초점을 두어야 한다. 즉, 변하지 않고 남아 있는 요소와 변화하는 요소를 결정짓기 위해 시간에 따라 전쟁이 발전한 방식을 공부해야 한다. 전쟁에서 반복적으로 발생하는 테마들—이를테면 전쟁에서의 지휘, 전쟁의 원칙, 병참—에 대한 이해는 광범위한 독서만이 제공해줄 수 있는 종류의 관점을 요구한다. 폭넓게 주제에 접근함으로써 학생은 서로 다른 발전들이 어떻게 서로 연관되는지를 이해하고, 나아가 처음에는 드러나지 않는 연관성을 식별해내야 한다.

두 번째 일반 규칙은 깊게(depth) 공부하는 것이다. 전문적 식견을 넓히고자 하는 학생은 개별적인 전쟁, 전역, 전투를 세밀하게 공부하고 특정의 이슈를 꼼꼼하게 탐구할 필요가 있다. 학생은 주어진 사건의 배경을 이해하고 고유한 특성을 파악하며, 그것이 다른 사건들과 공통되는 특성을 갖고 있는지를 평가하기 위해 서로 다른 전문적인 문헌들을 보고 복수의 해석을 얻어내야 한다.

셋째, 학생들은 군사사를 맥락(context)에서 고찰해야 한다. 전쟁, 전역, 전투는 양측의 관련된 사회와 전투전력의 성격을 이해했을 때 가장 잘 이해될 수 있다. 승패의 진정한 원인은 보통 작전전구로부터 멀리 떨어져 있는 곳, 그리고 정치적·경제적·사회적·산업적 요소들의 영역에 있다. 군사작전의 보다 폭넓은 배경에 대한 지식이 없으면 학생은 잘못된 결론에 도달할 수 있다. 이러한 방식으로 역사는 스스로 오용의 대상이 될 수 있으며, 무용해지거나 심지어 역효과를 낳기도 한다.

하워드 교수는 다음과 같이 결론 내린다.

> 폭, 깊이, 맥락이라는 방식으로 추구되면 군사사에 대한 연구는 민간인으로 하여금 전쟁의 성격과 그것이 사회를 형성해가는 데 있어 수행하는 역할을 이해할 수 있게 해줄 뿐 아니라 직업적인 장교의 유능성을 직접적으로 개선할 수 있게 해주기도 한다. 그러나 부르크하르트(Jacob Burckhardt)가 얘기했듯이, 군사사건 민간사건 간에 역사의 진정한 쓰임새는 사람들로 하여금 다음번에는 영리할 수 있게 해주는 것이 아니라 그들을 영원히 현명하게 만드는 것임을 결코 잊지 말아야 한다.[2]

전쟁을 공부하는 학생들은 이러한 공부의 규칙을 따를 뿐 아니라 50여 년 전에 우리에게 역사는 "끝없는 논쟁"임을 가르쳐주었던 네덜란드 교수 게일(Pieter Geyl)의 말을 명심해야 한다.[3] 본질적으로 사건들과 그것들 간의 관계에 대해서는 언제나 새로운, 또는 상충되는 해석이 존재하기 마련이다. 해석의 중심부에는 주관성이 존재하기 때문에 원인과 결과에 대한 객관적이고 공평한 결론에 도달하는 것은 환상에 불과한 목표가 될 수 있다. 과거에 실제로 발생했던 일과 역사가가 과거에 발생했다고 '말하는' 것 간에는 어김없이 차이가 존재한다. 이는 부분적으로는 모든 사건이 시간, 공간, 맥락에 있어 고유하기 때문이며, 또한 부분적으로는 모든 역사가는 그가 그것을 인지하건 그렇지 않던 간에 선입관을 갖고 있기 때문이다.

불가피하게 모든 역사가는 특정의 문제에 대해 해답을 찾는다. 마찬가지로 불가피하게 모든 역사가는 데이터를 선택하고 자료의 중요도를 판단하며 그것을 해석함에 있어 특정의 선택을 하게 된다. 이런 모든 것을 행함에 있어 주관성이라는 강력한 요소는 불가피해진다.[4] 주관성은 자연적인 것이다. 그것은 열정과 창의성을 포함함으로써 흥미로운 읽을거리가 되게 만들어주기 때문에 바람직하기까지 하다. 위험은 역사가가 선입관이나 편견을 나쁜 방법론과 결합시켰을 때, 그보다 더 나쁘게는 편견이 위조, 사실 왜곡, 그리고 사건에 대한 매우 선택적인 해석에 기초를 둔 주장을 위한 체계적인 시도를 야기했을 때 발생한다.

군사사는 많은 경우 "인간의 모든 문제에는 언제나 간단한 해법이 존재한다. 그것은 깔끔하고 그럴듯하지만 또한 잘못된 것이다"라는 멩켄(H. L. Mencken)•의 유명한 관찰에 대한 훌륭한 예시를 제공한다.[5] 역사를 연구하는 데는 결정적인 진리와 같은 것이 존재하지 않는다. 거기에는 너무나 많은 변수들, 너무나 많은 미지의 것들, 너무나 많은 불확실성, 너무나 많은 숨겨진 의제들이 존재한다. 역사에 있어 확실성은 "인간의 이해를 넘어서는" 것이다.[6] 전쟁에 대해 읽는 이들은 다양성을 추구해야 하며 그들이 읽고 있는 자료의 비결정성을 인정해야 한다. 이러한 요소들을 고려하지 않고 전쟁은 이해될 수 없다. 대안적인 설명의 가능성을 받아들이는 것은 역사에 대한 잘못된 해석에 기초해 결정이 내려지는 경우 결국 목숨이 위태로워질 수 있는 군사학에 있어 특히 중요하다. 학생들은, 기존의 진리에 도전하고 그 자체의 확신에 대해서도 의문을 가지며 편견을 밝혀내는 새로운 주장들에 귀를 기울이는 데서 통찰력이 나옴을 받아들여야 한다.

현대의 주요한 교훈 중 하나는 전쟁이 얼마나 복잡해졌는가 하는 것이다. 얼마나 많은 불확실성이 개입되며, 특정한 하나의 분쟁에서도 얼마나 많은 잠재적 교훈들이 도출될 수 있는지 모른다. 군사 전문가들은 직접적인 연관성을 추정하는 것의 함정과, 어떻게 현재가 미래와 연관되는지에 대한 지식이 없이 과거의 교훈들을 이용하려 하는 것의 본질적인 위험성을 인정해야 한다. 도대체 누가 1990년 7월에 몇 달 뒤 페르시아 만에서 대규모 군사전역이 발생할 것이라 생각할 수 있었겠는가? 2001년 9월 10일에 어느 누가 서구의 군대들이 아프가니스탄과 이라크에 광범위하게 개입하고 있는 자신들을 발견하게 될 것이라 생각할 수 있었겠는가? 원인, 수행, 결과의 맥락에서 군사사에 대해 연구하는 것은 매우 중요하지만, 계획을 수립하는 이들은 여전히 어느 정도의 불확실성은 존재함을 가정해야 한다. 역사는 규범적이지 않고 암시적이다. 발생하지 않을 것 같은 일이 발생할 수 있다.

그럼에도 불구하고 역사를 공부함으로써만 우리는 현대를 이해할 수 있는 기초를 얻을 수 있다. 이는 어떻게, 그리고 왜 국제공동체, 개별 국가, 사회, 산업, 사업, 군종(軍種)이 그렇게 발전되었는지를, 그리고 어떻게 그것들이 현재의 모습을 갖게 되었는지 이해하는 것을 의미한다. 이는 방대하고도 좌절감을 느끼게 만드는 일이며, 적절한 이해를 찾는 이가 단 두 문장으로 된 해답을 원하는 이들에 의해 시달리는 현실 또한 이를 어렵게 한다.[7]

• 멩켄(H. L. Mencken, 1880~1956년)은 미국의 저널리스트이자 문예비평가이다. 1924년에 『아메리칸 머큐리(American Mercury)』를 창간했다.

"이카루스 신드롬(Icarus Syndrome)"

군대와 그들의 군사조직은 역사에 대한 연구보다는 무기체계, 첨단기술, 화력과 같은 전쟁수행 능력에 더 관심을 갖는 경향이 있다. 따라서 적에 대해 고찰하면서 그들은 많은 경우 전쟁의 본질에 내재된 복잡성을 탐구하기보다는 수적인 전투서열과 군사장비의 성능 비교에 더 집중한다. 목표보다 군사적 도구에 초점을 두는 경향은, 제대로 된 기술적 우위는 전사로 하여금 전쟁과 적의 특성 자체를 무시하게끔 해줄 수 있다는 믿음에서 파생된 것이자, 동시에 그러한 믿음을 고무시켜주기도 한다.

특히 공군은 조직적 도전에 직면하고 있다. 항공인들은 "표적에 폭탄을 투하"할 수 있도록 훈련되며, 이를 효과적으로 행하고자 그들은 폭탄의 정확성과 파괴력, 그리고 항공기의 속도, 항속거리, 기기장치, 기동성을 개선하는 맥락에서 사고해야 한다. 1994년 저작에서 분석가 빌더(Carl Builder)는 어떻게 미 공군이 비행기를 목적이자 수단으로 보게 되었는지를 설명하기 위해 "이카루스 신드롬"이라는 용어를 만들어냈다. 그는 다음과 같이 주장했다.

> 그 타당성을 막론하고 항공력 이론은 이카루스의 날개에 있는 깃털들을 결합시켜주는 밀랍과 같은 것이었다. 태양의 열로 인해 밀랍이 녹아버렸을 때 날개의 구조는 허물어졌으며 이카루스는 떨어져 죽고 말았다. 공군의 수뇌부가 조직의 단일한 통합이론을 포기하고 그 분파들의 다양한 이해관계를 취하는 경우 그들은 밀랍이 녹아내리도록 방치하는 셈이 되는 것이다.[8]

아마도 이러한 이유 때문에 다른 모든 군종 중에서도 공군은 전술에 대해서는 우수하지만 가장 덜 지적인 모습을 보인다. 매우 흔하게 그들은 매우 복잡한 문제에 대해 기술적인 해법을 주장한다. 게다가 이러한 길에서 떠나 항공전의 역사에 대해 연구하려고 작정한 개별 항공인은 주로 표적처리(targeting)에 관심을 갖게 되는데, 이는 그가 규범적이고 과학적인 맥락에서 사고하는 문화에서 성장했기 때문이다.[9] 공학적·선형적·공식적 사고에 대한 이러한 몰입은 항공인과 공군으로 하여금 항공전의 성격과 그 목표를 충분히 활용하는 것을 가로막았다. 이와 같은 환경을 고려했을 때, 항공전에 대한 대부분의 연구는 일반적인 공식, 보편적인 모델, 원인과 결과 간의 분명한 연관성의 존재에 대한 믿음을 반영한다.

이 책에 대해

『항공전의 역사』는 폭, 깊이, 맥락에 대한 공부를 결합시키라는 하워드의 충고를 따름으로써 자신의 지평을 넓히기를 원하는, 항공전을 공부하는 학생들을 위한 개설서로 의도되었다. 이 책은 제1차 세계대전에서 제2차 레바논 전쟁에 이르는, 항공력이 중대한 역할을 수행했던 가장 중요한 전역들에 대한 비판적 고찰을 통해 항공력, 특히 그 효과성·유용성·적용 가능성에 대한 개관을 제공한다.

이 책은 시간적 흐름에 따라 조직되어 있으며, 5개 부, 16개 장으로 나뉘져 있다. 제1부는 제1차 세계대전과 제2차 세계대전에서의 항공력을 다루고 있으며, 후자의 경우에는 유럽 전구와 태평양 전구 모두를 아우르고 있다. 제2부는 한국전쟁과 베트남전으로부터 시작하여 중동전쟁과 포클랜드 전쟁에 이르는, 냉전기 동안의 다양한 항공전역들을 고찰한다. 제3부는 1991년 쿠웨이트의 해방과 1990년대 내내 이루어진 발칸에서의 항공전역에 초점을 둔다. 제4부는 아프가니스탄, 이라크, 레바논에서 있었던 최근의 세 가지 군사적 대결을 탐구한다. 마지막 부는 1913년부터 현재까지의 재래식·비재래식 전쟁에서의 항공우주력에 초점을 둠으로써 보다 폭넓은 관점을 제공하고 미래에 대한 숙고 또한 포함한다.

이 책은 종합적 완전체로 의도되었지만 각 장은 따로 읽힐 수도 있다. 각 저자는 특정 연구 사례에 대한 사실적 서술—예를 들면 간략한 배경, 목표(선언되었건 그렇지 않던 간에), 일자, 등장인물, 전투서열과 같은—을 포함하도록 요구받았다. 다음으로 저자들은 작전수행과 정치적·군사적 결과에 대한 해석을 제공하도록 요청받았다. 각 장은 전쟁의 전술적·기술적 수준보다는 주로 전략적·작전적 수준에 초점을 맞추고 있으며, 각 분쟁에 대한 논의는 관련된 정치와 군사작전 간의 상호작용을 다루고 있다. 저자들은 또한 분쟁에서 양측 군대가 취한 전략과 작전개념도 제시하고자 했다. 그 결과 이루어진 고찰은 항공력의 장점과 약점 모두를 보여준다.

『항공전의 역사』는 직접적인 경험에서 한 걸음 물러서서 사건들에 대한 독립적인 시각을 제시한다. 장차 누군가는 이 페이지들에서 개진된 설명과 결론들을 수정할 것이다. 왜냐하면 역사는 "끝없는 논쟁"이며 그렇게 남을 것이기 때문이다.

제1부 1914~1945년

서론

유인(有人)비행이 태동하면서 새로운 전쟁의 무대를 위한 창이 열렸다. 비행선과 비행기가 그 가장 초기의 발전과정에 놓여 있던 1908년부터 유럽의 군부는 이미 동력비행을 받아들일 준비를 갖추었다. 1909년부터 1914년까지의 기간에는 비행선과 비행기가 현대전쟁의 초보적인 도구로 변모되는 것을 목도했다. 제1장에서 모로우(John H. Morrow Jr.)는 제1차 세계대전에서 비행기의 사용에 대해 고찰하며, 4개 국가—영국, 프랑스, 독일은 전반적으로, 이탈리아는 특히 전략폭격에 일찌감치 주의를 집중했다는 면에서—가 군사항공의 초기 발전에서 주목받을 만한 역할을 했음을 시사한다. 1914년 8월에 유럽국가들은 초보적인 항공군과 유아적인 항공산업을 보유한 상태에서 전쟁으로 치달았다. 독일의 거대한 체펠린(Zeppelin) 비행선으로 예시되는 경식(硬式)비행선은 원래 공중폭격의 수단으로서 쓰일 수 있는 가능성 때문에 그 모습을 나타냈지만, 전시의 사건들은 그것이 고비용적이고 취약함을 드러냈다. 그 대신에 작고 불안정한 비행기가 1914년에 정찰과 포격탄착점 확인의 수단으로서 자신의 가치를 재빠르게 입증해냈으며, 1918년에 이르면 그것이 행하는 임무는 공중전, 대지(對地)공격, 전술적, 그리고 결과적으로는 전략적 폭격을 포함하도록 확대되었다. 모로우는 항공기술이 제1차 세계대전의 요구를 충족시키기 위해 발전해감에 따라 항공전력, 그리고 결과적으로는 항공산업이 어떻게 그 규모와 정교함을 신속하게 증대시켰는지를 묘사한다.

1939년 이전에 많은 국가들은 장차 전쟁이 본국 주민들에 대해 대량파괴무기를 사용하는 공중공격에 의해 순식간에 결판나고 말 것이라는 두려움을 공유했다. 그러나 제2장에서 오버리(Richard Overy)가 설명하듯이 유럽에서의 제2차 세계대전은 매우 다른 형태를 취했다. 오버리는 적 군사력을 격파하기 위한 지상 및 해군 전력의 작전과 결합하여 수행되는 공중폭격이 항공력의 핵심적인 기능으로 남았으며, 그것이 1939년부터 1941년까지의 독일의 승리와 1942년부터 1945년까지의 연합군의 승리를 설명해주는 가장 중요한 요소들 중 하나였다고 주장한다. 제2장은 또한 그 전쟁의 주요한, 그러나 그 어떤 것도 주민의 사기를 무너뜨린다는 목표를 달성하지는 못했던 두 가지의 독립적인 폭격전역—1940년과 1941년의 독일의 영국대공습과 독일, 이탈리아, 독일 점령하의 유럽지역에 대한 영국·미국의 폭격전역—에 대해서도 고찰한다. 그럼에도 불구하고 연합국의 경우에 작전적 항공전에 관한 효과적인 개념의 발전은 서유럽과 남유럽에서 승리를 달성하는 데 불가결한 구성요소였다. 장기적인 연합군의 폭격전역은 전선에 있는 독일 전력에게 중요한 군사적 자원을 거부함으로써 독일의 전략을 왜곡시키고 전시생산을 가로막았으며, 항공기에 있어 연합군의 수적 우위는 결국 결정적인 것으로 드러났다. 오버리는 항공기 생산에 부여했던 우선순위, 기획과 의사결정 과정에 항공군의 참여 정도, 최고 수준에서의 항공력에 대한 정치적 수용성 등에 있어 교전국들은 중대한 차이를 보여주었으며, 그 모든 것이 항공전의 궁극적인 결과를 결정지었다고 결론 내린다.

항공력은 유럽에서 그랬던 것보다 훨씬 더 심대하게 태평양 전구에서의 사건을 지배했다. 뮬러(Richard R. Muller)는 제3장에서 전투공간의 광대함은 주요 교전국인 미국과 일본으로 하여금 자신들의 목표를 달성하기 위해 지상 또는 항공모함에 기지를 두는 항공에 광범위하게 의존하도록 만들었음을 보여준다. 일본 해군은 원거리에 걸쳐 강력하고도 유연한 기동타격을 수행할 수 있는 1급의 항모전력을 발전시켰다. 미국도 유능한 해군 항공대와 태평양 전쟁의 전략을 발전시켰던 반면, 그 육군항공단은 주로 나치 독일에 대항한 유럽 전쟁을 준비하는 데 초점을 두었다. 진주만에 대한 일본의 파괴적인 공·해 공격—이는 순식간에 긴요한 자원지대와 강력한 방어선을 확보할 수 있게 해주었으며, 일시적으로 미국의 태평양함대를 제거했다—에 뒤이은 6개월 동안 미국의 전력은 용맹한 후위행동•만을 수행할 수 있었다. 뮬러는 미드웨이에서 미국이 거둔 극적인 승리와 과달카날(Guadalcanal)에서의 고전했지만 훨씬 더 중대한 승리가 태평양에서 흐름을 바꿔놓았다고 주장한다. 그러나 일본의 군부는 여전히 강력했으며 훌륭한 내선과 강력한 방어거점들로부터 이점을 누렸다. 항공력

• 군의 퇴각이나 포위된 수비대의 철수를 엄호하기 위해 후위부대가 수행하는 방어적이거나 지연 목적의 행동을 의미한다.

은 우선 그러한 방어선을 우회하고, 결국에는 일본 본토를 직접적인 공중공격 아래 놓이게 만들 수 있는 수단을 제공했다. 뮬러는 해군의 항모 기동부대가 필리핀 제도로 향하는 중앙 태평양의 길을 공격하는 동안에 남서 태평양의 미 육군항공군 부대들이 어떻게 맥아더(Douglas MacArthur) 장군의 '섬 건너뛰기 전역(island-hopping campaign)'을 가능하게 해주었는지 보여준다. 그 뒤에야 마리아나 제도에 기지를 두고 있던 B-29 수퍼포트리스(Superfortress) 폭격기가 파괴적이고도 논쟁적인 소이탄 폭격전역에서 일본의 도시들을 초토화하고 결국에는 원자시대로 접어들 수 있었다.

제1장

제1차 세계대전, 1914~1919년

존 H. 모로우(John H. Morrow Jr.)

군사항공의 탄생부터 1914년 8월까지

비행은 그 태동기부터 전쟁의 새로운 무대에 대한 전망을 제공해주었다. 군(軍)이 19세기 후반에 계류관측기구(captive observation balloon)•를 채택하고 사용하면서 20세기로의 전환기에 그들이 동력비행을 수용할 수 있는 길이 열렸다. 비행선이 발명되기 전 해였던 1883년에 로비다(Albert Robida)의 책 『20세기의 전쟁(War in the Twentieth Century)』[1]은 기습적으로 이루어지는 강력한 공중공격을 그렸으며, 전쟁에 대한 블로흐(Ivan S. Bloch)의 1898년 논문[2]은 가까운 미래에 비행선으로부터 공습이 있을 것을 예견했다. 19세기 말에는 기구비행이 민간항공단체와 소규모 군사항공부대들의 설립을 촉진하고 군사적 목적의 동력비행에 대한 기대를 확고히 했다.

1880년대와 1890년대의 보다 신뢰할 수 있고 효율적인 고속 가솔린 엔진의 발명과 발전이 20세기 전환기에 동력비행의 가능성을 확고히 해주었다. 유럽의 군대들은 1906년과 1908년 간에 제각기 첫 비행선을 확보하기에 이르렀다. 프랑스 육군은 르보디(Lebaudy) 형제••의 연식 비행선을 구입했으며, 독일 육

• 계류기구는 강철 줄로 매어놓아 임의의 높이에 띄워두는 기구를 의미한다. 군사상 관측, 신호, 기류 조사 등의 목적으로 사용되었다.

•• 제당소(製糖所) 소유주였던 폴(Paul)과 피에르(Pierre) 르보디는 기술자인 줄리오트(Henri Julliot)의 도움으로 1902년부터 일련의 반(半)경식비행선을 만들었다.

군은 체펠린(Ferdinand von Zeppelin) 백작의 거대한 경식비행선을 구입했다. 함스워스(Alfred Harmsworth), 노스클리프(Northcliffe)와 같은 언론계의 큰손과 롤스-로이스의 롤스 경(the Honorable Sir Charles Rolls of Rolls-Royce)과 같은 유명 영국인들은—노스클리프의 말을 빌리자면— "영국은 더 이상 섬이 아니라는" 점을 인식하고 있었다.[3] 1908년에 출판된 웰스(H. G. Wells)의 『공중에서의 전쟁(The War in the Air)』[4]은 미래 공중에서의 전쟁에서 거대한 비행선과 비행기에 의해 도시, 그리고 궁극적으로는 문명이 파괴되는 것을 극적으로 묘사했다. 그러한 끔찍한 기대에도 불구하고 1908년 말까지 비행선과 비행기는 실험 단계를 벗어나지 못하고 있었으며, 그 군사적 효과성은 여전히 의심스러웠다.

이런 긴요한 시점에 비행기가 유럽의 항공에서 갑자기 무대에 등장했다. 1908년 1월에 프랑스인 파르망(Henri Farman)이 자체 동력으로 브아쟁(Voisin) 복엽기를 몰아 최초로 공인(公認) 1킬로미터를 비행했다. 10월 30일에 그는 부이(Bouy)에서 랭스(Reims)까지 약 27~30킬로미터에 걸쳐 최초의 국토종단 비행을 실시했다. 프랑스와 독일의 군사 관찰자들은 이러한 두 업적을 군사적 용도에 활용 가능한 항공의 탄생을 알리는 일들로 간주했다. 그들은 2시간 20분 비행이라는 라이트(Wright) 형제의 믿기 어려운 기록에 대해 인정했지만, 그들의 비행기는 이륙장비를 필요로 했으며• 다양한 지형이 아니라 주행장 상공만을 난 것이었다.

이러한 항공 초기에도 국제법 학자들은 그것이 가지는 파괴적인 잠재력이 상당함을 인정하고 항공전이 국제법에 미치는 영향을 기술하고자 시도했다. 그들은 전쟁에서 항공의 합법적인 사용에 대해 의견을 달리했다. 일부는 공중폭격은 허용하지만 공중전은 그렇지 않으려 했다. 그런가 하면 다른 이들은 정찰, 통신, 탐색은 허용하지만 폭격은 허용하지 않으려 했다. 1899년과 1907년에 헤이그에서 있었던 평화회의들은 항공전에 대한 토의를 포함했다. 1899년에는 조종 가능한 기구나 비행선이 폭격기로 기능할 수 있는 잠재성으로 인해 기구로부터 발사체나 폭발물을 투하하는 것과 무방비 상태의 마을이나 도시에 대해 폭격하는 것을 5년간 금지하는 조치가 취해졌다. 그러나 효과적이고 입증된 폭격기가 없는 가운데서도 프랑스, 독일, 러시아의 대표들은 새로운

• 파르망의 비행기는 자체 동력으로 이륙했지만, 라이트 형제의 복엽기는 바퀴가 없는 가운데 별도 장비의 도움을 받아 이륙했다.

무기가 전쟁에서 사용될 가능성에 대해 배제하지 않으려 했다. 1907년 회의 참석자들은 무방비의 마을과 도시에 대해 폭격하지 않는 것에 대해서만 동의했다. 항공무기가 점점 더 가용해갈수록 국제법 학자들은 점점 더 무기로서 그것의 합법성을 인정하는 방향으로 기울어졌다. 1908년에는, 초기 비행선과 비행기가 군사적 용도에 적합한지가 하나의 입증된 사실이기보다는 추측의 문제로 남아 있었던 것처럼 그 신뢰성과 유용성도 여전히 미래의 일로 남아 있었다. 그러나 1909년에 이르면 군사조직들은 항공술을 받아들일 준비가 되어 있었다. 1909년과 1914년의 기간은 항공술이 현대전의 신생 도구로 변모되어가는 모습을 보여주었다.

1909년에 프랑스가 이룩한 것들—7월 블레리오(Louis Blériot)의 영국해협 횡단과 8월 랭스의 항공주간(aviation week)—은 곳곳에서 항공의 발전과 군사적 관심을 자극했다. 프랑스 육군은 랭스의 항공주간 후에 첫 비행기를 구입했으며, 1910년 9월의 기동훈련 중에는 비행기를 정찰과 연락에 실질적으로 사용하기로 결정했다. 1911년의 추계 기동훈련은 비행기들이 60킬로미터나 떨어져 있는 적의 정확한 위치를 파악할 수 있음을 보여주었으며, 이는 육군 장교들로 하여금 공대공전투와 결집한 지상병력을 폭격하는 것에 대해 숙고하도록 자극을 가했다. 1911년의 『군사항공에 대한 총평(Revue générale de l'aéronautique militaire)』에서 벨기에 장교 푸트린(Putrin) 중위는 도심지와 정부 수도에 대한 공중폭격이 국민의 삶을 혼란에 빠뜨리고 그들의 사기를 약화시킬 수 있음을 시사했다.[5]

프랑스군이 비행기에 집중하고 있던 반면, 독일군은 자신들의 자원을 비행기와 비행선으로 구분했다. 이때 전자는 전술적 정찰을, 후자는 전략적 정찰과 가능한 경우 폭격을 목적으로 했다. 독일 육군부는 비행선을 독일의 공중우세에 대한 상징이자 적국에게 압력을 행사하는 정치적·군사적 수단으로 간주했으며, 때문에 비행선의 반복되는 실패[비행선은 특히 악(惡)기상에서 신뢰성이 없었다]에 대해서는 인정하기를 꺼렸다. 역설적이게도 영국해협 너머에서는 1909년에 출판된 책 『항공전(Aerial Warfare)』에서 헌(R. P. Hearne)이 모든 것은 체펠린의 처분에 달려 있으며 그것에 의한 공습은 사기를 무너뜨리고 군사력을 불능에 빠뜨릴 것이라고 선언했다. 1911년에 이르면 모든 유럽국가들이 군사항공을 발전시키고 있었다. 그와 동시에 일부 관찰자들은 항공전에 대한 두려움 자체가 육군과 해군의 해체를 가져올 것이며, 항공전은 너무 섬뜩하여 전쟁

이 "그 자신의 과잉"으로 인해 죽게 만들 것이라고 추정했다.[6]

사실, 1911년의 모로코 위기가 유럽전쟁에 대한 기대를 강화시켜놓자 육군들은 기관총과 포로 무장하고 폭탄과 화살탄(fléchette)—6인치 금속 화살촉들을 산탄통(canister)에 담아놓은 것—을 투하할 수 있는 장비를 갖춘 항공기를 연구하고 시험하기 시작했다. 미슐랭(Michelin) 형제는 1912년에 연례 폭격경연대회를 시작했으며, 포의 사거리를 넘어 병력과 보급물자들을 폭격하는 것을 옹호하는 책자를 발간했다. 그와 같은 구상들에도 불구하고 프랑스 육군은 전투가 아니라 정찰을 목적으로 하는 141대의 비행기만 보유한 가운데 1914년에 전쟁으로 치달았다.

그와는 대조적으로 독일 총참모장 몰트케(Helmuth von Moltke)는 장차 전쟁을 위해 가능한 한 많은 수의 운용 가능한 비행선을 보유하고 싶어 했으며, 체펠린의 "선제타격 능력(first-strike capability)"에 대해 과장된 인식을 견지했다. 1912년 12월 24일에 그는 육군부에 다음과 같이 보고했다.

> 최신 체펠린 비행선을 통해 우리는 상대국의 어떤 유사한 것들보다 훨씬 우수한 무기를 보유하게 된 것이며, 우리가 그것을 완벽하게 만들기 위해 열성적으로 노력한다면 가까운 미래에 아무도 모방하지 못할 것임. 전쟁을 시작하면서 효과적인 선제타격—이것의 실질적이고 정신적인 효과는 꽤 탁월할 수 있음—을 가할 수 있게 되기 위해서는 그것을 무기로서 가장 신속하게 발전시킬 필요가 있음.[7]

독일의 항공 저널들도 한밤중에 적의 표적들에 대해 가지는 정밀하고도 중단시킬 수 없는 체펠린 공격을 기대하면서 몰트케의 생각에 동조했다.[8] 전쟁 전에 비행선은 폭격 시험을 단 한 차례 수행했을 뿐이며, 1914년 여름에 육군은 불과 7대의 비행선을 보유하고 있었다. 그럼에도 불구하고 1913년 독일의 전쟁계획은 비행선들을 전략적 정찰과 폭격 임무를 위해 총사령부와 개별 육군사령부의 통제하에 두었다. 독일 육군은 전술정찰, 통신, 포병 탄착지점 확인을 위해 245대의 비행기를 보유하고 있었다.

항공기계의 발전에서 프랑스와 독일 모두에 비해 뒤처져 있던 영국은 해군부장관 처칠(Winston Churchill)에게서 항공에 대한 독실한 지지자를 발견했다. 영국 항공언론의 사랑을 받았으며 1914년 1월에 해군항공의 '요정 대부(a fairy godfather)'라는 별명을 얻었던 처칠은 항공의 "거대한 구동력은 그 군사적 측면과 유용성에서 파생"되며 "해군과 육군은… 이 나라 항공의 주요한 추진력이 되어야 한다"고 선언했다.[9] 비록 해군 비행사들은 항공기와의 교전 또한 갈망하기도 했지만, 해군과 육군 모두가 비행기의 주된 임무는 정찰이 될 것이라는 점에 동의했다.

이탈리아에서는 선견지명이 있는 육군 소령 두에(Giulio Douhet)가 항공이 현대전의 주요 요소가 될 것이라는 점을 예견하고, 전술적·전략적 임무를 위해 복수의 엔진을 가진 폭격기대를 설계·건설하려는 항공기 설계자 카프로니(Gianni Caproni)의 노력을 지지했다. 1914년에 이르러 전쟁 발발의 가능성에 직면해 있던 각 유럽국가는 육군항공대와 (해군의 규모가 정찰항공기를 필요로 할 만큼 큰 경우에는) 그보다 작은 해군 항공대를 보유하고 있었다. 그러나 4개 국가가 군사항공의 발전에 공적이 컸다. 영국·프랑스·독일은 전반적으로, 이탈리아는 전략폭격에 초기 관심을 집중시킨 공이 컸다. 비행선에 대한 독일의 부풀려진 기대가 보여주듯이, 분명 교리는 많은 경우 항공의 기술적·산업적 상황과 반드시 합치되지는 않았다. 그러나 전반적으로 보았을 때 항공기의 사용을 정찰과 통신에 한정하는 제한적인 교리는 전쟁 발발 전의 항공상태와 잘 부합되는 것이었다.

1914년 8~12월: 전쟁의 도구

1914년 9월 마른전투(Battle of the Marne)에서부터 시작하여 프랑스의 정찰항공기들은 파리 북동쪽으로 독일 육군이 방향을 전환하는 것을 탐지하는 데 주요한 역할을 수행함으로써 프랑스군과 영국군이 측면에서 독일군을 타격할 수 있게 해주었다. 전술적 수준에서 일부 포병 지휘관들이 적 표적에 대한 포격을 유도하기 위해 공중관측기를 사용했으며, 때때로 공중승무원들은 적에게 90밀리 폭탄과 화살탄을 투하하곤 했다.

11월에 프랑스 최고사령부(*Grand Quartier Général* 또는 GQG)는 독일의 산업 중심지들에 전략폭격을 실시하는 것에 대해 고려하기 시작했다. 일찍이 8월 2일에 육군장관 팽르베(Paul Painlevé)와 미슐랭 형제와 같은 산업가들, 항공기 제작자 슈미트(Paul Schmitt)는 루르(Ruhr) 계곡의 크루프 공장지대(Krupp Works)의 중심지인 에센(Essen)을 폭격하는 것—이는 소규모 항공군의 역량을 초과하는 과업이었다—에 관심을 표했다. 그러나 11월 23일에서야 최고사령부는 사령관

고이스(de Göys)가 지휘하며 18대의 비행기로 구성된 제1폭격전대에 내에 브아쟁 복엽기 4개 대대를 창설했다. 이 전력은 12월 4일에 프라이부르크(Freiburg)에 있는 철도역을 타격했으며, 그 해 말에는 취약한 중요 표적들의 목록을 작성하고 있었다.

독일 최고사령부(*Oberste Heeresleitung* 또는 OHL)는 8월과 9월에 정찰과 앤트워프(Antwerp), 쩨브뤼헤(Zeebrugge), 됭케르크(Dunkirk), 칼레(Calais), 릴(Lille)과 같은 도시들에 대한 폭격임무를 위해 4대의 체펠린 비행선을 사용했다. 그러나 적의 대응으로 비행선 4대가 모두 파괴되고 말았다.[마지막 1대는 10월 8일에 영국이 뒤셀도르프(Düsseldorf)에 있는 그 보관소를 공습하면서 파괴되었다.] 그 해 말에 이르면 육군은 비행선을 포기한 상태였지만, 독일 해군 비행선 지휘관 슈트라서(Peter Strasser)는 적절한 비행선이 없음에도 불구하고 여전히 영국을 타격하려는 결의에 차 있었다.

8월 말에 이르면 비행기는 "주로 확인 목적으로 사용하는 보조적인 정보 수단"으로부터 "작전정찰의 주요 수단(육군 지휘관들의 결심에 중요한 요소)"으로 발전했을 정도로 독일의 비행기들은 서부 및 동부 전선—특히 러시아의 기병이 독일의 기병을 수적으로 압도했던 동부의 타넨베르크(Tannenberg)에서—에서 매우 결정적인 정찰을 수행했다.[10] 8월 말에 독일 조종사들은 파리에 한 번은 폭탄을, 그다음에는 파리 시민들에게 "독일군이 파리의 입구에 와 있다"고 충고하는 전단을 투하했다.[11] 성공적이지는 않았다 할지라도 이러한 행동은 심리전을 위해 비행기를 사용한 초기 사례로 간주되어야 할 것이다.

독일 의회의 의원들은 공중폭격을 통해 "영국의 저항을 깨뜨리는 것"을 선호하는 군사·외교·사업계의 감정을 반영했다. 8월 말에 스톡홀름 주재 독일 공사 라이헤나우(Franz von Reichenau)는 "비겁한 암살자들"의 "저속한 행상꾼과 같은 영혼"이 "산수를 하는 법까지도" 잊어버릴 때까지 "독일이 비행선과 항공기를 보내 영국 상공을 규칙적으로 비행하며 폭탄을 투하할 것을 진심으로" 원했다. 라테나우(Walter Rathenau)도 "압도적인 항공군을 통해 영국 도시들의 신경에 체계적으로 영향을 가하는" 것을 옹호했다.[12] 독일 최고사령부는 오스탕드 전령비둘기부대(the Carrier Pigeon Unit Ostende)라는, 공상적이고도 의도적으로 기만적인 이름 아래 폭격대를 창설했다. 그러나 독일군이 칼레를 결코 점령하지 못하게 되면서 그들의 폭격기는 영국에 도달할 수 없었고, 때문에 됭케르크와 프랑스의 항구와 철도 교차점에 공습을 가하는 것에 만족해야 했다.

영국의 왕립항공단(Royal Flying Corps)은 그들이 "작전수행에 계산할 수 없을 만큼의 가치가 있는 가장 완전하고도 정확한 정보"를 제공해준 것에 대해 9월 7일에 영국원정군(British Expeditionary Force) 사령관 프렌치(John French) 장군의 찬사를 받았다.[13] 영국에서는 해군이 육군에 비해 우위에 있었음에도 불구하고 본국방어의 달갑지 않은 과업을 억지로 떠맡고 있던 왕립해군항공대(Royal Naval Air Service)는 육군항공대와 거의 동일한 전력을 그 항공대에 할당했으며, 본국방어의 임무를 공세적으로 해석하여 독일에 있는 체펠린 보관소들을 공격했다.

그와 같은 공세적인 노력에도 불구하고 (비행기가 진실로 효율적인 관측 수단이 되기 위해서는 촬영과 무선 전신에 추가적인 진보가 있어야 하긴 했지만) 공중정찰은 1914년 전쟁에 항공인들이 기여한 가장 주요한 부문이었다. 그러나 그 초창기에도 비행기는 육군들로 하여금 자신들의 행동을 보다 광범위하게 은폐하도록 강제했다. 한 프랑스 포병은 10월 초 알베르(Albert) 인근의 페론(Péronne) 길가 상공에 떠 있는 독일의 항공기를 가리키면서 영국의 기자에게 "저기에 우리를 괴롭히는 기분 나쁜 새가 있다"고 말했다.[14] 1914년에 전쟁의 새는 그 날개를 펼치고 유럽 전장에 그 그림자를 드리웠다. 1915년에 그것은 날카로운 발톱을 키우고 맹금이 될 것이었으며, 아래의 땅이나 바다와 마찬가지로 하늘도 사투를 벌이는 무대가 될 것이었다.

1915년: 항공무기

1915년, 특히 그 후반기에 관측, 추격, 폭격이 서로 구별되는 특화된 분야가 되었다. 항공군들은 정찰과 탄착 확인에 집중했는데, 그 두 가지 모두 현저히 개선되었다. 그러나 추격 항공대나 공중전은 중대한 개선들에도 불구하고 덜 발전된 채로 남았다.

적에게 전쟁을 확대하기 위한 노력의 일환으로 프랑스 최고사령부는 공중폭격에 집중했다. 1915년과, 다시 또 1918년에 최고사령부는 폭격기와 보다 강력한 항공기 엔진에 대해 강조하면서 프랑스 폭격기 전력의 발전에 집중했다. 전쟁이 물자전이 되어가고 있음을 인지했던 최고사령부는 전쟁을 단기화하기 위한 전략폭격 전역을 위해 산업표적들을 선정했다. 프랑스군이 1915년에 운용했던 튼튼한 브아쟁 추진 프로펠러 복엽기는 40킬로그램의 155밀리 포탄을 탑재할 수 있었으며, 5월부터 9월까지 프랑스군은 루트비히스하펜[Ludwigshafen, 이곳에서 바디셰 아닐린 사(Badische Anilin Company)는 폭발물과 독가스를 생산하고 있었다], 카를스루에(Karlsruhe), 트리어(Trier), 자르브뤼켄(Saarbrücken)과 같은 서부의 독일 도시들을 폭격했다.

6월 초에 최고사령부는 크루프 공장의 고향인 에센을 공격하기 위해 50개 대대(폭격기 500대)로 이루어진 항공군 투입을 제안했지만, 그렇게 하는 것은 보다 강력한 폭격기와 그럼으로써 보다 강력한 엔진을 필요로 했다. 7월과, 또한 번 9월에 프랑스 의회 항공위원회는 독일의 산업중심지들에 대한 폭격과 그러한 임무를 위해 대규모 장거리 폭격기대를 건설할 것을 요구했다. 심지어 대학교수 샤틀리에(A. Le Châtelier)도 독일의 통신, 역, 그리고 라인지역의 보급 및 병기 창고들을 밤낮으로 공격할 수 있는 300~400킬로그램의 폭탄을 각각 탑재하고 있는 1000대의 비행기로 이루어진 항공대의 창설을 옹호하는 글을 정부에 보냈다.[15]

그러나 프랑스 폭격기들이 방어를 위해 V대형으로 무리를 지어 비행했음에도 불구하고, 7월에 이르면 신형 포커(Fokker) 단엽전투기를 포함하는 독일의 무장항공기들이 느리고 취약한 브아쟁과 파르망 복엽기들에게 점점 더 큰 피해를 가하고 있었다. 프랑스 최고사령부는 점점 더 폭격기들을 야간공습에서 전선 바로 뒤의 군사표적들을 공격하는 초장사정 포로 사용하는 것으로 이에 대응했다. 그러나 야간작전은 폭탄 탑재량을 증가시키기 위해 속도를 희생해야 했으며, 항법을 복잡하게 만들고 공습의 정밀성과 강도는 감소시켰다. 최고사령부는 비용, 물자 부족, 그리고 전략적 항공전이 발생하는 경우에는 파리가 독일의 보복공습을 위한 주요 표적이 될 것이라는 인식 때문에 전략항공에 대한 희망을 포기했다.

1914~1915년 겨울에 독일 육군과 해군은 서로 앞다투어 비행선으로 영국을 전략적으로 공격하려 했다. 해군은 런던에 대한 폭격이 영국인들의 사기에 영향을 끼쳐 전쟁을 수행하고자 하는 영국인들의 결의를 감퇴시킬 수 있다고 주장했다. 1915년 1월에 2대의 독일 비행선이 영국의 해안을 폭격했지만, 빌헬름(Wilhelm) 황제는 애초 중립국들, 특히 미국의 여론을 염려해 런던에 대한 공격을 금지했다. 그러나 4월 말에 황제는 자신의 뜻을 바꿨으며, 주민들의 사기를 저하시키고 전시생산에 피해를 입히며 영국의 비행기들을 본국방어로

전환시키기 위한 공습에 동의했다.

그 해 내내 체펠린은 더 커지고 더 강력해져서 길이 600피트, 용적 100만 세제곱피트 이상, 속도 50마일/h, 폭탄 탑재량 2톤 이상에 달했다. 육군 비행선 2대가 손실된 것—그중 하나는 5월 31일~6월 1일 야간에 런던에 대한 첫 공습을 수행했었다—은 육군으로 하여금 체펠린들을 방어가 덜한 동부전선으로 옮기도록 자극했다. 해군은 여전히 비행선을 함대를 위해 정찰을 수행하고 영국을 폭격하는 데 쓰고자 했으며, 그들의 체펠린은 8월, 9월, 10월에 런던을 폭격했다. 1915년에 공습에 임했던 체펠린들은 1900개, 총합 36톤의 폭탄을 투하하여 277명을 죽이고 645명에 부상을 입혔으며 어림잡아 87만 파운드의 피해를 야기했다. 겨울이 도래함으로써 공습이 중지되었지만, 영국의 비행기들은 빠르게 상승하는 비행선들을 요격할 수 없었기 때문에 독일 해군은 1916년에도 그 전역을 계속할 준비가 되어 있었다.

1915년에 영국원정군의 왕립항공단은 전술항공, 포격탄착점 확인, 정찰, 공중전에 집중했으며, 왕립해군항공대는 벨기에에 있는 독일 표적들, 특히 체펠린 기지들에 대한 공습을 계속했다. 항공전을 위한 노력에 점점 불만을 품게 된 정부 및 의회의 구성원들은 독일에 대한 파괴적인 공중공격을 숙고했다. 1915년 2월 24일의 전시 내각회의에서 한 참석자는 독일의 다음번 수확 곡물에 "병충해"를 퍼뜨리는 공중공격을 주장했으며, 다른 이는 작은 면화약(gun cotton) 원반 수천 개를 사용해 작물을 불태워버리는 것을 선호했다. 처칠은 불태우는 것을 선호했던 반면, 당시 군수부장관 로이드 조지(David Lloyd George)는 병충해가 "작물을 독살하는 것이 아니라 악화시킬 뿐"이라고 단언했다. 밸푸어(Herbert Balfour) 수상은 극단적인 도발이 있는 경우에만 그러한 조치에 의존하기로 의결했다.[16]

『데일리 익스프레스(Daily Express)』에 발표된 성명서에서 웰스는 예비전력과 인력을 갖춘 1만 대의 비행기로 구성된 함대를 요구했다. 그는 2000대의 비행기는 설령 그 절반을 잃어버린다 해도 뇌브 샤펠(Neuve Chapelle) 전투의 비용이나 전투함 1대의 비용보다 덜한 비용으로 에센을 완파할 수 있다고 주장했다. 존슨-힉스(William Johnson-Hicks) 의원은 독일에 대한 보복폭격으로 전쟁을 종결지을 1만 또는 심지어 2만 대의 비행기 전력의 건설을 강력히 지지했다. 그러한 터무니없는 제안들이 산업적 역량과 기술적 능력을 벗어난 정도는 체펠린 공습에 직면해 발생했던 히스테리의 기운 그 이상을 보여준다.

그러나 그러한 논쟁으로부터 등장한 보다 합리적인 요구는 공군부나 항공국의 설립에 초점을 두었다.[17]

역설적이게도 다른 국가들에 비해 소규모의 항공력을 보유하고 있던 이탈리아만이 폭격기로 명확히 지정된 비행기를 보유한 가운데 전쟁을 시작했다. 그것은 Ca1(Caproni Ca1)이었는데, 최고사령부는 이를 장거리 정찰과 철도 교차점과 역을 폭격하는 용도로 사용했다. 그러나 전선 후방에서는 두에의 상관들이 애초에 그가 권한을 넘어 카프로니 폭격기를 승인해주었다는 이유로• 이탈리아 항공대대의 지휘관직에서 그를 제거해버렸다. 의연했던 두에는 1915년 7월에 적의 군사적·산업적 중심지들과 철도 교차점, 병기고, 항만에 대한 전략적 작전을 수행할 대규모 중형기 전대의 창설을 주장함으로써 전략폭격 교리의 씨를 뿌리고 있었다.[18]

1915년에 항공병과는 전선에서 보다 특화된 기능을 수행하고 기존 또는 개발 중에 있던 새로운 모델들을 그러한 임무를 수행하는 데 적합하도록 개조하고 있던, 보다 복잡한 병과가 되었다. 항공기의 새로운 역할이었던 폭격과 추격은 적합한 유형으로—전투를 위해서는 경량으로, 폭격을 위해서는 보다 중형으로—의 개조를 촉진했지만, 전반적으로 커다란 비행기가 장거리에 걸쳐 방어용 무장과 보다 많은 폭탄을 탑재하고 비행할 수 있게 해주는 강력한 항공기 엔진의 부재는 폭격기의 발전을 제약했다. 그러나 제2차 세계대전과 심지어 오늘날까지도 지속될 전략폭격에 대한 모든 걸출한 이슈들—주간과 야간 중 폭격에는 어느 게 더 적합한가/ 정확성과 항공기 유형의 문제/ 밤낮을 가리지 않는 폭격/ 적절한 표적선정—은 1915년 동안에 부각되었다.

전선에서는 전투기 또는 추격기의 태동 또한 1915년의 주요한 발전사항이었다. 프로펠러가 그리는 호를 통과해 직사되도록 연동된 기총을 장착한 단엽기, 포커(Fokker *Eindecker*)의 등장은 공중을 장악하기 위한 경합의 시작을 알리는 것이었다. 1915년 말에 이르면 효과적인 전투기는 고정식 전방발사 기관총뿐 아니라 속도와 기동성 또한 필요로 했다. 양 진영 모두에서 초기의 추격기 조종사들—프랑스의 가로스(Roland Garros)와 귀느메르(Georges Guynemer), 독일의 이멜만(Max Immelman)과 뵐케(Oswald Boelcke), 영국의 호커(George Lanoe

• 처음에 두에는 육군성의 승인이 없는 가운데 이탈리아의 항공공학자인 카프로니로 하여금 최초의 폭격기를 만들게 했었다.

Hawker)—은 적의 먹이로 전락하지 않고 공중의 포식자가 될 수 있는 가능성을 극대화하기 위해 전투전술을 개발했다. 그들은 전투항공기의 기술적 개선을 권장하기도 했다. 그들의 노력은 1916년 유럽의 전장 상공이 훨씬 더 위험해지게 만들었다.

1916년: 분수령이 되는 해

적의 공중관측을 막고 전선의 상공과 그 배후에서 아군의 취약한 관측기들을 보호하기 위해 전투기나 추격기가 필수적이게 되면서 1916년 서부전선의 베르됭과 솜에서 있었던 대규모 지상전은 전장 상공을 공중통제하기 위한 첫 번째의 주요한 투쟁이 시작되었음을 알렸다. 다시 한 번 여기서 정찰과 폭격 비행기에 대한 전투기 호위의 근본적인 요소가 제기되었다. 그것은 아군 비행기를 근접보호하거나 적 비행기가 없도록 상공을 소탕하기 위해 구획을 지어 지속적으로 순찰하는 것을 의미했다. 베르됭 전투는 전투전선 상공과 그 배후에서 공중을 지배하는 것이 지상전투의 진행에 필수적이라는 점을 보여주었으며, 그것을 달성하기 위한 전투기 전력의 집중을 요구했다. 한편, 공중통제는 전장 상공의 공역을 돌파하는 시점에 전력을 얼마나 집중시키느냐에 따라 여전히 일시적이고 불완전한 상태로 남았으며, 때문에 어느 진영도 절대적인 안보를 획득하기란 사실상 불가능했다.

독일 전투기들이 가한 심각한 사상으로 인해 1916년 10월에 이르러 적 전선에 대한 프랑스의 주간 전술폭격은 사실상 중지되었다. 그때까지는 최고사령부가 낭시(Nancy) 인근의 말제빌(Malzéville)에 있는 프랑스 폭격전대들의 기지로부터 반경 300킬로미터 이내에 있는 독일의 산업중심지들—처음에는 화학 및 화약 공장과 야금작업장, 그다음에는 군수품 및 병기 공장—을 표적으로 삼았었다. 공습은 철도역을 타격하고 용광로와 심지어 비행장도 날려버렸지만, 프랑스 전투기들이 호위하는 경우에도 공습전력에 발생하는 손실은 매우 높았고 야간공격만 수행하는 것으로 전환하도록 강제되었다. 1916년 12월에 최고사령부의 새로운 폭격 프로그램은 낭시의 160킬로미터 내의 것들, 특히 자르(Saar)-룩셈부르크(Luxembourg)-로렌(Lorraine) 지역에 있는 야금작업장들로 표적을 한정했다. 이는 사실 프랑스 폭격기들의 성능이 그러한 표적들에나 겨우 도달할 수 있었기 때문이다.

전선 후방에서는 항공기 생산 프로그램에 대한 통제권을 둘러싸고 최고사령부, 육군부, 의회 항공위원회 간에 삼각 투쟁이 계속되었다. 이는 프랑스의 항공이 정치 무대에서 위기에 따라, 그리고 프로그램에 따라 휘청거려왔기 때문이다. 적어도 항공기 조달의 영역에서는 프랑스의 군사행정가들이 항공기의 유형과 생산을 개선하기 위한 시도로서 연구와 조달 직무를 합리화했다.

1916년에는 프랑스의 관측대대들도 폭격대대들과 마찬가지로 비행기의 성능이 시대에 뒤떨어지고 성능이 열세하여 매우 취약해진 관계로 어려움을 당했다. 한 브아쟁 대대는 브아쟁의 속도를 고려하여 달팽이를 그 상징으로 선택했다. 파르망은 손상되기 쉬웠으며 뜨거운 엔진 바로 위에 가스 탱크가 위치했기 때문에 쉽게 전소되었다.[19] 이러한 많은 육군 군단의 대대들이 팽창해 가던 프랑스 항공군이 1916년에 경험하게 되는 급증하는 손실의 가장 큰 희생양이 되었다.

윗 날개에 부착된 루이스 기관총—이것은 프로펠러가 그리는 호 너머로 발사되었다—으로 무장한 가볍고 기동성이 좋은 니외포르(Nieuport) 복엽기를 조종하는 귀느메르와 낭제세르(Charles Nungesser)와 같은 에이스들이 추격전대들에서 활약하면서 1916년에는 처음에 프랑스의 전투기 비행대가 우위를 점했다. 그러나 1916년 한여름에 이르면 니외포르가 독일의 신형 알바트로스(Albatros) 전투기들에 맞서 자신의 위치를 고수할 수 없게 되었으며, 그 해 말이 가까워지면서는 프랑스 항공대에는 현대식 비행기들이 필사적으로 필요해졌다. 1년이 걸리기는 했지만, 다행히 두 프랑스 제조사가 혁명적인 히스파노-수이자(Hispano-Suiza) 150마력 V-8 수냉엔진으로 동력을 얻는 베체로(Louis Béchereau)의 스파드(SPAD) 전투기와, 경량성과 힘을 위해 두랄루민(duralumin)과 강관(steel tube)으로 틀을 만든 브레게(Louis Breguet)의 정찰·전술 폭격기와 같은 비행기를 설계해냈다. 전에 없이 높은 마력을 가진 히스파노-수이자 엔진을 장착한 스파드 7형과 13형이 전쟁이 끝날 때까지 프랑스 전투항공대를 이끌 것이었으며, 레놀트(Renault) 300마력 엔진으로 동력을 얻는 브레게 14형은 1918년에 프랑스의 전술폭격이 재개되는 데 선봉이 될 것이었다.

특히 1916년 전반기에 프랑스 전투기들이 그 상대를 능가함에 따라 독일의 전투비행대는 니외포르에게 쉽게 당하고 말았던 한물간 포커 단엽기를 대체할 신형 전투기를 절박하게 필요로 했다. 이멜만이 전투 중 사망하고 말았으며, 남아 있던 독일의 유명 조종사 뵐케는 독일의 사기를 보존하기 위해 전선으로부터 철수되었다. 뵐케는 그 기회를 이용해 오늘날까지도 적용되는 공중전의 지침을 제공해주는 "뵐케의 금언(Dicta Beolcke)"을 작성했다. 그의 지침은 첫째, 공격하기 전에 유리한 위치를 점하라. 둘째, 가능하면 태양을 등지고, 배후에서 공격하라.(그래서 두 차례의 세계대전 동안 연합군 내에서는 "태양 속에 있는 독일군을 조심하라"는 금언이 통용되었다.) 셋째, 상대를 예의주시하면서 공격을 수행하고 근접한 거리에서 사격하라. 넷째, 위로부터 공격을 하는 경우에는 선회하여 상대와 조우하라. 다섯째, 적 영토 상공에서 퇴각하는 길을 잊지 마라 등이었다.[20]

베르됭 전투가 독일 항공군에게 어려움을 주었다면 솜 전투의 개시는 재앙을 가져다주었다. 이는 수적인 면에서 영국과 프랑스의 항공군이 독일군보다 3 대 1로 우세했기 때문이다. 그러나 9월 중순에 뵐케가 신형 알바트로스 D1으로 무장한 새로운 전투기 부대들과 함께 전선으로 복귀했다. 알바트로스 D1은 2개의 기총을 장착한 전투기로서, 날렵하고 튼튼하며 강력한 킬러로서 영국과 프랑스로부터 공중우세를 빼앗아갔다. 40기를 격추했던 뵐케는 동료와의 충돌로 10월 28일에 사망했지만, 그는 독일에 그의 금언과 그의 가장 유능한 제자인 리히토펜(Manfred von Richthofen)을 물려주었다.

독일군은 이제 솜 전선에 전력을 집중했으며, 항공부대들의 증가된 중요성과 특화된 기능을 반영하기 위해 여름과 가을 동안에 항공군을 재조직했다. 전투기 부대가 새롭게 정예전력이 되었다. 전투기 부대들은 두 가지 유형의 기동성이 좋은 복좌 단발엔진 복엽기들로 구분되었다. 그 하나에는 장거리 정찰을 위해 특수 카메라가 장착되었으며, 다른 하나는 포격관측의 용도로 지정되었다. 후자의 유형은 지상공격 비행사들이 조종하는 잘 무장한 경비행기들로 이루어진 초기의 대지(對地)지원대대(*Schutzstaffeln*)로서, 관측기들을 보호하고 공세 또는 방어 역할의 대지공격을 수행했다. 마지막으로, 최고사령부 휘하에 있는 소수의 폭격기 부대들은 이제 장거리 타격력을 제공하기 위해 쌍발엔진의 고타(Gotha) 폭격기로 무장했다.

1916년 10월 8일에 독일 최고사령관 힌덴부르크(Paul von Hindenburg)와 그의 병참감 루덴도르프(Erich Ludendorff)는 자신들에게 직접적으로 예속되는 항공전력사령관(*Kommandierender General der Luftstreitkräfte* 또는 *Kogenluft*) 직을 만들었다. 다음 달에는 독일의 육군사령부들에 배속되어 있던 항공참모장교들이 항공지휘관으로 임명되어 자신의 부대를 전술적으로 운영할 수 있는 권한을 갖게 되었다. 기병 장군 호에프너(Ernst von Hoeppner)가 항공전력사령관이 되었지만, 독일 항공의 미래를 결정짓는 열쇠는 그의 참모장이었던 리트-톰젠(Hermann von der Lieth-Thomsen) 대령과 항공병과 병과장이자 부병과장으로서 1915년 초 이후 독일 항공대의 발전을 이끌었던 조달과장 지에게르트(Wilhelm Siegert) 소령에게 주어졌다. 독일군의 지휘위계에서 항공전력이 부상한 것은 전쟁에서 승리하기 위한 총력적인 노력을 위해 총동원을 선포했던 힌덴부르크 프로그램의 공표와 부합되는 것이었다. 톰젠은 독일의 총동원에서 항공 조달에 특별한 지위를 줄 것을 루덴도르프에게 요청하여 받아냈다. 육군이 서부전선에서 점점 더 강화되어가던 소모전에 대응하기 위한 태세를 서두름에 따라 톰젠과 지에게르트는 모든 항공기 공장에 생산감독관을 배치해 제조를 감독하게 함으로써 항공기 조달체계를 재조직했다. 육군항공대는 독일군의 위계에서 상당히 중요한 지위를 확고히 차지했으며, 톰젠은 그 높은 비용과 무시할 만한 성과 때문에 육군의 체펠린 작전을 포기하는 방향으로 신속하게 선회했다.

한편, 독일 해군은 1916년 동안 영국에 대한 체펠린 공습을 증가시켰다. 그들은 거의 200만 세제곱피트의 가스용적을 가지며 시간당 60마일로 약 5톤의 탑재된 폭탄을 수송할 수 있었던, 길이 650피트의 거대한 비행선을 운용했다. 해군 비행선 지휘관 슈트라서는 영국을 파괴하고 그들에게서 '도시, 공장단지, 조선소… 철도 등을 점점 광범위하게 파괴함으로써 생존의 수단'을 박탈하는 일에 착수했다.[21] 그러나 1916년 늦여름에 이르면 폭발성과 소이성(燒夷性)을 가진 총탄들로 무장한 보다 강력한 영국 전투기들을 더 이상 피할 수 없었으며, (슈트라서는 그것을 보존하려는 결연한 의지를 보여주었지만) 체펠린의 손실 증가는 폭격기로서 그것의 시대가 지나갔음을 보여주었다. 이제 체펠린의 주된 임무는 대양함대를 위한 정찰이 되었으며, 대양함대는 한자-브란덴부르크 공장(Hansa-Brandenburg Works)의 항공기 설계자 하인켈(Ernst Heinkel)에 의해 만들어진 성능 좋은 무장 수상비행기 또한 확보했다. 이는 1917년 플랑드르 해안에서 영국을 예상치 못한 충격에 빠뜨릴 것이었다.

1916년에 영국이 공세 준비를 취하고 있을 때 왕립항공단 사령관 트렌처드(Hugh "Boom" Trenchard) 장군은 처음에 불충분한 항공기와 공중승무원 훈련에 대해 염려했다. 그럼에도 불구하고 트렌처드는 독일의 영토 내에서 독일군과 대결하려는 결연한 의지를 가지고 있었기 때문에 왕립항공단은 7월 1일 솜 공세의 시작부터 순식간에 주도권을 장악했으며, 전장 상공을 지배했다. 왕립항공단의 조종사들은 보병작전을 지원하기 위한 '접촉'정찰과 포격을 유도하기 위한 항공사진촬영 관측, 그리고 전술폭격의 임무를 계속했다. 이러한 임무들은 왕립항공단 구식 복좌복엽기들의 빈약한 성능 때문에 전례 없는 사상을 불러왔다. 가을에 독일의 되살아난 전투기 전력에 직면한 트렌처드는 어떠한 손실이 발생하더라도 독일 전선 배후의 20마일까지 "가차 없고 중단 없는 공세"를 수행한다는 결의를 누그러뜨리기는커녕 오히려 강화했다.[22] 영국의 승무원들은 악순환에 빠져 있는 자신들을 발견했다. 낙후된 비행기들로 무장하고 있던 그들은 너무나 순식간에 독일 전투기들에게 제압당했으며, 이는 점점 더 그 대체 조종사가 충분한 훈련이 결여되어 있는 상태에서 전선에 도달하게 만들었다. 이는 또 그들로 하여금 더 쉽게 독일 전투기 조종사들의 먹이가 되게 만들었다.

한편 왕립해군항공대는 1916년 봄에 새로운 솝위드 스트러터(Sopwith 1 1/2 strutter) 복엽기를 사용해 체펠린 보관소와 독일 비행장에 대한 폭격기공세를 추진했다. 그들은 가을에 항공기 24대로 이루어진 3개 단(wing) 중 하나를 낭시 인근의 뤽쇠이(Luxeuil)에 위치시켰으며, 그곳에서 오베른도르프(Oberndorf)에 있는 마우저(Mauser) 공장에 대해 프랑스군과 함께 첫 합동 공습을 수행했다. 그러나 머지않아 가을의 사나운 날씨가 추가 작전을 종결시켜버렸다. 영국에서는 해군부와 육군부가 전시 항공, 특히 전략폭격과 폭격기를 위한 강력한 항공기 엔진의 생산에 대한 통제권을 놓고 싸웠다. 왕립해군항공대는 왕립항공단에게 이를 내어주기를 거부했다. 영국은 불충분한 항공기와 엔진 생산으로 인해 쪼들리던 프랑스의 항공산업에 의존할 수밖에 없었지만 1916년 말에 가까워지면서 이루어진 발전들은 미래에 대한 좋은 징조였다. 롤스-로이스는 각각 전투기와 폭격기에 쓸 200마력(나중에는 275마력) 팰콘(Falcon)과 275마력(나중에는 360마력) 이글(Eagle)이라는, 최상급이지만 매우 복잡한 엔진을 생산함에 있어 제 속도를 찾아가기 시작하고 있었다. 전쟁이 끝날 때까지, 또는 그 너머까지 취역하게 될 영국의 가장 유명한 세 가지 전투기들—솝위드 카멜(Sopwith Camel), SE-5, 브리스톨(Bristol) F-2 복좌 정찰전투기—이 1916년 후반에 등장했다. 드하빌랜드(Dehavilland) DH-4 단발 주간폭격기와 핸들리-페이지(Handley-Page) 0/100도 그 해 말에 등장했다.

카프로니 공장이 점점 더 강력해지는 피아트 엔진으로 동력을 얻는 3발 폭격기를 생산해내면서 1916년 들어 이탈리아는 가장 운용성이 좋은 복수엔진 폭격기를 보유하게 되었다. 최대 58대의 폭격기가 오스트리아-헝가리의 철도역과 나아가 트리에스테(Trieste)에 대해서도 공습을 가했다. 전략폭격 항공대가 이탈리아 항공분야에서의 노력에 중심적 위치를 차지했지만, 그 가장 독실한 지지자인 두에는 이탈리아의 전쟁노력을 비판하는 메모를 기차에 두고 내렸으며, 10월에 1년 징역형을 언도받았다. 그는 1920년에 결국 무죄로 판명될 것이었다.

베르됭 전투와 솜 전투가 임박한 승리에 대한 양 진영의 희망을 내동댕이쳐 버리면서 1916년은 제1차 세계대전의 분수령이 되었다. 교전국들이 공중우세를 획득할 보다 거대한 항공전력을 건설하고 운용하는 데 몰두하면서 이 전투들은 또한 항공전의 진정한 시작을 알렸다. 자동차산업을 항공기 엔진 생산에 조기 동원할 수 있었던 프랑스의 항공기 엔진 생산은 독일과 영국의 그것을 훨씬 앞서갔다. 주요 국가의 항공정책은 이러한 산업적 현실과 그들의 기본적인 군사전략을 반영했다. 영국과 프랑스의 항공정책과 전반적인 군사전략은 공세적이었으며, 프랑스보다 영국이 더 가차 없었다. 서부전선에서 수적으로 압도당할 위험에 처해 있던 독일은 항공전력을 재조직하고 그 중요성을 높였으며, 자원을 절약했고, 방어적으로 싸웠다. 또한 시간과 장소에 있어 제한되는 일시적 지배를 모색하는 데 항공전력의 집중을 계획했다. 1916년에, 특히 전투기 항공에서 항공군들은 유럽 교전국들에게 가장 숭배되는 영웅들—볼(Albert Ball), 뵐케, 귀느메르 같은 에이스들—을 공급해주었다. 이들은 서부전선의 가공할 만한 투쟁에 기꺼이 희생하려는 국민적 자발성을 보여주는 완벽한 본보기였다. 개별 에이스의 시대는 1917년까지 지속되었지만, 전쟁을 수행하기 위해서는 항공전력을 무리지어 전개시키는 것이 불가결하게 되면서 머지않아 개인들은 급성장하던 소모적인 항공전에 함몰되어버린 자신들을 발견하게 되었다.

1917년: 소모적 항공전

1917년 4월에 프랑스의 니벨(Henri Nivelle) 장군은 슈멩 데 담므(Chemin des Dames)의 엔 강(Aisne river)에 대한 불행한 공격을 감행했다. 그러나 독일군은 이미 최근 건설된 힌덴부르크 방어선(Hindenburg Line)으로 이미 퇴각한 상태였다. 최고사령부에서 니벨은 "지상에서의 승리에는 공중에서의 승리가 선행되어야 한다. 지상에서의 승리에게 공중에서의 승리는 그 일부인 동시에 담보물이다. 적의 영토 안에서 적을 찾아내 파괴하는 게 필요하다"고 권고했다.[23] 공중과 지상에서의 공세는 높은 사상률, 니벨의 해임, 그리고 어떤 어리석은 추가 공격도 프랑스의 육군부대들이 수행하기를 거절하게 된 것 외에는 거의 달성한 게 없는 최악의 실패로 전락하고 말았다.

페탱(Henri Pétain) 장군이 니벨을 승계했으며 즉각적으로 육군을 제한적인 공세로 한정시켰다. 그는 우월한 포병, 항공대, 공격탱크를 사용해 독일의 전력을 소진시키고 보병은 아껴두었다. 5월 28일에 페탱은 육군장관 팽르베(Paul Painlevé)에게 "항공대가 가장 중요하게 되었습니다. 그것은 필수불가결한 성공 요소 중 하나가 되었습니다… 공중을 제패해야 합니다. 공중제패를 장악해야 할 의무는 진정한 공중전투들을 유발할 것입니다"라고 알렸다.[24] 1917년 12월에 이르러 페탱은 전술폭격기들을 방어적으로 사용하여 새해에 확실한 공중우세를 점함으로써 1918년에 예상되는 독일의 공세에 맞서고자 했다. 그는 "공격전선에 연한 적의 후방에 체계적·지속적으로 대규모 집중을 달성함으로써 공세를 마비시키는 게 완벽하게 가능하다"고 말했다.[25] 게다가 그는 연합군이 공세를 가하는 경우에는 자신의 폭격기들이 적 병참선을 공격하고 독일군으로 하여금 병력을 집중시켜 공격을 차단하지 못하게 할 수 있을 것으로 기대했다.

프랑스와 독일의 항공사령부는 전투기 전력을 점점 더 큰 대형으로 집중시켰지만 귀느메르, 뇡제세르, 퐁크(René Fonck)와 같은 이들이 구현했던 것처럼 "기사도적"인 개인주의와 독립의식에 충만해 있던 프랑스의 전투기 조종사들은 새로운 밀집전술의 수용을 꺼렸다. 빌라르(Jean Villar)의 회고록 『실종된 조종사의 노트(Notes of a Lost Pilot)』는 "베테랑들은 지나친 자신감과 자력으로 일하고자 하는 열망으로 인해 개별적으로 사냥하기를 원한다. 초짜들은 허영과 무지에 휩싸여 그들을 모방한다. 그리고 양자 모두 죽음으로써 최후를 맞는다"라며 탄식했다.[26]

적어도 프랑스 전투기 조종사들은 도약의 발판으로서 스파드를 보유하고 있었다. 관측기와 폭격기 승무원들이 모는 비행기는 총알받이였다. 최고사령부는 1917년에 전장항공에 집중했지만 일부 폭격기 지휘관들은 독일을 타격할 것을 열망했으며 프랑스 전략항공의 유약한 상태에 대해 유감스러워했다.

4월에 케릴리스(Kérillis) 대위는 "적의 사기를 타격하고 그들에게 위협을 가하기 위한" 보복공습을 열망했다. 케릴리스는 뮌헨(Munich)에 대한 비행기 50대의 공습이 "그 도시에 위치한 독일의 내장(內臟)을 뒤흔들어 루지타니아 호(*Lusitania*)를 어뢰로 격침시킨 이들이자 랭스를 불태웠던 이들로 하여금 잠시 멈춰 스스로를 돌아보게 만들기에 충분했을 것"이라고 믿었다.[27] 그러나 페탱은 독일의 사기가 보복공습의 영향을 받을 것이라고 생각하지 않았으며, 그러한 공습이 잔학행위의 순환으로 악화되지 않을까 두려워했다. 케릴리스의 낙천적인 공상은 논의의 가치가 없음을 이해하고 있던 프랑스 항공참모부는 1917년과 1918년에 낭시의 100마일 내에 있는, 접근가능하고 취약한 표적들에 집중할 것을 계획했다. 그러나 그들은 그러한 표적들을 파괴할 수 있을지에 대해서는 "의문"임을 동시에 인정했다.[28]

1917년 초 프랑스의 정치 무대에서는 의원들이 전선의 최고사령부와 육군부, 그리고 후방의 정치인들 간에 분열이 심화되어가는 것을 염려했다. 다행히도 3월에 팽르베는 급진사회당원으로서 의회에서 항공예산 조사위원을 역임했으며 브아쟁 대대의 관측사로도 복무했던 뱅상(Daniel Vincent)을 항공차관으로 임명했다. 뱅상에 뒤이어 항공예산 조사위원이 되었던 급진사회당 의원 뒤메닐(J. L. Dumesil)이 5개월 뒤 다시 한 번 뱅상에 이어 차관으로 임명되고 종전 시까지 일했다. 이 두 사람은 비행기에 대한 확대일로의 수요와 후방의 물자 및 인력 자원을 조율하는 데 혼신을 바침으로써 항공분야를 개선하는 데 상당한 업적을 쌓았다. 마지막으로 11월 중순 클레망소(Georges Clemenceau)의 총리 임명은 프랑스가 그런 모든 문제를 위로부터 통제하는 것을 계획할, '호랑이(The Tiger)'라는 별칭의 민간 독재자를 갖게 되었음을 의미했다. 1917년 동안 프랑스의 산업에 발생했던 노동불안과 정치적·관료적 불안정에도 불구하고 프랑스의 항공기 및 엔진 공장들은 생산을 증가시킬 수 있었다. 이는 조달 당국이 스파드 전투기와 그에 쓰이는 히스파노-수이자 엔진, 그리고 브레게 폭격기와 그에 쓰이는 레놀트 엔진의 생산에 집중하기로 결정한 것에 도움을 받은 것이었다. 그들의 노력의 결과는 1918년에 명백히 드러날 것이었다.

육군과 마찬가지로 1917년에는 독일의 항공군도 서부전선에서 방어전략을 추구했다. 독일의 전투기들은 슈멩 데 담므에서 프랑스의 공격을, 그리고 아라스(Arras)에서 영국의 공격을 막아내면서 자신들의 전선 상공에서만 싸웠으며, 고성능 복좌복엽기들만이 적 전선 상공에서 항공정찰촬영 임무를 고고도에서 수행했다. 리히토펜이 이끌며 우월한 알바트로스 D3 전투기로 무장한 독일의 전투기 부대들이 독일 공역에서 영국의 복좌기들을 맹공격하면서 1917년 4월에 전투기들이 영국 항공기들에 발생시킨 손실은 그 달이 "피의 4월(Bloody April)"이 되게 만들었다. 그러나 여름에 이르면 스파드, SE-5A, 솝위드 카멜 및 트라이플레인스(Triplanes), 그리고 영국의 전투기들이 최신 알바트로스 D5를 쉽게 압도했으며, 첫 포커 DR1 삼엽기의 도입조차 연합군의 공중우세를 상쇄하지는 못했다. 그럼에도 전선의 2만 피트 상공에서는 독일의 전문적인 장거리 정찰기 승무원들이 우수한 럼플러(Rumpler) C형 복엽기들로 임무를 수행했다. 그렇게 함으로써 그들은 영국과 프랑스의 요격기를 피했으며, 독일군이 싸우기를 선택하는 경우에도 연합군의 최신형 전투기에 맞서 자신의 위치를 고수할 수 있었다.

훨씬 더 밑의 지상에서는 아라스 전투에서 독일의 "보병비행사(infantry-flier)", "전투비행사(battle-flier)" 또는 "돌격비행사(stromflier)"—비행사들 자신은 이 명칭을 선호했다—가 등장하는 것을 목도했다. 1916년 말에 창설된 대지지원대대의 사병직을 채웠던 돌격비행사들—이들은 부사관과 병사들로서, 그중 다수는 참호에서 복무한 적이 있었다—은 기관총, 수류탄, 세열(細裂)폭탄으로 공세와 방어 시의 보병을 지원했다. 그들은 견고하며 가볍고 매우 기동성 있는 소형 복좌 할버슈타트(Halberstadt)와 하노베라나(Hannoverana) 복엽기에 올라 고도 2000피트에서 전선을 돌아다니다 참호 위 300피트 상공으로부터 양측의 포격이 작열하는 죽음의 지대로 강하하여 적의 병력, 포대, 방어거점, 예비전력을 공격했다. 폭우나 낮은 구름이 다른 비행사들의 비행을 단념시킨 때에도 사병 출신인 이 결연한 익명의 비행사들은 지상에 있는 친척—익명의 전선 보병들—들을 돕기 위해 "똥의 거리(*rue de merde*)"—그들은 전선을 이렇게 불렀다— 위 300피트 이하로 비행했다.[29] 전쟁이 계속되면서 그들도 아에게(AEG), 알바트로스, 융커스(Junkers)—최초의 전(全) 금속제 항공기이다— 등의 무장한 보병지원기를 받게 되었다. 융커스 J1(*Möbelwagen* 또는 '가구 운반차')은 느리고 볼품없었지만 지상의 기관총에는 끄떡없었다.

영국에 대한 독일의 전략적 항공전을 수행함에 있어 항공전력사령관은 1917년 늦봄에 36대의 고타 쌍발엔진 폭격기와 3~4엔진을 갖춘 소수의 R비행기(*Riesenflugzeuge*)를 가지고 "터키인의 십자가(Turk's Cross)"라는 이름의 폭격기 전역을 개시했다. 여름에 들어서는 영국 상공에서나 착륙 시 충돌에 의한 손실이 폭격기들로 하여금 야간에 타격을 수행하도록 강제했으며, 항공전력사령관은 손실을 줄이기로 결심하고 귀중한 물자들을 폭격기가 아니라 전투기의 생산에 할당했다. 그러나 해군 비행선 지휘관 슈트라서는 이에 결코 굴하지 않고 거대한 체펠린을 2만 피트까지 비행할 수 있도록 경량화했다. 그러나 그 고도에서 승무원들은 추위와 산소 결핍으로 고통을 당해야 했으며, 예기치 않은 강풍은 비행선들을 유럽 전역으로 흩어놓고 말았다. 1917년 말에도 슈트라서는 더 큰 체펠린을 요구하고 있었으며, 그럼으로써 육군과는 조율되지 않은 별도의 전략적 전역을 수행하는 데 독일의 부족한 자원들을 쓰고 있었다. 적어도 한자-브란덴부르크 복좌 2중부유(twin-float) 단엽기로 무장하고 있던 해군의 해상전투기 함대는 제브류헤(Zeebrugge)부터 오스탕드(Ostende)에 이르는 플랑드르 연안의 상공에서 영국군으로부터 제공권을 재획득할 수 있었다.

새해가 되면서 독일 후방에서는 힌덴부르크 프로그램의 총동원이 부분적으로만 성공했을 뿐이라는 이해가 생겨났다. 이는 물자와 노동력 부족이 항공산업으로 하여금 생산목표를 충족하지 못하게 만들었을 뿐 아니라 전투기 개발에서 독일의 지체는 그들이 누리던 박빙의 질적 우세도 무효화하고 말았기 때문이다. 루덴도르프는 1918년에, 동원된 미국의 힘이 독일에 가해지기 전에, 전쟁을 끝내기 위한 독일의 대규모 공세를 계획했다. 이를 위해 1917년 6월 25일에 항공전력사령관은 전투기 대대의 수를 80개로 배가(倍加)하는 것을 주요 골자로 하는 아메리카 프로그램(America Program)을 선언했다. 그러나 불과 한 달 뒤에 최고사령부는 독일의 경제적 상황이 이 프로그램의 완전한 이행을 어렵게 만들고 있다고 경고했다. 결핍, 파업, 수송 지체가 만연하여 독일 경제를 한계점까지 압박하고 있었다.

1917년 동안 영국의 운명은 점점 더 격렬한 공세를 수행하려는 왕립항공단 사령관 트렌처드의 결의와 함께 시작되었다. 그는 보급창과 병력집결지를 공습하기 위해 적 전선의 먼 후방까지 정찰을 확대했으며, 이러한 계획은 "피의 4월"에 이르러 절정에 달했다. 왕립항공단은 공중에서 많은 손실을 당하고 있었지만 영국원정군 사령관 헤이그(Douglas Haig) 장군은 왕립항공단의 포격지원·항공사진 촬영·접촉정찰의 효율성과 지상전투에서 그것들이 가지는 중요성에 대해 인정했다.[30] 여름과 초가을 동안에 충격적으로 높은 사상을 당한—이는 정찰에 임했던 항공인들 사이에서 공세적인 정책에 대한 상당한 비판을 불러일으켰다— 후에야 왕립항공단의 우세한 전투항공기들이 그 조종사들로 하여금 독일의 전투항공기들에 대해 우위를 확보할 수 있게 해주었다. 주간폭격 승무원들은 속도가 빠른 DH-4 폭격기를 받게 되었다. 이 항공기는 조종사와 관측사 사이에 주(主)연료탱크가 위치하여 통신을 방해하는 것이 유일한 결점이었다.

이리하여 전술적 항공전에서 영국의 상황은 1917년에 개선되었지만, 5월에 시작된 영국에 대한 독일의 공중공격에 전략적으로 대응할 수 있는 방법은 결여되어 있었다. 해군부는 해군비행단을 비효과적인 전략공습으로부터 전선에 있는 왕립항공단을 지원하는 것으로 전용시켰지만, 헤이그와 트렌처드를 포함한 많은 영국의 관리들은 독일의 물자와 사기에 전략적 공습이 가하는 피해를 여전히 과대평가했다. 승무원들이 큰 도시보다 작은 표적들에 대해서는 타격에 어려움을 겪게 되는 야간 전략공습에 대해서까지도 그랬다.[31] 해군은 지상 전략폭격에 대해서는 포기하고 있었지만 미국인 커티스(Glenn Curtiss)가 만든 대형 쌍발엔진 비행정의 조달과 개조는 해군의 항공기지로부터 북해의 약 4000제곱마일에 걸친 체계적인 잠수함 초계를 가능하게 만들어주었다.

영국 정계에서 독일의 공습은 비단 방어뿐 아니라 보복을 위한 강렬한 열망 또한 자극했다. 영국 전시내각은 남아프리카 출신의 군인이자 정치인 스뮈츠(J. C. Smuts)에게 2개의 보고서를 통해 상황을 평가하도록 임무를 부여했다. 8월에 제출된 그 두 번째 보고서는 독일에 역습을 가하고 그 산업중심지와 병참선을 타격하며 전쟁을 승리로 이끌 수 있는 압도적인 공중우세를 획득하기 위해 독립적인 통합항공군을 조직할 것을 주장했다.[32] 군수부의 비행 및 항공기 보급국장 위어(William Weir)는 영국의 산업이 상당히 증강된 항공군을 무장시킬 만큼 충분한 비행기를 보급해줄 수 있으며, 모든 이들이 산업생산량에 대한 왕립항공단과 왕립해군항공대 간의 소모적 경쟁관계에 넌더리가 나 있다고 확고히 믿고 있었다. 불행하게도 위어의 열정은 그의 재량권을 앞서는 것이었으며, 아무런 잉여 생산도 현실화되지 못했다. 사실 영국의 항공기 엔진 생산은 롤스-로이스 최상급 엔진과 같은 괜찮은 부분을 제외하고는 비참하게 실패적이었다. 통합항공군의 문제도 해결되지 않은 채 해가 지나고 말았다.

이탈리아 항공대에서는 카프로니 폭격기들이 계속해서 중심 무대를 지켰는데, 그것들은 이존초(Isonzo) 전투 동안에 보병의 공세를 지원하면서 적 전선과 후방지역에 대한 파상공격을 수행했다. 재앙과 같은 제12차 이존초 전투* 동안에 카포레토(Caporetto)에서 이탈리아 전선이 붕괴하여 피아브 강(Piave River)으로 퇴각한 것은 폭격기들로 하여금 적의 흐름을 저지하기 위한 노력으로서 반복적인 지상공격을 감행하게 강제했다. 탈리에도(Taliedo)에 있는 카프로니 공장은 완벽히 표준화된 날개 제작법을 가지고 매일 1대의 복엽기와 1대의 삼엽기 폭격기를 생산해내고 있었으며, 피아트는 점점 더 강력한 엔진을 꾸준히 제조해냈다. 두에와 카프로니는 전략폭격기들로 이루어진 연합군의 항공함대를 주장했다. 6월에 옥중에서 두에는 적의 도시들을 폭격하기 위해 연합국이 2만 대의 비행기를 생산할 것을 요구했다.[33] 그는 4월에 전쟁에 참가한 미국이 1만 2000대의 항공기를 제공해줄 것으로 기대했지만 이는 오판이었다. 대서양 너머의 잠재적인 산업강국 미국은 민주주의의 병기고로서 봉사할 준비가 전혀 되어 있지 않았으며, 실상은 1918년에 항공대대를 훈련 및 무장시키는 데 있어 유럽의 연합군들에 의존해야 했다.

1917년에 비행기는 항공근접지원부터 전략폭격에 이르는 임무들을 수행하는, 다면적인 전쟁무기로 급속하게 발전해갔다. 1917년 동안 주요 항공군의 서로 다른 성격이 분명히 드러났다. 가차 없이 공세적이었던 왕립항공단은 높은 손실이 발생하는 것의 중요성을 폄하하고 그것을 전쟁노력에 대한 자신들의 기여를 보여주는 증거로 선전하면서 환경과 무관하게 독일군에 대한 전투를 수행했다. 그들은 손실을 영연방 출신자들로 대체하고 신형 전투항공기를 인수받았으며, 가을까지는 그 해 중반의 위기를 극복하기에 이르렀다. 이를 통해 통합항공군으로 독일의 전략적 표적들을 폭격할 수 있는 강화된 능력을 기대하며 1918년을 맞았다. 슈멩 데 담므에서 대패배를 당한 후에 육군이 제한적인 공세에만 스스로를 제한하고 있었던 것처럼 프랑스 항공군도 감소되는 병력을 보존하기 위해 보다 신중한 공세정책을 추구했다. 페탱은 영국군이 그랬던 것처럼 사기에 미치는 효과를 계산하지 않고 군사적 결과에 기초하여 표적의 우선순위를 선정하고 폭격의 효과성을 평가하면서 전략폭격에 대한 실용적인 접근법을 취했다. 이제 프랑스 육군은 1918년에 전선 상공에서 프랑스의 공중우세를 재획득하기 위해 스파드 13형 추격기와 브레게 14형 전술폭격기를 결합시키는 데 집중하고 있었다. 육군처럼 독일의 항공군도 서부전선 상공에서 방어적인 전쟁을 치렀지만, 최고사령부는 영국을 전쟁에서 몰아내

• 제1차 전투는 1915년 6월 23일부터 시작되었으며, 마지막 전투인 제12차 전투는 1917년 10월 24일에 시작되어 11월 7일에 끝났다.

기 위한 시도로서 무제한 잠수함전을 수행함과 더불어 영국에 대한 전략적 항공공세 또한 수행했다.

1917년에 영국과 독일의 지휘부는 대지공격 항공기가 전투에서 강력한 무기라는 게 입증되었다고 믿었다. 영국의 전투기 조종사들이 (비록 그 임무를 매도하고 무작위로, 조율이 되지 않은 가운데서, 그리고 개별적으로 맹폭임무에 임하기는 했지만) 대지공격의 책임을 지게 되었다. 그와는 대조적으로 독일군은 대지공격에 적합한 비행기를 개발했으며, 그와 같은 과업을 중요하게 여기는 보병 출신들이 이를 조종하게 했다. 프랑스군은 그 어느 것도 하지 않았으며, 대지공격 작전에서 한참 뒤떨어지게 되었다. 비행기의 증가된 군사적 중요성과 그것이 수행하는 군사적 역할의 증대는 격렬한 소모전을 수행하기 위한 모든 주요 교전국의 항공동원 증가와 부합하는 현상이었다. 항공력의 이러한 급격한 발전은 비행기의 심장인 항공기 엔진의 중요성을 보여주는 것이었으며, 프랑스는 강력한 항공기 엔진을 대량으로 제조해내는 능력을 가장 잘 보여주었다.

영국과 프랑스에서 항공동원은 상당한 정치적 충돌을 야기했다. 영국의 항공행정은 프랑스와 마찬가지로 고도로 정치화되고 개인화되어 있었지만, 영국의 체제는 프랑스 정부의 계속되는 입장 변화와 같은 행정적 불안정성에 의해 시달리지는 않았다. 의원들이 독일을 폭격하기 위한 전략적 항공군을 원했기 때문에 양국 모두에서 의회는 항공에 있어 중요한 역할을 수행했다. 항공에 대한 육군의 통제가 당연시되었던 프랑스에서 의원들은 자신들의 생각을 관철하기 위해 장관들에게 질의하고 모의하기도 했지만 소용이 없었다. 영국에서는 의원들이 항공 로비활동을 통해 독립공군의 창설을 계속 요구했으며, 이에 로이드 조지 정부는 항공에 대한 육군·해군 간 충돌을 해결하고, 통제권을 놓고 육군과 영국원정군 사령관 헤이그에 맞서 싸우고 있던 수상에게 독립적인 동맹을 제공하는 데 동의했다.

이러한 복잡한 상황들에 비해 권위주의적인 독일의 체제는 독일의 군사항공 조직으로 하여금 안정의 전형이 되게 만들었는데, 이는 전쟁 초기부터 종전 때까지 동일 인물이 항공군과 항공생산을 지휘했기 때문이다. 봉쇄를 당한 국가의 심각한 물자와 인력의 부족에 비춰 볼 때 그러한 안정과 통일성은 연합국의 국가들보다 독일에게 필수적인 것이었다. 게다가 서부전선에서 영국과 프랑스 항공군 간의 협력 결여는 연합군의 점점 더 증대되는 수적 우세에도 불구하고 독일 항공군이 생존할 수 있게 해주었다. 그러나 미국의 전력이 가능한 한 빨리 독일에 가해지게 하기 위해서는 연합군 간 협력이 필요했으며, 합동으로 이루어지는 전략적 공중공세는 서부전선에서 최대한 공중우세를 달성하기 위해 이탈리아의 비행기와 엔진들을 포함시킬 것을 요구했다. 그러나 프랑스의 군사 및 정치 지도자들은 전략적 항공전을 수행할 준비가 되어 있지 않았으며, 영국군은 연합군 간의 전략적 조율에 대해 별 관심을 보이지 않았다. 이러한 상황 아래서는 매달 파리에서 만나 항공 생산과 보급을 논의하기 위해 1917년 11월에 창설된 연합군항공위원회(Inter-Allied Aviation Committee)가 얼마나 효과적일지 지켜봐야 했다.

1918년: 대단원을 향하여

1918년이 시작되면서 프랑스 육군사령관 페탱은 항공전력의 집중이 가지는 중요성을 강조하면서 전술적 공세작전에서 전장과 전선 바로 배후의 지역에 대한 결정적인 공중우세를 획득하기 위해 적의 항공을 파괴할 것을 계획했다. 독일의 3월 공세에 맞선 방어적 투쟁 동안에 폭격기와 전투기는 전투지대에 걸쳐 끊임없는 작전을 수행하면서 프랑스의 지상전력을 지원했다. 프랑스 전투기들에 의한 보호의 필요성이 줄어든 4월과 5월에 최고사령부는 적 전선에 대한 전술작전을 위해 주·야간 공격이 가능한 폭격기들과 그 나머지 절반은 전투기들로 항공사단을 창설했다. 프랑스 육군의 지휘관들이 항공사단과 협력하기를 꺼려 그 효과성이 제한되기는 했지만 항공사단은 공세를 계속했고, 그들은 가을에 상 미엘(St. Mihiel) 공세에서 미국의 미첼(William "Billy" Mitchell) 준장이 이끄는 1400대 타격군의 중심이 되었다.

브레게 14형은 탁월한 전술 주간폭격기이면서 전선 60마일 뒤까지 항공촬영정찰을 할 수 있는 고고도 비행기이자 튼튼한 포격관측기임을 입증해냈다. 브레게와 삼손(Salmson) 2A2 성형(星形)엔진 복엽기가 마침내 프랑스 군단 조종사들에게 독일 전투기들에 맞서 싸울 수 있는 기회를 제공해주었다. 야간폭격기는 1918년 내내 프랑스 항공에 있어 약한 고리로 남았지만 프랑스군은 전략폭격작전을 수행할 추가적인 계획을 갖고 있지 않았으며, 그 대신 전선의 45마일 내에 있는 철광의 독일 철도교통을 타격했다. 전선에서의 전쟁에 몰두하고 있던 프랑스 육군은 전략항공과 자율적인 항공군 모두에 대해 반대했다. 5월에 들어서야 장거리 중폭격기들이 페탱의 항공기 유형별 우선순위 목록에서 맨 마지막에 등장했다.

후방에서는 프랑스 항공에 대한 프랑스의 정치와 행정이 1918년에 상당 정도 안정되었다. 최고사령부가 계속해서 전략적 항공력을 요구함에 따라 클레망소 수상과 군수부장관 루셰(Louis Loucher)는 의회에서 최고사령부를 지지했다. 전쟁의 맨 마지막까지도 프랑스 의원들은 전략적 항공군의 부재에 대해 반복적으로 얘기했다. 이는 프랑스가 세계에서 가장 거대한 항공함대—4000대의 비행기와 2600대의 예비기—를 서부전선에 보유하고 있으며, 영국(4만 3000대)이나 독일(4만 8000대)보다 많은 비행기(5만 2000대)와 다른 두 국가를 합친 것(각 4만 1000개)보다 많은 엔진(8만 8000개)을 생산해냈다는 사실을 무시한 것이었다.

3월 공세를 효과적으로 개시했던 독일 항공군은 그 뒤에는 1918년에 연합군의 수적 우세에 점점 더 압도되어가는 자신을 발견했다. "곡예단(circuses)"이라 이름 붙여진, 약 60대의 비행기로 이루어진 보다 큰 제대로 편성된 독일의 전투기 대대들은 최상급 포커 D7을 인수받았다. 그것에 장착된 BMW 185마력 고압축 엔진과 두꺼운 날개는 전쟁이 끝날 때까지 연합군의 모든 도전자들에 비해 우세를 확보할 수 있게 해주었다. 80기를 격추한 공적(이로써 그는 제1차 세계대전의 에이스 중 에이스가 되었다)을 갖고 있던 리히토펜이 4월에 전투 중 사망하여 프랑스의 퐁크를 제외한 사실상 당대의 모든 고수들이 맞았던 운명을 동일하게 맞이했다. 숙련된 조종사와 연료가 부족했던 독일 항공군은 연합군에게 수적으로 터무니없이 압도당하고 있던 가운데 이 비행장에서 저 비행장으로 퇴각하면서 전쟁의 마지막 시기를 보내야 했다. 최고사령부는 5월에 전략전폭기 전역을 포기하고 서부전선 상공에서의 전술적 공습에 모든 폭격기를 할당했다. 물자와 노동력의 부족에 직면하여 항공기와 엔진 생산은 감소되었으며, 이는 소모전에서 패배를 확실히 해주었다. 육군의 전투기 전력처럼 독일의 해군 전투기 전력도 하인켈의 한자-브란덴부르크 수상비행기라는 우수한 비행기를 보유하고 있었지만, 그러한 다양한 임무를 수행하기에는 결코 충분하지 않았다. 전쟁 종반에 이르러 독일의 전선 비행기는 1월에 약 3600대에서 2700대로 감소했으며, 1918~1919년 겨울의 도래는 석탄·물자·연료·식량 부족으로 인해 모든 생산을 급정차시켰다.

1918년 3월에 왕립항공단은 처음에는 불리한 상황 속에서 독일의 공세에 직면했다. 그러나 심각한 손실—그들은 이를 대체할 수 있었다—에도 불구하고 왕립항공단은 그달 말에 이르러서 공중우세를 재장악할 수 있었다. 1918년에 영국에 탱크가 대규모로 가용해지면서 육군은 항공기·탱크 간 연락을 발전시키고 독일의 대전차 포를 무력화하기 위해 항공대대를 탱크군단들에 파견했다. 8월 초 아미앵(Amiens)에 대한 공세부터 영국 육군은 탱크, 포, 항공전력을 협력시키며 전쟁의 나머지 기간 동안 가차 없이 전진해나갔다. 1918년 초부터 종전일까지 영국의 비행사들은 적 영토 상공에서 끊임없는 공세를 통해 전쟁을 독일인들에게로 옮겨 갔다. 이러한 지배를 위해 그들은 전쟁이 끝날 때까지 높은 사상의 대가를 치러야 했다. 한 전투기 조종사는 1918년 동안 프랑스에서 조종사의 수명은 평균 6주도 되지 않았다고 계산했으며, 그것은 신경불안, 충돌, 부상, 생포, 또는 죽음에 의해 결정되었다.

1918년 4월의 공군부(Air Ministry), 영국 공군(RAF), 그리고 트렌처드가 이끄는 독립폭격군(Independent Bombing Force)의 창설•이 그런 새로운 항공조직의 논쟁적이고 정치적인 성격 때문에 역사가들로부터 필요 이상의 주의를 받기는 했지만, 전쟁이 끝날 때까지 항공대의 주된 관심과 자원을 소비시킨 분야는 전술적 항공전이었다. 사실, 공군장관(Secretary of State for Air) 위어는 독일 도시들에 대한 대규모 공중공세를 수행하기 위해 독립폭격군을 건설하고자 계획했으며, 9월에 그는 트렌처드에게 "본인은 귀하께서 독일의 도시들 중 하나를 진정 불바다로 만들어준다면 고맙겠습니다… 독일인들은 잔학한 행위에 취약합니다"라고 썼다.[34] 반면 트렌처드는 자신이 지휘하는 독립폭격군을 "노력과 인적자원의 거대한 낭비"로 간주했으며, 비행장이나 철로와 같은 전술적 표적을 타격하는 것을 선호한 나머지 화학공장과 철 및 강철 공장을 타격하라는 공군부의 지령을 무시해버렸다.[35] 독립폭격군의 유일한 업적은 해군 항공대로 하여금 전략폭격에 집중하던 것에서 벗어나게 하고 해군으로 하여금 함대와 잠수함 초계임무에 집중하도록 만든 것이었다. 군수부는 항공산업의 동원에 성공했는데, 동원된 35만 명의 노동자는 종전기에 세계에서 가장 많은 수였다. 영국 공군은 전력을 서부전선과 중동에 이르는 매우 먼 거리의 제국기지들로 분산했으며, 그들의 기나긴 군수 "꼬리(tail)"••는 영국 공군으로 하여금

• 실제로는 공군부는 1918년 1월 2일, RAF는 같은 해 4월 1일, 독립폭격군(또는 독립공군)은 6월 6일에 창설되었다.

•• 병참선의 신장으로 인해 군수 조달을 위해 동원되는 인적자원 또한 매우 컸음을 의미한다.

그 인력에 있어 종전기 세계에서 가장 거대한 항공군이 되게 했다.

마침내 1918년에 이탈리아 육군 및 해군 항공대는 적 오스트리아-헝가리를 제압했다. 두에는 항공군으로 복귀해 1918년 4월에 만들어진 군수부의 항공국장으로 복무했으나 저술활동을 위해 6월에 49세의 나이로 퇴역했다. 카프로니는 1918년에 330대의 폭격기를 생산했다. 마지막에 생산된 290대에는 3개의 200마력 엔진이 장착되었는데, 이는 초기 카프로니에 비해 2배나 되는 동력이었다. 그러나 영국군과 프랑스군 모두가 서부전선에서 카프로니 폭격기를 사용하는 것에 대해서는 거부했으며, 연합군의 전략폭격 전역은 전혀 발생하지 않았다.

결론

1914년 8월에 유럽국가들은 초보적인 항공군과 유아상태의 항공산업을 보유한 채 전쟁으로 치달았다. 비행기가 정찰과 포격관측의 수단으로서 가치를 스스로 입증하자 항공지휘관들은 효과적인 항공작전을 수행하고 적의 공중정찰을 막기 위해 더 많은 비행기를 요구했다. 적의 공중정찰을 막고자 하는 목적은 무장항공기와 특화된 추격 또는 전투 항공기의 발전을 이끌었다. 베르됭과 솜 전투는 공중전 전술의 개조를 강제했으며, 집중의 중요성을 부각시켰다. 그 결과 항공군과 항공산업의 규모는 급격하게 커져 갔다. 기본적인 전시 유형은 복좌·단일 엔진 다목적 복엽기와 단좌·단일 엔진 추격복엽기로 남아 있었지만 비행기들은 그 기능에서 보다 특화되었다. 모든 항공지휘부는 적의 생산과 사기에 피해를 가하기 위한 전략폭격에 대해 숙고했지만 초기 항공기술은 항법과 폭격의 규모, 속도, 거리, 정확성에 제한을 가했으며, 이는 25년 뒤인 제2차 세계대전 중반에 가서야 극복될 것이었다.

군사항공은 제1차 세계대전의 결과를 결정짓지 못했지만 비행기는 전장에서 육군을 지원하는 데 진정한 중요성을 확보했다. 전장 상공의 공역에 대한 통제는 제1차 세계대전기 승리에서 필수적이게 되었으며, 이는 20년 뒤의 장차 전쟁에서도 마찬가지일 것이었다. 사실 전략항공은, 비록 그것이 장차 전쟁에서 승리의 열쇠를 제공해주는 것처럼 보이기는 했지만, 1914년의 분쟁에서는 거의 역할을 하지 못했다. 전투기 조종사와 대지공격 승무원들은 20세기 나머지 기간 동안 사용될 기본적인 전기(戰技)를 발전시켰으며, 그런 젊은 항공인들 중 다수가 두 번째 세계대전에서 항공지휘관이 되었다. 전략과 전술 모두에서 1914~1918년의 항공전은 1939~1945년에 있을 보다 대규모적인 항공전의 전조(前兆)가 되었다.

대중의 전쟁은 그들에게 새로운 개인 영웅을 선사해주었다. 비행사, 특히 전투기 조종사들은 반신(半神)이자 세속인들의 성스러운 숭배의 대상으로 명예시되었으며, 그들의 명성과 영웅적 행위는 그들이 격추한 수에 따라 정량화되었다. 고대 전사(戰士)가 이번에는 땅에서의 모든 죽음 너머로 그를 떠 있을 수 있게 만들어주는 치명적인 기계를 탄 채 재등장하여 명예와 모국의 생존을 위한 전투를 통해 의식(儀式)을 반복할 준비를 마친 상태였다. 1914~1918년 전장의 교훈이 관측, 폭격, 지상전투에서의 공격을 위한 전술적 무기로서 비행기가 가지는 가치를 입증해주었을 때도 이러한 상황 자체가 필요 이상으로 전투기에 주목하게 만들었다. 전투기는 주로 임무를 수행 중인 다른 비행기들을 보호하기 위해 필요했지만, 공중전은 난투 속에서 그 자신의 생명을 앗아가 버렸다.

제1차 세계대전 이후의 이론과 희망적 사고는 전략적 항공에 초점을 두고 전후 관찰자들의 마음으로부터 전술적 항공의 중요성과 그것이 거둔 성공에 대한 교훈을 거의 몰아내버렸다. 전후 항공이론가들이 도시를 폭격하고 전시 산업과 민간인의 사기를 파괴함으로써 적의 항복을 강요할 수 있는 전략폭격의 능력에 대해 숙고하면 할수록 그들은 전장항공의 교훈은 점점 더 기억하지 않으려 하는 것처럼 보였다. 두에가 이러한 이론가들 중 가장 두드러진 인물이었다. 그의 저작 『제공권(*Il dominio dell'aria*)』은 전략적 항공력에 대한 주장을 압축해놓았다. 그는 폭탄이나 화학물질로 민간 중심지를 직접 타격하면 민간인들이 그런 공격을 견딜 수 없기 때문에 국가들이 무릎을 꿇게 될 것이라고 생각했다. 이러한 주장은 1914~1918년의 제한적이고 결정적이지 않은 경험보다는 귀납적 사고와 추론에서 파생된 것이었다. "독일의 도시를 진정 불바다로 만든다"는 위어의 희망은 1943~1945년에 영국 공군 폭격기사령부에 의한 파괴적인 공습의 씨앗이 되었으며, 이는 이론가들이 주장했던 것과 같은 전쟁의 종결효과는 달성하지 못하고 폭격기사령부와 독일 민간인의 끔찍한 사상만 불러왔을 뿐이었다. 사실 1939~1945년의 승리는 지상과 해상 전력을 지원할 전술항공력과 전략적으로 주요한 산업 및 교통 지점에 대한 보다 정밀한 표적처리를 요구할 것이었다. 이는 1914~1918년 항공전의 실제적인 경험을 확인시켜주는 것이었다.

제2장

유럽 항공전, 1939~1945년

리처드 오버리(Richard Overy)

1939년 9월에 두 번째 주요한 유럽전쟁이 발발했을 때, 전쟁은 그것에 대한 전통적 인식을 가차 없이 무시한 채 수행되리라는 대중적인 기대가 널리 퍼져 있었다. 이러한 두려움의 중심부에는 현대 항공력은 적의 본국 주민들을 목표로 할 것이라는 믿음이 존재했다. 그들의 사기(士氣)는 폭탄, 가스탄, 생물학무기가 빗발치는 가운데 완전히 무너질 것이었다. 이런 최초의 "대량파괴무기"가 완전히 현실화되지는 못했지만, 유럽전쟁의 첫날인 9월 3일 아침에 런던에서는 공습경보가 울렸다. 이는 적의 것으로 잘못 식별된 항공기 1대에 의해 촉발된 것이었다. 극심한 공포가 야기한 이러한 대응은 새로운 전쟁이 항공력에 의해 결정날 것이라는 확신을 상징해주는 것이었다. 이러한 시각은 1914년에 소수의 초보적인 비행기들로 항공력의 세기를 시작했던 불과 25년 이전에만 해도 생각할 수 없는 것이었다.

제1차 세계대전과 제2차 세계대전 간의 20년 동안에 유럽의 모든 주요 국가들은 첨단기술을 갖춘 항공전력을 발전시키려 했으며, 군사사상가들은 최대의 군사적 유용성을 가질 수 있도록 항공력을 운용할 수 있는 방법에 관한 문제를 잡고 씨름했다. 항공력의 미래에 대해서는 합의된 의견이 존재하지 않았다. 각각 강력한 육군의 전통을 갖고 있던 독일, 프랑스, 소련에서는 항공력이 지상전력과 결합되어 적 육군의 패배를 가속시키는 데 쓰이는 것으로 간주되었다. 이는 전선으로부터 기껏해야 몇 백 킬로미터 떨어진 거리에서 폭격을 수행하는 것도 포함했지만, 보통은 그보다 훨씬 더 가까운 거리 내에서 이루어지는 그것을 상징했다. 독일의 항공교리는 지상전력과는 독립적으로 수행되는 장거리 폭격의 가능성에 대한 인식을 보여주었지만, 이는 독일 항공인들이 "작전적 항공전"이라 불렀던 것을 실행하는 데 있어 필수적인 요소가 아니라 도발을 당했을 때나 보복을 위해 수행되는 것으로 간주되었다.[1] 독일의 이론가들은 항공력은 우선적으로 전투가 이루어지고 있는 전선에서 승리하기 위해 사용되어야 한다는 제1차 세계대전의 교훈을 프랑스 이론가들과 공유했다. 이러한 시각은 그들의 지정학적 위치에 들어맞는 것이었다.[2] 그들은 또한 주요한 지상공세와 함께 항공기를 사용하는 것을 항공력의 전략적 사용으로 간주했으며, 그러한 작전은 전술적인 것에 지나지 않다는 시각에 동의하지 않았다.[3] 자본주의적인 서방으로부터의 모든 잠재적 위협은 긴 소련의 국경을 따라 발생할 것으로 생각되었기 때문에 소련의 경우도 유사했다. 그렇기 때문에 항공기를 포함한 모든 군사력을 공세작전을 감행하기 위해 국경이나 그 인근에 전개된 육군을 지원하기 위해 써야 할 필요가 있었다. 소련의 결정은 또한 지정학적 현실의 산물이기도 했는데, 이는 당시 소련 항공기는 잠재적인 적의 어떤 주요 도시에도 도달할 수 없었기 때문이다.

이러한 규칙에서 예외는 영국 공군이었다. 영국 공군이 창설되었던 제1차 세계대전의 종결기에 그 지도자들은 적 전시생산의 긴요한 중심지와 경제적 기간구조를 지향하는 독립적인 폭격전역이—특히 폭격이 대중의 광범위한 사기 저하를 만들어내는 경우에는— 정치적 격변을 촉발하고 독일로 하여금 평화를 간청하도록 강제할 수 있다는 시각에 동의했다. 사기가 취약한 표적이라는 생각은 일반적으로 1920년대 동안에 공군참모총장이었으며 사기에 대한 효과가 물리적 파괴에 의한 효과에 비해 20배나 크다는 유명한 주장을 펼쳤던 트렌처드 장군[훗날 공군원수(元帥)]에게서 기인하는 것으로 알려졌다. 그러나 장거리 폭격의 정치적 배당금에 대한 생각은 1918년에 이미 통용되었으며, 이는 초대 영국 공군참모총장 사이크스(Frederick Sykes)•에 의해 촉진된 것이었다.[4] 전간기 동안 영국 공군의 교리는 공중공격에 맞서 본국을 효과적으로 방어할 수 있는 방책을 제공하고자 하는 희망과 가장 좋은 형태의 방어는 적 본국에 대한 공격—추가 공격에 대한 억제력으로 기능하거나 적 전쟁노력의 중심부에 위기를

• 통상적으로는 트렌처드 경이 영국 공군의 초대 참모총장으로 간주되나 영국 공군이 공식적으로 창설된 1918년 4월 1일을 기준으로 삼으면 사이크스가 초대 총장이 된다.

조장함으로써—이라는 믿음 간에 분열되어 있었다.

전간기 동안에는 이러한 전략적 윤곽으로 드러나는 모순에 결코 제대로 대처할 수 없었다. 1935년에 발간된 영국 공군의 전쟁교범은 "폭탄은 공군의 주요 무기이다"라는 주장으로 첫줄을 장식했으며, "전쟁을 계속할 수 있는 적의 힘"을 감퇴시키기 위해 적국의 "신경중추, 대동맥, 심장과 두뇌"에 대해 이루어지는 전역에 관해 기술했다.[5] 이는 1945년을 거쳐 유럽전쟁이 끝날 때까지 영국 공군의 전략에서 핵심적 면모로 남았다. 영국 공군은 적 군사력보다는 적 국민을 격파하려는 목적과 전략적 궤적을 가진 독립적인 폭격전략과 지상과 해상의 표면에서 이루어지는 전역을 지원하기 위해 항공력을 전술적으로 사용하는 것—영국 공군은 이에 대해서는 여전히 준비가 빈약했고 교리적으로도 결함이 있었다— 간의 구별을 유지했다. 그러나 레이더와 단엽전투기가 소개되는 1936년부터는 정치적인 주장에 따라 적극적인 방공의 가능성에 더 큰 강조점이 놓였다. 그러한 방공의 목적은 다시 한 번 육군이나 해군과는 독립적인 작전을 통해 적 공군에게 본국을 공격할 수 있는 가능성을 거부하는, 전술적이기보다는 전략적인 것이었다.

전략적 관점상의 이러한 차이는 1939년과 1945년 간에 유럽에서 항공전이 수행되는 방식을 결정지었다. 1940~1941년 가을과 겨울 영국 도시들에 대한 독일의 공중공격—독일 공군은 이에 대해 잘 준비되어 있지 않았다—을 제외하면, 유럽대륙의 주요 공군에 의한 항공력 행사는 적 무장력의 파괴라는 군사력의 주요한 전략적 목표를 지원한다는 보다 협소한 의미에서 전략적이었다. 해운에 대해 항공력을 사용할 준비는 거의 되어 있지 않았다. 이탈리아 해군은 현대 항공·해상전을 치를 준비가 거의 되어 있지 않았으며, 영국은 소수의 항공모함을 보유하고는 있었지만 그것을 사용하는 데는 경험이 거의 없었다. 독일은 항공모함을 가지고 있지 않았으며, 해군과 공군 간 관계는 효과적인 공·해간 작전적 협력을 발전시키기에는 너무 미흡했다. 항공력은 광범위한 도양(渡洋) 전투를 가능하게 해줄 비행장이 연안에 충분히 가깝게 존재하는 한 바다에서 행사될 수 있었지만, 그 상당 부분은 1940년 6월에 전쟁이 지중해로 확대되고 같은 달에 독일의 해상 및 항공 전력이 영국의 대서양 무역에 대한 전역을 개시했을 때에서야 급조되었다.

지상작전과 결합하여 항공기를 사용하는 것은 유럽전쟁의 초기 전역에서 그 정당성을 철저히 입증해냈다. 독일의 성공이 압도적인 수적 우위에 의존한 것이었다는 보편적인 시각은 1939년 9월 1일에 시작된 폴란드 전역의 경우 분명 사실이었다. 당시 독일 공군의 1500대에 이르는 일선 항공기들은 폴란드군이 사용하는 397대의 항공기를 압도했다. 그러나 1939년 9월 3일에 독일에 대해 전쟁을 선언한 영국과 프랑스에 대해서는 항공자원에 대한 균형이 보다 균등했다. 독일의 2741대의 일선 전투항공기들(1180대의 폭격기와 970대의 단좌전투기들이 포함된다)이 2000대가 넘은 영국과 프랑스의 일선 비행기에 맞섰다. 서부 연합군은 덜 발전된 기종이기는 했지만 그보다 훨씬 더 많은 예비전력도 보유하고 있었다.[6] 네덜란드, 벨기에, 프랑스에 대한 전역에서 독일 육군이 거둔 신속한 성공은 대부분 독일의 공중우세 덕택이었다. 독일 최고사령부에 의해 그러한 과업에 할당된 2700대의 항공기 모두는 지상의 육군을 지원하는 단일한 목적에 집중되었으며, 그것들은 정찰비행, 공중우세를 위한 전투기 간 교전, 적 방어거점에 대한 급강하폭격기의 공격, 보다 멀리 적 전선 배후의 기회성 표적에 대한 중급폭격기의 공격 등을 다양하게 수행했다. 그것들은 서로 다른 유형의 항공기를 운용하지만 중앙집권화된 통제, 높은 기동성, 효과적인 무선통신을 갖춘 통합항공함대로 조직되었다. 그러나 영국 항공기의 대부분은 있을 수 있는 독일의 공중공격에 대비한 방어를 위해 영국에 남아 있었으며, 프랑스의 항공기들은 보다 분산된 프랑스의 전시생산을 보호하고 이탈리아의 개입 가능성에 대한 방어를 위해 프랑스 본국과 북아프리카에 걸쳐 배분되었다.[7] 연합군은 두 공군을 협력시키거나 그들의 주요 항공전력을 전선에 집중시키는 데 완전히 실패했다. 그 결과, 그들은 항공전역과 지상전역 모두에 대한 통제권을 동시에 잃어버렸다.[8]

영국전투와 영국대공습

유럽전쟁에서 가장 중요한 공중전투가 1940년 6월 프랑스의 패배에 뒤이어 발생했다. 영국에게 영국전투는 독일의 침공을 막기 위한 전역으로 간주되었다. 그도 그럴 것이 그것은 비단 전투기사령부만 관여시킨 게 아니라 본국에 주둔하는 육군의 광범위한 군사적 준비와 독일이 통제하는 항구들과 1940년 7월 16일에 히틀러(Adolf Hitler)가 승인한 영국침공 작전인 바다사자작전(Operation Sealion)을 위한 해운을 공격하는 데 폭격기를 사용하는 것 또한 포함했다. 그러나 양측 모두는 독일 최고사령부가 계획한 복잡한 연합작전에는 공중우세가 필수불가결할 것이라고 생각했다. 독일 공군 총사령관 괴링(Hermann Göring) 원수는 더 이상 전투에 개입할 수 없을 지경까지 영국 공군을 무력화하는 데 착수했다. 그러한 단계가 되면 남부의 서섹스(Sussex)와 켄트(Kent)를 침공할 수 있도록 독일 폭격기들이 영국 남부의 군사적·경제적 구조들의 기능을 저하시키려 할 것이었다.[9] 영국전투의 항공전은 보통 7월 중순부터 시작된 것으로 날짜를 잡지만 준비폭격은 1940년 6월에 시작되었으며, 1940년 8월 13일의 "이글데이(Eagle Day)"에 개시하는 것으로 예정되어 있던 영국 공군에 대한 독일 공군의 주요 공세가 개시될 때까지 제한적이기는 했지만 거의 지속적인 공중전투가 발생했다.

영국전투는 대적하는 두 공군의 전략적 입장 차이를 분명히 보여주었다. 프랑스와 벨기에에 주둔하는 항공함대(Air Fleet) 2와 3으로 조직되어 있던 독일 공군은 강력한 적극적·수동적 방어에 맞서 적 영토에 대해 독립적인 공중공격을 가할 준비가 되어 있지 않았다. 폭격기군은 영국의 대부분 지역에 도달할 수 있었지만, 전역의 초기 단계에서 그들은 항구 도시들에 주목했다. 표준적인 전전(戰前) 폭격기는 느렸으며 도심 표적을 위해 경량의 폭탄을 탑재했다. 전투기군은 항속거리가 매우 제한되어 기껏해야 영국의 남부 도시에까지 도달할 수 있었으며, 전투 시 체공시간도 30분가량에 지나지 않았다. 영국의 9/10는 독일 단좌전투기의 항속거리에서 벗어나 있었다.

영국에게 있어 영국전투는 광범위한 준비가 이루어졌던 전역이다. 거대한 전투기군은 최첨단 항공기술이 적용된 호커 허리케인(Hawker Hurricane)과 수퍼마린 스핏파이어(Supermarine Spitfire) 전투기로 구성되었다. 영국 남부에는 잘 조직된 관측사와 통신체계가 위치하고 있었다. 무엇보다도 레이더의 발전은 적 항공기의 근접에 대한 경보가 제한적이기는 하지만 많은 경우 충분하게 존재했음을 의미했다.

생산의 우선순위와 훈련에서도 대조되었다. 항공기의 질과 조종사에 대한 독일의 과신은 영국의 능력에 대한 빈약한 정보[이는 프랑스 전투(Battle of France)에서 영국 공군의 성과에 대한 부적절한 평가 탓이기도 했다]와 뒤섞였다. 독일 공군 최고사령부는 4일 내에 위협적인 존재로서의 영국 공군을 제거해낼 수 있을 것으로 기대했으며, 보유한 조종사와 항공기만으로도 그러한 과업에 충분할 것이라 믿었다. 1940년 8월 10일에 독일의 전투기군은 1011대의 비행기를 보유했으며 그중 805대가 가용했다. 영국 공군은 8월 9일에 1032대의 전투기를 보유하고 있었으며 768대가 가용했다. 게다가 다음 날 작전에 투입될 준비를 마친 424대가 비축되어 있었다. 1940년 8월부터 10월까지의 3개월에 걸친 항공전 내내 영국 공군 전투기사령부가 쓸 수 있는 훈련된 조종사의 수는 독일에게 가용했던 단좌전투기 조종사의 수를 상회했다.[10] 전투기간 동안 (비록 손실률은 독일군에 비해 약간 높았지만) 영국의 수는 대강 일정하게 남았지만 전투가 최고조에 이른 9월 초에 이르면 독일의 수가 전투기 500대가량으로 감소했으며, 10월 1일에는 하루 동안에 불과 275대로 줄어들었다. 이러한 차이의 열쇠는 항공기 생산에 있었다. 영국의 산업은 전투기를 최우선순위로 생산해내도록 최적화되어 있었다. 독일의 산업은 전투기보다는 다양한 전술항공기와 중급(中級) 폭격기를 생산해냈다. 1940년 8월과 9월에 독일의 항공기산업은 775대의 전투기를, 영국의 산업은 1900대를 생산해냈다.[11]

그럼에도 불구하고 결과는 전적으로 예정된 것이 아니었다. 독일의 전투기들은 질적으로 우수했으며 조종사들은 잘 훈련되고 숙련되어 있었다. 그것들은 또한 교전의 지점을 선택할 수 있었던 반면 방어에 임하는 공군은 적의 작전을 대비하고 적이 선택하는 공간에서 교전해야 했다. 그 결과, 영국 공군 전투기사령부는—비록 그들이 더 상당한 예비 및 대체 전력을 보유하고 있었지만—독일의 전투기 부대보다 약간 높은 손실률에 시달렸다. 그러나 독일의 이점은 몇 가지의 중대한 약점보다 크지 못했다. 독일의 조종사들은 그들이 적 영토 상공에서 탈출하거나 바다에 추락하는 경우 손실되고 말았다. 독일의 전투기는 폭격기를 보호해야 했으며, 전투기 간의 직접적인 전투에는 자유로이 임할 수 없었다. 독일의 항공정보는 영국의 손실률과 공군의 기간구조에 가해진 피해의 수준을 계속해서 과대평가했다. 8월 말에 독일의 항공정보는 전투기사령부의 8개 비행장이 사용할 수 없게 되었으며(사실, 3개는 잠시 사용할 수 없게 되었지만 그 뒤 다시 사용 가능해졌다), 전투기사령부의 전력이 예비전력도 없이 200대가량(실제로는 700대가 작전 가능하고 250대가 즉각 사용할 수 있게 비축되어 있었다)으로 감소되었다고 어림잡았다.[12]

가해진 피해의 양에 대한 오산(誤算)은 독일 공군의 지휘관들로 하여금 전략을 변화시키도록 설득했다. 9월 초에 괴링은 적 공군—비행장과 무선기지—에 대한 공격에서 도시와 통신에 대한 공격으로 전환하도록 명령했다. 브리스톨, 리버풀, 버밍엄, 그리고 기타 산업 및 항구 도시에 대한 세찬 공격이 이루어졌다. 9월 2일 괴링은, 9월 15일에 바다사자작전을 개시하기 전 군사적인 능력을 감퇴시키고자 런던에 대한 공격을 명령했다. 9월 5일에 히틀러는 독일 공군은 이제 침공에 저항할 수 있는 영국의 역량을 저하시키기 위해 런던과 기타 도시 중심지를 공격해야 한다고 확인해주었다.

때때로 이 최종적인 결정은 1940년 8월의 마지막 주에 베를린에 가해진 영국의 두 차례 공격에 대한 즉흥적인 대응으로 제시되기도 하지만, 이런 시각에는 설득력이 없다. 독일 공군은 8월 전투를 시작하기 전에 전투기사령부를 먼저 격파한 뒤 해상침공을 가능하게 해줄 길을 열기 위한 폭격전역의 시작을 계획했다. 폭격으로의 전환은 이 같은 원래 계획에 따라 9월 초에 승인되었으며, 9월 5일 히틀러의 공식지령이 있기 전부터 이미 시작되어 있었다. 9월 7일부터 영국의 수도에 대한 지속적이고 강력한 주간공격이 가해졌다. 전투기사령부가 제거되지 않은 상태였기 때문에 그러한 공격은 독일 공군에게 재앙이 되고 말았다. 상당히 많은 수가 지시된 대로 폭탄을 투하했지만 독일 폭격기의 손실은 컸다. 그러한 공격은 독일 전투기들로 하여금 그 항속거리의 한계 내에서 공중전에 임하도록 강제했으며, 폭격기들은 보다 빠르고 중무장을 한 영국 전투기들의 손쉬운 먹이가 되고 말았다. 10월 초에 전역이 점차 소멸되는 시점까지 독일 공군은 1733대의 항공기를 잃어버린 데 반해 영국은 915대를 손실당했다. 이즈음에 이르러 히틀러는 바다사자작전을 무기한 연기하기로 결정했다. 9월 19일 이후 모든 준비는 축소되었다. 공중제패를 확보하는 데 실패한 것이 그러한 결정의 핵심적인(유일하지는 않았지만) 원인이 되었다. 광범위한 준비와 훈련에도 불구하고 독일 해군은 해협을 횡단하는 어려운 작전의 성공을 보장할 수 없었다. 그들의 작전은 영국의 해군전력과 영국 공군 폭격기사령부의 공격 아래 놓이게 되었다.[13]

영국에 대한 세 번째 단계의 공중공격에서 독일 공군은 영국을 전쟁으로부터 축출하고자 교역, 해운, 산업생산, 통신에 대해 위협적인 공격을 가하는 독립적인 전략적 전역을 시도했다. 이러한 접근법은 1940년 여름과 가을에 견지했던 목표와의 분명한 결별뿐 아니라 공군에 의한 준비되어 있지 않은 전역의 개시를 보여주는 것이었다. 게다가 1940년 11월에 히틀러에 의해 마침내 결심되어 12월 18일에 "바르바로사(Barbarossa)" 지령 21호로 승인되는 소련에 대한 전역을 독일군이 준비하는 동안에 영국으로 하여금 화평을 청하게 만들 수 있을지도 모른다는 희망 외에는 명백히 정의된 목표도 없었다.

점차적으로 새로운 항공전략이 전개되었다. 바다사자작전의 운명과는 무관하게 영국의 교역을 계속해서 공중 공격해야 할 필요성에 대한 독일 해군 총사령관 레더(Erich Raeder) 제독의 제안을 따라 9월 14일에 히틀러는 군사적·경제적 표적들—항구와 해운 관련 표적에 중점을 두어—에 대한 지속적인 폭격을 명령했다. 9월 16일에 괴링은 공군부대들로 하여금 새로운 국면을 시작하도록 지시했다. 그것은 야간에 수행될 것이었으며, 폭격기를 표적으로 인도하기 위해 무선신호체계를 사용하고, 광범위한 물리적 파괴를 가할 수 있는 전망을 증대시키기 위해 투하되는 소이탄의 비율을 증가시킬 것이었다. 공중봉쇄가 처칠 정부의 붕괴나 휴전 요청의 형태로 정치적 배당금을 창출해낼지도 모른다는 희망에서 결국 1940년 10월에 주요 도시들에 대한 규칙적인 야간폭격으로의 전환이 이루어졌다.[14]

1940년 10월부터 1941년 5월 10일의 런던에 대한 마지막 주요 공격까지 7개월에 걸친 폭격전역은, 독일 항공전략 발전의 한 단계가 아니라 영국의 사건으로 영국대공습(Blitz)에 초점을 두는 경향을 보였던 항공력 역사가들에 의해 무시되고 말았다. 이는 히틀러가 "두에주의(Douhetism)"—적의 수도와 주요 도시에 대한 맹공격이 순식간에 사기저하와 적이 전쟁을 포기하게 될 가능성을 만들어낼 것이라는 믿음—를 받아들였던 유일한 시기였다.[15] 히틀러가 그 전략을 얼마나 신뢰했는지는 분명하지 않다. 그리고 영국대공습이 만족스러운 정치적 성과를 낳는 데 실패한 뒤에 히틀러는 독립적 항공전역에 대한 생각에 영원히 환멸을 느끼게 되었다. 1939년 말에 그는 자신의 본부 참모들에게 "영국인들의 저항 의지의 그 심장부에 대해 독일 공군을 가차 없이 활용하는 것은 한때 있을 수 있고 또 그럴 것이다"라고 말한 적이 있었다.[16] 그러나 독일 공군 총참모장 예쇼네크(Hans Jeschonnek)가 1940년 9월 거주지역에 폭탄을 투하해 공포를 조성하도록 허락해줄 것을 요구했을 때 히틀러는 거절했다. 1941년 1월에 그는 폭격은 목적—이 경우에는 교역과 산업에 대한 전쟁—을 가지고 있어야 한다고 주장했으며, 자신의 참모들에게 공포를 조성하기 위한 공습은 "가치가 작으며 이룰 수 있는 것도 거의 없다"고 말했다.[17] 무선신호항법으로도 당시의 기술은 광범위한 민간의 피해를 피할 수는 없었지만, 독일의 폭격은 무작정 무차별적이게 되도록 방치되지는 않았다.

공격을 지속한 적어도 부분적인 동기는 영국이 독일의 주된 전략적 관심사라는 인상을 지속시켜 독일의 전략적 준비가 바르바로사 전역으로 전환된 것을 위장하는 것이었다. 한편, 영국대공습 동안 독일의 계속되는 손실—그중 많은 부분은 사고나 악기상 상황의 결과였다—은 러시아에서의 전역을 위해 필요하게 될 힘을 잠식시켰다. 영국대공습의 와중에 384대의 폭격기가 파괴되었으며 그중 63.5%는 전투가 아닌 상황에서 발생한 손실이었다.[18] 1941년 6월 22일에 바르바로사 전역을 시작하면서 독일 공군은 1940년 5월 10일에 가용했던 것에 비해 200대가 적은 폭격기를 전개시켰다.[19]

(영국 공군은 자신들의 작전을 시작하기 전에는 교훈을 거의 터득하지 못했지만) 1940년 10월부터 1941년 5월까지의 독일의 경험은 독립적인 폭격전역의 수행에 대한 중요한 교훈을 제공해주었다. 주간공습으로부터 발생한 높은 손실은 독일 공군으로 하여금 야간폭격으로 전환하도록 강제했으며, 이는 영국 공군이 그보다 앞서 1940년에 이미 경험했던 바였다. 대공포와 영국 공군의 첫 야간전투기 대대들로 인한 손실은 행해진 노력에 비해 작았지만, 독일의 성공은 효과적인 항법—이러한 이점은 영국의 과학적인 정보전문가들이 1940년 11월에 전자 빔의 성격을 정확히 해석해내고 대응조치를 고안해내기 전까지 지속되었다—에 달려 있었다. 이는 항법과 레이더 기술에서의 우위를 유지하기 위한 4년에 걸친 양측 간 전자전투의 개시가 되었으며, 이것이 20세기 말과 21세기 초 전자전 전장의 초기 원형이 되었다.[20] 이 전역은 강력한 파괴효과를 가진 혼합무장—고성능 폭탄에 소이탄뿐 아니라 공중투하기뢰(aerial mine)도 결합시켰다—을 탑재하는 것의 중요성 또한 보여주었다. 4729개의 그러한 폭탄이 1940년 9월과 1941년 5월 간에 투하되었다. 공격이 진행되는 동안, 사용된 소이탄의 비율이 증가했다. 1940년 9월과 12월 간에 소이탄은 투하된 폭탄 톤수의 6.2%를 차지했지만 1941년 1월과 5월 간에는 12.8%를 차지했다.[21]

많은 요인들이 영국대공습이 달성할 수 있는 것을 제한했다. 첫째, 영국의 교역과 항만지역에 대한 지속적인 공격—이것은 확대되는 잠수함 전역을 보완하기 위해 고안된 것이었다—을 제외하고는 공격에 대한 분명한 패턴이 존재하지 않았다. 분명한 전략적 목표의 부재는 전역의 즉흥적 성격과 그것을 지탱했던 정치적 동기들을 배반했다. 게다가 작전은 악기상뿐 아니라 표준적인 중급폭격기들—하인켈 He-111, 도르니에(Dornier) Do-17, 융커스 Ju-88—이 탑재할 수 있었던 상대적으로 적은 양의 폭탄량에 의해서도 방해를 받았다. 가장 많은 폭탄을 탑재할 수 있었던 He-111은 짧은 거리에 5512파운드를 운송할 수 있었지만 나중에 나온 영국 공군의 랭카스터(Avro Lancaster)는 2만 2000파운드를, 미국의 보잉(Boeing) B-17E는 2만 파운드 이상을 운송할 수 있었다. 1940년 9

월과 1941년 5월 간에 독일 공군은 영국의 표적들에 4만 5969톤의 폭탄을 투하했다. 전전(戰前)의 추정은 영국인들은 그러한 규모의 폭격은 감당할 수 없다는 점을 발견하게 될 것이라고 주장했지만, 피해는 그 범위가 런던 외곽과 주요 항만도시들에 국한되었으며, 전쟁 잠재력에 제한적인 효과만을 가했다. 사상의 수준은 높았는데, 부분적으로 이는 공습경보가 충분히 광범위하지 않았기 때문이었으며(깊은 방공호도 거의 건설되지 않은 상태였다), 부분적으로는 주민들이 런던, 리버풀, 사우스햄프턴(Southhampton), 플리머스(Plymouth), 브리스톨의 주요 항만지역 인근에 집중되어 있었기 때문이기도 했다. 8개월 만에 4만 1987명의 사망자와 4만 9405명의 부상자가 발생한 것은 독일 표적에 대한 공격의 첫해 동안 영국 육군이 가할 수 있었던 것보다 높은 수준의 '투하된 폭탄의 톤당 사상률'이었다.[22]

그러한 공격이 민간인들의 사기에 미치게 될 효과는 계산할 수 없었다. 모든 피폭된 도시에서 공포, 범죄행위의 증가, 패배주의의 증거는 존재했지만, 영국인들은 현대사에서 그렇게 높은 민간인 사상률과 대규모적인 도시 파괴를 결코 경험해보지 않았음에도 불구하고 도시의 주민들은 공격에 직면해 결코 무너지지 않았다. 보다 장기적인 공세가 결국 심각한 사회적·정치적 위기를 유발했을지는 논쟁의 여지가 있지만, 영국대공습이 끝날 때에 이르면 영국의 공습경보와 대공방어망은 폭격전역 초기에 비해 상당히 개선되어 있었으며, 위협 아래 놓인 주민의 상당수는 주요 도시로부터 대피했다.[23]

바다에서의 항공전

영국 공군과 해군은 바다에서 항공전을 수행하는 임무를 공유했으며, 4년이 넘는 기간 동안 영국해협, 대서양 상공, 지중해 해역 분지에서 싸워야 했다. 1942년 초 무렵부터는 미 해군 또한 독일의 잠수함에 맞서 싸웠으며 북아프리카에서는 연안에 기지를 둔 육군 항공기에 의해 항공전이 수행되기도 했다. 대(對)잠수함 전역은 서로 다른 역할을 수행하는 많은 수의 항공기를 개입시켰다. 영국 공군 연안사령부(Coastal Command)는 영국해협과 프랑스령 대서양 항구들로 이어지는 잠수함 접근로를 규칙적으로 초계했다. 폭격기사령부의 중형폭격기들은 잠수함 대피소와 독일의 잠수함 생산을 공격했다. 그러나 두 경우 다 효과는 경미했다. 영국 해군 항공기는 지중해에서 이탈리아의 해운을 공격했으며, 대서양과 지중해에서 함대항모(fleet carrier)•나 소형 호위항모(escort carrier)를 이용해 해운 호송선단(shipping convoy)에 점점 더 높은 수준의 보호를 제공했다. 북아프리카에서 영국 공군의 전력은 추축국의 해운과 항구를 폭격하거나 적 잠수함에 대한 초계를 수행했다. 해군의 모든 전구에서 중대한 결과를 얻기에 충분한 전력과 필요한 정도의 군종 간 협력이 발전되기에는 시간이 걸렸다. 지중해에서는 이탈리아 전체 상선의 2/3 이상이 결국 격침되었으며, 손실의 37%는 항공기에 의한 것이었다.[24] 그러한 효과는 1942년에 북아프리카에서 추축국의 작전을 좌절시키고 1943년 5월에 그곳에서 완전한 승리를 거둘 수 있는 길을 열었다.

원래 지중해 전구에서 공세작전을 수행하기 위해 조직되었던 이탈리아 공군은 주로 구식 항공기로 구성되었으며, 연합군 항공력에 효과적으로 도전하기에는 너무 작았다. 이탈리아 공군에게 가용한 전투항공기의 수는 이탈리아가 영국과 영연방에 대한 전쟁을 선언했던 1940년 6월의 1780대에서 1941년 12월에는 1493대, 그리고 1942년 11월에는 860대로 감소했다. 1943년 9월에 이탈리아가 항복했을 때 남아 있는 현대식 항공기는 대략 200대밖에 없었다.[25]

일단 잠수함 전역이 절정에 달하자 대서양에서의 상황은 더욱 위험해졌다. 1942년에 격침된 총 규모는 540만 톤이었으며, 영국의 수출은 전전 수준의 1/3로 떨어졌다. 해운에 발생한 피해의 상당 부분은 기존 장거리 초계항공기의 항속거리를 벗어나는 이른바 "대서양 틈새(Atlantic Gap)"••에서 가해진 것이었다. 거대 전함을 대서양에 투입해 잠수함과 협력시켜 '상선 습격자'로 활약하게 만들고자 하는 독일 해군의 시도는 1941년 영국 해군의 항공기에 의해 비스마르크 호(*Bismarck*)가 격침되면서 실패했다. 한편 해운에 대해 독일 장거리 항공기—특히 콘도르(Focke-Wulf 200 Kondor)—가 거둔 초기의 성공은 해운로에 대한 영국의 보다 적극적인 방공에 의해 무뎌졌다.[26]

대잠수함전에 항공기를 도입하는 일은 군종 간, 연합군 간 협력이 실패함으로써 어려움을 겪었다. 미국에서는, 1941년 6월에 창설된 미 육군항공군(USAAF)이 대서양 상공에서 이루어지는 장거리 폭격항공기의 작전에 대한 통제권을

• 해군의 주요 함대와 작전을 수행하기 위해 만들어진 항모를 의미한다.

•• 제2차 세계대전의 대서양 전투(the Battle of the Atlantic) 동안에 연안사령부의 지상기반 대잠(對潛) 항공기가 도달할 수 있는 거리 너머에 존재하던 무방비의 지역을 의미한다.

원했으며, 1942년 봄에는 미 해군의 지휘나 통제를 거부하는 미 육군항공군 대잠수함사령부(USAAF Anti-Submarine Command)를 창설했다. 1942년 6월에 이르러서야 육군참모총장 마셜(George Marshall) 장군이 항공기가 호송선단을 직접적으로 수행(隨行)할 수 있도록 이미 호위항모 건설 프로그램을 시작한 해군이 187대의 장거리 B-24 리버레이터(Liberator)들을 쓸 수 있게 해야 한다고 주장했다.[27]

영국에서도 같은 문제가 공군과 해군 간 관계에서 발생했다. 해군은 대서양 접근로 상공에서 작전을 수행하기 위해 공군 연안사령부에 배속된 장거리 항공기(그것들 중 거의 모두는 개조된 중형폭격기였다)에 대한 작전통제권을 행사했다. 그러나 1942년 봄에는 그중 너무 소수만이 남게 되었으며, 독일에 대한 폭격전역의 수요 때문에 폭격기사령부는 해전에 추가적인 폭격기를 할당하는 것에 저항했다. 이러한 논쟁도 가장 높은 수준에서만 해결될 수 있었다. 1942년 8월에 처칠 수상은 대(對)유보트(U-boat)전 위원회를 설립했으며, 처칠의 지원 아래 그들은 보다 많은 장거리 항공기가 대잠수함전의 용도로 개조되어야 한다고 주장했다. 1943년 3월에서야 "대서양 틈새"를 담당할 수 있는 리버레이터들이 가용해졌으며, 여름에 이르면 37대가 연안사령부와 함께하고 있었고 209대가 해군에서 임무를 수행하고 있었다.[28]

작전의 수행은 연합군 간의 마찰을 유발하기도 했다. 이는 미 해군사령관 킹(Ernest King) 제독이 대서양 전쟁에서 자신이 담당하는 부분에 대한 통제권의 보존을 원했으며 대잠수함전의 통합지휘에 대한 어떤 제안에도 반대했기 때문이다. 연안사령부와 함께 작전을 수행한 첫 리버레이터들은 미 육군항공군이 대여한 것이었으며, 킹 제독은 그것들의 역할에 대해서도 불신했다.[29] 결과적으로, 그런 마찰이 대서양전역을 심각하게 위험에 빠뜨리지는 않았다. 전역은 다양한 전술적·작전적 혁신—호송선단 주위의 잠수함을 공격하기 위한 유연한 해군 "지원전대(support group)"의 도입, 새로운 센티미터식 레이더[그리고 새로운 세대의 공대함(air-to-surface-vessel) 장비]의 사용, 야간에 작전을 수행하는 모든 항공기에 장착된 탐조등, 비스케이 만(Bay of Biscay)에서 기지를 출입하는 잠수함에 가해진 공중공격— 덕택에 1943년 3월 마침내 연합군에 유리하게 전환되었다. 초장거리 항공기의 도입이 독일 잠수함들로 하여금 쉽게 대서양으로 복귀하지 못하게 한 것은 사실이지만, 전투는 그것들이 광범위하게 도입되기 전에 연합군의 승리로 끝난 상태였다. 그럼에도 불구하고 항공에 대한 노력이 적절히 인식되고 자원들이 가용했다면, 전투를 보다 일찍, 그리고 보다 덜한 대가를 치르고 승리로 이끌 수 있었을 것이라는 점은 분명하다.

동부전선 항공전

독일 폭격기들이 1941년 5월에 가차 없는 일련의 공격을 계속하고 있는 동안—5월 10~11일 야간에는 런던에 700톤 이상의 폭탄이 투하되었다— 독일 공군은 동부에서의 주요한 전역을 준비하고 있었다. 소련에 대한 전쟁은 공군으로 하여금 전선 상공에서 공중우세를 획득할 수 있는 전투기의 활동과 적의 항공조직, 전장의 표적, 보급과 증원이 이루어지는 후방에 대한 전폭기와 중급폭격기의 공격을 결합해 1939년과 1940년에 그랬던 것과 같이 대지공세와 더불어 작전적 항공전을 수행하도록 요구했다. 1941년 6월 21일에 독일 공군은 침공을 위해 3664대의 항공기(이 중 2815대가 전투태세를 갖춘 상태였다)를 전개시켰다.[30] 독일군에 맞선 소련의 항공기는 어림잡아 1만 대였으며, 이중 무려 8000대가 서부의 국경에 집중되어 있었다. 소련의 항공기는 그 성능이 엇갈렸는데, 다수는 노후했거나 노후해가고 있었지만 소수이지만 새로운 세대의 전투기—Yak-1, MiG-3, LaGG-3—뿐 아니라 Il-2 "슈톨모빅(shturmovik)" 전폭기 또한 선보였다. 소련 공군은 항공함대가 아니라 특정 전선의 집단군(army group)에 예속된 부대들로 조직되어 있어 그 전개에서 유연성이 덜했다. 전선의 위협받는 부분으로 항공기를 신속하게 이동시킬 수 있는, 항공부대에 대한 중앙집권적 통제는 존재하지 않았다.

소련 육군의 사고는 공세적이었으며, 방공의 문제에 대해서는 거의 주의를 기울이지 않았다. 1941년 6월 22일에 독일군과 그 공동 교전국들이 공격했을 때 소련의 항공력은 1941년 10월 초까지 7000대 이상의 항공기가 파괴당하고 전진항공기지와 항공통신체계의 상당 부분이 손실되면서 일시적으로 무너졌다.[31] 1941년 12월 말에 독일의 자료들은 독일이 2505대의 항공기를 손실당한 데 비해 소련은 총 2만 392대(실제 수치는 그보다 훨씬 컸다)를 잃었다고 계산했다. 소련의 항공활동은 공세적인 행동을 통해 적군을 파괴하는 것을 교리적으로 강조하는 데 부합되게 직접적인 전장지원에 집중되어 있었다. 그러나 빈약한 전술적 각성과 전투경험의 부재는 매우 높은 손실률이 발생하는 데 기여했다. 1941년에 손실된 2만 1200대의 항공기 중 7600대는 비전투 손실이었다.[32]

바로 그 시점 무렵부터 동부전선에서의 항공전은 새로운 성격을 띠게 되었다. 1941년에 소련 공군에게 가해진 높은 손실은 반복되지 않았다. 동부전선 전역의 규모는 언제나 소련군에 비해 작았던 독일군을 점점 더 소진시켰다. 군을 증강하는 데 있어서의 실패와 러시아의 이례적으로 넓은 전선은 독일 공군이 매우 얇게 분산되도록 강제했다. 1941년 여름에 개시된 작전적 항공전은 공군이 전장차단에 국한되는 "육군의 날아다니는 포병"이 되어버리는 상황에 굴복하고 말았으며, 소련의 전투기 항공대와 전투를 벌이거나 보다 먼 거리의 표적들을 폭격하려는 노력은 점점 더 제한되었다.[33] 데미얀스크(Demyansk)와 기타 지역들—무엇보다도 스탈린그라드—의 고립된 공간에 있는 독일 장병들에게 보급을 실시하도록 수송부대들에 가해진 요구는 광범위한 수송작전을 수행할 수 있는 독일 공군의 역량을 잠식해버렸다.

게다가 소련 공군과는 달리 독일 공군은 그 편제의 상당한 일부를 다른 곳, 즉 서유럽과 남유럽에 유지시켜야 했다. 바르바로사 전역 전야에 다른 전구에는 대략 1800대의 항공기가 존재했으며, 여기에는 영국 공군에 맞서는 항공함대 3 소속의 861대와 지중해 및 북아프리카 전구의 423대 항공기가 포함되었다.[34] 1943년 가을에 전투기군의 약 60%는 독일 본국을 지키고 있었다. 1년 뒤에는 80%가량이 되었다. 이러한 다른 전선들은 1941년부터 1944년까지 독일 항공전력의 1/3에서 1/2을 빨아들이고 말았다. 항공기 생산의 매우 대규모적인 증가만이 3개 전선에서 치러지는 항공전을 보충할 수 있었지만, 1942년에는 1만 5409대의 항공기가 새로 생산되었을 뿐이다. 1943년에는 그 수가 2만 4807대였지만, 이는 소련 혼자만 생산해낸 항공기 수의 2/3 정도, 그리고 주요 연합국 3개국이 생산해낸 총수의 16%에 불과했다.[35]

그와는 대조적으로 소련은 1941년과 같은 정적(靜的)인 육군기반 항공으로부터 독일의 관행을 세밀하게 모방한 유연한 작전적 항공전으로 전이했다. 이러한 전이를 조직한 인물은 스탈린(Josef Stalin)이 1942년 4월에 소련 공군 총사령관으로 임명한 젊은 공군중장 노비코프(Alexander Novikov)였다.[36] 사단구조의 항공부대는 폐지되는 대신에 폭격기, 전폭기, 전투기, 정찰항공기로 혼합 구성된 항공군(독일의 항공함대에 필적한다)이 조직되었다. 각 항공군은 집단군으로 배속되었으며, 그 지휘관이 항공력의 전술적 전개에 대한 책임을 맡았다. 각 항공군은 전선에 위치하는 부참모장을 두었는데, 이는 변화하는 전선의 상황과 항공군 중앙지휘부 간의 신속한 소통을 용이하게 하기 위한 것이었다. 노비코프는 중앙집권화된 통제본부와 보다 광범위한 무선 사용을 통해 공중통제체계를 개혁할 것을 주장했다. 게다가 소련의 중앙본부는 집단군의 지휘하에 직접적으로 놓이지 않는 별도의 전략적인 전력을 유지시켰다. 그러한 전력은 전투의 결정적인 지점에서 사용하기 위해 비축된 전폭기, 전투기, 중급 폭격기로 구성된 전술예비단들로 조직되었다. 종전기에 이러한 예비단은 가용한 전체 전술전력의 약 43%를 구성했다.[37] 상황에 따라서는 전선이나 그 배후에서 전략적 과업을 수행하기 위해 사용될 폭격기 전력 또한 존재했다. 마지막으로는 1940년 영국에서 창설되었던 전투기 방어조직과 유사한 전투기 방어군도 존재했다. 그들은 독일의 폭격기들로부터 소련의 도시들을 지키는 데 사용될 것이었다. 손상된 항공기를 신속하게 수리하여 전투로 복귀시키기 위해 별도의 정비사령부도 창설되었다. 양측 모두가 나쁜 날씨 속에서, 그리고 주요 보급센터로부터 멀리 떨어진 가운데 만족스러운 수준의 장비 가용성을 유지하는 데 경험했던 어려움을 고려했을 때 이는 상당히 중요한 요소였다. 정비에서의 개선은 새로운 항공기지체계에 의존한 것이기도 했다. 전선에 가까운 곳에서는 작고, 많은 경우 급조된 비행장이 쓰였고 전선으로부터 보다 안전한 거리(40~60킬로미터)에는 보다 크고 제대로 된 일련의 비행장이 쓰였다.

상황적인 필요에 의해 소련군은 1943년부터 수행되는 주요 공세에서 대규모 지상군이 미치는 영향을 극대화하기 위해 사용될 유연한 작전적 공군을 건설했다. 항공기는 주로 적 비행장과 전투기에 대한 타격을 통해 전선지역 상공에서 일시적인 공중우세를 획득하고, 그 뒤에는 전선이나 그 인근에서 이루어지는 전술적 공격에서 대규모 공중화력을 제공하기 위해—이는 1939~1941년에 독일 공군이 활용했던 작전적 항공전의 형태였다— 사용될 것이었다. 이러한 작전적, 또는 지휘상의 개혁이 상당한 효과를 창출하며 사용된 첫 지점은 스탈린그라드였다. 그곳에서 노비코프는 적 전투항공기와 수송항공기에 대한 규칙적인 전투기 요격과 독일의 비행장과 병력집결소에 대한 맹렬한 전술적 폭격공격을 결합시켜 공중봉쇄를 시행했다. 스탈린그라드 포위전 동안에 독일의 항공함대 4가 희생당하여 488대의 항공기가 파괴되거나 수리가 불가능할 정도로 손상되었다. 1943년 1월 31일에 파울루스(Friedrich Paulus) 원수가 항복했을 때 러시아의 독일 남부전선에 남아 있던 624대의 항공기 중 240대만이 작전 가능했다. 공중으로부터 제6군에 보급을 실시하려던 독일의 노력은 독일의 수송전력도 크게 희생시켰다. 266대의 융커스 Ju-52 수송항공기가 손실되었으며, 이는 그 전체 전력의 1/3에 해당했다. 수송의 역할로 전환된 222대의 폭격기도 파괴되었다.[38]

동부전선의 독일 공군에게 전선의 규모와 그 수요의 규모에 맞게 항공기 생산을 증대하는 것의 실패는 효과적인 작전적 항공전의 유지를 어렵게 했다. 전투가 가능한 항공기가 충분히 있을 때는 독일 조종사들이 때때로 국지적인 공중우세를 획득할 수 있었지만, 대부분의 독일 항공은 1943~1945년에 있었던 독일로의 기나긴 철수 동안에 지상전력을 지원하는 데 집중해야 했다. 독일의 공중공격은 체계적인 작전적 전역이 아니라 짧은 파쇄(破碎) 임무(spoiling mission)•가 되고 말았다. 1943년 여름 동안 소련 공군은 최대 1만 대의 전선항공기를 전개시킬 수 있었다. 1943년 여름에 독일 공군은 전선을 통틀어 3500대의 전투태세를 갖춘 항공기를 보유하고 있었지만 동부전선 전체적으로는 1800~2000대만 존재했다. 여기에는 불과 600대의 전투항공기가 포함되어 있었으며, 그 대부분은 1943년 7월 쿠르스크(Kursk) 전장에서의 불공평한 전투에 배치되어 있었다. 이 전투가 개시되는 국면에 독일 공군은 소련 공군의 2170대에 맞서—전선에 가까운 후방에 위치하고 있던 상당한 예비전력도 동원할 수 있었다— 불과 700대의 전투기와 전폭기를 보유하고 있었다. 7월과 8월에 독일 항공함대는 쿠르스크 주변에서, 그리고 그에 뒤이은 퇴각 도중 1272대의 항공기를 잃었다. 이러한 높은 손실률은 대부분 약화된 독일 공군이 항공기지나 보급에 대해 적이 맹공격을 가하거나 국지적 공중우세를 유지하는 데 더 많은 항공기를 사용하는 것을 막을 수 없었던 데 기인한 것이었다.[39]

독일이 승리를 거두었던 초기의 특징이었던 작전적 유연성과 전력의 집중은 엄청나게 더 큰 전력과 높은 수준의 전력 소모에 직면하여 상실되고 말았다. 독일이 약화된 결과, 비록 형편없는 관리와 훈련으로 인해 여전히 매우 높은 비전투 손실이 야기되고 있었지만, 소련의 손실률은 1942년 전투항공기의 34%에서 1944년에는 14%로 떨어졌다.[40] 손실률의 감소와 높은 생산율은 1944년 1월이 되면 소련 공군이 1만 3500대의 전투항공기를 보유하게 됨을 의미했으며, 한 해 뒤에는 그 수가 1만 5500대가 되었다. 중앙유럽으로의 마지막 주요 공세에서 집단군들은 최대 8000대에 이르는 항공기의 지원을 받았다.[41] 그

• 파쇄공격을 수행하는 임무를 의미한다. 이는 적이 공격을 위해서 대형을 갖추거나 집결하고 있을 때 적의 공격을 현저히 방해하기 위해서 운용되는 전술적인 기동의 임무이다.

단계에 이르면 독일의 추가적인 항공기 생산은(1944년에 3만 9807대에 달했다) 서부에서의 주요한 전투와 제국을 폭격으로부터 방어하는 데로 빨려 들어갔다.

서유럽 항공전

전쟁의 상황은 1941년부터 영국 공군이 항공전략을 선택하는 데도 영향을 미쳤다. 그러나 독일의 경험과는 달리 이러한 상황들은 영국으로 하여금 작전적으로 다양한 전략을 선택하도록 강제했으며, 영국과 영연방이 수행하는 전쟁노력의 상당 부분을 항공기 생산, 조종사 훈련, 항공작전에 투입하도록 고무했다. 주요 동맹군이 없이 대륙에 주요한 지상공세를 가할 수 없는 상황은 영국 군사지도부로 하여금 추축국의 군사적·경제적 표적과, 간접적으로는 적의 전투의지에 대한 장거리 폭격의 전략을 채택하게 만들었다. 대서양과 지중해의 해로를 이용 가능하도록 유지해야 할 필요성은 항공력과 바다에서의 전쟁에 더 주의를 기울이게 했다. 1941~1942년의 이탈리아-독일의 공격에 맞서 이집트를 지키는 일은 영국 공군으로 하여금 독일 공군에 의해 발전되었던(그리고 결국 독일의 모든 주요 적국에 의해 모방되었던) 종류의 지상공세를 지원하는 작전적 항공전을 치르는 방법을 터득하게 했다. 그와 동시에, 만약 독일이 소련에 대한 전쟁에서 승리하는 경우 영국에 대해 재개될 공중공격에 1940~1941년에 가용했던 것보다는 더 효과적인 방패로 맞설 수 있게 하기 위해 영국의 방공도 강화되었다. 전쟁 중반기에 항공력의 행사는 영국의 전략에 필수적 구성요소가 되었으며, 이는 1941년 12월 7일의 진주만에 대한 일본의 공격과 나흘 뒤의 미국에 대한 독일과 이탈리아의 전쟁선언에 뒤이어 1942년에 유럽에 도착하고 있던 미국에게도 마찬가지였다.

바다에서의 항공전처럼, 1941~1943년에 북아프리카에서, 1943~1945년 침공 동안에 이탈리아에서, 그리고 1944년의 프랑스에 대한 전역에서 추축군 전력에 맞서 효과적인 작전적 항공력을 발전시키는 데는 해결해야 할 군종(軍種) 정치와 연합군 간 협력의 문제가 존재했다. 1941~1942년의 사막전역 동안에 영국과 영연방 공군은 이탈리아와 독일 공군을 결합한 것보다 수적 우위를 누렸지만, 그러한 차이가 작전적 수준에서 효과를 발휘하게 만드는 것은 어렵다는 점을 발견했다. 북아프리카에서 영국 육군은 자신의 전력에 대한 근접보호를 기대했으며, 항공전력을 지상의 육군이 전술적으로 통제하는 것을 선호했다. 중동의 영국 공군은 지상지휘관으로부터 독립성을 보존하기를 원했지만, 항공작전이 핵심 전략목표에 가장 잘 기여할 수 있는 길을 이끌 분명한 교리를 수립해야 할 필요가 있었다. 이러한 교리는 영국 공군 중동사령부 사령관 테더(Arthur Tedder) 공군중장의 리더십 아래 마련되었다. 그는 단순히 적을 폭격하는 것이 아니라 공중우세를 획득하는 것의 중요성을 이해하고 있던 소수의 고위 항공인들 중 한 명이었다. 1942년에 소련 공군에서 단행되었던 개혁처럼, 새로운 교리는 독일의 관행을 모방하는 데 의존했다. 전투기 대대는 적 항공력을 제거하고 적 항공기지들을 공격하는 데 사용될 것이었다. 폭격항공기는 적 보급이나 항공기지에 대한 야간공격이나 보급창, 항만, 통신과 같은 기회표적들에 대한 주·야간 공격에 사용될 것이었다. 모든 것이 중앙집권화된 지휘에 의해 조율되었으며, 높은 수준의 기동성, 전력 유지, 정보를 확립하는 데 의존했다. 노력의 집중과 유연성을 결합시키는 데 강조점이 놓였다. 항공사령부가 육군과 나란히 조직되었으며, 각 본부는 공군과 육군 구성군을 갖게 되었다. 그러나 다른 작전들이 보다 효과적인 성과를 약속해주는 것처럼 보이는 경우 육군장군들은 지상지원을 강제할 수 없었다. 지상에서는 특수한 연락부대들이 중앙항공통제관, 무선을 장착한 트럭에 기지를 두고 있던 항공지원부대, 그리고 최신 정보를 제공하기 위해 전선의 이동에 따라 함께 이동하던 레이더에게 긴요한 정보를 제공하는 데 도움을 주었다.[42]

이러한 형태의 작전적 전쟁은 설령 공중우세를 확보하고 있더라도 지상전역의 성공을 보장할 수는 없음을 보여주었다. 이는 1942년 6월에 있었던, 이집트로의 재앙과 같은 퇴각이 보여주었던 바였다. 그러나 제2차 알라메인 전투에서 그러한 체제는 그 가치를 입증해냈다. 이 전투에서 350대에 이르는 추축국 항공기—그중 다수는 연료가 부족했다—는 중동과 지중해에 기지를 두고 있었으며 추축국의 보급, 전개, 전장 전력의 모든 요소에 대해 지속적이고도 독립적인 전역을 수행하던 1500대 이상의 연합군 항공기에게 압도되고 말았다. 그렇다 하더라도 추축국 전력을 튀니지로 퇴각하게 만드는 동안 연합군 전력은 이집트에서 습득되었던 교훈들 중 다수를 다시금 학습해야 했다. 횃불작전(Operation Torch)을 위해 알제리와 모로코에 도착한 미 육군항공군은 1942년 11월 8일에 이를 개시하면서 지상의 육군 지휘관이 특정 육군사단에 긴밀하게 묶여 있는 항공전력에 대해 우선권을 가지고 있다는 원리에서 출발했다. 테더가 지중해항공사령부(Mediterranean Air Command)의 사령관으로, 코닝엄

(Arthur Coningham) 공군소장이 북서아프리카항공군의 지휘관으로 임명되고 보다 유연한 항공교리와 지휘등가의 원칙이 도입되었지만, 미 육군은 여전히 야전교범 31-35에 따라 항공부대들로 하여금 전장의 육군부대들을 지원하도록 명령할 수 있었다. 1943년 7월에 야전교범 100-20은 "지상력과 항공력은 동격(同格)"이라는 점을 마침내 인정했다. 이는 미국의 전술적 항공전력을 해방시켜 영국 공군과 같이 작전적 항공전을 수행할 수 있게 해준 양보였다.[43]

1943년 중반부터 종전까지 3개 주요 연합군 모두의 전술적 항공전력은 규모와 능력에서 엄청나게 성장했다. 그들은 1943년 9월 8일에 이탈리아가 항복한 뒤 홀로 싸우고 있던 독일 공군에게, 1944년 독일의 항공기 생산이 상당히 증가했음에도 불구하고, 되돌릴 수 없는 수준의 소모를 부과했다. 양측 간의 불균형은 1944년 6월 6일에 노르망디 상륙을 위해 가용했던 수치에서 가장 잘 드러난다. 연합군은 5400대의 전투기를 포함해 1만 2837대의 항공기를 보유하고 있었다. 북부 프랑스의 독일 항공함대 3은 고작 300대의 항공기를 보유하고 있었으며, 6월 6일에는 170대만 투입 가능했다. 뒤이은 며칠 동안 1000대의 독일 항공기가 추가적으로 그 지역에 투입되었지만, 그것들은 쉽게 파괴되고 말았다.

게다가 프랑스에 있던 영국 공군이나 미 육군항공단은 공히 새로운 세대의 고성능 전폭기—전쟁 초기의 상당 기간 동안 영국 공군에는 이 항공기가 결정적으로 결여되어 있었다—를 동원할 수 있었다. 미국의 P-38 라이트닝(Lightning)과 P-47 썬더볼트(Thunderbolt), 영국의 호커 타이푼(Hawker Typhoon)은 모두가 전장의 표적들을 공격할 수 있는 로켓과 폭탄을 탑재할 수 있었다. 최근의 연구는 "탱크폭파" 항공기로서 그러한 항공기의 역할이 과장되었음을 주장했지만, 거의 전적으로 효과적인 항공지원을 받지 못하고 있던 지상전력에게 그것이 미친 심리적 영향은 심대했다.[44] 서부에서 연합군이 승리했던 요인에 대해 심문을 받았던 거의 모든 독일의 고위 장군들은 항공력이 결정적이었다는 시각을 견지했다. 히틀러의 작전참모부장 요들(Alfred Jodl) 장군은 1945년 6월에 미국 심문관에게 "나는 결국 전쟁이 진행되던 전역(全域)에서 완벽한 공중우세를 획득한 것이 전쟁 전체를 결정지었다고 말하고 싶다"라고 말했다.[45] 독일의 서부전선 총사령관 룬트슈테트(Gerd von Rundstedt) 원수도 전후에 독일의 패배에 대해 설명하면서 "전반적인 문제의 근원은 항공력, 바로 항공력이었다"고 주장했다.[46]

전략적 항공전역

독일의 항공력이 증발해버린 주요 원인은 영국 공군의 전투기사령부와 미국의 폭격기 전력이 유럽에서 행한 전역으로 독일의 전략과 생산에 가해진 영향이 유발한 왜곡효과였다. 서구 항공전략에서 결정적 요소였던 이러한 독립적 항공전역은 때때로 다른 군사력의 작전에 의해 제약을 받았다. 그러나 결코 그것에 전적으로 종속되지는 않았다. 영국군과 미국군 모두 폭격을 군수물자의 보급을 약화시켜 전선의 추축국 전력을 치명적으로 약화시킬 수 있는 전역으로 보았지만, 야전의 군사력을 우회하여 대신 "긴요 중심지"—후방전선의 경제적·군사적 구조와 적 주민의 사기—를 타격한다면 적국이 항복할 가능성이 커질 것이라는 가정이 존재했다.

이러한 시각이 1939년 전에 두 공군에서 충분히 발전되었으며, 그것은 장차 전쟁은 적국의 모든 것이 개입되므로 그것을 합법적으로 무능화시킬 수도 있는 총력전이 될 것이라는 가정에 의존했다.[47] 두 경우 모두의 목적은 무차별적인 파괴와 살육을 가하는 것이 아니라 적국을 약화시키는 기능정지를 가져오기 가장 쉬운 적 산업적·경제적 구조상의 대상이나 지역을 찾아내는 것이었다. 그러나 그러한 공격이 심대한 사회적·정치적 효과 또한 발생시키고 적의 저항을 (아마도) 붕괴지점까지 약화시키지 않도록 하려 한 적은 결코 없었다.[48] 두 폭격기 전력이 장차 전역을 진지하게 계획하기 시작했을 때 그들은 어떤 표적체계가 신속하고도 중대한 배당금을 창출할 수 있는지 식별하고자 했다. 1937년 12월에 작성된 영국서부전선항공계획(British Western Air Plans)은 독일 루르 산업지역의 생산에 대한 공격이 긴요함을 확인했으며, 다른 산업지역, 수도 베를린, 그리고 독일의 부두와 교역에 대한 공격을 추가했다.[49] 1939년에는 다른 표적체계들—석유, 항공기 생산, 기계류, 화학, 전력산업—이 추가되었다. 미 항공정보국이 루스벨트(Franklin Roosevelt) 대통령의 지시에 따라 1941년 여름에 작성한 빅토리 프로그램(Victory program)의 항공부문 초안을 작성하도록 요구받았을 때, 조지(Harold George) 대령 휘하의 전대는 교란되었을 경우 독일의 전쟁노력을 치명적으로 손상시킬 수 있는 주요 산업과 서비스의 망을 식별해냈다. 항공전계획처계획 1(AWPD-1)은 교통, 항공기산업, 전력(電力) 생산, 화학을 포함하는 9개의 핵심지역을 목록화했다. 미 육군항공군 사령관 아놀드(Henry H. "Hap" Arnold) 대장의 명령에 따라 생산된 추가목록은 긴요 표적체계

10개를 추가했다.[50] 항공전계획처계획 1은 주요 목표를 달성하는 데 필요하다고 생각된, 6만 6045회라는 폭격기의 정확한 출격소티까지 제시했다.

다른 어떤 주요한 공군들보다 그들은 독립적인 폭격의 영향에 전적으로 의존하고 있었을 뿐 아니라 전전(戰前) 기획의 높은 열망도 거의 전적으로 비현실적인 것처럼 보였다. 개별적인 표적체계를 완전히 교란하는 것은 결코 가능하지 않았으며, 독일 사회에 막대한 피해를 가져오는 데는 너무나 오랜 시간이 걸려 폭격기들이 계속해서 독일의 도시들을 타격하는 동안 독일은 지상군에 의해 침공되고 점령되었다. 그러는 과정에 41만 명가량의 민간인과 6만~7만 명에 달하는 외국 징용노동자, 수용소 수용자, 포로 들이 죽음을 당했다. 이는 폭격이 훨씬 더 빠른 배당금을 창출해줄 것으로 기대되었기 때문에 결코 계획된 적이 없는 결과였다. 두 폭격기 전력은 또한 대략 6만 명의 이탈리아 민간인과 6만~7만 명의 프랑스인들도 죽였으며, 그 대부분은 1943~1945년 독일의 통치로부터 그들을 해방시키고자 하는 노력의 결과로 발생한 것이었다.[51] 이런 역설은 폭격은 낭비적인 전략적 노력이며, 독일·이탈리아·프랑스 주민들이 치러야 했던 엄청난 희생은 윤리적으로 용납할 수 없는 것이라는 전후의 대중적 인식이 고양되는 데 일조했다.[52]

물론 이러한 결과들 중 어느 것도 전역이 시작될 때는 확실히 파악될 수 없었다. 이는 폭격이 전략에서 기술된 효과들을 갖고 있다거나 장래에 그렇게 될 것이라는 구체적인 증거가 거의 가용하지 않았기 때문이다. 영국대공습에 대한 대중적 대응의 증거와 9개월간의 폭격이 생산과 관련된 영국의 전쟁노력에 가한 제한적 피해는 있을 수 있는 결과에 대한 영국 공군이나 정치지도부의 기대를 손상시키는 데 실패했다. 부분적으로 이는 폭격전역이 반드시 분명하게 이해된 전략적 목적을 달성하기 위해서가 아니라 때로는 정치적 목적에 기여하기 위해 촉진되었기 때문이다. 처칠과 루스벨트는 폭격전역을 촉진하거나 지원하는 데, 또는 그것을 지속하는 데 필요한 생산역량을 관대히 할당하는 데 있어 주요한 역할을 수행했다. 1940년 5월 10일에 처칠이 수상이 되었을 때 영국 공군은 민간인에게 사상을 가할 위험성이 있는 공중공격은 취하지 말아야 함을 규정했던, 1939년에 체임벌린(Neville Chamberlain) 정부에 의해 도입되었던 전면금지조치에 의해 여전히 제약받고 있었다. 그러나 5일 만에 처칠의 전시내각은 독일의 도시에 있는 경제적·군사적 표적에 대한 공격에 동의했다.[사실, 묀헨글라트바흐(Mönchengladbach)에 대해서는 5월 11일에 공격이 이루어진 상태였다.] 그러나 그것은 종종 주장되듯이 5월 15일의 로테르담(Rotterdam) 폭격에 대한 대응이 아니라—내각토의에서 다뤄지지도 않았다— 북동 프랑스에서 덫에 빠져 있던 영국의 전력에 대한 압력을 감소시키기 위한 필수적인 수단이었다.[53]

그럼에도 불구하고 뒤이어 내려진 지령은 독일 표적들에 대한 지속적인 전역의 길을 열었으며, 1940년 6월에 영국이 유럽대륙으로부터 축출되었을 때 처칠은 항공기 생산 장관이었던 비버부룩 경(Lord Beaverbrook)에게 "중폭격기들에 의한 절대적으로 파괴적이고 섬멸적인 공격"만이 히틀러의 몰락을 가져올 것이라는 유명한 말을 남겼다.[54] 전략폭격에 대한 결정이 내려져야 했던 1940년과 1941년의 모든 주요 시점에서 처칠은 그에 동조하는 역할을 취했는데, 이는 그의 수석 과학자문관 처웰 경(Lord Cherwell)의 지원에 힘입은 것이었다. 1941년 7월에 처칠은 영국 공군참모총장에게 "독일 도시들에 대한 황폐화"를 수행할 것을 요청했다. 7월 9일에 폭격기사령부는 표적이 정밀하게 보이지 않는 야간에 도시의 산업표적들을 전반적으로 공격하도록 하는 분명한 지시를 받았다.[55]

처칠과, 나중에 루스벨트에게는 보다 폭넓은 전략적 고려도 있었다. 영국이 여전히 그 전쟁에 적극적인 참여국임을 독일제국, 미국, 점령당한 유럽에 보여주는 게 중요하다고 인식되었다. 그리고 1940년에는 동일한 경로를 통해 전쟁에 대한 내부적인 지지를 지속시키는 것이 중요했다.[56] 1941년 7월에, 독일에 대한 무차별적인 폭격을 위한 처칠의 열정은 스탈린에게 영국이 소련의 전쟁노력을 지원하는 데 매우 적극적임을 보여주고자 하는 그의 희망을 뒷받침해 주어야 했다. 동일한 주장이 1942년 8월 중순의 스탈린과의 모스크바 회의에서도 사용되었다. 그는 폭격이 제2전선의 대용물로 간주될 수 있다고 주장했다.

폭격전략에 대한 처칠의 열정을 공유했으며 1930년대에 중폭격기 프로그램에 대한 육군의 적대감을 극복하는 데 도움을 주었던 루스벨트에게 유럽에서의 폭격전역은, 그 전쟁에 대한 미국의 진지함을 보여주고 남태평양에서 진행되던 냉혹한 투쟁만을 응시하고 있던 본국 주민들에게 유럽에서의 전쟁이 우선순위가 높음을 설득하는 길이기도 했다. 1942년 말에 독일에 대한 미국의 공격이 느리게 진척되는 데 대한 비판이 커져 가자 제8공군사령관 스파츠(Carl Spaatz) 소장은 지중해로 재배치되고 제8폭격기사령부 사령관 이커(Ira Eaker) 소장에 의해 대체되었다. 폭격이 독일에서 정치적 반응을 불러일으킬 수 있을

지 모른다는 희망 또한 존재했다. 그런 배당금은 지상에 투입되어야 하는 전력이 감소되고 사상자도 적게 유발되는 것을 의미했다.[57] 1943년 9월 이탈리아의 항복은 부분적으로는 폭격전쟁의 효과 덕으로 돌려졌으며, 폭격으로 인한 높은 손실에 자극을 받은 이탈리아 사람들이 1944년과 1945년에 이탈리아 북부에 대한 독일의 점령을 타도하는 데 도움을 줄지도 모른다고 기대되었다.[58]

그럼에도 불구하고 폭격전역의 첫 3년 동안은 여전히 기대와 현실 간에 넓은 간극이 존재했다. 폭격기사령부는 독일의 공역을 침투할 수 있는 항공기를 소수만 보유하고 있었으며, 두터운 방공망과 독일의 대응조치에 직면한 상태에서 야간항법의 기술적 문제는 폭탄의 상당량이 개활지나 잘못된 도시에 투하됨을 의미했다.[59] 폭격기사령부가 집중적인 피해를 가할 수 없다는 인식이 점증하고 있는 면이 1941년 8월 영국내각사무국의 일원이었던 버트(D. B. Butt)에 의해 작성된 보고서에서 드러났다. 항공정찰사진을 증거로 하여 만들어진 버트 보고서는 폭격기사령부 항공기의 불과 1/3만이 표적의 5마일 이내라도 진입할 수 있었다고 결론 내렸다.[60] 처칠은 폭격에 대한 그의 긍정적인 시각에도 불구하고 그 결과에 대해 환멸을 느끼게 되고 말았으며, 그 이후의 전역에 대해서는 세세한 주의를 덜 기울였다.

폭격기사령부는 일시적인 위기에 직면했으며, 해리스(Arthur Harris) 공군대장이 사령관으로 임명되면서 1942년 2월에 그로부터 구출되었다. 그는 전쟁이 끝날 때까지 이 역할을 지속했다. 대영제국과 중동 지역에서 항공치안활동에 대한 상당한 경험을 갖고 있던 경력 항공인인 해리스는 폭격전략에 대한 최대의 시각을 채택했다. 그는 폭격기군이 독일 본국주민의 전반, 특히 산업노동자들의 사기에 대한 공격을 그 주요 임무로 채택하라고 지시하는, 그가 사령관이 되기 직전인 1942년 2월 14일에 내려진 새로운 지령으로 무장했다.[61] 그는 또한 경제전부(Ministry of Economic Warfare)에 의해 제공된 100개에 이르는 도시의 목록도 제공받았다. 각 도시마다 그 규모와 산업적 중요성에 따라 등급이 매겨진 지점들이 열거되었으며, 그는 기회가 생기면 이들에 대한 공격을 선택할 수 있었다. 향후 3년 동안, 그리고 그의 전력의 일정 부분이 규칙적으로 다른 목적에 일시적으로 손실되었음에도 불구하고, 해리스는 지령이 그에게 지시한 것을 가차 없이 실행에 옮겼다.[62] 전략과 지휘에서의 변화를 보여주기 위해 그는 “1000대 폭격기(a thousand bombers)”를 가지고—비록 868대만이 표적에 도달하여 폭격에 임하긴 했지만— 1942년 5월 30일에 쾰른(Cologne)을 공습했다.

해리스의 임명은 미 제8공군의 도착과 같은 시기에 일어났다. 그들은 1942년 봄에 훈련 프로그램과 기지 건설을 시작했다. 첫 작전이 8월에 프랑스에 있는 표적들에 대해 감행되었지만, 그들은 불과 119대의 작전 가능한 폭격기를 보유하고 있었다. 미국의 지휘관들은 주간비행과 보잉 B-17 폭격기의 거대한 화력에 의존하기를 선호했다. 그들은 여전히 영국의 야간폭격에 대해 비판적이었으며, 가능한 한 체계적인 방식으로 특정의 가시적인 경제표적들을 타격한다는 기초에서 자체적인 작전을 계획했다. 미 항공군(제15공군이 지중해의 기지들로부터 이륙하여 1943년부터 공격에 합류했다)이 독일의 항공산업과 석유부문과 같은 특별한 표적에 대해 협력적인 노력을 감행하기를 원했던 시기를 제외하고는 주간·야간 작전 간의 이러한 차이가 두 연합군 간의 심각한 마찰을 막아주었다.

연합군 지도자들이 1943년 1월에 카사블랑카(Casablanca)에서 만난 이후 서로 다른 작전방식이 확인되었다. 연합폭격기공세(Combined Bomber Offensive)가 미 육군항공군이 주간작전을, 영국 공군이 야간작전을 감행해 5개의 주요 표적체계(잠수함산업, 항공기산업, 석유 생산 및 정유, 부차적인 제조업 부문)를 공격하고 "독일의 사기에 지속적인 압력"을 가하도록 지시했다.[63] 1943년 6월의 "포인트블랭크 지령(Pointblank Directive)"• 으로 전쟁의 나머지 기간 동안 폭격전역의 기초가 될 그러한 칙령이 재확인되었다. 폭격전역이 달성할 수 있는 것을 극대화하기 위해서는 독일 공군을 중간표적으로 삼아 무력화하거나 격파해야 한다는 미국의 인식—이는 영국대공습의 교훈으로부터 분명해진 것이었다—에 두 전력 사이의 전략적 관점 간 주요한 차이가 자리 잡고 있었다.

독일의 방공전력은 폭격전역이 온전히 발전되는 것을 가로막은 주요 요소 중 하나였다. 영국 공군의 초기 폭격공격은 방공화력과 잘 준비된 긴급공습경보체계에 의해 대응될 수 있을 것으로 기대되었다.[64] 1941년 동안 공격이 그 강도를 더해감에 따라 북부독일 전역에 걸쳐 레이더와 야간요격전투기들에 기초하는 정교한 공중요격체계[방공사령관 캄후버(Josef Kammhuber) 중장의 이

• 1943년 1월에 있었던 카사블랑카 회의에서 연합군 총참모부는 '연합폭격기공세'를 수행하는 데 동의하고 2월 4일에 '카사블랑카 지령'을 내렸다. '포인트블랭크 지령'은 '카사블랑카 지령'의 수정된 버전이었다.

름을 따 일반적으로 캄후버 라인(Kammhuber Line)으로 알려졌다]가 발전되었다. 1943년에는 독일의 전투기 및 야간요격전투기의 70%가 독일과 서유럽에 집중되어 있었다. 영국 공군의 야간비행폭격기들에 대항해 새로운 탐지 수단들이 고안되었다. 그 첫째는 리히텐슈타인(Lichtenstein)이라 불린 초고주파 레이더였으며, 영국의 과학적인 대(對)정보활동에 의해 그것이 재밍(jamming) 되자 SN2라고 알려진 초단파 버전이 개발되었다. 독일의 전투기 전력은 영국전투에서 영국 공군이 수행했던 일을 행했다. 그들은 북부 및 중부 독일에 호위전력도 없이 침입해 온 미국의 거대한 폭격기 전력에 점점 더 많은 손실을 가했다. 미국의 폭격기들은 폭탄을 투하하기도 했지만 부정확했다. 두 폭격기 전력 모두 독일의 방어, 예측할 수 없는 날씨, 집중적인 방공포화, 독일의 요격작전에 직면했을 경우 지정된 표적을 발견하거나 심지어 그 근처를 타격하는 것까지도 어려워짐을 고려하여 전술을 수정할 수밖에 없었다.

폭격기군의 전술적 성과는 알루미늄 처리가 된 개선 폭발물, 새로운 항법보조장치[1942년에 도입된 무선항법체계인 지(Gee)와 H2S로 알려진 공대지 레이더], 그리고 폭격기들에 선행하며 표적지역을 명확하게 밝히거나 지시해주는 특수전대[영국 공군의 경우, 선도전대(Pathfinder)]의 도입에 의해 강화되었다. 폭격기군의 능력은 독일의 함부르크 항구가 1943년 7월 24일~8월 2일 간에 영국으로부터 네 차례, 그리고 미국으로부터 두 차례의 공습을 당했던 고모라 작전(Operation Gomorrah)에서 투박하게나마 선보였다. 7월 27~28일의 공습은 불기둥을 발생시켜 대략 4만 명의 사람을 죽이고 그 도시의 22제곱킬로미터를 파괴했다. 이러한 공습조차도 몇 달 내에 함부르크가 전시생산의 80%를 재생산하게 되는 것을 막지는 못했다.[65]

히틀러가 1943년 동안에 폭격에 대응하기 위해 자원을 전환시켜야 할 필요성을 어쩔 수 없이 받아들이게 되자 공격군과 방공 간 균형은 독일에게 유리하게 이동하기 시작했다. 영국 공군은 1943년 가을에 베를린 전투를 개시했지만, 공격군의 14%가 파괴되거나 심각하게 손상되는 높은 손실률을 경험했다. 1944년 3월 24일의 마지막 공습은 전력의 10%가 파괴되는 희생을 치렀으며, 3월 30일의 뉘른베르크(Nuremberg)에 대한 추가적인 공습에서는 11%가 파괴되는 것을 목도했다. 해리스는 런던의 공군부에게 그런 손실률을 오랫동안 감당하지는 못할 것임을 인정했다. 미 제8공군도 1943년 가을에 전력의 약화를 가져오는 손실을 경험했으며, 가장 유명하게는 1943년 10월 14일 슈바인푸르트(Schweinfurt)에 있는 볼 베어링 공장에 대한 공습 시 그런 일이 발생했다. 이 공습에서 300대로 구성된 전력 중 60대의 폭격기가 파괴되고 138대가 손상당했다.[66] 그 뒤로 미 육군항공군은 독일에 대한 추가적인 종심공습을 중단했다.

해법은 독일의 영토 상공에서 독일의 항공전력과 경합을 벌일 방법을 찾는 것이었다. 이는 1940년에 독일 공군이 영국 상공에서 직면했던 문제였다. 1943~1944년 겨울 동안 제8공군은 독일의 항공기 생산에 대한 집중적인 공격[아규먼트 작전(Operation Argument)]을 계획했으며, 이는 1944년 2월 20일에 시작하여 몇 주간 실행되었다. 미국의 제8공군과 제15공군의 폭격기 3800대와 영국 공군의 폭격기 2351대가 독일의 항공기 생산 지역에 2만 톤의 폭탄을 투하했으며, 이로써 두 달간 전투기 생산을 지연시키고 독일의 생산의 상당 부분이 지하화하거나 보다 먼 장소로 분산하도록 강제했다.

그 작전의 가장 중요한 측면은 독일 공역에서 독일의 공중우세에 도전을 가할 목적으로 전환된 많은 수의 장거리 전투기가 사용된 것이었다. 독일의 방어전력에 직접적인 압력을 가져올 수 있는 수단에 대한 탐색이 1943년 가을에 시작되었지만, 해법은 믿을 수 없을 정도로 손쉬웠다. 공군에게 인도되었을 때 미국의 표준적인 전투기—P-38 라이트닝, P-47 썬더볼트—에는 여분의 연료탱크가 장착되어 있었다. 그것들은 연료를 추가로 탑재하고도 매우 효과적으로 싸울 수 있으며, 500마일이 아니라 2000마일을 비행할 수 있음을 알게 되었다. 가장 성공적인 개조 항공기는 영국 공군을 위해 미국의 공장들에서 생산된 P-51 머스탱(Mustang)으로서, 롤스-로이스 멀린(Rolls-Royce Merlin) 엔진이 사용되었다. 여분의 연료탱크는 완전 무장하고도 성능 손실이 거의 없이 항속거리를 1800마일까지 늘릴 수 있게 해주었다. 단기간의 집중적인 생산 프로그램이 시작되었으며, 첫 항공기가 1943년 12월에 키엘(Kiel)에 대한 공습 시 비행했다. 1944년 3월에 머스탱은 베를린까지 오가는 여정 내내 폭격기들을 호위했다.

미국 전투기의 우수한 성능과 수적 규모는 독일 상공에서 항공전의 흐름을 바꿔놓았다. 독일의 월간 전투기 손실은 1944년 1월 30.3%에서 3월 56.4%로 증가했다.[67] 이러한 손실률은 감당할 수 없는 것이었으며, 높은 전투기 생산율에도 불구하고 조종사 손실과 연료 부족으로 인한 훈련 저하는 폭격전역에 효과적으로 경합할 수 있는 독일 공군의 능력을 감소시켰다. 전쟁의 마지막 해에 연합군 항공전력은 118만 톤, 또는 전쟁 전체를 통틀어 투하된 톤수의 83%

에 해당하는 폭탄을 독일이나 독일이 점령하는 유럽에 투하했다. 독일 공군의 무력화는 1944년 여름부터 독일 도시의 상당 부분과 통신, 연료보급, 기간구조에 대한 무자비한 파괴의 길을 열었다. 최근에 역사가들은 전쟁 후기단계 동안에 미국 폭격기들이 점점 더 구름과 연무 사이로 맹폭(盲爆)을 실시했음을 보여주었다. 사실 이는 영국 공군 폭격기사령부가 실시한 지역폭격과 그리 다르지 않은 일종의 지역폭격이었다. 1944년 9~12월에 폭탄 총 톤수의 52.9%가 맹폭으로 투하되었다.[68]

폭격전역의 효과는 광범위하게 논쟁되었다. 최근 연구는 전역의 마지막 단계가 경제학자들이 수확체감(*diminishing return*)—마지막 해의 전역비용은 전쟁의 그 이전 시기에 투하된 것보다 비율적으로 적은 폭탄당 효과를 낳았다—이라 부르는 것을 창출해냈음을 시사했다. 1945년 2월 13~14일의 드레스덴(Dresden) 파괴를 포함하여 폭격전쟁의 마지막 단계가 직접적인 전략적 이득은 거의 없고 점점 더 무방비가 되어가던 민간주민에게는 과도한 수준의 사상을 유발하는, 일종의 "과잉(overkill)"을 보여주었음에는 논쟁의 여지가 거의 없다.[69] 독일의 전시생산이 심각하게 영향을 받았는지에 대한 상당한 논쟁도 존재했는데, 이는 1944년에 독일의 산업이 1941년보다 3배나 많은 무기를 생산해냈기 때문이다.

이 문제는 실로 어떻게 되었을까를 추정하는 문제이다. 여기에는 두 가지의 핵심적인 고려사항이 존재한다. 첫째, 1942년경부터 독일의 전시경제는 그들이 생산했던 것보다 상당히 많은 것을 생산해낼 수 있었다. 공장에 가해진 물리적 피해, 강제된 분산, 공습경보에 의한 시간 손실, 그리고 200만 명 이상의 사람과 5만 5000개의 대공포, 전체 탄약의 20%, 그리고 광범위한 전력(電力)·광학(optical)·레이더 생산의 방어노력으로의 전용은 폭격으로부터 전적으로 자유로웠으면 독일 경제가 생산할 수 있었을 것을 상당히 억제했다.[70]

둘째, 폭격공세는 독일의 항공전략을 전적으로 왜곡시켰으며, 육군이 유럽의 주요 전선에서 싸울 수 있는 역량을 손상시켰다. 방어 전투기의 독일로의 전용은 지상전력을 지원하는 데 가용한 항공기를 감소시켰다. 예를 들어 1944년 1월에 독일 전투기의 68%는 본국을 방어하고 있었으며, 불과 17%만이 동부에 있었다. 방어에 대한 강조는 항공기 생산 또한 저하시켰다. 1942년에 생산된 전투항공기의 50% 이상은 폭격기였으며, 그것들은 작전적 항공전에서 핵심적인 역할을 수행했다. 1944년에는 전투항공기의 불과 18%만이 폭격기였는데, 이는 독일 육군에게 적 보급선과 병력의 집결을 효과적으로 교란할 수 있는 수단을 거부하는 것이었다. 전쟁의 마지막 두 해의 상당 기간 동안 독일 육군은 수적으로 감소하는 항공기와 그 결과 치솟는 소모율을 감수하며 싸울 수밖에 없었다. 생산에 대한 충격이나 독일의 전략을 왜곡시키는 효과가 없었다면 독일의 전선 병력은 50%나 많은 무기와 보급물자를 보유할 수 있었으며, 그들을 축출하는 데는 훨씬 더 대규모적이고 희생이 큰 지상전역이 필요했을 것이다.

폭격으로 인해 사기가 손상되었는지에 대한 대답은 어떤 면에서는 자명하다. 이탈리아와 독일의 폭격당한 주민들은 심각한 사기 저하에 빠졌으며, 집중폭격에 심대한 영향을 받았다. 그러나 기대되었던 정치적 배당금—이는 연합공세(Combined Offensive)의 사기에 대한 공격이 암묵적으로 추구했던 목표였다—은 단순히 현실화되는 데 실패하고 만 것이 아니라 사실은 독일의 지도부에 발생되었다. 집중적인 폭격은 무관심과 체념을 유발했으며, 이는 체제로 하여금 이렇다 할 공공연한 정치적 반대를 불러일으키지 않으면서도 주민들에게 상당한 요구를 계속해서 가할 수 있게 해주었다.[71] 그런 의미에서의 "국민(nation)"은 적 군사력이 먼저 항복을 강제당하기까지는 격파할 수 없는 표적이었다.

결론

1939~1945년 동안 현실화된 항공전은 대중적으로 기대되었던 전쟁이 아니었다. 민간 후방전선에 대한 공중으로부터의 "결정타(knockout blow)"는 전쟁 초기에 현실화되지 않았으며, 4년에 걸친 집중적인 폭격 후에도 독일 사회는 그 군대가 패배를 받아들일 때까지 싸움을 계속했다. 그러나 이 전쟁에서 항공력의 역할은 의심의 여지없이 몹시 중요했다. 항공력은 상당히 많은 서로 다른 전역에서 차이를 만들어냈다고 하는 게 균형 잡힌 설명이 될 것이다.

역사적 강조점을 주요 폭격전역으로부터 옮겨보면, 지상 또는 해상 전역을 위한 작전적 항공전의 발전이 항공기가 이 전쟁의 수행에 가장 중대한 기여를 했던 부분이었음은 분명하다. 영연방 공군과 미 육군과 해군에 의한 전술적 항공력의 발전이 항공전에 대한 많은 일반적인 서술에서 무시되어버린 것은 북아프리카, 이탈리아, 프랑스, 동유럽의 전역들이 광범위하고 효과적으로 전개된 전장 항공전력에 의존했던 정도를 감춰버리고 말았다. 1940년 5~6월의 프랑스 전투에서부터 1945년 1~5월의 독일 점령에 이르기까지 공중우세의 획득은 패자에게는 거부되었던, 작전수행에서 일정 정도의 전략적 유연성을 제공해주었다. 수적으로 가장 많은 노력이 가해진 부분은 바로 그 부분이었으며, 이는 심지어 영국과 미국의 경우에도 마찬가지였다. 서부 연합군의 항공전략을 독일이나 소련의 그것과 차별화되게 만든 것은, 항공력은 불가분하여 한 가지 형태의 항공전략이 다른 형태의 항공전략들을 지원하는 것이라는 인식이었다. 그리하여 독일과 소련이 전선의 육군들과 협력하는 작전적 항공전에 집중했던 반면, 영국과 미국은 장거리 폭격, 공·해 협력, 효과적인 공중보급체계를 발전시켰던 것이다.

이러한 선택들은 서로 다른 역사적 상황 또한 반영하는 것이었다. 전시 독일은 1941년경부터 협소한 전략적 선택지 속에서 싸워야 했으며, 이는 소련의 경우에도 마찬가지였다. 모든 전선에 걸쳐 악화되는 전략적 상황에 직면하여 장거리 폭격은 무시되었으며, 방공이 건설되어야 했다. 영국과 미국은 항공력을 그 효과가 충분히 발휘될 수 있도록 행사하는 길을 선택했다. 이는 1941년 이후 그 어느 국가도 직접적으로 침공의 위협을 받고 있지 않았으며, 양국 다 항공력이 많은 것을 달성할 수만 있다면 대규모 보병으로 이루어진 육군 건설은 피하고자 하는 강력한 정치적 동기를 가지고 있었기 때문이다. 5년 동안의 전쟁에서 치러야 했던 결과적인 비용—항공인 12만 명, 폭격기 2만 1000대—은 다른 교전국들의 연간 손실에 비하면 적은 것이었다. 항공력은 두 민주국가의 과학적·기술적·산업적 능력 또한 반영했는데, 그러한 능력이 매우 대규모적인 보병군을 창설하는 데 더 많은 자원을 투입하는 일이 없이 활용되었던 것이다.

연합군 항공력의 성공은 다른 요소들—가장 중요하게는 수적 대조—에도 의존했다. 독일과 이탈리아의 항공기 생산은 결코 전략적 과업의 규모에 맞출 수 없었다. 독일의 생산을 증대시키려는 노력이 이루어졌음에도 불구하고 폭격이 가한 나중의 영향을 포함한 많은 요소들이 보다 높은 수준의 생산을 가로막았다. 두 경우 모두에 수적 불균형으로 야기된 소모의 주기는 역전시킬 수 없었으며, 이는 독일 항공기의 질이 얼마나 우수한지를 막론하고 전쟁의 마지막 기간 동안에 손실률을 가속시켰다.

둘째, 항공전력이 전반적인 지휘구조에 통합되었던 방식에 차이가 있었다. 독일에서는 항공전력이 히틀러의 최고사령부에 의해 세밀하게 통제되었으며, 거기에는 항공지휘관들이 논리적인 주장을 펼치고 분명한 결심을 기대할 수 있는 총참모위원회 같은 것이 존재하지 않았다. 소련, 영국, 미국에서는 항공전력의 지휘관들이 전체적인 군사위원회체계에 긴밀하게 통합되어 있었으며, 다른 군종의 이해관계에 맞서 동등하게 주장을 펼칠 수 있었다. 서유럽 국가들에는 합동참모부가 존재하여 최고 수준의 결정이 육군, 해군, 공군의 대표들과 함께 내려졌다.

셋째, 정치적 수용성도 대조되었다. 처칠과 루스벨트는 항공력 열성주의자들이었으며, 그것을 활용하고 보급하는 데 높은 수준의 몰입을 받아들였다. 히틀러는 전쟁에 대한 육군식 시각에 훨씬 더 매료되었으며 항공력에 대해 점점 더 환멸을 느끼게 되었다. 1944년에 들어 그는 공군을 해체하고 그것을 방공군으로 대체할 듯이 위협했으며, 그 대신 새로운 보복무기들(V-1 비행폭탄, V-2 로켓)을 신뢰했다. 항공력 사용을 위한 전략적 선택지나 특정 항공전력에 대한 지휘에 관해 많은 논쟁이 있었음에도 불구하고, 연합군 측에서는 가장 높은 수준에서 그와 같은 지리적 규모 아래 수행되며 그런 강도로 치러지는 전쟁은 그것이 표출되는 모든 방면에서 항공력에 대한 지속적인 몰입을 요구한다는 점이 일반적으로 받아들여졌다.

제3장

태평양 항공전, 1941~1945년

리처드 R. 뮬러(Richard R. Muller)

청색, 녹색, 오렌지색 항공전

1941년 12월 7일부터 1945년 9월 2일까지 태평양에서의 항공전은 전 지구적인 노력의 결과였다.[1] 그 전구의 규모는 동부전선, 북아프리카, 지중해를 포함해도 유럽 작전전구의 그것을 능가했다. 원시적인 작전환경, 극한적 기후, 병참의 어려움의 맥락에서 보면 그것은 제2차 세계대전에서 가장 험한 공군 작전환경이었다.[2] 많은 장애물과 도전에도 불구하고 항공력은 다양한 형태로 유럽에서보다 훨씬 더 높은 수준으로 태평양에서 벌어지는 사건들을 지배하게 되었다.

그것은 주로 미국과 일본 간에 치러진 항공전이었다. 남서 태평양에서는 호주와 뉴질랜드 항공부대들이 주요하게 기여했고, 영국 공군은 버마에서 결연하고도 희생이 큰 전역을 수행했으며, 전쟁 마지막 해에는 그들의 항공모함들이 미 태평양함대에 합류하기도 했다. 식민국가들의 항공전력이 1941~1942년에 일본의 진격에 맞서 구식 항공기를 가지고 용기 있게 싸웠으며, 중국과 필리핀 항공인들도 역할을 감당했다. 그러나 미국만이 유럽과 태평양 모두에서 동시적으로 주요한 노력을 가하고 광대한 태평양을 구성하는 4개의 주요한 하위전구(subtheater)에서 지속적인 노력을 다할 수 있는 산업적·인구학적 힘을 가지고 있었다.

태평양에서의 분쟁의 뿌리는 19세기로 거슬러 올라가지만, 근접한 원인은 일본의 성장과 팽창주의였다. 산업화와 제국주의 모두에서 후발주자였던 일본은 극동에서 중국, 러시아, 그리고 식민국가들을 희생시키며 지역적인 힘을 증가시켰다. 일본 사회의 군사화와 외교정책에 대한 군의 지배는 1931년 만주에서의 적대행위와 1937년 중국과의 개전을 이끌었다.

중국에 대한 전쟁은 "육군의 전쟁"이었다. 해군은 다소 다른 관점을 갖고 있었지만 일본의 인상적인 작전적 승리들에도 불구하고 교착상태에 빠져 있던 전쟁수행에 참여해야 할 의무감을 느꼈다. 이 전쟁은 일본으로 하여금 소련과 서구 열강들, 그리고 결국에는 미국과도 충돌을 빚게 했다. 소련군은 1939년에 만주에서 있었던 국경 충돌에서 일본군에게 강력한 패배를 가했으며, 이는 일본군 지도자들로 하여금 소련에 대한 추가적인 행동을 단념시켰을 수 있다.

일본의 전략기획은 "대동아공영권"의 확립을 상정했다. 일본은 석유가 풍부한 남방 자원지대(특히 싱가포르와 네덜란드령 동인도 제도)로 팽창하고, 쇠약해져 가던 식민국가들을 축출하며, 자신을 지역적인 패권국으로 자리매김하려 했다. 그러한 식민국가들에 대해 유럽에서 독일이 거둔 성공은 일본을 대담해지게 했다. 나치 독일과 파시스트 이탈리아와의 방어동맹이었던 삼자동맹조약(Tripartite Pact)이 1940년 9월에 체결되었다. 세 추축국은 명목상으로만 동맹이 될 것이었다. 분명한 기회가 생겼을 때조차도 그들 간에는 세계적인 전략을 조율하고자 하는 진지한 노력이 전혀 없었다.

일본의 행동은 그들로 하여금 식민국가들뿐 아니라 미국과도 충돌을 빚게 했다. 미국의 대중여론은 일본의 침략과 잔혹함에 상당히 용기 있게 저항했던 중국의 편에 확고히 서 있었다. 루스벨트 행정부는 외교적·경제적 도구들—항공용 휘발유에 대한 금수조치, 중국에 대한 무기원조, '날아다니는 호랑이(Flying Tiger)'로 잘 알려진 미국의용전대(American Volunteer Group)의 창설과 같은—을 사용해 그러한 침략을 저지하려 했다. 일본과의 전쟁은 지상과 해상에서 보다 위험스러운 적으로 간주되던 나치 독일에 대항한 유럽에서의 전쟁에 비해 우선순위 면에서 떨어질 것이었다.

1941년 7월 미국의 포괄적인 석유 금수조치는 사건을 가속시켰다. 이러한 결정이 있기 전에는 일본 해군과 육군의 지휘부가 미국과의 전쟁 필요성에 대해 분열되어 있었다. 일부는 미국이 일본의 팽창에 대해 묵인할 것으로 믿었던 것이다. 이제는 일본의 경제적 입지가 위험에 처해 있는 것으로 보였다. 일본 연합함대 사령관 야마모토(Isoroku Yamamoto) 제독은 미국과의 모든 전쟁은 진주만(Pearl Harbor)에 있는 그 태평양함대를 타격하는 것으로 시작되어야 한다고 주장했다. 이는 남방의 풍족한 자원지대로의 진격로를 정리해주고 야마모토로 하여금—그가 약속했듯이— "제멋대로 뛰어놀" 수 있게 해줄 것으로 기대되었다.

역사가 오버리는 태평양 항공전을 3개의 폭넓은 국면으로 구분한다. 우선, 항공모함과 지상에 기지를 둔 항공력이 선봉이 되어 이루어진 일본의 성공적인 공세 국면이다. 다음으로는 연합군의 "수세적 공세" 국면으로서, 연합군이 처음으로 일본군의 진격을 둔화시키고 주요 지점들에 압력을 가하기 시작하며 점진적으로 일본 본토를 사정거리 내에 두게 되는 시기이다. 그러고는 전략폭격 공세 국면으로서, 이 동안에는 일본 본토가 장거리 항공기에게 직접적인 공격을 받게 된다.[3] 태평양의 방대한 전장은 많은 하위전구들로 분할되었다. 중앙 태평양의 청해(blue-water, 대양)는 전전(戰前)의 "오렌지" 전쟁계획이 상정했던 것처럼 미 해군이 지배했다. 남서 태평양의 뉴기니에 있는 녹색 정글들은 맥아더 장군이 지휘하는 미 육군 및 호주군의 책임이었다. 미 해군과 해병 부대들은 남태평양 부근을 지배했다. 아시아 본토에서의 작전은 연합지휘부인 중국-버마-인도 전구의 책임 아래 있었다.

항공력 균형

태평양 전쟁을 치른 항공군들은 전간기 동안의 급격한 발전의 산물이었다. 각각은 자신들의 국가적 맥락과 전략, 군종(軍種) 문화와 염원, 이론적 사고방식에 적합하게 능력과 기술을 발전시켰다. 결국 전투에서 일본군과 대적한 미국의 항공력은 3개 군종—미 육군항공단[U.S. Air Corps, 훗날 미 육군항공군(USAAF)],• 미 해군, 미 해병—의 사고를 대변하는 것이었다. 이들 군종은 항공이 장차 분쟁에서 핵심적인 역할을 할 것이라고 믿었다는 점에서 "항공사상을 가진 것"으로 간주될 수 있었다. 그러나 각각은 그러한 기여가 취할 형태에 대해서는 매우 다른 시각을 견지했다.

• 육군으로부터 독립된 미 공군(USAF)이 1947년 9월 18일에 탄생하기 전에 미 육군 내 항공전력은 육군항공대(USAAS, 1918년 5월~1926년 7월), 육군항공단(USAAC, 1926년 7월~1942년 3월), 육군항공군(USAAF, 1941년 6월~1947년 9월)으로 진화하는 과정을 경험했다.

대부분의 육군 장교들처럼 미국의 항공인들도 항공을 현대 연합제병의 불가결한 일부라고 보았다. 공중우세, 관측, 적 보급선에 대한 차단, 지상작전에 대한 직접적인 개입은 그 가치가 입증된 상태였다. 그러나 일부 항공인들은 비행기가 표면전력•들을 지배하거나 우회할 수 있는 잠재력을 가지고 있다고 믿었다. 수십 년 전에 미첼 준장은 폭격항공기가 가장 현대적인 해군함선조차도 쓸모없게 만들어버릴 수 있다고 주장했으며, 1921년 버지니아 해안가에서 전함에 대한 시범을 통해 자신이 옳음을 "증명"해냈다. 미첼은 해군보다 장거리 폭격기들이 더 잘, 그리고 더 비용 대비 효과가 높게 미국과 그 해외 영토들을 보호할 수 있다고 주장했다. 미첼은 특유의 과장법을 써서 "전함 1대의 가격으로 1000대의 비행기를 만들 수 있다"고 썼다.[4]

미첼은 육군과 해군에 대한 그의 무절제한 비난으로 인해 야기된 1925년의 군사재판 이후 무대에서 자취를 감췄다. 그러나 다른 이들은—다소 덜 극적이고 논쟁적인 방식으로— 항공이 장차 전쟁에서 보다 큰 역할을 할 수 있다는 생각을 계속해서 견지했다. 1931년의 맥아더-프랫(MacArthur-Pratt) 합의는 항공단에게 연안방어에서 역할을 확보해주었으며, 1935년의 항공군총본부(General Headquarters Air Force)의 창설은 반(半)독립적인 전투항공군본부를 탄생시켰다. 적국의 산업중심지에 대해 장거리 폭격기에 의해 수행되는 독립적인 항공전에 대한 강렬한 비전은 1930년대에 항공단에 생기를 불어넣었다. 많은 국가의 항공력 옹호자들이 유사한 사상을 즐겼지만, 항공단전술학교(Air Corps Tactical School, Maxwell Field, Alabama)의 일단의 헌신적인 교수진이 그것을 술(術)과 과학으로 격상시켰다. 현대 국가들은 복합적인 "산업망"에 의존하는데, 그것에는 신중한 분석을 통해 식별될 수 있는 소수의 긴요한 요충지가 존재했다. 항공단전술학교의 폭격기 열성주의자들은 자체 방어력이 있는 중폭격기들로 이루어진 함대는 이러한 주요 표적에 도달할 수 있으며, 정밀폭격을 통해 그것들을 파괴할 수 있다고 믿었다. 현대 추격항공기가 폭격기를 위협할 수 있다고 주장했던 셰놀트(Claire Chennault)나 공격항공기가 중요한 역할을 할 것이라고 주장했던 케니(George Kenney)와 같은 다른 이들의 목소리는 묵과되거나 주변화되고 말았다.[5]

• 주로 지표면이나 해표면을 활용해 전투를 수행하는 전력을 의미한다. 육군과 해군을 통칭하는 의미로 사용되고 있다.

전쟁 직전에 항공단은 추축국에 대한 전략적 공중공세를 수행하기 위한 채비를 갖추고 있었다. 시험되지는 않았지만 원시안(遠視眼)적인 교리가 그것을 실현하기 위해 준비되었고, 주목할 만한 항공기들—보잉 B-17 '날아다니는 요새(Flying Fortress)'와 강화된 B-24 리버레이터 중폭격기—이 생산되고 있었다. 그러나 전략폭격에 대한 초점은 상당한 비용을 지불해야 했다. 1930년대 동안에 공격 또는 육군 지원 항공전력이 위축되고 말았던 것이다. 취역 중이던 추격기들—커티스 P-36 모호크(Mohawk), P-40 워호크(Warhawk), 벨(Bell) P-39 에어코브라(Aircobra)—은 추축국의 전선 전투기들에 비해 열세였다. 당시 미 육군항공군의 목록에 들어 있던 최상의 전투기인 록히드(Lockheed) P-38 라이트닝[쌍발엔진, 쌍동체(twin-boom)]은 유럽에서의 전쟁을 위해 추천되었는데, 이는 미 항공군의 주된 초점이 나치 독일과의 임박한 전쟁에 있었기 때문이다. 항공전계획처의 요구계획은—거의 나중에야 생각해낸 것이지만— 미 육군항공군의 임무에는 "반구(半球)에 대한 방어 및 극동에서의 전략적 방어와 관련하여 효과적인 항공작전을 수행해야 할" 필요성이 포함된다고 언급했다.[6]

그래서 육군의 항공군은 태평양에서의 전쟁이 가하는 도전에 직면할 준비가 잘 되어 있지 않은 자신을 발견했다. 1940년대 초의 기술 맥락에서 보자면 인상적이었지만 B-17과 B-24는 우군 영토로부터 일본을 타격할 수 있는 항속거리를 가지고 있지 못했다. 1930년대 말과 1940년대 초에 매우 긴 항속거리를 가진 폭격기의 원형(보잉 XB-15, 더글러스 XB-19)이 비행에 성공하기는 했지만 만족스럽지는 않은 것으로 드러났으며, 그 후속기들이 취역되기까지는 요원했다.[7] 필리핀 제도로 소수의 B-17을 파견했던 미 육군항공군 기획관들이나 "일본의 종이 도시들"을 불태우는 것에 대해 얘기했던 참모총장 마셜 장군의 자신감에도 불구하고 고고도 주간폭격은 일본에 대한 전쟁의 초기 국면에 거의 기여한 바가 없었다. 육군항공군은 다른 방식으로라도 지원할 수 있는 상황에 있지 않았다. 그들의 전투기는 상대에 비해 결정적으로 열세였으며, 그들의 경급(輕級) 및 중급(中級) 폭격전력에게는 지상이나 해상에서 표면의 전력들과 효과적으로 교전할 수 있는 장비, 훈련, 또는 교리가 결여되어 있었다. 어쨌든 가장 우수한 장비의 대부분은 유럽에서 사용하도록 추천되었다.

연합군에게는 다행스럽게도 미 해군의 처지가 다소 나은 상황이었다. 해군은 해군이론가 머핸(Alfred Thayer Mahan)의 영향—역사가 스펙터(Ronald Spector)는 이를 "제국주의와 바닷물의 고전적인 혼합(the classic brew of imperialism and saltwater)"이라 불렀다—에 흠뻑 빠진 가운데 20세기를 시작했었다.[8] 머핸은 국가의 강성은 지리와 문화가 유리할 뿐 아니라 해양력을 부지런히 발전시키는 국가에서 이루어진다고 주장했다. 그의 주장에 따르면 제해권은 적 함대와 결정적인 전투를 수행하는 전함들에 의해 가장 잘 장악될 수 있었다. 통상파괴전(*guerre de course*)•은 2급 해양력의 피난처였다.

일부는 머핸의 영향력이 지적 구속복(straitjacket)이었다고 주장한다. 그러나 미 해군으로 하여금 수십 년간 일본과의 다가오는 전쟁에 초점을 맞추고 그 전쟁을 위한 계획—색깔로 암호화된 오렌지 전쟁계획(War Plan Orange)—을 철저하게 발전시키도록 만든 것은 거대한 해양력끼리의 결정적인 해군 간 충돌에 대한 이런 강조였다. 육군과 육군항공단과는 달리 해군의 고위지도부는 일본과의 전쟁에 대해 폭넓게 생각한 바 있었다. 해군대학(Naval War College)의 몇 세대에 걸친 장교들은 워게임을 통해 그 계획을 여러 차례 반복했으며, 기술이 발전하고 지정학적 현실이 변화함에 따라 계획도 끊임없이 최신화되었다.[9]

"브라운 신발"의 비행사들••을 억압했던 "전투함 제독들"에 대한 모든 이야기에도 불구하고 해군항공은 꽤 강력한 입지를 누렸으며 전간기 예산삭감에 대한 비난의 원인이 되기도 했다. 미첼의 1921년 전함폭격 시범은 해군항공국 설립에 박차를 가하도록 도움을 주었다. 초대 국장인 모펫(William A. Moffett) 해군소장은 국장으로서 12년을 근무했으며, 해군항공의 미래에 그가 미친 영향은 상당하다.[10] 물론 그가 옹호했던 모든 혁신이 결실을 맺은 것은 아니었다. 모펫은 엄청난 내구력을 가진 경식비행선이 "함대의 눈"으로 기능할 수 있다고 믿었다. 1925년에 셰넌도어 호(*Shenandoah*)가 뇌우로 손실된 뒤에도 모펫은 고집을 꺾지 않았다. 2개의 거대한 비행선—애크런(the Akron)과 메이컨(the Macon)—이 제작되기 시작했다. 함대와의 연습은, 비록 그것이 전략적 정찰이 더 적절했을 때 종종 전술적 정찰에 잘못 쓰이곤 했지만, 비행선의 유망함을 보여주었다. 두 비행선은 모두 폭풍이 몰아치는 바다에서 손실되고 말았는데, 애크런은 1933년에, 메이컨은 1935년에 그렇게 되었다. 애크런의 추락은 특히 많은 희생을 유발했는데, 모펫 자신을 포함해 많은 생명이 목숨을 잃었다. 그

• 적 함선(함대)과 직접적으로 교전하거나 그들에 대해 봉쇄를 단행하기보다는 그 상업적 해운을 공격하여 적의 병참을 파괴하거나 교란하여 승리를 추구하는 해전의 한 형태이다.

•• 미 해군의 초기 비행사들은 해군의 다른 장병들이 흑색 신발을 신었는데 반해 갈색 신발을 신었다.

로부터 얼마 되지 않아 그의 후임자인 킹 제독이 경식비행선의 추가적인 발전을 보류시켰다. 소형 연식비행선만 해군에서 미래를 갖게 되었다.

장거리 정찰항공기와 항모항공에 대한 모펫의 지지는 훨씬 더 건전한 기술적·교리적 기반에 기초하고 있는 것이었다. 두 가지 능력은 공히 전통적 전열(戰列)의 작전을 강화시킬 수 있었다. 고위장교들 중—심지어 가장 경직된 "꼴통 제독들(mossback admirals)"조차— 정찰과 함대 식별에서 항공기의 가치를 의심하는 이는 거의 없었다. 문제는 그것들이 보조적인 역할보다 훨씬 더 많은 역할을 할 수 있을까 하는 것이었다.

평시 동안에 이러한 질문에 답하는 한 가지 수단은 정기적인 함대연습(Fleet Problem)•을 통하는 것이었다. 1923년부터 1940년까지 이 같은 주요한 연습이 21차례 이루어졌다.[11] 그것은 장교들로 하여금 새로운 기술과 개념—항공, 잠수함, 상륙작전이 포함된다—의 함의에 대해 충분히 생각할 수 있게 해주었다. 항모작전에 대한 많은 문제가 전쟁이 발발하기 전에 파악되었다. 1937년의 18차 연습에는 완전한 규모의 기동부대작전이 포함되었다. 최근 자격을 취득한 비행사 핼시(William F. "Bull" Halsey)와 킹이 그 해의 항공지휘관들 가운데 있었다.[12] 1930년대가 경과하는 동안 함대연습에서 얻은 경험 때문에 해군의 항모전력은 "함대의 눈"에서 중추적인 방어적·지원적 역할로, 그러고는 강력한 잠재력을 가진 자체적인 타격전력으로 크게 발전했다.

기술의 개선이 발전과정에 동반되고 그것에 박차를 가했다. 해군의 첫 항공모함인 랭글리 호(USS *Langley*, CV-1)는 1922년에 석탄선에서 개조되었다. 배수량이 1만 2700톤에 지나지 않았던 이 항모는 34대의 항공기를 탑재할 수 있었으며, 최고 속도도 15노트(knot)에 지나지 않았다. 랭글리 호는 훈련과 개념 발전에는 유용했으나 일시적 방편에 지나지 않았다. 미 해군의 진정한 첫 항모는 렉싱턴 호(USS *Lexington*)와 새러토가 호(USS *Saratoga*)였다. 이것들은 전투순양함으로 그 삶을 시작했지만, 주요 해군의 주력함 전력을 제한하는 1922년의 워싱턴 회의 후에 운명이 바뀌게 되었다. 항모로 개조된 그것들은 배수량이 4만 3000톤이었고, 33노트의 속도로 63대의 현대식 항공기를 운송했다. 그 속도는 함대의 어떤 함선도 따라잡을 수 있을 만큼 빨랐다.[13] 다음 세대 항모

• 미 해군이 1923~1940년에 수행한 21차례의 대규모 해군연습(훈련)을 의미한다. 미 해군은 매해 한 차례씩 모의전투를 통해 훈련기동연습을 실시했다.

는 요크타운(USS *Yorktown*) 급으로서 여기에는 엔터프라이즈 호(USS *Enterprise*)와 호넷 호(USS *Hornet*)가 포함되었는데, 이는 태평양 전쟁 초기의 암흑기 동안에 "전선을 사수한" 3척의 함선이었다.[14]

항공기 유형의 진화는 항공이 해군전략에 기여할 수 있는 방법에 대한 해군의 변화하는 시각 또한 반영하는 것이었다. 1930년대 말은 복엽기에서 순금속 단엽기로의 전이 또한 목도되었다. 성능이 떨어지는 브루스터(Brewster) F2A 버팔로(Buffalo)와 그보다 우수한 그루먼(Grumman) F4F 와일드캣(Wildcat)이 해군과 해병 대대들에서 1세대 단엽전투기로 기능했다. 공세적 행동은 뇌격기(torpedo-bomber)나 급강하폭격기(dive-bomber)가 맡았다. 어뢰공격에는 불충분한 어뢰와 구식 더글러스(Douglas) 뇌격기인 디베스테이터(Devastator)로 인해 지장이 초래되었다. 해군은 이 전쟁 내내 취역했던 SBD 던틀러스(Dauntless)라는 1급 초계 및 급강하 폭격기를 보유하고 있었다. 항공국은 장거리 정찰과 대잠수함전을 위해 대형 비행정[PBY 카탈리나(Catalina)]도 개발했다.[15]

전쟁이 발발했을 때 해군은 여전히 공격전술—전투기, 뇌격기, 초계기, 급강하폭격기 간의 복합적인 협력 또한 포함되었다—을 발전시키고 있는 중이었다. 초기에는 젊은 전투기 편대장 태치(Jimmy Thach)와 플래틀리(Jimmy Flatley)에 의해 개발된 혁신적인 전술이 일본 제로(Zero) 전투기의 우세를 상쇄할 수 있게 해주었다. "태치위브(Thach Weave)"와 같은 공중기동뿐 아니라 플래틀리의 비공식적인 교범 "전투교리"가 미 해군 조종사들에게 일본 해군의 최상급 전력에 맞서 싸울 수 있는 여지를 제공해주었던 것이다.[16]

항공기의 상대적인 참신성은 고위지도자들 중에는 항공인이 거의 없음을 의미했다. 해군은 항공모함의 모든 지휘관이 비행사 자격을 취득하도록 요구하는 통찰력 있는 조치를 취했다.[17] 이러한 "늦깎이" 비행사들—킹과 핼시가 포함되어 있었다—은 미처(Marc Mitscher)와 같은 항모 비행사들이 필요한 고위직을 확보하게 될 때까지 간극을 메워주었다. 역사가 레이놀즈(Clark Reynolds)의 말을 빌리자면 "항공해군(Air Navy)"이 구축되어가고 있었던 것이다. 강력한 항모부터 순양함이나 전투함의 갑판에 있는 조악한 사출(射出) 해상기(catapult seaplane)까지 망라하고 있던 해군항공은 3차원에서 생각하고 싸우게 될 군종이었다.

해병도 그 항공분과를 가치 있게 생각했지만, 해병의 작은 규모와 협소한 임무중점은 그에 맞게 그 항공 전력과 교리의 모양새를 결정지었다. 전간기

동안에 해병은 두 가지의 주요 임무를 강조했다. 그것은 "작은 전쟁"을 수행하는 것과 방비되던 연안에 대해 육해군 합동상륙을 실시하는 것이었다. 전자의 임무를 수행함에 있어 항공은 관측, 수송, 또는 전투작전에 대한 직접적 지원의 수단으로 쓰일 수 있었다.[18] 일본과의 전쟁이 임박해오면서 후자의 보다 복잡한 임무가 더 부각되었다. 해병전력은 일본군에게서 전진기지를 빼앗는 수단으로서 오렌지 전쟁계획에 통합되었으며, 해병항공력은 항모나 전방 비행장에서 이륙하여 직·간접 항공지원으로 이런 상륙을 지원할 것이었다. 한 선구적인 해병 비행사는 해병의 마음가짐을 다음과 같이 요약했다. "해병항공은 스스로를 다른 어떤 것을 하기에 너무 훌륭하다고 여기는 군종의 별도 분과로서 발전하고 있는 게 아니다. 육군항공군과는 달리 우리는 열외적인 조직이 되기를 열망하지 않으며, 다만 정규 해병으로 간주되기를 바랄 뿐이다."[19]

미국이 맞닥뜨린 일본은 그들과 마찬가지로 항공을 진지하게 생각하고 있던 상대였다.[20] 일본의 군사항공은 외국 훈련임무단의 도착과 함께 시작되었다. 프랑스군은 육군을 지원했으며, 영국군은 해군을 그렇게 했다. 육군항공과 해군항공 간의 분열은 결국 일본의 산업과 자원에 심각한 고갈을 초래했다. 두 군종 중에 더 효과적이고 균형적이며 기술적으로 발전된 항공군을 발전시킨 것은 해군이었다. 일본 해군은 기본적으로 머핸적인 관점을 견지했으며, 그 고위지도부는 항공이 전선을 지원해줄 것이라고 믿었다. 해군의 항공력 옹호론자들—그중에는 야마모토가 포함되어 있었다—은 항공력이 장차 그 가치가 "상징적"인 것에 지나지 않는 전투함들을 지배할 것이라고 주장했다.[21] 논쟁은 결코 완전히 해소되지 않았다. 일본은 상당한 항모타격 전력을 발전시켰을 뿐 아니라 전에 없이 거대한 전투함 건조에도 투자했다.

1930년대 말에 이르러 일본 해군항공군은 강력한 군으로 발전되었다. 그 교리와 지원전술은 그들로 하여금 함대활동에 있어 강력한 무기로서 기능할 뿐 아니라 상륙작전을 지원하는 데도 역할을 감당할 수 있게 해주었다. 해군은 또한 지상기반 타격전력도 발전시켰다. 장거리 폭격기가 항모전력과 협력하고 연안의 기지로부터 독립적으로 작전을 수행할 것이었다. 일본의 발전된 항공기술은 미쓰비시(Mitsubishi) A6M 제로 전투기에 의해 상징되었다. 기동성과 항속거리 면에서 보았을 때 제로 전투기는 1941~1942년의 전구에서 모든 다른 지상과 해상 기반 전투기보다 우월했다. 일본의 공세적 타격 항공기 또한 성능이 우수했다. 나가지마(Nakajima) B5N 케이트(Kate)는 세계에서 가장 최상의 뇌격기로서 최상급 어뢰를 탑재했으며, 고고도폭격기로서 작전을 수행할 수 있었다. 아이치(Aichi) D3A 발(Val) 급강하폭격기는 그 시대착오적인 고정식 랜딩기어에도 불구하고 유능한 함선사냥꾼이었다. 지상기반 비행기[G4M 베티(Betty)]는 해군에게 장거리 타격 능력을 제공했으며, 해군의 장거리 비행정은 현존하던 최상의 초계기들 중 하나였다.[22] 서구의 자만심은 일본의 기술적 이점을 증대시키는 데 도움을 주었다. 많은 정보는 일본의 기술을 서구 설계의 열등한 모조품으로 어림잡았으며, 일본 비행사들의 자질도 형편없는 것으로 폄하하고 말았다.[23]

그러나 이러한 강력한 전선은 결정적인 취약점을 감추고 있는 것이었다. 일본 해군은 거의 전적으로 공세에 초점을 두었다. 그에 따라 함대방어, 대(對)잠수함전, 상선보호는 무시되고 말았다.[24] 일본의 비행훈련법—특히 해군 비행사들을 위한—은 세계에서 가장 힘든 것들 중 하나였다. 전투기 에이스 사카이(Saburo Sakai)는 해군비행학교에서의 훈련 중 수업의 절반 이상이 중단되었는데, 이는 대부분 가장 사소한 위반 때문이었다고 회상했다.[25] 그러한 프로그램은 분명 최고 수준의 조종사들을 낳았다. 그러나 가혹한 도태율을 낳았던 그것은 현대전투가 요구하는 수의 훈련된 조종사를 양성하는 데는 전혀 적합하지 않았다. 한 독일 역사가는 그들이 정보, 병참, 훈련과 같은, 일상적이지만 필수적인 기능들보다 군인적인 가치를 옹호함으로써 전쟁에 대한 "전(前)산업적"인 접근법을 취했다며 독일 공군의 지도부를 비판했다.[26] 이런 관찰은 일본 해군에게도 잘 적용된다. 이 같은 훈련체계로는 손실된 초기 기간요원들을 대체할 인력을 공급해줄 수 없었다. 반면에 펜서콜라(Pensacola)에서는 수천 명에 이르는 미 해군 비행사들이 임박한 전투를 위한 준비를 갖춰가고 있었다.

중국에 대한 전역에서 두각을 나타냈던 일본 육군 비행사들은 태평양에서의 전쟁에는 잘 적응하지 못했다. 육군의 항공기—Ki-43 오스카(Oscar) 전투와 같은—는 해군의 그것에 비해 전반적으로 열등했다. 미국은 육군과 해군의 항공군을 별도로 발전시킬 수 있었지만 일본은 그럴 수 없었다. 한 학자는 "이러한 노력의 중복으로 인한 낭비와 비효율성이… 일본의 패배에 기여한 주요 요인이었다"고 주장하기도 했다.[27]

정복을 위한 일본의 진군: "제멋대로 뛰어놀기"

1941년 12월 7일 아침에 하와이 제도의 진주만에 있던 미 해군기지에서 이론은 갑자기 현실이 되고 말았다.[28] 야마모토와 그의 항공기획관들은 나구모(Chuichi Nagumo) 제독이 지휘하는, 항모 6척으로 구성된 기동부대(Kido Butai)로부터 기습타격을 가하는 것을 상정했다. 기동부대는 360대의 함재기로 두 차례의 공격파를 이루어 공격을 개시했는데, 제1파는 동트기 전 어두울 때 비행갑판에서 이륙했다. 공격군은 태평양에서 일본의 움직임에 관한 정보징후와 전반적인 전쟁경보에도 불구하고 평시체제를 유지하고 있던 기지를 발견했다. 잘못된 가정, 자만심, 빈약한 연락과 통신, 인간적 오류에 의한 누적효과는 그 기지로 하여금 공격에 맞설 수 있는 준비를 갖추지 못한 채로 남아 있게 만들었다.[29] 취해진 준비라고는 고의적 파괴행위(sabotage)를 미연에 방지하는 것뿐이었다. 보다 쉽게 경비하기 위한 목적으로 항공기들은 비행장 중심부에 집결되었다. 장거리 정찰초계는 정례훈련으로 인해 삭감되었다.

일본 해군이 부인할 수 없는 전술적 성공을 거두었다. 8척의 전투함들 중 4대가 격침되거나 심각한 손상을 당하면서 태평양함대의 전열은 파괴되었다. 거의 300대에 달하는 항공기가 쓸 수 없게 되었으며, 미국의 전력은 3000명 이상의 사상을 당했다. 전투함 애리조나 호(USS *Arizona*)가 전방 무기고를 관통한 장갑관통폭탄에 의해 타격당했으며, 승무원 1200여 명이 즉사했다. 비행장은 심각하게 손상되었다. 이 모든 것이 달성되는 데 일본 측에서는 29대의 항공기와 소수의 소형 잠수함이 손상되었을 뿐이다. 그러나 귀중한 항공모함들은 항구에 있지 않았다. 건선거(dry dock)와 석유탱크집합소(oil tank farm)도 손상을 입지 않았다. 격침되거나 손상당한 함선 중 다수는 엄청나게 힘든 인양작전 후에 재취역되었다. 이 기습은 미국의 대중여론에 충격을 가했다. 밤새 고립주의가 사라지고 말았다. 진주만 기습이 미 해군으로 하여금 전투함 중심적 시각을 포기하고 항모에 집중하도록 강제했다는 생각은 전적으로 잘못된 것은 아니라 할지라도 과도한 단순화이다. 항모는 진주만 기습 이전에도 해군의 노력에서 중요한 일부였다. 이 재앙은 강력한 지도부가 전면에 나서게 만들었다. 킹 제독과 니미츠(Chester A. Nimitz) 제독이 미 함대 사령관과 태평양함대 사령관으로 각각 취임했다. 그리고 그 타격은 히틀러로 하여금 나흘 뒤 미국에 대해 전쟁을 선언하게 했으며, 이는 전 지구적 전쟁의 전략적 균형을 변화시켰다.

그러나 기습은 6개월 동안 미 태평양함대를 체스판에서 제거하는, 일본의 직접적인 목표는 달성했으며, 그들은 이를 충분히 활용했다. 일본의 공·지·해에 걸친 거의 난공불락과 같은 일련의 승리가 뒤따랐다. 진주만 기습이 있고 난 몇 시간 뒤에 필리핀 제도에 있는 미 항공전력은 클라크필드(Clark Field)의 지상에서 파괴되고 말았다. 이러한 재앙에 대해 맥아더에게 비난을 가할 수도 있지만, 필리핀 제도에 대한 미국의 항공력 전개 전반이 잘못 구상된 것이었다. B-17을 지원해줄 만한 기반구조가 존재하지 않았고, 조기경보체계도 발전되어 있지 않았으며, 그날의 혼란과 작전적·전술적 실수가 나머지 역할을 했다.[30] 일본군이 순식간에 공중우세를 획득했으며, 영웅적인 방어 끝에 필리핀 제도는 유린되었다.

정복을 위한 진군은 그 범위와 전술적 우수성 모두에서 인상적이었다. 프린스오브웨일즈 호(*Prince of Wales*)와 리펄스 호(*Repulse*)—"포스(Force) Z"—가 전투기의 보호가 없는 가운데 일본의 지상기반 항공력의 항속거리 내에서 모험을 하면서 말레이 반도 인근의 영국 해군력은 완전히 파괴되고 말았다. 말레이 반도, 싱가포르, 자바(Java), 웨이크 아일랜드(Wake Island)가 함락되었다. 제로 전투기는 그 앞에 놓인 모든 것을 쓸어버릴 듯이 보였다. 그것은 사기가 저하된 연합군에 가해진 "포커의 징벌(Fokker Scourge)"과 같은 것이었다. 한 역사가는 "일본의 항모전력은… 1944~1945년 미국의 신속한 항모작전이 등장하기 전에는 그 속도, 힘, 기술적 우수성에서 필적할 자가 없는 일련의 공세작전을 감행했다"고 말했다.[31] 남방 자원지대의 장악을 포함한 일본의 공세는 어떤 면에서는 폴란드, 스칸디나비아, 서유럽에 대한 독일의 점령보다 훨씬 더 인상적인 것이었다.

항공력은 미 해군이 보복타격을 가할 수 있는 몇 가지 방법들 중 하나였다. 그들은 길버트 제도(Gilberts), 마셜군도(Marshalls), 웨이크 섬, 뉴기니(New Guinea)의 라에(Lae)와 살라마우아(Salamaua)를 공격하는 과도한 위험이 없이 일본군의 시선을 전환시킬 수 있을 것이라는 희망에서 일련의 광범위한 항모공습을 수행했다. 육군의 장거리 항공기들이 뉴브리튼(New Britain)의 라바울(Rabaul)에 있는 일본군의 새로운 기지를 공격했다. 가해진 피해는 경미했지만, 공습은 연합군의 사기를 고양하고 요원과 부대들에게 귀중한 경험을 제공해주었다.

이러한 후위행동(rearguard action)들 중 가장 유명한 것은 도쿄에 대한 두리틀(Doolittle) 공습이었다. 이 작전은 복잡한 내력이 있는 것이었다. 루스벨트는 대부분 몇 달간의 나쁜 소식이 전해지고 난 뒤 후방전선의 사기를 고양하는 수단으로서 일본에 대한 타격을 몹시 원했다. 항모에서 발진한 육군의 중급폭격기들을 사용한다는 생각은 킹의 참모들로부터 나온 것이었지만 미 육군항공군 사령관 아놀드 대장의 즉각적인 호의를 샀다.[32] 항모인 호넷과 엔터프라이즈를 중심으로 구축된 기동부대는 일본으로부터 500마일 내에 이르기까지 빠르게 항해할 것이었다. 일본에 대한 야간공격을 수행하고 나면 그 전력은 중국으로 계속 비행할 것이었다. 공습전력을 지휘한 이는 항공단 예비역이었던 두리틀(James H. "Jimmy" Doolittle) 중령이었다. 그는 매사추세츠 공과대학(Massachusetts institute of Technology)을 졸업한 엔지니어로서 새로운 기록을 세운 전전(戰前) 시험조종사였으며, 아놀드가 발굴해낸 인물이었다. 두리틀은 자원한 승무원들을 선발하고 단거리 이륙에 대해 급히 그들을 훈련시키는 것을 감독했다.

1942년 4월 15일, 호넷이 앨러미다 해군항공기지(Alameda Naval Air Station)에 입항했으며, 그 비행갑판으로 16대의 B-25 미첼(Mitchell) 중급폭격기가 탑재되었다. 호넷은 대양 한가운데서 핼시와 엔터프라이즈와 합류했다. 기획관들은 4월 18일 늦은 오후 동안에 타격을 개시할 수 있기를 희망했다. 그렇게 되면 표적들이 항속거리 500마일 내에 위치하게 되고 야간에 폭격기들이 목표들의 상공에 도달할 수 있을 것이었다. 그러나 18일 동이 튼 직후에 항모들이 일본 초계정들에게 발견된 뒤에는 기획관들에게 선택지가 없었다. 기동부대가 추가적인 위험에 노출되는 것보다는 항속거리 거의 650마일에서 공격이 개시되어야 했으며, 이는 중국에 안전하게 착륙할 수 있는 가능성을 희박하게 만들었다.• 두리틀 자신이 선두 폭격기에 탑승해 이륙했다. 다른 15대의 폭격기가 그를 따랐으며, 일본 본토를 향해 제각기 운항했다.

경보에도 불구하고 공습은 전술적 기습을 달성했다. 두리틀의 폭격기들은 도쿄뿐만 아니라 고베(Kobe), 요코하마, 나고야에도 고성능 폭탄과 소이탄을

• 애초 계획은 일본 본토로부터 500마일 떨어진 지점에서 이륙하여 폭격임무를 수행하는 것이었지만, 이들의 움직임이 일본군에 의해 발각된 상황에서는 일본 본토로부터 650마일 떨어진 곳에서 공격을 개시할 수밖에 없었다.

투하했다. 표적에 가해진 물리적 피해는 경미했고 희생은 컸다. (항공인 80명 중 71명이 생존했지만) 공격군 전체가 손실되었으며, 다시는 그 전술이 시도되지 않았다. 게다가 일본 육군은 비행사들을 도와준 것으로 의심되는 중국 민간주민들에게 잔혹한 보복을 가했다.

그럼에도 이 공습은 미국에 극적인 선전효과를 발생시켰다. 루스벨트는 기자들에게 그 항공기들이 "샹그릴라(Shangri-La)•의 비밀기지"에서 발진했다고 말했다. 기대되었던 것은 심대한 효과가 아니라 기껏해야 자잘한 사기 고양이었다. 미국의 폭격기들이 도쿄를 공습했다는 것은 일본 군사지도부에 심대한 충격을 가해 그들의 방어선을 재평가하게 만들었다. 그런 소규모 항공작전이 그와 같은 영향을 미친 사례는 없었다.

전세의 역전: 산호해, 미드웨이, 과달카날

이 전쟁의 첫 몇 달간 깜짝 놀랄 만한 성공을 거둔 뒤 일본군 지도부는 향후 방향을 둘러싸고 논쟁했다. 결국 뉴기니에 있는 연합군의 마지막 발판이자 호주로 향하는 관문이었던 포트모르즈비(Port Moresby)에 대한 공격을 감행하고 툴라기(Tulagi)에 항공기지를 설립하기로 결정했다. 일본 해군은 트루크(Truk)로부터 산호해로 침공군을 파견했다. 지휘관 로슈포르(Joseph Rochefort)가 이끌며 진주만에 있던 우수한 암호해독반이 일본 해군의 암호 JN-25를 해독했으며, MO 작전이라는 암호명을 가진 일본의 공격에 대한 세부사항을 알게 되었다. 플레처(Frank Jack Fletcher) 해군소장이 이끄는, 요크타운 호와 렉싱턴 호를 포함하는 기동부대가 차단을 위해 파견되었다.

결과적으로 발생했던 산호해 전투는 전술적으로 보았을 때 양측 모두 배워야 할 게 많음을 보여주었다. 5월 7일의 첫 교전은 적 주력의 위치를 파악하고 정확하게 식별해내는 데 있어서 상호 간의 실패로 특징지어졌다. 일본군은 함대급유선 네오쇼(*Neosho*)와 구축함 심스(*Sims*)를 격침시켰으며, 미국의 항공기들은 경(輕)항공모함 쇼호(*Shoho*)를 격침시켰다. 5월 8일에 마침내 항모전력의 주력들이 충돌했다. 일본의 항모 쇼카쿠(*Shokaku*)는 심각하게 손상되었

• 영국 작가 힐턴(James Hilton)의 1933년 소설 『잃어버린 지평선(Lost Horizon)』에서 등장했던 허구적인 공간으로서 지상낙원을 의미하는 용어로 쓰인다.

으며, 그 자매 항모인 즈이카쿠(*Zuikaku*)의 항공전대는 심각한 항공기 및 승무원 손실을 당했다. 렉싱턴 호도 피해를 당했지만 위험스럽지는 않은 것으로 생각되었다.(비행작전이 재개되어 있었다.) 그러나 형편없는 피해통제절차는 선상에서 발생한 화재를 제압하는 데 실패하고 말았으며, 내부폭발로 인해 '레이디 렉스(Lady Lex)'•는 난파되고 말았다. 승무원들은 성공적으로 이 배로부터 퇴선했으며, 그 구축함들 중 하나가 이를 격침했다.•• 승무원들 중 한 명은 "그 배가 침몰하는 것을 쳐다보고 있을 수 없었다. 1927년에 취역한 이래 함께해 왔던 승무원들은 눈물을 줄줄 흘리며 서 있었다"고 인정했다.[33] 요크타운 호는 한 차례 피폭되어 심각한 손상을 당하고 말았다. 특히 산호해 전투는 상대가 가시권 내에 결코 들어온 적이 없는 가운데 서로 대적하던 해상함대들이 치른 최초의 주요한 해군 전투였다. 모든 접촉은 항공기를 통해 이루어졌다.

전통적인 의미에서 보면 잘 치러진 전투가 아니었음에도 불구하고 산호해 전투는 태평양 전쟁 초기의 결정적인 전투였다고 할 수 있다. 포트모르즈비에 대한 침공은 취소되었다. 쇼카쿠와 즈이카쿠는 미드웨이 해전에 참가하지 못할 것이었다. 미드웨이 해전에 참가했다면 그들의 존재는 결정적일 수 있었다. 처음으로 일본의 주요한 공세가 격퇴되었으며, 향후 전투에서 일본의 전력은 결정적으로 약화되었다.

산호해 전투가 달리 끝났다면 다음 달에 미드웨이에서 미 해군이 승리했을지 판단하기는 어렵다.[34] 두리틀 공습은 야마모토에게 미드웨이를 포함하도록 그 외곽방어선을 확장시키고, 동시에 미 항모들을 결정적인 전투로 끌어들여야 할 이유를 제공해주었다. 야마모토의 계획—MI 작전—은 참가자와 역사가들 모두로부터 심각한 비판을 받게 되었다. 그것은 과도하게 복잡했으며, 가용한 항모전력도 분할시키고 말았다. 그것에는 알류샨 열도(Aleutians)에서의 우회적이고 부차적인 작전도 포함되어 있었다. 이는 미드웨이 인근에서 조우한 전력이 서로 대략 균등해지게 만들었다.

로슈포르의 암호해독관들은 니미츠에게 일본의 의도에 관한 매우 귀중한 정보를 제공해주었지만 현장지휘관들의 올바른 판단이 여전히 극히 중요했

• 렉싱턴 호의 별칭이다. 요크타운 호는 'Fighting Lady', 엔터프라이즈 호는 'The Big E'로 불렸다.

•• 일본군이 파손된 렉싱턴 호를 장악하지 못하도록 하기 위해 구축함 펠프스 호(USS *Phelps*)가 어뢰로 이를 격침했다.

다. 니미츠는 그의 제한적인 항모전력을 플레처 제독과 스프루언스(Raymond Spruance) 제독의 지휘하에서 절용(節用)했다. 요크타운은 수리되었으며, 조선소 작업공들의 영웅적인 업적 덕택에 전투준비태세를 갖출 수 있었다. 니미츠는 지휘관들에게 신중한 지침을 내렸다. "귀관들은 계산된 위험의 원칙을 준수해야 할 것이다… 전력을 적에게 노출시킨 결과 적에게 더 큰 피해를 입힐 수 있다는 상당한 전망이 없는 한 우세한 적 전력의 공격에 휘하 전력을 노출시키는 일은 피해야 할 것이다."[35]

1942년 6월 4일 아침에 극적인 해·공 전투가 시작되었다. 일본 기동부대는 미드웨이를 공격해 모종의 피해를 입혔지만 그 기지의 가동을 멈추게 하지는 못했다. 양측 초계기들이 상대방 기동부대의 위치를 파악하기 위해 탐색했다. 그러한 과업의 방대함을 고려해보았을 때 일본군의 탐색계획은 전적으로 불충분한 것이었으며, 미국이 먼저 타격을 가할 수 있었다. 그러나 미 육군항공군의 B-17들이 투하하는 고고도 폭탄은 아무것에도 명중되지 못했다. 미드웨이로부터 발진한 급강하폭격기와 뇌격기들에 의한 타격은 공격군에게 심각한 손실을 발생시키며 격퇴되고 말았으며, 미 항모들로부터 발진한 뇌격기 전대는 일본 기동부대의 전투기 엄호를 뚫으려 시도하는 가운데 사실상 전멸되었다. 초계기들 중 하나로부터 접수된 최신 보고는 마침내 나구모에게 미 항모들의 존재에 대한 경보를 제공해주었으며, 그는 휘하 항공기들에게 공격을 위해 재무장하고 연료를 충전하도록 지시했다. 이러한 재무장이 완결되기 전에, 그리고 항공기의 대부분이 여전히 갑판 밑에 위치하고 있는 상황에서 요크타운 호와 엔터프라이즈 호로부터 발진한 급강하폭격기들이 뒤늦게 등장하면서 전투를 극적으로 변화시켰다.

한 참가자가 "아름다운 은빛 폭포"로 회상했던 것처럼, 던틀러스[급강하폭격기]들은 태양을 등지고 급강하하면서 일본의 항모 3척을 향해 정렬했다.[36] 몇 분 내에 기함(旗艦)인 아카기(*Akagi*), 가가(*Kaga*), 소류(*Soryu*)가 화염에 휩싸였다. 그날 늦게 히류(*Hiryu*)가 요크타운에 피해를 가했다. 처음에는 급강하폭격기가 공격하여 피해를 입혔으며, 나중에는 뇌격기가 공격을 가해 마침내 심각한 손상을 가했다.(요크타운은 6월 6일 오후에 일본의 잠수함에 의해 최후 공격을 받았으며 다음 날 침몰했다.) 히류도 이미 침몰된 상태였다. 미국의 반격으로 6월 4일 오후에 히류는 화염에 휩싸였으며, 다음 날 아침에 침몰했다.

분명, 양측 모두가 실수를 범했다. 영웅적으로 활약했던 뇌격기 대대를 제외하면 호넷의 항공전대는 전투에 거의 참가하지 못했다. 호넷 호의 급강하폭격기들은 일본의 기동부대를 찾아내는 데 실패했으며, 많은 수의 전투기가 연료 소진으로 바다에 버려졌다. 그 항공전대의 지휘관은 나중에 자신이 "상황을 잘못 파악"했음을 인정했다.[37] 공식사가(公式史家)들은 그것이 "비결정적"이었다고 판단함으로써 그러한 행위를 최대한 포장하려 했지만, 일본 전함에 대한 B-17의 사용은 실패였다.[38] 그러나 일본의 오류—주로 일본의 항모력을 집중시키는 데 있어서의 실패—가 훨씬 더 컸으며, 스프루언스와 플레처의 냉철한 리더십과 미국 조종사들의 영웅적 행위와 결합된, 로슈포르의 분석가들에 의해 제공된 미국의 정보상 이점이 승리했다.

아무리 따져보아도 미드웨이 해전은 일본 해군의 끔찍한 패배였다. 항공모함 4척이 침몰하고 수백 명의 장병이 사망했으며, 여기에는 야마구치(Tamon Yamaguchi) 해군소장도 포함되었다. 그는 제2항모사단의 숙련되고 공세적인 지휘관으로서, 히류와 함께하기를 선택했다.[39] 패배의 엄청난 규모는 일본인들에게 교묘하게 감춰졌다. 심지어 일본 해군은 침몰한 항모들 중 2척이 공식적인 해군전력 목록에 남아 있는 것처럼 스스로를 속였다.[40]

미드웨이에서의 승리는 태평양에서 미국의 공세로의 전환을 가속시켰다. 일본군은 과달카날 섬에 비행장을 건설하기 시작했으며, 미국은 이를 결단코 막으려 했다.(이는 태평양에서 핵심 항공기지가 가지는 중요성을 다시 한 번 강조하여 보여주는 것이었다.) 1942년 8월 7일, 과달카날에 상륙하는 워치타워작전(Operation Watchtower)이 시작되었다.[41] 미 항모전력의 조기 출발은 해병 상륙군을 불안정한 처지로 몰아넣었으며, 이로써 활주로를 끝장내는 것이 그들의 최우선적인 과업이 되었다. 해병 공병들은 며칠 만에 이러한 위업을 달성해냈으며, 비행장은 미드웨이에서 전사한 해병 비행사를 기리기 위해 헨더슨 필드(Henderson Field)로 명명되었다. 일본군은 라바울로부터 과달카날에 장거리 공중타격을 수행했으며, 칠흑과 같이 어두울 때 호송선단—"도쿄 익스프레스(Tokyo Express)"—을 신속히 기동시켜 그 섬에 있던 자신들의 전투병력을 증강시켰다. 차후 6개월간 과달카날 부근에서는 암울한 해·공·지 전투가 격렬히 진행되었다. 헨더슨 필드의 주위는 전쟁 중 해병이 고고도로부터 피폭될 수 있는—제로 전투기에 의해서는 타격을 받고, 정글에서 발사되는 "피스톨 피트(Pistol Pete)"•

• 일본 육군이 중일전쟁과 태평양 전쟁에서 사용했던 92형 10센티미터 야포이다.

와 일본군 전투함에 의해서는 포격을 받을 수 있었다— 유일한 지대에 해당했다. 그런가 하면 일본 보병의 공격에 의해서도 위협받을 수 있었으며, 단 하루 동안에 그 모든 일들이 일어날 수도 있었다.

해병항공력은 과달카날의 암호명이었던 캑터스(Cactus)의 원정환경 속에서 발전되었다.[42] 제1해병비행단을 지휘하는 선구적인 해병 비행사 가이거(Roy S. Geiger) 준장이 9월 3일에 그 섬에 도착했다. 그는 증원병력을 대동했으며, 조직에 천부적인 재능이 있었을 뿐 아니라 전투 리더십도 고취시켰다. 형편없는 활주로 상태에 대해 젊은 조종사가 불평하는 것을 들은 가이거는 아무 말 없이 급강하폭격기로 가서 이륙해서는 폭탄 하나를 투하하고 귀환했다.[43]

과달카달 부근에서의 해군 전투는 일본 해군이 여전히 강력한 타격을 가할 수 있음을 보여주었다. 8월에 사보 섬(Savo Island) 인근에서 경험한 재앙은 미 해군 역사상 최악의 패배 중 하나였다. 10월의 산타크루즈 제도(Santa Cruz Islands) 전투 동안에 일본군의 항모기들은 호넷 호를 격침시키고 엔터프라이즈를 심각하게 손상시켰다. 그러나 미국의 노력은 그 주둔지를 강화할 수 있는 일본의 능력을 점진적으로 감소시켰으며, 1943년 2월에 핼시는 "도쿄 익스프레스는 더 이상 과달카날에 종착기지를 갖고 있지 못하다"는 보고를 받았다.[44] 아직 시한이 만료되기도 전에 두 교전국의 전전에 "조약을 체결했던 해군"들• 은 서로를 크게 파괴하고 말았다. 사보 섬의 북서쪽 해안 인근 수역이 '아이언바텀 사운드(Ironbottom Sound)'로 알려지게 된 것은 그럴 만한 이유가 있었다.••

이 전역은 태평양 전쟁의 진정한 전환점이었다. 일본의 해군전력은 가파르게 쇠퇴하기 시작했다. 산호해, 미드웨이, 솔로몬 제도에서의 손실이 가져온 누적적 효과는 기동부대가 그토록 자신 있게 전쟁을 시작하게 해주었던 '바다독수리들(Sea Eagles)'의 정예 기간요원들을 파괴하고 말았다. 훈련조직은 손실을 벌충할 수 없었다. 제로 전투기 조종사 사카이는 "나는 우리 조종학생반에서 쫓겨난 45명의 조종사들이… 전시훈련을 완결한 이들보다 우수했다는 점을 알고 있다"고 회고했다.[45] 미국의 전력은 전역이 가르쳐준 뼈저린 교훈들을

• 제1차 세계대전에서 승리한 주요 국가인 미국, 영국, 일본, 프랑스, 이탈리아 간에는 1922년 2월에 워싱턴해군조약(Washington Naval Treaty)이 체결되었다. 이 조약에서는 해군 건설을 제한함으로써 군비경쟁을 막는 데 서명국들이 동의했다.

•• 1942~1943년의 과달카날 전투 동안 수십 대의 함선과 항공기가 격추되거나 침몰되어 이 수역에 수장되었기 때문에 '아이언바텀 사운드'라는 별칭이 생겼다.

받아들였다.[46] 1943년경부터 미국은 확고한 우위를 점했다. 운명의 역전은 새로운 생산의 거대한 유입—이 일이 아직 이루어지지 않은 일이었다—이 없이도 달성되었다.

녹색 전쟁에서의 항공력: 남서 태평양

일부 사람들은 때때로 남서 태평양이 중앙 태평양에서의 일본에 대항한 노력이라는 주된 초점으로부터의 불필요한 전환이었다는 점과 그 전구는 사실 맥아더의 허영과 명예욕 때문에 존재했다고 주장했다. 다른 이들은 남서 태평양으로의 보완적인 공격이 일본의 방어문제를 복잡하게 만들고 내선(內線)을 활용할 수 있는 능력을 일본으로부터 앗아가 버렸다고 주장한다.

1942년 3월 호주에 도착한 맥아더는 항공전력의 작전을 매우 불만족스러워했으며, 새로 도착한 항공지휘관 케니 장군에게 일련의 비판을 쏟아부었다.[47] 케니의 결과적인 성공의 열쇠는 그가 때로는 유화적으로, 때로는 강력하게 말을 할 뿐 아니라 성과를 달성해내는 능력 또한 잘 결합시켜 맥아더와 원만한 파트너십을 만들어낸 것이었다. 게다가 케니는 1927년부터 1930년까지 항공단전술학교의 비행교관이었으며, 전술항공의 기초에 대한 훌륭한 이해를 갖고 있었다. 그는 "나는 공격비행의 아버지였다"고 회고했다. 그는 "나는 그것에 대한 교과서를 저술했으며, 그것을 가르쳤고, 그 전술을 발전시켰다"라고 말했다.[48] 그는 그의 많은 동료들보다 맥아더에게 제공해줄 수 있는 게 많았다.

첫째, 그는 맥아더의 강력한 참모장 서덜랜드(Richard Sutherland) 장군을 무력화해야 했다. 그는 "나는 그에게 태평양에서는 내가 가장 유능한 항공인이기 때문에 바로 내가 항공군을 운영하고 있는 것이며, 설령 그 말이 진실이 아니라면 그가 더 유능한 사람을 찾아 그에게 책임을 맡겨도 좋다고 말했다"라고 했다.[49] 케니는 또한 백지 한 장에 연필로 작은 점을 찍어 서덜랜드에게 보여주면서, 이 점이 바로 항공력에 대한 그의 지식을 나타내는 것이며, 종이의 광대한 백지 부분은 그 주제에 대한 자신의 이해를 아우르는 것이라고 말했다.[50] 케니는 제5공군에서 필요 없는 인력을 해임하고 많은 장교들을 귀국시켰으며, 정비절차를 개정하고, 복잡하고 까다로운 규정과 문서업무를 없앴다. 가장 중요하게는, 케니의 전력은 전투에서 자신들의 유능함을 입증해내기 시작했다.

부나(Buna)에서 일본의 입지를 위축시키기 위해 1942년 11월부터 1943년 1월까지 있었던 전역 동안에 케니는 자신의 항공력 "공식"을 선보였다. 그의 전투기들은 먼저 전투지대 상공에서 공중우세를 확립하고, 그다음에는 일본군의 증원 시도를 차단하기 위한 "공중봉쇄"를 확립하고자 했다. 그의 폭격기들은 적 전력을 무자비하게 "망치질하고" 연합군 지상전력에게는 근접항공지원도 제공할 것이었다. 마지막으로, 그는 전진항공기지를 세우고 그것을 가동시켜 다음 목표물을 향해 "폭격선"을 확장해나갈 것이었다.[51]

케니의 제5공군은 특화된 항공기와 혁신적 전술을 효과적으로 결합시켜 활용했다. 대함(對艦) 공격을 위해 기술자들은 B-25 폭격기를 50구경 전방발사 기관총을 12문까지 장착할 수 있는 무장항공기(gunship)로 개조했다. 어떤 것은 75밀리 곡사포도 장착했다. 그의 항공인들은 "저고도 선박폭격(skip bombing)"• 기량을 발전시켰으며, 전쟁 전에 케니가 개발했던 유형의 치명적인 세열(細裂) 폭탄을 투하했다. 제2차 세계대전의 다른 후미진 전구들과 마찬가지로 남서 태평양에서도 전술항공이 번성했다. 이는 그 원거리성, 전략적 표적의 부재, 규정과 상급본부의 감독으로부터의 자유 때문이었다.

케니의 무기와 기량은 1943년 3월의 비스마르크해 전투(Battle of the Bismarck Sea)에서 그 가치를 입증했다. 라바울로부터 뉴기니로 향하던 8척의 거대한 수송선과 8척의 호위구축함으로 이루어진 일본의 재보급 호송선단이 저고도 선박폭격을 수행하는 B-25와 호주의 보파이터(Beaufighter)의 혼합 전력에 의해 무자비하게 공격당했다. 모든 수송선과 호위함 6척이 침몰했다. 항공기와 초계어뢰정이 생존자와 구명정들을 공격했다. 전쟁 동안 만연했던 격한 감정에 대해 증언하면서 케니는 "미국군과 호주군에게 있어 일본인들은 박멸해야 하는 해충에 지나지 않았다"고 말했다.[52]

항공력 옹호론자들은 비스마르크해 전투를 표면전력에 대해 독립적인 승리를 달성해낸 항공력의 예로서 빈번하게 언급한다. 그러나 이 전역에 대한 포괄적인 시각은 성공이 균형 있는 전력으로 달성된, 연합제병(combined arms)이 거둔 인상적인 승리의 일부에 지나지 않았음을 보여준다.[53]

일본군은 1943년 4월에 뉴기니와 솔로몬 제도에 있는 연합군의 항공기지들

• 저고도에서 투하된 폭탄이 표면(해표면 또는 지표면)을 따라 미끄러져서 약간 접촉하면서 표면의 높이와 같거나 그보다 높은 표적에 맞게 하는 저고도 폭격방법을 말한다.

을 타격함—"I 작전"—으로써 출혈을 멈추게 하려 했다. 야마모토는 약 300대의 항공기를 동원해 일련의 무모한 공습을 감행했다.[54] 조종사들의 노고를 격려하기 위해 부건빌(Bougainville) 섬을 순시차 여행하던 야마모토는 1943년 4월 18일에 P-38 편대에 격추되어 사망했다. 야마모토가 탑승한 폭격기를 격추한 공이 누구에게 있는지를 둘러싸고 격렬한 논쟁이 이어졌지만, 그 업적은 암호해독관들과 P-38 편대가 정확한 장소에 모습을 나타낼 수 있게 해준 임무기획관들에게 속한 것이었다. 어쨌든 야마모토의 전성기는 지나가고 말았다. 그가 누렸던 승리의 나날은 지나간 일이 되고 말았다.

사건들이 남서 태평양으로부터 옮겨 가기 전에 발생한 마지막 주요 작전은 라바울을 고립시키기 위한 "카트휠 작전(Operation Cartwheel)"이었다. 뉴브리튼에 있는 일본의 강력한 기지를 장악하거나 무력화하는 것이 맥아더와 핼시에게는 급선무였다. 결국, "간접접근법"—라바울을 장악하기보다는 우회하는 것—을 활용하기로 결정되었다. 그리하여 극적인 "섬 건너뛰기(island-hopping)" 전역을 시작했다. 미 해군은 솔로몬 제도로 향했고, 맥아더의 미국군과 호주군은 뉴기니 해안을 따라 나아갔다. 2개의 진군 모두 점점 더 효과적이게 되어가던 항공력—특히 케니의 제5공군과, 핼시의 강력한 합동 및 연합 공군구성군인 솔로몬공군(Air Solomons)—에 의해 지원을 받았다. 캑터스공군(Cactus Air Force)을 뒤이은 솔로몬공군에는 미 육군항공군, 미 해군과 해병, 뉴질랜드 공군의 부대들이 포함되었으며, 교대로 지휘했다. 1943년 4월부터 1944 년 6월까지 이 기동부대는 존경받을 만한 전투기록을 세워갔으며, 부건빌에 대한 공격의 준비 및 수행 시 특히 그랬다. 해군 공식사가는 솔로몬공군을 "타의 추종을 불허하는 단결심을 가진, 세계에서 가장 우수한 부대의 하나"라고 찬사를 보냈다.[55]

이 전구는 일본군 항공력의 묘지가 되어갔다. 라바울은 결국 고립되었고 병들어 죽어갔다. 전쟁은 다른 곳으로 옮겨 갔다.

오렌지 계획으로의 복귀: 중앙 태평양에서의 공세

미 해군의 고위지도부는 중앙 태평양에서 "오렌지" 공세를 가한다는—일본 함대와 교전하여 파괴하고 일본 본토를 포위한다는— 자신들의 비전을 결코 포기하지 않았다. 1943년 가을에 이르러 중앙 태평양 지역을 여는 게 가능해졌다. 전전의 "조약 해군"의 시절은 지나갔으며, 미국의 산업과 기술적 우위의 힘이 나타나기 시작하고 있었다. 1943년 말부터 종전까지 해군은 새로운 에섹스(*Essex*) 급 항모들로 무장한 빠른 항모 기동부대들을 가지고 전쟁을 수행할 것이었다. 이러한 강력한 항모는 91대의 항공기를 탑재했으며 최신 무선세트와 지휘 및 통제 설비를 갖추고 있었다. 그것은 또한 개선된 사격통제장치(gun director)와 치명적인 근접신관(proximity fuse)을 갖춘 많은 대공(對空) 무장도 보유하고 있었다. 에섹스 항모의 도착이 지연되는 경우를 대비해 조선소들은 인디펜던스(*Independence*) 급 경항모들을 생산했는데, 이는 빠른 경구축함의 선체에 만들어진 것이었으며, 30대의 항공기를 탑재했다. 빠른 항모들이 호위함을 동반해야 할 필요성을 제거하기 위해, 또는 상륙작전에 항공지원을 제공하기 위해 대량생산된 호위항모들—때로는 '아기항모(baby flattop)' 또는 '카이저의 관[Kaiser's coffins, 유명한 조선사 카이저(Henry J. Kaiser)의 이름을 본 딴 것이다]'이라 불렸다—도 등장하여 큰 역할을 감당했다.

태평양 전역에서는 수가 전부는 아니었지만 미 해군은 확실한 수적 우위를 확보하고 있었다. 일본의 항복 전에 17척의 에섹스 급 항모가 취역한 상태였으며, 다른 것들도 대기 중이었다. 9척의 인디펜던스 급 항모와 거의 90척에 이르는 호위항모를 고려해보면, 전쟁 후반의 해군은 질적·양적으로 완전히 변화되어 있었다. 새로운 세대의 해군 항공기들—그루먼 F6F 헬캣(Hellcat), 커티스 SB2C 코르세어(Corsair), 그루먼 TBF 어벤저(Avenger) 뇌격기—이 비행갑판을 채우고 있었다. 우수한 전투기인 보우트(Vought) F4U 코르세어는 항모작전에는 적합하지 않은 것으로 입증되었으며, 해병부대들에 의해 광범위하게 사용되었다.

미 해군은 다른 어떤 군종보다도 최상급의 대민홍보 업무를 수행했다. 이런 노력의 핵심은 스타이컨(Edward Steichen) 대령과 그의 탁월한 촬영기사들의 활동이었다. "항공해군"이 그의 작품들 속에서 뚜렷이 모습을 드러냈으며, 그의 가장 눈에 띄는 이미지들 중 하나의 제목은 '살인 타선(Murder's Row)'—타순에 약한 타자가 하나도 없는, 1927년 뉴욕 양키스(New York Yankees)의 세계 챔피언 야구팀에 붙여진 이름이다—이었다. 똑같은 위장색을 칠한 6척의 에섹스 급 항모를 찍은 사진은 미국의 산업적·해군적 힘을 보여주는 강력한 이미지였다.[56]

일본 해군은 이러한 생산을 도무지 따라잡을 수 없었다. 전쟁이 진행되는 동안 불과 15척의 새로운 항모만이 함대에 합류했으며, 그것들 중 다수는 소형 호위항모나 상선을 임시방편으로 개조한 것이었다. 항공기의 상황은 조금 나았다. 1943년에 새로운 2개 유형의 항모항공기—나가지마 B6N 질(Jill) 뇌격기와 요코스카(Yokosuka) D4Y 주디(Judy) 급강하폭격기—가 등장했다. 모두가 1급 항공기였지만(후자는 이 전쟁을 통틀어 가장 빠른 항모 급강하폭격기였다), 충분히 훈련된 승무원의 부재는 그 효과성을 감소시키고 말았다. 새로운 공중우세 전투기는 모습을 나타내는 데 더 시간이 걸렸다. 오래된 전투기인 메서슈미트 Bf 109가 그랬듯이, 연합군이 오래전에 그에 대한 대응조치를 강구했음에도 불구하고 미쓰비시 A6M 제로 전투기가 계속 사용되었다. 1944년 중반에 후속 해군 전투기인 가와니시(Kawanishi) N1K2J 조지(George)가 어느 정도 가용해질 때까지 이러한 상황은 지속되었다.

중앙 태평양에서의 진군은 1943년 11월에 마킨(Makin) 섬과 타라와(Tarawa) 섬에 대한 공격과 함께 시작되었다. 타라와 작전은 잘 진행되지 못했지만, 교훈들—해군 포격과 항공지원, 그리고 함선에서 해안까지의 이동을 포함하는—은 신속하게 학습되었다. 뒤이은 마셜군도 작전에서는 극적인 개선이 분명히 드러났다. 에니위톡(Eniwetok) 환초에 대한 침공 준비는 새로운 항모전력의 타격력을 보여주었다. 트루크 섬에 있는 일본의 해군 및 항공 거점이 공세를 차단하고 나섰다. 미처는 15척의 항모를 결집시켰으며, 30회에 달하는 일련의 공습을 가해 그 기지를 완전히 무력화했다.[57]

중앙 태평양을 향한 니미츠의 진군에 선봉에 선 것은 제3함대와 제5함대의 연합군이었다. 이들은 단일 전력을 구성했는데, 지휘관과 참모는 번갈아 맡았다. 스프루언스가 지휘를 맡게 되면서 이 전력은 제5함대로 지정되었다. 그와 그의 참모들이 장차 작전을 계획하고 있을 때 핼시가 제3함대 사령관으로서 합류했다. 훨씬 더 중요한 점은, 그것이 미처와 같은 경륜 있는 해군 비행사들이 기동부대 지휘관이나 참모장으로서 역할을 수행하는 "전적으로 항공지향적인 해군력"이었다는 점이다.[58]

1944년 여름에 접어들어 미 해군항공은 그 힘이 절정에 가까워져 있었다. 그들의 작전개념, 전술, 리더십, 기술은 모두가 매우 높은 수준으로 발전되고 효과적이게 되어 있었다. 니미츠의 전력은 가장 낙관적인 전전의 시각조차도 무색하게 만들 수 있는 공·해 작전의 개념을 실행할 수 있었다.

이러한 전력의 우위는 마리아나제도 작전 동안에 다시 한 번 드러났다. 니미츠와 그의 지휘관들은 1944년 6월 15일에 시작된 사이판 상륙이 일본의 강력한 대응을 촉발시킬 것으로 믿었다. 일본 해군의 지휘부는 어쩔 수 없이 "A 작전(Operation A)"을 지시했는데, 이는 오자와(Jisaburo Ozawa) 제독의 새로 창설된 항모전력과 마리아나 제도에 기지를 둔 항공부대들 간의 연합공격이었다. 오자와의 조종사들 중 다수는 항모만큼이나 신참이었으며, 일부는 훈련기간이 고작 두 달에 지나지 않았다. 결과적으로 1944년 6월 19~20일에 발생한 필리핀해 전투는 일본의 완패였다. 미국 항공인들에게 "마리아나 칠면조 사냥(Marianas Turkey Shoot)"으로 알려진 이 전투는 218대에 이르는 일본 항공기를 희생시켰는 데 반해 미국은 29대만을 잃었다. 비록 텅 빈 항모전력은 살아남았지만, 이 대학살은 사실상 일본 해군항공군의 사망을 알리는 것이었다.

괌, 티니안(Tinian), 사이판 섬을 장악하는 주된 목적은 단순했다. 그것은 B-29 기지를 확보하고, 그럼으로써 일본 본토를 포위하기 위한 것이었다. 항공참모부의 무기요구계획 AWPD-42는 "관련 거리의 상당함을 고려했을 때 (일본에 대한) 폭격노력의 대부분은 장거리 폭격기들(B-29 유형)에 의해 수행되어야 한다. 1944년 말까지는 이 폭격기가 충분히 가용하지 못할 것이다"라고 점쳤다.[59] 역사상 가장 파괴적이고 논쟁적인 항공전역들 중 하나를 위한 장(場)이 마련된 것이다.

아시아에서의 전쟁

중앙·남서·남 태평양 전구들이 태평양 전쟁 동안 공중활동의 주된 초점이 되었음에도 불구하고 주목할 만한 공중활동이 다른 지역, 즉 보다 주변적인 지역들에서도 발생했다. 1942~1943년에 알류샨 열도에서 있었던 공·해·지 전쟁처럼, 그것들 중 일부는 실로 부차적인 것들이었다. 훨씬 더 중요한 것은 연합군에게는 중국-버마-인도 전구로 알려진, 아시아 본토에서의 항공전이었다. 중국은 1930년대 일본 전략의 핵심이었으며 가장 강력한 단일 육군이 그곳에 위치하고 있었지만, 전쟁이 중앙 및 남서 태평양에서 전개되어감에 따라 그 중요성은 덜해졌다. 연합군, 특히 장제스의 부패하고 점점 더 비효과적이 되어가는 체제와의 협력의 어려움은 또한 그 전구가 일부 미국 전략가들의 눈에 그 중요성을 잃어가게 만들었다.

그럼에도 불구하고 그 전구에서는 항공력과 관련하여 많은 발전이 있었으므로 간략히 살펴볼 가치가 있다. 맥아더와 니미츠 사이에 그랬듯이 지휘관계는 어느 모로 보나 문제가 있었으며, 전구의 광대함조차도 미 육군 선임지휘관 스틸웰("Vinegar Joe" Stillwell)과 전구사령관 마운트배튼(Lord Louis Mountbatten)

제독, 그리고 항공인들 간의 마찰을 막을 수 없었다. 이들 중 가장 두각을 나타낸 인물은 제14공군의 셰놀트 소장이었다. 그는 1942년 초에 미국의용전대로 명성을 쌓고 이 전구에서 항공문제에 대해 상당한 영향력을 발휘했다.

아마도 이 전구에서 가장 중대한 항공작전은 전투전력이 아니라 항공수송사령부(Air Transport Command)의 인도-중국 비행단에 의해 수행되었다. 버마에서 일본이 거둔 성공으로 인도와 중국 간 지상 접근로에는 제약이 발생했으며, 이는 수송기들이 히말라야를 넘는 위험한 550마일 항로를 통해 전구에 대한 보급을 지속하게 만들었다. 이 항로는 곧 "낙타 혹(Hump)"으로 알려졌다. 그것은 또한 "알루미늄 트레일(Aluminum Trail)"이라는 가볍지 않은 별명을 얻기도 했는데, 이는 그 길이 수송기들의 꼬깃꼬깃한 잔해로 점철되어 있었기 때문이다. 비록 그것이 보급의 흐름에 대한 통제권을 놓고 셰놀트와 지상지휘관들 간에 신랄한 전투를 발생시키기도 했지만, 중국에서의 전쟁은 공수(空輸)가 지탱했다고 말해도 과장이 아니다. 1942년 이후로 셰놀트는 자신의 항공부대가 살짝만 증강되어도 주요한 승리를 만들어낼 것이라고 주장했었다. 이 점에서는 셰놀트가 옳지 않았지만, 장제스와 루스벨트에 대한 그의 정치적 영향력은 그가 관용의 대상이 되어야 함을 의미했다. 제14공군은 작전을 잘 수행했지만, 그들의 활동이 결코 결정적이지는 못했다.

"낙타 혹"의 지속적인 중요성은 성공적인 항공군수작전의 핵심사항에 대해 그것이 가르쳐주는 교훈 때문일 수 있다. 공수는 1943년 1월에 고작 1500톤이던 것이 그 해가 끝날 무렵에는 9000톤 이상으로 월간 운송량이 증가했지만, 진정으로 극적인 증가는 터너(William H. Tunner) 준장의 도착과 함께 1944년 8월에 이루어졌다. 폭격기와 전투기 조종사들이 지배하는 군종의 경륜 있는 공수조종사였던 터너는 공수에 자칭 "사업가와 같은 방법"을 적용해 사고율은 크게 감소시키며 월간 운송량을 최고 7만 2000톤까지 증가시켰다. 터너는 나중에 중국-버마-인도 전구에서 학습한 교훈을 적용해 그때와 상당 부분 동일한 방법을 써서 1948~1949년의 유명한 베를린 공수(Berlin Airlift)를 실행했던 것으로 보인다.[60]

버마에서의 항공전이 양측 모두에게 부차적인 일이었음은 부인할 수 없다. 그러나 많은 항공작전이 새롭거나 전술적으로 중요한 발전을 보여주었다. 그 중 가장 주목할 만한 것은 제1항공특수부대(First Air Commandos)의 작전이었다. 흔히 현대 미 공군특수작전단(U.S. Air Force Special Operations)의 전신으로 여겨지는 이 부대는 일본의 전선 배후에서 작전을 수행하고 지속하는 것을 전문적으로 했다. 1944년 3월에 이 부대는 "버마에 대한 공중침공"인 '목요일 작전(Operation Thursday)'을 수행했다. 이 부대의 글라이더들은 9000명에 이르는 윈게이트(Orde Wingate) 장군의 친디트(Chindits) 특공대원들을 일본 영토 깊숙한 곳의 4개 상륙지대로 수송했을 뿐 아니라, 작전이 이루어지는 몇 달간 그들에게 보급과 지원을 제공하기도 했다. 마찬가지로 버마에서 영국 공군의 부대들은 효과적인 근접항공지원과 공중보급을 통해 임팔(Imphal)과 코히마(Kohima) 전투에서 승리하도록 도왔다. 그들은 영국 육군 지휘관들이 "일본 육군의 역사상 가장 큰 패배"라 불렀던 패배를 가하는 데 도움을 제공했던 것이다.[61]

종반전

1944년 가을에 이르면 일본 해군의 항공군은 일본의 나머지 전쟁기구들과 더불어 시름시름 죽어가고 있었다. 한 일본 제독은 10월 중순 동안에 있었던 핼시의 제3함대에 대한 공격 때 "우리 투사들은 천하무적의 적 부대들로 만들어진 석벽(石壁)에 던져지는 너무 많은 계란들에 지나지 않았다"고 회고했다.[62] 1944년 10월 20일에 맥아더의 전력은 레이테(Leyte) 섬에 상륙함으로써 필리핀 제도로 돌아올 것이라던 맥아더의 약속을 이행했다. 필리핀 제도에서의 지상전역은 전쟁 전체를 통틀어 가장 파괴적인 것들 중 하나였으며, 유럽 전장들에서 선보였던 것에 필적하는 규모의 포와 근접항공지원이 사용되었다.

일본의 함대가 최후의 결전을 위해 공격을 가해 오면서 필리핀 제도에 대한 침공은 태평양 전쟁에서의 마지막—사실은 역사상 마지막— 거대한 해상전투도 촉발시켰다. "전투"는 실상은 느슨히 협력된 일련의 행동들이었지만, 그 핵심은 사마르(Samar) 섬 인근에서 미국의 상륙전력을 섬멸하려는 구리타(Takeo Kurita) 제독이 이끄는 전투함 전력의 시도였다. 오자와가 지휘하는 텅 빈 항모들로 이루어진 기만전력이 핼시의 강력한 기동부대를 유인함으로써 상륙전력이 노출되게 만들려고 했다. 오자와의 항모들이 진정한 중력중심(center of-gravIty)이라고 믿고 있던 핼시는 추격을 위해 북으로 향했다.[여기에는 "황소 달음박질 전투(The Battle of Bull's Run)"라는 조소 어린 이름이 붙여졌다.] 구리타의 전투전력과 상륙전력 간에 버티고 서 있던 것이라고는 사마르 섬 인근에 있던 스프레이그(Clifton Sprague) 제독의 기동부대 77.4.3에 속한 소수의 호위항모와 구축함들뿐이었다. 항모와 구축함들은 믿기지 않을 법한 영웅적인 행동을 선보이며 구리타의 더 강력한 전력과 교전했으며, 선뜻 이해할 수 없게도 결국 구리타의 전력이 퇴각했다. 많은 면에서 바다에서의 이러한 거대한 충돌은 시대착오적인 것이었다.[63] 그러나 이는 교훈적인 이야기로 남아 있다. 그것은 기술적으로 열세하고 항공력을 가지고 있지 않던 일본 해군이 정보, 기술, 수(數)의 모든 이점을 보유하고 있는 훨씬 더 강력한 상대를 여전히 위험에 빠뜨릴 수 있음을 보여주었다.

레이테만(Leyte Gulf) 전투 직후에 일본 해군의 지휘부는 항공전의 역사상 가장 이례적인 무기 가운데 하나인 특공대(*tokko*)를 규합했다. 이들은 흔히 1281년에 일본을 위협하던 몽골 침공군을 흩어놓았던 신성한 폭풍을 지칭하는 "가미카제(kamikaze)" 또는 "신풍(divine wind)"으로 불렸다. 일찍이 1930년대 말에 중국과의 전쟁 때부터 일본의 개별 조종사는 적 표적에 돌진하여 스스로를 희생시켰다. 일본의 군사적 입지가 보다 필사적이게 되면서 오니시(Takijiro Onishi) 제독은 특공대를 결성함으로써 그러한 관행을 제도화할 것을 권유했다.[64]

이에 합류한 동기는 매우 다양했다. 일부는 젊은이의 이상주의나 단순한 의무감 때문에 서명했다. 다른 이들은 동료 사이에서 압력을 느꼈는데, 특히 부대 전체가 그러한 프로그램을 위해 "자원"했을 때는 더 그랬다. 새로이 충원된 이들은 최소한의 훈련 프로그램을 이수하고 많은 경우 구식 항공기를 타고 비행했다. 나중에는 "오카(Okha)" 비행폭탄을 장착한, 특별히 지정된 자살비행기가 운용되었다. 이 같은 절반 정도만 훈련된 조종사의 대부분은 미국 전투기들의 망과 기동부대를 보호하는 대공포의 포화를 뚫는 데 실패했다. 그러나 그들 중 충분한 수가 뚫고 들어가 수백 척의 미국 함선들을 격침시키거나 손상을 입혔으며, 여기에는 호위항모 세인트 로(USS *St. Lo.*)도 포함되었다. 나중에 니미츠는 가미카제 전역이 자신을 깜짝 놀라게 했음을 인정했다. 그것이 일본 본토에 근접해가고 있던 미국의 수병들에게 심리적인 영향을 가했음도 의심의 여지가 없다. 경순양함 몬트필리어 호(USS *Montpelier*)에 탑승했던 젊은 수병 파헤이(James J. Fahey)는 "공격이 시작되기 전에는 우리가 그것이 기지로 복귀할 의도가 없는 자살비행기인 줄 몰랐다… 이 자살비행기 또는 가미카제 조종사들은 우리와, 우리의 배와, 그들 스스로를 파괴시키려 했다. 당신은 일본인들의 사기를 꺾으려 하지 말아야 한다. 그들은 결코 포기하지 않는다. 당신은 그들을 죽여야만 한다"라고 회고했다.[65]

소이탄 전역

보잉 B-29 "수퍼포트리스"는 전쟁 전체를 통틀어 가장 거대한 산업적 프로젝트 중 하나였다.[66] B-29에 대한 모든 것—여압실, 원격조종 포탑(gun turret), 강력한 라이트 사이클론(Wright Cyclone) R-3350 엔진, 항속거리와 고도 성능—은 그것을 다른 제2차 세계대전 폭격기들과 구별되게 했다. 새로이 설계된 많은 항공기들이 그렇듯이 초창기에 그것은 여러 문제들—특히 엔진 화재—에 시달렸다. 훈련부대들의 보고서는 화재가 발생한 엔진을 버릴 수 있는 방법이 고안되어야 한다는 제안을 포함한, 절박함을 드러내는 증거들을 보여주었다.[67] 이 항공기는 기술적 진보보다 훨씬 더 많은 것을 보여주었다. 아놀드와 미 육군항공군의 다른 지도자들에게 이것은 "항공력을 통한 승리"—일본 본토를 지속적인 전략공격 아래 두는 것—를 달성할 수 있는 기회였다. 이 항공기는 너무나 중요하게 여겨진 관계로 전구 지휘관들에게 맡겨질 수 없었다. 남서 태평양에서 케니의 B-29 요청은 무시되었다. 독특한 폭격기는 그것을 운용할 수 있는 독특한 조직을 요구했다. (2개의 폭격기사령부와 함께) 제20공군이 창설되었으며, 이 조직은 아놀드에게 직접 보고했다.[68]

제20폭격기사령부에 의한 중국으로부터의 작전—암호명 "마터호른 작전(Operation Matterhorn)"—이 1944년 6월에 시작되었다. 병참적인 장애물은 엄청났다. 인상적이기는 했지만 "낙타 혹" 공수는 충분한 양의 항공가솔린을 기지에 보급해줄 수 없음이 드러났으며, 비행장 건설과 B-29의 기술적 문제들이 어려움을 가중시켰다. 안달이 난 아놀드는 불과 한 달 만에 제20폭격기사령관을 해임하고 르메이(Curtis E. LeMay) 소장으로 그를 대체했다. 르메이는 유럽에서 제8공군의 주간폭격 동안에 능력을 입증한 현실적인 전투지도자였다. 그러나 르메이도 상황을 완전히 바꿀 수는 없었으며, 중국으로부터의 B-29 작전은 아놀드의 희망을 결코 실현해주지 못했다. 다행히도 마리아나 제도의 장악이 대안을 제공해주었다.

1930년대 항공단전술학교가 만들어낸 정밀주간폭격 이론의 배후에 있었던 두뇌들 중 한 명이었던 핸셀(Haywood S. Hansell) 소장이 마리아나 제도로부터의 작전을 수행하는 제21폭격기사령부를 지휘했다. 그는 사이판, 티니안, 괌에 대규모 기지단지를 발전시키는 것을 감독했다. 마리아나 제도로부터의 공습은 1944년 11월에 시작되었지만 여전히 기대를 충족시키지는 못했다. 핸셀은 일본의 항공산업에 대한 고고도 정밀주간폭격을 수행하려 시도했지만 승무원들의 훈련 부족, 기술적인 문제, 일본 상공의 예기치 않은 제트 기류는 폭격의 정확성을 감소시키고 사고율을 높였다. 실적이 없으면 신뢰하는 오래된 부하까지도 해임시킬 준비가 되어 있었던 아놀드는 불과 두 달 만에 핸셀에 대한 신뢰를 잃어버렸으며 출세지향적인 르메이가 그를 대체하도록 했다.

지휘관의 교체는 많은 경우 서로 다른 폭격철학—개별 공장에 대한 주간정밀폭격 대 야간 소이탄 공습— 간의 충돌로 보인다. 핸셀의 전후 회고록은 분명 이러한 해석을 지지해준다. 그러나 애초 르메이는 핸셀과 같은 방식의 표적처리와 전술적 철학을 고수했으며, 결과도 약간 나았을 뿐이다. 두 사람의 차이는 교리의 문제만큼이나 리더십의 문제이기도 했다. 르메이는 훈련과 정비를 개조해 임무 준비율을 높였다.[69] 주간공습이 성공을 달성하지 못하고 있을 때 르메이는 신속하게 다른 전술을 시도했다. 일본 도시들에 저고도 소이탄 공습을 시도하고자 하는 그의 적극성은 마리아나 제도로부터 이루어지는 B-29 작전을 혁명적으로 변화시켰다.

르메이가 수정된 공세를 위한 준비를 갖추자 미군 전력은 1945년 2월에 작은 섬 이오지마(Iwo Jima)를 장악하기 위해 움직였다. 이 작전에 대한 많은 주장 중에는 항공력에 대한 고려도 있었다. 이 섬은 P-51 호위전투기를 위한 기지와 일본을 공습하고 복귀하는 B-29를 위한 비상비행장으로 기능할 수 있었다. 이 섬을 장악하면 일본군이 마리아나 제도에 있는 B-29 기지단지를 습격하기 위해 사용하고 있던 항공기지도 제거할 수 있었다.[70]

이오지마 전투는 필사적으로 진행되었다. 일본 수비군은 기발하고도 새로운 방어전술을 사용하여 깊은 방공호와 안정적인 진지로부터 화력을 상쇄시킬 수 있는 지대를 설정했다. 섬 전투를 진행하던 이전 시기에 예리한 칼날의 역할을 감당하도록 연마되었던 근접항공지원은 1945년 시기에도 매우 제한된 유효성을 가지고 있는 것으로 드러났다. 섬을 장악하려는 해병과 일본의 방어군에게 발생한 희생은 엄청났다. 전투 후 몇 년 동안 많은 이들은 손상된 B-29의 비상착륙이 폭격기 승무원 수천 명을 구함으로써 교전 중 사망한 해병대원 약 6000명의 희생을 다소간 벌충해주었다고 믿었다. 약 2251대의 B-29가 이오지마에 착륙했으며, 전쟁 동안과 그 후의 미 육군항공군 자료들은, 그렇지 않았다면 2만 4761명에 달하는 "상당히 많은 수"의 탑승자를 잃었을 것으로 시사했다. 그러나 이 수치는 착륙한 모든 건수를 그 이유를 고려하지 않고 포함하는 것으로서, 그러한 착륙 중 다수는 비상적인 성격의 것이 아니었다.[71] 어쨌든 이오지마에서는 "비범한 용맹성이 공통의 덕목"이었다는 니미츠의 관찰에 이의를 제기하기는 어렵다.

르메이의 정력적인 리더십과 수정된 전술은 곧 엄청난 결실을 맺었다. 일본 상공에서 공중우세를 장악해야 할 필요성은 없었다. 일본의 본토 방위에는 지휘와 통제, 레이더, 그리고 특히 야간에 폭격기들과 효과적으로 교전할 수 있는 요격기가 결여되어 있었다. 일부 장비와 기술 도면이 봉쇄를 뚫고 유보트에 의해 도착하긴 했지만, 독일의 레이더, 제트항공기, 엔진기술을 획득하려는 시도는 아무것도 달성하지 못했다. 르메이의 새로운 전술이 대규모로 적용된 첫 사례는 끔찍한 1945년 3월 9~10일의 도쿄 소이탄 공습인 "미팅하우스 작전(Operation Meetinghouse)"이었다. 새로운 M-69 네이팜 소이탄을 탑재한 325대의 B-29가 도쿄를 공격했다. 화염에 휩싸인 수도로부터 올라오는 뜨거운 공기가 폭격기들을 뒤흔들었으며, 신체가 불에 타는 냄새가 조종석에 스며들었다. 공격으로 최고 10만 명에 이르는 사람이 죽었으며, 도쿄의 16제곱마일이 완전히 전소되었다.[72]

도시공습의 북소리가 계속되었다. 나고야, 오사카, 고베의 주요 산업중심지들이 순식간에 차례차례 공습되었다. 미 육군항공군 사령관 아놀드를 위해 마련된 악명 높은 도표는 파괴된 비율을 그에 필적하는 규모의 미국 도시들에 비교했다. 고베는 볼티모어(Baltimore), 오사카는 시카고, 도쿄는 뉴욕에 해당했다.[73] 이 소이탄 폭격전역은 30만 명 이상의 민간인을 죽였으며, 많은 면에서 총력전이 정점에 달한 것이었다. 전후 회고록에서 르메이는 그러한 공격에 대한 이유를 다음과 같이 제시했다.

> 우리는 군사적인 표적을 좇고 있었다. 단순히 살육의 목적으로 민간인을 살육한 것은 아니었다. 물론 일본에는 위장(僞裝)이 그리 심각하지 않았지만, 그곳에 위장이 존재했다는 게 중요하다. 산업을 분산시키는 그들의 체계가 바로 그것이었다. 우리가 소이탄 공격을 한 후에 그러한 표적들 중 하나를 방문해서 무수한 작은 가옥들의 잔해와 각 가옥의 잔해 사이로 튀어나온 천공반(drill press)을 살펴보라. 비행기나 전쟁병기를 만들기 위해 주민 전체가 행동에 들어가 일을 했다… 남성, 여성, 어린이를 가릴 것 없이. 도시를 불태울 때 우리는 많은 수의 여성과 아이들을 죽이게 될 것이라는 점을 알고 있었다. 하지만 그래야만 했다.[74]

B-29 전역의 효과성과 도덕성은 논쟁의 주제로 남아 있다. 일본의 산업기지가 파괴를 당한 비율은 분명 인상적이지만, 그러한 공장의 상당수는 미국의 잠수함 전역과 일본 연안해역에 대한 B-29의 집중적인 공중투하기뢰 전역—"기아작전(Operation Starvation)"—에 의해 사실상 가동이 어려워졌다. 소이탄 공습은 일본의 지도부와 주민들로 하여금 일본이 처해 있는 위태로운 처지를 절감하게 만들었다. 태평양 전쟁을 연구한 유명한 한 학자는 르메이의 폭격기들이 임무를 다한 직후에 폐허가 된 도쿄를 둘러보았던 일왕이 받은 충격에 대해 다음과 같이 언급했다. "충격을 받은 잿빛 얼굴의 군주가 전쟁을 최대한 빨리 끝내야겠다는 자신의 결의를 직접적으로 다지는 모습을 보여주었다고 믿을 만하다."[75] 그러나 당시 참여자들도 인정하듯이, 그것은 소름 끼치는 일이었다.

그 사이에 일본 본토를 향한 진군은 계속되었다. 미 전력은 1945년 4월 1일 오키나와에 상륙했다. 원래의 일본 공군은 자취를 감추고 만 상태였지만, 오키나와 인근의 함선들, 특히 초계임무를 수행 중이던 결연한 의지의 구축함들—"불멸의 함대(the fleet that came to stay)"—이 전쟁 전체를 통틀어 가장 집중적인 가미카제 공격에 노출되었다. 4월에만 해도 1162회의 공격이 있었다.[76] 구축함 래피 호(USS *Laffey*)는 80분 동안 22차례의 자살비행기 공격에 직면했으며, 6회는 직접적으로 타격을 입었다.[77] 오키나와를 장악하기 위한 전투에서 미국 항공기는 전투공중정찰을 실시하고 근접항공지원을 제공했지만, 육군병사들과 해병들은 많은 경우 근접항공지원을 실행할 수 없을 정도로 일본군과 근접하여 조우하고 있었다. "토치램프와 코르크마개뽑이(blowtorch and corkscrew)" 전술•로 진지를 장악해야 했다.[78]

오키나와 전투는 일본 본토에 대한 침공—암호명 "올림픽(Olympic)"—이 훨씬 더 흉포한 싸움이 될 것이라는 점을 시사했다. 그러나 사건들이 순식간에 기획을 압도해버렸다. 1945년 8월 6일에 제509혼성전대의 전대장 티베츠(Paul Tibbets) 대령은 그의 어머니 이름을 따서 에놀라 게이(*Enola Gay*)라 명명된 폭격기를 몰아 히로시마에 폭탄 1발을 투하했다. 그 도시는 사라지고 말았으며, 적어도 8만 명에 이르는 사람들이 직접적인 공격을 받아 사망했다. 일본의 라

• 동굴화되어 있는 일본군의 진지를 하나씩 파괴하기 위해 화염방사기를 활용한 화염공격(토치램프)과 폭발물을 사용한 파괴(코르크마개뽑이)의 방법을 혼용했던 전술이다. 오키나와 전투를 지휘했던 버크너(Simon B. Buckner) 장군이 처음 썼던 표현이다.

디오는 깜짝 놀란 주민들에게 "새로운 유형의 폭탄이 사용된 것으로 믿어진다"고 알렸다.[79] 물리적·심리적 효과는 수십 년 동안 생존자들을 괴롭혔다.

그것은 실로 새로운 유형의 폭탄이었다. 에놀라 게이가 운송한 무기는 미국의 역사상 가장 거대한 군사적·과학적·공학적 프로젝트의 산물이었다. 1942년 이래 미국과 망명 과학자들은 그로브스(Leslie Groves) 소장의 지휘 아래 우라늄과 플루토늄의 동위원소를 사용하는 핵분열 무기를 개발하는 맨해튼 프로젝트(Manhattan Project)를 진행해왔었다. 원래 이 프로젝트는 그와 유사한 장치를 만들려는 독일의 시도를 좌절시키기 위해 고안된 것이었다. 독일이 항복하면서 이 프로젝트도 완결에 이르게 되었다.

히로시마가 폭격을 당한 이후에도 일본 전시내각은 적대행위를 계속하기로 결심했으며, 사흘 뒤에 벅스카(Bockscar)라는 이름의 두 번째 B-29가 또 다른 폭탄 "팻맨(Fat Man)"을 나가사키에 투하했다. 내각은 손을 쓸 도리가 없었지만 이번에는 일왕이 개입하여 전쟁을 종결로 몰고 갔다. 일단의 장교들에 의한 쿠데타가 있고 난 뒤 일본군은 종전협의를 요청했다.

그러한 끔찍한 무기의 사용은 민간인 생명의 막중한 손실과 함께 자연적으로 그와 같은 폭탄의 군사적 필요성과 그것을 사용하는 것의 도덕성에 관한, 또는 그것의 사용을 대체할 수 있는 방안이 존재하는지에 대한 격렬한 논쟁을 야기했다. 일부 학자들은 그런 무기가 소련을 위협하는 수단으로서 개발되기 시작한 것이었으며, 제2차 세계대전의 마지막 행위가 아니라 냉전의 시작을 알리는 포문이었다고 주장했다. 이는 중요한 문제지만, 증거를 균형 있게 살펴보면 그런 폭탄은 주로 전쟁을 가급적 빨리 종결짓기 위해 사용되었음을 알 수 있다. 논쟁은 오늘날에도 계속되고 있다.[80]

이 전쟁의 마지막 항공작전은 일본의 최후 저항을 단념시키기 위한 무력시위로서, 그리고 그것이 가지는 상당한 홍보적 가치 때문에 수행되었다. 1945년 9월 2일 도쿄 만(Tokyo Bay)의 전투함 미주리 호(USS *Missouri*)에서 항복조인식이 거행되는 가운데, 선상의 상공에는 수백 대의 해군 함재기들과 400대 이상의 B-29 편대가 천천히 선회비행을 하고 있었다.[81]

요약

의심의 여지없이 일본제국을 패배시킨 데서 항공력의 역할은 핵심적인 것이었다. 그러나 이런 일반적인 전제를 넘어서면 [광의(廣義)의] 항공력이 연합국의 승리에 기여한 정확한 메커니즘은 복잡하다. 전(前) 일본 총리인 도조(Hideki Tojo)는 맥아더에게 "일본을 패배시킨 세 가지 주요한 요인은 맥아더의 '섬 건너뛰기 전역'이라는 간접접근법, 빠른 항모 기동부대의 독립적이고 지속적인 작전, 그리고 일본의 상선에 대한 잠수함 전역"이었다고 말했다.[82] 이 중 마지막 것이 태평양 전쟁에서 가장 결정적인 단일 전역이었을 수 있다. 한 역사가의 말을 빌리자면 "전쟁의 흐름에 심대하고도 지속적인 영향력을 가했다는 점과 일본의 전시경제를 손상시키고 황폐화하는 데 있어서의 역할을 놓고 보면 잠수함 전역은 독일에 대해 장기간 수행된 전략폭격 전역과 닮은 부분이 있다".[83] B-29 공습이 일본의 산업중심지들을 직접적으로 공격하는 시점에는 일본 공장들로의 원료 유입과 위축되어가던 제국 전역으로의 완제품 분배가 이미 눈곱만큼으로 줄어든 상태였다.

항공력은 도조가 언급한 3개 요인들 중 2개에서 주요한 역할을 했다. 항공력—케니의 제5공군, 솔로몬항공군, 미 해군의 항모타격 전력, 미 해병의 항공대를 포함하는—은 남부 및 남서부 태평양에서 '섬 건너뛰기 전역'을 가능하게 해주었다. 그리고 빠른 항모 기동부대—'항공해군'—는 미국으로 하여금 일본이 가진 내선의 이점을 무효화하면서 일본 방어선의 길이와 폭을 초월하여 일본을 타격할 수 있게 해주었다. 전투함대의 공격력과 항공대의 항속거리와 함께 그것은 연합군 병기고의 가장 유연하고도 다재다능한 무기였다.

도조는 약간의 자기비판에 잠겼을지도 모른다. 왜냐하면 일본이 저지른 일련의 오류들이 그 결과에 실질적으로 기여했기 때문이다. 그러한 오류는 대전략적인 것에서부터 전술적인 것에까지 이르는 스펙트럼을 망라한 것이었으며, 자기기만의 군사문화에 의해 증대되었다. 일본의 항공기획관들은 인상적인 해군 항공타격무기를 만들어냈지만, 그것은 "부서지기 쉬운 공중 양날검(brittle aerial rapier)"에 지나지 않았다.[84] 개별적인 사무라이를 양성해내는 데 더 적합한 훈련철학, 비행장을 건설하기 위해 바구니와 수공구에 의존하는 병참체계, 그리고 적시에 제2세대 전투항공기를 생산해내는 데 실패한 연구개발 프로그램은 동전의 또 다른 면을 보여준다. 진주만에서 미 태평양함대를 파괴했으며 남부 바다를 "제멋대로 뛰어놀던" 전력은 미국의 잠수함 위협에 대처하거나 B-29 공세를 격퇴할 준비가 되어 있지 않았다.

승리를 거둔 항공군들은 태평양 전쟁으로부터 자체적인 결론을 도출해냈다. 미 육군항공군의 공식사가는 일곱 권으로 구성된 공간사(公刊史)의 서문에서 "항공군의 특별한 성격"은 독립과 전략폭격 교리, 그리고 그러한 교리를 실행할 수 있는 폭격기를 요구한다고 썼다.[85] B-29의 개발과 일본 본토에 대한 그것의 사용은, 비록 수정된 형태이기는 하나 이러한 전전(戰前)의 시각이 절정에 달한 것으로 봐야 한다. 항공참모부에 소속되고 어떤 전구사령관에게도 소속되어 있지 않던 제20공군은 장차 따라야 할 패턴인 것처럼 보였다. 전후 미국 전략폭격조사단(U.S. Strategic Bombing Survey)은 이러한 믿음의 타당함을 보여주는 듯했다.

> 모든 사실에 대한 세밀한 조사에 기초하고 생존한 일본 지도자들의 증언에 도움을 받아 살펴보자면 원자폭탄이 투하되거나, 러시아가 참전하거나, 심지어 침공이 전혀 기획되거나 고려되지 않았더라도 일본은 분명 1945년 12월 31일 이전, 더 개연성이 높게는 1945년 11월 1일 이전에 항복했을 가능성이 높다는 게 조사단의 의견이다.[86]

전쟁의 마지막 몇 달에 대한 강조는 미 육군항공군이 달성한 다른 것들을 퇴색시켜버리는 경향이 있었다. 남서 태평양에서 케니의 전역, 중국-버마-인도에서 공중기동, 버마에서 항공특수부대의 이례적인 성공의 유산은 묻히고 말았다. 전술항공은 전후 미 공군의 "기량 모음(skill set)"에서 모습을 감추고 말았으며, 이는 항공군으로 하여금 1950년 6월 한반도에서 발생한 것과 같은 전후의 제한된 분쟁에 위험할 정도로 준비가 되어 있지 못한 채 남아 있게 만들었다.

미 해군은 다른 일단의 교훈을 습득했다. 제독들에게는 항모 기동부대가 잠수함과 더불어 결정적인 무기였다. 항모의 기동성과 유연성은 일본의 함대를 파괴하고 일본으로 가는 길을 열어주었다. 그 전력은 전략적·작전적·전술적 효과를 달성하는 견줄 수 없는 능력을 보여주었다. 해병대도 전쟁의 교훈에 주의를 기울였다. 해병대가 그 가장 결정적 전투들 중 일부를 치렀던 과달카날의 경험은 전후 해병대로 하여금 항모항공과는 독립된 자체적인 항공지원을 유지하고 통제하는 것을 추구하게 만들었다. 많은 해병대 고위장교들의 기억에서 항모항공은 워치타워작전 동안 그들을 "뜨거운 감자를 붙들고 기다리게" 만든 바 있었다.

전쟁은 분명 연합제병—오늘날 합동성이라 불리는 것—의 강력한 유산을 남겼다. 그러나 그것은 또한 군종 간 경쟁관계에 대한 신랄하고도 질긴 기억을 남겼다. 빠른 항모와 거대한 폭격기 간에 존재했던, 태평양에서의 제2차 세계대전이 어떻게 승리로 끝맺음을 할 수 있을지에 대한 상충하면서도 외견상 양립할 수 없는 시각이 1949년의 "제독들의 반란"•과 B-36 논쟁의 장을 마련했다. 원자시대가 동트면서 격동의 시대가 펼쳐질 것이었다.

• 1949년에 다수의 미 해군 퇴역 및 현역 제독들은 트루먼(Harry Truman) 대통령과 포리스털(James Forrestal) 국방장관이 주로 미 공군에 의해 수행되는 전략핵폭격에 의존하여 국가의 이해관계를 지키려는 움직임을 보이는 데 공개적으로 반대했다. 해군 수뇌부는 전략폭격만으로는 전쟁에서 승리할 수 없다고 주장했다. 이 사건은 'B-36 논쟁'으로 이어졌다.

제2부 1945~1990년

서론

한국전쟁은 1950년 6월에 그 나라의 분단선인 38선을 따라 시작되었다. 다음 해 동안 서로 대적하는 군대들은 서로를 한반도의 지리적 끝점까지 번갈아 가며 몰아붙였다. 유엔사령부(UNC, 이하 '유엔군')•는 1950년 8월에 남쪽 끝까지 내몰렸으며, 운명이 바뀌면서 공산주의자들이 북쪽의 중국과의 국경까지 격퇴되기도 했다. 1951년 6월에 이르면 두 군대는 자신들이 출발했던 지점인 38선의 한 방면으로 되돌려진 상태였으며, 그곳에서 휴전이 타결될 때까지 2년간 교착상태에 빠져들었다. 그와는 대조적으로 공중에서의 전쟁은 한국의 길이와 폭을 따라 지속적으로 진행되면서 그 타고난 기동의 유연성을 보여주었다. 제4장에서 스티븐스(Alan Stephens)는 1945년 이후의 짧은 시간적 간격 동안에 항공인들이 제2차 세계대전 동안 학습했던 많은 교훈을 망각하고 말았음을 시사한다. 그것을 재학습하는 것은 희생이 크고 쓰디쓴 경험으로 드러나고 말았다. 육군과 마찬가지로 유엔군의 항공전력도 한국에서 승리를 확보할 수 없었다. 하지만 심각한 지휘 및 통제 문제와 많은 수의 작전적 결함에도 불구하고 항공력은 유엔군의 가장 큰 비교우위였다. 스티븐스는 항공력이 유엔군을 몇 차례 재앙으로부터 구했으며, 특히 부산에서는 공중통제, 근접공격, 공중기동이 공산군으로 하여금 유엔군을 바다로 몰아내지 못하게 만든 장본인이었다고 결론 내린다. 지상에서의 전투가 아이디어가 소진된 것처럼 보이는 전쟁에서 항공작전이 패배와 수용 가능한 정치적 결과 간의 차이를 만들어냈던 것이다.

• 엄밀히 말하자면 UNC(United States Command)는 '유엔군사령부'에 해당하나 '유엔군'을 지칭하는 의미로 통용된다. 이 책 제4장의 저자도 UNC를 사실상 '유엔군'을 의미하는 용어로 쓰고 있다.

북베트남 상공에서의 항공작전을 고찰하면서 톰슨(Wayne Thompson)은 "오용된 항공력에 대한 이야기"를 말한다. 50만 명 이상의 병사들과 역사상 가장 대규모적인 공중폭격을 개입시킨 미국의 개입 기간에도 불구하고 공산 북베트남은 결국 남베트남을 점령했다. 제5장은 북베트남에 대한 폭격전역, 즉 1965~1968년의 장기적인 롤링썬더(Rolling Thunder)의 실패와 1972년의 두 차례에 걸친 라인배커(Linebacker) 전역의 (제한적이기는 했지만) 상대적인 성공에 초점을 둔다. 톰슨은 왜 롤링썬더 작전이 어떻게 항공전역을 수행하면 안 되는지를 보여주는 모델이 되었는가에 대해 설명한다. 중국과의 전쟁 가능성을 두려워한 존슨(Lyndon Johnson) 대통령은 전투기들로 하여금 중요도가 가장 덜한 것부터 시작해 소수의 표적에만 폭격을 가하도록 허용하는 등 미국의 작전에 대해 심각한 제약을 가했다. 그의 후임자인 닉슨(Richard Nixon) 대통령은 1972년의 북베트남의 남베트남 침공에 대응하기 위한 보다 강력한 항공전역을 개시하는 한편 중국 및 소련과 협상했다. 처음으로 라인배커 작전에서 북베트남의 항구들이 폭파되었으며, 레이저유도폭탄들은 교량을 효과적으로 파괴할 수 있게 해주었다. 1972년 12월에 북베트남과의 협상이 교착되자 닉슨은 마침내 라인배커 II 작전에서 하노이 인근의 표적들을 공격하기 위해 200대의 B-52 폭격기를 사용했다. 롤링썬더와 초기 라인배커 전역이 남베트남으로 향하는 전력과 보급물자를 차단하려는 것이었다면, 라인배커 II를 통해서 닉슨은 북베트남의 지도부를 위협하고 남베트남의 지도부를 안심시키려 했다. 라인배커 전역은 협상을 재개시키기에 충분한 성공을 달성하고 미국으로 하여금 전쟁으로부터 빠져나갈 수 있게 해주었지만, 미국의 항공력은 베트남에서 미국의 패배에 대한 비난을 나눠가졌다.

제6장은 네 차례의 이스라엘-아랍 전쟁—1967년의 6일 전쟁(Six Days War), 1969~1970년의 소모 전쟁(War of Attrition), 1973년의 욤키푸르(Yom Kippur) 전쟁, 1982년의 제1차 레바논 전쟁—에서 있었던 공중우세를 위한 투쟁을 보다 밀착하여 살펴본다. 고든(Shmuel L. Gordon)은 각 전쟁에서 양측이 초강대국들의 대리자로서 싸웠음을 인정하면서 전략, 작전기획, 기술의 발전에 비추어 4개 전역을 고찰하는 비교연구를 제공한다. 저자는 1967년의 분쟁으로 주의를 돌리기에 앞서 이스라엘 공군의 창설기부터 고찰하며, 그다음으로는 미국과 소련 모두가 행위자였던, 1970년의 이스라엘과 이집트 간의 길고 지루한 대결을 고찰한다. 그는 1982년의 이스라엘 공군과 시리아 공군(SAF) 간의 대결을 묘사

하기 전에 1973년 전쟁의 발발 무렵에 있었던 집중적인 전투에 대한 새로운 사실들을 분석하고 드러낸다. 고든은 항공기와 지대공미사일 간의 역동적인 상호작용, 공대공전투의 발전, 정치와 선호되는 무력도구로서 항공력 간의 밀접한 관계를 비교한다.

제7장에서 프리드먼(Lawrence Freedman)은 양측 모두가 항공력을 전개시키는 데는 실질적인 제약을 경험했지만, 그것이 1982년의 포클랜드 전쟁에서 핵심적인 역할을 수행했다고 주장한다. 시 해리어(Sea Harrier)는 매우 효과적임을 영국군에게 입증해냈지만, 제한적인 숫자만이 2척의 가용한 항모로 수송될 수 있었다. 반면에 포클랜드는 아르헨티나 항공기들이 항속할 수 있는 거리의 한계지점에 위치했다. 그래서 어느 측도 제공권을 확립할 수 없었다. 성공적인 상륙 상황을 조성하기 위한 영국의 전략은 아르헨티나 해군과 공군의 위협을 감소시키는 데 달려 있었다. 핵잠수함으로부터 발사된 어뢰가 아르헨티나의 오래된 구축함 헤네랄 벨그라노(ARA *General Belgrano*)를 격침시킨 뒤에 아르헨티나 해군은 나서려 하지 않았다. 영국군은 초기 교전에서 공대공전투에서의 우위를 드러냈으며, 그 이후 아르헨티나는 상륙이 이루어질 때까지 자신들의 공군을 비축해두었다. 영국군은 특수전력의 작전과 항속거리가 긴 벌컨(Vulcan) 폭격기를 통해 아르헨티나 항공기가 포클랜드 군도로부터 효과적으로 작전을 수행하기 어렵게 만들었지만, 일단 상륙이 진행되자 그들은 영국의 함선들에 가해진 공격파를 막기 위해 할 수 있는 게 거의 없었다. 아르헨티나 조종사들은 엄청난 용맹성을 보여주었는데, 그들은 (비록 나중에 영국군이 주장한 만큼은 아닐지라도) 심각한 손실을 당했지만 영국 해군에 상당한 피해를 유발했다. 그러나 결과적으로 그들은 해안으로 병력과 물자가 이동해 오는 것을 막을 수 없었다.

제4장

한국 항공전, 1950~1953년

앨런 스티븐스(Alan Stephens)

제2차 세계대전이 종결되면서 한반도는 38선에서 분단되었다. 소련이 북쪽에서, 미국이 남쪽에서 각각 권한을 행사했다. 두 초강대국과 그 대리국—명목상으로는 공산주의 북한과 민주주의 남한— 간의 긴장은 통일을 이끌 전국적인 선거가 결코 이루어지지 못하게 했다. 1949년 10월에 중국내전에서 마오쩌둥(Mao Zedong)이 거둔 승리로 대담해졌으며 소련의 스탈린에 의해 고무된 북한 군대는 1950년 6월 25일 일요일에 남한에 대한 일련의 공격을 개시했으며, 여기에는 무방비 상태의 수도 서울에 대한 공중폭격도 포함되어 있었다.

북한군이 분단선 너머로 밀어닥치자 유엔안전보장이사회는 침공을 비난하고 군사적 대응을 승인하는 결의안을 통과시켰다. 결국 미국이 주도하는 22개 국가가 연합하여 유엔군을 결성했으며, 이들은 향후 3년간 공산주의자들과 싸웠다. 항공력이 이 투쟁에서 아주 흥미로운 역할을 수행했다.

1년 내에 지상에서의 전쟁은 지리적 교착상태에 도달하여 두 군대는 38선의 양편에 견고하게 자리 잡았다. 이러한 교착상태는 1953년 7월에 휴전이 타결될 때까지 지속되었다. 그와는 대조적으로 공중에서의 전쟁은 한반도와 때로는 중국 내에서까지도 계속적으로 진행되면서 타고난 기동의 유연성을 보여주었다.

한국에서 항공력은 전반적으로 미국, 특히 미 공군에 의해 지배되었으며, 그래서 이 장에서는 그들에게 초점을 맞춘다. 유엔군 항공전력은 전쟁 동안 총 104만 708소티를 비행했으며, 그중 미 공군이 담당한 것은 72만 980소티—

즉, 거의 70%-였다.[1] 이런 소티는 전략적 타격으로부터 공중통제, 차단, 근접공격, 정찰, 공수에까지 이르는, 항공력이 가진 모든 범위의 능력을 망라했다. 반면에 유엔군의 상대인 중국인민해방군 공군(PLAAF)의 항공전력은 한국에서 2만 6491소티를 비행했으며, 그중 거의 모두는 공대공전투였다.[2]

핵의 망령

한국전쟁 동안의 항공력 사용은 그 맥락을 통해서만 이해될 수 있으며, 1950년대에 다른 모든 맥락적 고려사항을 대체하는 것은 미국과 소련 간의 핵교착상태였다. 미국의 B-29 수퍼포트리스는 제2차 세계대전을 끝내기 위해 1945년 8월에 일본에 2개의 원자폭탄을 투하했던 반면, 소련은 1949년 8월에 그들의 첫 원자무기를 시험했다. 핵시대의 시작은 50년간에 걸친 동구와 서구 간 냉전의 시작을 상징했다.

원자폭탄은 완전한 파괴의 위협을 통해 모든 것을 변화시켰다. 미국의 전략가 브로디(Bernard Brodie)는 1946년에 "지금까지 우리 군의 주된 목적은 전쟁에서 승리하는 것이었다. 지금부터는 그 주된 목적이 그것을 피하는 것이 되어야 한다. 다른 유용한 목적은 있을 수 없다"는 유명한 글을 남겼다.[3] 분명 핵무기는 한국에서 전쟁이 발발하는 것을 막을 수는 없었지만, 적대행위의 규모와 성격에는 강력한 암묵적 제약을 가했다. 북아시아에서의 잔혹한 분쟁은 충분히 심각한 것이었다. 아무도 그것이 핵이 연료를 공급해주는 제3차 세계대전으로 확전되는 것은 원치 않았다.

핵무기의 등장은 항공력에게 세 가지의 중대한 결과를 낳았다. 첫째, 항공전력이 군사력의 주요한 형태로서 계속해서 부상했다. 1959년에 대륙간탄도미사일이 작전에 쓰이기 시작할 때까지는 유인항공기가 핵무기를 운송하는 유일한 수단이었다. 그래서 항공전력, 특히 그들의 폭격기 함대와 고위계급의 조종사들이 군사기획에서 두각을 나타냈다. 이러한 상황은 또 전략, 우선순위, 제도적 태도에 영향을 미쳤다. 특히 미국에서 그러한 현상이 두드러졌는데, 그곳에서는 미 공군이 1947년에 독립된 군종으로 창설되었다. 미 공군의 지도부는 자신들의 독립을 정당화하고 전장을 지배할 수 있는 공군의 역량을 보여주려 했다.[4] 원자폭탄을 장착한 장거리 폭격기가 그들에게 두 목표 모두를 추구하는 데 필요한 능력을 제공해주었다.

두 번째 결과는 "상호확증파괴"—보다 흔하게는 MAD라는 적절한 약어로 알려졌다—라는 개념으로 통합되었다. 브로디가 지적했듯이 초강대국 간의 총력전은 이제 파멸을 가져올 것이었다. 그러나 주역들이 이성적인 한—그리고 때로는 미국이나 소련이나 할 것 없이 냉전 내내 불안감을 주는 행동을 했음에도 불구하고—상호파괴의 전망은 그들로 하여금 핵공방 개시를 단념시킬 것이었다. 그러나 무장대립이 발생할 가능성은 여전히 있었으며, 이는 세 번째 결과를 초래했다. 그것은 전쟁 내에서의 억제에 대한 인식이었다. 한국전쟁이 끝나기 전에는 억제에 대한 이런 복잡한 해석이 공식적으로 명료히 다듬어지지는 못한 상태였지만, 한국전쟁 동안 그것은 암묵적으로 준수되었다. 그것이 실제로 의미했던 것은 초강대국들이 여전히 군사적으로 서로 대결할 수 있지만 그들은 대리국을 통하여 간접적으로 그렇게 하거나 자신들이 가한 한계를 준수할 것이라는 점이었다. 이러한 제한은 정의될 수도 있고 그렇지 않을 수도 있지만, 특정 무기와 표적의 제외, 적용하는 무력의 최고 수준에 대한 제한, 지리적 경계의 엄격한 준수를 의미할 수 있었다. 이 같은 모든 암묵적인 금지가 한국에서 항공력의 운용에 영향을 미쳤다.

전쟁 내에서의 억제의 개념은 재래식(비핵) 무기와 전구 수준의 전쟁—일본에 핵공격이 가해진 이후 일부 분석가는 이것의 미래에 대해 의심했다—의 지속적인 유효성 또한 확인시켜주었다.

마지막으로 한국전쟁의 정치학에 대해 언급할 필요가 있다. 미국은 전략지정학적인 이유보다는 심리적인 이유 때문에 한국에서 벌어진 전쟁에 뛰어들었다. 트루먼 대통령의 행정부는 제2차 세계대전 이후 미국의 우선적인 관심사는 서유럽을 소련으로부터 안정시키고 일본을 극동에서 공산주의에 대항하는 새로운 방어벽으로 세우는 것이라고 결정한 바 있었다. 이는 미국이 남한을 잃어버릴 가능성에 대해 무관심했음을 시사하는 것이 아니라 다만 더 중요한 전략지정학적 도전이 존재했음을 의미할 뿐이다. 워싱턴의 많은 관료들은 공산주의를 스탈린과 소련 정부(the Kremlin)가 통제하는 단일체적 존재로 보았다. 그러므로 그들의 관심은 한국에서 발생할 수 있는 일보다는 세계에 관한 것이었다. 다시 말해 북아시아에서 미국이 전쟁으로 나아갔던 이유는 남한을 방어해야 할 중대한 필요성보다는 언제 어디서나 공산주의에 대적해야 할 인지된 필요성에서 유래된 것이었다고 할 수 있다. 세계사(世界事)에 대한 이러한 해석은 한국에서의 무력 적용에도 영향을 미쳤다.

지휘와 통제의 혼란

제2차 세계대전 말기에 항공력은 군사력의 탁월한 표현으로 인정되었다. 호주 해군은 전후 보고서에서 "제2차 세계대전에서 무기의 주역은 비행기였다"고 결론지었다. 항공력이 수행하는 주요한 각 역할은 연합군의 승리에 주요하게 기여했다. 공중통제는 동부 독일을 향한 소련의 진군, 서유럽을 통한 연합군의 진군, 태평양에서 미국의 "섬 건너뛰기" 전역을 보장해주면서 표면에서의 전투에서 성공하는 데 필수불가결한 것이 되었다. 대서양 전투에서 유보트의 패배는 연합군의 항공전력과 해군전력이 동등하게 기여한 결과였다. 모든 전구를 망라하여 공중 감시와 정찰은 연합군에게 전투를 승리로 이끄는 정보의 우위를 제공했다. 연합폭격기공세는 마침내 나치의 전시경제로 하여금 무릎을 꿇게 했으며, 일본에 대한 원자폭탄공격은 사실상 전쟁을 종결지었다. 제트엔진, 후퇴익(swept wing), 공중레이더, 발전된 무기, 전자항법 보조장치와 같은 기술적 발전은 훨씬 더 유망한 미래를 약속했다.

1950년에 선진 항공전력들은 스스로를 천(遷)음속 제트전투기(이것은 거의 일률적으로 공중통제의 주요 과업을 보완할 수 있는 여분의 대지공격 능력을 갖추고 있었다), 장거리 폭격기, 중형 수송기들로 재무장시키고 있었다. 예를 들어 미 공군에서는 피스톤 엔진의 F-51 머스탱이 제트기인 F-80과 F-86에 의해 대체되고 있었으며, 초음속 후퇴익 F-86 세이버(Sabre)가 취역 직전에 있었다. B-29 수퍼포트리스와 B-36 피스메이커(Peacemaker)는 곧 거의 혁명적인 B-47 스트라토제트(Stratojet) 폭격기로 보완될 것이었다. 그리고 쌍발엔진 C-47 수송기는 4발엔진의 C-54로 대체되어 있었다.

그러나 교리적으로 보았을 때는 진보가 문제가 되었다. 미국과 영국의 공군 지휘관들은 그들이 치러야 할 것으로 생각하거나 그들이 선호하는 형태의 전쟁—즉, 서유럽 평원에서 펼쳐지는 소련과의 대규모 결전—에 초점을 맞추는 경향이 있었다. 성가실 정도로 제한된 항속거리를 가지고 북아시아와 같은 장소에서 전역을 개시하는 것이 요구하는 바에 대해서는 생각이 불충분했다. 그에 따라 훈련과 전력구조 구축의 우선순위는 "전략적"인 전투기나 폭격기 부대에게 부여되었으며, 덜 "공군적"인 것으로 보이는 근접공중공격과 같은 과업에서의 기량은 평가 절하되도록 방치되었다.[5]

북아시아에 존재하던 미 공군의 최상위 조직은 필리핀 제도로부터 일본과 한국을 넘어 태평양까지 뻗쳐 있는 광대한 지역을 책임지던 극동공군(Far East Air Forces)이었다. 스트라이트마이어(George E. Stratemeyer) 장군이 지휘하던 이 사령부는 전반적으로 열악한 상황에 처해 있었다. 극동공군의 최우선적인 과업은 방공이었다. 공대지 작전을 포함한 다른 역할들에는 거의 주의를 기울이지 못했다. 대부분의 부대는 전력 정원에 미달되어 있었다. 많은 설비는 수준 이하였다. 더 절망적인 것은 합동작전을 기획하거나 조율하는 공식적인 과정이 존재하지 않았으며, 이런 가장 복잡한 참모기량은 연습된 적도 전혀 없었다는 점이다.[6] 제도적인 결점은 이 전쟁 동안 극동공군의(그래서 유엔군의) 주된 전투항공사령부였던 제5공군을 관통했다.

미 공군(이들 자체가 많은 동맹국이 파견한 공군에 의해 보완되었다)[7]을 보완했던 이들은 미 제1해병비행단과 미 해군의 항공전대들이었으며, 항공모함에 탑승해 있던 이들은 미 극동해군의 별도 지휘하에 놓였다. 2개의 항모기지—하나는 한반도의 서쪽인 황해에, 다른 하나는 동쪽인 동해에—가 건설되었다.[8]

공군, 해군, 해병, 육군 간 항공력의 분열은 유엔군에게 고질적인 문제였다. 지휘의 통일은 가장 높은 수준, 즉 고압적인 유엔군총사령관 맥아더의 사무실에서만 존재했다.[9] 의사결정이 보다 낮은 수준으로 옮겨 가면 그 과정은 상충되는 우선순위와 편견으로 인해 파열되고 말았다. 게다가 맥아더의 본부는 항공작전에 대한 이해가 거의 없는(행여 있었다면) 육군 장교들에 의해 지배되었다. 나중에 공군의 공간사가 유엔군이 한국에서 적의 표적체계에 대해 "항공력의 전력(全力)"을 다해 싸울 수 없었던 것에 대해 "극동에서의 기괴하게 혼란스러운 지휘체계"를 비난했을 정도로 상황은 불안정했지만[10] 그런 상황은 계속되었다.

유엔군의 주요 지상전력인 남한과 미국 육군의 준비가 부족하여 전쟁 초기 단계에 문제는 더 악화되었다. 전투가 시작된 지 며칠 만에 남한의 육군은 전면적으로 퇴각했으며, 증원군은 공급되지 않거나 전투준비가 되어 있지 않았다. 미 육군 또한 고전하고 있었다. 제2차 세계대전 이후 미국의 군사력은 감축된 상태였으며, 한국의 전선으로 황급히 투입되었던 부대들은 일본에서의 힘들지 않은 점령임무로 인해 물러져 있었다. 브래들리(Omar Bradley) 장군에 따르면 미 육군은 "유약했다".[11] 이러한 태만에 대한 벌칙은 돌격하는 북한군에 맞서 유엔군 육군이 완강히 버틸 수 없게 된 것이었다. 그렇기 때문에 합동지휘에 관한 문제에도 불구하고 공산주의자들의 진격을 중단시키는 것은 대부분 항공력에게 맡겨졌다.

스트라이트마이어 장군은 자신의 항공전력이 담당할 주요 과업을 세 가지로 정의했다. 그것은 공중우세를 획득하고 유지하며, 지상전력을 위해 근접공격을 제공하고, 전장을 고립시키는 것이었다.[12] 공중통제는 다른 모든 행동을 위한 기초적 전제조건으로서 최우선적인 것이었다. 훈련상태가 열악하고 중국과 소련의 낡은 항공기로 무장하고 있어 대부분 능력이 미천했던 북한 공군(NKAF)에 대해 공중통제는 신속하게 달성되었다. 고전적인 항공력 교리와 일치되게 북한 공군의 대부분은 지상에서 파괴되었다.

북한 공군을 제거하는 것은 유엔군 항공전역에 필수적인 출발점이었지만, 그것만으로는 공중제패를 확보하기에 불충분했다. 지상기반 방공체계는 한결같은 위험으로 남았으며, 결국 적의 행동으로 인해 손실된 1041대의 유엔군 항공기 중 816대가 그것에 의한 것이었다.[13] 전쟁 내내 소화기, 기관총, 대공포로부터의 사격은 많은 경우 격렬했다. 손실률이 보여주듯이 유엔군 조종사들에게 근접공격은 공대공전투보다 위험한 임무였다.

그럼에도 불구하고 북한 공군의 파괴는 유엔군이 하늘로부터 공격을 받을 수 있는 직접적인 가능성을 제거해주었다. 게다가 지상화력이 닿을 수 있는 최고 고도를 초월해 있는 한 유엔군 공격항공기들은 한국 전역을 자유롭게 기동할 수 있었으며, 이는 사면초가에 몰린 육군 동료들과는 달리 그것들이 공세를 취할 수 있음을 의미했다.

부산에서의 승리

1950년 8월에 유엔군은 한반도의 거의 끝단까지 내몰렸다. 그들의 지휘관 워커(Walton H. Walker) 미 육군중장은 부산으로부터 150킬로미터 떨어진 낙동강 배후에 마지막 방어선을 구축했다. 공산주의자들이 한 번만 더 성공적으로 공세를 가했다면 유엔군은 한국에서 축출되었을 것이다. 결국 워커의 '부산방어선(Pusan Perimeter)'은 유지되었으며, 공산주의자들이 처음으로 진격을 멈추고 그 뒤에는 격퇴되게 되는 선으로 유명해졌다. 훗날 리지웨이(Matthew Ridgway) 미 육군대장이 회고했듯이, 부산방어선을 위한 전투는 항공력이 지상전력을 재앙으로부터 구해주었던 사례들 중 하나였다.[14]

유엔군이 공중공격체계를 정비하는 데는 몇 주가 걸렸다. 지휘와 통제, 그리고 작전준비태세에서의 결점이 다수의 고통스러운 "우군 간 사격" 사건에 의해 노출되었다. 때때로 훈련과 브리핑 상태가 빈약한 조종사들은 우군 병사들을 공격하거나, 스스로 엉뚱한 장소에 가 있거나, 부정확한 식별표식을 보여주었다. 수세기 역사에 걸쳐 반복적으로 그랬듯이 지휘관들은 포화 아래서 다시 한 번 문제를 식별하고 해법을 발전시키면서 곧 그들이 하게 될 일을 배워야 했다. 합동 기획과 과정에 관련된 어려움에 추가하여 근접공격 항공기의 성능은 시급한 주의를 기울일 것을 요구했다.

전구에서 미 공군 근접공격군의 기둥은 록히드 F-80 슈팅스타(Shooting Star) 제트기였다. 그러나 상황은 주로 요격기로서 설계된 F-80에 불리하게 돌아갔다. 한국의 많은 비행장은 일반적으로 보다 길고 보다 강력한 밀폐된 활주로를 필요로 하는 제트항공기에게 부적합했으며, 적합한 다른 비행장들은 남진하는 공산주의자들에게 점령된 상태였다. 일본으로부터 날아갈 수밖에 없었던 F-80은 체공시간과 작전적 유연성이 결여되었다. 전반적인 상황에 비춰 볼 때 이상적인 항공기는 미 공군 전선대대들에서 F-80이 대체했던 기계인 피스톤 엔진 F-51 머스탱인 것처럼 보였다. 6문의 50구경 기관총과 2개의 227킬로그램 폭탄이나 네이팜 산탄, 또는 6개의 27킬로그램 로켓으로 무장하고, 정비가 안 된 활주로를 사용해 작전이 가능하며, 이례적으로 긴 항속거리와 체공시간을 가지고 있던 튼튼하고 다재다능한 전투기인 머스탱은 제2차 세계대전의 위대한 전투항공기들 중 하나였다.

공산주의자들이 38선을 넘었을 때 전투준비가 되어 있던 유일한 머스탱들은 일본에서 점령군과 함께 임무 중이던 호주 공군(RAAF)의 제77대대에 속해 있었다. 미 공군이 그런 전통 있는 전투기로 이루어진 2개 대대를 전구에 전개시키는 데는 7월 중순까지 시간이 걸렸으며, F-80 6개 대대를 F-51로 재무장시키는 데는 또 한 달이 걸렸다. 그러는 사이, 항공전력이 하는 역할이라곤 기본적으로 지상공격 전역뿐이었던 기간에 호주의 제77대대는 크지 않은 규모에 비해 과중하게 전쟁에 영향을 미쳤다. 그렇게 된 열쇠는 상황에 맞는 무기체계와 공대지 작전에 전문화되어 있는 조종사들을 보유하고 있었던 데 있었다.

부산방어선을 위한 전투가 한 치 앞을 내다볼 수 없는 기간 동안에 유엔의 근접공격 대대들은 살인적인 일과를 지속해야 했다. 일본에 기지를 두고 있는 대대들은 일상적으로 동이 트기 전에 전선을 향해 이륙해야 했으며, 전선에서 조종사들은 하루에 6회나 임무비행을 해야 했다. 소티 간 연료 재충전과 재무장은 방어선 바로 안쪽에 위치한, 구멍 난 철판으로 만들어진 전진 활주로에서 이루어졌다. 일과가 끝나면—보통 어두워진 뒤였다— 대대는 일본으로 돌아왔으며, 그곳에서 지상요원들은 다음 날 전투를 위해 밤새 전투로 손상을 입은 항공기를 수리하곤 했다. 폭탄, 로켓, 네이팜탄을 가지고 결집하는 적 병력, 차량, 포를 공격함에 따라—때로는 이륙과 거의 동시에 표적을 공격해야하기도 했다— 공대지 무기를 적용하는 데 있어서 조종사의 기량 향상이 긴요해졌다.

숨이 막힐 듯한 여름 더위가 폭우와 낮은 구름을 동반할 수 있었기 때문에—이러한 위험은 산악지형과 불충분한 무선항법장비로 인해 더 증대되었다— 비행환경은 열악했다. 조종사들은 독도법만으로, 그리고 제한된 무선통신을 가지고 한국의 방방곡곡을 비행하는 데 능숙해졌다. 공격이 이루어지기 전에 표적들이 분명하게 식별되어야 했는데, 많은 경우 가시거리를 몇 백 미터에 지나지 않게 축소시켜버리는 지상포화, 연기, 연무[겨울에는 화이트아웃(whiteouts)•]로 인해 이런 과업은 더 어려워졌다. 끊임없는 위험 아래 자신의 항공기에서 대여섯 시간을 앉아 있고 나면 일본에 착륙할 때쯤에 조종사는 탈진되고 말았다.

부산에서의 결정적인 공지전투는 신속하게 증원병력을 전선으로 이동시키는 공수전역에 의해 유지되었다. 이 전역의 몇 가지 면모는 주목할 만하다. 가장 두드러진—하지만 많은 경우 간과되어버린— 한 가지는 공중통제를 확립해야 할 필요성이었다. 부산지대로의 공수는 공중통제가 전투를 승리로 이끄는 병참의 임무를 보장해주었던, 수십 년간 수행되었던 무수한 그와 유사한 전역들의 전형이었다. 둘째, 병력, 무기, 보급물자를 전장으로 이동시킴으로써 공수는 유엔군 육군에게 '기동군(*maneuver force*)'으로 기능하고 있었다. 그와 같은 임무는 지상전력의 전반적인 기동능력을 구성하는 불가결한 요소로 간주되어야 한다. 한국전쟁의 어떤 단계에서도 적(敵)은 그와 같은 목적으로 공중을 활용할 수 없었다.

마지막 측면은 장비 및 기획과 관련되어 있으며, 근접공격의 초기 경험과 모종의 유사성을 지니고 있다. 미 공군의 제트전투기들이 초기에는 전반적인 상황에 부적합했던 것과 똑같이, 기획관들이 원래 부산에 공수를 제공하는 임무를 할당했던 4발엔진의 C-54 수송기도 마찬가지였다. 한 해 전 베를린 공수의 주역이었던 C-54는 그것이 대체했던 C-47보다 2배나 많은 탑재량을 운송할 수

• 매우 추운 지역에서 천지가 온통 백색이 되어 방향감각이 없어지는 상태를 의미한다.

있었다. 그러나 3만 3000킬로그램에 달했던 이 항공기는 중량도 2배나 무거웠다. 부산으로 작전을 시작한 지 며칠 만에 C-54는 가용한 유일한 활주로를 파괴하고 있었다. 머스탱의 경험을 반복하며, 공수임무를 건네받기 위해 C-47이 급하게 한국으로 보내졌다. 그뿐만 아니라 보다 대규모적인 탑재량과 보다 적은 소티에 기초했던 기획이 무용해짐에 따라 추가적인 지연이 발생했다.

부산을 떠나기 전에 근접공격에 대해 마지막으로 짚어볼 게 있다. 머스탱이 그곳에서 매우 성공적이었기 때문에 때로는 피스톤 엔진 항공기가 전쟁 내내 그러한 역할에 계속 사용되었어야 했다는 주장이 제기된다.[15] 그러나 머스탱의 성공은 상황에 특정한 것이었으며, 일반적인 맥락으로 변환될 수 없다. 일부 유엔군 부대들(예를 들어 남아프리카 공군)이 1953년까지 F-51을 계속 운용했음에도 불구하고, 보다 나은 비행장들이 가용해지기 시작하자 제트기로의 전환이 권고되었다. 한국은 광범위한 대공무기들이 가하는 위험이 험난한 지형과 날씨에 의해 강화되는, 지상공격 항공기에게는 적대적인 환경이었다. 제트기는 피스톤 엔진 항공기보다 더 가파르게 상승할 수 있었는데, 이는 제트기로 하여금 지형과 날씨에 더 잘 대처할 수 있게 해주었다. 그것은 훨씬 조용하고 빨라서 탐지되지 않고 표적에 접근할 수 있는 기회를 증대시켜주었다. 그리고 마지막으로, 머스탱의 액냉식 엔진은 지상포화에 극히 취약했는데, 단 한 발만으로도 냉각액 라인을 절단시켜 엔진이 멈추게 할 수 있었다. 1951년 4월에만 해도 미군은 지상포화에 30대의 머스탱을 잃어버렸으며, 이는 제트 근접공격 항공기가 경험했던 것보다 훨씬 더 높은 손실률이었다. 제트기가 도입되지 않았다면 아마 유엔군은 지상포화에 더 많은 항공기를 잃어버렸을 것이다. 대체로 더 나은 기술은 더 나은 결과를 제공해주기 마련이다.

정치적 기동전

공중통제, 근접공격, 부산에서의 공수작전과 동시에 스트라이트마이어 장군은 전장을 고립시키기 위한 차단전역을 개시했다. 근접공격의 목적은 진행되고 있는 전투를 승리로 이끄는 것인데 반해 차단은 장차 전투에서 "승리"하고자 했다. 그래서 차단임무는 적의 보급선을 끊고 그들의 기동능력을 방해하는 것에 초점을 맞추는 경향이 있다.

그러한 임무의 효과성이 공지전투 전반, 특히 적 육군의 상황과 직접적으로 연관되어 있는 것은 차단의 목표에 따른 것이다. 예를 들어 전투가 발생하지 않고 있으면 적은 전투가 진행 중일 때보다 증원병력과 재보급물자(탄약, 의료물자 등)를 훨씬 덜 필요로 할 것이다. 혹은 적이 게릴라전을 수행하며 상대적으로 복잡하지 않은 수요를 갖고 있다면 항공차단이 적의 이동 및 전투 능력을 교란시킬 수 있는 가능성은 덜해진다. 역으로, 전투에 임하는 장비를 잘 갖추고 기계화된 육군은 재보급에 대한 엄청난 수요를 만들어내기 때문에 결국 항공차단에 취약하다. 어떤 형태의 공중타격의 경우에서나 천편일률적으로 성공의 열쇠는 표적선정이다.

스트라이트마이어의 차단기획은 몇 가지의 모순적인 요소들을 해소해야 했다. 그의 목표는 북한군의 병참선을 끊는 것으로서, 이러한 과업은 처음에 인식되었던 것보다 훨씬 더 어려운 일로 드러났다. 북한군은 결코 게릴라군이 아니었지만 결핍된 상태에서 사는 데 능숙했으며, 이는 병참에 대한 그들의 수요를 감소시켰다. 전형적으로 하루 최고 500톤의 비축량을 소비하는 미 사단들과는 달리 북한군(그리고 중국군)은 고작 60~70톤만을 소비했다. 그렇기 때문에 후방창고, 교량, 도로, 철도체계와 같이 차단전역이 선호하는 고가치 표적들은 의심스러운 제안이 되고 말았다. 그래서 스트라이트마이어는 트럭, 짐꾼과 같은 공산주의자들의 교통수단에 주의를 돌렸지만, 그러한 종류의 표적은 가치가 낮고 찾아내서 타격하기 어려웠다. 마지막으로, 모든 이들의 마음에는 중국이 전쟁에 개입할지도 모른다는 두려움이 자리 잡고 있었다. 유엔군이 부산에서 우위를 장악하기 시작하면서 그러한 가능성은 더 커지게 되었다. 북한 육군과 관련 있는 작전에 한해서는 교통의 중심을 차단하는 것이 별 성과가 없을 것이었지만, 그것은 한반도를 향한 중국 병력의 남하를 차단하는 확실한 길이었다. 요약하자면, 유엔군의 항공전역 기획관들은 상충하는 고려사항에 직면해 있었던 것이다.

표적에 무기체계를 맞추는 일의 어려움으로 인해 스트라이트마이어가 봉착한 도전은 더 악화되었다. 근접공격 항공기는 거의 획일적으로 필요한 속도와 기동성을 갖춘, 공중우세를 확보하기 위한 전투기로부터 발전되었다. 그러나 그 결과, 그것은 무기를 탑재할 수 있는 제한된 역량을 보유했다. 주지하듯이, 한국전쟁 시대의 전투기들은 최대 2개의 중간급 중량(227킬로미터)의 폭탄이나 2개의 네이팜 산탄, 또는 약 6개의 로켓을 장착했으며, 기관총이나 기관포로 보완되었다. 이동 중인 군대—병력, 트럭, 탱크, 포—에 대해서는 효과적이었지만, 이러한 무기들 중 그 어느 것도 크고 단단한 도로·철도 교량과 그와 유사한 표적들에 대해서는 이상적이지 않았다. 그렇기 때문에 차단전역은 대개 보다 무거운 폭탄을 운송하고 보다 많은 무기를 탑재한 중급 또는 대형 폭격기의 영역이 되었다. 물론 그와는 반대로 그러한 폭격기들은 기동성이 덜했는데, 이러한 결점은 한국에서 문제를 일으켰다.

스트라이트마이어의 두 가지 차단항공기는 B-26 중급폭격기와 B-29 대형 폭격기였는데, 전자는 폭탄을 2700킬로그램까지, 후자는 9000킬로그램까지 운송할 수 있었다. 한국의 가파르게 높아지는 산과 많은 경우 협소한 계곡은 폭격기의 작전수행에 제한을 가했으며, 승무원들로 하여금 저고도보다는 중고도에서 작전을 수행하도록 강제했다. 매서운 대공포화가 도달할 수 없는 고도에 머물러야 할 필요성 또한 그렇게 만들었다. 그에 따라 폭격의 정확성은 어려움에 봉착했다. 또 다른 제약이 야간작전에 대한 승무원의 무경험으로부터 발생했다. 이는 극동공군의 최근 평시 훈련일과가 낳은 유산이었다. 스트라이트마이어의 명분은 맥아더의 본부로부터도 도움을 얻지 못했는데, 이는 항공전에 대한 지식이 미천했던 본부의 육군장교들이 형편없는 표적선정의 과오를 범하곤 했기 때문이다.[16] 그 결과, 초기 국면에 유엔군의 항공차단 전역은 그 가치가 의심스러웠는데, 이는 그것이 그 목적과 전문성의 면에서 고투(苦鬪)했었기 때문이다.

강화된 유엔군 육군과 연합한 공중우세, 근접공중공격, 기동('공수'라는 형태의)이 공산주의자들을 격퇴시켰을 뿐 아니라 그들로 하여금 퇴각하도록 강제했던 부산에서는 항공력이 그 반대의 결과를 낳았다.

부산방어선에 대한 성공적인 방어는 맥아더 장군에 의해 구상되어 서해에 있던 공산주의자들의 배후에서 약 240킬로미터 떨어진 곳에 위치한 인천에서 1950년 9월 15일에 수행되었던 모험적인 상륙작전을 동반했다. 허를 찔려 보급선이 취약해진 북한군은 이제 그들이 남진할 때 선보였던 것처럼 빠른 속도로 반도를 퇴각해 올라갔다. 10월 7일에 유엔군의 전진부대들이 38선을 횡단해 북진했다.

북으로의 진격은 한국의 매서운 겨울의 시작과 동시에 일어났다. 무력함을 몰고 오는 여름의 열기, 먼지, 연무가 영하의 기온, 눈, 살을 에는 듯한 바람으로 대체되고 있었다. 지상요원들은 가장 어려운 상황에서 일했다. 항공기는 흔히 2피트나 되는 눈 속에서 노상에 주기되었다. 정비를 시작하려면 날개와 앞 유리에 있는 얼음을 긁어내야 했으며, 극도의 추위는 철제 표면을 만지는 일을 고통스럽게 만들었다. 그러나 혹독한 환경에도 불구하고 항공기는 항상 가용했다.

1950년 10월에 이르면 맥아더의 눈부신 전술이 그의 전력을 한국과 중국의 국경인 압록강에 가까운 지점까지 도달할 수 있게 해주었다. 전쟁은 곧 승리로 끝날 것처럼 보였다. 그러나 신속한 승리에 대한 맥아더의 기대가 모든 지휘관에 의해 공유된 것은 아니었다. 그들 중 일부는 중국의 개입을 두려워했으며 이는 정당한 것이었다. 사실 중국의 개입은 10월 중순에 마오쩌둥의 18개 사단이 몰래 한국으로 진입한 이래 진행되고 있었다. 11월 1일에 유엔군 조종사들이 처음으로 중국군 병력을 공격했다. 같은 날, 압록강 상공에 중국인민해방군 공군의 MiG-15 제트전투기들이 등장해 전쟁이 새로운, 그리고 더 위험한 국면으로 접어들었다는 또 다른 징후를 보냈다.

전쟁이 더 위험해졌다면 정치 또한 마찬가지였다. 이는 독선적이던 맥아더에게 곧 치명적이게 될 것이었다. 멀리 떨어진 일본의 본부에서 너무 많은 결정을 내리고 있던 맥아더는 전선의 현실로부터 고립되어 있었다. 유엔군이 38선 너머로 북진하면서 멀리 워싱턴의 트루먼 행정부나 맥아더 자신이나 할 것 없이 요망되는 정치적 최종상태를 분명히 설명해내지 못했다. 공산주의자들을 남한으로부터 내쫓는 게 그 한 가지였다. 북한을 점령하고 진격이 어디에서 끝날 것인지에 대한 지침도 없이 중국을 향해 질주하는 것은 그와는 전혀 다른 것이었다. 트루먼 대통령과 그의 고문들은 확전의 잠재성을 예민하게 인지하고 있었지만, 적어도 맥아더에게는 세계 공산주의에 큰 타격을 가할 것으로 보이는 행동을 억제할 의사가 없었다.

이를 점점 더 염려하는 메시지가 트루먼과 워싱턴의 합동참모본부로부터 전달되어왔음에도 불구하고 맥아더는 누락을 통한 거부나 자신의 명분을 좇기 위한 정치적 또는 군사적 상급자에 대한 무시를 사용해 계속 밀어붙였다. 다소 신경질적으로 트루먼과 합참은 압록강을 넘어 중국의 보급창과 교통체계에 폭격공격을 가하는 데 동의했다.

이쯤에서 항공지휘관으로서 맥아더에 대해 살펴볼 필요가 있다. 제2차 세계대전 동안 항공력을 그보다 잘 사용했던 육군장군은 거의(행여 있었다면) 없었다. 이 전쟁의 걸출한 항공인들 중 한 명이었던 케니 장군의 자문을 받았던 맥아더는 공중타격전력을 상당히 효과적으로 운용했다. 실제로, 태평양에서 그의 이른바 "섬 건너뛰기" 전역은 "비행장 건너뛰기" 전역이라는 말로 더 정확히 묘사될 수 있었다. 이 전역에서는 그의 지상전력이 계속해서 비행장을 장악해주면 그곳을 기점으로 해서 점점 더 고립되어가는 적 전초기지에 파괴적인 공중공격을 가할 수 있었다. 전진기지나 비행장이 장악되거나 우회됨에 따라 일본 팽창주의의 경계선은 뒤로 밀려날 수밖에 없었고, 패배의 가능성은 전에 없이 증가되었다. 그러나 한국에서의 상황은 전적으로 달랐다. 태평양에서 맥아더의 폭격전역은 거대한 지상설비나 해군함대—이것들은 항공력에게 이상적인 고가치 표적이다—를 지향했었다. 그 결과 맥아더는 "전략적" 항공력이 할 수 있는 일에 대한 과장된 인식을 가지게 되었다. 한국에서 다른 취약성을 가진 다른 적에 대해 동일한 접근법을 시도하면서 그는 그 대가를 치르게 될 것이었다.[17]

맥아더는 또한 중국 육군의 자질에 대해서도 이해가 미천했다. 마오쩌둥과 그의 측근들은 25년간의 흉포한 내전과정에서 강력한 군대를 만들어놓은 상태였다. 무엇보다도, 상대인 장제스가 이끄는 국민당군의 거의 계속적인 공중우세에 대처했던 경험은 인민해방군으로 하여금 공세적인 항공력으로부터 은신하는 데 능숙해지게 만들었다. 항공기가 접근하는 소리가 들리면 인민해방군 부대들은 즉각적으로 움직임을 멈추고 은신처를 찾았다. 게다가 그들은 위장과 야간기동에도 능숙했다.

11월 초에 상황은 유엔군에게 더 급속하게 악화되었다. 중국 개입의 위험성을 뒤늦게 깨달은 맥아더는 더 많은 인민해방군 병력이 북한으로 진입하는 것을 중단시키고자 스트라이트마이어에게 압록강변의 17개 주요 교량에 대한 폭격을 지시했다.[18] 이 결정은 스트라이트마이어의 조언에 반(反)하여 이루어진 것이었으며, 상황에 대한 맥아더의 무지를 보여주는 것이었다. 험한 지형과 적 대공포의 집중적인 포화는 유엔군의 타격항공기로 하여금 고도 5500미터 이상에서 비행하도록 강제했으며, 이는 폭격의 정확성을 상당히 감소시켰다. 대부분의 교량이 타격을 입고 그 절반은 곧 사용이 불가능해졌지만 적의 진격을 중지시키기에는 피해가 충분하지 않았다. 게다가 그러한 타격은 중국을 격분시켰으며, 이는 트루먼이 염려했던 바로 그 일이었다. 더 중요하게는, 스트라이트마이어가 이미 맥아더에게 얘기한 것처럼, 압록강이 트럭과 열차가 그 표면을 횡단할 수 있을 정도로 결빙되고 있었기 때문에 그러한 전역은 소용이 없었다. 그럼에도 불구하고 맥아더는 그와 같은 타격이 전장을 고립시킬 것이라는 희망을 고수했다. 그러나 그런 일은 발생하지 않았다. 두어 주 뒤에 수만 명의 중국 병력이 표면수송을 통해 압록강 너머로 밀려들어 왔다.

유엔군이 이제 무려 50만 명에 달하는 중국군 병력에 직면하게 되었다는 사실은 맥아더가 이전에 견지했던 억제되지 않는 낙관주의를 냉정하게 재평가하도록 강제했다. 워싱턴의 합참은 전쟁의 확대가 너무 많은 사상자를 유발하여 진정한 적인 소련과 별도의 분쟁이 발생하는 경우에 미국이 심각하게 약화될 수도 있음을 두려워했다. 실제로, 맥아더의 공세가 유럽에서 소련의 군사행동을 촉발시킬 수 있다는 염려가 존재했다.

그러한 걱정스러운 가능성은 지상에서의 전세 역전을 동반했다. 중국군이 우세를 점하며 영토를 재장악하기 시작했던 것이다. 11월 말 청천강에서의 전투는 이 전쟁의 전환점이 되었다. 맥아더의 고집불통 전술은 미군의 주력인 제8군과 남한 및 다른 유엔 동맹군을 역사상 가장 거대한 매복으로 끌어들였다. 인민해방군에 의해 선제를 당하고 허를 찔린 제8군이 청천강에서 패한 것은 엄청난 타격이 되었으며, 미 육군이 실행했던 가장 장기적인 후퇴를 촉발시켰다. 동쪽 장진호 인근에서도 상황은 마찬가지로 불리했다. 그곳에서는 해병과 육군의 3만 명에 이르는 병력이 중국군 6개 사단에게 포위를 당해 이를 뚫기까지 1만 5000명 이상의 사상자가 발생했다. 근접공중공격이 청천강으로부터의 후퇴와 장진호로부터의 도피를 엄호하는 데 필수적이었으며, "전투수송(combat cargo)"의 공중투하와 공중수송 임무도 마찬가지였다. 해군 타격전투기들이 두 임무 모두에서 중요한 역할을 수행했는데, 이는 유엔군의 항공모함이 전장에 비교적 가까운 곳에 위치할 수 있는 움직이는 비행장으로 기능함으로써 출동시간을 단축시켜주었기 때문이다.

상황은 매우 필사적이게 되어서 이제 맥아더는 핵무기의 사용을 검토했다. 이러한 전망은 유엔군 동맹국들을 깜짝 놀라게 만들었다. 트루먼과 합참은 그러한 선택지를 고려했지만, 이내 초기부터 지켜왔던 암묵적 제한을 어길 수는 없다는 결론에 이르렀다. 그들은 상황을 악화시킬 수 있는 행동을 최소화해야 하며, 이제 그들이 기대할 수 있는 최상의 결과는 협상에 의한 타결이라는 결론을 내렸다. 트루먼의 전쟁 경영에 대해 맥아더가 공개적으로 비판했을 때 대통령은 그를 리지웨이 장군으로 대체했다. 리지웨이가 직면한 직접적인 도전은 지상에서의 재앙을 중단시키고 (양측 모두의) 정치인들에 의해 설정된 암묵적인 경계 내에서 전쟁을 수행하는 것이었다.

1951년 전반기 동안에 지상에서의 전투는 주요한 공세들과 운명의 뒤바뀜으로 특징지어졌다. 처음에는 어느 일방이, 다음에는 다른 일방이 압록강과 38선 사이의 땅을 획득하거나 잃어버렸다. 그 해 중반에 이르면 표면에서의 전쟁은 영토적 교착상태에 이르렀으며, 38선이 다시 한 번 북한과 남한 간의 분단선이 되었다. 다음 두 해 동안 이러한 상황은 이어질 것이었다.

지상전의 정적인 성격에 따라 1951년 초부터 항공차단 전역은 주로 방어적인 성격을 취했다. 유엔군 지휘관들은 만주와 북한으로부터 한반도의 남쪽으로 중국군 병력과 보급물자가 이동하는 것을 저지하려 했다. 이 전역에 깔려 있던 논리는 유익한 것이었다.

수정된 차단전역은 결국 표적처리에 대한 네 가지의 개별적인 접근법으로 특징지어졌다. 그중 2개는 스트랭글 작전(Operation Strangle)으로, 하나는 새터레이트 작전(Oprtation Saturate)으로, 나머지 하나는 스프링 써 작전(Operation Spring Thaw)으로 통합되었다. 스트랭글 작전은 공산주의자들의 가장 중요한 도로들을 절단한다는 목표 아래 1951년 5월에 시작되었으며, 그 두 번째 국면은 8월에 시작되어 적의 철도체계를 지향했다. 새터레이트 작전은 1951년 3월에 시작되었으며, 필수적이라 여겨졌던 철도궤도의 짧은 구간에 집중했다. 마지막 접근법인 스프링 써는 1953년 3월에 적용되었으며, 교통의 요충지를 봉쇄한 뒤 덫에 걸린(그렇게 가정된) 적 병력에 대해 집중적인 공중타격을 가하려 했다.

네 가지 접근법은 모두 기대에 미치지 못했는데, 이는 이전의 차단작전을 무디게 만들었던 것과 동일한 많은 이유들 때문이었다. 공산주의자들은 손상된 도로, 교량, 철도궤도를 수리하는 데 능숙했다. 집중적인 대공포화는 차단을 위험하게 만들고 폭격은 부정확하게 만들었다. 대적하는 군대들이 실제적으로 전투에 임하고 있지 않은 한 재보급에 대한 적의 의존은 상대적으로 작았다.

그렇기 때문에 항공차단은 주간에 기동할 수 있는 적 육군의 능력에 엄격한 제한을 가하기는 했지만, 이 전역이 전쟁의 결과에 중대한 영향을 미치기 위해서는 고투해야만 했다.

전략적 공중우세

공중을 통제하기 위한 중대하고도 흥미진진한 전역에 관한 이야기는 매우 달랐다. 대부분 유능하지 못하고 노후하긴 했지만 전쟁 초기에 북한 공군은 기습의 요소를 활용해 남한의 몇몇 도시와 공군기지를 공격할 수 있었다. 그러나 유엔군 항공전력이 동원되자 북한 공군은 순식간에 파괴되고 말았다. 그 시점부터 공산주의자들은 표면의 표적에 대해 공세적인 항공력을 거의 사용할 수 없었다. 전략적 차원이 결여된—마오쩌둥은 항공력을 이해하지도 중시하지도 않았다— 인민해방군 공군은 지속적인 타격, 정찰, 기동전역을 감행할 수 없었다.[19] 소련 후견인처럼 인민해방군 공군도 그 시각에서 대부분 방어적이었다. 그렇기 때문에 그들이 활력적으로 추구했던 하나의 전역은, 표면의 전력, 기간구조, 병참선을 보호한다는 목적을 달성하기 위한 수단으로서 공중우세를 확보하기 위한 전역이었다.[20] 그와는 대조적으로 유엔군의 전투기 대대는 항공, 지상, 해상의 전력에게 행동의 자유를 제공하기 위해 싸웠다.

이러한 첨예하게 다른 수세적·공세적 입장에도 불구하고 그 자체만으로 보자면 공중에서의 전쟁은 대단히 흥미로운, 전적으로 공세적인 성격을 취했다. 한국전쟁은 제트기를 타고 비행하던 조종사들이 서로 싸웠던 첫 번째 전쟁이었다. Me-262나 미티어(Meteor)와 같은 항공기가 제2차 세계대전의 마지막 단계에 등장했지만 충돌해본 적은 전혀 없었다. 1950년 11월 한국 북서부에 중국 공군의 후퇴익 제트동력 MiG-15 전투기가 등장하면서 이는 즉각적으로 변화되었다.

"방어"가 공산주의자들이 수행한 공중통제 전역의 목표일지는 모르지만, 그들의 전술은 많은 경우 과도하게 공세적이었다. 전투기 소탕에 임하는 MiG-15의 대규모 편대—또는 "열차(train)"—는 주도권을 장악하고 소모를 통해 공중통제를 달성하려고 하면서 대범하게 유엔군 상대를 찾아내려 했다. 이어지는 공대공전투는 제1차 세계대전 동안 서부전선 상공에서 벌어진 공중전의 장대함과 폭력성을 상기시키는 것이었다. 1951년 초에 이르면 압록강과 청천강 사이의 지역—"미그기의 길목(MiG Alley)"이라는 별명을 얻게 되었다—은 유엔군 항공기에게 위험한 장소가 되었다.

유엔군 표면전력의 시각으로만 보자면, "미그기의 길목"에서 하루 단위•로 공중우세를 확보할 수 있는 공군의 능력이란 공중타격, 정찰, 기동 임무를 수행하기 위해 필요한 전제조건에 지나지 않는 것이었다. 그러나 그러한 항공전의 강도, 규모, 기간은 공중통제가 전쟁을 종결짓는 수단으로 기능할 뿐이라는 주장과 대조되는 것이었다. 적어도 심리적인 수준에서는 그러한 전역이 그 자체로 전략적인 의미를 지녔다.

다른 모든 항공전역처럼 압록강 상공에서 성공의 열쇠는 1급의 인적자원, 발전된 기술(특히 플랫폼, 체계, 무기), 질 높은 공학적 지원, 혁신적인 연구 및 개발이었다.

MiG-15는 우수한 항공기였다. 그 후퇴익은 초음속으로 강하하기 쉽게 해주었으며, 가벼운 무게와 강력한 엔진은 직선날개를 가진 유엔군의 F-80, F-84, F-94, 미티어보다 우수한 상승률과 실용상승한도를 확보할 수 있게 해주었다. 그런데 MiG-15의 소련제 RD-45 터보엔진은 냉전 초기인 1946년에 영국 정부가 소련에 매각했던 롤스-로이스 닌(Rolls-Royce Nene)—나중에 미국의 한 역사가는 이러한 매각행위를 "행여 공공연한 배신적 행위가 아니라면 전적으로 멍청한 짓"이라고 묘사했다—으로부터 파생된 것이었다.[21]

MiG-15가 미 공군의 직선날개 전투기들보다 우수하다는 점은 순식간에 확실해졌다. 그래서 미군은 최신 전투기인 F-86 세이버 3개 대대를 황급하게 전구로 보냈다. F-86의 첫 출격은 1950년 12월 17일에 이루어졌으며, 향후 2년 반 동안에 걸친 세이버와 MiG-15 간의 전투는 항공전 역사상 위대한 대결 중 하나였다.

양측의 조종사들은 각기 특정의 이점들로부터 혜택을 입었다. 가장 유용한 이점은 공산주의자들이 누렸는데, 이는 11월에 중국 국경에서 유엔군 육군이 패배를 당한 결과였다. 협상에 의한 해결이 이제는 유엔군이 달성할 수 있는 최상의 결과라는 트루먼 행정부의 실용적인 결정은 항공작전에 관한 중요한 함의를 가진 것이었다. 유엔군 지휘관들은 압록강 너머로 항공전을 확대시키는 것을 금지당했는데, 이러한 제약은 북한과의 경계에 있는 만주를 중국 공군을 위한 보호구역으로 변모시켰다. 교전의 통제권을 상실하고 있다는 느낀 인민해방군 공군의 조종사는 누구든지 접전을 그만 두고 길어야 15분 거리에 떨어져 있는 만주의 은신처로 피할 수 있었다. 유엔군 조종사들에게 이러한 전

• "미그기의 길목"에서 공중우세를 점하는 주체가 거의 하루 단위로 뒤바뀔 만큼 대결이 치열했음을 의미한다.

술적 어려움을 악화시킨 것은 그와는 대조적으로 우군 비행장은 멀리 떨어진 곳에—서울까지 남하해야 하기도 했다— 위치하고 있다는 점이었다. 이동시간이 길다는 것은 전투를 위한 연료가 줄어든다는 것을 의미했다.

공산 조종사들이 그들의 전술적 이점을 활용하기 시작하고 MiG-15의 수가 증가됨에 따라 스트라이트마이어의 항공전력은 더 이상 북한에 대한 공중우세를 보장할 수 없었다. 그러나 이러한 단계에서 유엔군 조종사들이 누리던 몇 가지 이점이 작용하기 시작했다. 세 가지가 특히 중요했는데, 두 가지는 기술적인 것이었고 한 가지는 인적인 것이었다.

첫째, F-86은 레이더 거리측정 사격조준기(radar-ranging gunsight)를 가지고 있었는데, 이는 표적까지의 거리, 선도각(lead angle), 조종사들이 사격하기 전에 고려해야 하는 편향(deflection)을 자동으로 계산해주었다. 이는 일반적인 조종사가 움직이는 표적을 보다 쉽게 추적하고 타격할 수 있음을 의미했다. 그와는 대조적으로 MiG-15의 사격조준기는 수동적인 입력을 필요로 했는데, 이는 전투기를 실제로 조종하는 일로부터의 심각한 일탈이었다.[22] 둘째, F-86의 초기 모델은 수동적으로 작동되는 비행제어체계를 장착하고 있었지만 후속 버전들은 유압동력을 사용했다. 조작하기에 더 가볍고 대응하기에 더 빠른 유압제어체계는 F-86 조종사들에게 추적·조준·사격·격추할 수 있는 위치로 기동하기 위한 필사적인 대결에서 순간적으로 결정적인 이점을 제공해주었다.[23]

유엔군의 마지막 이점은 인적인 것이었다. 두 차례 세계대전의 경험은 공중전에서는 우수한 충원과 훈련을 대체할 수 있는 것이 없음을 생생하게 보여주었다. 예를 들어, 제2차 세계대전 말기에 독일과 일본의 항공전력은 우수한 훈련체계를 유지할 수 없어 흐트러지기 시작했다. 이는 특히 비행교관들이 훈련부대에서 전선으로 전용되어버린 데 기인한 것이었다. 한국에서는 유엔군의 전투기 조종사들이 그 상대에 비해 잘 훈련되어 있었다. 그들 중 다수는 고급 전술 및 무기 학교를 졸업한 이들이었다. 그와는 대조적으로 둔감하고 때로는 변덕스러운 소련 훈련체계에 대한 인민해방군 공군의 의존은 작전적인 결점을 제도화하고 말았다. (1950년 11월경부터 비밀리에 이 전쟁에 참가하고 있던) 소련군 자체는 이전의 전투경험으로 인해 그보다는 나았다.[24] 그럼에도 불구하고 그들은 서구의 상대에 비해 전반적으로 열세했으며, 미 공군의 자료들이 오랫동안 주장했던 10 대 1의 격추율에 관해서는 의심이 있을 수 있지만, 보다 우수한 훈련이 보다 우수한 결과를 낳았음은 의심의 여지가 없다.[25]

제트기술에도 불구하고 공중전 전술은 두 차례 세계대전기의 그것과 별반 다른 게 없었다. 항공기는 더 빠르고 더 높게 비행하고 더 많은 하늘을 사용할 수 있었지만 조종사들은 여전히 위치, 고도, 속도의 이점을 모색해야 했다. 그리고 적과 조우했을 때 그들은 여전히 상대의 배후에 위치하고 기총으로 격추할 수 있을 정도로—공대공미사일은 1950년대 중반이 되어서야 취역했다— 상대에게 충분히 근접하기 위해 맹렬하게 기동했다.

전투기 소탕을 제외하면 유엔군 조종사들에게 가장 흔한 임무는 폭격기 호위였다. 유엔군의 질적 이점에도 불구하고 충돌은 많은 경우 필사적이고 폭력적이었으며, 공산 조종사들이 더 공세적이고 적극적으로 공중우세를 추구하기 시작하면서는 특히 그랬다. 예를 들어 1951년 10월에만 해도 유엔군 조종사들은 2500회 이상의 MiG-15의 출현을 보고했으며, 그들은 거의 모두가 전투를 추구하고 있었다.

대규모적인 공대공전투가 공중을 통제하기 위한 전투의 상징이었지만, 전투의 결과에는 많은 보완적인 활동들이 그에 못지않게 중요했다. 양측 모두가 효과적인 통합방공체계를 구축하고 있었는데, 여기에는 조기경보 및 요격레이더, 지휘 및 통제 네트워크, 지상기반 무기체계가 포함되어 있었다. 수세적인 태도 때문에 공산주의자들이 특히 우수한 방공포 능력을 발전시켰는데, 이는 유엔군의 중급 및 대형 타격항공기로 하여금 중간 또는 높은 고도에서 작전을 수행하도록 함으로써 폭격의 정확성이 감소되게 만들었다.

지휘 및 통제 철학이 두 방공체계 간의 눈에 띄는 또 다른 차이를 보여주었다. 교조적인 이데올로기 유산을 반영하여 공산주의자들은 권한을 결단코 중앙집권화했으며, 가능하면 지상에 기반을 둔 통제관이 전투기 작전을 지도하는 것을 선호했다. 그러나 이러한 접근법은 조종사들의 주도권을 손상시키는 것이었다. 그와는 대조적으로 미국으로부터 파생된 유엔군의 체계는 마찬가지로 지상레이더와 전투기 통제관에 기초하기는 했지만 그 실행에 있어 훨씬 더 유연했으며 독립성을 권장했다. 이는 조종사의 우수한 기량—특히 의사결정에서의—을 극대화하는 철학이었다.

1951년 중반에 이르면 표면에서의 전투는 지리적, 나아가 전략적 교착상태에 달해 있었지만 공중에서의 전쟁은 광대한 전선에 걸쳐 격렬하게 계속되었다. 항공기 손실률에 대한 월간 통계만큼 이러한 이례적인 대조를 더 생생하게 보여주는 것은 없다. 공중을 통제하기 위한 전투에서 유엔군 조종사들은 7

월 17일에 휴전이 발효되기 전 마지막 전투가 있었던 1953년 6월에 전쟁을 통틀어 가장 높은 격추율을 달성했다.[26] 77대의 MiG-15가 격추된 것으로 보고되었다는 점은 공대공전투가 그 자체로서 전략적인 의미를 지녔던 "미그기의 길목"에서 진행되었던 전투의 치열한 성격을 특징적으로 보여준다.

"전략적" 항공압박

압록강 상공 전투의 드라마에도 불구하고 항공전 그 자체는 항공력 이론의 항수들 중 하나인 신속한 전략적 효과를 실현할 수 있을 것처럼 보이지 못했다. 그래서 전략폭격으로 주의가 전환되기 시작했는데, 이에 대해서는 거의 불가피하게 정치학이 분위기를 주도했다.

휴전협상이 1951년 7월에 시작되었지만 북한의 후견국인 중국과 소련의 비타협적인 태도는 협상의 진전을 가로막았다. 1952년 중반에 (1951년 6월에 극동공군사령관으로 스트라이트마이어 장군을 대체했던) 웨이랜드(Otto P. Weyland) 장군은 공산주의자들이 진지하게 협상에 임하도록 강압하기 위한 목적으로 북한의 일련의 전략적 표적에 대한 "항공압박" 전역을 개시했다.

표적들은 "전략적" 폭격전역에 전형적인 것들이었으며, 전력망, 군사지휘소, 주요 기간구조가 포함되었다. 웨이랜드의 폭격기들은 순식간에 북한 전력 생산역량의 90%가량을 불능으로 만들었지만 이른바 비군사적인 표적 폭격에 대한 격렬한 국제적 항의가 전역의 정당성을 손상시켰다.[27] 아마도 더 중요한 점은 그 전역이 중국이나 소련에게는 어떠한 압력도 가하지 못했다는 점이었는데, 그들의 잠재적인 표적은 이 전쟁의 암묵적인 제한에 의해 보호되고 있었다. 게다가, 약 15년 뒤의 북베트남에 대한 폭격이 확인해주듯이, 전력이나 기간구조와 같은 제1세계 표적에 대한 타격이 제3세계 국가에서 전략적인 효과를 발생시킬 수 있는지는 논쟁거리로 남아 있다.

웨이랜드는 1953년 4월과 5월에 전략폭격의 주사위를 마지막으로 굴렸다. 그는 북한의 작물에 관개용수를 공급해주는 댐 체계에 대한 일련의 타격을 승인했다. 엄격히 전문적인 맥락에서 보면 이것은 중력중심 분석과 효과중심 표적처리(effects-based targeting)의 인상적인 예(例)였는데, 이는 전력이나 기간구조와는 달리 쌀이 북한의 안녕에 필수불가결한 것이었기 때문이다. 실제로, 농민기반 경제에서 그것은 일상적인 삶의 필수적인 물품 바로 그것이었다. 벼

농사 파괴가 발생시킬 것으로 예상되었던 후속효과는 북한으로 하여금 무릎을 꿇게 만드는 잠재력을 가지고 있는 것으로 보였다. 그러나 다시 한 번 타격은 격렬한 국제적 공분을 유발했다. 이 전역이 성공했는지는 불확실하다. 미 공군은 그것이 공산주의자들로 하여금 7월에 휴전조건을 받아들이도록 압박하는 데 도움을 주었다고 주장했다. 다른 이들은 그것이 그러한 결정에 중요하지 않았다고 믿었다. 회의론자들 중에는 유엔군 사령관 리지웨이 장군이 있었는데, 그는 전략폭격을 "증상을 즉각적으로 완화시켜주기는 하지만 근본적인 문제는 치료하지 못하는, 일종의 첨단기술 아스피린"으로 간주했다.[28](물론 지상에서 목표를 달성하는 데 실패했던 유엔군 육군에 대해서도 동일한 결론이 도출될 수 있었다.)

유엔군의 공중제패를 고려해보았을 때 관개체계에 대한 지속적인 폭격전역은 성공할 수도 있었을 것으로 보인다. 그러나 군사력의 모든 형태가 그렇듯이 전략폭격은 널리 퍼져 있던 정치적 분위기에 부합될 때만 적용될 수 있으며, 1953년에 그러한 분위기는 북한을 굶겨 항복하게 만들려는 시도에 동의하지 않았다.

지식전쟁

유엔군의 다른 모든 활동이 그랬듯이 전략폭격 전역은 우수한 정찰에 상당 정도 의존했다.[29] 항공전력이 하늘을 통제하고 있었기 때문에 유엔군은 한국에서 엄청난 정찰—즉, 정보—의 우세를 만끽했다. 분명, 그러한 이점이 전쟁을 승리로 이끄는 이점으로 전환되지는 않았다. 마찬가지로 분명한 점은, 공중정찰부대들에 의해 수집된 정보가 없었다면 유엔군은 이미 그랬던 것보다 훨씬 더 전반적인 전역을 기획하거나 수행하는 게 훨씬 더 어렵다는 점을 발견했을 것이다.

한국에서의 정찰은 공중에서의 다른 역할이 그랬던 것과 마찬가지로 태만한 상황으로부터 시작했다. 다시 말해 제2차 세계대전 동안 상당한 대가를 치르고 얻었던 전문적인 지식의 상당 부분을 잃어버린 채 어렵게 재획득해야 했던 것이다. 정찰작전의 두 가지 측면은 언급할 필요가 있다. 플랫폼의 형태와 센서기술이 그 첫째이고, 정보관리가 두 번째이다.

항공정찰은 통상적으로 비무장 항공기에 의한 적 영토 상공에서의 비행을 포함하며, 이는 고도의 생존성을 가진 플랫폼에 대한 요구를 보여준다. 제2차 세계대전 말에 연합군은 그러한 역할을 위해 모스키토(Mosquito)와 스핏파이어(Spitfire)와 같은 우수한 타격 및 전투 항공기를 개조한 바 있었다. 빠른 고고도 비행이 적 방공망이 도달할 수 있는 거리 밖에서 체공할 수 있는 최상의 기회를 제공해주었기 때문에 미세하게나마 성능을 향상시키려는 모든 노력이 이루어졌다. 항력을 감소시키기 위해 항공기 표면에 윤을 내거나 표면의 형상에 영향을 주지 않도록 리벳(rivet)이 내장되었으며, 동력을 증가시키기 위해 엔진에 출력강화장치가 장착되었고, 무게를 줄이기 위해 불필요한 부품은 제거되었다. 이러한 종류의 개조는 매우 효과적이어서 역설적이게도 독일의 가장 귀중한 표적의 바로 상공에서 정찰항공기를 조종하는 것이 상대적으로 안전한 과업이 되게 만들었다.

일단 항공기가 준비를 마친 뒤에는 그것에 적합한 센서가 장착되어야 했으며, 1950년대에 그것은 습식필름 카메라(wet-film camera)를 의미했다. 카메라의 초점거리, 셔터속도, 매거진(magazine)• 의 용적, 작전고도와 같은 모든 것이 플랫폼과 요구되는 사진의 종류에 맞춰져야 했다.

정찰의 두 번째 핵심적인 측면은 산물(産物)을 관리하는 것이다. 즉, 영상의 수집을 분석과 배포와 조율시키는 것이다. 사진 판독은 전문적이고 노동집약적인 활동이기 때문에, 그리고 항공기는 매우 짧은 시간에 매우 많은 수의 이미지를 수집할 수 있기 때문에 분석센터는 압도되어버리기 쉽다. 우선순위를 설정하고 수집률을 판독자원과 맞추는 것이 성공적인 모든 정찰 프로그램의 특징적인 면모이다.

항공전력 내에서는 대체된 타격기나 전투기를 정찰 역할에 할당하는 경향이 있는데 한국전쟁도 예외는 아니었다. 전쟁의 첫해 동안 유엔군은 일군(一群)의 개조된 대형폭격기(RB-17과 RB-29)와 2군의 전투기(RF-80A와 RF-51)에 의존했는데, 그 어떤 것도 이상적이지는 못했다. 느릿느릿 움직이는 폭격기들은 호의적인 작전환경이나 전투기의 대규모 호위를 필요로 했는가 하면, 구식 전투기들은 MiG-15의 위협이 증가하면서 불안정해지게 되었다. 카메라들도 항상 이상적이지는 못했다. RF-80•• 은 특히 빠르지 않았는데 카메라의 기술적 한계

• 필름을 넣는 통을 의미한다.

•• 한국전쟁 동안 미 공군의 제8전술정찰대대가 운용했던 RF-80A와 소수의 RF-80C를 통칭하

때문에 사진을 촬영할 때는 때때로 속도를 낮추어 비행해야 했다. 이러한 운영상 불일치는 조종사들로 하여금 더 취약해지게 만들었다. 사실 미 공군은 이 전쟁의 걸출한 전투기였던 F-86 세이버를 정찰용으로 개조하려고 시도했었다. 그러나 카메라 장비와 관련된 문제가 이미지의 질을 저하시켰다. 그럼에도 불구하고 F-86은 적어도 최소한의 호위를 받는 가운데 "미그기의 길목" 부근에서 작전을 수행할 수 있었다.[30]

1952년에 이르면 유엔군의 정찰대는 꽤 효율적으로 기능하고 있었다. 이는 부분적으로는 그러한 과정의 시급성을 감소시키는 경향이 있는 지상에서의 교착상태에 의해 도움을 받은 것이었다. 제5공군은 제8군에게 하루에 약 2100개의 음화(negative)를 제공할 수 있었는데, 이는 표면적으로는 인상적인 수(數)였다. 그러나 수집률을 분석능력에 맞추는 문제가 작동되기 시작했으며, 제8군은 산물을 분석하고 배포하는 데 1주 이상을 소비했기 때문에 항공정찰의 전반적인 잠재력은 감소되고 말았다.

항공력과 합동전

한국전쟁으로부터 대두되는 마지막 주제는 적어도 항공인들에게는 가장 논쟁적인 것이다. 회전익(헬리콥터) 작전의 형태로 이루어지는 기동이 그 맥락이고, 합동전에서의 지휘와 통제가 제대로 된 문제이다.

제2차 세계대전 동안 가속되어 오늘날까지도 계속되고 있는, 합동작전을 향한 거침없는 전진은 전적으로 항공력의 대두에 기인한 것이라 할 수 있다. 합동전에서의 항공력에 관한 성가신 문제를 한국에서 교리적 논쟁의 전면으로 밀어붙인 것은 미 육군이었다.

유엔군 지상전력이 1951년 중반에 38선 부근에 있는 자신들의 원래 출발점에 진지를 구축하게 되자 전투의 정적인 성격은 제1차 세계대전과 유사해졌다. 정적인 전투의 망령에 제대로 사로잡혀 있었으며 전략적 정체성으로부터 빠져나올 길을 필사적으로 찾던 미 육군의 장군들은 헬리콥터에서 해답을 찾았다.

헬리콥터의 독특한 기동능력은 제2차 세계대전의 마지막 기간에 분명히 드

는 것이다.

러난 바 있었다. 이제 한국에서 그것은 화력과 기동 간의 대결에 균형을 복원시키는—지상에서는 화력에 유리하게 크게 쏠려 있었다— 수단을 제공해주는 것처럼 보였다. 자신의 지휘 아래 있는 미 해병이 운용하는 소수의 헬리콥터가 지상전력에게 제공한 기동성에 좋은 인상을 받은 리지웨이 장군은 1951년 11월에 한국에 전개되어 있는 미 육군을 위해 각각 280대의 헬리콥터로 구성되는 4개의 병력수송대대를 다급하게 요청했다. 그와 동시에 그는 장차 미국의 모든 야전군은 총 2800대의 헬리콥터로 이루어지는, 그와 같은 대대 10개를 포함하도록 하는 보다 장기적인 요구 또한 제기했다.[31]

그렇게 많은 수의 헬리콥터를 도입하고자 하는 리지웨이의 시도는 심각한 전술적 문제에 대한 정당한 대응이었다.(실제로, 육군이 기동하기 위해서 "헬리콥터가 필수적으로 필요하다"는 그의 평가는 불과 10년 뒤 베트남에서 재앙과 같은 전쟁을 치르는 동안 육군이 수천 대의 헬리콥터를 사용하게 되면서 완전히 실현될 것이었다.) 그러나 그렇게 암시된 작전개념은 동시에 합동 지휘 및 통제 체계에 이미 존재하던 긴장을 악화시킬 듯이 보였다.

종전 보고서에서 극동공군사령관 웨이랜드 장군은 공수를 사용하는 데 있어 세 가지 원칙을 식별했으며, 그 모든 것은 항공력 교리에 대한 지식을 갖고 있는 이라면 누구에게나 낯익은 것이었다. 웨이랜드는 우선순위가 전구사령관에 의해 설정되어야 하며, 각 군종은 어떤 공수능력에 대해서도 배타적인 접근권을 가지지 말아야 하고, 자산들은 최대한 집중되어야 한다고 결론 내렸다.[32] 한국에서는 이러한 원칙에 예외가 아주 많았는데, 그곳에서는 미국의 각 군종(해병 포함)이 자체적인 공수전력을 운용했으며, 지휘의 통일은 거의 지켜지지 않았다.

항공력 자산과 지휘 권한의 분할은 공수에만 국한된 것이 아니었다. 전쟁 내내 한국의 해안 인근에 있던 항모에서 출격한 해군의 타격, 정찰, 방공 항공기에는 통상적으로 개별 과업이 부여되거나 특정 부대에만 사용되도록 할당되었다. 그런가 하면, 해병의 항공기는 보통 해병작전을 위해서만 예비되었다. 앞에서 언급했듯이 이런 무질서한 배열은 적에게 "항공력의 전력(全力)"이 가해지는 것을 가로막았다.

한국전쟁은 항공자산에 대한 지휘와 통제가 효과적인 합동전 수행의 핵심적인 도전거리가 되는 지점을 보여주었다. 유엔군도 공산주의자들도 지상에서의 교착상태에 대해 전적으로 불쾌해 하지는 않았기 때문에—결국 그런 상황은 그 전쟁의 정치학과 일치하는 것이었다— 유엔군 지상전력과 항공전력 간의 마찰은 적어도 종국적인 결과에 한해서 보자면 아무런 실질적 결과도 낳지 못했다.(그러나 공중이 가용한지 그렇지 않은지가 개인에게는 삶이냐 죽음이냐의 문제가 될 수 있음을 주의해야 한다.) 그러나 10년 뒤 베트남에서는 항공자산의 지휘에 대한 미 육군, 해군, 공군 간의 이견이 주요한 중요성을 지니게 될 것이었다.

결론

"전쟁은 다른 수단에 의한 정책의 연속에 지나지 않다"는 클라우제비츠(Karl von Clausewitz)의 유명한 혹평은 한국에서 역력히 입증되었다. 무엇보다도 한국전쟁은 기본적으로 이데올로기적인 이유로 인해 싸운, (영토나 자원 때문이 아닌) 정치적인 전쟁이었다. 전략은 전쟁 내에서의 억제개념을 전쟁의 주역들이 암묵적으로 받아들인 상황에 따라 결정되었으며, 그것은 누가 누구에게 어떻게 어디서 무엇을 할 수 있는지에 대해 엄격한 제약을 가했다. 전쟁은 미국과 소련에서의 정치가 그것이 끝나기를 원했을 때 끝난 것이지 어떤 군사적 해결에 이르러서 그렇게 된 것은 아니었다.

1951년 중반에 지상에서의 전쟁은 상상력이 부족하고 이길 수 없는 일련의 전투들로 전락하고 말았다. 그러한 교착상태에 도달하자 가장 흥미로운 전문적 연구거리를 제공한 것은 공중에서의 전쟁이었다. 놀라울 것도 없이 그러한 전쟁의 결과는 좋기도 하고 나쁘기도 한 것이었다.

제2차 세계대전 이후 5년 동안에 항공전역에 필요한 기본적인 기량들 중 다수는 상실되고 말았으며, 어렵게 재획득되어야 했다. 그렇기 때문에 10년 뒤 베트남에서 한국전쟁으로부터 전달된 분명한 신호들 중 다수가 미국에 의해 오해되거나 무시되고 말았던 점은 훨씬 더 실망스러운 일이었다.

후퇴익 제트전투기의 도입과 회전익 항공기의 광범위한 사용은—그 어느 것도 항공전의 근본을 변화시키지는 못했지만— 두 가지의 가장 중요한 기술적 발전이었다. 전자가 더 극적이었지만, 후자는 합동전에서 항공자산의 지휘와 통제에 관한 심대한 함의를 가지고 있었다.

유엔군 기획관들이 (표적선정에서) 너무 자주 제3세계 적에게 제1세계 가치를 적용했던 관계로 일련의 차단전역은 누적적 효과를 생성해내기 위해 고투했다. 그와 동시에 하늘로부터의 지속적인 괴롭힘은 적 군대들로 하여금 주간에 기동하는 것이 극히 힘들어지게 만들었다. 전구(戰區) 전역에 걸친 정찰과 공수를 통한 기동은 공산주의자들은 그렇지 못했지만 유엔군은 누렸던 2개의 또 다른 능력이었다.

이 전쟁 말기에 있었던 북한의 관개체계에 대한 전략폭격 전역은 엄격히 군사적인 의미에서 보자면 적절한 표적처리였지만 정치적으로는 잘못된 것이었다. 이는 그러한 전역의 고전적인 난제(難題)이다. 그와는 대조적으로 최초의 제트항공전에서 하루 단위로 유엔군이 거둔 승리는 유엔군이 취하는 다른 모든 군사행동을 뒷받침해주었으며, 그 자체가 전략적인 자질을 갖춘 것이었다.

육군이 그랬듯이 유엔군 항공전력도 한국에서 승리를 가져올 수는 없었다. 그러나 항공전력은 적어도 두 번은—그보다 더 많을 수도 있다— 유엔군을 구출해냈다. 무엇보다도 공중통제, 근접공격, 기동은 부산에서 공산주의자들이 유엔군을 바다로 밀어넣지 못하도록 한 장본인이었다. 또한 지상에서의 전투가 아이디어의 소진에 이른 것으로 보였던 전쟁에서 항공전력은 패배와 수용 가능한 정치적 결과 간의 차이를 만들어냈다.

제5장

북베트남에 대한 항공작전, 1965~1973년

웨인 톰슨(Wayne Thompson)

남동 아시아에서 미국의 항공전은 그때까지 수행되었던 것 중에 가장 낭비적인 것이었다. 투하된 800만 톤의 폭탄은 제2차 세계대전에서 독일과 일본의 도시들을 편평하게 만들어버렸던 거대한 폭탄 세례조차도 왜소해지게 만들었다. 그러나 공산 북베트남의 수도이자 주요 도시인 하노이는 멀쩡하고 의기양양했다. 이것은 항공력이 잘못 사용된 사례에 대한 이야기지만, 바로 이 항공전으로부터 다른 곳에서는 항공력이 보다 유용해지게 만들어줄 유도폭격과 같은 새로운 기술이 등장했다.[1]

베트남 공산주의의 가장 큰 이점은 그것이 민족주의적 감정을 지배하고 있었다는 점이다. 호치민(Ho Chi Minh)과 그의 동지들은 1954년 중반에 프랑스군을 베트남, 라오스, 캄보디아로부터 축출하기 전에 베트남의 민족주의적 경쟁세력의 대부분을 제거해냈다. 주요한 예외는 응오딘지엠(Ngo Dinh Diem)이었는데, 그는 미국에서 살아남아 남베트남의 새로운 정부를 책임지기 위해 귀국했다. 그의 가톨릭 신앙은 불교국가에서 불리한 점으로 드러나고 말았다. (미국의 방조하에 이루어진) 1963년의 그의 암살은 결국 응우옌반티에우(Nguyen Van Thieu) 대장과 응우옌까오끼(Nguyen Cao Ky) 공군중장—두 사람은 모두 프랑스 식민체제의 베테랑이었다—이 수반이 되는 정부를 탄생시켰다. 남베트남과 그 동맹 미국은 결코 북베트남을 점령하려 하지 않았다. 공산주의자들만이 베트남을 통일하기 위해 애썼다.

미국의 베트남전은 점진적으로 시작되었으며, 점진주의가 그것의 결정적인 속성이 되었다. 공산 북베트남으로부터 남베트남의 독립은 미국의 군사적 개입이 증대되는 데 의존했다. 아이젠하워(Dwight Eisenhower) 대통령은 몇 명의 군사자문관을 파견했다. 케네디(John F. Kennedy) 대통령은 1만 6000명 이상을 파견했으며 항공기를 추가했다. 1962년에 이르면 프로펠러 추진 전투기를 조종하는 조종사들이 남베트남에서 공산주의자들을 공격하고 있었다. 라오스를 통해 남베트남으로 들어오는 작은 길과 비포장길의 광범위한 망인 '호치민 통로(Ho Chi Minh Trail)'를 통해 북베트남의 병력과 보급물자가 남으로 이동했다.

미 공군참모총장 르메이 대장은 전쟁에서 승리하는 최상의 방법은 북베트남을 폭격하는 것이라고 주장했다. 그는 북베트남 전역의 표적들에 대해 공군의 가장 큰 폭격기인 B-52를 보내기를 원했지만, 한국전쟁에서 중국의 개입에 대한 나쁜 기억은 북베트남에서의 극적인 행동이 그와 같은 일의 반복을 야기할지도 모른다는 두려움을 유발했다. 1963년 케네디 암살 이후에 대통령이 된 존슨은 1965년 초에 르메이를 퇴역시키기 위한 준비 작업에 들어갔다. 그런가 하면, 1964년 8월에 존슨은 북베트남에 대한 미국의 초기 공중타격을, 통킹 만(the Gulf of Tonkin)에서 있었던 북베트남 포함(砲艦)의 미 해군 구축함에 대한 공격(사실이기도 했고 그렇게 주장된 것이기도 했다)의 보복으로 해안의 포함 설비들에 대해서만 해군 전투기가 몇 차례 출격하는 것으로 제한했다.[2] 미 의회는 존슨에게 그가 남동 아시아에서 필요하다고 여기는 모든 행동을 취할 수 있는 권한을 부여하는 결의안을 통과시켰다. 그럼에도 불구하고 그가 1964년 11월 대통령 선거에서 승리할 때까지 존슨은 미국 병사들이 베트남에서 전쟁에 임하는 일은 없을 것임을 계속해서 약속했다.

롤링썬더

골드워터(Barry Goldwater, 공화당 상원의원이자 예비역 공군소장)에 대해 승리를 거둔 몇 달 뒤 존슨 대통령은 롤링썬더 작전을 승인했다. 이는 북베트남에 대한 폭격전역으로서, 그곳의 공산 지도부를 단념시키기에는 너무 유약한 것으로 드러나고 말 것이었다. (1965년 3월부터 1968년 10월까지) 수년 동안 미국의 전투기들은 거의 매일 북베트남에 폭탄을 투하했다. 한 해 동안은 존슨이 북베트남에 B-52의 투입을 보류했지만, 그 뒤에는 북베트남의 도시들과는 멀리 떨어진, 남베트남과 라오스와의 국경 인근에 대해서만 그것을 사용했다.

그는 대부분의 폭격을 담당했던 전투기들에게 수많은 제약을 가했다. 그는 대부분의 리더십 표적에 대한 공격을 금지했으며, 1966년 중반까지 하노이나 그 가까이 위치한 어떤 종류의 표적에 대해서도 공격을 금했다.

북베트남은 제조업이 거의 없고 공산주의 동맹국들로부터 무기, 트럭, 석유 수입에 의존했기 때문에 롤링썬더는 주로 차단전역이었다. 그러나 그것은 존슨이 주요 표적들을 빼내버린 차단전역이었다. 그는 주요 항구인 하이퐁을 포함한, 항구에 대한 폭파나 폭격을 배제했다. 중국과 하노이 간 결정적인 철도 연결망의 커다란 부분도 상당 기간 동안 출입금지구역이었다. 이러한 정치적 제한에 더해 야간이나 악기상 시 효과적으로 폭격하는 데 있어 1960년대 전투기들의 제한된 능력은 롤링썬더가 대부분 주간, 그리고 청천(晴天) 시 이루어지는—그리고 별로 성공을 거둘 가능성이 없는— 차단전역이었음을 의미했다.

북베트남 남쪽에 프라이팬 손잡이 모양의 지역에 있는 몇몇 표적들부터 매우 점진적으로 시작해서 롤링썬더는 존슨으로 하여금 자신은 미군 병사들을 남베트남으로 보내 죽게 만들기 전 폭격을 시도했었다고 말할 수 있게 해주었다. 수만 명의 미군 병사들이 1965년 4월에 도착하기 시작했으며, 1968년에 이르면 그 수가 50만 명을 상회하게 되었다. 이 3년 동안 남베트남에서 이루어진 미군 병력의 증가는 북베트남에 대한 폭격의 강도가 매우 점진적으로 증가되는 과정을 동반했다.

존슨 대통령은 민간인, 북베트남 리더, 그리고 러시아인이나 중국인을 위험에 빠뜨리지 않을 표적을 몸소 뽑아내는 것에 스스로 자랑스러워했다. 중국과 하노이를 연결하는 철도변에는 특히 많은 수의 중국인들이 존재했다. 전쟁 초기에 이러한 북베트남 철도는 중국의 남부 해안과 중국의 내지인 윈난(雲南)성의 광물자원을 연결시키는 최상의 교통로였다. 10만 명 이상의 중국인들이 이러한 북베트남 철도를 유지시켰으며, 대공포로 그것을 방어했다. 중국 조종사들이 북베트남 조종사들을 훈련시켰으며—지대공미사일 사이트에 소련인들이 자문관으로서 존재했던 것처럼— 북베트남 공군기지에 상주했다. 존슨은 1967년까지 북베트남 공군기지의 대부분에 대한 공격을 금지했다. 지대공미사일 사이트의 발전에 대한 양질의 정보에도 불구하고 존슨은 지대공미사일이 1965년 여름에 미국의 전투기를 격추시킬 때까지 그러한 사이트에 대한 공격을 금했다.

북베트남에 대한 소극적인 폭격은 북베트남 정부를 협상으로 끌어들이기 위해 때때로 며칠 또는 몇 주씩 중단되기도 했다. 음력 설날인 뗏(Tet) 동안에 남베트남 전역에서 공산 반군들이 공세를 취했던 1968년 초까지 그러한 평화의 제안은 실패했다. 미국 지상 및 항공 전력에 의해 반군들이 크게 격파되었음에도 불구하고 미국의 대중여론은 전쟁에 등을 돌렸다. 국영 텔레비전에서 존슨 대통령은 북베트남에 대한 폭격을 하노이 남쪽의 프라이팬 손잡이 모양 지역으로 축소시키고 있다고 선언했다. 존슨은 재선을 위한 출마를 포기하기로 결정함으로써 그러한 평화제안의 진지함을 강조해 보여주었다. 북베트남은 파리에서 공식적인 평화회담을 갖는 것에 동의하는 데까지 협조했다. 이 회담은 전쟁이 계속되는 동안 수년간 지속될 것이었다. 유권자들이 공화당의 닉슨을 차기 대통령으로 선택하기 직전인 1968년 가을에 존슨은 롤링썬더 작전을 종결지었다. 1972년에 북베트남이 남베트남을 침공함으로써 북베트남에 대한 전면적인 폭격이 재개될 때까지 북베트남 전역에 대한 폭격은 비단 며칠이나 몇 주 동안이 아니라 몇 년간 중단되었다.

폭격정책과 미국 지도부의 변화는 북베트남의 정책과 그 지도부의 현저한 일관성에 맞닥뜨렸다. (남베트남에서 출생한) 레주언(Le Duan)과 그의 핵심적 동지 레득토(Le Duc Tho)는 1969년 호치민이 사망하기 10년도 전에 그가 가졌던 권위의 상당 부분을 획득한 상태였다. 북베트남군의 오랜 지도자 보응우옌잡(Vo Nguyen Giap)은 응우옌치탄(Nguyen Chi Thanh, 마찬가지로 남베트남에서 출생했다) 장군과 지휘권을 공유해야 했는데, 이는 1967년 여름에 탄이 사망할 때까지 지속되었다. 레주언과 응우옌치탄에게는 남베트남에서의 승리가 최우선적인 목표였으며, 가장 중요한 결정은 언제 남베트남에서 주요한 행동을 취할 것인가 하는 것이었다. 북베트남은 집요하게 싸우며 (소련과 중국이 제공해 준 방공무기를 가지고) 미국의 공격군들에게 큰 대가를 치르게 하려 했다.[3]

롤링썬더는 절정에 달했을 때도 주로 남중국해에 있는 1~2개의 항공모함으로부터 출격한 해군 전투기들과, 태국에 있는 4개의 기지와 남베트남 북부의 다낭(Da Nang) 공군기지에 있는 약 200대의 공군 전투기들의 일에 지나지 않았다. 남베트남에 있던 400대 이상의 다른 전투기들은 거의 전적으로 그곳의 지상전력을 지원하는 데 투입되었다. 동맹국 남베트남의 영토가 미국이 가하는 폭격으로 가장 큰 타격을 입었다. 북베트남에 투하된 폭탄 총수(總數)의 약 5배, 라오스에 투하된 그것의 2배가 투하되었다.

하노이 도심과 같은 북베트남의 일부 지역은 전혀 폭격할 수 없었다. 미국의 공중승무원들은 폭격이 제한되거나 금지된 지대를 포함하는, 광범위하고도 변화하는 교전규칙을 알고 있어야 했다. 제한 또는 금지 지대의 경계는 많은 경우 지리적 특징과는 별 관계가 없었기 때문에 승무원들은 때때로 기차나 트럭부대와 같은 기회표적이 폭격에 합당한 것인지를 알아내는 데 당혹스러워했다. 전쟁 초기에는 무장정찰선—존슨 대통령은 이를 매우 점차적으로만 북쪽으로 이동시키도록 허락했다—의 남쪽에 있을 경우에만 기회표적을 타격할 수 있었다. 결국, 1966년 여름에 인구밀집지역 전체와 특히 세 군데의 제한지대—하노이 인근 반경 30해리 내의 원형지대, 하이퐁 인근 반경 10해리 내의 원형지대, 그리고 동쪽으로 25해리, 서쪽으로 30해리의 깊이를 가진 중국의 국경 부근 완충지대—를 제외하고는 북베트남의 대부분이 무장정찰 대상으로 개방되었다. 1966년 12월에 존슨 대통령은 하노이 제한지대 내에 반경 10해리의 금지지대를 설정했다. 대통령의 승인 없이 미국의 비행기는 금지지대를 비행하는 것조차 불가능했다.

교전규칙에 대한 가장 잘 알려진 위반행위 중 하나가 1967년 6월 2일에 발생했다. 이날 공군 F-105는 하이퐁에서 약 40마일 북쪽에 위치한 캄파(Cam Pha) 항구에 있던 소련 선박에 타격을 가했다. 태국의 타끌리(Takhli) 공군기지 단장으로 있던 브러턴(Jack Broughton) 대령은 유죄를 입증해주는 건 카메라(gun camera)의 필름을 손상시켜 조종사를 처벌로부터 구해내려 했다. 군사재판에서 브러턴의 유죄는 결국 파기되었지만, 이 사건으로 그는 공군 경력에 종지부를 찍고 저술가로서 경력을 시작하게 되었다. 그의 첫 책의 제목인 '써드 릿지(*Thud Ridge*)'는 하노이 북서쪽에 있는 작은 범위의 산들을 지칭하는 것이었다.[4] "써드"라는 별명을 가진 F-105는 그들이 하노이로 접근하는 것을 북베트남 레이더에 들키지 않기 위해 "써드 릿지"•를 사용했지만, 많은 F-105가 그 산등성이 인근에서 격추되고 말았다.

공군은 북베트남에서 F-105 썬더치프(Thunderchief) 단좌·단발 전투기를 주된 폭격기로 사용했다. 핵폭탄으로 무장하고 저고도로 침투하기 위해 설계된 "써드"가 기민성이 덜한 재래식 급강하폭격기로 개조되었던 것이다. 공군은

• 미 공군 F-105 조종사들은 하노이 북서쪽 32킬로미터 지점의 홍강(Red River)과 나란하게 펼쳐진 5000피트 높이의 땀다오(Tam Dao) 산을 "써드 릿지"라고 불렀다. 미군은 이 산을 이용해 하노이에 접근하는 것을 감추려 했지만, 북베트남군은 헬리콥터를 사용해서 이 산에 대공포를 배치하고 그에 대응했다.

적 미그 전투기로부터 F-105를 보호하는 일을 해군 복좌 F-4 팬텀(Phantom)의 공군 버전에게 맡겼다. 두 군종 모두가 F-4를 폭격기이자 공대공전투기로 사용했지만, 롤링썬더 작전 동안 해군은 보다 구식인 A-4 스카이호크(Skyhawks)와 F-8 크루세이더(Crusaders)를 더 많이 사용했으며, 후자의 항공기들이 해군의 F-4보다 더 많은 북베트남 미그기를 격추시켰다. F-4는 원래 내장된 기관포가 없었는데, 외장을 통해 이러한 결점을 완전히 해결할 수는 없었다. 1968년에 되어서야 기관포를 내장한 새로운 버전의 F-4가 가용해졌다. 그러나 사격 전에 적 전투기를 육안으로 식별할 것을 요구하는 교전규칙에도 불구하고 F-4는 전쟁 후반에도 계속해서 신뢰성이 없는 스패로우(Sparrow) 레이더유도미사일과 사이드와인더(Sidewinder) 열추적미사일에 의존했다. 공군 조종사들은 자신들이 속한 공군이 개발한 열등한 팰콘보다 해군이 개발한 이러한 미사일을 선호했다.

신뢰성이 없기는 해도 공대공미사일은 공지무기를 무력화할 수 있었던 기상에는 그다지 영향을 받지 않았다. 정치적·군사적 지도자들은 교전규칙을 설정하고 표적을 선정할 수 있었지만, 통제가 불가능한 기상이 항공전의 리듬을 상당 부분 손상시켰다. 11월부터 5월까지 북동부 몬순의 상대적으로 비가 드문 기간에는 북베트남 상공에 지속적으로 껴 있는 구름이 폭격을 방해한 반면 라오스의 길들은 건조하게 만들어 항공력으로 하여금 그곳의 트럭교통을 차단하는 것으로 강조점을 변경하게 만들었다. 한편, 그 해의 나머지 기간 동안에는 남서부 몬순의 폭우가 라오스의 길들을 진흙탕으로 바꿔놓았지만, 때때로 북베트남에 있는 표적들의 상공은 청명하게 해주었다.

폭격에 대한 군종 간 차이가 계절적 차이에 덧입혀졌다. 공군의 C-130 지휘통제기는 라오스에서 공군과 해군 전투기들에 의해 이루어지는 타격을 협력시키는 데 도움을 주었지만, 이러한 개조된 C-130 수송기는 북베트남 상공에서 살아남기에는 너무 느렸다. 그곳에서는 각 군종에 "루트 패키지(Route Package)"라 불리는 지리적 구역이 할당됨으로써 지휘 및 통제의 문제가 더 악화되었다. 해군의 4개 루트 패키지는 해안을 따라 이어진 데 반해 공군의 3개 루트 패키지 중 2개는 북베트남 깊숙한 곳으로의 침투를 요구했다. 공군의 세 번째 루트 패키지는 남베트남과 경계선상에 있었으며, 남베트남에서 합동군사령관을 맡고 있던 미 육군장군의 권한 내에 위치했다. 가장 유명하고 방어가 두터운 구역은 루트 패키지 6A와 6B였다. 공군은 하노이 인근의 루트 패키지 6A의 표적들을 폭격한 반면, 해군의 루트 패키지 6B에는 주요 항구였던 하이퐁이 포함되었다.

루트 패키지 체계는 남동 아시아에 있는 미군 전력을 위한 복잡한 지휘구조에서 파생된 것이었다. 태평양사령관 샤프(U.S. Grant Sharp) 제독이 하와이에 있는 본부에서 북베트남에서 이루어지는 폭격작전을 통제했지만, 그는 남베트남에 있는 제7공군사령관[1966년 중반 이래 모메이어(William "Spike" Momyer) 중장이 재임하고 있었다]에게 그곳에서뿐만 아니라 라오스와 공군의 북베트남 루트 패키지에서도 꽤 자유롭게 재량권을 행사할 수 있도록 해주었다. 모메이어 장군은 웨스트모어랜드(William Westmoreland, 남베트남 합동군사령관) 육군 대장과 샤프 제독 모두에게 종속되는 것으로부터 어느 정도의 독립을 얻어낼 수 있었다. 이론상으로는 웨스트모어랜드도 샤프의 휘하에 있었지만 그는 사실 워싱턴으로부터 직접 명령을 받았다. 한편, 아시아의 공군 B-52 지휘관들은 지침을 받기 위해 네브래스카(Nebraska)의 오마하(Omaha)에 있는 전략공군사령부(SAC)에 주목했으며, 전투기 조종사인 모메이어보다는 웨스트모어랜드를 따랐다.

지휘계통에서의 차이는 군종 간 차이를 증폭시켰다. 해군 전투기 조종사들은 항공모함의 스케줄이 정하는 대로 남동 아시아를 방문하고 또 방문했다. 공군 전투기 조종사는 한 해를 대개 남베트남에서 비행하면서 보내거나 그보다 짧은 기간 동안 북베트남을 향한 100회가량의 임무를 수행하면서 그 중간에 라오스에서의 임무도 수행할 수 있었다. 남동 아시아에서 한 해를 보내거나 북베트남을 향한 100회의 임무수행 후에는 자원하지 않는 한 남동 아시아로 복귀하지 않을 것이었다. 반면에 공군 B-52 승무원들은 괌이나 태국에서 6개월간의 전투임무를 반복적으로 수행해야 했다.

전략공군사령부는 B-52에 추가하여 공중급유기도 제공했다. 베트남전 동안에 소개되었던 항공전의 특징들 중 하나는 전투작전에 공중급유가 일상적으로 사용되었다는 것이다. 1968년 롤링썬더 작전이 끝날 무렵에 90대의 KC-135 공중재급유기는 괌으로부터 발진한 B-52의 작전뿐 아니라 태국으로부터 전개된 전투기의 작전도 가능하게 해주었다. 해군의 항모들은 표적에 더 가까이 있었기 때문에 함재기의 보다 제한적인 공중급유 요구는 보통 보다 작은 유조선으로 처리될 수 있었다. 극적인 예외가 1967년 5월 31일에 발생했는데, 이날 공군의 KC-135는 해군의 KA-3가 해군 F-8 1대에 공중재급유를 실시하는 동안 그 급유기에 재급유를 해주었다. 공중재급유기는 연료가 부족한 전투기들을 빈번하게 구해주었지만, 공중재급유기의 효율적인 운용은 북베트남에서 공군이 수행하는 폭격작전에 예견 가능한 규칙성이 발전되게 하는 데 기여했다. 오전과 오후의 폭격 간에는 긴 휴지기간이 있었는데 그동안에 공중급유기들은 착륙하여 연료를 재충전했다. 그에 맞게 북베트남의 방공망은 자신들의 노력을 집중시킬 수 있었다.

남동 아시아에서 손실된 3000대 이상의 미국 비행기들 중 약 1/3이 북베트남에서 격추된 것이었다. 남동 아시아 전역에서 미국의 손실률은 1000 공격소티당 1회에도 미치지 못했던 반면, 하노이 인근의 루트 패키지 6A에서 공군의 손실률은 1966년에 1000 공격소티당 25회 이상이었다. 이는 이 전쟁 최악의 공중 손실률로서, 공군으로 하여금 전술적·기술적 변화를 실행하게 만드는 가장 최근의 자극제였다.

북베트남의 방공망에는 준비된 다수의 사이트들 사이를 6개 이하로 무리지어 옮겨 다니는 약 100개의 소련제 SA-2 지대공미사일 발사대가 포함되어 있었다.• 한국전쟁이나 제2차 세계대전의 베테랑조차 지대공미사일과 겨뤄본 경험은 없었다. 초기 사이트들 중 2개에 대한 초기 공격은 재앙으로 끝나고 말았다. 워싱턴으로부터의 지령에 따라 1965년 7월 27일에 공군 F-105 54대가 500피트 이하로 투입되었다. 그러나 미사일은 옮겨진 상태였으며 사이트는 대공포의 함정이 되어 있었다. 북베트남의 대공포가 F-105 4대를 격추시켰으며, 2대는 충돌했다. 그 이후 공군은 지대공미사일을 처리하는 다른 두 가지 방법에 의존했다. 첫째는 레이더를 가동시키기 시작한 지대공미사일 사이트에 즉각 공격을 가할 것임을 위협하는 것이었다. 이 위협은 해군이 개발한 슈라이크(Shrike) 레이더탐지미사일 덕분에 이행될 수 있었다. F-105의 복좌 훈련기 버전이 후방석에 전자전 장교가 탑승하는 "와일드위즐(Wild Weasel)"이 되었다. 와일드위즐 1대와 이를 호위하는 F-105 3대는 폭탄으로 슈라이크를 강화시켜줄 수 있는 "아이언핸드(Iron Hand)" 비행편대를 구성했다. 아이언핸드에 의해 파괴된 지대공미사일 사이트는 거의 없었지만, 많은 사이트들이 레이더를 껐다.

지대공미사일에 대처하는 상대적으로 성공적이었던 공군의 두 번째 방법

• SA-2 포대(사이트)는 통상적으로 1개 통제레이더와 6개 미사일 발사대로 구성된다.

또한 해군의 전철을 밟았다. 해군 전투기들은 북베트남 레이더에 전투기의 정확한 위치를 속이는 송신기를 통해 상당한 성공을 거뒀다. 공군 B-52와 EB-66은 지대공미사일 레이더와 유도신호가 가동되지 못하도록 하기 위한 거대한 장비를 탑재했다. 그것은 EB-66의 주된 기능이었지만, 이 항공기는 하노이 인근에서 살아남기에는 너무 크고 느렸다. 1996년 말에 공군은 F-105와 F-4가 외부에 장착할 수 있는 탈착식 포드(removable pod)에 맞을 정도로 작은 전파방해기를 사용하기 시작했다.

(1967년 1월 2일에) 재밍포드(jamming pod)의 초기 성공•은 지대공미사일을 불능화하는 그것의 능력과는 상관없는 것이었다. 초기에 전파방해기는 F-105에 장착되어 사용되었기 때문에 그것이 그 항공기와 갖는 관련성은 미그 전투기가 실제로는 재밍포드를 장착한 F-4와 조우했을 때 북베트남의 미그 전투기로 하여금 그것을 F-105 편대로 믿고 공격하도록 기만하기 위해 쓰였다. 그러한 계략의 일부는 F-4가 하노이 북서쪽의 푹옌(Phuc Yen)에 있는 주요 비행장을 폭격하려는 F-105로 보이도록 만드는 것이었다. 존슨 대통령은 여전히 푹옌에 대한 공격을 금지했지만 그곳에 있던 미그기들은 미끼를 덥석 물었다. 볼로(Bolo)라 불렸던 이러한 이례적인 기만활동을 주도했던 인물은 태국 우본(Ubon) 공군기지의 제8전술전투비행단을 지휘했던, 제2차 세계대전기 에이스 올즈(Robin Olds) 대령이었다. 다름 아닌 올즈가 그날 7대의 미그기들 중 1대가 격추된 것으로 보인다고 주장했다.

존슨 대통령이 마침내 푹옌에 대한 공격을 허락했을 때, 비록 비행장이 공군의 루트 패키지 6A에 있었지만 해군과 해병이 참가를 원했다. 1967년 10월 24일과 25일의 첫 타격에서 해군은 전투기 3대—2대는 지대공미사일에, 1대는 대공포에—를 잃었으며, 공군은 대공포에 1대를 잃었다. 12대의 미그기가 지상에서 손상을 당했으며, 1대가 건포드(gun pod)••를 장착한 공군 F-4에 의해 격추되었다. 10월 26일에 공군 F-4들은 미사일을 사용해 미그기 3대를 추가적으로 격추했다. 푹옌과 북베트남의 다른 비행장에 대한 공습 후 잔존 미그기(약 100대)의 대부분은 중국에 있는 비행장들로 옮겨졌다. 그런 이동은 미군 전투기

• 1967년 1월 2일에 '볼로작전(Operation Bolo)'의 일환으로 QRC-160 재밍포드를 장착한 F-4들이 투입되었다.

•• 군사용 항공기에 외장(外裝)되어 있는 분리 가능한 포드(pod)나 팩(pack)으로서 기총이나 기관포 등의 무기를 그 내부에 장착하고 있다.

조종사들에게 중국 상공 내로 비행하고자 하는 유혹을 증가시켰지만, 국경을 넘는 사건은 한국전쟁보다 베트남전 동안에 훨씬 덜 발생했다. 대부분의 미군 조종사들은 중국과의 국경 남쪽에 미국이 스스로 부과한 완충지대에 진입하지 말라는 명령을 준수했다.

보다 빈번하게 도전을 받았던 것은 조종사들로 하여금 북베트남 대공포의 유효 사거리 내 상공에서 급강하폭격을 하지 못하도록 하는 지침이었다. 너무 높은 데서 발사된 비유도폭탄은 상당한 차이로 표적을 놓쳐버리곤 했다. 그런가 하면, 많은 전투기가 너무 낮게 급강하하다가 격추되었다. 롤링썬더 이후 이러한 딜레마에 대한 공군의 해답은 1만 피트 상공으로부터 정확한 폭격을 가능하게 해주는 레이저유도폭탄을 폭넓게 사용하는 것이었다. 한편, 대공포는 미그기나 지대공미사일보다 더 심각한 타격을 계속해서 미군 전투기들에게 가했다. 보다 높은 고도에서 폭탄을 발사하는 것 외에 최상의 해결책은 대공포 운용요원들을 죽이거나 적어도 그들로 하여금 숨게 만들 수 있는 집속탄(cluster bomb)을 사용하는 것이었다.

유도폭탄을 사용하는 데는 공군에 많이 뒤처지게 되지만, (다른 많은 부문에서도 그랬지만) 전쟁 초기에는 해군이 이 기술을 주도했다. 해군의 영상유도식 월라이(television-guided Walleye) 활공폭탄은 하노이에 있는 어떤 표적에 대해서도 폭격하기를 꺼리던 존슨 대통령의 입장을 극복해냈다. 1967년 5월에 해군 A-4는 하노이 화력발전소를 불능화하기 위해 월라이를 사용했다. 5개월 후에 월라이는 푹옌 비행장의 관제탑에 피해를 가했다. 그러나 월라이의 1000파운드 탄두는 타인호아(Thanh Hoa)에 있는 북베트남에서 가장 튼튼한 교량을 파괴시키기에는 너무 가벼웠으며, 월라이의 영상유도는 1968년에 가용해진 공군의 레이저유도체계보다 더 고비용적이고 대부분의 상황에서 신뢰도가 덜했다.

타인호아 다리의 강력함은 그것이 프랑스—이들은 하노이를 남쪽으로 1000마일 떨어진 거리에 있는 사이공과 연결시키는 철도망을 건설했었다—로부터 독립을 쟁취하기 위한 전쟁 동안에 파괴되었던 결과였다. 하노이로부터 약 90마일 떨어진 곳에서 철도는 타인호아 다리를 통해 마 강(Ma River)을 건넜다. 공산주의자들이 이끄는 베트남 반군 병사들은 폭발물이 채워져 있는 2대의 기관차를 충돌시켜 그 다리를 폭파하고 말았다. 공산 북베트남이 그 다리를 매우 견고하게 재건하여 해군과 공군의 반복적인 타격으로도 그것을 파괴하지 못하게 만든 것이다. 1966년 5월의 어느 밤에 공군 C-130 1대가 그 다리의 상류지역에 5000파운드 폭탄 5개를 투하했다. 그것은 하류로 떠내려가다가 센서가 강 위의 다리를 탐지하게 되면 폭발할 것으로 기대되었다. 그러나 그 폭탄은 아무런 확실한 피해도 유발하지 못했다. 다음 날 밤의 두 번째 시도는 C-130 1대와 그 승무원 7명, F-4 1대와 그 승무원 2명의 손실을 야기했다.

타인호아 다리에 대한 타격이 계속되면서 하노이에 있는 홍강을 횡단하는 더 큰 도우머 다리(Doumer Bridge)는 공격이 금지된 상태로 남아 있었다. 그 다리를 공격하는 것에 대한 존슨 대통령의 소극성은 상원의 강경파에 의해 마침내 극복되었다. 1967년 8월 상원의원 스테니스(John Stennis)가 롤링썬더의 점진주의를 조사하기 위한 청문회를 진행하는 동안에 존슨 대통령은 마침내 도우머 다리에 대한 폭격을 허락했다. 중국과 하이퐁 항구로부터 유래되는 철도들은 하나의 노선으로 수렴된 후에 도우머 다리를 지나 하노이 도심과 남쪽의 모든 지점들로 남하했다. 아직 레이저유도폭탄은 가용하지 않았지만, 공군은 북베트남의 가장 길고 중요한 다리를 폭격하는 데 주목할 만한 성공을 거두었다. F-105가 3000파운드 폭탄으로 타격한 뒤 그 다리의 19개 경간(徑間) 중 하나가 무너져 내렸다. 10월과 12월의 뒤이은 공습은 더 많은 경간들을 무너뜨릴 것이었다.

도우머 다리에 대한 공습은 북베트남으로 하여금 배를 이용해 물품을 홍강 너머로 운송하도록 강제했다. 보급물자는 그 강의 북쪽에 있는 옌 비엔(Yen Vien) 조차장에 비축되었다. 존슨 대통령은 이전에 옌 비엔에 대한 공습을 허락한 적이 있었지만 그 뒤에는 승인된 표적목록에서 그 조차장을 제외시키고 말았다. 1967년 8월 21일에 다시 한 번 조차장을 공격하도록 승인되었을 때 공군 전투기들은 조차장에 있던 150대의 철도차량을 포착하고 그 대부분을 파괴했다. 도우머 다리와 옌 비엔 조차장에 대한 이러한 타격은 롤링썬더가 한창일 때 발생했다.

불과 한 해 전인 1966년 중반에 존슨 대통령은 하노이 지역에서의 일부 타격을 승인해주기 시작했지만, 석유탱크단지에 대한 그러한 타격은 너무 늦게 이루어진 것이었다. 북베트남은 이미 전국으로 뻗은 도로를 이용해 트럭용 연료의 상당 부분을 드럼을 이용해 분산시켜놓은 상태였다. 북베트남의 주요 산업설비—하노이 북쪽 타이응우옌(Thai Nguyen)의 제철소—에 대한 뒤이은 공습은 자체적인 석유드럼과 강 바지선(river barge)을 제작할 수 있는 북베트남의 능력을 감퇴시켰다. 그러나 수입된 병기와 기타 보급물자가 마찬가지로 공산주의 국가들로부터 수입된 수천 대의 트럭을 이용해 북베트남과 라오스를 지나 계속 남쪽으로 이동했다. 1968년 초에 남베트남 전역에서 있었던 뗏 봉기와 남베트남 북부의 케산(Khe Sanh)에 있는 해병기지에 대한 북베트남군의 동시적인 포위는 북베트남의 보급선을 차단하기 위한 미국의 노력이 불충분했음을 보여주는 충분한 증거였다.

1968년 3월에 존슨 대통령이 롤링썬더 작전을 축소시키기 전 5개월 동안 하노이-하이퐁 지역에 대한 폭격은 거의 이루어지지 않았다. 연례적인 북동 몬순은 그 지역을 두껍고 낮은 구름으로 뒤덮었다. 공군 B-52가 그곳을 폭격하는 것은 금지되어 있었기 때문에 야간 및 악기상에 가용한 폭격기라고는 해군 A-6가 유일했으며, 그 수는 충분하지 않았다. 공군은 라오스 북부의 한 언덕에 있는 사이트 85에 레이더통제설비를 건설했지만, 지상레이더의 통제를 받는 남베트남에서의 폭격이 보여준 정밀성에 필적하기에는 그곳이 하노이로부터 너무 멀리 떨어져 있었다. 사이트 85는 지역표적(area target)에 대한 편대폭격(formation bombing)을 통제할 수 있었다. 주된 문제는 밀집된 편대의 대형이 두텁게 방어되고 있는 지역의 상공을 수평으로 비행해야 할 것이라는 점이었다. 1967년 11월 18일에 태국의 코랏(Korat) 공군기지에 있는 F-105 비행단 단장 버뎃(Edward Burdett) 대령이 지휘하여 F-105 12대가—또 다른 12대의 F-4와 F-105가 호위했다— 폭탄으로 푹옌 비행장에 공습을 가했다. 버뎃은 지대공미사일에 격추되어 포로가 되었다가 사망했다. 지대공미사일에 3대, 미그기에 1대를 잃어버림으로써 공군은 루트 패키지 6에서 이루어지는 각 레이더통제공습을 전투기 4대에 의해 이루어지는 단일 비행으로 축소시킬 수밖에 없었다. 1월에 2대의 북베트남 복엽기가 사이트 85를 공격하다가—이는 지상표적에 대한 북베트남의 첫 공중공격이었다— 격추되었다. 공산전력이 1968년 3월 11일에 그 사이트를 장악하고 12명의 미군을 살해하거나 생포했다.[5]

3월 31일에 이루어진 존슨 대통령의 롤링썬더 작전 축소는 향후 7개월 동안(롤링썬더가 끝날 때까지) 공군과 해군이 북베트남 남쪽의 프라이팬 모양 지역에 차단폭격을 집중할 것임을 의미했다. 극복해야 할 필요가 있는 거대한 장벽은 어둠이었다. 주간 동안에 미국의 항공력이 보여준 효과성은 수천 대의 북베트남 트럭들로 하여금 야간에 이동하게 만들었다. 1968년에 이 문제에 대한 최상의 해법이 라오스에서 시험되었다. 포와 더불어 야간에 트럭을 발견할 수 있는 센서(적외선 포함)를 장착하고 있는 무장수송기인 AC-130이 이 전쟁 최고의 트럭 사냥꾼이자 킬러가 될 것이었다. 그러나 AC-130은 북베트남의 보다 두터운 방공망을 뚫고 살아남기에는 너무 느렸다. 그곳에서는 해군과 해병의 야간공격 항공기인 A-6가 움직이는 트럭보다는 트럭 주차지역과 저장창고와 같은 고정표적에 대해 더 효과적이었다. A-6의 지형추적 레이더(terrain-following radar)는 그것이 야간에 저고도로 비행할 수 있게 해주었지만, 그것은 AC-130보다 훨씬 더 빠르게 이동했고 AC-130의 센서가 결여되어 있었다. 그럼에도 불구하고 A-6는 공군의 부러움을 샀으며, 신형 F-111을 1968년에 전투에 투입하도록 재촉했다. 그러나 그것은 너무 성급했다. F-111 3대가 그곳에서 손실되고 말았으며(지면으로 곤두박고 말았다), 남은 항공기는 추가적인 개발을 위해 철수되었다.

공군은 베트남 남쪽의 프라이팬 모양 지역에서 야간에 이루어지는 타격을 통제할 수 있는 지상레이더 사이트를 남베트남에 보유하고 있었지만, 고정표적에 대해서는 그러한 타격이 다소간 정확할 수 있을지라도 움직이는 트럭이 그와 같은 방식으로 타격될 가능성은 적었다. 북베트남의 프라이팬 모양 지역에서 공군이 할 수 있는 것이라고는 F-4 승무원들에게 야간작전을 할당하는 것뿐이었다. 그 승무원들도 그것 외에는 할 수 있는 게 없었다. 이러한 "밤 올빼미(Night Owl)" 작전이 밤마다 진행되었으며, 때로는 트럭을 찾기 위해 신호탄을 사용함으로써 스스로를 북베트남 대공포의 확실한 표적이 되게 만들기도 했다.

루트 패키지 체계는 보통 북베트남에서 이루어지는 공군과 해군의 작전을 분리시켰음에도 불구하고 때때로 이 두 군은 협력하여 진정으로 합동적인 노력을 기울였다. 1968년에 이런 일이 가장 잘 이루어졌던 사례는 북베트남을 남베트남으로부터 분리시키는 이른바 비무장지대의 일부를 포함하는 빈린(Vinh Linh) 지역에 대한 폭격[포격 포함]이었다. 12×20마일 지역에 7월 초에 1만 톤의 폭탄이 떨어졌다. 한 주간 분당 1톤이 투하된 것이다. 그 대부분은 B-52에서 투하된 것이었지만, 공군·해군·해병의 전투기도 이에 기여했으며, 남베트남으로부터 가해진 육군의 포격과 해안에서 발사된 해군의 포화도 포함되었다. 빈린 폭격의 목적은 북베트남의 포들을 잠잠하게 만드는 것이었다. 400개가 넘는 준비된 진지들로부터 이동식 야포들이 남베트남으로 포격을 가했다. 대공포 진지의 수는 그보다 훨씬 더 컸다. 이 폭격은 빈린지역으로부터 가해지는 포격을 몇 주 동안 감소시켰지만, 촬영된 사진은 고작 2개의 야포 진지와 11개의 대공포 진지만이 파괴되었음을 확인시켜주었다.

빈린은 폭격에 적응했다. B-52가 곳곳을 쑥대밭으로 만들어놓았으며, 남아 있던 마을 주민들은 지하 보급창고에 있던 병사들에 합류했다. 1968년 11월 1일 롤링썬더가 종결된 지 3년 5개월 뒤에 그 비무장지대는 북베트남이 남베트남을 침공하는 진입지점이 될 것이었다. 그때까지는 북베트남 전역(全域)에 대한 폭격의 부재가 군사적 준비, 교통, 생활 전반을 용이하게 해주었다. 다시 한번 트럭은 주간에 움직일 수 있었으며, 보트는 해안을 따라 자유롭게 이동할 수 있었다. 도로와 철도는 수리되었다. 새로운 도로가 건설되었다. 빈(Vinh)에 위치한 돌출된 주요 항구로부터 라오스까지 이어지는 송유관이 롤링썬더가 끝나기도 전에 이미 건설되고 있었다. 해안으로부터 라오스까지 이어지는 두 번째 송유관이 남베트남에 더 가깝게 건설될 것이었다. 결국, 송유관은 하이퐁과 중국에 도달할 것이었다. 송유관은 연료드럼을 적재한 트럭보다 훨씬 더 효율적이고 훨씬 덜 폭격에 취약했다. 공산 지도부는 북베트남에 대한 폭격이 재개될 것이라는 점을 알고 있었으며, 타이응우옌 제철소와 같은 롤링썬더의 주요 표적들 중 일부는 재건되지 않았다. 평화회담이 파리에서 개시되는 기간 동안에 북베트남은 남베트남을 장악할 준비를 했다.

라인배커

북베트남은 1972년 3월 30일 남베트남을 침공하기에 앞서 대부분의 미군 지상전력이 그곳에서 떠나기를 기다렸다. 10만 명 이상의 북베트남 병사들과 수백 대의 탱크가 비무장지대를 넘어, 그리고 라오스와 캄보디아로부터 남베트남으로 이동했다. 그러나 미군 항공력의 도움으로 남베트남은 이러한 침공을 (격퇴는 아니더라도) 중지시킬 수 있었다. 남베트남에 주둔하고 있던 미군 병력이 50만 명에 달했을 때에도 그들의 역할은 많은 경우 숨어 있는 공산주의 적을 끌어내어 포와 폭격으로 죽이는 것이었다. 이제 전통적인 의미의 침공자가 된 공산전력은 취약한 처지에 놓이게 되었다. 남베트남에서는 근접항공지원에 취약하고, 북베트남에서는 항공차단에 취약했다.

침공이 시작될 무렵에 북동 몬순은 거의 끝나가고 있었으며, 그로 인해 날씨가 건조해지면서 라오스에서 트럭교통이 유리해졌다. 3년이 넘는 기간 동안 미국은 라오스에서 차단에 역점을 두었음에도 불구하고 북베트남은 부분적으로는 라오스와 캄보디아로부터 침공을 개시할 수 있었다. 캄보디아가 미국에 호의적인 한 장군•에 의해 장악되었을 때, 그는 그 나라의 주요 항구를 공산주의자들에게 차단했다. 그 이후, 라오스에 있는 호치민 통로의 철도체계가 침공을 준비하는 데 훨씬 더 필수적이 되었다. 그러나 침공이 신중하게 미리 비축되었던 병기와 보급물자들을 소비함에 따라 북베트남을 통한 보충이 필요했다. 새로운, 개선된 롤링썬더가 요구되었으며, 그것은 라인배커라 불렸다.

중요한 면에서 라인배커는 롤링썬더와 달랐다. 닉슨 대통령은 그 전임자들보다 항공력을 더 공세적으로 사용했다. 닉슨의 성공적인 외교는 그로 하여금 중국이나 소련이 더 위험하게 개입할지도 모른다는 점에 대해 훨씬 덜 두려워하게 만들었다. 마침내 해군 항공기가 북베트남의 항구들을 폭파하도록 허용되었는데, 이는 중국으로부터 유입되는 철도에 대한 폭격의 유용성을 증가시켜주는 주요한 발전이었다. 공군이 레이저유도폭탄으로 이러한 철도와 북베트남 전역의 교량들을 폭파했다. 라인배커 II라는 이름의 후속작전에서 마침내 닉슨은 하노이와 하이퐁 외곽에 있는 표적들에 대해 200대의 B-52를 전개시켰다.

롤링썬더는 미국의 베트남전이 시작될 때부터 시작하여 3년 이상에 걸쳐 진행되었다. 라인배커와 라인배커 II는 끝날 때까지 채 1년도 걸리지 않았다. 그러나 생존을 위한 남베트남의 전쟁은 라인배커 II 이후에도 계속되었으며, 미국의 항공력이 없는 가운데 남베트남은 1975년 북베트남의 또 한 차례의 침공에 무너지고 말았다.

1968년에 그랬듯이 1972년에 북베트남 공산주의자들은 미국의 대통령 선거를 활용하려 했다. 두 차례 모두 그들의 공세는 닉슨이 당선되도록 도왔지만, 1972년 선거의 두 가지 주요한 측면은 공산주의자들의 대의에 우호적이었다. 미국 유권자들은 남베트남에 대한 추가 지원에 적대적인 민주당에게 의회에 대한 통제권을 넘김으로써 전쟁에 대한 그들의 피로를 보여주었으며, 워터게이트 빌딩(Watergate Building)에 위치한 민주당 전국위원회 난입 사건은 1974년에 닉슨의 사임을 초래했다. 1975년에 북베트남이 남베트남을 침공했을 때 닉슨의 후임자인 포드(Gerald Ford)는 항공력으로 남베트남을 돕도록 의

• 1970년 군사 쿠데타를 이끌었던 놀(Lon Nol) 장군을 의미한다.

회를 설득할 수 없었다.

북베트남의 1972년 침공은 시기상조였다. 닉슨은 여전히 대규모 항공력을 활용할 수 있었다. 처음에 공군은 남동 아시아에 불과 200대가량의 전투기를 보유하고 있었으며, 이는 롤링썬더 때의 1/3에 해당하는 것이었다. 그러나 공군은 신속하게 150대의 전투기를 추가 전개시켰으며, 그 지역의 B-52 전력을 롤링썬더 때 그것의 3배 이상에 해당하는 200대로 증강시켰다. 해군 또한 항공모함을 롤링썬더 때의 2~3척에서 4척으로 증가시켰다. 두 군종은 항공기를 더 참신하게 혼합시켜 전개했다. 공군은 와일드위즐의 대(對)지대공미사일 역할만 제외하고(이 역할에도 이제는 F-4가 일부 쓰이고 있었다) F-105를 F-4로 거의 전적으로 대체한 상태였다. 해군 A-7은 A-4를 대체했으며, F-8은 F-4에게 거의 역할을 넘겨주었다. 그 해 말에는 해군 A-7의 공군 버전 또한 전투에 합류했으며, 공군 F-111은 1968년의 형편없는 데뷔로부터 효과적인 야간 및 전천후 폭격기로 도약해 있었다. 해군과 해병의 A-6는 그 해 내내 그러한 역할을 계속했다. 1972년이 끝나기 훨씬 전에 공군은 남베트남에 있던 모든 전투기를 태국으로 이동시킨 상태였으며, 해병도 그곳에 F-4와 A-6를 위한 공군기지를 구축했다. 롤링썬더와는 대조적으로 1972년에 태국으로부터 개시된 항공작전은 북베트남에 있는 차단표적을 타격할 뿐 아니라 남베트남에서 육군병사들에게 근접지원 또한 제공할 것이었다.

닉슨 대통령은 그가 국방부나 군종의 지도부에 있을 때보다• 항공기와 폭탄에 대해 훨씬 더 큰 확신을 가졌다. 국방장관, 장군, 제독과 그가 맺었던 관계는 존슨 대통령이 그랬던 것만큼이나 껄끄러웠다. 맥나마라(Robert McNamara) 국방장관이 전쟁에 대해 열의를 잃게 된 뒤에 존슨은 결국 그를 장관직에서 물러나게 했지만, 닉슨의 국방장관 레어드(Melvin Laird)는 제거될 수 없는 영향력 있는 전직 국회의원이었다. "베트남화(Vietnamization)"—즉, 전쟁을 남베트남 사람들에게 되돌려주는 것—를 지지했던 레어드는 북베트남에 대한 폭격의 재개를 반대하고 적어도 그것을 완화시키려 했다. 닉슨은 때때로 레어드를 회피하고 합동참모의장 무러(Thomas Moorer) 제독과 직접 일했다. 무러가 닉슨의 국가안보보좌관인 키신저(Henry Kissinger)와 맺었던 관계는 무러가 키신저

• 닉슨은 1942년 6월 15일에 미 해군예비군(U.S. Navy Reserve)에서 소위로 임관하여 1966년 6월 6일에 퇴역하기까지 복무했다. 최종계급은 중령이었다.

에게 보낸 자신의 연락장교를 백악관의 스파이로 사용했다는 증거로 인해 어려움에 봉착했다. 무러는 레어드뿐 아니라 남베트남의 합동군사령관인 에이브럼스(Creighton Abrams) 육군대장까지도 제외시켰던 대안적인 지휘계통 속에 남아 있었다. 베트남에 주둔하던 미 육군병사들의 수는 줄어들고 있었으며, 닉슨은 1971년 남베트남의 실패한 라오스 침공을 놓고 에이브럼스를 비난했다.[6]

닉슨과 무러는 제7공군사령관 보그트(John Vogt)를 직접적으로 상대했는데, 그는 침공 전까지 합동참모국장으로서 무러(그리고 키신저)와 함께 펜타곤에서 일했었다. 그러나 그렇게 결정적인 시기에 제7공군의 지휘관이 교체된 것은 닉슨이 보그트의 전임자인 라벨(John Lavelle) 장군에 대해 불만족하여 야기된 결과가 아니었다. 닉슨은 라벨이 침공 전에 교전규칙을 확대하여 북베트남에서 트럭, 지대공미사일 수송차량, 지대공미사일 사이트, 비행장에 대해 공격을 가할 수 있도록 한 것을 기뻐했다. 닉슨은 남베트남 대사 벙커(Ellsworth Bunker)에게 지대공미사일 사이트들이 미군 비행기들에 대응하기 전에 그것을 타격해버릴 수도 있다고 말하기까지 했다.[7] 불행하게도 라벨의 부하들은 계획된 소규모 기습에 대한 보고서를 그것이 정찰항공기를 보호하기 위하여 만들어진 "자위적 조치(protective reaction)"에 관한 교전규칙에 적합하게 만들기 위하여 조작하고 말았다. 태국에 있던 한 공군병장이 허위보고에 대해 그의 상원의원에게 불만을 제기하자 공군참모총장 라이언(John Ryan) 대장은 라벨을 소환하여 퇴역시키고 말았다. 닉슨은 라벨에게 동정적이었지만, 대통령은 그때나 뒤이은 의회 청문회 동안이나 그를 방어하지 않았다. 그러나 닉슨은 1970~1971년에 북베트남에 대한 훨씬 더 대규모적인 공습을 승인했었을 뿐 아니라 캄보디아에 있는 북베트남 전력을 폭격하기 위한 허위보고계획 또한 승인했었다.

모든 장군들이 그랬듯이 라벨도 베트남전의 쓰라린 좌절을 경험했다. 그는 라오스의 호치민 통로를 따라 음향 및 지진 센서의 정교한 망을 발전시키는데 중요한 역할을 했다. 그러나 그가 라오스에서 펼쳐지는 항공전을 지휘하고 있는 동안에 북베트남군은 이 도로들을 성공적으로 사용해 탱크와 기타 병기를 침공개시지점으로 이동시키고 말았다. 레이저유도폭탄을 투하할 수 있는 그의 사령부가 지닌 새롭고도 전례가 없는 능력은 유용한 표적을 거의 발견할 수 없었다. 매우 불만족스러운 전쟁의 가장 만족스러운 부분을 지휘할 기회를 놓쳐버린 것은 그의 가장 큰 불행이었다.

라인배커는 롤링썬더가 중단한 부분에서 다시 시작했으며, 순식간에 그것을 초월했다. 지리적으로 해군과 공군의 책임구역을 구분하던 이전의 루트 패키지 체계는 변하지 않았지만, 롤링썬더가 진행되는 몇 년 동안에 점진적으로 승인되었던 표적의 대부분이 몇 주 만에 가용해졌다. 하노이 인근에 대한 폭격을 제한하는 제한지대는 30해리에서 10해리로 축소되었다. 5월 9일 아침에 해군 A-6들이 하이퐁 항과 통킹 만을 연결하는 해협에 기뢰를 투하했다. 다음날 레이저유도폭탄으로 무장한 공군 F-4들이 중국과 하노이 간뿐 아니라 하노이 남부의 철도 상에 있는 교량 또한 무너뜨리기 시작했다. 레이저유도폭탄에 의해 처음으로 경간이 파괴되었던 다리들 중 하나는 하노이의 도우머 다리였다. 그 뒤 5월 13일에는 롤링썬더 때 그토록 많은 폭격을 견뎌냈던 타인호아 다리가 레이저유도폭탄에 의해 마침내 무너졌다.

공군은 폭탄에 사용할 수 있는 레이저탐색유도장치를 많이 가지고 있었지만, 하노이와 하이퐁 인근의 방어가 두터운 지역에 사용할 수 있는 신형 레이저 지시기(laser designator)는 불과 6대만 보유하고 있었다. 구형 지시기와는 달리 신형 지시기는 회전이 가능했고, F-4로 하여금 표적에 계속 레이저빔을 쏘면서도 기동할 수 있게 해주었다. 보그트 장군은 이러한 귀중한 레이저 지시기를 보존하는 것을 중점으로 삼아 항공전역을 계획했으며, 라인배커가 끝날 무렵 그의 사령부는 원래의 6대 중 4대를 여전히 보유하고 있었다. 그는 레이저 지시기를 탑재한 F-4를 다른 항공기의 거대한 편대로 보호함으로써 이를 가능하게 만들었다. 타격에 임하는 F-4 8대(이 중 2대가 레이저 지시기를 탑재하고 있다)가 그보다 5배나 많은 항공기의 호위를 받을 수 있었는데, 거기에는 F-105 와일드위즐 8대와 레이더 추적을 방해하는 채프를 투하하는—이는 제2차 세계대전 이후 거의 사용되지 않던 전술이다— F-4 8대가 포함되었다.

100개가 넘는 교량이 무너진 채로 남아 있게 하는 과업은 여러 차례의 재방문을 요구했는데, 이는 북베트남군이 그것들을 수리하거나 부교(浮橋)를 가지고 그것들을 우회해버렸기 때문이다. 교량폭격을 위한 노력은 철도교통을 중단시키는 데 가장 효과적이었다. 기차들이 움직이지 않고 있을 때는 라인배커가 철도차량이나 조차장을 폭격할 필요가 없었다. 롤링썬더 작전 시 이루어진 출격의 다수는 바로 그런 과업을 수행하기 위한 것이었다. 다리에 대한 폭격은 트럭교통을 지체시켰지만 수많은 트럭들이 계속해서 남으로 향했다. 해군은 통상적인 무장정찰과 "알파공격(alpha strike)"•(보통 공군의 유도폭격편대의 절반밖에 안 되는 편대에 의해 이루어졌다)을 수행했기 때문에 트럭, 트럭 주자창, 저장창고를 추적하기 위해서는 공군보다 더 많은 횟수의 출격을 필요로 했다.[8]

폭격하기는 어렵고 수리하기는 쉬운 송유관 덕택에 북베트남의 트럭들은 더 이상 그처럼 많은 연료드럼을 운송할 필요가 없었다. 남베트남으로 보급물자를 운송하는 트럭들은 늘 병기와 연료뿐 아니라 쌀도 운송했는데, 1972년에는 트럭들이 중국으로부터 북베트남으로 쌀을 운송하기도 했다. 이는 1971년에 태풍이 홍강의 제방을 무너뜨리고 쌀 수확을 감소시켰기 때문이다. 미군이 제방을 폭격하여 식량 공급을 위협하고 있다는 북베트남의 선전은 그러한 전술에 대한 두려움을 무심코 드러내는 것이었다. 롤링썬더 동안 공군은 흙으로 만든 제방에 폭탄으로 구멍을 낼 수 있는 가능성에 대해 연구했었으며, 보다 큰 제방은 파괴하기는 너무 어렵고 그보다 작은 것들은 수리하기는 너무 쉽다는 결론을 내린 바 있었다. 유도폭격은 제방에 구멍을 내는 일을 더 실현 가능하게 만들어주었지만, 닉슨 행정부조차도 있을 수 있는 언론의 혹평을 인내할 준비는 되어 있지 않았다.(일부는 좌우간 실행되었다.)

닉슨의 행동은 많은 경우 신중했다. 하노이 도심에서 대부분의 표적은 그 종류를 막론하고 사실상 금지구역이었다. 왜냐하면 닉슨은 국방장관 레어드에게 그것을 거부할 수 있는 권한을 부여했기 때문이다. 교량을 제외하면 북베트남에 있는 레이저유도폭탄의 주요 표적은 발전소, 특히 하노이 북서쪽 70마일에 있는 홍강의 랑치(Lang Chi) 수력발전소였다. 그 발전소는 북베트남 전력 수요의 절반을 공급할 수 있었다. 이번에는 닉슨이 비록 그것들이 댐 배수로 위에 위치하고 있었음에도 불구하고 랑치 발전기들을 공격한다는 대담한 결정을 내렸다. 제7공군은 발전기는 파괴하고 댐은 손상시키지 말도록 지시받았다. 보그트 장군은 제8전술전투비행단장 밀러(Carl Miller) 대령과 그의 공중 승무원들에게 댐을 손상시키지 않는 것의 중요성을 확실히 이해시키기 위해 태국의 우본 공군기지를 방문했다. 그들의 레이저유도폭탄은 6월 10일에 발전기 3대 모두를 파괴하고 댐은 손상시키지 않았다.

북베트남과 남베트남에서 공군의 레이저유도폭격은 주로 제8전술전투비행

• 베트남전 당시 미 해군이 항공모함의 함재기들을 동원해 실시한 대규모 공중공격을 의미한다. 공군 '공격편대군(strike package)'의 해군식 버전이라 할 수 있다.

단의 일이었다. 롤링썬더 동안 올즈 대령 휘하의 제8비행단은 공대공작전으로 가장 잘 알려졌었지만, 그러한 역할은 대부분 태국의 우본 공군기지에 있는 제432전술정찰비행단에게로 넘어갔다. 이 비행단은 이 전쟁의 유일한 공군 에이스들을 배출할 것이었지만, 그 첫 영예는 그 전쟁에서 가장 격렬하게 공대공 전투가 이루어졌던 1972년 5월 10일 해군에 의해 달성되었다. 해군 F-4들이 사이드와인더 열추적미사일로 MiG-17 7대와 MiG-21 1대를 격추했으며, 공군은 스패로우 레이더유도미사일로 MiG-21 3대를 격추했다. 해군의 최초이자 유일한 베트남전 에이스 조종사인 커닝엄(Randall Cunningham) 중위와 후방석 레이더요격장교 드리스콜(William Driscoll) 중위는 세 번째, 네 번째, 다섯 번째 승리를 거둔 뒤 지대공미사일에 격추되어 구출되었다.[9]

미군 전투기 조종사들은 여전히 작지만 증강되어가던 북베트남 공군과 대적하고 있었다. 1972년에 북베트남은 200대 이상의 미그기를 보유하고 있었으며, 이는 롤링썬더 동안의 수(數)보다 2배나 많은 것이었다. 라인배커 초기에 발생한 미그기의 손실은 해가 가면서 미그기를 추가적으로 격추할 수 있는 기회를 감소시켰다. 8월 28일에 들어서야 F-4 조종사 리치(Richard "Steve" Ritchie) 중위가 공군의 첫 베트남전 에이스가 되었으며, 9월에는 보통의 후방석 무기체계장교인 드벨뷰(Charles DeBellvue) 대위가 그 뒤를 따랐다. 그가 달성한 여섯 차례의 승리는 베트남전 동안 미군이 거둔 가장 큰 실적이었다. 결국 10월 13일에 다른 무기체계장교인 페인스타인(Jeffrey Feinstein)이 다섯 번째이자 그 전쟁의 마지막 에이스가 되었다.

"후방석장교(backseater)"(해군은 F-4 레이더요격장교, 공군은 F-4 무기체계장교)에게 조종사들에게 부여했던 것과 동일하게 격추의 공적을 부여하는 데 모든 조종사들이 수긍하지는 않았다. 일부는 비록 그들이 거둔 승리가 모두 미사일을 가지고 달성된 것이기는 했지만 커닝엄과 리치만이 이 전쟁의 진정한 에이스라고 믿었다. 실제로, 공군 에이스들이 거둔 승리는 모두 스패로우 레이더유도미사일을 가지고 달성된 것이었으며, 각 경우에 레이더가 미그기를 추적할 수 있게 해야 했던 이는 무기체계장교였다. 페인스타인은 후방석에 있는 사람의 중요성을 무시하려는 이들에게 특히 문제가 되었다. 드리스콜이나 드벨뷰와는 달리 페인스타인은 1명의 에이스 조종사와 관련된 인물이 아니었다. 그는 4명의 조종사들에게 승리를 안겨주었지만, 그중 누구도 에이스의 반열에 가까워지지는 못했다. 수십 년 동안 페인스타인에 의해 주장되었던 미그기에 대한 승리들 중 하나의 경우에는 그와 그의 조종사가 실상은 다른 F-4를 격추해버린 것이었다는 주장이 떠돌았다. 2001년에 이르러서야 공군은 조사를 통해 그러한 주장이 근거 없다고 결론 내렸다.[10]

1972년에 공군을 더 곤혹스럽게 한 것은 해군이 미그기에 맞서 달성한 더 나은 성과였다. 공군의 2 대 1이라는 격추율(48대의 미그기가 격추된 데 반해 미그기에게 24대의 항공기를 잃었다)은 해군의 6 대 1이라는 격추율(24대의 미그기가 격추된 데 반해 불과 4대만 손실되었다)과 불리하게 비교되었다. 해군의 공중승무원들은 해안과 그들의 레이더선(船)—이것은 공군의 EC-121 레이더항공기보다 우수했다—과 가까운 데서 작전을 수행하는 이점을 갖고 있었다. 공군은 태국에 정보융합본부를 설치했지만 공군의 공중승무원들은 그것이 해군의 레이더선에 있는 융합본부보다 열등하다고 생각했다. 공군 F-4 승무원들은 미그기식별장치(MiG identification transponder)를 통해 시정(視程)을 넘어선 미그기의 위치를 파악할 수 있는 능력을 가지고 있었지만, 교전규칙은 여전히 미사일을 발사하기 전에 육안으로 식별할 것을 요구했다. 아마도 해군의 주요한 이점은 캘리포니아에 위치한 해군의 탑건학교에서 이루어지는 우수한 훈련이었다. 전쟁 후에 공군은 훈련을 보다 현실감 있게 하기 위해 네바다에서 레드플래그연습(Red Flag exercise)을 시작하게 되었다.[11]

베트남전에서 공대공전투는 한국전쟁(제2차 세계대전은 이루 말할 것도 없다)의 그것보다 훨씬 작은 규모로 이루어졌지만, 에이스의 상대적인 희소가 그들을 더 유명인사로 만들어주지는 않았다. 해군과 공군 내에서조차도 에이스들에 대해서는 별로 주의를 기울이지 않았으며, 북베트남에 갇혀 있는 500명—이들 중 대부분은 격추당한 비행사들이었다—의 미군에게 더 주목했다. 관심의 깊이는 구조의 시도를 낳았다. 1970년 11월에 공군 헬리콥터들에 탑승한 육군장병들이 하노이 서쪽의 선떠이(Son Tay)에 상륙했지만, 그곳에 잡혀 있던 포로들은 이동된 상태였다.[12]

일부 전투기 조종사들은 포로가 에이스보다 더 높게 평가받는 것에 짜증을 냈지만, 홍강계곡전투기조종사협회(Red River Valley Fighter Pilots Association, 하노이와 하이퐁 인근의 루트 패키지 6에서 비행했던 조종사들의 모임)는 포로들이 귀환할 날을 기리기 위해 "연습동문회(practice reunion)"를 열었다. 귀환한 뒤에는 많은 이들이 유명세를 탔다. 4명이 포로캠프에서의 공적으로 명예훈장(Medal of Honor)을 받았다. 그들은 귀환한 스톡데일(James Stockdale) 해군중령과 데

이(George "Bud" Day) 공군소령, 그리고 귀환하지 못한 사이잔(Lance Sijan) 공군대위와 쿡(Donald Cook) 해병대위였다. 다섯 번째 인물은 포로가 되기 전의 행적으로 명예훈장을 받았다. 그는 공군의 와일드위즐 조종사 소스니스(Leo Thorsness) 소령이었다. 20명이 장군이나 제독이 될 것이었으며, 피터슨(Douglas "Pete" Peterson, 1997년에 미국의 첫 베트남 대사가 될 것이었다) 공군대위와 매케인(John S. McCain III, 그의 부친 존 매케인(John S. McCain Jr.) 제독은 아들이 구금되어 있는 동안 태평양사령관이었다) 해군소령을 포함한 4명이 국회의원으로 선출될 것이었다. 닉슨 행정부는 포로들의 역경에 대해 대중적 관심이 증가되는 것을 전쟁에 대한 지지를 강화시키는 목적으로 사용했다. 많은 미국인들에게는 포로를 되찾아오는 것이 가장 중요한 전쟁목표가 되었다.[13]

북베트남의 침공이 중단되고 키신저가 북베트남과의 정전협상에 가까워졌다고 생각했던 1972년 10월 23일에 닉슨은 북베트남에 대한 폭격을 프라이팬 모양의 지역으로 축소시켰다. 북동 몬순의 도래로 인해 6개월 동안 폭격에 유리한 기상은 거의 존재하지 않게 되었다. 그러나 폭격이 축소되고 의회가 선거를 통해 전쟁에 돈을 대는 데 적대적이게 되면서 협상은 결렬되었다. 남베트남 정부는 남베트남에 북베트남 전력을 남겨놓게 될 협상안에 저항했다. 북베트남도 더 많은 것을 요구하기 시작했다. 그들은 북베트남이 미군 전쟁포로를 석방시키는 것과 남베트남이 공산포로들을 석방하는 것을 연계시킬 것, 미국의 민간 기술자(남베트남의 항공기를 유지시키기 위해 필요한 기술자들)가 남베트남에 머물지 못하도록 할 것, 그리고 북베트남과 남베트남을 구분하는 비무장지대에 대한 정의를 완화할 것을 요구했다.

닉슨은 철도조차장과 하노이 인근의 다른 표적들에 대해 B-52들을 전개시킴으로써 그러한 교착상태를 깨뜨렸다. 라인배커 II라 불리는 이 작전은 크리스마스를 제외한 12월 18일부터 30일까지 11일에 걸쳐 지속되었다. 정밀폭격에는 불충분했지만 B-52에 탑재되어 있는 레이더체계는 어둠이나 악기상으로 인해 문제를 경험하지 않았다. 철도조차장이 주요 표적이었지만 라인배커 II는 차단전역이 아니었다. 라인배커 II는 협박을 위한 것이었다. 이것은 롤링썬더나 라인배커에서 그랬던 것처럼 소수 전투기들이 하노이에 몇 톤의 폭탄을 투하하는 것이 아니라 2주도 채 안 되는 기간에 200대의 B-52가 1만 5000톤의 폭탄을 투하하는 것이었다. 하노이는 그 도시에 근접한 곳에서 매일 밤 몇 톤에 이르는 폭탄이 폭발하는 것을 본 적이 없었으며, 닉슨은 미국 언론들이 하노이가 파괴되고 있다고 믿지 않도록 하는 데 거의 노력을 기울이지 않았다. 닉슨은 이미 하노이 파괴에 대한 정치적 분위기를 띄워놓은 상태였기 때문에 북베트남의 지도자들로서는 B-52가 실제로 그렇게 할지 모른다는 두려움을 가질 만했다. 그러한 두려움은 주거지역과 병원 각 한 곳에 심각한 피해를 유발했던 오폭(誤爆)에 의해 강화되었던 것으로 보인다. 통틀어 약 2000명의 북베트남인이 라인배커 II 동안에 사망했다.

닉슨의 위협을 위해 공군도 인적 대가를 치렀다. 북베트남의 SA-2 지대공미사일은 B-52 15대를 제거해버렸다. 5명이 북베트남에서 살아 탈출한 데 반해 17명의 승무원이 사망한 것으로 가정되었으며, 34명이 생포되었다. 공군과 해군은 추가로 11대의 항공기를 잃고 6명의 공중승무원이 사망했으며 10명이 생포되었다. 많은 B-52 승무원들은 그러한 손실이 과도하다고 생각했으며, 네브래스카의 오마하에 있는 전략공군사령부가 처방했던 전술을 비난했다.[14]

몇 달 전에 루트 패키지 6에서 전략공군사령부의 초기 경험은 B-52 18대가 4월 16일 동이 트기 전에 하이퐁에 있는 석유탱크단지를 공격하는 것을 허락하도록 닉슨을 안심시켜주고 있었다. 100기가 넘는 지대공미사일이 B-52들을 비껴갔으며, 그 항공기는 손실 없이 귀환했다. 그것이 라인배커 II이전에 B-52가 루트 패키지 6에서 수행했던 유일한 공격이었다. 그러나 라인배커 II의 첫날 밤에 B-52 3대가 손실된 이후 2일째 밤에는 1대도 모습을 나타내지 않았다. B-52 6대가 격추되었던 3일째 밤에서야 오마하에는 변화의 필요성이 분명해졌다.

전략공군사령관 마이어(John C. Meyer) 대장은 제2차 세계대전의 대표적인 전투기 에이스였으며, 라인배커 II를 수행함에 있어 괌에 있는 제8공군사령관 존슨(Gerald W. Johnson) 중장의 직속상관이었다. 존슨의 주요 부하인 태국의 설리번(Glenn Sullivan) 준장은 수년간의 B-52 경험을 갖고 있었으며, 상대적으로 재빠르게 전술적 변화를 지지했다. 마이어의 첫 번째 조정은 하노이 인근을 폭격하는 일로부터 B-52G들을 철수시키는 것이었다. B-52G는 B-52D보다 신형이고 항속거리도 길었지만, 더 적은 양의 폭탄과 뒤떨어진 전자재밍장비를 탑재하고 있었다. 라인배커 II의 첫 3일 밤 동안 손실되었던 9대의 B-52 중 6대가 B-52G였다.

가장 중요한 전술적 변화는 가능한 한 최단 시간에 하노이에 최대한 많은 B-52를 투입하는 것이었다. 라인배커 II의 첫 3일 동안은 매일 약 100대의 B-52

가 4시간 간격으로 도착하는 3개의 파(wave)로 나눠져 있었다. 각 파는 북베트남 미사일의 사거리 내에서 약 30분을 소비했다. 비록 3일째 밤에 6대의 B-52가 손실되기는 했지만 어느 단일한 파도 3대를 초과하여 손실을 당하지는 않았다. 하나의 파가 미사일 발사대의 사거리를 지나치기 전에 미사일은 1발 이상을 쏠 수 없었다. 12월 26일에 100대 이상의 B-52로 구성된 하나의 파가 20분 만에 표적이 된 지역을 폭격하고 이탈했을 때 지대공미사일은 불과 2대의 B-52만을 격추시켰다. 3개의 파를 하나로 압축했다면 전략공군사령부는 B-52의 손실을 2/3나 줄일 수 있었을지 모른다.

전략공군사령부는 각 파를 3대의 B-52로 이루어진 셀(cell)들로 구성하여 동일한 경로에 투입함으로써 원래의 3파 전술이 훨씬 더 취약해지게 만들었었다.(전략공군사령부는 공산주의자들의 방공이 최소한에 지나지 않았던 남베트남에서도 같은 관행을 따랐었다. 그런 경로에는 표적을 처리한 후에 역풍 속으로 선회하는 것이 포함되어 있었다.) 이는 핵타격을 준비하면서 실행했던 관행으로, 폭발하는 핵폭탄으로부터 선회하는 것은 매우 중요했다. 반면에 새로운 압축전술은 표적처리 후의 급격한 선회를 감소시켰다. 서로 다른 방향으로부터 동시적으로 몰려드는 B-52의 물결은 고도에 의해 구분되었다. 라인배커 II의 초기에 전략공군사령부는 지대공미사일보다는 B-52 상호 간의 충돌에 대해 더 염려했다. 지대공미사일의 치명적인 성공이 압축전술을 필요로 하게 만들었던 것이다.

하룻밤에 하나의 파를 투입하는 것의 추가적인 이점은 제7공군의 F-4들이 그 단일파를 위해 채프막(chaff blanket)을 제공해줄 수 있었던 데 있다.(하룻밤에 3개의 파에게는 그렇게 할 수 없었다.) F-105와 F-4 와일드위즐은 때때로 B-52들과 원활하게 협력하기에는 너무 늦게 전략공군사령부의 계획을 받곤 했기 때문에 채프막보다 덜 효과적이었다. 지대공미사일 사이트를 공격하는 데는 해군 A-6도 공군 F-111, F-4, B-52에 합류했다. 공군 A-7은 지대공미사일 저장소와 조립 사이트에 대한 공격을 강화했다. 이러한 공격 때문이거나 또는 주로 비용 때문에 라인배커 II의 마지막 이틀 밤 동안은 북베트남에게 지대공미사일이 부족해 보였다.

북베트남 지대공미사일들은 전투기보다 거대하고 고고도(대공포 위 3만 피트 이상) 비행을 하며 기동하기 어려운 B-52에 더 효과적이었다. 반면에 북베트남 미그기는 야간에 효과적이지 못했으며, F-111과 B-52에 의한 비행장 공습은 필요하지 않았을 수도 있다. 적어도 비행장은 B-52의 폭격에 꽤 적합한 지역

표적이었다. 라디오 하노이의 방송설비와 같은 다른 표적들은 적합하지 않았으며, B-52는 효과 없이 설비 주변에 폭탄을 흩뿌리고 말았다. 마침내 날씨가 호전되어 F-4가 레이저유도폭탄을 사용해 전송기들을 파괴할 수 있게 되었지만, 그러한 폭탄도 라디오 하노이가 선전방송을 하지 못하게 만들지는 못했다. 하노이 화력발전소에 대한 F-4의 레이저유도타격은 보다 성공적이었으며, 그 도시의 전기 대부분이 차단되고 말았다. 그러나 폭탄 1개는 유도에 실패해 공산당본부를 타격했을 수 있다. 만약 그렇다면 그 폭탄은 레이저유도폭탄이 장차 전쟁에서 수행하게 될 또 다른 역할의 전조(前兆)였던 셈이다.[15]

라인배커 II는 정밀폭격을 필요로 하지 않았다. 닉슨 대통령은 북베트남 지도자들에게는 위협을 가하고 남베트남 지도자들은 안심시켜줄 수 있는 극적인 힘을 원했다. 1973년 1월에 북베트남 지도부는 [1972년] 10월에 서명할 준비가 되어 있었던 것과 그리 다르지 않은 정전협정에 서명했다. 남베트남 정부는 묵인했으며, 거의 600명의 미군 포로가 귀환했다. 미군 항공력으로부터의 저항이 없는 가운데 2년 뒤 북베트남은 남베트남에 대한 정복을 완결했다.

사상자에 대한 추산은 다양하지만, 양측을 통틀어 300만 명 이상의 베트남 군인과 민간인이 전쟁 동안에 죽음을 당했을 수 있다. 그들 중 대부분은 남베트남에서 죽은 것이었지만, 북베트남 폭격으로 인해 사망한 7만 명의 민간인도 포함되어 있다. 5만 8000명의 미군이 사망했으며, 그들 중 약 1%가 북베트남에서 사망한 것이었다. 미국의 군사적 몰입은 공산주의자들이 남베트남, 라오스, 캄보디아를 장악하는 것을 수년간 지연시켰지만, 미군이 그토록 많은 목숨과 그처럼 많은 폭격을 통해 보여주었던 것은 그게 전부였다.

이 이야기의 교훈은 답변이 불가능한 한 가지 물음에 파묻히고 만다. 그것은 만약 1965년 초에 해군 항공기가 어뢰를 사용해 하이퐁을 폭파하고 공군 B-52가 하노이를 폭격했다면 전쟁이 어떻게 되었을까 하는 것이다. 르메이 장군, 샤프 제독, 모메이어 장군, 그리고 다른 많은 고위장교들은 계속해서 미국이 승리로 가는 길을 놓쳐버리고 그 대신—샤프 제독의 말을 빌리자면— "패배의 전략"을 채택했다고 생각했다.[16] 그러나 보다 젊은 장교들—특히 클로드펠터(Mark Clodfelter) 공군소령—은 승리의 전략이 있을 수 있었다는 그들의 시각에 도전을 가했다. 1989년에 발간된 자신의 책 『항공력의 한계(The Limits of Air Power)』에서 클로드펠터는 고위장교들이 "게릴라전"에서 전략폭격을 고수했던 것을 공격했다.[17] 이 논쟁에 임했던 양측 모두가 적어도 1972년 북베트남의 재래식 공세를 좌절시키는 것을 돕는 데 레이저유도폭탄을 활용한 것은 항공력의 보다 밝은 미래를 약속해주는 것이었다는 점에는 동의할 수 있었다.

제6장

이스라엘-아랍 전쟁에서의 공중우세, 1967~1982년

슈무엘 L. 고든(Shmuel L. Gordon)

오호라 두 용사가 전쟁 중에 엎드러졌도다. 요나단의 활이 뒤로 물러가지 아니했으며 사울의 칼이 헛되이 돌아오지 아니했도다. 그들은 독수리보다 빠르고 사자보다 강했도다. 오호라 두 용사가 전쟁 중에 엎드러졌도다.

_성경, 사무엘하 1장

그 짧은 역사가 진행되는 과정 속에서 항공력이 수행했던 가장 중요한 역할은 공중우세를 달성하는 것이었다. 공중우세는 현대 항공전력의 지도원리들 중 하나이자 항공전역과 전쟁 전반의 결과를 결정짓는 핵심요소이다. 이 장은 공중우세를 위해 이어지는 전역들에서 발견되는 발전과 변화에 대해 비교분석의 방법론을 사용한다. 이 장은 1967~1982년에 중동에서 이스라엘과 그 상대 간에 있었던 연이은 네 차례 전쟁—6일 전쟁, 소모 전쟁, 욤키푸르 전쟁, 제1차 레바논 전쟁—에서의 공중우세를 위한 투쟁에 집중한다. 이러한 전쟁들은 지리, 기상, 정치적 환경, 작전문화와 같은 허다한 변수들이 일정할 수 있기 때문에 선택되었다. 이 장은 의미 있는 결론을 도출하기 위해 각 전쟁의 가장 중요한 전투들에 초점을 둔다.

이 장은 가능한 경우 아랍의 인식을 포함시키지만 이집트, 시리아, 그리고 다른 아랍국가들의 문서고에 대한 접근은 제한된 채로 남아 있다. 결과적으로 데이터와 해석은 주로 서구와 이스라엘의 문서와 기타 자료들로부터 도출된다. 소모 전쟁과 욤키푸르 전쟁에 대한 부분은 최근의 철저하고도 장기적인 연구에 기초한다.[1] 제1차 레바논 전쟁에 대한 부분은 기술과 교리에서의 혁명—이것은 욤키푸르 전쟁에 뒤이어 발생했으며, 전장과 그 너머에서 항공력이 행동의 자유를 획득할 수 있는 능력을 부활시켜주었다—을 분석하려 시도하는 현재 진행 중인 연구에서 파생된다.[2]

형성기

아랍국가들과 이스라엘은 1948년 5월 이스라엘의 탄생 이후 전쟁상태에 처해 있었다. 이러한 전략지정학적 환경은 이스라엘로 하여금 그 국가예산과 인적자원의 상당한 몫을 자위(自衛)에 할당하도록 강제했다. 1948년에 창설된 이래 이스라엘 공군(IAF)은 이스라엘 방위군(IDF)에서 점점 더 큰 역할을 수행했다.

이스라엘 공군은 제2차 세계대전 동안 영국 공군에서 복무했던 그 지휘관들이 학습했던 바에 기초하여 건설되었다. 그들의 전략, 교리, 전쟁계획의 뿌리는 제2차 세계대전 초기 독일 공군의 교리와 작전에서 찾을 수 있다.[3] 제2차 세계대전 후반에 영국 공군과 미 육군항공군은 독일군으로부터 많은 것—예를 들면, 전술적 영역 내에서의 느슨한 비행대형, 비행장 공격에 대한 강조, 항공력과 지상전역과의 통합—을 배웠다. 영국 공군에서 비행했던 이스라엘 조종사들은 그러한 개념들을 이어받았으며, 그것을 이스라엘 공군의 고유한 상황과 조건에 맞게 개조했다.

국가안보에 대한 이스라엘의 인식은 몇 가지의 기본적인 가정에 의존했다. 상대적으로 적은 인구, 전략적 종심의 부재, 제한된 양의 자연자원, 전략적 조기경보의 부재, 그들의 존재에 대한 지속적이고도 직접적인 위협이 주된 취약점으로 인식되었다. 이스라엘의 이점에는 높은 자질의 인적자원, 국민적 응집력, 그 국력요소의 효과적인 활용, 서구세계 전역에 걸친 유대인들의 지지가 포함되었다.[4] 이스라엘의 전략은 시나이 반도와 서안(West Bank)과 같은 기존 완충지대, 억제를 위한 군사력, 유능한 조기경보정보, 신속한 예비군 동원, 전쟁 시 결정적 승리의 신속한 달성, 선제공격에 의존했다.

이스라엘 공군은 1948년 독립전쟁이 한창일 때 신생국가의 수도인 텔아비브(Tel Aviv)를 향해 진격하는 이집트의 기갑전력을 공격함으로써 그 탄생을 자축했다. 몇 달 뒤 이스라엘 공군 조종사들은 이집트 공군기지로부터 출격한 영국 공군 조종사들에 맞서 공중전에 임했으며 아무 손실도 없이 그들 중 5대를 격추했다.*[5] 곧 전설적인 이스라엘 총리이자 국방장관인 벤구리온(David Ben-Gurion)이 "우리의 안보는 공군에 달려 있다. 제공권을 확보하지 못하면 우리가 육군을 동원할 수 있을지도 의심스럽다. 우리가 싸울 수 있을지에 대해서도 의문이다. 첫째 전제조건은 공중우세를 확보하는 것이다"라고 선언했다.[6] 벤구리온은 이스라엘 공군의 주요 목표를 공중우세를 장악하기 위해 적 항공전력을 완전히 파괴하는 것, 지상과 해상 전력을 지원하는 것, 전쟁을 계속할 수 있는 적의 능력과 의지를 저하시키거나 파괴하기 위해 적 영토 내의 전략적 표적들을 체계적으로 파괴하는 것으로 공식화했다.[7] 그 뒤로 이스라엘 공군의 역할은 그다지 바뀌지 않았다.[8]

이스라엘 공군의 기획관들에게 아랍 항공전력의 양적 이점은 명백한 것이었다. 그래서 그들은 적 항공전력을 지상에서 파괴함으로써 공중우세를 장악한다는 합리적인 전략을 발전시켰다. 첫 작전명령인 '젤라(*Zela*)'는 체코슬로바키아가 수백 대에 이르는 다양한 유형의 항공기로 이집트 공군을, 그리고 수백 대의 장갑차량으로 그 육군을 무장시키는 주요한 협정에 서명했던 1955년에 작성되었다. 1967년 전쟁에서 이행되었던 거대한 계획인 '모케드(*Moked*)'에 앞선 명령이었던 젤라는 이집트 공군을 기습공격으로 지상에서 파괴해야만 하는 각별히 심각한 위협으로 간주했다.[9]

1956년에 영국, 프랑스, 이스라엘은 서로 다른 목표를 달성하기 위해 이집트에 대한 합동전역을 개시했다. 전쟁이 발발하기 전날 한밤중에 이집트 육군 참모총장 아마르(Abd El-Hakim Amar) 장군은 항공편으로 시리아로부터 복귀할 계획이었다. 그의 비행기를 요격하기 위해 이스라엘 조종사 1명이 비상 출격했다. 그의 미티어(Meteor 13 NF)는 아마르 장군의 비행기를 궁지로 몰아넣고 거의 충돌할 지경까지 근접하여 격추했다. 그 조종사는 나중에 "무시무시한 비행 속에서 우리는 임무를 달성했다. 연료가 부족해 착륙 직후 엔진은 꺼지고 말았다. 당시 이스라엘 방위군 총사령관 다얀(Moshe Dayan) 장군과 이스라엘 공군사령관 톨코프스키(Dan Tolkowsky) 장군이 우리를 기다리고 있었으

* 1948년 11월 20일에 갈릴리(Galilee) 상공을 비행 중이던 영국 정찰기 1대가 격추되었으며, 다음 해 1월 7일에는 이스라엘이 호레브 작전(Operation *Horev*)을 수행하는 동안에 영국 공군의 스핏파이어 4대를 격추했다.

며, 우리에게 아마르 장군이 그의 비행을 연기하기로 결정했으며 우리가 격추한 비행기에는 그의 본부 참모를 태워 보냈다고 말했다"라고 회고했다.[10] 아마르는 11년을 더 살아 1967년 전쟁의 재앙과 같은 결과들을 목도했다.

영국 공군과 프랑스 공군이 전장 상공에서 공중우세를 확보했다. 이스라엘 공군은 그것을 활용해 수에즈 운하로 진격해가는 이스라엘 방위군 지상전력을 지원하는 데 집중했다.[11]

이 분쟁으로부터 이스라엘이 도출한 중요한 한 가지 결론은 항공 및 기갑 전력의 강조였다. 1967년 전쟁 전에 이스라엘 공군은 항공기, 군수, 조기경보 장비, 작전교리를 현대화하는 오랜 과정을 경험했다. 그들은 최첨단 프랑스 기술과 무기체계들을 구입했으며, 신생 이스라엘 방위산업은 전자전체계와 같은 기초기술을 발전시켰다.[12]

이스라엘 공군의 작전문화는 공중우세를 위한 통합전역에 관한 개념적 토대에 의존했다.[13] 호드(Moti Hod) 장군•은 가장 결정적인 요소를 "기획에서의 간명성, 작전명령을 수행함에 있어 조종사들의 고도의 기율, 효과적인 중앙 C3I(지휘, 통제, 통신, 정보), 정확하고 적시적(適時的)인 정보"로 정의했다.[14]

이스라엘 공군이 직면했던 첫 번째 도전은 1960년 2월에 이집트가 주도권을 장악하고 그 전력을 이스라엘 국경 가까이로 전개시킨 것이었다. 그 사건은 이스라엘 공군으로 하여금 그들이 갖춘 고도의 전비태세와 기습적 위협에 대한 그들의 억제효과를 과시할 수 있게 해주었다. 반면에 지상전력은 국경 부근으로 소수의 부대를 전개시키는 데도 며칠을 필요로 했다. 이 놀라운 사건—'로템(*Rotem*)'이라 불렸다—은 1967년 전쟁을 야기하게 되는 연쇄적인 사건들에 대처하기 위한 총체적인 리허설로 간주되었다.[15] 6일 전쟁을 촉발시키게 되는 이집트의 기습적인 전개와 욤키푸르 전쟁의 기습공격이 뒤따랐다.[16]

이 기간 동안에 소련은 전쟁을 대비해 그 대리국인 이집트와 시리아에 엄청난 수의 항공기, 탱크, 중포(重砲), 지대공미사일 체계, 기타 군사체계, 그리고 병참을 제공함으로써 그들에 대한 헌신적 태도를 보여주었다. 이는 중동에서의 전략지정학적 균형을 영구적으로 변화시켰으며, 6일 전쟁을 위한 이스라엘의 전략에서 이스라엘 공군이 지배적인 역할을 하게 되는 상황이 조성되도록 했다.

• 1967년 '6일 전쟁' 동안을 포함하여 1966~1973년에 이스라엘 공군사령관을 역임했다.

6일 전쟁

이집트, 시리아, 이라크는 스스로를 소련의 동맹국으로 여겼으며, 소련의 무조건적인 정치적·군사적·경제적 지원의 혜택을 입었다.[17] 이스라엘의 정책 또한 강대국의 지지를 얻어야 할 필요성을 강조했다. 그래서 이스라엘은 그들이 1953년 이래 프랑스와 맺어왔던 긴밀한 관계를 강화했다. 그러나 1967년 5월의 긴장이 고조되는 기간 동안에 프랑스는 드골(Charles de Gaulle) 대통령의 혁명적인 정책 변화의 결과로 그들의 지지를 철회했다. 게다가 이스라엘은 미국으로부터 공식적인 지지 약속을 받아내는 데도 실패했다.

이스라엘-시리아 국경에서 1960년대 내내 계속되던 적대행위가 이스라엘-이집트 국경의 비폭력적인 분위기를 변화시키지는 못했다. 이집트는 예멘과의 분쟁, 군사력 건설, 국내적 이슈에 깊이 휘말려 있었으며, 이웃하는 두 국가와 동시적 분쟁을 피하는 것은 이스라엘의 국가적 관심사에 해당했다.[18] 그러나 시리아 국경에서 그 강도를 더해가던 대립은 1967년 4월 7일에 있었던 일련의 공중전투로 끝을 맺었으며, 그 과정에서 시리아의 MiG-21 6대가 격추되었다.[19] 이는 다가오는 전쟁의 북소리가 들리기 시작하자 이스라엘 공군이 얼마나 전비태세를 갖추고 있었는지를 보여주었다. 이스라엘 공군의 작전문화는 두 번째 중대한 시련을 기다리고 있었다.

이스라엘은 1967년 5월 14일에 아홉 번째 건국기념일을 자축했다. 국가안보에 대한 그들의 평가는 몇 년간 전쟁이 발발하지 않을 것이라고 예견했다. 예루살렘에서 전통적인 퍼레이드가 한창이던 중에 이스라엘 방위군 총사령관 라빈(Yitzhak Rabin) 장군은 중동의 역사를 바꿔놓게 될 메시지를 받았다. 이집트 육군이 수에즈 운하를 넘어 이스라엘 국경 인근의 시나이 반도에 전개한 것이었다. 이스라엘 지도부에게 이러한 전략적 기습은 1960년의 그것을 상기시키는 것이었다.[20] 라빈 장군은 "이집트의 기습적인 전개가 가져올 수 있는 잠재적 결과는 전적으로 이스라엘 공군의 전비태세에 달려 있다"고 말했다.[21] 우리가 1973년 전쟁의 기습에 대해 다룰 때는 이스라엘 정보공동체의 이러한 실패를 염두에 두어야 한다.

당시 아랍의 항공전력은 이스라엘 공군에 대해 중대한 양적 우위를 누렸다. 그들은 약 600대의 전투기와 폭격기, 27개 지대공미사일 포대, 27개 레이더, 24개 비행장으로 무장하고 있었다. 이스라엘의 병기고에는 100대의 미라주(Mi-

〈표 6-1〉 6일 전쟁 시 항공전력의 균형

체계	아랍 공군	이스라엘 공군	전력비
항공기•와 폭격기	594	203	2.9:1
전투기 조종사	715	235	3:1
지대공미사일 포대	27	4	6.8:1
레이더 사이트	27	6	4.5:1
비행장	24	5	4.8:1
활주로	44	12	3.7:1

주: 이 표는 1967년 6월 5일 07시 기준임. 불과 60대의 이라크 항공기와 폭격기, 그리고 60명의 조종사만 이 전쟁에 투입되었으며, 포함된 비행장도 소수에 지나지 않았음을 주목할 것.
자료: Yossi Abudi, *The IAF in the Six Days War*, p.6, p.9, pp.15~17, p.27, pp.30~32.

rage), 쉬페르 미스테레(Super Mystère), 보투르(Votour)와 같은 현대식 전투기, 100대의 미스테레와 우라강(Ouragan)(1956년 전쟁의 "베테랑"들이다), 수십 대의 푸가 마지스테(Fuga Magister)(취약하고 느린 훈련기였다), 그리고 5개의 비행장, 6개 레이더, 4개의 미국산 호크(Hawk) 지대공미사일 포대가 포함되어 있었다. 항공기와 조종사의 전력비는 3 대 1로 아랍에게 유리했다. 포대는 7 대 1이었다. 아랍의 관점으로 보았을 때 이 같은 유리한 비율은 1967년 전쟁 첫날의 예기치 않은 결과가 가져다준 충격을 증대시켰다(〈표 6-1〉 참조).

그러나 양이 전력의 균형에 대한 이야기 전체를 이야기해주지는 않았다. 이스라엘 공군은 힘의 승수요소(multiplier)들, 즉 주로 우수한 자질의 승무원들, 효과적인 실시간 C3I 네트워크, 높은 수준의 정기적인 작전기획, 적시적이며 정확한 정보, 투입 가능한 각 항공기로 하여금 하루 약 4소티의 비행을 가능하게 해준 군수를 강조했다. 첫 경보가 내려지고 난 뒤 전쟁이 실제 발생할 때까지의 3주는 이스라엘 공군으로 하여금 자신들의 계획을 다듬고, 예비군을 훈련시키며, 항공기를 준비할 수 있게 해주었다.[22] 전쟁이 시작될 때에 이르면 약 98%가 무장을 끝내고 출격할 준비가 되어 있었으며, 이는 평시의 60%와 비교되는 것이었다.[23]

이집트의 전력이 전개된 지 몇 시간 만에 이스라엘 공군은 경계태세를 증가시키고 예비군을 동원했으며, 예견된 전쟁을 위한 준비를 개시했고, 공중우세

• 전투기를 의미한다. 〈표 6-2〉의 경우에도 동일하다.

를 달성하기 위해 그들의 주요 전쟁계획인 모케드를 최신화했다. 모케드는 양보다 질, 기습, 간명성, 전력의 집중, 신속한 공세작전을 강조하는 이스라엘 공군의 작전문화로부터 발전된 것이었다.[24] 그것은 그 이전의 전쟁계획이었던 젤라의 원칙과 방법을 보존하고 있었다. '대(大)계획'을 발전·정교화·완결하는 과정은 7년이 걸렸다.[25] 1958~1966년 동안 이스라엘 공군의 사령관이었던 바이츠만(Ezer Weizman) 장군이 모케드의 아버지로 여겨진다. 그는 기획관들을 격려하고 자원을 할당했으며, 훈련과 연습을 증가시키고, 기획이 완성될 수 있도록 적 정보조직이 모케드의 존재를 발견하지 못하게 하려 했다.

모케드는 가용한 모든 항공기를 사용해 기습공격을 가함으로써 지상에서 적의 항공전력을 파괴하는 것에 초점을 두었다. 기습은 침투하는 편대들을 조기경보 레이더체계가 탐지하지 못하도록 매우 저고도에서 이루어지는 비행에 의존할 것이었다. 공격군은 항공기가 이륙하는 것을 막기 위해 먼저 활주로를 파괴하고 난 뒤 무방비 상태로 주기되어 있는 전투기와 폭격기에게 사격을 가할 것이었다. 모든 표적을 동시에 공격하기에는 이스라엘 공군의 승무원과 항공기가 부족했기 때문에 첫 타격은 이집트 공군의 비행장과 항공기에 집중되었다. 조기경보 및 통제 체계와 위협적인 지대공미사일 포대들을 불능화해야 할 필수적인 필요성에도 불구하고 이러한 표적들은 후속 공격파들에게 맡김으로써 제1공격파는 그 결정적인 임무에 집중할 수 있게 했다.

모케드는 작은 이스라엘 공군에게는 너무 야심적인 것처럼 보였다.[26] 기획관들은 그러한 임무를 완수하는 데는 이스라엘 공군 전투기의 약 25%가 손실되는 가운데 6~8시간이 소요될 것으로 평가했다.[27] 이러한 위험한 계획은 이집트 공군뿐 아니라 시리아와 요르단 공군에 의해서도 가해질 수 있는 반격으로부터 이스라엘의 하늘을 지키는 데는 불과 12대의 미라주만 할당했다.[28]

아랍 공군도 마찬가지로 다가오는 전쟁을 준비했다. 놀랄 것도 없이 이집트 공군은 이스라엘 공군과 꽤 유사한 전쟁계획을 발전시켰다. 최신 정보의 필요성을 인지하고 있던 이집트 공군은 이스라엘 방위군의 공세적 전개를 보여주는, 남부 이스라엘에 대한 성공적인 정찰비행을 수행했다.[29] 그러나 아랍국가들은 이스라엘 공군의 능력과 의도, 그리고 선제기동을 위한 시나리오를 평가하는 데 실수를 범하고 말았다. 최신 정보와 조기경보의 결여, 상대적으로 낮은 수준의 전비태세는 이집트 공군이 자신들의 계획을 이행할 준비가 한참이나 되어 있지 못했음을 의미했다. 시리아 공군사령관 아사드(Hafez Assad, 1973~

1982년 전쟁 동안에는 시리아 대통령)는 시리아 공군의 작은 전투서열•로 인해 매우 온건한 작전을 계획했었다.

6월 초에 다얀이 이스라엘 국방장관으로 임명되었으며, 이스라엘 공군은 그 준비를 마쳤다. 6월 5일 동이 트기 전에 이스라엘 공군 조종사들은 기상하여 개전하기로 한 결정에 대해 브리핑을 받았다. 그들의 항공기는 며칠 전부터 무장하고 있었으며, 모든 C3I 초소들은 경계태세에 들어가 있었다. 공격개시 시각은 07시 45분으로 정해졌다. 이때는 나일 삼각주 비행장 상공의 안개와 해무는 증발되고, 이집트 공군의 고위장교들 대부분은 여전히 자신의 근무지로 향하고 있는 가운데 어떻게 대응할 것인지에 대해서는 통보나 명령을 받을 수 없는 시간이었다.[30] 먼저 12대의 푸가 훈련기가 통상적인 훈련활동을 가장하기 위해 이륙했다. 그 직후에 모든 투입 가능한 이스라엘 공군 항공기가 이륙했으며, 이집트의 레이더들이 탐지할 수 있는 범위보다 낮게 남서쪽으로 비행했다. 통신은 차단했으며, 귀중한 연료를 아끼기 위해 다양한 각 표적들로 직행했다.

제1파는 완벽한 기습을 달성했으며 깜짝 놀랄 만한 결과를 낳았다. 보다 높은 고도로 상승했던 조종사들은 미그기들이 무방비 상태로 흩어져서 공격이 임박했음을 모르는 채 줄지어 서 있는 것을 보았다. 활주로를 폭격한 후에 이스라엘 공군 항공기들은 미그기들에게 하나씩 사격을 가하고 파괴했다. 각 편대는 지상에서 불타는 항공기의 수가 점점 많아지게 만들었다. 약 190대의 이집트 항공기가 파괴되었으며, 그 대부분은 가장 높은 우선순위의 표적으로 간주되던 폭격기였다. 이스라엘 공군은 180소티를 포함했던 제1파에서 항공기 8대와 조종사 10명을 잃었다.

이집트 공군이 여전히 기능할 수 있고 다른 항공전력이 아직 대응하지 않고 있었기 때문에 이집트 공군에 대한 추가적인 공격이 이루어졌다. 일부 소티는 지상전력에 대한 공격을 지원했다. 제2파는 제1파가 달성했던 바를 보완했지만, 일부 과업은 남아 있었다.

정오 이후에 시리아 공군, 요르단 공군, 이라크 공군이 약 10회에 걸쳐 이스

• '전투서열'은 '군사부대의 편성, 지휘구조, 병력의 배치와 운용 및 장비, 보급방법 등에 관한 정보'로서 통상적으로는 '전력 규모'를 가늠할 수 있는 기준으로 활용된다. 그래서 '전투서열'은 '높거나 낮음'이 아니라 '크거나 작음'으로 표현된다.

〈표 6-2〉 모케드 작전 시 아랍 공군의 손실

체계	이집트	시리아	요르단	이라크	레바논	합계
항공기와 폭격기	244	63	25	9	1	342
수송기와 헬리콥터	54	6	5	1		66
총 손실	298	69•	30	10	1	408••
레이더 사이트	5+26*					5+26*
지대공미사일 사이트	1+9*					1+9*

주: 별표는 '점령'된 사이트를 나타냄.
자료: Yossi Abudi, *The IAF in the Six Days War*, p.6.

라엘 국경을 침범했다. 이스라엘 공군은 편대의 일부를 이집트로부터 그런 공군들에게로 이동시켰으며, 동일한 전술로서 그들을 공격하여 유사한 성공을 거두었다. 그날, 이스라엘 공군은 402대의 아랍 항공기를 파괴했다(〈표 6-2〉 참조). 이스라엘 공군 또한 심각한 손실을 입었다. 21명의 조종사(전투기 조종사의 거의 9%)가 죽음을 당하거나 포로가 되거나 부상을 입었으며, 28대의 항공기(총 전력의 13% 이상)를 잃었다.[31] 이스라엘 공군은 그 임무를 완수했으며, 상당한 공중우세를 확보했다. 그러나 전쟁은 아직 끝난 게 아니었다.

6일 전쟁을 연구했던 대부분의 이들이 도출했던 일반적인 결론—"이스라엘 공군이 약 3시간 만에 승리를 달성했다"—은 부정확하다.[32] 사실, 마지막 항공기는 19시에 기지로 돌아왔다. 공중우세를 위한 전역은 그날 내내 계속되었으며, 전반적인 임무는 완결되지 못했다.[33] 달리 말하자면, 이스라엘 공군이 한 차례의 단기간 공격으로 3개 아랍 공군이 이룬 함대를 파괴할 수는 없었던 것이다.

또 하나의 결론—"공중우세를 위한 전투가 비행장에 대한 공격만을 포함했다"—또한 잘못된 것이다. 공중우세를 위한 투쟁은 차후 며칠 동안 계속될 공대공 전투로 전이되었다. 심각한 피해를 입은 이집트 공군은 퇴각하는 지상전력을 방어하는 데 빈번하게 동원되었다. 수적 열세에도 불구하고 그들은 전쟁 5일째까지 용감하게 싸웠다. 5일째가 되면서 조우하는 수는 줄어들었고, 아랍의

• 원서에는 '63'으로 잘못 계산되어 있다.

•• 원서에는 '402'로 잘못 계산되어 있다. 이러한 오류는 시리아의 총 손실이 '63'으로 잘못 계산된 데서 기인한다.

〈표 6-3〉 6일 전쟁 시 공중우세 임무를 위한 출격 횟수

임무일	비행장 공격	요격	지대공미사일과 레이더 공격 임무		계
			주요 임무	부차적 임무	
제1일	475		32	55	
제2일 이후	16		36	24	
계	491	554	68	79	1,113•

주: 부차적 임무는 주요 임무를 수행한 후 수행됨.
자료: Yossi Abudi, *The IAF in the Six Days War*, p.486.

총 출격 횟수가 전날의 90회 이상에서 17회로 줄어들었다.[34] 그 시점에 이르러 이스라엘은 공중우세와 시나이 반도, 골란고원, 서안에서 지상에서의 승리를 확보했다.

게다가 이집트의 지휘, 통제, 조기경보체계는 첫날이 끝날 때까지 여전히 가동되고 있었으며, 이스라엘 공군의 항공기를 요격하는 것을 돕는 데 효과적이었다. 그렇기 때문에 그것들을 제거하는 것이 필요했으며, 이스라엘은 수에즈 운하 서쪽에 위치한 대부분의 사이트를 파괴하거나 장악하는 데 성공했다.

1967년 전쟁은 항공기와 미사일 간의 첫 대결이었다. 이집트는 나일 삼각주, 수에즈 운하, 심장부로 향하는 통로를 방어하기 위한 목적으로 27개의 소련제 SA-2 포대를 구입해 전개시켰다. 항공전력은 지대공미사일 포대를 제압한 경험이 없었지만, 전개된 SA-2 포대들은 이스라엘 공군의 작전을 위협하여 그들의 공중우세에 주변적이나마 도전을 가했다. 그래서 비행장 공격 후에 지대공미사일 포대에 대한 전투가 발생했다. 이집트 공군은 단거리 방어를 위해 지대공미사일 포대 부근에 방공포를 두텁게 배치했으며, 이는 이스라엘 공군의 항공기 2대가 손실되게 만들었다. 지대공미사일 포대 9개소가 파괴되었으며, 1개소는 손상되지 않은 채로 장악되었다(〈표 6-3〉 참조).

이스라엘 공군 조종사들의 질적인 우세는 전설적인 것이 되었지만, 이 전쟁의 결과는 그러한 판단을 다소간에 누그러뜨린다. 공대공전투에서 56대에 달하는 아랍 전투기와 폭격기(그리고 수송기 3대)가 손실되었던 반면, 이스라엘은

• '지대공미사일과 레이더 공격 임무' 중에서는 그와 같은 임무를 '주요 임무'로 하여 출격한 횟수인 68회만 포함되어 있다.

18대의 비행기를 잃었다.[35] 3 대 1(이스라엘 1대당 아랍 3대 이상)의 격추율은 이스라엘 공군에게 유리한 것이었지만, 그 기대를 고려해볼 때 그와 같은 비율은 다소 실망스러운 것이었다.

대(對)비행장 전역의 엄청난 성공은 역사가와 분석가들로 하여금 지대공미사일 포대와 C3I 설비에 대한 공격이나 공대공전투와 같은, 공중우세를 확보하는 데 매우 중요한 다른 임무의 중요성을 간과하게 만들었다. 이스라엘 공군의 총 출격 횟수 중에서는 절반 이상이 공중우세 임무에 할당되었다. 1100소티가 그런 임무였으며, 그중 560소티는 공대공전투였다. 공중우세를 확보하는 과정에서 이스라엘 공군은 심각한 손실을 당했다. 전투기 조종사의 11% 이상이 사상을 당하거나 포로가 되었으며, 항공기의 12% 이상이 손실되었다.[36] 그러나 공중과 지상에서 거둔 승리와, 이스라엘 공군이 펼친 작전의 깜짝 놀랄 만한 결과들이 전쟁의 운명을 결정지었다는 이스라엘 방위군 총사령관 라빈 장군의 선언이 그러한 손실을 경감시키는 효과를 가져왔다.[37]

이스라엘 공군의 작전문화는 공중우세를 위한 통합전역의 관념적인 기간구조를 만들어놓았다.[38] 호드 장군은 "기획의 간명성, 작전명령을 수행함에 있어 조종사들이 보여주었던 고도의 기율, 효과적인 중앙 C3I, 정확한 최신 정보와 같은 요소가 가장 결정적이었던 것으로 정의된다"라고 설명했다.[39]

다양한 고찰과 연구들은 현대적인 사고와 뜻밖의 방어전략을 보여주었던 이집트 통합방공체계의 실적과 그 중요성 또한 잘못 해석했다. 이스라엘은, 이집트 육군이 1967년 5월 중순에 운하를 건넜으며 나세르(Abdul Nasser) 이집트 대통령이 공격을 의도했기 때문에 전략적 종심이 결여된 이스라엘로서는 선제공세를 개시할 수밖에 없었다고 주장했다. 이집트 공군의 전개가 이러한 가정을 뒷받침해주었을까? 대답은 다소 애매하다. 대부분의 미그 요격기는 짧은 항속거리 때문에 삼각주 깊숙한 곳의 수에즈 운하와 그 서쪽을 방어할 수 있는 위치에 전개되었다. 지대공미사일 포대들과 대부분의 조기경보 레이더 체계도 삼각주 내와 수에즈 운하 인근에 산개되었으며, 시나이 반도의 지상전력을 방어할 수 없었다. 그래서 이집트 방공체계의 전체적인 전개는 공세적이기보다는 방어적인 전략을 보여주었다. 이집트의 지상공세는 적대적인 하늘 아래서 수행되고 이스라엘 공군의 가차 없는 공격에 노출될 것이었다. 이집트의 공세적 의도와 능력에 관한 가정들에 대해서는 참신하고도 철저한 분석이 필요해 보인다.[40]

6일 전쟁은 이스라엘이 주변 국가들의 육군과 공군을 파괴했던, 신속한 승리의 전쟁으로 널리 간주된다. 이스라엘은 새로운 영토를 장악하고 그 군사적 힘을 보여주었으며, 미국의 지지를 확보하고 자신들의 존재에 가해진 주된 위협을 제거해냈다. 그러나 불과 몇 년 내에 이러한 결과의 취약성이 분명해질 것이었다.

소모 전쟁, 1969~1970년

6일 전쟁은 아랍국가들에게 군사적·사회적·정치적 위기를 촉발시켰다.[41] 그것은 그들의 군사력에 급격한 변화를 가져왔으며, 그들의 후견국인 소련에 대한 의존을 강화시켰다. 소련은 몇 달 내에 발전된 군사장비들로 이집트와 시리아를 무장시키고 확고한 정치적 지지를 제공했다. 소련은 중동에 대한 개입을 증가시키기 위해 패배한 국가들의 취약성을 활용했다. 피후견국들이 또 다른 패배를 당할 수 있는 가능성을 피하기 위해 개입을 자제하던 그들의 정책은 직접적인 개입의 정책으로 급격하게 변화했다.

미국도 정치적·군사적·경제적으로 이스라엘을 지원함으로써 진행 중인 분쟁에 대한 개입을 증대시켰다. 닉슨 대통령의 국가안보보좌관인 키신저는 이스라엘이 "지역적 분쟁에 대한 미국의 직접적인 군사적 개입을 감소시키려는" 닉슨 독트린에서 핵심적인 역할을 할 수 있다고 믿었다.[42] 그렇기 때문에 많은 경우 소모 전쟁은 강대국들의 대리국가 간 분쟁으로 특징지어진다. 강대국들은 불길의 높이를 통제하고 조절했으며, 상황이 데탕트의 진척에 위협이 된다고 인지했을 때 분쟁을 종결로 이끌었다.

많은 연구가 소모 전쟁의 배경과 다양한 측면을 다룬다.[43] 이스라엘 공군은 1967년 전쟁에서의 승리에도 불구하고 전보다 더 작아지고 약해져 가는 자신을 발견했다. 이스라엘 공군은 프랑스가 항공기와 다른 현대식 체계들로 이스라엘을 무장시켜주었던 1956년 전쟁 전에 첫 기술혁명을 경험했었지만, 그 항공기의 대부분은 이제 구식이 되어버린 상태였으며, 또 다른 전면전에는 적합하지 않았다. 그도 그럴 것이 이러한 항공기들은 곧 있을 공중우세 전역에서 아무런 역할도 수행하지 못했다. 불과 60대의 미라주만이 소모 전쟁에서 공중우세를 위한 시급하고도 장기적인 투쟁에 투입될 수 있었다.[44] 미국이 이러한 부족을 메우기 위해 신속하게 움직였으며, 이스라엘 공군은 프랑스산 무기체계의 대분을 미국의 항공기, 헬리콥터, 병기, 레이더, 기타 장비로 대체하면서 제2의 기술혁명에 착수하게 되었다.

이집트 대통령 나세르는 전면전 전략은 변경되어야 한다는 시각을 채택했지만, 그러한 정치적 성취는 군사적 행동을 필요로 했다. 그래서 그는 이스라엘에 대한 국제적 압박을 증대시킬 수 있으며 이스라엘군을 그들의 가장 취약한 부문—즉, 인적 사상을 가함으로써—에서 격파할 수 있는 소모 전략을 이행했다.[45] 그의 국방장관 파우지(Mahmud Fauzi) 장군은 소모 전쟁의 목적을 가능한 한 많은 이스라엘 병사들을 죽이고, 작전적 경험을 얻으며, 이스라엘 공군과 연이은 공중전투를 개시하는 것으로 요약했다.[46] 그러나 이러한 조우의 결과를 미리 볼 수 있었다면 아마도 그는 그것을 피했을 것이다.

소련은 나세르의 새로운 전략에 동의했으며, 1969년 3월 3일 나세르는 정전이 끝났음을 선언했다. 이집트의 포들이 수에즈 운하의 동안(東岸)을 24시간 내내 포격했다. 요르단에 위치하고 있던 시리아와 팔레스타인의 테러조직들이 그 직후 전쟁에 합류했다.

이스라엘 방위군은 계속되는 이집트의 집중포격에 효과적으로 대응할 수 있는 방법을 찾을 수 없었으며, 사상자 수가 매일같이 증가했다. 이 기간 동안 이스라엘 공군은 미국제 스카이호크, 팬텀, CH-53 수송헬기, 미사일, 레이더, 다양한 기타 무기체계를 자신들의 작전전력에 통합하느라 바빴다. 호드 장군은 그처럼 제한된 분쟁에 개입하기 위해 무장을 하는 것보다는 가능한 한 미래의 전쟁을 준비하는 것을 선호했지만, 이스라엘 방위군과 정부 상급자들로부터의 압력은 그가 그러한 전투에 참여하도록 강제했다.

공중에서의 소모 전쟁은 1969년 7월 20일에 공식적으로 시작되었으며, 1970년 8월 8~9일 한밤중에 끝났다. 이스라엘의 첫 공중공격은 수에즈 운하 부근의 이집트 초소와 포들을 타격했다. 요격기 편대들은 공격하는 항공기들을 방어했다. 이는 양측 모두에게 파멸적인 결과를 가져오게 될 그리스 비극의 첫 무대였다.

사실, 항공전은 한 달 정도 앞서 시작되어 있었다. 첫 임무는 수에즈 운하 상공에서 행동의 자유를 확보하는 것이었다. 이스라엘 공군은 이집트의 포들을 방어하고 있는 지대공미사일 사이트들을 파괴했으며, MiG-21의 초계를 서쪽으로 밀어내기 위한 공중전을 수행했다. 한 달간의 타격과 공대공전투 후에 이스라엘 공군은 충분한 공중우세를 확보했으며, 이집트의 지상전력에 대한 가차 없는 공중폭격을 시작했다. 그러나 이러한 압력은 포격으로 인해 이스라엘 방위군에 발생하는 사상자의 수를 감소시키는 데는 미미한 성공을 거두었을 뿐이다. 결국, 이스라엘 정부는 '프리하(*Priha*)'라는 이름의, 종심작전을 위한 계획에 따라 확전을 결정했다. 우선 이스라엘 공군은 카이로를 둘러싸고 있는 지대공미사일 사이트의 대부분을 파괴하고 수십 대의 미그기를 격추했으며, 나일 삼각주로부터 카이로에 이르는 상공—이 주변은 빈번한 공격의 대상이 되었다—에서 제한적인 공중우세를 달성했다.

이리하여 이집트는 6일 전쟁이 있고 난 뒤 2년 반이 지나 새로운 위기에 처해 있는 자신을 발견했다. 그들은 필수적인 영토의 상공에서 공중우세를 잃어버렸고, 어디서나 이스라엘 공군의 공격에 노출되었으며, 그들을 막을 수도 보복할 수도 없었다. 그러나 프리하에 따른 종심작전의 잠정적인 성공은 나세르의 사임을 기대했던 이스라엘 총리 메이어(Golda Meir)의 비공식적인 목표를 충족시켜주지는 못했다.[47] 사실, 프리하는 예기치 않은 위험한 반응을 발생시켰다. 대안이 없던 나세르 대통령은 1970년 1월 3일에 소련으로 날아갔으며, 소련 지도자들에게 소련 방공전력을 이집트로 전개시키는 잘 준비된 계획을 즉각적으로 이행해줄 것과 이집트의 하늘을 방어하는 책임을 맡아줄 것을 간청했다.

몇 달 내에 소련은 은밀히 포괄적인 방공체계를 전개했다. 그것은 수십 개의 지대공미사일 포대—대부분 SA-3와 그 새로운 버전인 SA-2E—와 72대의 신형 MiG-21, 조기경보와 통제를 위한 몇 개의 레이더체계, 1개의 C3I 네트워크, 그리고 군수로 구성되었다. 이러한 전력은 소련 인력들—조종사, 지대공미사일 조작사, 통제사, 기술자, 지휘관 등 도합 1만 5000명이나 되었다—에 의해 가동되고 지휘되었다.

소련은 신중하고 조심스러운 전략을 고안해냈다. 초기에 그들은 카이로 주변에 지대공미사일 포대들을 전개시켜 이스라엘이 종심공격을 가하지 못하도록 했다. 삼각주에 대한 방공에 더 큰 책임을 지게 되자 소련군은 점진적으로 삼각주와 수에즈 운하 상공에서의 공중우세를 재획득하기 위해 나아갔다. 그와 동시에 3개 소련 요격기 대대가 카이로 남쪽에 있는 공군기지들로 전개했으며, 지대공미사일 포대의 남쪽 측면에 대한 방공을 책임졌다. 그들에게는 어떤 상황에서도 운하를 건너지 말라는 명령이 주어졌다.[48]

이스라엘 공군은 이러한 예기치 않은 상황을 신중하게 평가했다. 강대국에 맞서 싸우는 것은 군사적으로나 정치적으로 위험했다. 이스라엘 정부는 이스라엘 공군의 역할을 운하 상공과 서쪽 약 30킬로미터에서 공중우세를 보존하여 수에즈 운하의 동안(東岸)을 따라 전개된 지상전력을 방어하는 것으로 한정했다. 진군하는 소련 지대공미사일 전력과 이에 맞서는 이스라엘 공군 조종사들 간에 격렬한 전역이 계속되었다. 양측 모두는 자신들에게 가용한 모든 것을 사용하여 용감하고도 집요하게 싸웠으며, 강력한 소련군이 더디기는 하지만 거침없이 진군해 나아갔다.

전자전에서 소련의 지배적 입지에 직면하여 이스라엘이나 미국이나 할 것 없이 이스라엘 공군에게 새롭게 도입된 소규모의 팬텀 전력을 보호할 수 있는 대응조치는 아무것도 가지고 있지 못했다. 당시 베트남전에 깊이 개입해 있던 미국은 소련과의 직접적인 대결을 원하지 않았지만 이스라엘에게 기술자문관들과 정교한 전차체계를 제공했다. 그러나 그 어느 것도 효과적이지는 못했다.

전략가와 역사가들은 소모 전쟁의 항공전을 지대공미사일 체계와 항공기 간의 분쟁으로 폭넓게 특징짓지만 상황은 훨씬 더 난해했다. 덜 주의를 받았지만 덜 격렬하거나 덜 잔인하거나 덜 중요하지 않았던 또 다른 전역이 수에즈 운하 양측의 상공에서 발생했다. 두 공군 모두 공대공전쟁의 중요성을 인식하고 있었던 것이다. 앞에서 언급했듯이 이집트 국방장관은 그것을 이집트 장교들의 자신감을 복원시키는 수단으로 간주했다. 반면에 이스라엘 공군은 훈련과 반복 숙달에서 공중전을 강조하고, 그러한 유형의 전쟁이 제기하는 독특한 요구를 충족시킬 수 있게 C3I 체계를 건설했으며, 이전의 전쟁과 그에 따른 전투로부터 학습한 교훈들에 의존했다. 그 결과, 이스라엘 공군은 공중전을 적 영토에서 공중우세를 확보하는 귀중한 수단으로 간주했다.

소련 조종사들이 지대공미사일 망(網)의 남쪽 측면을 초계하기 시작했으며, 이스라엘은 정치적인 잠재적 함의와 군사적 확전의 위험 때문에 교전을 피하기로 결정했다. 이스라엘의 미라주와 팬텀들이 철수한 것을 인지한 소련 조종사와 그 지휘관들은 대담해지고 모험적이 되었다. 하루는 소련 조종사 2명이 운하 너머로 스카이호크 공격항공기를 추격했으며, 에이톨(Atoll) 공대공미사일을 발사해 이스라엘의 항공기를 살짝 맞추기도 했다. 이스라엘 정부는 도전에 맞서기로 결정함으로써 수용 가능한 한계를 분명히 했다.[49]

공중교전을 조직하고 실제로 그것을 지휘하는 능력으로 인해 잘 알려져 있던 호드 장군은 소련의 비행절차, 이스라엘 공군의 비행에 대한 그들의 대응,

그리고 유용할 수 있는 다른 패턴들에 대해 알고 있었다. 그의 참모들은 공중전투를 위한 기획과 수행의 모델로 기능할 수 있는 작전을 계획했다. 1970년 7월 30일에 그는 겉으로는 아무런 의도를 갖고 있지 않아 보이는 정찰편대를 미끼로서 이집트 깊숙한 곳으로 투입했다. 16~20대의 소련 MiG-21이 절망적인 것으로 보이는 편대를 향해 긴급 발진했으며 이스라엘 공군이 매복해놓은 덫을 향해 비행했다. 갑자기 팬텀과 미라주들이 서로 다른 방향에서 나타나 미그기들과 교전했다. 정찰항공기들—사실은 요격기들이었다—도 미그기들을 향해 방향을 바꿨다. 소련 조종사들은 정교한 덫에 걸린 자신들을 발견했으며, 5대가 손실되었다. 이는 제2차 세계대전 이래 소련 조종사들에게 가해진 가장 심각한 패배였다. 아무런 손실도 당하지 않았던 미끼 편대의 리더는 훗날 이러한 역사적인 조우에 대해 소상히 기술했다.[50]

소련과 이스라엘의 상호 이해관계와 암묵적인 합의 때문에 전술적인 관점에서 보았을 때의 그러한 결정적인 공중전은 반복되지 않았다. 미국의 정책이 바뀔 수 있다는 점을 알고 있었던 소련은 나세르 대통령으로 하여금 정전을 받아들이도록 설득했다. 국방장관 다얀은 추가적인 작전을 제지당했으며, 정치적 상황의 민감성을 인지하고 있던 이스라엘 정부는 소련과의 뒤이은 교전을 회피했다.

그럼에도 불구하고 통합전역의 운명은 다른 곳에서 결정되었다. 이스라엘 공군의 조종사들은 소련 지대공미사일 포대의 동진(東進)을 중지시키려 시도하는 가운데 수에즈 운하 부근에서 사상을 당하거나 포로가 되었다. 이스라엘 공군은 충분한 작전적 또는 기술적 대응책이 없는 채로 남아 있었다. 소련의 위협에 직면해 이스라엘이 강력히 의존하고 있던 닉슨 대통령은 이스라엘에게 미국으로 하여금 치열한 분쟁에 적극적으로 개입하게 만들 수 있는 확전을 피하고 정전의 제안을 받아들이도록 강제했다. 385일간의 가차 없는 항공전이 있고 난 뒤인 1970년 8월 8~9일 한밤중에 전투는 종결되었다.[51]

소모 전쟁 항공전의 과정에서 이스라엘 공군은 총 1만 2500소티를 수행했으며, 그중 1만 500소티는 이집트에 대해 이루어졌다. 같은 기간에 이집트 공군은 수에즈 운하를 넘어 불과 540소티를 수행했다. 이스라엘 공군은 약 700개의 방공표적을 공격했으며, 지대공미사일과 대공포에 11대의 항공기를 잃었다.[52] 이집트 공군은 이스라엘의 대공포와 지대공미사일에 19대의 항공기를 잃었다.[53]

공중전투의 결과는 양측 모두를 크게 놀라게 했다. 이집트는 73대의 항공기를 잃은 반면 이스라엘은 불과 4대를 잃었다.[54] 공중전에서의 격추율은 1967년 전쟁 이래 크게 변화되어 있었다. 이제는 18 대 1로 이스라엘 공군이 유리했다. 다른 결과도 덜 인상적이지 않았다. 이집트는 1967년 전쟁 이후 500대의 새로운 항공기를 공급받았었는데, 소모 전쟁 동안 그것들 중 92대(18% 이상)가 손실되었다.[55] 전략적 결과는 다소 달랐지만, 이러한 결과는 공중교전의 전술적 차원을 잘 보여준다.

소모 전쟁으로부터 몇 가지의 중요한 교훈이 도출될 수 있다. 그것은 분명 공중우세를 위한 2개의 통합전역으로 구성되었다. 그것은 강력한 소련-이집트 지대공미사일 체계와 이스라엘 공군 항공기 간의 전투와, 그보다 결코 중요도가 덜하지 않은 공대공전투였다.

소모 전쟁의 결과에 결정적인 요소는 소련 군사력의 적극적인 개입이었다. 그들은 이스라엘 공군 항공기에 대한 지대공미사일 체계 전역에서 지배적인 역할을 수행했으며, 이스라엘의 존재에 그럴듯한 위협을 가했다. 소련이 이집트에 전력을 전개시키기 전에 이스라엘 공군은 수에즈 운하에서 카이로까지 공중우세를 획득해 있었다. 소련군이 작전부대들을 운용하면서 그들은 삼각주, 운하, 그리고 그 너머에서 더디지만 확실하게 공중우세를 재획득했다. 이스라엘 역사상 처음으로 정전이 유일한 대안이 되었다.

또 다른 교훈은 경쟁하는 국가들에 의해 사용된 서로 다른 전략과 기술—이것이 바르샤바조약기구와 북대서양조약기구 전략 간의 차이를 특징지었다—의 영향과 관련되어 있다. 소련은 거대하고 정교한 현대식 지대공미사일 방공망을 발전·생산·전개시켰으며, 그들의 발전된 전자기술은 당시 미국의 대응조치를 능가했다. 이러한 소련의 방어개념은 북대서양조약기구의 연례적인 전략평가와는 대조적으로 동구권이 유럽과 중동에서 공세적이 아니라 방어적인 작전개념을 발전시킨 것은 아닌지에 대한 물음을 제기할 것이었다.

공중우세에 대한 서구의 개념은 주로 공세적·방어적 임무를 위해 항공기를 사용하는 것에 의존했다. 그러나 소모 전쟁은 미국이 가장 발전된 전자대응조치(ECM)로 이스라엘을 지원했음에도 불구하고 소련의 개념, 기술, 병력이 항공기와 미사일 간 전투에서 승리했다는, 부인할 수 없는 결과와 함께 끝났다.

공대공전역은 몇 가지로 요약될 수 있는 다른 변화도 보여주었다. 언급했듯이 1967년 전쟁에서는 아랍 항공전력의 상당 부분이 파괴되었음에도 불구하고 격추율은 불과 3 대 1로 이스라엘 공군이 유리했다. 소모 전쟁 동안에 이는 6배 증가했다. 두 전쟁 모두에서 대부분의 전투는 같은 유형의 요격기들을 개입시켰다. 미라주와 MiG-21에 맞먹었던 미국산 팬텀은 주간전투에서는 소수만 개입되었다. 무기체계에서의 대등함은 작전문화와 조종사, 지휘관, 정보장교들의 자질이 이스라엘 공군의 이점을 증대시키는 데 결정적인 요소였음을 시사해준다. 그러나 이러한 가정은 철저히 평가되어야 한다.

정전이 실제로 전쟁을 끝낸 것은 아니었다. 이스라엘과 미국의 기대에도 불구하고 소련-이집트 방공전력은 정전 후에 그들의 임무를 완수했으며, 수에즈 운하의 서쪽 끝을 향해 이동했다. 24시간 내에 대략 50개의 지대공미사일 포대가 그곳에 산개했으며, 시나이 반도 약 15마일 깊이까지 공중우세를 확보했다. 이러한 "부당한" 전진배치는 소련-이집트 통합전력의 부분적인 승리와 다음 분쟁—욤키루프 전쟁—의 초기 상황을 결정지었다.[56]

욤키푸르 전쟁

1973년 10월의 욤키푸르 전쟁은 공중우세를 획득하기 위한 일련의 작전을 포괄했다.[57] 이 섹션의 초점이 되는 가장 결정적인 전투들이 10월 6일 13시 50분에 전쟁이 발발했을 때부터 10월 7일 저녁까지의, 아랍의 기습적인 공세가 있고 난 뒤의 첫 이틀 동안에 발생했다.

교전국들과 전쟁 이전과 그동안, 그리고 그 이후에 대리국들을 조종했던 두 초강대국에 의해 충분한 정보가 공개되기도 전에 1973년 전쟁에 대한 몇 가지 연구가 이루어졌다.[58] 이러한 연구의 대부분은 항공전역을 철저하게 고찰하지 않았으며, 박식한 독자들에게 유용한 결론에도 도달하지 못했다. 그것들 중 일부는 지대공미사일과 항공기 간 전투에 집중했으며, 그보다 중요도가 덜 하지 않은 공중에서의 충돌은 무시했다. 이 섹션은 새로운 데이터와 통찰력을 제공하고, 공중우세를 위한 전투에 관해 내려졌던 결정들의 중대한 영향력을 평가한다.

이 전쟁은 사다트(Anwar Sadat) 대통령의 제한된 정치적·전략적 목표를 달성하기 위해 의도된 것이었다. 그것은 수에즈 운하의 동안에 있는 좁고 긴 지역을 장악하고, 운하 상공에서의 공중우세의 이점을 활용하여 이스라엘 방위군 기갑사단들을 파괴하는 것이었다.[59] 이전 분쟁들에서 그랬던 것처럼 아랍

〈표 6-4〉 욤키푸르 전쟁 시 항공전력

체계	이집트 / 시리아, 이라크	이스라엘	전력비
전투기와 감시기	1410	390	3.6:1
헬리콥터	320	70	4.6:1
지대공미사일 포대	182	12	15.2:1
수송기	85	46	1.8:1
전투기 조종사	735	650	1.1:1
비행장	56	12	4.7:1
격납고(방공호)	780	400	1.95:1
레이더 사이트	445	20	22.2:1

자료: 데이터의 대부분은 Haim Nadel, *Between Two Wars*(1967-1973)(Tel Aviv: Maarhot, 2006), attachment E, p.290에 수록되어 있음. 이스라엘 공군의 항공기 및 헬리콥터에 대한 데이터를 위해서는 Head of Logistics Department IAF, *Data on Activities: The Yom Kippur War-The Logistics System*(Tel Aviv: IAF headquarters, 1974)를 참조할 것. 지대공미사일 포대에 대한 데이터를 위해서는 Yossi Abudi, "Comparing Tagar and Dugman," *Essays Collection* 2 (The Fisher Institute for Air and Space Strategic Studies, October 2005), pp.8~9를 참조할 것.

항공전력은 전력비와 힘의 균형에서 상당한 우위를 만끽했다. 그들은 이스라엘 공군보다 3배나 많은 항공기를 보유하고 있었으며, 4배의 헬리콥터, 15배의 지대공미사일 포대, 22배의 레이더 사이트를 보유하고 있었다(〈표 6-4〉 참조). 지대공미사일이 제공하는 우산을 넘어 이스라엘 공군과 대적했을 때 이집트 공군의 한계를 인식하고 있던 이집트 공군사령관 무바라크(Hosni Mubarak, 훗날 이집트 대통령) 장군은 고전적인 기습공중공격을 계획했다. 이집트 공군의 계획은 집중, 기습에 기초했으며, 비행장, 레이더, 정보 사이트, 지대공미사일 포대와 같은 기초적인 군사표적들에 초점을 두었다. 시리아 공군의 계획은 매우 제한적이었지만, 시간계획, 규모, 행적, 결과에서 꽤 유사했다.

욤키푸르 전쟁에 대한 무수한 회고록과 연구들은 이집트와 시리아가 완벽한 기습공격을 달성해 이스라엘은 몇 시간에 불과한 조기경보를 받았으며,[60] 그것이 전쟁 초기와 그 이후에 이스라엘 방위군에 유혈사태가 가해졌던 주요한 요소였다고 결론 내린다.[61] 그러나 이스라엘 공군에 대한 진정한 이야기는 그와 달랐다. 이스라엘 공군본부는 10월 6일에 전쟁이 실제로 시작되기 열흘 전부터 집중적인 준비를 시작한 상태였다. 이스라엘 공군은 예비군을 동원하고 전비태세를 증강했으며 작전명령을 최신화했다. 전쟁이 시작되기 정확히 24시간 전에 이스라엘 공군사령관 펠레드(Beni Peled) 장군은 고위계급의 장교들을 모아놓고 결정적인 브리핑을 실시했다. 그는 정보평가를 무시하고 다음 날 전쟁이 발발할 것임을 강력히 경고했으며, 이스라엘 공군에게 골란고원에 있는 시리아의 지대공미사일 포대들을 선제 타격할 완벽한 준비를 하도록 명령했다.[62] 욤키푸르(속죄일) 아침에 그는 적대행위가 15시에 시작할 것으로 짐작했다. 이는 정보가 예견했던 것보다 3시간 빨랐다.[63] 그래서 이스라엘 공군은 그들로 하여금 미리 준비할 수 있게 해주는 적시적인 경보를 받았지만, 지휘관 펠레드 장군에 의한 마지막 순간의 명령 변경으로 장군이 예견했던 것보다 한 시간 빨리 전쟁이 발발했을 때는 그것이 완벽한 기습이 되고 말았다.[64] 이집트 육군사령관 샤즐리(Saad el Shazly) 장군은 다음과 같이 회고했다.

> 작전실 벽에 걸린 시계들이 13시 50분을 가리켰다. 지휘 테이블에 있는 전화가 울리더니 공군기지들에서 "이륙 준비 완료"를 보고해왔다. 나는 날개에 폭탄을 장착한 항공기들이 어두운 격납고에서 나와 활주로의 빛을 향해 서서히 움직이는 모습을 보는 것을 상상했다. 활주로에서 항공기들이 속도를 더해가면서 엔진의 으르렁거리는 소리가 들려왔다. 14시 정각에 200대의 항공기가 저고도로 운하를 건너 표적을 향해 시나이 깊숙한 곳으로 비행했다.[65]

그와 동시에 시리아도 협력하여 골란고원을 기습 공격했다. 두 공격 공히 이스라엘 공군이 마지막 순간의 잘못된 결정으로 인해 대비가 되어 있지 않음을 발견했다. 그 결과, 남은 3일 동안 이스라엘 공군은 전선들과 이스라엘 깊

〈표 6-5〉 1973년 10월 6일의 이집트 공군과 시리아 공군의 출격임무

임무	이집트 공군	시리아 공군	계
공격임무	134	85	219
국경횡단 요격	70	104	174
급습임무	48	11	59
국경을 횡단한 총 출격 횟수	250	200	450
방공임무(개략)	200	100	300
계	450	300	750

자료: Yizhak Shteigman, *The IAF in the Defensive Phase: October 6-7 1973* (Tel Aviv: IAF headquarters, 1976), Logistics Department.

숙한 곳의 하늘을 방어하는 데 집중하여 침투하는 지상전력을 공격하고 국경에서 수적 열세에 있는 지상전력에게 근접항공지원(CAS)을 제공했다. 그러나 이집트 공군과 시리아 공군의 잘 협력된 공중기습공세는 이스라엘 방위군 지상전력에게 경미한 피해만 유발했을 뿐이었다. 이러한 피해는 그날 밤 동안에 수리되었다. 이집트 공군은 수십 개의 군사목표물을 표적으로 삼았지만, 켈트(Kelt) 장거리 대(對)레이더미사일로 불과 1개의 레이더 사이트를 파괴하는 데 성공했을 뿐이었다(〈표 6-5〉 참조).

공중기습공격의 빈약한 결과와는 대조적으로 이집트와 시리아의 거대한 지상전력은 그들의 목표 대부분을 달성했다. 야간과 그다음 날 동안 이집트 육군은 수에즈 운하를 건너 동안(東岸)에 5개 사단을 전개시켰으며, 이 전선을 방어하고 있던 이스라엘 방위군 기갑사단의 대부분을 파괴했다. 그와 동시에 시리아 군사력은 골란고원의 남쪽 측면을 장악했으며, 방어전력을 소탕하고 이스라엘의 심장부를 위협했다.

10월 6일 밤에 이르러 정책결정자들은 다음 날 이스라엘 공군의 임무에 대한 평가에서 이견을 보였다. 국방장관 다얀은 "내일, 이스라엘 공군은 심대하고 격렬한 도전에 직면할 것이다. 내일의 전투를 안전하게 끝내기 위해서는 우리가 많은 성공을 거두어야 한다"라고 말했다.[66] 반면에 이스라엘 방위군 사령관 엘라자르(David Elazar) 장군은 낙관적으로 "그날이 이스라엘 공군의 날이 될 것이다"라고 말했다.[67]

운하를 건너는 것은 가장 위협적인 공격으로 (잘못) 간주되었기 때문에 이스라엘 공군은 먼저 이집트의 방공망을 먼저 파괴하도록 명령받았다. 밤 동안 이스라엘 공군은 다음 날 아침의 작전을 위한 준비를 마쳤다. 10월 7일 동틀 무렵에 아랍의 군대들은 시나이와 골란고원에서 성공을 거두었으며, 이는 이스라엘 공군에게 제약을 가했다. 샤믈리 장군은 "7일 아침에 운하를 횡단하는 일은 성공적이었던 것으로 드러났다. '바레브 방어선(Bar-Lev Line)'을 지키던 4개 이스라엘 여단은 사실상 파괴되었다. 적은 전술기갑부대를 잃고 말았다"고 결론지었다.[68] 1967년 전쟁의 영웅이었던 이스라엘 방위군 남부사령관 고넨(Shmuel Gonen) 장군은 엘라자르 장군에게 고작 30~40대의 탱크만이 손상당하지 않은 채로 남았다고 보고했다.[69]

이스라엘 공군의 주된 목표는 여전히 전장 상공에서 공중우세를 확보하는 것으로 남아 있었으며, 동시에 고국의 하늘을 지키고 지상전력에게 근접항공지원을 제공하려 했다. 대대들은 작전명령을 받았으며, 항공기는 폭탄, 미사일, 전자방해장치로 무장했다. 조종사들은 브리핑을 받았으며, C3I 사이트들도 최신화되었다. 이스라엘 공군은 행동할 준비가 되어 있었지만, 다시 한 번 지도부가 잘못된 결정을 내렸다.

전쟁 전에 이스라엘 공군은 지대공미사일 체계를 제거할 몇 가지 전략적·작전적 계획을 준비해놓은 상태였다. 그 계획 중 2개—타가르(*Tagar*) 4와 5—는 이집트에 초점을 두었다. 기습 시 적용되게 되는 한 가지 계획은 즉각적으로 결정적인 우위를 달성하기 위해 먼저 미사일 사이트들을 공격하는 데 목표를 두었다. 다른 하나의 계획은 대공포가 침투하는 항공기에 가장 심각한 위협이 되는 것으로 간주하여 이러한 위협을 우선적인 표적으로 삼았으며, 지대공미사일 사이트에 대한 공격은 4시간 뒤에 제2파가 도래할 때까지 연기했다. 게다가, 이스라엘 공군의 전통을 따라 출격의 거의 절반은 비행장 공격에 할당되었다.[70]

양 전선 모두에서 이스라엘 방위군 지상전력은 절박한 상황에 처해 있었음에도 불구하고 이스라엘 공군본부는 두 번째 계획을 고수했으며, 제1파에서 대공포와 비행장 표적을 가장 우선시했다. 10월 7일 아침에 지대공미사일 사이트는 공격되지 못했던 것이다. 이집트 방공 지휘관과 조작사들은 집중적인 공격에 임하고 있는 것으로 보이는 이스라엘 항공기 함대가 자신들의 취약한 사이트에 단 한 발의 폭탄도 투하하지 않는 것이 믿기지 않았다. 이러한 행동 경과가 항공인들이나, 이스라엘 공군의 교리나 대비태세의 실패를 나타내는 것은 아니었다. 그것은 그날 성공할 수 있는 일말의 가능성을 막아버리고 적어도 2주 동안은 이집트 전선에서 공중우세의 확보를 지연시켰던, 잘못되고도 설명할 수 없는 결정들이 유발한 것이었다. 타가르 작전은 가장 중요한 표적—지대공미사일 사이트—을 손상시키지 못한 채로 남겨놓았으며, 적 비행장과 대공포에는 경미한 피해를 가했을 뿐이었다.[71]

타가르 작전은 실패로 간주된다. 이 작전은 전술적 수준의 장교들 사이에서나 작전적 수준의 장교들 사이에서나 할 것 없이 실망이 깊어지게 만들었다. 공군의 전력이 대공포와 비행장을 겨냥하도록 지시했던 이스라엘 공군본부의 결정은 이스라엘 조종사들로 하여금 그들이 수년 동안 준비해왔던 전투에서 승리하지 못하게 만들고 말았다.[72] 이러한 나쁜 결정은 항공전역에 대한 분석을 새로운 차원으로 이동시킬 것이었다. 즉, 항공기와 미사일의 기술적 능력

간, 그리고 양측의 교리 간 비교가 의사결정의 영역으로 전이될 것이었다.

타가르 작전의 실패는 몇 시간 뒤에 이스라엘 공군이 경험한 잊을 수 없는 패배에 비교하면 경미한 것으로 보인다. 10월 7일 13시에 이르면 골란고원의 상황은 악화되어 있었다. 북부사령관 호피(Yzhak Hofi) 장군은 다급한 경고를 반복해서 보냈다. 이른 아침에 다얀은 상황을 직접 평가해보기 위해 전장으로 날아갔다. 거의 즉각적으로 그는 자신의 고향 마을에 가까운 남쪽지역이 붕괴된 것을 목격했다. 그는 개인적으로 펠레드 장군에게 전화를 걸어 소진된 전력에게 근접항공지원을 증가시켜줄 것을 요청했다. 여러 책과 논문은 국방장관이 이스라엘 공군사령관에게 남부에서의 타가르 작전을 즉각 종료하고 전력을 시리아의 지대공미사일 체계를 공격하는 데로 이동시킬 것을 명령했다고 보고하지만, 이러한 토의가 담긴 녹음물은 다얀이 더 많은 근접항공지원 소티를 요구했을 뿐 지대공미사일에 대항하는 타가르 작전에 대해서는 언급하지 않았음을 분명히 해준다. 그러나 이스라엘 공군의 공격항공기는 이미 이러한 임무를 지시받은 상태였다. 이 정보는 이 기간 동안 다얀의 역할과 결정에 대한 연구 및 논쟁에 중대하게 기여하며, 다음 작전인 '더그만(Dugman)'에 관한 의사결정을 이해하는 데도 훨씬 더 중요하다.

이스라엘 방위군 사령관 엘라자르 장군은 전략적인 상황의 변화를 인지했으며, 곧바로 이 문제를 펠레드 장군과 의논했다. 그날 오전 늦게 그는 100대 이상의 항공기가 각 표적을 타격하는 타가르 작전이 공격을 개시하는 시각 몇 분 전에 이스라엘 공군 지휘소를 방문했다. 펠레드와의 짧은 면담 후에 그는 펠레드 장군에게 이집트 방공망과 비행장에 대한 작전을 끝내고 시리아 전선을 따라 배치되어 있던 시리아의 발전된 지대공미사일 체계에 대해 더그만 작전을 시작할 것을 명령했다. 이러한 결정 이전에 수행된 참모업무나 상황평가는 전혀 없었다. 사실 그는 그의 참모나 보좌관들과는 무관하게 결정을 내린 것이었으며, 이스라엘 공군사령관은 일부 고위장교들이 제시했던 대안들을 무시해버렸다.

베테랑들뿐 아니라 분석가들도 많은 경우 이 결정이 다음의 실패에 주요한 원인이 되었다고 결론 내리지만, 이러한 결론은 대부분 잘못된 것이다. 그러한 실패는 주로 뒤이은 작전적·전술적 결정들로부터 야기된 것이었다. 소모전쟁의 마지막 국면 동안에 소련제 SA-3 포대들은 어둠을 틈타 진지를 변경했으며, 이스라엘 공군의 공격편대에 대해 파괴적인 매복을 전개시켰다. 게다가 소련은 시리아에게 몇 분 만에 그 위치를 변경시킬 수 있는 가장 발전된 이동식 SA-6를 제공한 상태였다. 이스라엘 공군은 이러한 교훈을 학습했으며, 공격을 위한 새로운 전제조건을 그 교리와 작전명령에 포함시켰다. 그것은 모든 대(對)지대공미사일 작전을 수행하기에 앞서 적 포대의 최근 위치를 파악하기 위해 예비 정찰비행을 실시하는 것이었다.[73]

나쁜 날씨와 기타 사유들 때문에 전날의 초기 정찰비행은 실망스럽게 끝나고 말았다. 이스라엘 공군은 이집트 전선에 집중했으며, 그래서 10월 7일 오전에 시리아 전선에 대해서는 정찰임무가 수행되지 않았다. 펠레드 장군은 대부분의 지대공미사일 포대들이 알 수 없는 새로운 위치로 이동해버렸다고 보고받았다. 교리나 숙련된 작전기획자들의 제한된 최신 정보나 할 것 없이 공히 공격 전 예비 정찰임무를 필요로 했다.

그러나 작전계획에서의 혁명적인 변화 때문에 그러한 임무는 수행되지 못했으며, 이스라엘 공군의 근간이 되는 전력들은 버려진 사이트들을 향해 이륙했다. 이스라엘 공군은 복잡하고 위험한 더그만 작전을 위해 필요한 준비를 완결하도록 하는 엘라자르 장군의 허락에도 불구하고 거의 즉각적으로 시리아 방공망을 타격하기로 결심한 상태였다.

이 작전에 따른 연기와 화염이 전장에서 걷히자 어느 쪽도 예기치 못했던 결과들이 나타났다. 이스라엘 공군은 시리아 방공망을 파괴하는 데 실패한 데서 충격을 받았다. 이스라엘 공군에 의해 공격받은 25개의 사이트 중 불과 1개 지대공미사일 포대만이 파괴되었던 것이다. 반면에 (이스라엘 측에서는) 6대의 팬텀이 격추되었으며, 또 다른 10대가 심각하게 피해를 입었고, 11명의 이스라엘 조종사들이 죽음을 당하거나 포로가 되었다.[74] 그러나 이러한 수의 사상은 예상된 것이었다. 이상하게도 미사일에 의해 손실되거나 피해를 입은 항공기는 없었다. 그들은 미사일을 피해 저고도로 표적 위를 비행하다가 대공포에 의해 타격을 입은 것이었다.

필요한 정보가 없이 너무 성급하게 공격을 가하게 만든 이런 결정은 다른 것들과 한데 어우러져 시리아와 이집트의 지대공미사일 체계에 대한 공중전투의 결과를 손상시켰다. 시리아의 지대공미사일 방어는 전쟁 내내 그 우세를 보존했다. 반면에 이집트군은 전쟁 후반에 심각한 손실을 당했으며, 용감하고도 능숙한 전역 끝에 전장 상공에서의 공중우세를 상실하고 말았다. 이스라엘 공군의 간략한 공간사는 1973년 전쟁의 초기에 선보였던 시리아와 이집트 방공전력의 효과적인 전투수행을 칭찬했다.[75] 타가르와 더그만 작전의 실패는 방공체계의 새로운 기술적 능력보다는 주로 잘못된 결정들에서 기인한 것이었다.[76]

전임 이스라엘 공군사령관이자 훗날 이스라엘의 대통령이 되는 바이츠만 장군은 "이스라엘 공군은 적시에 시리아와 이집트의 지대공미사일 체계를 극복해내지 못했다. 이 전쟁에서는 '미사일이 항공기의 날개를 구부러뜨리고 말았다'. 필수적인 교훈을 이끌어내기 위해서는 이 사실이 매우 면밀하게 분석되어야 한다"라고 선언했다.[77] 뒤이은 그의 권고들이 다음 분쟁을 향한 이스라엘 공군의 정책을 이끌어갔다.

이렇게 미사일 대(對)항공기의 문제에 초점이 놓였음에도 불구하고, 전쟁 초기에 공중우세를 위한 투쟁은 1973년 전쟁을 연구하는 대부분의 역사가들이 간과하는 경향이 있는 또 하나의 포괄적인 전역을 포함했다. 그것은 공중에서의 전투였다. 이집트 공군과 시리아 공군은 비행장과 지상에 있는 항공기의 취약성에 관한 1967년 전쟁의 교훈을 배웠기 때문에 수백 개의 항공기 방공호를 만들었으며 비행장과 활주로의 수를 배가시켰다. 이로써 모케드 작전과 유사한 타격을 반복할 수 있는 이스라엘 공군의 기회는 사라지고 만 상태였다. 그렇기 때문에 두 전선 모두에서 행동의 자유를 창출하는 데 공중전은 더 중요해졌다.

공대공전쟁을 위한 무기체계는 소모 전쟁 이래 경미하게 개선되었다. 그러나 인적자원의 자질에서 이스라엘이 점하는 우위는 계속해서 개선되었다. 이전 전쟁들에서 확인된 이스라엘 공군의 우위는 아랍의 작전개념을 변화시켰다. 일반적으로 말해 아랍 항공전력은 자신들의 항공전력이 이스라엘 공군을 대적하는 위험에 처해지는 것보다 그들을 보존하기를 선호했다.[78] 단 한 차례, 1973년 전쟁의 기습공격 동안에만 그들은 자신들의 항공전력을 수십 개의 이스라엘 방위군 설비들을 공격하는 데 사용하려 했다. 그러나 그러한 공세의 심각한 손실과 빈약한 결과는 그들이 이전에 가졌던 결론을 강화시켜놓고 말았다.

첫 30시간 내내 항공전력들은 1967년 전쟁에서 자신들의 역할을 반전시켰다. 이집트 공군과 시리아공군이 주도권을 잡고 시나이와 골란고원에 있는 표적들을 공격했다. 전술적 조기경보의 결여에도 불구하고 이스라엘 공군은 즉각 방어적으로 대응했다. 76대의 아랍 항공기와 헬리콥터, 2개의 켈트 공대지 미사일이 격추되었으며, 적 항공기에 손실된 이스라엘 항공기는 없었다.[79] 결

〈표 6-6〉 욤키푸르 전쟁에서 첫 30시간 동안 이스라엘 공군의 출격임무•

표적	대(對)이집트	대(對)시리아	합계	합계 대비 비율
지대공미사일과 대공포	78	113	191	16.5
비행장	47		47	4.0
방공망	320	128	448	38.8
공중우세 총합	445	241	686	59.4
지상전력	340	129	469	40.6
합계••	785	370	1155	100
합계 대비 비율	68.0	32.0	100	

자료: Yizhak Shteigman, *The IAF in the Defensive Phase: October 6-7 1973* (Tel Aviv: IAF headquarters, 1976), Logistics Department, pp.12~13.

국, 아랍 항공전력은 그 전쟁에서 중대한 공세적 역할을 수행하기를 중단했다. 그럼에도 불구하고 지대공 방어망이 통제할 수 있는 제한된 지역과 이스라엘 공군의 가차 없는 공세타격으로 인해 아랍 군대들은 자신들의 항공기를 방어적으로 운용할 수밖에 없었으며, 전쟁 동안 그들은 수백 대를 손실당했다.

한편, 이스라엘 방위군도 깜짝 놀랐다. 그들의 예비군은 전쟁이 발발했을 때까지도 동원되지 못한 상태였다. 그 정규군은 시간에 맞춰 전개되지 못했고 중대한 손실을 당하기도 했다. 지상에서의 결정적인 상황은 소규모 이스라엘 공군—투입할 수 있는 항공기가 300대였다—으로 하여금 여러 긴요한 임무들 간에 그 전력을 분할하게 만들었다(〈표 6-6〉 참조). 그래서 그들은 전력집중의 원칙을 활용할 수 없었다. 이스라엘 공군은 주로 북부전선에서 지상전투 수행에 중대한 역할을 수행했다. 그들은 민간인과 군사력 모두에 대한 공중타격을 막고, 적 공군이 이스라엘의 중력중심에 대해 전략적 타격을 가하는 것을 저지하는 데 성공했다.

전쟁의 첫 국면은 욤키푸르 전쟁 전반에 걸친 공중우세를 위한 전투의 특징을 결정지었다. 두터운 지대공미사일 전력에 대한 이스라엘 공군의 대규모 작전도, 아랍 항공전력의 공세적인 작전도 반복되지는 못했다. 시리아 지대공미사일 체계의 승리와 항공전역에서 이스라엘 공군의 우위가 이스라엘과 시리

• 원서의 표에는 합계와 비율에 잘못 산정된 수치가 다수 포함되어 있어 옮긴이가 정정했다.

•• 이 합계는 '공중우세 총합'과 '지상전력'을 합한 결과이다.

아가(그리고 미국과 소련도) 1982년의 다음 분쟁으로 가는 과정에 학습하고 그에 입각해 행한 중요한 교훈이 되었다.

제1차 레바논 전쟁, 1982년

욤키푸르 전쟁이 끝나고 레바논 전쟁이 발발하기까지는 채 9년도 걸리지 않았다. 며칠간 싸움이 있고 난 뒤인 1982년 6월 9일에 이스라엘 공군은 시리아 방공체계에 의한 잊을 수 없는 수치스러운 패배에 대한 복수로서 포괄적인 타격을 가해 설욕했다.[80]

몇 년간 레바논 내 팔레스타인 테러조직들은 소련제 카추샤(Katyusha)• 와 지뢰를 사용하고, 평화로운 이스라엘-레바논 국경 부근에서 살고 있던 이스라엘 민간인들을 공포로 몰아넣기 위해 매복을 수행했었다. 1976년 이래 시리아 지대공미사일 체계는 레바논과의 국경 부근에 배치되어 있었으며, 그것이 만들어주는 우산 아래서 테러조직들은 공중공격으로부터 다소간에 보호받고 있다는 느낌을 가질 수 있었다. 이스라엘은 이스라엘 공군을 보복의 주요 수단으로 사용했다. 1981년에 정전이 선언되었으며, 다음 해는 조용하고 조짐이 좋은 것처럼 보였다.

이 기간 내내 시리아 국경에 가까운 좁고 긴 지역을 제외하고는 이스라엘 공군이 레바논의 하늘을 통제했다. 시리아와 이스라엘 요격기들 간의 우발적인 충돌은 이스라엘 공군이 논박할 수 없는 우위를 확보하면서 끝났다. 1981년에 레바논 상공에 대한 지배권을 확보하기 위해 시리아는 몇 개의 지대공미사일 포대를 그곳에 전개시킴으로써 지역의 긴장이 고조되었다. 아주 마지막 순간에 이스라엘은 정치적 이유들로 인해 그러한 포대들에 대한 작전을 중지했다. 레바논 하늘에서는 현상(現狀)이 유지되었지만 양측 모두가 임박한 대결을 예견하고 있었다.

몇 가지의 전략적인 상황이 이 분쟁을 1973년의 충돌과 차별화한다. 이스라엘은 이집트와 평화협정에 서명한 상태였으며, 시리아만이 홀로 남아 강력한 이스라엘 방위군에 맞서고 있었다. 전면전쟁의 위협을 통제하기 위해 이 분쟁은 레바논 영토로 국한되었다. 이스라엘과 시리아 양국은 자신들의 활동

• 제2차 세계대전 동안 처음 쓰였던 다련장 로켓포(multiple rocket launcher)이다.

을 특정의 구속들 내에서 꼼꼼하게 관리했는데, 이는 어느 국가도 제한적인 분쟁의 범위를 확대시키려 하지 않았기 때문이다.

강대국들은 여전히 자신들의 의뢰국을 지원하고 있었지만 군사적인 질적 균형은 급격하게 변화했다. 이스라엘 공군은 하방탐사 공격레이더(look-down shoot-down radar)와 새로운 공대공미사일로 무장한 신형 전투기(F-15와 F-16)를 보유했다. 그와 동시에 이스라엘은 군사기술을 혁명화했으며, 다가오는 전투에서 결정적인 역할을 하게 될 중요한 선진 무기체계와 전자기기를 발전시켰다. 이스라엘의 산업은 전자방해장치, 유인체(decoy), 무인기(UAV), 지휘·통제·통신·컴퓨터·정보(C4I) 체계를 발전시키고 생산했으며, 그것들을 이스라엘 공군의 역할과 임무에 맞게 조정해놓은 상태였다. 그럼에도 불구하고 지대공미사일 전력에 맞서는 데 있어 이스라엘 공군의 가장 중요한 우위는 무기개발국(Armament Development Authority)에 의해 원거리 공대지 정밀유도무기(PGM)가 개발된 것이었다. 이러한 무기체계들은 그 이후 항공기-지대공미사일 간의 균형을 완전히 바꿔놓았다.[81]

더그만 작전을 좌절시켰던 영예에 흠뻑 젖어 있던 시리아 방공전력은 자신들의 무기체계를 그다지 개선하지 못했는데, 이는 주로 소련이 이 영역에서 미국에 상당히 뒤처져 있었기 때문이다. 그러나 시리아 공군은 가변 후퇴익을 가진 요격 및 공격기 MiG-23과 MiG-25 고고도 정찰기, 개량된 SA-6, 새로운 유형의 SA-8 및 SA-9 단거리 지대공미사일 체계를 제공받았다.

1982년 전쟁의 도화선은 제1차 세계대전의 그것과 유사하다. 영국 주재 이스라엘 대사가 잘 알려지지 않은 테러조직의 팔레스타인 출신 조직원에 의해 피격된 것이다.[82] 이스라엘 정부는 레바논에 있는 테러조직들에 대한 대규모 작전을 개시하기로 결정했다. 암살에 시리아가 개입한 수준은 불명확한 채로 남겨졌다.

전쟁 직전 며칠 동안 시리아는 레바논에 지대공미사일 전력을 두텁게 전개시켰으며, 이는 1973년의 전개와 흡사했다. 그것은 19개 포대를 포함했는데, 그중 15개는 개량된 SA-6였다. 1973년 이래 시리아 공군은 675대의 항공기와 150대의 공격헬기로 그 규모를 3배나 증가시킨 상태였다. 이스라엘 공군은 기술적 혁명과 더불어 610대의 항공기를 전개시켰지만, 그중 100대만이 지대공미사일 체계에 대응하는 데 적합하고 투입 가능했으며, 공대공전투에는 90대만이 그랬다. 나머지는 거의 근접항공지원 임무에만 쓰이거나 투입이 불가능

한 낡은 항공기로 구성되었다. 게다가 병기목록에는 27대의 공격헬기가 포함되어 있었다.[83]

레바논 전쟁은 6월 5일에 발발했다. 그날부터 교전국들은 레바논 하늘에서 우세를 확보하기 위한 피할 수 없는 대결을 위해 스스로를 준비시켰다. 6월 8일 밤 전투가 개시되기 몇 시간 전에 시리아는 레바논 영토에 있는 지대공미사일 전력을 4개 SA-6 포대로 증강시켰으며, 이스라엘 공군은 그것의 위치를 파악하고자 하는 노력을 강화했다.

6월 9일 14시에 이스라엘 공군은 아르자흐(*Arzav*) 작전을 개시했다. 이 전투에 대한 대부분의 기술은 부정확하거나 신뢰성이 없지만, 시리아 국방장관 틀라스(Mustafa Tlas) 장군은 이스라엘 공군의 교리, 전술, 아르자흐 작전의 경과를 분석하는 귀중한 객관적 서술을 남겼다.

> 13시 50분에 시리아의 레이더망이 레바논의 몇몇 지역에 집중되어 있는 많은 적 항공기 편대들을 식별해냈다. 게다가 레바논 공역의 서쪽 지중해에서 비행하고 있는 편대들도 파악해냈다. 적[이스라엘 공군]은 시리아 방공체계의 모든 탐지, 조기경보, 통제 체계에 대한 전자재밍을 개시했다. 이러한 중요한 임무를 수행하는 데는 일부 유형의 항공기들이 참가했다. 보잉 707 1대가 지상기지[주로 헤르몬 산(Mount Hermon)에 위치한 기지]와 협력하여 적극적인 통신 및 레이더 재밍을 개시했다. 조기경보기 호크아이(Hawkeye) E-2C들이 감시와 공중통제 임무를 수행했다. 스카이호크 A-4들이 적극적·소극적 재밍을 작동시켰다. 무인기들이 정찰·재밍·통신 임무에 참여했으며, 처음 발사된 시리아 미사일들을 위한 허위표적으로도 사용되었다. 14시에 20~24대의 팬텀 F-4 항공기가 35킬로미터 이상의 먼 거리에서 시리아 지대공미사일 포대를 향해 공대지미사일을 발사했다. 장거리 포와 "지브(Zeev)" 지대지로켓들이 [공중공격과] 결합되었다. 이러한 무기체계들은 레이더 기지와 지대공미사일 포대의 통제본부를 겨냥했다. 집중적인 포격과 계속적인 전자재밍의 결과, 지대공미사일 전력의 능력은 일시적으로 마비되었다. 15분 뒤에 약 40대의 항공기로 이루어진 적 공격군 주력이 베카계곡(Bekaa Valley)에 배치되어 있던 지대공미사일 전력 내로 침투해 들어왔다. 그들은 지대공미사일 사이트, 본부, 기타 전력을 공격했다. 그들은 "영상(television)" 폭탄과 고성능 폭탄을 사용했다. 이 공격은 14시 35분에 끝났다. 공격이 끝나자 적은 그 결과, 지대공미사일 포대들의 가동능력, 그것들을 다시 한 번 공격해야 할 필요성을 측정하기 위해 감시 항공기들을 띄웠다.[84]

〈표 6-7〉 아르자흐 및 공대공 임무(1982년 6월 9일 14~17시)

	대(對) SAM	요격	지원	총 소티	파괴된 SAM	격추된 항공기
소티	125	80	58	263	5+14*	28

주: 별표는 '손상'을 나타냄.
자료: Yossi Abudi, *The Operations of the IAF in the "Peace of Galilee" War*, p.354, p.367.

이런 기술(記述)은 당시 이스라엘 공군사령관이었으며 이스라엘의 시각으로 그 충돌에 대해 기술했던 이브리(David Ivri) 장군에 의해 확증된다. 그는 그 작전은 각 전력이 제각각 수행한 것이 아니라 하나의 콘서트였다고 썼다. 그와 그의 참모들은 공격군을 다양한 유형의 지원항공기와 지상체계들과 협력시켰다. 거기에는 전자전 비행기, 무인기, 헬리콥터, 공중재급유 항공기, 통신중계기가 동원되었다. 그 콘서트는 당시 가용했던 가장 발전된 실시간 중앙 C4I 체계에 의해 수행되었다. 사실, 그것은 전투관리를 위해 컴퓨터에 의존하는 최초의 작전적 실시간 지휘통제체계였다. 약 2시간 내에 이스라엘 공군은 14개의 지대공미사일 포대를 파괴했으며, 다른 5개에게는 크게 피해를 입혔다.[85]

아르자흐 작전은 불과 125회의 공격소티와 58회에 이르는 다양한 유형의 지원소티를 포함했다(〈표 6-7〉 참조). 기대했던 것보다 빨리 임무가 완수되면서 추가 60회의 공격소티가 취소되었다.[86] 이러한 수치는 정밀유도무기 체계의 효과성뿐 아니라 상당한 수의 지원임무 또한 필요함을 보여주는 것이었다. 전쟁이 진행되는 동안에 또 다른 10개의 지대공미사일 포대가 파괴되었으며, 그중에는 가장 현대식인 SA-8과 SA-9 미사일도 포함되어 있었다.[87]

아르자흐 작전은 전술적·전략적·정치적·심리적 함의를 가지고 있었으며, 더그만 작전 시 패배의 그림자를 거의 지워내는 것이었다. 그 이후 지대공미사일 체계가 항공기 시대의 종식을 알릴 것이라는 만연했던 군사적 믿음은 완벽한 반전을 경험했으며, "항공력의 날개"는 전에 없이 강력해졌다. 아르자흐 작전의 성공은 초강대국들의 재래식 군사력의 균형을 미국에 유리하도록 상당 정도 바꿔놓았으며, 가장 정교한 소련의 방공체계에 대해 공중우세를 확보해낼 수 있는 능력에 대한 전투원, 기획관, 지휘관 들의 자신감을 증대시켰다. 이 작전의 보다 장기적인 결과는 그로부터 채 9년도 지나지 않은 1991년 1월 17일에 미 공군이 걸프전 내내 수행하게 될 지배적인 역할을 보여주었을 때 강하게 드러났다.

아르자흐 작전의 성공은 다시 한 번 공중에서의 전투를 가려버렸다. 이는 이스라엘 공군이 공대공전쟁에서 반복적으로 달성했던 업적을 분석가들이 무시해버린 또 하나의 사례였다. 공중전은 6일간 계속되었으며, 아르자흐 작전이 절정에 달하면서 공중전도 그 절정에 달했다. 시리아 국방장관은 "약 70대의 시리아 항공기가 손상을 당한 지대공미사일 전력을 지키려 급발진했다. 약 90대의 이스라엘 공군 항공기가 전투에 합류했다. 그것은 그때까지 발생했던, 첨단 항공기 간의 가장 거대한 공중전이었다"라고 썼다.[88] 이브리 장군은 공중에서의 역동적인 상황에 대해 추가적으로 진실을 밝혔다. 그는 시리아 공군은 지대공미사일 전력이 파괴되어가고 있다는 점을 금세 알아차렸으며, 이스라엘 공군의 공격군을 교란하기 위해 수십 대의 요격기를 파견했다고 회고했다. 그 뒤, 갑자기 그들은 중앙지휘소에 의해 지휘되던 F-15와 F-16 매복조와 교전하게 되었다. 이스라엘의 전자방해장치와 유인체들 때문에 "깜깜이(blind)" 비행을 하던 시리아 조종사와 통제사들은 그들을 둘러싼 매복조들에 대처할 수 없었으며, 심각한 손실을 당했다.[89] 그날 오후 레바논 국경을 넘었던 시리아 공군 요격기들 중 28대가 귀환하는 데 실패했지만 전투는 아직 끝난 게 아니었다. 심각한 손실에도 불구하고 용감한 시리아 조종사들은 반복해서 이스라엘 공군의 편대들과 교전했다. 6월 11일의 정전 전에 65대의 시리아 항공기와 헬리콥터가 공중전에서 손실되었는데, 이는 아무런 손실도 없었던 이스라엘 공군과 대조되는 것이었다. 이스라엘 공군의 중앙집중적인 C4I 체계를 가장 잘 보여주는 이러한 사건은 작은 지대에서 합동적이고 협력적인 항공작전을 지휘할 수 있는 그들의 능력을 입증해주는 것이었다.

승리는 패배보다 설명하기 어렵다. 한 가지 분명한 설명은 기술혁명을 강조한다. 사실 그것은 두 가지의 혁명이다. 첫째, 이스라엘 산업은 항공기와 지대공미사일 간의 균형을 완전히 바꿔놓았던 원거리 정밀유도무기, 전자방해장치, 첨단 C4I 체계에서의 다양한 발전을 통해 지대공미사일에 대응했다. 두 번째 혁명은 경쟁국 소련을 완전히 능가했던, 항공기, 항공기 탑재 레이더, 공대공미사일에서의 미국의 발전으로부터 발생했다. 또 다른 설명은 이스라엘 공군 조종사들의 질적 우세, 그들의 작전문화, 지휘, 통제, 전투관리의 인적 요소를 강조한다.

그럼에도 불구하고 이러한 설명들은 부분적인 것에 불과하며 단편적이다. 시리아와 소련의 분석가들은 미국에서 제작한 체계들의 성능에 대해 잘 알고 있어야 했으며, 이스라엘과 시리아 간 공중에서의 힘의 균형에 대해 이해하고 있어야 했다. 앞서 레바논 영토 상공에서 있었던 공중전은 이스라엘 공군 조종사들과 항공기의 우세뿐 아니라 이브리 장군이 상세하게 논했던 중앙집중적인 C4I의 질적 우수성 또한 보여주었어야 했다.[90] 인식, 심리, 배경도 전쟁에서 중추적인 역할을 하지만, 그러한 역할은 정확하게 측정하기 어렵다. 이스라엘 공군의 작전문화와 1973년의 더그만 작전으로부터 시리아 공군과 이스라엘 공군이 도출한 서로 다른 교훈이 아르자흐 작전에서 결정적인 요소였다고 결론짓는 것도 터무니없다 하지는 못할 것이다.

결론: 독수리보다 더 빠르게

포괄적인 분석은 이 4개의 전쟁을 공중우세를 위한 투쟁이 진화해가는 과정의 국면들로 간주해야 한다. 이러한 전역들은 전통적인 특성과 혁명적인 면모를 공히 포함했다. 그것들은 상호보완적인 요소들을 결합시켜 매혹적인 "오케스트라"를 만들어냈다. 비록 그것들은 싸우고, 지휘하고, 기획하고, 정교한 무기체계들을 강력한 전쟁기계로 통합시키는 이들의 정신과 지성이 갖는 중요성도 보여주었지만, 그러한 전역들은 당시의 현대적인 전쟁에서 기술적으로 가장 정교화된 전투를 보여주었다. 이러한 전쟁들은 다양한 분야에서 미래를 위한 교훈을 가르쳐줄 수 있다.

미사일 대 항공기

그 첫 분야는 항공기와 미사일 간—지대공미사일 체계와 통합적인 공중편대 간—대결에서의 추이와 관련된다. 전쟁의 역사에서 상대적으로 짧은 이 기간(1967~1982년) 내내 우세의 추(錐)는 한쪽에서 다른 쪽으로 흔들렸으며, 그리곤 되돌아왔다. 기술적·작전적으로 초보 단계에 있던 1967년의 지대공미사일 체계는 중대한 역할을 수행하지 못했다. 그러나 몇 년 뒤 소모 전쟁에서 신형 SA-3 체계—잘 훈련된 소련 요원들에 의해 운용되었다—는 미국의 최첨단 기술과 가장 유능한 이스라엘 공군 조종사들을 극복해냈다. 이러한 우위는 1973년 전쟁 내내 지속되었지만, 이스라엘 공군의 항공전력이 최고지휘부의 형편없는 결정들로 인해 심각한 방해를 받았다는 점은 인정되어야 한다.

전쟁의 역사 내내 능력의 균형은 도전과 응전이라는 역사적 과정의 결과로서 늘 변화했다. 그래서 1982년에는 항공기가 미사일에 승리했다는 게 놀랄 일은 아니다. 미래에는 그러한 우위가 다른 방향으로 움직일 수 있으며, 그것은 미래 분쟁에서 항공력의 중요성이 어떻게 변화할지에 달려 있다.

공대공전쟁

교전국 항공전력 간 공중에서의 전투는 이 기간 내내 중대한 발전을 경험했다. 1967년 전쟁은 주로 전투기 조종사와 리더들의 기량과 자질에 의해 그 결과가 결판났던 또 하나의 유명한 공중전투인 영국전투를 반영하는 것이었다. 다우딩(Hugh Dowding) 공군중장과 파크(Keith Park) 공군소장은 영국전투 내내 놀라울 정도의 근(近) 실시간 지휘 및 통제를 행한 것으로 영원히 기억된다.[91] 레이더, 통신, 전자전, 통합 C4I 체계의 발전에 힘입어 공중전투는 복잡해졌으며, 전에 없이 더 지적인 능력을 필요로 하게 되었다. 공중에서의 교전을 기획하고 수행하는 데 천재성을 발휘했던 이스라엘 공군사령관 호드 장군은 이러한 새로운 체계들을 효과적으로 사용했다. 소모 전쟁 전에 그는 철저한 기획, 주도권 장악, 불리한 상황에서의 대결 회피, 조종사와 편대장들의 자질을 강조하는 전술교리를 만들었다. 실제로 그는 상대를 격추시키고 안전하게 귀환할 수 있는 조종사들의 능력을 상당 정도 개선시켜주는 상황을 조성해냈다.

〈표 6-8〉은 공중전투에 대한 양적 분석을 행하는 것의 어려움을 보여준다. 전반적으로 보았을 때, 시간이 갈수록 이스라엘 공군의 우위는 크게 커져 갔다. 그들의 손실은 줄어들었으며, 격추율은 상당히 개선되었다. 격추의 횟수

〈표 6-8〉 공중전 결과 비교

전쟁	전쟁기간	격추 수	평균 격추/일	이스라엘 공군 손실	격추율
1967	6	56	9.3	18	1:3.1
소모	385	73	0.2	4	1:18.3
1973	1.25	76	60.8	0	7.6:~
1982	6	76	14.7	0	7:6~
평균 & 합계	13.25*	281	15.7*	22	1:12.8

주: 별표에 소모 전쟁은 포함되지 않았음.
자료: Yossi Abudi, *The IAF in the Six Days War*; Dan Schiftan, *Attrition*, p.239; Yizhak Shteigman, *The IAF in the Defensive Phase: October 6-7, 1973*; Yossi Abudi, *Operations of the IAF in the "Peace of Galilee" War*.

는 약간 증가했으며, 하루당 평균 격추 횟수 또한 증가했다.

1973년 전쟁에서 방어적 전투의 결과는 설명하기 어렵다. 그것은 1982년 전쟁의 그것에 비해 나았지만, 상황은 악화되었다. 이스라엘 공군은 1973년 전쟁의 개시에 놀랐으며, 대결하는 국가들은 유사한 항공기, 미사일, C3I 체계를 사용했다. 역으로, 1982년에는 이스라엘이 주도권의 우세를 누렸으며, 이스라엘 공군은 현대식 항공기, 미사일, C4I 체계를 확보하고 있었다. 그러나 1982년 전쟁에서의 결정적인 기술적 우세는 욤키푸르 전쟁의 초기와 비교해 볼 때 개선된 결과를 가져다주지는 못했다. 기술적 진보에도 불구하고 항공기를 조종하고 C4I 체계를 운용하는 사람들의 자질이 장차 공중전투에서 핵심적인 요소로 남을 것으로 보인다.

항공력의 미래

항공기 시대의 종말이 가까워진 것일까? 항공력의 역사 전반을 통틀어 볼 때 일부 분석가와 정책수립자들은 항공력으로 하여금 행동의 자유를 확보하여 지상에서의 전투를 지배할 수 있게 해줄 수 있는 공중우세가 필수적으로 필요함을 인식하는 데 실패했다. 이런 소수적 입장을 주창했던 두드러진 인물 중 한 사람이 영국의 볼드윈(Stanley Baldwin)이었는데, 그는 1932년에 "폭격기의 앞길을 막을 수 있는 것은 아무것도 없다"고 진술했다.•

때때로, 항공력의 특성, 능력, 기술, 장점, 약점에 대해 제한된 이해와 지식을 갖고 있는 분석가들은 항공력의 종식을 예견한다. 이러한 시각에 대한 철저한 논의는 이 장의 범위를 초월하는 것이다. 그러나 몇 가지 간략한 언급은 필요하다 하겠다.

첫째, 유인항공기가 유일한 공중 플랫폼은 아니다. 무인기가 항공기의 다양한 임무들을 이미 대체했으며, 현대 항공전력에서 이러한 플랫폼의 수는 증가하고 있다. 그럼에도 불구하고 장차 수십 년 동안에는 그것들이 유인항공기와 더불어 운용될 것으로 보인다.

• 이런 발언은 1932년 11월 10일에 하원에서 있었으며, 당시 볼드윈은 보수당의 당수이자 추밀원 의장(Lord President of the Council)이었다. 원서 저자는 볼드윈을 영국의 육군장관(minister of war)으로 적고 있으나 이는 부정확한 것으로 사료된다.

둘째, 항공력은 단시간에 장거리에 걸쳐 국력을 투사할 수 있는 그 필적할 수 없는 능력을 잃어버리지 않았다. 국력의 다른 원천들 중에서도 국가적 억제, 강압정책, 유연한 외교는 꾸준히 군사력, 특히 항공력에 의존할 것이다.

셋째, 지대지미사일(SSM)과 로켓은 일부 사람들이 항공기의 공세적인 역할을 대체하고 결과적으로는 항공력의 중요성을 감소시킬 수 있다고 믿는 주요한 경쟁자가 되었다. 그러나 이런 위협은 수십 년간 존재해왔다. 영국 공군은 수십 년 전에 V-1과 V-2에 직면했다. V-2 사이트들을 파악하고 파괴하기 위한 전역은 걸프전, 제2차 레바논 전쟁, 가자지구(Gaza Strip)에서의 전쟁에서 반복되었다. 비용 대 효과, 취약성, 제한된 능력과 같은 몇 가지 요소들은 지대지미사일이 항공력을 대체하는 것을 가로막았다. 한편, 지대지미사일 무기체계에 대항하는 기술의 발전은 가까운 미래에 그것의 효과성을 감소시킬 것이다.

마지막으로, 현대전의 새로운 특성들은 항공력의 역할을 강화하고 그 이점을 강조해준다. 코소보, 아프가니스탄, 이라크, 남부 레바논 등에서 항공력은 지배적인 역할을 수행했다. 공중우세는 항공전력들로 하여금 테러조직들을 파악하고 무력화하며, 비대칭 전쟁에서 승리하고, 제한적인 분쟁에서 군사력을 신속하게 장거리로 투사할 수 있도록 하는 데 필수적이다. 이스라엘과 아랍국가들 간의 대결의 역사는 광범위하게 연구되어야 하며, 이는 비단 군사전문교육기관뿐 아니라 자신들이 속한 국가가 적을 저지하며, 평화를 유지하고, 전쟁에서 승리할 수 있도록 준비시키는 정책수립자들, 고위지휘관들, 전략가들, 분석가들, 작전수립자들, 연구 및 개발 담당자들에 의해서도 그렇게 되어야 한다.

제7장

항공력과 포클랜드 전쟁, 1982년

로런스 프리드먼(Lawrence Freedman)

배경

영국과 아르헨티나 간의 1982년 포클랜드 분쟁은 4월 2일 아르헨티나의 포클랜드 제도에 대한 침공과 함께 시작되었으며, 6월 14일 아르헨티나군이 항복하면서 끝났다.[1] 분쟁의 기원은 포클랜드 제도의 주권을 둘러싼 오랜 논쟁에 있었다. 아르헨티나의 관점에서 보았을 때 영국은 1833년 1월에 제도를 불법적으로 장악했다. 그 뒤로 아르헨티나 정부는 지리적·법적 이유를 들어 아르헨티나의 당연한 일부라 생각하는 영토를 재획득하기 위해 지속적인 투쟁에 임했다. 전쟁의 시점은 아르헨티나의 시각에서 보았을 때 1983년 1월이 영국의 첫 침략이 있은 지 150주년이 된다는 사실과 관련되어 있었다. 그런 기념일은 지금까지 있었던 전역들과 외교적인 조치들에 대한 의존이 아무 쓸모가 없었음을 보여주는 것으로 요약될 수 있었다. 집권 중이던 아르헨티나 군사정권의 관점에서 보면 영국은 10여 년 동안 지루하고도 무의미한 협상을 질질 끌고 있을 뿐이었다. 이제는 사안을 전면적으로 부각시켜야 할 때였다.

사실 영국은 불법성이 발생했다는 어떤 주장도 받아들이지 않았으며, 1833년 이후 한결같은 점유를 주장할 수 있었지만, 경제적이거나 전략적 목적으로 포클랜드 제도를 사수하려는 각별한 의지는 갖고 있지 않았다. 영국 안에는 유약한 지역경제를 지원하고 지역 안에서 잠재적으로 압도적인 아르헨티나의 군사적 존재성에 직면해 일정 정도의 안보를 제공하는 데 필요 이상의 재원을 소비하는 것에 대한 거리낌이 존재했다. 포클랜드 제도가 특히 아르헨티나, 나아가 라틴 아메리카 전체와의 관계에서 유발시키는 짜증에 대해서도 충분히 인지하고 있었다. 영국의 연이은 정부들은 아마도 포클랜드 제도에 사는 주민들의 격렬한 반대만 없었다면 주권을 아르헨티나에게 넘겨주는 데 만족했을 것이다. 비록 주민의 수는 적고 감소하고 있었지만—1982년에 겨우 800명이 남아 있었다— 1968년 영국 정부는 아르헨티나와 협상을 하게 되는 경우에는 주민들의 희망이 가장 중요하다는 데 동의한 바 있었다. 감소해가는 주민 숫자와 비참한 경제전망을 고려할 때 포클랜드 섬사람들의 진정한 이해관계는 그들의 표명된 희망과는 상충되는 것이었지만, 아르헨티나의 압력은 매우 역효과를 부르는 일이었다. 게다가 1976년•의 군사쿠데타는 아르헨티나라는 국가의 일부가 된다는 전망을 극히 매력 없는 것으로 만들고 말았다. 어느 시점에서도 포클랜드 주민들은 입헌적 현상유지 외의 상황을 원하지 않았다.

1982년 4월 2일의 포클랜드 점령은 사우스조지아(South Georgia, 마찬가지로 아르헨티나가 자신들의 소유를 주장하고 있었다)라는 또 다른 섬을 둘러싼 위기에 따라 촉발된 것이었으며, 즉흥적으로 발생한 일이기는 했지만 1981년 12월에 합의되었던 의도적인 정책을 반영하는 것이기도 했다. 아르헨티나는 주권문제에 대해 진지한 협상에 임한다는 약속을 지키지 않았다는 이유로 유엔총회에서 영국을 비난하고 그 뒤에는 침공을 감행해 그 해 말에 위기를 조성하려고 계획했다. 그러나 포경업 기지에서 고철을 모으기 위해 아르헨티나 해군이 노동자들을 사우스조지아로 수송하는 일을 포함하는 특이한 사건이 진행되는 동안 아르헨티나 해군은 영국의 주권에 자체적으로 직접적인 도전을 가할 수 있는 기회를 발견했으며, 곧 통제가 불가능해지면서 위기가 조기에 조성되고 침공이 앞당겨졌다. 이는 아르헨티나에게 유리한 일이 아니었다. 영국은 1982년 10월보다는 4월에 훨씬 더 대응하기 나은 상황에 있었다. 1981년 방위검토에서 합의되었던 삭감의 온전한 효과는 아직 현실화되지 않은 상태였으며, 영국 해군은 부활절을 위해 항구로 복귀해 있거나 지브롤터(Gibraltar) 가까운 곳에서 연습하고 있었다. 그 때문에 영국은 신뢰할 만한 기동부대를 거의 즉각적으로 남대서양으로 파견할 수 있었다. 이렇게 하는 과정에서 영국은 상대만큼이나 스스로도 적지 않게 놀랐다. 아르헨티나가 원래 계획했던 침공 시점까

• 저자는 원서에서 아르헨티나 군사쿠데타가 1974년에 발생한 것으로 잘못 표기했다.

지 기다렸다면 영국은 훨씬 적은 수의 군사적 선택지를 갖게 되었을 것이다.

기동부대의 신뢰성은 그것이 시 해리어와 다양한 헬리콥터를 공통으로 탑재하는 2척의 항공모함을 포함해 모든 가용한 화력을 통합시키고 있는 데 의존했다. 그들은 또한 공수부대 2개 대대의 지원을 받는 영국 해병 제3특공여단도 포함하고 있었다. 그렇기 때문에 애초부터 상륙작전을 위한 능력과 상륙이 시도되기 전에 아르헨티나의 항공력과 해양력이 가해올 위협을 완화시켜야 할 필요성에 대한 이해가 존재했다. 그러나 기동부대가 다급하게 규합되었다는 것은 지휘관들에게 가용한 자산이 당장 가지고 있거나 가용한 저장소에 보관되어 있던 것으로 구성되어 있음을 의미했다. 상륙이 필요할 가능성이 점점 더 커지면서 더 많은 것—더 많은 항공기, 더 많은 함선, 또 다른 여단—이 공급되어야 했다. 그러나 4월 초 영국의 기동부대가 항해를 시작했을 때만 해도 일반적인 추정은 그런 위기가 심각한 전쟁을 야기하기 전에 양국이 합의에 도달하게 되리라는 것이었다. 미국 국무장관 헤이그(Alexander Haig)가 중재자를 자처했으며, 4월의 상당 기간 헤이그는 타협의 기초를 찾아 부에노스아이레스(Buenos Aires)와 런던을 오갔다. 그러나 헤이그의 노력은 기본원칙의 문제 때문에 흔들리고 말았다. 영국은 많은 양보—특히 아르헨티나에게 과도 행정부에서 모종의 역할을 허용하는 것—를 할 수 있었지만, 결국 주권 이양을 야기할 장기적 해결안에 대한 협상에는 결코 동의할 수 없었다. 아르헨티나는 포클랜드 제도에서 전력을 철수하는 것을 상정할 수 있었지만 결국에는 주권 이양이 있을 것이라는 게 보장되어야 했다. 나중의 노력들, 특히 유엔 사무총장이 주도했던 노력은 이 사항 때문에 좌초되었다. 4월 말이 지난 뒤에야 헤이그는 실패를 인정하고 영국 편을 들 준비를 갖추게 되었다.

그 시점에 영국 기동부대는 포클랜드 제도에 도착했으며, 두 교전국의 기동부대와 해군이 몇 차례 짧지만 격렬한 공방을 벌이며 5월 초에 치열한 전투가 발생했다. 핵잠수함에서 발사한 어뢰에 낡은 순양함 헤네랄 벨그라노가 격침되면서 해전은 시작과 거의 동시에 끝을 맺었다. 그 뒤로 아르헨티나 해군은 감히 공해로 나올 엄두를 내지 못했다. 영국군은 5월 1일의 공대공전투에서도 우위를 확보했지만, 이번에 아르헨티나군은 영국군이 전면적인 상륙을 시도할 때까지는 자신들의 항공자산을 보존해두기로 결심했다. 이런 정책에는 몇 가지 예외가 있었다. 가장 중요한 예외는 영국 구축함 셰필드(HMS *Sheffield*)가 아르헨티나의 쉬페르 에탕다르(Super Étendard) 항공기가 발사한 엑소세(Exocet) 대함(對艦) 미사일에 피격되었던 5월 4일에 발생했다. 이 일은 아르헨티나에게는 자신들이 영국의 계획에 차질을 줄 수 있다는 모종의 자신감을 가져다준 반면, 영국은 아르헨티나가 항공기의 상당수를 보존해두고 있기 때문에 상륙작전이 점점 더 위험한 일이 되어가고 있음을 깨닫게 했다. 5월 21일에 산 카를로스(San Carlos)에 상륙이 이루어졌을 때 그것은 계산된 위험이었다. 매우 용감하게 아르헨티나 공군과 해군 비행사들이 상륙군을 지원하는 영국 기동부대의 제대들에게 덤벼들었다. 영국 전함에 발생한 피해는 심각했으며, 이는 런던에서 많은 염려를 낳았다. 그러나 5월 26일에 이르면 상륙은 거의 완결된 상태였으며, 아르헨티나는 공세를 하면서 항공기와 에너지를 소진해버리고 말았다.

본격적인 첫 지상전투에서 공수연대 제2대대(Two Para)는 구스그린(Goose Green)과 다윈(Darwin)이라는 거주지에 있던 아르헨티나군의 주둔지를 장악했다. 영국은 충분하지 않은 병력과 장비를 투입해 자족이 어려웠지만, 완강한 방어를 꺾고 결국 승리하며 심리적 우세가 확립되었다. 가장 큰 문제는 2개 여단을 포틀랜드 제도의 수도인 스탠리(Stanley)에 있는 아르헨티나의 주요 주둔지 주변의 진지로 투입하는 일이었다. 헬리콥터가 충분하지 않았기 때문에 여단의 많은 요원들은 걸어야 했다. 다른 군인들은 해상으로 우회해야 했는데, 그 마지막 제대는 6월 8일에 두 영국 상륙함—서 갤러해드(*Sir Galahad*)와 서 트리스트럼(*Sir Tristram*)—에 대한 공격에 맞닥뜨리기도 했다. 제5보병여단을 구스그린에서 블러프 코브(Bluff Cove)로 수송하기 위한 일련의 험난한 움직임이 이루어졌다. 이런 움직임의 마지막이 완결되어가는 중에 스카이호크가 들이닥쳐 서 갤러해드에 3개, 서 트리스트럼에 2개의 폭탄을 투하했다. 5개의 폭탄은 어느 것도 폭발하지 않았지만, 서 갤러해드에 투하된 폭탄은 맹렬한 화재를 유발했다. 이로써 49명의 영국군이 사망하고—그 대부분은 웰시 가즈(Welsh Guards) 소속이었다— 스탠리를 향한 영국군의 이동은 지연되었지만 심각하게 지장받지는 않았다. 아르헨티나의 몰락과 6월 14일의 항복을 불러왔던, 스탠리 주변의 고지를 장악하기 위한 거친 전투에서 공중에서의 역할은 제한적이었다.

항공력의 균형

원래 허미스(HMS *Hermes*)에는 12대, 인빈서블(HMS *Invincible*)에는 8대의 시 해리어가 탑재되어 있었다. 결국 8대의 해리어가 추가로 투입되었으며, 여기에 영국 공군의 GR-3 해리어 10대가 추가되었다. 다른 가용한 항공력은 헬리콥터들로 구성되어 있었다. 전역이 진행되는 동안에 영국 해군은 링스(Lynx) 24대, 시 킹마크(Sea King Mark) II 26대, 시 킹마크 IV 13대, 시 킹마크 V 9대, 웨섹스(Wessex) III 2대, 웨섹스 V 57대, 와스프(Wasp) 12대를 전개시켰다. 영국 공군은 치누크(Chinook) 7대와 시 킹 1대를 제공했다. 게다가 영국 공군은 정기기착지로 사용되던, 영국과 남대서양 간 중간지점에 있는 어센션 섬(Ascension Island)에 다수의 항공기를 전개시켰다. 해상정찰을 위해 사용되던 님로드(Nimrod) 항공기 12대와 장거리 공격을 위한 벌컨(Vulcan) 6대, 그리고 그들을 지원해주는 빅터(Victor) 공중재급유기 23대가 존재했다. 어센션 섬으로 물자를 이동시키는 데는 허큘리스(Hercules)와 VC-10 수송기가 사용되었다. 항공모함이 없었거나 어센션 섬이 가용하지 않았다면 영국의 처지는 사실상 절망적인 상태가 되었을 것이다. 적어도 5월 말에 상륙이 이루어지고 난 뒤에 포클랜드 제도에 전방작전기지를 확립할 수 있게 되기 전까지는 항공모함이 손실될지 모른다는 위험이 전역 내내 전략과 전술을 제한하는 요소가 되었다. 이는 가능한 한 영국의 항공모함은 아르헨티나 항공기들의 항속거리 밖에 머물러야 함을 의미했으며, 이는 해리어가 엄호를 제공하고 적 항공기와 교전하면서 쓸 수 있는 시간의 양에도 영향을 미쳤다.

아르헨티나는 훨씬 더 광범위한 항공무기 목록을 가지고 있었지만 항속거리가 제한된 상태에서 운용하고 있었다. 그들의 성공적인 침공과 영국 기동부대의 도착 사이에 그들이 놓쳐버린 기회들 중에는 자신들의 보다 우수한 항공기를 수용할 수 있도록 스탠리 공항에 임시 활주로를 건설하는 데 실패한 일도 포함되어 있다. 임시 활주로 건설은 아르헨티나의 능력을 넘어선 일이 아니었다. 약간의 준비가 이루어지기도 했다. 그러나 아르헨티나 군사정부가 포클랜드 제도에서 지상력의 규모를 증가하기로 결정하면서 군수에서 우선순위가 바뀌었다. 많은 면에서 오류였던 이 같은 조치는 결코 풀 수 없는 보급문제를 발생시켰다.

결국 아르헨티나는 포클랜드에 경비행기—특히 푸카라스(Pucarás)—만을 배치하고 있었다. 전투에서 푸카라스의 역할은 경미했으며 아르헨티나 헬리콥터 함대와 더불어 대부분 지상에 묶여 있었다. 아르헨티나 항공력의 근간은 스카이호크와 대거(Dagger, 미라주 V의 이스라엘 버전)로 구성되어 있었다. 다양한 기술적·작전적 이유 때문에 무기 목록에 있는 모든 것을 전투에 가용하지 않았다. 4월 말에 영국군이 도착할 무렵에 아르헨티나 항공력의 선봉대는 82대의 항공기—캔버라(Canberra) B-62 6대, 대거 24대, 미라주 III 8대, 스카이호크 A-4C 14대, A-4C 18대에 추가해서 아르헨티나의 유일한 항공모함 25 데 마요(ARA *25 de Mayo*)나 본토로부터 운용이 가능한 해군 A-4Q 12대가 존재했다—로 구성되어 있었다. 게다가 프랑스제 쉬페르 에탕다르 5대와 엑소세 미사일 5기가 있었다. 이것이 아르헨티나가 가용한 잠재적으로 가장 치명적인 결합이었으며, 그들은 미사일을 추가로 확보하려고 시도했다. 그러나 프랑스는 더 이상의 무기가 아르헨티나에 도착하지 못하도록 해달라는 영국의 요청에 동의했다. 쉬페르 에탕다르는 공중에서 재급유할 수 있었으며, 일부 스카이호크도 마찬가지였다. 이는 영국군이 과소평가했던 면모였다. 그러나 본토 기지로부터 최소 300마일을 비행해야 했던 아르헨티나의 대부분 항공기는 표적 상공에 이르러서는 불과 몇 분만 머물 수 있었다.

이는 항공력이 분쟁의 경과를 결정짓는 데 매우 중요한데도 어느 쪽도 제공권을 확립하지 못했음을 의미했다. 양측은 해상기반 또는 지상기반 방공망을 이용해 적 항공력의 영향을 중대하게 감소시키기 위해 안간힘을 썼다. 이 분쟁이 종반으로 향하면서 스탠리 부근에서 있었던 전투로 탈진하고 고갈된 아르헨티나 공군은 무력화되고 말았다. 항공력과 포클랜드 제도에 대한 이야기의 핵심은 상륙 과정에 자신들의 전력이 직면하는 위험을 제한하려는 영국의 결의와 관련된 것이다. 그러나 그런 이야기를 시작하기 전에 양측 모두가 행한 군수적 노력에 항공기가 수행했던 필수불가결한 역할에 주목하는 것이 중요하다.

전략적 수준에서 영국의 군수를 위한 노력은 대부분 해상수송에 의존했지만, 결정적인 품목들은 어센션 기지를 기착지로 사용해 공중으로 정기적으로 수송되었다. 영국 공군에게 이는 베를린 공수 이후 가장 집약적으로 이루어진 공중수송 노력이었다. 그 대부분은 허큘리스와 VC-10 수송기가 수송했으며, 각별히 거대한 물량은 벨파스트 공인항공사가 수송했다. 전역이 끝날 때까지 포클랜드 부근에서 허큘리스가 40회 이상 보급물자를 투하했으며, 그 각각은 25시간의 왕복비행을 포함했다. 주목할 만한 점은 과업 중 항공기 고장으로 지연된 경우가 5% 이하라는 것이다. 긴 수송거리는 공대공 재급유가 필수불가결해지게 만들었다. 가용한 모든 빅터 전력을 활용해 허큘리스는 기동부대에게 공중투하 소티를 수행하고, 항모들에게 해리어 증원전력을 직접적으로 운송해주며, 벌컨의 공습을 지원하고, 별도의 장거리 정찰임무를 수행할 수 있었다.

스탠리에 있는 활주로가 5월 1일 벌컨의 공습으로 손상된 뒤에도 아르헨티나는 포클랜드로 이어지는 공중가교(air bridge)•를 유지할 수 있었다. 이는 그들의 수송기가 해리어의 초계를 피하고 영국 전함의 방공미사일로부터 안전하게 남아 있을 것을 요구했다. 5월 1일부터 6월 14일까지 포클랜드로 비행한 73소티 중 어느 것도 격추당하지는 않았다. 하지만 비행을 완결하지 못하는 경우는 다수 발생했다. 비행중지가 5회 발생했으며, 다른 성공 사례에서도 의심스러운 경우가 있었다. 이 기간 동안 대략 50대의 수송기가 스탠리에 착륙했으며, 854명의 승객과 약 505톤의 화물을 운송했다. 이 양은 수비대에게 적절한 보급을 실시하기에 불충분했으며, 잠수함 위협 때문에 해상으로 물자를 이동하는 데 따르는 보다 큰 위험과 함께 아르헨티나 전력에 압박을 가하는 데 일조했다.

소모의 시도

남대서양에 도착하자마자 영국 기동부대는 아르헨티나 해군과 공군이 섬을 봉쇄하거나 더 도전적이게는 영국군의 상륙을 방해하지 못하게 하는 문제를 두고 고심했다. 아르헨티나의 해상함대는 주요한 걱정거리가 아니었으며, 오히려 함대가 탑재하고 있는 해상발사식 엑소세가 더 걱정이었다. 영국제 42형(Type 42) 구축함 2대와 프랑스제 A69 호위함 3대가 최근 취역했지만 아르헨티나 해군의 13개 주요 해상부대 대부분은 구식이었다. 아르헨티나는 4대의 잠수함—꽤 오래된 것[예를 들어 미국제 구피(Guppy)급] 2대와 꽤 신형(독일형 209) 2대—을 보유하고 있어 영국의 대잠수함 능력에 주요하고도 지속적인 도전을 가할 수 있었다. 해상함대는 공중공격에 취약했다. 아르헨티나군이 사용할 수 있는 가장 현대식 방공체계는 42형 구축함에 장착된 시 다트(Sea Dart)였지만, 이 체계는 영국군이 잘 이해하고 있었으며, 아르헨티나군이 경험했던 문제들도 익히 알려져 있었다. 아르헨티나 해군이 기동부대에 접근할 수 있는 최상의 전망은 유일한 항모인 25 데 마요••를 쓰는 것이었다. 그러면 아르헨티나

• 공중수송을 통해 두 지점을 연결하는 것을 의미한다.

•• 아르헨티나 해군이 1969년부터 1997년까지 사용했던 항공모함이다. 그 이름은 아르헨티나

해군은 기동부대에 해를 입힐 수 있었지만, 그것은 상당한 위험을 감수해야 가능한 일이었다.

영국의 전시내각에게 보고된 4월 중순의 평가에서 아르헨티나군의 공중위협은 "경미한 것에 불과한" 것으로 판단되었다. 아르헨티나군이 영국의 기동부대에 상당한 피해를 가하기 위해서는 그들에게 행운이 필요했다.[2] 당시 공중위협에 대한 이런 평가는 심각하게 논박되었다. 부분적으로 그것은 상륙의 수행에 대한 가정에 의존했다. 그러나 단순한 계산이 존재했다. 영국군의 상륙이 더 동쪽에서 이루어질수록 아르헨티나 공군에게는 작전이 더 어려워지지만 아르헨티나 수비대에게는 더 쉬워질 것이었다. 반면 상륙지점이 서쪽으로 갈수록 공중위협은 더 심각해질 것이다. 아르헨티나 지휘관들이 상륙 전 전투에 항공기를 투입하리라는 가정도 존재했다. 그러나 이는 잘못된 것으로 드러났다. 5월 1일에 이르면 영국군은 덜 낙관적이었으며, 아르헨티나의 위협을 처리하기 위해 세 갈래의 접근법이 발전했다. 아르헨티나의 항공모함을 제거하고, 스탠리 공항의 활주로를 파괴하며, 영국군의 상륙이 임박했음을 암시함으로써 아르헨티나 공군을 끌어내는 것이었다.

항모와 관련된 첫 번째 문제는 포클랜드에 있는 아르헨티나 전력에 대한 재보급을 막기 위해 영국이 부과했던 200마일 총체적 배타지역(total exclusion zone)• 밖에서도 아르헨티나의 항모를 공격할 수 있도록 교전규칙을 변경하는 것이었다.

포클랜드 제도에서 멀리 떨어진 곳에 위치한 그렇게 거대하고도 중요한 표적에 대한 잠수함 기반 공격이 잠재적으로 가져올 수 있는 정치적 악영향이 인지되었다. 그런가 하면 일단 스카이호크와 나아가 쉬페르 에탕다르가 탑재된다면 원거리에 있는 항모가 가질 수 있는 위협적인 성격도 인지되었다. 일단 교전규칙이 변경되자 그다음 문제는 항모를 발견할 수 있는가 하는 것이었다. 정작 바다에서 항모를 탐지하지 못한 것이 5월 1일 동안에 기동부대에게 진정한 걱정거리가 되지는 못했다.

아르헨티나의 항모는 자신을 찾고 있던 영국의 핵잠수함들을 피하는 데 성

의 1810년 5월 혁명의 날을 의미하는 '5월 25일'이라는 의미이다.

• 1982년 4월 30일 영국이 선포했으며, 포클랜드 제도의 중심에서 200해리가 대상이 되었다. 포클랜드 전쟁 동안 이 지대에 진입하는 선박이나 항공기는 국적을 막론하고 경고 없이 공격받을 수 있었다.

공한 반면 헤네랄 벨그라노는 탐지되고 말았다. 남대서양에서 기동부대를 책임지고 있던 우드워드(Sandy Woodward) 제독은 자신이 협공당할 수 있다는 점을 두려워했다. 그래서 그는 벨그라노를 배타지역 밖에서 공격할 수 있도록 하는 교전규칙의 변경을 모색해 이루어냈다. 이는 5월 2일에 아르헨티나군 323명이• 사망하는 결과와 더불어 이루어졌다. 이 소식은 국제여론을 뒤흔들었으며 영국에서 자기반성을 유발했다. 그러나 전체적인 효과는 항모가 타격을 입은 것과 동일했다. 아르헨티나 해군은 자신들의 취약성을 인지하게 되었으며, 그 뒤로는 모험을 하려 들지 않았다.

5월 1일의 계획은 아르헨티나 공군에게 영국군이 포클랜드 제도에 거점을 확보하기 위해 주요한 기동에 임하고 있음을 설득시키는 것이었다. 영국군은 아르헨티나의 공중공격을 촉발했을 정도로 이를 충분히 성공적으로 실행했다. 영국군에게는 다행스럽게도 아르헨티나군은 계획이나 수행이 형편없었다. 계획된 56소티 중 35소티만이 표적에 도달했으며, 표적에 도달했다는 것도 별 의미가 없었다. 미라주 III는 확실히 실망스러웠으며 대거나 캔버라도 마찬가지였다. 전략적으로 보면 그 결과가 훨씬 덜 만족스러웠다. 영국의 공중우세가 매우 결정적으로 과시된 까닭에 캔버라 1대와 미라주 2대(1대는 아군간 교전으로)를 잃어버린 뒤 아르헨티나가 내린 결론은 영국이 제대로 된 상륙을 시도할 때까지는 더 이상 항공기를 불필요한 위험에 처하지 않게 하는 것이었다.

영국이 가진 계획의 다른 부분은 아르헨티나 항공기들이 포클랜드 주변에 산재해 있는 다양한 활주로들, 특히 스탠리에 있는 활주로를 사용하지 못하도록 만드는 것이었다. 이는 아르헨티나의 보다 우수한 항공기가 포클랜드에서 작전을 수행하지 못하게 할 뿐 아니라 아르헨티나군이 보급물자를 확보하는 것도 어렵게 만들었다. 스탠리의 활주로에 대한 공격은 더 도전적인 문제였다. 영국 공군은 남대서양에서 공세적인 항공작전을 수행하는 것을 상정하지 않았으며, 기동부대를 구성했을 때 영국 공군이 수행할 수 있는 지원의 역할은 즉시 드러나지 않았다. 어센션 섬에 있는 전진기지에 보급을 실시하기 위해 투입되었던 수송기와 더불어 님로드 해상 초계항공기만이 처음에는 작전적 과업을 가지고 있는 것처럼 보였다. 영국 공군이 수천 마일 떨어진 표적들에

• 저자는 351명이 사망한 것으로 적고 있으나 이는 부정확하다.

대해 공격을 감행할 수 있는 유일한 방법은 장거리 벌컨 폭격전력을 개입시키는 것이었다. 이는 그 작전적 생명이 다하는 시점에 있던 전력이었다. 잔존 대대들도 1982년 6월 30일에 해체될 예정이었다. 그것은 또한 핵 작전을 위해 구성된 것이었다. 그 때문에 벌컨을 사용한다는 것은 재래식 폭격능력을 증진하고 20년 만에 처음으로 공대공 재급유 능력을 재연결하고 제공하는 것 모두를 의미했다.

벌컨을 사용하는 데는 많은 가능한 선택지가 있었다. 아르헨티나 본토의 비행장과 항구를 공격하는 것은 배제되었는데, 이는 합법성에서 문제될 수 있을 뿐 아니라, 정치적으로도 도발적이고, 대규모 공격이 아닌 방법으로 그런 설비들을 불능화하는 것은 잘 알려진 대로 어려워서 작전적으로도 의심스러웠기 때문이었다. 그것은 또한 항공기가 우회할 필요가 있을 경우 칠레의 비행장들을 사용하는 데도 의존했다. 그와 동시에 영국 항공참모들은 아르헨티나가 그와 같은 공격을 두려워하게 되어도 무해하다고 주장했는데, 이는 아르헨티나가 포클랜드가 아니라 본토를 지키기 위해 항공력을 보존하도록 강제할 것이기 때문이었다.

민간인 사상에 대한 위험이 거의 없으리라는 결론이 나자 영국의 기획은 이내 스탠리에 있는 비행장에 초점이 맞춰졌다. 항공기는 대공포와 지대공미사일 때문에 위험할 것이지만, 이런 위험은 기습적으로, 가능한 궂은 날씨의 야간 비행을 통해 줄일 수 있었다. 스탠리에는 아르헨티나의 방공항공기가 전개되어 있지 않았다. 그래서 3350마일 떨어진 어센션 섬에서 포클랜드 제도까지 벌컨 한 대를 가져오는 것이 주된 도전거리가 되었다. 영국 공군 밖에서는 벌컨의 작전이 불확실한 결과를 달성하기에는 고비용적이고 까다로운 노력이라는 시각이 널리 퍼져 있었다. 그러나 주된 대안은 비행장을 공격하기 위해 해리어를 사용하는 것이었다. 해리어의 사용은 표면적인 문제를 덜 야기하고 활주로를 수리하거나 비행장을 재운용하는 것을 막는 데 더 유리할 것이었다. 그러나 해리어에는 이미 과도한 과업이 주어지고 있었으며, 활주로를 공격하는 데는 적합하지 않았다. 그렇기는 하나 우드워드 제독은 벌컨이 공격한 뒤에 피해평가의 목적으로 사진을 촬영하는 위험한 일에 해리어가 여전히 투입되어야 하는지 걱정했다.

작전은 블랙벅(Black Buck)으로 명명되었다. 공중급유기 11대, 예비 공중급유기 2대, 일선의 벌컨 1대와 예비 벌컨 1대가 4월 30일 야간에 어센션 섬에서 이륙했다. 그러나 첫 번째 벌컨은 경미한 문제 때문에 복귀해야 했다. 예비 벌컨이 임무를 수행했으며, 빅터가 이를 지원하기 위해 총 18회 출격했다. 공격은 고도 8000피트, 지상속도 300노트에서 이루어졌다. 1000파운드 폭탄 21개가 대략 48야드 간격으로 투하되었다. 벌컨의 공습 뒤에는 해리어 9대의 공격이 이어졌는데, 그중 3대는 그 지역의 비행장이 포함된 구스그린의 표적들을 공격했다.

활주로의 한복판에 충분히 많은 천공이 발생했으며, 이는—비록 수송기는 그렇지 않았지만— 스카이호크와 쉬페르 에탕다르 같은 아르헨티나의 보다 우수한 항공기들이 스탠리 공항을 사용하는 것을 불가능하게 만들었다. 나중에 이어진 블랙벅 공습은 초기의 성과에 그다지 많은 것을 보태지 못했다. 가장 중요한 점은, 이런 공습이 아르헨티나에게 본토 기지들의 잠재적 취약성에 대해 경고해주었다는 점이다. 아르헨티나는 본토 방어를 위해 미라주 III를 재배치했으며, 이들 전투기는 영국 기동부대에 대한 공세작전을 지원하는 데서 멀리 떨어져 있어야 했다. 5월 1일 영국 해리어에 맞선 공중전에서 미라주 III의 취약성이 드러난 것도 아르헨티나의 신중함을 이끌어냈을 수 있다. 미라주는 아르헨티나 공군이 가장 최근에 도입한 것이었으며, 무장이 우수하고 전천후 능력을 보유하고 있었다. 영국군은 미라주가 아르헨티나의 공습을 호위할 것으로 예상했다. 미라주는 공습편대보다 훨씬 더 높은 곳에서 비행하며 방어하는 해리어가 직면하는 위험을 가중시킬 것이었다. 그래서 미라주가 본국에 머무르는 것은 영국에게 안도할 만한 일이었다.

해군포, 특수전력, 슈라이크(Shrike) 미사일을 이용한 공습을 통해 아르헨티나의 해안레이더를 파악하고 파괴하는 데 많은 노력을 기울였으나 어느 것도 완벽히 성공하지는 못했다. 스탠리가 함락될 때까지—이때서야 레이더들이 이동식이며 빈번하게 옮겨졌음이 발견되었다— 레이더는 영국군에게 가시로 남았다. 5월 내내 주요한 요소는 날씨였다. 그것이 공격군에게 전적으로 호의적일 수는 결코 없었다. 한 해의 이 시점에 빈번하게 맞닥뜨렸던 두텁고 낮게 깔린 구름과 안개는 포클랜드 제도에 있는 비행장, 활주로, 기타 군사적 지점들을 공격하려는 영국의 기동부대가 목표를 달성하는 것을 방해했다. 한 달 중에 거의 어떤 비행도 불가능한 날이 많았으며, 이는 영국의 기동전단에게 보호를 제공했을 뿐 아니라 아르헨티나군에게도 해상봉쇄를 깨뜨릴 수 있는 엄폐를 제공했다.

포클랜드에 기지를 두고 있는 항공기의 취약성은 페블 섬(Pebble Island)에 기지를 두고 있는 아르헨티나 항공기 11대[푸카라스 6대, 멘터(Mentor) 4대, 스카이밴(Skyban) 1대]를 못쓰게 만들어버린, 5월 15일에 특수전력이 행한 습격에서 드러났다. 그 항공기들은 포클랜드 해협(Falkland Sound)으로 향하는 북쪽 입구를 사용하기를 원하던 영국의 함선들에게 위협을 가했다. 이런 습격은 스카이밴 경수송기 3대, 해군 트래커(Tracker) 조기경보 항공기, 푸카라스 9대, 치누크 4대, 푸마(Puma) 3대, 아구스타(Agusta) 109 1대만을 포클랜드에 남겨놓았다. 이런 잔존 항공기들의 실제적인 배치에 대한 확실한 정보는 존재하지 않았다. 고정익 항공기는 4개에서 최대 20개에 달하는 소규모 활주로 중 어느 하나를 통해 운용될 수 있었으며, 아르헨티나군이 기동을 위해 크게 의존하고 있던 헬리콥터들은 활주로에서 멀리 떨어져 산개해 있으리라고 기대되었다.

특수전력을 이용한 기습이 본토 기지들을 처리할 수 있는 유일하게 수용 가능한 방법으로 보였다. 최우선적인 표적은 쉬페르 에탕다르가 기지로 삼고 있는 티에라델푸에고(Tierra del Fuego)의 리오그란데(Rio Grande) 비행장이 되어야 했다. 작전이 필요했지만 위험성 때문에 이내 공수특전단(Special Air Service) 안에서도 곧 논쟁이 벌어지고 말았다. 요원들이 항공기를 파괴하기 위해 어떻게 기지 안으로 진입할 것인가의 문제는 충분히 난해한 것이었으며, 임무가 끝난 뒤 요원들을 어떻게 빼낼지 계획하는 것은 더 어려웠다. 결국 5월 17일에 정찰조를 기지에 접근시키려는 시도가 이루어졌지만, 악기상 때문에 병력을 수송하던 시 킹은 원래 희망했던 곳에서 멀리 떨어진 칠레에 착륙할 수밖에 없었다. 전소된 헬리콥터가 발견되었을 때 그 승무원은 엔진 이상에 대한 억지로 꾸며낸 듯한 얘기만을 진술했다.* 아르헨티나가 항복했을 때 2차 시도에 대한 논의가 이어지고 있었다.

영국의 주된 염려는 영국 함선들의 취약성—특히 상륙을 지원할 때—에 관한 것이었다. 냉전 동안 영국 해군은 잠수함에 대응하기 위한 준비에는 상당한 노력을 기울였지만 공중공격을 위한 준비에는 노력을 덜 기울였다. 시 다트 방공미사일은 해안에 근접해 활동하기보다는 공해로 진입하는 미사일을 탑재한 항공기—아마도 소련제 베어(Bear)와 배저(Badger)—를 처리하기 위해 만들어

---

* 전소된 영국 해군 제826비행대대의 시 킹 1대가 칠레 당국에 의해 칠레 남부의 푼타아레나스(Punta Arenas)에서 발견되었다. 승무원 3명은 구조되었으며, 정확한 사고경위는 불분명하다.

진 것이었다. 국지방어(point-defense)• 미사일인 시 울프(Sea Wolf)는 여전히 상대적으로 신형이었다. 5월 4일의 셰필드 호에 대한 아르헨티나의 성공적인 공격이 있은 뒤에 영국 기동부대는 5월 1일의 성공 이후 모든 일들이 순조롭게 진행되리라고 기대할 수는 없다는 점을 철저히 깨닫게 되었다.

아르헨티나의 도전이 상당 부분 존재하지 않는 가운데서 방공망의 위력을 판단하기는 어렵지만, 포클랜드 제도에 상륙하기 전 발생한 불과 두 차례 공중 활동의 결과는 전반적으로 고무적이지 않았다. 5월 9일 스탠리에 근접한 표적들에 대해 해군 포격이 있은 뒤에 리어젯(Learjet)을 선도기로 해서 아르헨티나의 스카이호크와 대거가 모습을 드러냈다. 그들은 어느 표적에도 도달하지 못했지만, 영국군 역시 시 다트를 발사했는데도 아무것도 맞히지 못했다. 복귀 중에 스카이호크 2대가 충돌했을 뿐이었다. 나중에 브로드소드 호(HMS *Broadsword*)가 발사한 시 다트 한 발이 아르헨티나 푸마 1대에 명중했다. 시 다트가 느리게 움직이는 표적—육지에서 완전히 벗어나 있으며 방어하는 함선을 직접적으로 공격하지 않고 있는—에 대해서는 유효할 수 있음을 안 것은 위안이었지만, 아직 그것은 여전히 많이 미흡했다. 5월 12일에 있었던 두 번째의 집중적인 활동도 두 전함—브릴리언트(HMS *Brilliant*)와 글래스고(HMS *Glasgow*)—이 가한 집중적인 포격 때문에 촉발되었다. (스카이호크 4대로 이루어진 2개 편대로부터) 아르헨티나의 대응이 이루어졌을 때 두 전함은 준비를 마친 상태였다. 그러나 첫 편대를 타격할 수 있는 기회가 생겼을 때 글래스고의 시 다트는 실패하고 말았으며 포들도 명중하지 못했다. 그와는 대조적으로 브릴리언트 호에 장착되어 있던 단거리 시 울프는 효과를 발휘해 스카이호크 2대를 격추했으며, 세 번째 스카이호크는 바다로 회피기동하게 만들었다. 네 번째 스카이호크에서 투하된 폭탄은 글래스고를 비껴가고 말았다. 그러나 두 번째 공습 동안에는 어떤 전함에 있는 체계도 가동되지 않아 4대의 스카이호크가 1000파운드 폭탄들을 투하할 수 있게 만들고 말았다. 한 발이 글래스고에 명중했지만 폭발에는 실패했다.

5월 13일에 영국 공군의 한 장교는 "아르헨티나군이 6차례의 공습에서 우리 전함 1척을 손실시키고 다른 1척에 심각한 피해를 입혔는데, 역(逆)으로 우리는 고작 적 항공기 4대만을 파괴하는 데 성공했을 뿐이라는 점은 매우 충격

• 특정 선박, 건물, 비행장과 같은 단일한 대상이나 제한된 지역을 방어하는 것을 의미한다.

적인 일"이라며 "이는 극도로 불리한 비율로 미래에 상서로운 전조가 되지 못하는 일"이라고 했다. 다른 이는 아르헨티나 항공기의 능력이 "과소평가"되고 있다고 염려를 표현했다. 아르헨티나 공중승무원들은 그들의 "기량, 결의, 강인한 정신"으로 이미 강한 인상을 준 바 있었다.[3] 영국 공군본부는 만약 아르헨티나 공군과 해군의 대규모 공격이 적절한 시점에 개시된다면 상당한 피해가 영국군에게 가해질 수 있다고 보았다.

방공의 잠재적인 불충분성은 어느 정도 부인(否認)되고 말았다. 런던의 해군참모부 보고서는 문제들을 시인했지만 "뼈저린 교훈이 이미 학습되었으며, 이런 체계들이 그것들이 만들어진 목적이 되는 위협들에 충분히 대처할 수 있다는 점은 의심할 이유가 없다"라고 주장했다. 이 보고서는 복수의 표적들을 결합하고 처리하는 데 이미 발생했던 어려움과, 함선들이 혼잡하고 제한된 지역에서 작전을 수행할 때 어떻게 그런 문제들이 더 악화할 수 있는지에 대해서는 인지하지 못하고 있었다. 이 보고서를 읽은 이들은 발생했던 그런 결점들이 재발하지는 않을 것이라고 확신하게 되었다.

산 카를로스 전투

영국 기동부대가 포클랜드 제도에 상륙을 준비하면서 아르헨티나의 해상위협은 통제 아래 들어왔다는 확신이 모든 수준에서 커져갔다. 그러나 공중위협에 대해서는 그렇게 얘기할 수 없었다. 상륙작전을 책임지던 이들은 공중우세가 필수적인 전제조건이라고 가정했다. 그러나 그들은 런던에서는 그런 가정이 이루어지지 않고 있다는 점을 점차 깨닫게 되었다. 3여단을 지휘하던 톰슨(Julian Thompson) 준장은 5월 6일에 지상전력사령관인 무어(Jeremy Moore) 장군에게 "불쾌할지 모르지만 적대적인 공중환경 속에서는 상륙작전을 성공적으로 수행할 수 없다는 사실을 직시해야 합니다. 이는 새삼스러운 일이 아닙니다"라고 말했다.[4] 런던의 시각은 기동부대를 남대서양으로 전개한 만큼 즉시 철수할 수는 없으며, 그것이 상륙에 위험을 감수한다는 의미라고 해도 어쩔 수 없다는 것이었다. 이런 위험은 야간에 상륙하거나 아니면 아르헨티나군이 무슨 일이 벌어지는지 깨닫기도 전에 상륙거점에 최대한 많은 병력을 도달시킴으로서 경감할 수 있었다. 포클랜드 제도에 기지를 두고 있던 아르헨티나 항공기의 대부분은 상륙 이전에 끌어낼 수 있으리라고 기대했다. 그렇게 되면

해리어가 아르헨티나 항공기의 공격을 어렵게 만들고, 그 뒤에는 지대공 래피어(Rapier) 미사일이—그것이 신속하게 해안에 도달할 수만 있다면— 차이를 만들어내기 시작할 것이었다. 그러나 애초 20대의 해리어 중 3대(2대는 공중충돌 때문에)가 손실된 상태였으며, 하루에 1대씩 항공기가 추가 손실될 가능성이 가정되었다. 다행히 8대가 추가로 도착했으며, 해리어 GR-3 6대도 애틀랜틱 컨베이어 호(HMS *Atlantic Conveyor*)에 도착할 예정이었다. 오랜 여행에도 래피어의 상태는 괜찮았지만, 미사일이 해안에 도달할 수 있다고 가정해도 아르헨티나의 공중공격을 격퇴하는 데 결정적일 수 있을지 의심했던 이는 톰슨만이 아니었다. 그는 상황이 상륙에 적합한지 여전히 확신하지 못하고 있었다. 톰슨이 기동부대 지휘관인 필드하우스(John Fieldhouse) 제독에게 그 문제를 직접적으로 제기했을 때, 그는 상륙의 위험을 저울질하는 것은 자신의 책임이 아니라는 말을 들었다. 상륙작전에는 고려해야 할 사항들이 많았는데, 공중위협은 그중 하나에 불과했다.

자신감의 균형은 아르헨티나 사람들에게 유리했는데, 그들은 다가오는 전투에 대해 준비가 잘되어 있다고 느꼈다. 남부 비행장들에 전개되어 있던 아르헨티나의 항공기는 잘 무장되어 있었으며, 해상 표적에 대한 공격을 연습해오고 있었다. 실패한 5월 1일의 고고도 공격에 대한 연구들은 진입 항공기가 해리어의 초계와 전함 레이더들을 피하기 위해 낮게 비행해야 한다고 결론 내렸다. 늦은 오후에 공격하면 석양을 뒤로 하고 서쪽으로부터 진입할 수 있었다. 목표는 영국의 방어망을 제압하는 것이었다. 모든 작전은 현장에 동시적으로 나타나는 최소 8대의 항공기에 의해 수행될 것이었다. 항공기들은 모두 함께 도착할 것이었다. 그러나 한계가 존재했다. A-4는 공중재급유가 가능했지만, 항공기들은 여전히 주간에, 항속거리의 한계 안에서 비행해야 했다. 정보는 빈약했고 지휘는 분할되어 있었다. 전함들에 대한 공격은 본토에서 통제할 것이었으며, 지상전력에 대한 공격은 남부공군(Southern Air Force)과 조율될 것이었다. 수비군 지휘관들의 역할은 표적에 대한 정보를 제공하는 것으로 국한되고 무엇을 공격할지에 대한 결정은 본토가 맡았다. 공군은 포클랜드 제도와 근접해 있는 함선들에 초점을 맞춘 반면, 해군은 항공모함에 대해 결정적인 엑소세 공격에 집중했다.

영국 기동부대는 놀라울 정도로 논쟁 없이 산 카를로스를 상륙지점으로 선택했다. 그렇게 하는 게 아르헨티나 지상전력, 잠수함, 공중발사 엑소세 미사일의 위협을 감소시켜주었기 때문이다. 서(西)포클랜드는 배제되었는데, 그곳은 아르헨티나 본토와 더 가깝고 동쪽으로 이동할 필요가 있을 경우에는 두 번째 상륙이 필요하기 때문이었다. 그러나 산 카를로스는 여전히 지상기반 항공기의 항속거리 안에 있었다. 이미 언급했듯이 시 다트와 시 울프는 심각한 문제들을 갖고 있었다. 산 카를로스라는 범위 안에서는 미사일보다 더 용이하게 사용할 수 있었는데도 전문적인 대공포를 탑재하고 있던 함선은 거의 없었다. 사이드와인더 미사일로 무장하고 있던 해리어는 적 항공기가 가시거리 안에 들어왔을 때는 극히 효과적일 수 있었다. 그러나 항공모함들에게 위해가 가해지지 않도록 해야 할 필요성 때문에 해리어는 항속거리의 끝단에서 작전을 수행하고 있었으며, 그로 인한 연료부족으로 신속하게 교전을 끝내고자 했다. 항모로부터 멀리 떨어진 곳까지 추격하고자 하는 유혹을 받을 때 해리어는 스스로를 자제해야 했다. 해리어는 인상적인 출격률을 달성했지만 그 시간은 항상 짧았으며, 현장에 있는 함선이 과업을 부여해줄 수 있을 때 가장 잘 사용되었다.

5월 21일의 초기 항공활동은 영국의 상륙을 지원하는 것이었다. 허미스 호로부터 발진한 GR-3 한 쌍이 마운트 켄트(Mount Kent)의 헬리콥터 주기장을 성공적으로 공격해 치누크와 푸마 1대씩을 파괴함으로써 결정적인 지역에 증원전력을 이동시킬 수 있는 아르헨티나의 능력을 감소시켰다. 다른 한 쌍이 서포클랜드로 향했지만 덜 성공적이었다. 1대는 이착륙장치 이상으로 복귀해야 했으며, 다른 1대는 블로파이프(Blowpipe) 미사일에 격추당해 아르헨티나에게 유일한 영국군 전쟁포로를 안겨주었다. 구스그린에서 6대의 푸카라스가 이륙하려고 준비하는 것을 지켜보던 공수특전단(SAS) 관찰자들은 그 비행장에 대한 해군의 포격을 요청했다. 푸카라스 1대만이 이륙했는데, 산 카를로스 해역에서의 활동에 대해 보고하고 난 뒤에는 SAS 스팅어(Stinger)에게 격추당했다.

이제 아르헨티나 지휘부는 산 카를로스에서 벌어지던 상황을 알게 되었다. 이는 아르헨티나 공군이 스스로 준비해오던 순간이었으며, 곧 실행에 옮겨졌다. 모든 것이 전투에 투입되었다. 전술적·실용적 사유 때문에 일부 출격은 포기되었지만, 그날 약 45대의 항공기가 포클랜드에 도달했다. 제1파에서 2개의 가장 근접가능한 표적인 앤트림 호(HMS *Antrim*)와 브로드소드 호가 타격을 받았다. 두 전함 모두 피해를 입었으며, 앤트림 호가 더 심각했다. 나중에는 에거노트 호(HMS *Argonaut*)가 2개의 폭탄에 명중되었지만 폭발하지는 않아 살아

남았다. 포격 임무로부터 귀환하던 초계함 아든트 호(HMS *Ardent*)가 아르헨티나 해군의 A-4 3대에게 우연히 발견되었으며, 2개의 폭탄에 타격을 입었다. 선원이 모두 소개(疏開)된 아든트 호는 홀로 전소되다가 침몰했다. 영국 해군은 손상을 입었지만, 더 심각해질 수도 있었다. 아르헨티나는 항공기 10대(대거 5대, A-4Q 3대, A-4C 2대)를 잃었으며, 다른 많은 항공기는 수리될 때까지 작전에 투입할 수 없게 되었다.

공격에 임하는 아르헨티나의 항공기는 영국군의 해리어로부터 그들을 보호하기 위한 호위기도 없이 비행했으며, 영국 전함들의 배치에 대한 정보도 없었고, 표적 상공에서의 작전가능 시간도 제한되었다. 그렇기 때문에 공격은 기회에 의존해야 했으며, 가장 중요한 대부분의 표적들—상륙함들—은 무시하고 초계함과 구축함들을 조준했다. 게다가 아르헨티나는 폭탄 신관에 관한 보다 기술적인 문제를 해결하지 못했다. 공격지침서(attack profile) 때문에 많은 폭탄이 폭발하는 데 실패하고 말았다.• 그런 이유로 아르헨티나의 모든 노력은 영국이 실제적으로 섬에 상륙하고 장비와 탑재물자들을 해안으로 옮기는 긴요한 과정에 아무런 차이도 만들어내지 못했다. 이는 영국군에게 주요한 위안거리였다. 영국의 상륙함들은 신중한 위치설정과 공격을 이끌어내는 호위함들의 전비태세 덕분에 건재했다.

첫날의 도전이 있은 뒤에 영국군은 둘째 날을 위해 가능한 많은 수의 상륙함을 아르헨티나 항공기의 항속거리 밖에 머무르게 하기로 결정했다. 이로써 지상에서는 지체가 발생하겠지만, 가장 안전한 길은 주간에는 상륙함들을 위험에서 벗어난 곳에서 대기시켰다가 야간에 복귀할 수 있게 하는 것이었다. 아르헨티나군이 탑재물자들을 내리는 함선들을 공격하는 것이 그들을 보호하는 초계함이나 구축함들을 공격하는 것보다 유리하다는 것을 깨닫지 못하도록 하기 위해서였다. 5월 22일에는 활동이 거의 없었지만 아르헨티나군은 전력(全力)을 갖추고 다음 날 다시 돌아왔다. 패턴은 첫날과 그리 다르지 않았다. 항공기는 저고도로 비행해서 래피어, 블로파이프, 소화기의 집중사격에 직면했으며, 가장 중요한 표적이 아니라 가장 명확한 표적에 집중했다. 이번에는

• 아르헨티나의 공격지침서는 조종사들로 하여금 영국 함선들의 방공무기를 회피하기 위해 매우 낮은 고도로 근접하여 폭탄을 투하할 것을 지시했다. 아르헨티나는 제2차 세계대전기 폭탄을 상당 정도 사용했는데, 그것들은 신관이 활성화되어 폭발에 이르기까지 충분한 시간을 필요로 했다. 저고도에서 투하된 폭탄은 그런 시간을 확보할 수 없었다.

기동부대에 합류한 지 불과 12시간에 지나지 않던 앤털로프 호(HMS *Antelope*)가 적과의 첫 조우에서 1000파운드 폭탄 2개에 명중되었다. 폭탄은 어느 것도 즉시 폭발하지 않았지만, 신관을 제거하려고 시도하다가 나중에 1개가 폭발해 함정이 화염에 휩싸였으며, 화약고 폭발이 시작되기 직전에 함정을 포기하라는 명령이 내려졌다. 다음 날 아침 앤털로프 호는 가라앉고 말았다. 이 시점부터 영국군은 불발폭탄에 대해 공개적으로 이야기하지 않기로 결정했는데, 이는 적이 그런 문제를 파악하지 못하도록 하기 위해서였다. 폭탄을 폭발시키는 기본적인 문제는 아르헨티나 항공기들이 방공망으로부터 살아남고자 하는 노력 때문에 최적의 고도에서 비행하는 것을 불가능하게 만드는 한 쉽게 해소되지 않았다.

5월 24일 아르헨티나군은 새로운 전략을 시도했다. 공격은 30분에 걸쳐 집중적으로 이루어졌으며, 방향을 바꿔 상륙함을 표적으로 삼았다. 아르헨티나는 영국 상륙함 3척—서 갤러해드, 서 랜슬롯(*Sir Lancelot*), 서 베디비어(*Sir Bedivere*)—을 타격했지만, 앞의 2척에서는 폭탄이 폭발하는 데 실패했고, 세 번째 것은 관통했다. 피어리스 호(HMS *Fearless*)와 서 갤러해드 호는 포탄 세례를 받았다. 그런 피해는 상륙의 지체를 유발했지만, 더 긴요한 장비와 물자들이 매일같이 해안에 도달하고 있었다. 영국군은 여전히 염려 속에 있었다. 함대는 고갈되고 있었던 반면, 영국에서 항해해오던 증원전력은 여전히 며칠을 기다려야 할 만큼 멀리 있었다. 아르헨티나의 공중 역량 또한 고갈되었다는 게 희망이었다. 영국군은 방공의 효과성을 일관되게 과대평가했으며, 아르헨티나군이 실상보다는 2배나 많은 항공기를 상실한 것으로 어림잡았다. 5월 25일에는 어떤 낙관주의도 곧 깨지고 말 것이었다.

그날의 초기 공습은 아르헨티나 항공기들이 어떤 성공적인 공격도 달성하지 못하고 손실되는 모습을 보여주었다. 그런 행위의 중심에는 42형 구축함 코번트리 호(HMS *Coventry*)와 그와 연합해 활동하던 초계함 브로드소드가 있었다. 그들의 위치가 파악되자 A-4B 3대가 저고도로 근접해 기습공격을 가했다. 코번트리의 시 다트가 운용되기에는 A-4B의 고도가 너무 낮았다. 코번트리의 기동 때문에 브로드소드는 시 울프로 근접하는 항공기를 명중할 수 없게 되었으며, 코번트리는 포화와 3개의 폭탄—그중 적어도 2개가 폭발했다—에 좌현을 명중당했다. 영국군 17명이 즉사했으며 2명은 나중에 죽었다. 브로드소드의 구명정이 곧 가용해지면서 코번트리의 인원은 신속하게 소개되었다.

이런 손실은 놀라운 것이었지만, 그날 아르헨티나군이 거둔 두 번째 성공이 영국의 전역에 훨씬 더 해가 되었다. 아르헨티나군은 다수의 호위함과 상륙함—애틀랜틱 컨베이어 호를 포함하는—과 함께 산 카를로스로 이동하는 중이던 영국의 항공모함들에게 성공적인 공격을 가했고, 아르헨티나는 이날을 해군의 날로 삼기로 결심했다. 애틀랜틱 컨베이어 호는 전쟁 기간에 한해 상선에서 전용(轉用)된 컨테이너선으로 긴요한 물자들로 가득 차 있었다. 원래 의도는 산 카를로스 해역으로 이동하기 전 그날 밤에 헬리콥터를 이용해 물자들의 이송을 완결하는 것이었다. 이것이 주간에 산 카를로스에 근접하는 것보다 안전하다고 평가되었으며, 아르헨티나는 여전히 상륙거점을 교란시키는 데 집중하는 중이라는 보다 폭넓은 판단에 기초한 것이었다. 그것은 또한 해리어의 공중초계가 산 카를로스에 중점을 두고 있음을 의미했다. 리오그란데에서 발진한 쉬페르 에탕다르 2대(각 항공기에 1개의 엑소세가 장착되어 있었다)가 연료를 재충전하고는 270마일을 날아와 각 표적에 도달했다. 뒤늦게야 공격의 도래를 알아차렸지만 영국군은 곧 채프를 사용했다. 채프는 엑소세 공격에 대한 최상의 대응조치였으며, 희망했던 대로 잘 맞아떨어졌다. 다만 의도했던 표적을 비껴나간 2대의 미사일이 공히 아무런 방어책도 갖고 있지 못했던 애틀랜틱 컨베이어를 발견하고 말았다. 치누크 3대와 웨섹스 헬리콥터 6대가 손실된 것—당시 치누크와 웨섹스 각 한 대씩은 공중에 떠 있었다—은 심각한 타격이었다.• 4500명의 병력을 위한 텐트 시설과 해리어 전진작전기지를 위한 활주로와 연료주입 장비도 손실되고 말았다.

애틀랜틱 컨베이어가 손실되면서 영국의 계획이 복잡해졌지만, 그것은 상륙을 교란하는 것보다 기동부대에 강력한 일격을 가하는 데 더 관심을 갖고 있던 아르헨티나 해군이 의도했던 결과가 아니었다. 그들의 관점에서 보면 엑소세 2대를 사용했지만 항공모함을 파괴하는 데는 실패하고 말았으며, 그들에게는 이제 엑소세 미사일이 1대만 남게 된 것이었다. 해외로부터 더 많은 미사일을 확보하려는 노력은 아직까지 아무런 결실이 없었다. 이날은 아르헨티나에게 가장 효과적인 날들 중 하나였지만 공군과 해군 항공대는 공히 시간, 표

• 4월 25일 어센션 섬으로 항해를 시작할 때 영국 해군 제848 비행대대의 웨섹스 헬리콥터 6대와 공군 제18대대의 치누크 HC.1 5대를 탑재하고 있었다. 어센션 섬에서 해군의 시 해리어 8대와 공군의 해리어 6대를 추가로 탑재했다.

적, 활력을 소진하고 말았다. 그날 저녁에 아르헨티나 지휘관들은 자신들의 전투가 이제는 다른 국면으로 넘어가야 함을 받아들였다. 위험은 남아 있었지만, 이는 그 단계의 전투에 대한 효과적인 종결이었다.

이는 영국 기동부대에게 짙은 어둠이 드리워지는 순간이기도 했으며, 런던에서도 충분한 반향을 불러일으켰다. 함선 2척이 손실되고 다른 하나는 피해를 입었으며, 진정한 문제를 일으키게 될 헬리콥터들의 손실이 있었고, 영국의 방어망에는 공백이 계속해서 드러나고 있었다. 이런 공백이 차후 항공모함의 손실을 야기한다면 전역 전체가 위험에 빠질 것이었다. 이와 같은 날이 또 온다면 전투 전체가 패배해가고 있다고 결론 내려질 수도 있었다.

이 시점에서 아르헨티나가 입은 공중손실이 과장되었다는 것을 영국이 알아차렸다면 그런 침울함은 훨씬 더 커질 수도 있었다. "전쟁의 안개"와 관련된 통상적인 문제 때문에, 특히 다양한 지대공미사일을 운용하는 이들의 낙관적인 주장 때문에 영국군은 자신들이 실제보다 훨씬 더 많은 항공기를 격추했다고 생각했다. 영국군은 5월 21일 이후 아르헨티나의 스카이호크 20대와 대거 17대가 손실되었다고 어림잡고 있었지만, 실제로는 그 절반—스카이호크 10대, 대거 9대—에 지나지 않았다. 그것은 그전에 손실된 스카이호크 6대, 대거 1대, 미라주 III 2대, 캔버라 1대에 추가된 것으로서 아르헨티나의 실제적인 손실은 영국이 평가한 것의 2/3에 불과했다. 추가적으로 사고를 제외하고 푸카라스 8대, 멘터 4대, 아에르마키(Aermacchi) 1대, 경항공기 3대가 손실되었다. 이때까지 영국군은 사고와 적의 공격으로 해리어 5대를 잃었다.

5월 26일 저녁에 이르러 활동이 거의 없어지고 상륙 과업이 거의 완결되면서 기동부대 지휘관들에게는 최악은 지나갔을지 모른다는 점이 분명해졌다. 5월 27일에는 보호해야 할 함선이 4대에 지나지 않았으며, 그날 밤에는 하역을 위해 새롭게 투입한 선박이 존재하지 않았다. 모든 포와 차량, 당장 필요한 물자와 탄약의 대부분이 해안에 도달해 있었으며, 시 킹 11대와 웨섹스 4대, 치누크 1대도 마찬가지였다. 해리어를 위한 전진작전기지가 건설되면서 상황이 진전되었다. 아르헨티나의 두 차례 급습이 있었지만, 해리어들과 대적하게 된다는 점을 인지하면서 퇴각했다. 매우 용감하게 비행했던 아르헨티나 조종사들은 포기하지 않았지만 출격의 횟수는 감소하고 있었으며, 영국 기동부대까지 도달한 항공기는 더 적어졌고, 그중 어느 것도 성공적이지는 못했다.

평가

되돌아보면 영국의 승리는 많은 경우 불가피한 것으로 보인다. 영국군은 아르헨티나군에 비해 몇 가지의 긴요한 이점을 갖고 있었으며, 여기에는 잠수함과 해리어가 포함된다. 영국군은 더 잘 훈련되어 있었고 더 잘 지휘되고 있었다. 그러나 그들은 본국으로부터 멀리 떨어진 곳에서 유능하고 결연한 적에 맞서 작전을 수행하고 있었다. 전역을 수행하던 이들은 결코 승리를 당연한 것으로 생각하지 않았다. 아르헨티나가 포클랜드 제도에서 자신들이 보유하고 있던 최상의 항공기들을 위한 임시 활주로를 확보할 수 있었다면, 폭탄을 폭발시키는 문제를 해결할 수 있었다면, 영국군이 상륙한 뒤에 상륙전력에 대해 공격을 집중할 수 있는 방법을 찾았다면, 항공모함이나 병력으로 꽉 채워진 수송선을 타격할 수 있었다면, 영국군이 주요한 장비 이상이나 사고를 당하는 불운을 겪었다면 결과는 달라질 수 있었다.

해군 항공력이 없었다면 영국은 포클랜드에서의 전역을 생각조차 하지 못했을 것이다. 오랫동안 영국 정부의 회의적인 시각에 직면해 모종의 함대 항공대를 보존하려고 노력해왔던 영국 해군의 성원들에게 이는 놓칠 수 없는 요점이었다. 결국 허미스의 거대한 비행갑판이 모든 차이를 만들어냈다. 허미스는 해리어 21대, 시 킹 9대, 링스 2대, 웨섹스 2대를 수용할 수 있었는데, 이는 해리어 10대, 시 킹 9대, 링스 1대를 수용할 수 있던 인빈서블과 비교되는 것이었다. 각 항공모함은 그토록 적은 자산을 가지고 있었기 때문에 극히 분주하게 가동해야 했고, 시험 시의 상태로 유지해야 했으며, 다재다능하게 쓰여야 했다. 한번은 허미스가 스탠리와 구스그린을 공격하기 위해 해리어 12대를 출격시켰는데, 그들이 귀환한 지 한 시간 뒤에 이번에는 방공 과업을 위해 동일한 항공기를 재출격시켰다.

적의 공중공격에 대한 방어체계는 주요한 실망거리였다. 1978년까지는 아크로열 호(HMS *Ark Royal*)가 공중조기경보(AEW) 항공기를 발진시킬 수 있었지만, 그것은 더 이상 가용하지 않았다. 북대서양조약기구라는 배경 안에서는 공중조기경보를 연안에 기지를 두고 있는 항공기를 통해 제공받을 수 있었지만, 바다로 나가면 그것의 결여가 야기하는 문제가 절감(切感)되었다. 이는 쉬페르 에탕다르가 엑소세 미사일의 발사 사거리를 뚫고 들어갈 수 있게 해주었다. 아르헨티나군이 전자방해장치를 사용할 수 없었던 것은 영국군에게 다행이었다. 육지에 가까운 함선탑재 경보레이더의 대부분이 미흡했기 때문에 이런 공백은 더 두드러졌다.

해리어 항공기는 기대 이상으로 이례적으로 훌륭하게 과업을 수행했다. 그럼에도 공대공전투에서 해리어가 지배적 지위를 점할 수 있었던 것이 그 상대가 주간에 최소한의 연료로 비행하던 전폭기들이었다는 사실에 의해 도움을 받았다는 점은 의심의 여지가 없다.

미사일에 관해서는 영국의 시 다트가 아르헨티나의 항공작전에 강력한 전술적 영향력을 미쳤다고 말할 수 있다. 영국제 시 다트에 대한 아르헨티나의 경험이 거의 만족스럽지 않았던 점에 비춰보았을 때 이는 놀라운 일이었다.* 그럼에도 대응시간과 레이더의 맥락에서 보면 시 다트의 실제적인 실적은 실망스러웠다. 시 울프가 보다 효과적인 것으로 보였지만, 이 시점에서 그런 방공체계는 소수의 전함에만 설치되어 있었다. 처음에는 "격추"에 성공했다는 주장의 수(數) 때문에—전쟁 뒤에 이 수는 8회에서 14회로 증가했다— 래피어가 포클랜드 전역에서 강력한 명성을 얻었다. 지지자들은 래피어가 전투에서 진가를 입증했다고 주장했지만, 전후 조사의 결과 그 효과성은 상당 정도 과장된 것으로 밝혀졌다. 성공이 확실한 것은 고작 1회에 불과했고, 2회는 그럴 개연성이, 또 다른 2회는 그럴 가능성이 있었을 뿐이었다. 이는 결코 공식적인 인정을 받지 못했다. 오랜 항해와 제2선의 지원 부재는 래피어가 신뢰성을 확보하지 못하게 만들었다. 그것은 또한 저고도에서 이루어지는 적 공중공격의 방해도 받았는데, 그런 공격은 많은 경우 안개에 싸여 있으며 빛이 빈약한 계곡들 사이로 가해졌다.

영국은 함선 6척을 잃었고 11척은 손상되었다. 함선에 명중했지만 폭발하는 데 실패했던 13개의 폭탄이 터졌다면 이 기록은 훨씬 더 암울했을 것이다. 함선의 손실은 전함의 "생존성 결여"에 대한 대중적인 논쟁을 야기했다. 그런 손실, 그리고 더 많은 '사실상'의 손실은 여러 요인들—영국 해군의 방어망을 이해하고 있던 상대에 맞서 아르헨티나 본토의 범위 안에서 작전을 수행해야 할 필요성, 방어망의 공백, 피해를 흡수할 수 있는 능력을 제한했던 함선들의 일부 특성들—이 불행하게도 결합되었기 때문이었다. 생존성의 문제가 어떠했든지 간에 영국 함

* 아르헨티나는 보유하고 있던 42형 구축함에서 사용할 용도로 시 다트 60기를 구입했으나 부품 부족 때문에 1987년 퇴역시켰다.

선들은 상륙 상황에서는 미끼로 기능하는 것을 의미했던 그들의 과업을 완수했다. 이는 상륙군에 발생한 피해는 훨씬 덜 심각했음을 의미했다. 민간선인 애틀랜틱 컨베이어 1척만이 손실되었으며, 이는 아르헨티나의 엑소세가 빗나가 맞아 발생한 것이었다. 코번트리 호는 수(數)의 힘으로 제압된 것이었다. 초계함들은 포클랜드 해협의 협소한 경계 안에서 임무를 수행하고 있었으며, 그들의 기동성과 무기체계의 이점을 활용할 수 없었다. 향후 선박설계에 유용한 교훈을 얻었다면, 화재와 연기가 번지는 것을 막을 수 있는 보다 나은 방법을 찾아내는 것이었다. 채프 유인장치도 가치를 보여주었으며, 그렇지 않았으면 비무장상태가 되었을 왕립함대보조군(Royal Fleet Auxiliary)•이 포함된 대부분의 선박에 비교적 쉽게 추가될 수 있었다.

대지공격 작전, 특히 활주로에 대한 공격은 어중간한 성공을 거두었을 뿐이었다. 다중통과공격(multiple pass attack)을 실시하다가 해리어 GR-3 3대 중 2대가 격추되었다는 점에서 학습이 필요한 기본적인 전술적 교훈도 존재했다. 다중통과의 위험은 잘 알려져 있었으며,•• 이런 경우에 1대는 직접적인 명령 때문에 공수연대 제2대대(Two Para)와 기타 전력을 지원했다. 그런 위험은 표적들을 파괴할 수 있는 체계뿐 아니라 표적들에 대한 양질의 정보를 통해서도 감소될 수 있었다. 이런 경험으로부터 효과적인 비행장거부무기•••를 획득하려는 결연한 시도가 등장했다.

포클랜드 분쟁은 합동작전의 필요성에 대해서도 많은 것을 보여주었다. 포클랜드 전역은 가장 높은 지휘 수준인 국방참모총장에서 기동부대 사령관, 그리고 항모전단 지휘관—남대서양에서 최고위 인사다—에 이르기까지 제독들이 지휘했다. 영국에서 지휘구조는 대체로 잘 가동되었지만, 남대서양에서는 껄끄러웠다. 우드워드의 참모부에는 영국 공군장교가 배속되어 있지 않았다. 허미스의 미들턴(Middleton) 대령••••이 항공보좌관의 역할을 수행했지만 우드워드와의 관계는 좋지 않았다. 비행중대장 1명이 연락장교로 파견되었지만 모든 논의에서 제압당했다. 허미스의 항공작전실은 공세적인 항공작전을 감행하는

• 영국 해군을 지원하는 목적으로 1905년에 창설된 민간인 승선 함대로, 국방부가 소유권을 행사한다. 주된 역할은 영국 해군에게 연료, 탄약, 보급품을 공급하는 것이다.

•• 같은 표적이나 지역에 대한 반복적인 통과는 지상화기에 노출될 가능성을 증가시킨다.

••• 비행장을 파괴하여 그 사용을 거부하는 무기를 의미한다.

•••• 훗날 해군 소장이 된 미들턴(Linley Middleton)을 의미한다.

것이 아니라 기동부대를 방어하는 데 전력을 기울이고 있었다. 우드워드, 미들턴, 그리고 통신하기 어려웠던 지상지휘관들의 상충되는 요구에 직면했을 때 항공기를 배당할 수 있는 수단은 존재하지 않았다.

전쟁으로부터 성급하게 교훈을 학습하려는 경우가 종종 있다. 포클랜드의 경우 공중공격에 대한 선박의 취약성이 가장 눈에 띄는 교훈들 중 하나였다. 그러나 분쟁의 특수한 상황들은 일반적인 결론의 도출을 불가능하게 만들었다. 예를 들어 엑소세는 난공불락으로 명성을 얻었지만, 채프를 사용해 그것을 빗나가게 할 수 있다는 것이 드러났다. 최적의 상황이 아닐 때 방어미사일들이 제대로 가동되지 못한 것은 놀라운 일이지만, 이것이 상황이 최적에 더 가까워졌을 때 더 나은 실적을 거둘 가능성을 배제하지는 않았다. 개선된 조기경보와 질적으로 우수한 대공포를 도입하는 것은 방어의 공백에 대처하는 분명한 치료법이었다.

1982년의 이례적인 상황들은 당시의 다른 전쟁과는 다르게 단 한 차례로 끝나는 고유한 전역을 낳았다. 포클랜드 전쟁은 민간인들을 대상으로 하거나 그들 사이에서 이루어지는 것이 아니라 정규전력 간에 이루어졌고, 영토와 주권이라는 진부한 이슈에 대한 것이었으며, 어느 쪽도 낙승을 거둘 가능성이 없었다. 군수적 요인들은 전투에 전력을 투입할 수 있는 양측의 능력을 제한했으며, 전쟁에서 매우 중요한 차이를 만들어낸 것은 이런 제한에 대해 창의적 해법을 발견해낸 영국의 능력이었다. 항공력은 중요했지만 어느 쪽도 그것으로 하여금 결정적인 역할을 할 수 있도록 해줄 수 있을 만큼 충분한 항공전력을 보유하지는 못했다. 영국 해군은 많은 함선을 잃어버리는 매우 힘든 시간을 보냈지만 마침내 성공적인 상륙작전을 이끌었다.

제3부 1990~2000년

서론

제3부는 1991년 쿠웨이트 해방에서 시작해 1990년대의 주요한 군사전역들에 초점을 맞춘다. 올슨(John Andreas Olsen)은 제8장에서 미국과 그 동맹국들이 핵무기나 중형폭격기에 의존하지 않고, 민간주민이나 공격하는 전력에 심각한 손실을 발생시키지 않고도 한 현대국가의 정치적·경제적·군사적 기간구조의 핵심적인 부분들을 마비시켜 항공력의 적용에 새로운 시대를 열었다고 주장한다. 그와 동시에 미국이 주도하는 동맹의 항공전력들은 지상교전을 하기 전에 지상전투에서의 적의 효과성을 상당 정도 감소시켰다. 이런 업적은 첫째, 폭격의 정확성은 향상시키고 이라크 방공체계의 효과성은 감소시켰던 기술(technology)과, 둘째, 전략폭격과 탱크, 포, 수송차량, 보급선에 대한 체계적인 소모성 공격에 관한 전통적 이론들을 재고찰함으로써 가능해진 것이었다. 토마호크 순항미사일과 정밀무기로 무장한 F-117 스텔스 항공기의 형태로 나타난 신(新)기술과 B-52와 그 재래식 폭탄의 형태로 나타난 구(舊)기술의 결합이 전쟁의 모든 수준—전략적·작전적·전술적—에서 이라크의 국가, 사회, 군대를 압도해버렸다. 역사상 처음으로 항공력이 대규모 군사전역을 지배할 수 있게 되었으며, 기대 이상의 가치를 입증해냈다.

제9장에서 오언(Robert C. Owen)은 1993년 3월 31일부터 1995년 12월 20일까지 계속되었던, 보스니아 내전에 대한 북대서양조약기구(NATO, 이하 나토)의 개입인 거부비행 작전(Operation Deny Flight) 동안 항공력의 사용에 대해 논하고 있다. 오언은 유혈분쟁의 종결을 강제하기 위해 나토가 항공력을 정력적·지속적·효과적으로 적용했던 거부비행 작전의 한 국면인 신중한 힘 작전(Operation Deliberate Force, 1995년 8월 28일~9월 14일)* 에 각별한 주의를 기울

---

* 이 작전명은 '정밀전력 작전', '의도적 힘 작전', '신중한 공격 작전' 등으로도 옮겨지고 있다.

인다. 이 국면 동안 나토와 미국의 외교관들은 모든 진영, 특히 보스니아 내 세르비아계 사람들이 전투를 중단하고 협상에 임하도록 강제하기 위해 항공작전을 활용했다. 시간선정, 조준점, 무기를 통제하거나 수용 가능한 부수피해의 수준을 결정하는 데 있어 나토 항공지도자들의 자유권에 전례가 없을 정도로 제약을 가했던 교전규칙하에서도 그들은 이런 목표들을 달성했다. 그러나 보스니아 작전에서 항공작전의 효율성은 동맹국 간의 정치적 일체감을 보존해야 할 필요성보다 덜 중요했으며, 이는 부수적인 사상(死傷)의 발생과 재산 파괴를 신중하게 제한할 것을 요구했다. 그런 개입에 참여했던 다양한 국가의 서로 다른 전략적 관점은 정치적 일체감을 필수적이게 만들었을 뿐 아니라 달성하기 어렵게도 만들었다. 그렇기 때문에 오언은 신중한 힘 작전의 특정한 상황들이 그 전역의 지속성, 신중한 표적처리, 공세적 외교를 결합시킨 점이 갖는 중요성에 비해 정밀무기의 중요성은 감소시켰다고 결론 내린다.

1999년 나토는 유고슬라비아 대통령 밀로셰비치가 코소보 지방에서 행하던 탄압을 중지하도록 강제하기 위해 다시 한 번 항공력에 의존하기로 결정했다. 사실 항공력은 동맹군 작전(Operation Allied Force) 동안 나토가 적용했던 유일한 강압의 메커니즘이었다. 그러나 코소보에 대한 밀로셰비치의 몰입은 보스니아에 대한 그의 관심보다 훨씬 더 컸으며, 이번에는 동맹이 지상전력을 제공하기를 분명하게 거절했다. 그 결과 신속한 양보를 얻어낼 수 있으리라는 나토의 기대는 깨지고 말았다. 그 대신 나토는 밀로셰비치가 그들의 요구를 받아들이기 전 11주 동안 항공기의 수, 출격 횟수, 표적을 증가시켜야 했다. 메이슨(Tony Mason)은 제10장에서 나토가 신속하게 제공권을 장악했지만 유고슬라비아의 지대공 방어망을 결코 무력화하지 못했음을 보여준다. 정밀무기들이 정적인 표적들을 타격했지만, 엄격한 교전규칙과 사상(死傷) 및 부수피해를 감수하고 유발하는 것에 대한 거리낌은 소규모로 움직이며 기만과 주민 사이에 잠입하는 방법에 의존하던 코소보의 세르비아군에 대한 공격을 상당히 복잡하게 만들었다. 양측 모두가 미디어를 활용했다. 나토의 오폭을 보여주는 이미지에 대응하기 위해 수천 명에 이르는 코소보 난민을 보여주는 사진

그러나 애초 적의 격파가 아니라 침략행위를 억제하고 인명을 구하기 위해 고안되었으며, 집중적인 외교적 압력이 실패한 상황에서 항공력을 신중하게 사용해 유고슬라비아 연방공화국(FRY)의 밀로셰비치(Slobodan Milosěvić) 대통령을 협상테이블로 이끄는 데 성공했다는 점에서 '신중한 힘 작전'으로 옮기는 것이 더 적절해 보인다.

이 사용되었다. 밀로셰비치는 러시아가 그에 대한 지지를 포기한 뒤에, 그가 전범으로 기소된 뒤에, 베오그라드(Belgrade) 시민들이 정전(停電)과 일상생활의 차질로 고통받기 시작한 뒤에, 나토가 지상전력을 전개하지 않는다는 결정을 재고하기 시작한 뒤에야 항복했다. 무인기, 위성, 전천후 항법, 정밀유도 및 네트워크 무장투발체계의 광범위한 사용은 세르비아의 비대칭적인 대응에 직면했다. 이런 이유들 때문에 메이슨은 사막의 폭풍 작전보다 동맹군 작전이 21세기 항공력을 위한 어젠다를 설정해놓았다고 주장한다.

제8장

사막의 폭풍 작전, 1991년

존 안드레아스 올슨(John Andreas Olsen)

쿠웨이트에서 이라크군을 축출하기 위해 고안된 미국 주도의 군사전역이었던 사막의 폭풍 작전은 1991년 1월 17일 이른 시간에 시작해 부시(George H. W. Bush)가 정전을 선언했던 2월 28일 끝났다. 42일간의 군사행동 동안에 연합군 지상전력은 마지막 100시간에만 전투를 경험했다.

이라크를 향해 광범위하고 깊숙하게 이루어진, 기민하며 육·해 합동적인 기만 노력과 신중한 군수기획과 결합되었던 지상전역은 인상적인 성취를 달성해냈다. 그러나 승리의 속도와 규모를 평가함에 있어 연합군의 성취는 상당 정도 포괄적인 공중공세 덕분에 가능했음을 이해하는 것이 중요하다. 지상에서의 전투는 보통 주요 군사전역을 특징지었던 운명의 부침(浮沈)이 없이 전개되었다. 지상공세가 시작되기 전에 1800대 이상의 전투항공기가 작전에 임했고, 대략 11만 회의 기록된 비행을 실시했으며, 9만 톤 이상의 공중무기를 투발했던[1] 항공작전이 전투의 운명을 결정지어버렸기 때문이다. 이라크의 체제와 군사력에 충격을 가한 것으로 드러난 것은 그런 규모만이 아니라 항공전역의 전례 없는 정밀성도 들 수 있다. 투하되거나 발사된 모든 무기들 중 대략 8%는 정밀유도무기였다. 이런 무기는 매우 효과적인 것으로 드러났으며 항공력의 효과성을 상당히 개선시켰다.[2]

이 장은 연합군이 구별되는 5개의 항공작전(또는 주요전투기능) 유형이라는 렌즈를 통해 항공력을 적용하는 데 초점을 두어 작전적 수준에서 달성했던 바를 고찰한다. 첫 번째로 '공중통제(*control of the air*)'는 이라크 군사력의 중대한 방해 없이 연합군이 선택한 장소, 강도(强度), 시간에서 공중·해상·지상 작전을 진행할 수 있게 해주었다. 두 번째로 '전략공격'은 이라크의 지휘통제기구와 정치적·군사적 목표를 추구할 수 있는 체제의 능력을 대부분 마비시켰다. 세 번째로 '보급차단'은 이라크 병사들이 수송 수단을 효율적으로 사용하지 못하도록 했으며, 식량, 식수, 여분의 부품이 적시에 운송되는 것을 막았다. 네 번째로 '직접적인 전력공격(*direct force attack*)'은 지상에서 교전이 이루어지기 전에 야전에 있는 이라크의 포, 탱크, 장갑병력 수송차량의 상당 부분을 파괴했다. 다섯 번째로 항공력은 지상침공이 시작되자 연합군 전력에게 '근접항공지원(CAS)'을 제공해서 그 전통적인 역할을 완수했다.[3] 이 장은 항공전역의 직접적·간접적 효과를 기술하며 "모든 전투의 어머니(Mother of All Battles)"[•]—후세인(Saddam Hussein)은 1991년 전쟁을 이렇게 칭했다—에 대한 이라크의 관점을 포함한다.[4]

쿠웨이트 침공

서구의 관점에서 보았을 때 걸프에서의 위기는 이라크 대통령 후세인이 그의 정예군에게 이웃하고 있는 쿠웨이트를 침공하도록 명령했던 1990년 8월 2일에 시작했다. 이라크가 내세운 목표는 "수도 쿠웨이트와 쿠웨이트의 다른 도시들을 점령"하고 통치가문과 정부 고위관료를 체포하는 것이었다.[5] 이라크의 공화국수비대는 통합적이고 계획적인 군단급 공격을 여러 진격선에 걸쳐 수행함으로써 등 주된 노력을 개시했다. 공격은 기습, 집중, 속도에 기초했다. 어림잡아 10만 명의 공화국수비대 장병들이 전폭기, 헬리콥터, 특수전력, 해군선박의 지원을 받으며 탱크, 포, 장갑수송차량의 무리와 함께 국경을 넘었다.

지상진격이 침공을 지배했는데도 이라크의 공격군에는 모든 군종이 포함되었다. 이라크 공군은 정찰임무를 수행했으며, 쿠웨이트의 방공체계, 항공기, 헬리콥터, 비행장을 공격해 공중에 대한 통제를 획득했다. 육군항공대의 헬리콥터들은 주요 공수작전을 수행했는데, 남부 이라크에서 쿠웨이트의 몇몇 착

• 사막의 폭풍 작전이 시작되기 전인 1991년 1월 6일 후세인은 이라크 국민에게 "미국으로 대표되는 압제"에 맞서는 장기적 투쟁을 예견하며 "우리가 오늘 맞닥뜨린 전투는 모든 전투의 어머니다… 별일이 없는 한 우리의 승리가 매우 가까이에 있다"고 말했다.

륙지점까지 비행했으며 쿠웨이트 도심지에 특수전력을 강하시켰다. 이라크 해군은 파일라카(Faylakah)와 다른 섬들, 해군기지, 쿠웨이트의 영해에 대한 통제권을 장악했다. 48시간도 채 되지 않아 이라크의 병사, 항공병, 수병들이 수도를 포함한 쿠웨이트 전역의 전략적 거점들을 통제했다. 실행된 공격은 세계를 놀라게 했다.[6]

대(大)전략, 음모이론, 지역적 적대감, 개인적 원한의 고질적이며 복잡한 결합이 쿠웨이트를 침공한다는 후세인의 결심에 깔려 있었다. 침공의 직접적인 추동력은 이라크가 추가적인 정치적·군사적 힘을 추구하며 촉발된 경제적 위기에서 비롯했으며, 경제위기는 이라크가 보다 관대한 재정적 원조(특히 남부 걸프에 있는 이웃 국가들로부터)를 받을 자격이 있다는 후세인의 믿음과 결합되었다. 이라크는 이란과의 전쟁에서 엄청난 빚을 졌는데도 높은 수준의 군사지출을 유지하려고 시도했다. 그러나 1989~1990년에 이르러 대부분의 채권국들은 이라크에게 새로운 대부를 해주거나 빚을 탕감해주기를 점점 더 꺼리게 되었다. 동시에 이란과의 8년을 끈 전쟁이 끝나면서 이라크 주민들은 생활수준의 개선을 추구했으며, 정부가 그들의 기대를 충족시켜주는 데 실패하자 반항적이게 되었다. 후세인은 쿠웨이트의 왕이 이란의 통치자로부터 쿠웨이트를 구해준 것에 대해 이라크와 자신에게 감사하기는커녕 석유가격을 낮추어 이라크의 석유세입을 감소시키고, 이라크의 전쟁부채를 탕감해주기를 거부하며, 와르바(Warba)와 부비얀(Bubiyan) 섬을 사거나 임대하라는 이라크의 요청을 거절한 것에 심히 불쾌하게 생각했다. 또한 이라크 지도부는 쿠웨이트가 첨단 시추기술을 써서 루마일라(Rumaylah) 유전에 저장되어 있던 이라크의 석유를 사용함으로써 이라크의 수입원을 추가적으로 감소시켰다고 비난했다. 1990년 여름 내내 후세인은 쿠웨이트의 이런 행위가 경제적인 전쟁에 필적하는 것이라고 공언했으며, 쿠웨이트가 이라크의 요구에 동의하지 않으면 조치를 취할 것이라고 위협했다.[7]

좀 더 평범하게 말하면 후세인은 이라크의 고갈된 금고를 쿠웨이트의 엄청난 부로 채우고 싶어 했으며, 작고 무장이 조악한 이웃국가를 자신이 장악하는 것을 막을 수 있는 것은 아무것도 없다고 믿었다. 쿠웨이트의 군사력은 병력 2만 300명, 탱크 245대, 전투항공기 35대로 구성되어 있었다. 이라크가 탱크는 25 대 1, 전투항공기는 20 대 1로 수적으로 우세했다. 그 때문에 후세인은 심각한 저항을 거의 두려워하지 않았다.

이라크는 오래전부터 쿠웨이트가 오스만 제국 시기 바스라(Basra)가 통치하는 하나의 구역이었으며, 그런 별도의 수장국(emirate)•은 이라크 사람들을 분할해 통치하려고 했던 영국인들이 만들어낸 인공적인 창조물이라고 주장했다. 후세인은 이런 주장을 이라크의 쿠웨이트 장악을 "내부적 사안"으로 특징짓는 데 사용했지만, 그는 세계가 부정적으로 반응할 것을 충분히 예상하고 있었다. 실제로 미국은 침공을 비난하고 이라크의 자산들을 동결시키면서 즉각 대응했다. 미국의 정책은 이데올로기와 현실정치가 결합되면서 그 동기가 부여된 것이었다. 유일한 초강대국으로 남은 미국은 하나의 주권국가가 다른 국가—유엔(UN)이 독립적인 지위를 인정한 국가—를 침공했을 때 소극적으로 있을 수 없었다. 마찬가지로 중요한 점은 미국이 이라크의 쿠웨이트 침공을 미국과 그 동맹국들이 의존하는 지역의 유전들에 대한 위협으로 간주했다는 점이다. 유엔 안보리도 몇 시간 만에 침공을 비난했다.

8월 8일 부시 대통령은 방어적·공세적 목표 모두를 언급하며 미국의 입장을 공개적으로 개관했다. 미국은 있을 수 있는 침공에 맞서 사우디아라비아를 방어하며, 네 가지의 정치적 목표를 추구한다고 했다. 첫째 모든 이라크 전력이 쿠웨이트에서 즉각적이고 완전하며 무조건적으로 철수하도록 하며, 둘째 쿠웨이트의 합법적 정부를 복원하고, 셋째 미국 시민들의 생명을 보호하며, 넷째 페르시아 만의 안보와 안정성을 증진하는 것이었다.[8] 그날 오후 미국 전폭기 첫 대대가 다란(Dhahran) 공군기지에 도착하면서 50만 명 이상의 병력과 수백만 톤의 장비와 물자가 포함될 미국의 전개가 시작되었음을 알렸다. 이러한 전개는 처음에는 사우디아라비아를 방어하는 데[사막의 방패 작전(Operation Desert Shield)] 초점을 두고 있었지만, 이내 연합군은 공세적인 시나리오[사막의 폭풍 작전(Operation Desert Storm)]를 준비하기 시작했다.

이라크의 점령에 맞서는 일은 미국이 주도했지만, 부시 행정부는 유엔과 협력했으며 그 일에 대한 폭넓은 지지를 확보했다. 이라크의 점령이 계속되자 유엔 안보리는 연속해서 12개의 결의안을 통과시켰으며, 이는 이라크군이 1991년 1월 15일까지 쿠웨이트를 떠나지 않을 경우 미국 주도의 연합군이 "필요한 모든 수단"을 사용하도록 승인한 1990년 11월 29일에 절정에 이르렀다.

• '지휘관', '장군', '군주'를 뜻하는 에미르(emir)라는 직함의 이슬람 군주가 통치하는 정치적 영토를 의미한다. 유럽의 '주권공국(sovereign principality)'에 필적하는 것으로 볼 수 있다.

이라크가 유엔 결의안을 따르지 않으리라는 점이 분명해지자 부시 대통령은 사막의 폭풍 작전을 승인했다. 처음부터 부시 행정부는 정치적 목표들과 병존하게 될 두 가지의 제약을 설정했으며, 이데올로기와 현실정치의 동일한 결합에 지배받았다. 첫 번째는 군사공격이 야기하는 미국과 연합국의 사상과 부수피해를 최소화하며, 특히 이라크 민간인들이 사상당하지 않도록 하는 데 각별히 신중을 기하는 것이었다. 부시 행정부는 전쟁에 대한 미국 대중의 지지를 확보하고 유지하려면 낮은 사상률이 필수적이라고 믿었다. 두 번째는 이스라엘이 어떤 군사행동도 취하지 않도록 하는 것이었다. 이집트, 시리아, 기타 아랍국가들이 쿠웨이트를 해방시키는 데 참여한다고 선언한 상태에서, 기독교도들과 이슬람교도들 간의 협력은 많은 면에서 전례가 없는 일이었다. 사우디아라비아는 연합군 군사력이 자국 영내에 주둔하는 것을 허가했을 뿐 아니라 연합군 전력의 전쟁 참여에 필요한 자금의 상당 부분을 제공했으며, 자국의 기존 기지들을 사용할 수 있게 해주었고, 연료도 풍족하게 공급해주었다. 미국의 정책입안자들은 이스라엘이 사실상 동맹의 일원이 되면 아랍의 지지에 의존하는 다국적인 동맹을 유지하는 것이—불가능하지는 않다고 해도— 매우 어려우리라는 점을 인지했다.

만약 초기에 정치적 양보를 하고 쿠웨이트에서 병력을 철수했다면 후세인은 전면적인 분쟁을 피할 수 있었다. 그러는 대신 후세인의 즉각적인 대응은 쿠웨이트를 이라크의 "19번째 지방"으로 완벽한 병합을 선언해 자신의 결의를 보여주는 것이었다. 뒤이은 여러 주와 달 동안 엄청난 군사적 증강이 이루어지는 것을 목도했다. 이라크군은 "쿠웨이트 요새"를 건설했으며 연합군도 걸프 지역에 점점 더 많은 병력을 전개했다. 연합군의 군사적인 준비는 외교적인 주도권 장악과 경제제재와 맞물려 이루어졌다. 반면에 이라크는 점령당한 쿠웨이트에게 자비를 보여주지 않았으며,[9] 그들의 잔혹성은 연합군이 행동을 취하는 것에 정당성을 강화시켜주었다.

되돌아보면 후세인은 몇 가지 주요한 오산을 했다. 첫째, 그의 기습공격은 미국이 후세인의 보다 폭넓은 의도—특히 그가 사우디아라비아와 쿠웨이트의 국경에 위치한 병력을 사우디아라비아로 진격하도록 명령할 가능성—를 의심하게 만들었다. 그래서 침공 4일 뒤에 후세인이 미국에게 사우디아라비아를 공격하지 않겠다고 약속했을 때 그는 신뢰를 확보할 수 없었다. 게다가 후세인은 유엔뿐 아니라 아랍연맹도 그의 행동을 신랄하게 비난하리라고 예견하지 못했다.

가장 중요한 점은 그가 사우디아라비아의 왕 파드(Fahd)가 미국에 도움을 요청하리라는 점을 예견하지 못했고, 쿠웨이트를 해방시키려는 미국 행정부의 결의를 과소평가했으며, 소련은 더 이상 미국의 의사결정에 영향력을 행사할 수 있는 위치에 있지 않다는 것을 깨닫는 데 실패했다는 점이었다.[10]

그럼에도 후세인은 전쟁을 다른 모든 선택지가 사라졌을 때만 시용할 수 있는 도구로 보지 않았다. 오히려 그는 이 전쟁을 통해 아랍 사람들을 자신의 리더십 아래 규합하고 적들—미국과 이스라엘뿐 아니라 걸프 국가들까지 포함하는—의 음모를 깨부술 수 있는 역사적인 기회를 얻게 되리라고 믿었던 것으로 보인다. 이상적으로 보면 이라크는 쿠웨이트 전체 또는 적어도 그 일부를 보유하게 될 것이었다. 만약 그게 불가능한 것으로 입증되는 경우라도 이라크는 선전(善戰)을 통해 수치를 피할 수 있었다. 후세인의 오산에 따르면, 만약 이라크가 연합군과 교착상태를 이루어낸다면 그와 그의 체제는 아랍세계에서 엄청난 정치적 배당금과 위신을 확보하게 될 것이었다. 마지막으로 만약 이라크가 군사적인 패배를 당한다고 해도 후세인은 그의 체제의 생존을 확실히 할 수 있을 것이었다. 그 때문에 자신에 맞서 뜻하지 않게 거대하고 결연한 전력이 소집되고 있는데도 후세인은 쿠웨이트에 머물면서 "'모든 전투의 어머니"를 치르기로 결의했다.

항공전역: 쿠웨이트의 해방

미국 국방장관 체니(Richard Cheney)와 군 지휘관들—파월(Colin Powell, 합동참모의장)과 슈워츠코프(Norman Schwarzkopf, 미 중부사령관) 육군대장—은 선언된 정치적 목표들과 그와 관련된 정치적 제약들에 맞춰 군사목표를 설정했다. 그것은 전쟁을 수행할 수 있는 이라크의 군사적 능력을 파괴하고, 공중우세를 장악하고 유지하며, 이라크의 보급선을 차단하고, 이라크의 핵·생물학전·화학전 능력을 제거하며, 공화국수비대 전력을 파괴하고, 아랍군 전력이 쿠웨이트 시를 해방하는 일을 용이하게 만드는 것이었다.[11] 다양한 항공력 전문가들과 토의한 슈워츠코프는 항공력이 지상에서 발생하는 유혈사태를 최소한으로 유지할 수 있게 해줌으로써 쿠웨이트를 해방시키려는 준비에서 전에 없이 큰 역할을 수행할 수 있다고 확신했다. 항공력에 대한 믿음이 상당히 충만했던 슈워츠코프는 항공력을 군사전역의 지배적인 요소가 아니라 지원적 요소로만 보는 전통적인 공지전투 교리를 넘어섰다. 슈워츠코프는 항공력에게 쿠웨이트를 점령한 이라크 지상부대들뿐 아니라 바그다드 도심의 고가치 표적들과 이라크 전역의 병참선까지 공격하게 해서 이라크의 정치적·군사적 기구를 체계적으로 와해시킬 수 있는 시간을 주기로 결심했다.[12]

공세작전을 위한 개념적 틀은 명확하게 정의되어 있었으며, 이라크가 쿠웨이트를 침공한 지 불과 3주 만에 준비되었다. 8월 25일 슈워츠코프는 자신의 의도를 다음과 같이 선언했다.

> 초기에는 그(사담 후세인)의 주의를 방어에 집중시키고 전력을 잘못 조직하도록 만들기 위해 기만작전을 수행한다. 우리는 초기에 이라크 본국을 공격할 것이며, 그의 리더십과 지휘·통제를 참수하고 쿠웨이트와 남부 이라크에 있는 이라크 전력을 강화할 수 있는 그의 능력을 제거하는 데 항공력을 사용할 것이다. 그다음에는 쿠웨이트 상공에서 압도적으로 공중우세를 장악해 항공력으로 이라크 지상전력을 지속적이고도 선별적으로 공격해 그들의 전투력을 약화시키고 증원부대들을 파괴할 수 있게 할 것이다. 마지막으로 우리는 이라크 전력을 제자리에 묶어놓고 증원부대들을 파괴할 것이며, 기갑전력을 통해 핵심 병참선 노드(node)들을 장악하려는 침투와 활용을 속행할 것이다. 이로써 우리는 이라크로부터의 재보급과 추가적인 병력증원을 차단하고 쿠웨이트에 있는 이라크의 전력을 제거할 수 있는 위치에 서게 될 것이다.[13]

이런 배경에서 슈워츠코프는 네 가지 국면으로 이루어지는 전략을 설정했다. 첫째 이라크에서 공중우세를 확립하고 그 체제를 불능화하기 위한 항공전역, 둘째 쿠웨이트에서 공중우세를 확립하기 위한 그에 뒤이은 항공전역, 셋째 쿠웨이트에 있는 이라크의 탱크, 포, 병력에 대한 일련의 공중타격, 넷째 쿠웨이트의 해방을 보장해줄 지상전역이었다.[14] 항공전역의 서로 다른 요소들이 다양한 수준의 노력과 함께 동시에 수행될 것이었지만, 마지막 국면인 지상전역은 이라크군의 전투역량이 50%로 감소되기 전에는 시작하지 않을 것이었다.

후세인은 상대의 군사적 힘과 기술적 우위를 과소평가했다. 그는 여전히 연합군이 항공전역으로 적대행위를 시작하리라고 기대했고, 이라크군은 그런 공격을 견딜 수 있으며 자신들의 방공체계로 연합군의 일부 항공기를 격추하는 데 성공할 수 있으리라고 확신했다. 그는 항공전역을 “진짜 전쟁” 이전의 한 국면으로만 보았다. 대규모의 공중공격을 예상한 그는 이라크군 지휘관들에게 "넓게 분산하고 서로 다른 병력 제대들 간에 상당한 거리를 두며" 분산의 원칙과 위장·유인의 광범위한 사용을 결합하라고 지시했다.[15] 그런 구상은 "전력보호"에 초점을 맞춘, 성격상 소극적인 것이었으며, 전자통신의 사용을 제약하는 것을 포함했다. 이라크 육군참모총장은 나중에 후세인이 "전화를 사용하지 말라"라는 명령을 내렸으며, "그곳에는 마이크로웨이브 전화와 일반전화가 있었지만 그는 우리가 그것들을 쓰지 못하게 했다. 모든 메시지는 연락장교들이 전달하게 했다"라고 말했다.[16]

지상전이 발생하면 후세인은 전반적인 군사전략을 연합군의 사상률을 높이는 데 맞추려고 했는데, 이는 그가 서구세계의 가장 취약한 지점을 잘 알고 있기 때문이었다. 후세인은 시간이 흐르면 이라크가 연합군이 감당할 수 있는 수준보다 높은 사상을 가하게 되리라고 판단했다. 게다가 그는 연합군이 즉흥적으로 결성된 동맹이기에 불안정하다고 보았다. 미국처럼 그도 이스라엘이 활동적인 구성원으로 포함되는 경우 그 동맹에 아랍국가가 남는 것은 정치적으로 불가능하다고 생각했기에 이스라엘을 그 분쟁에 끌어들일 만한 공격을 계획했다.

공중통제: 이라크 방공체계 제압

연합군의 항공전역을 수행하는 책임은 슈워츠코프의 항공지휘관 호너(Charles A. Horner) 중장에게 맡겨졌다.[17] 미국과 11개의 유럽과 아랍국가들에서 날아온 항공기를 가지고[18] 호너가 수행할 첫 번째 작전적 과업은 공중에 대한 통제를 획득하는 것이었다.

이라크 공군은 세계에서 6번째로 큰 규모로 평가되었다. 그들은 상당한 수의 공격용 헬기와 노후한 MiG-21, 그보다 성능이 좋은 MiG-23과 MiG-25를 포함해 700대 이상의 전투항공기를 보유하고 있었다. 가장 중요한 점은 이라크 공군이 공히 첨단 공중우세 전투기인 MiG-29 35대와 프랑스제 미라주 F-1E 65대를 보유하고 있었다는 점이다. 이런 항공기는 24개의 주요 작전기지, 30개의 분산기지, 600개 이상의 강화항공기 격납고—그중 일부는 핵공격에도 살아남을 수 있게 설계되었다—로 이루어진 기간구조의 지원을 받았다.

그러나 이란-이라크 전쟁에 대한 연구는 이라크가 공중공격에 대처할 전투기보다는 지상기반 방공망에 주로 의존하리라는 점을 보여주었다.[19] 공중우세를 획득하고 유지하기 위해 연합군은 이라크의 통합방공체계와 레이더유도 지대공미사일을 제압하고, 전투항공기를 파괴하며, 비행장을 사용할 수 없게 만드는 데 착수했다.

카리(KARI, 이라크는 프랑스어를 거꾸로 해서 발음했다)•라고 명명된 이라크 방공체계는 4개의 지역작전센터, 17개의 지역요격센터, 400개 이상의 관측소로 구성되어 있었으며, 그 대부분은 콘크리트로 잘 보호되고 최첨단 기술로 무장하고 있었다. 방공망이 200개 이상의 국가적 "본부와 단지(團地)"—그중 125개는 군(軍) 이었다—를 방어하는 데 집중하면서 전국에 걸쳐 분산되어 있었는데도 카리 체계는 주로 동쪽(이스라엘)과 서쪽(이란)으로부터의 공격에 대처하기 위해 설립한 것이었다.[20]

카리의 지휘통제체계는 공중으로부터의 위협을 추적하고 전투기나 지대공미사일 포대에 특정한 길을 할당해주기 위해 설계된 것이었다. 레이더유도 지대공미사일은 SA-2, SA-3, SA-6과 단거리 SA-8과 롤랑(Roland)을 포함했다. 이런 포대들은 중고도나 고고도에서 항공기를 격추하려는 목적으로 주요 도시나 중요 군사시설 부근에 집중적으로 설치되었다. 게다가 이라크는 저고도 위협으로부터 점표적(point target)들을 보호하기 위한 수많은 대공포와 다양한 적외선 지대공미사일들도 보유하고 있었다.

연합군 기획관들은 카리가 이라크 방공망의 신경체계인 것을 일찌감치 깨달았다. 그래서 우군에 많은 사상이 발생하는 위험을 감수하지 않고 이라크의 레이더유도 지대공미사일들을 제압하려는 계획은 3중 트랙 접근법에 기초했다. 첫 번째 트랙은 카리의 지휘통제체계에 피해를 주고 불능화해 이라크 지휘관들이 지속가능한 방어를 조율할 수 없게 만드는 것이었다. 이런 계획의 일부는 스텔스 F-117에서 발사된 정밀유도폭탄과 그 직후의 토마호크 대지공격 미사일의 충격을 통해 처음으로 이라크에게 '가시화되기' 시작했다. 그러나 처음으로 이라크 공역으로 침입해 바그다드를 향한 접근로들을 감시하고 있던 레이더기지를 파괴한 것은 미 육군의 AH-64 아파치(Apache)와 MH-53 페

• 걸프전 때 이라크의 통합방공체계(IADS)는 프랑스의 방위산업체 톰슨-CSF(Thomson-CSF)가 건설했는데, 이라크는 이 체계를 프랑스어로 이라크를 뜻하는 'Irak'를 거꾸로 해 'KARI'로 칭했다.

이브로우(Pave Low) 헬리콥터들이었다.

두 번째 트랙은 드론과 고속 대(對)레이더미사일(HARM)을 사용해 이라크의 레이더유도 지대공미사일들을 실제로 제압하는 데 초점을 두었다. 연합군은 적 방공망 제압(SEAD) 편대군에 앞서 일련의 BQM-74 드론들을 띄웠다. 드론은 이라크의 레이더 스크린에 항공기처럼 나타났으며, 이라크군에 의해 가동된 지대공미사일은 먼저 그 레이더를 작동시켜야만 발사할 수 있었다. 레이더들이 모습을 나타내면, 연합군의 비(非)스텔스 항공기들이 중고도에서 항속할 수 있도록 하기 위해 와일드위즐 F-4G와 F/A-18이 발사한 고속 대레이더미사일들이 레이더들을 파괴했다. 전쟁의 첫 몇 시간 안에 연합군의 센서들은 거의 100회에 달하는 이라크 방공레이더의 송출을 감지했다. 그로부터 머지않아 그 수는 15회로 감소했으며, 그 뒤에는 '간헐적'으로만 송출했다. 연합군은 전쟁의 첫 24시간 동안 500개의 고속 대레이더미사일을 발사했으며, 그 결과 이라크 방공망을 작동하는 이들은 곧 자신들이 생존할 수 있는 최상의 기회는 지대공미사일 포대를 운용하지 않는 것이라는 점을 깨닫게 되었다.[21]

세 번째 트랙은 초기에 이라크 방공망을 약화시킨 데 이어 모든 범위의 항공기(A-10, F-16, F-111E, F-111F, F-15, GR-1, F/A-18, A-6E, B-52)를 이용해 광범위하고 종심 깊은 공격을 가하는 것이었다. 이 계획은 집중적인 공격을 통해 이라크가 조율된 방식으로 스스로를 방어할 수 없게 함으로써 추가적인 행동을 단념하게 만들려고 했다.

미국 정부의 추산에 따르면 연합군의 공격은 전쟁의 첫 한 시간 동안 이라크 방공체계를 효과적으로 제거해냈다. 작전 첫날 밤이 지나면서 각 방공지구는 자율적인 모드로 가동할 수밖에 없었으며, 더 이상 카리는 통합체계로서 기능하지 못했다. F-117과 토마호크 순항미사일을 통한 정밀타격과 결합한 초기의 고속 대레이더미사일 공격은 카리의 상당 부분을 파괴해 며칠 안에 연합군의 공대공 공중급유기들이 이라크 공역에서 정기적으로 작전을 수행하게 될 정도로 전국을 완벽하게 개방시켰다.[22] 그와 동시에 연합군 항공기들은 이라크의 몇몇 비행장을 가동이 불가능하게 만들었으며, 다른 비행장들에는 활주로에 지뢰를 투하하거나 유지·저장 설비를 타격해 심각한 피해를 입혔다. 이라크군으로 하여금 비행할 수 없게 만듦으로써 연합군에게 각별한 두려움을 안겼던 가능성, 즉 이라크군이 생물학·화학 무기를 투발하는 데 항공기를 사용할 수 있는 가능성 또한 제거해냈다.

공격 첫날 밤이 지난 뒤 후세인은 사건의 전개상황에 대한 최신 보고를 받고 지침을 내리기 위해 바그다드의 방공센터를 방문했다. 방문의 주된 목적은 연합군이 가한 피해를 평가하는 것이 아니라 이라크 방공지휘관들과 공군이 과민반응을 보이지 않도록 하는 것이었다. 후세인은 자신의 군대에게 장기간의 전역을 위한 자신의 보다 광범위한 전략에서는 전장에서 그들의 존재가 그들의 군사적 효과성보다 더 중요하다는 점을 상기시켰다. 그는 연합군이 피해를 받지 않은 비행장에 초점을 둘 것이라고 가정하며 MiG-29를 이미 타격을 당한 공군기지들에 재배치하도록 명령했다. 그는 방공지휘관들에게 집중적인 난사를 하지 말고 "적은 우리가 탄약을 계속해서 사용하도록 강제하려고 할 것이기에 기율 있게 사격하도록 하는 지령"을 내릴 것을 지시했다.[23]

후세인의 "용맹한 하늘의 매"들에 관해 말하자면, 이라크 조종사들은 첫 며칠 뒤에는 거의 예외 없이 전투에 임하지 않았다. 이라크군은 전쟁의 첫 3일 동안 100회를 약간 넘는 공대공 소티를 수행했는데, 이라크 공군의 규모를 고려해보았을 때 이는 인상적이지 못한 실적이었다.[24] 1월 24일 한낮 즈음에 이라크 공군은 이 전쟁에서 가장 대담하고도 유일하게 중대한 타격 임무를 거의 완결할 뻔했다. 이라크 공군의 F-1 2대가 사우디아라비아의 라스 타누라(Ras Tanura)에 있는 거대한 석유수출터미널에 대한 공격에 착수했지만 사우디아라비아 공군의 F-15C 1대가 둘 모두를 격추하고 말았다.[25] 다음 날부터 이라크 공군은 하루에 5회 미만의 소티를 운영할 수 있었으며, 이라크의 가장 우수한 조종사들도 연합군의 상대가 되지는 못했다. 33건에 이르는 연합군의 확정된 공대공 격추 사례들 중 거의 절반은 시정(視程) 밖에서 이루어진 것이었다. 많은 이라크 조종사들은 무엇이 자신을 타격하는지 결코 알지 못했다. 다른 항공기들은 이륙한 직후에 격추되었다. 그 때문에 이라크 조종사들은 비행을 전면적으로 꺼리게 되었다. 이라크의 방공요원들이 레이더를 가동시키는 일은 치명적인 공격을 불러오는 것임을 곧 깨달았듯이 조종사들도 비행은 곧 죽음이라는 결론에 도달했다.[26]

이라크의 기록은 1주 동안에 걸친 연합군의 폭격이 있은 뒤에 "적은 공중우세를 달성했다… 이라크 공군은 기지 간을 이동할 수 있는 능력을 상실했다… 공군기지들 자체가 계류장, 도로, 활주로를 수리하고 폭탄들을 해체하느라고 바빴다"라고 인정한다.[27] 이라크 공군 지휘관들은 자신들이 연합군의 공중우세에 도전을 제기할 수 없음을 곧 깨달았다. 공중에서 연합군에 도전하기보다는 이라크 항공기들을 강화된 방공호에 숨겨 보호하려고 했다. 그러나 4일간의 작전 뒤에 연합군 항공기들은 정밀유도무기로 이런 방공호들을 파괴하기 시작했다. 4개의 레이저유도폭탄을 탑재할 수 있는 F-111F가 GBU-10과 GBU-24를 투발하며 방공호를 파괴하는 주된 책임을 맡게 되었다. 이라크의 보고에 따르면 "적은 이런 벙커들을 타격하고 파괴할 수 있었으며 그 안에 있는 항공기들도 마찬가지였다. 전투가 여전히 계속되고 있었지만 벙커들에서 모든 항공기를 철수시켜 공군기지 밖의 주변지역들로 이동시키라는 명령이 떨어졌다."[28] 항공기들을 "주변지역"인 학교와 모스크로 재배치하라는 의미였는데, 후세인은 연합군이 민간인 구역이나 역사적·종교적인 구역은 공격하지 않으리라고 확신하고 있었다. 또한 항공기들을 야자 숲속에 감추거나 "주변지역과 맞는 진흙을 덮어 바른" 텐트 아래에 두거나[29] 모래에 묻었다. 이런 조치의 전반적인 효과는 항공기들을 작전 비행장에서 멀리 떨어진 곳으로 이동시켜 모든 항공기가 운용이 불가능해진 것이었다.

제1선 전투항공기들을 이란의 보호구역으로 보내기로 한 결정은 이라크의 절박함을 추가적으로 보여준다.[30] 전쟁 전부터 후세인은 이라크의 가장 큰 항공기인 소련제 일류신(Ilyushin) 수송기들을 이란으로 보내기로 결심했었으며, 나머지 수송함대는 "언덕과 계곡"에 숨기도록 명령했다.[31] 그러나 1월 26일 그는 이라크 공군에게 남아 있는 전투항공기를 이란으로 옮기라는 명령을 내렸다. 메모에는 미라주 18대, 수호이(Sukhoi) 9대, 팰컨-50 1대를 이란으로 "철수"시키라는 지시가 담겨 있었다. 그다음 3주 동안 추가적인 명령이 내려졌다. 이라크의 정보 보고서들은 총 137대의 이라크 항공기와 11대의 몰수한 쿠웨이트 항공기를 전쟁 이전과 전쟁 기간에 이란으로 보냈다고 진술한다.[32] 나중에 후세인은 그런 철수 결정은 연합군의 공중우세와 이라크 항공기들이 전투에 끼친 제한적인 영향 때문이었다고 설명했다. 그래서 "안전하게 보존하기 위해… 적에게 사용할 수 있는 적절한 시기가 올 때까지 비행기들은 이란으로 보내졌던" 것이다.[33]

연합군은 이라크 방공체계를 제압하고 이라크 공군을 대부분 운용이 불가능하게 만들었다. 이는 연합군 항공지휘관들로 하여금 항공기나 조종사들을 주요한 위험에 빠트리는 일 없이 이라크에 있는 어떤 표적에 대해서도 1만~1만 2000피트의 중고도 환경에서 체계적이고도 지속적인 공격을 감행할 수 있게 하는 기초를 마련해주었다.[34] 1월 27일 슈워츠코프와 호너는 연합군이 전쟁 초기에 달성했던 공중우세와 차별화되는 공중제패를 장악했다고 선언했다. 이런 선언은 이라크 공군이 더 이상 전투효과성을 갖지 못한다는 것을 특징적으로 보여주었다.[35]

이라크는 연합군이 선택하는 때와 장소라면 언제 어디서나 폭격당할 수 있다는 것을 인정해야 했다. 하지만 그들에게는 연합군에게 주요한 도전을 가할 수 있는 하나의 무기가 존재했다. 이스라엘의 어떤 도시에도 도달할 수 있는, 이동식 발사대에 탑재된 개량형 스커드(Scud) 미사일이었다. 전쟁이 시작되기 전에 후세인은 이스라엘을 공격하면 세 가지의 목적을 달성할 수 있다고 결론 내린 바 있었다. 첫째 이라크인들의 사기를 개선하고, 둘째 아랍세계에서 이라크와 자신의 위신을 고양하며, 셋째 이스라엘이 이라크를 폭격해 보복하도록 유도해서 아랍국가들을 연합군에서 이탈시키는 것이었다.

바그다드에 대한 연합군의 공격에 대한 즉각적인 대응으로서 후세인은 미사일 지휘관들에게 "가능한 한 가장 강력하게 범죄적인 시온주의 국가 안에 있는 표적들을 타격"하도록 명령했다. 만약 이라크가 화학·생물학 무기를 사용하면 미국도 기꺼이 비재래식 무기들을 사용할 것이라는 1월 초 베이커(James Baker) 국무장관의 경고를 인지하고 있던 후세인은 "타격은 미사일에 '일반적인' 재래식 탄두를 장착해 수행되어야 한다. 사격은 추가적인 지시가 있을 때까지 계속되어야 한다"라고 명시했다.[36]

1월 18일 이라크는 텔아비브와 하이파(Haifa)에 있는 미리 지정되어 있던 표적들을 향해 미사일 8개를 빠른 간격으로 발사했다. 사격, 이동, 새로운 표적 확인, 재장전, 그리고 이전보다 5~10킬로미터 떨어진 곳에서 재사격하는 이라크의 작전패턴은 발사를 거듭할 때마다 더 효율적이게 되었다. 그러나 연합군의 노력과 이라크가 미사일을 소진하지 않도록 자제하라는 후세인의 명령이 결합한 덕분에 실제적인 발사 횟수는 줄어들었다. 스커드가 발사된 총 88회 중 30회는 전쟁 개시 첫 7일 동안 발생한 일이었다. 이라크가 이스라엘과 사우디아라비아를 향해 10개의 미사일을 발사했던 1월 25일에는 발사가 거의 끝난 모습을 보여주었다. 전쟁의 마지막 30일 동안 이라크군은 평균 하루에 1개의 미사일도 발사하지 못했다.[37]

미국은 스커드에 대해 패트리어트(Patriot) 대공미사일로 대응했다. 작전결과보고서들은 패트리어트 미사일의 군사적 효과성에 의문을 제기했지만, 패트리어트의 사용은 이스라엘의 대중적 사기를 고양하고 이스라엘이 군사적인 행동을 취하지 않도록 하는 데 상당히 기여했다. 연합군은 이스라엘이 전쟁에 개입하지 못하도록 하는 데는 성공했지만, 그럼에도 스커드 공격은 후세인이 자신은 많은 아랍인들의 존경을 받는다고 주장할 구실을 만들어주었다. 이라크가 유대인국가의 영토 깊숙한 곳을 공격할 수 있는 용기를 가진 유일한 아랍국가라는 주장이었다. 후세인에 따르면 이스라엘은 "그들의 손을 머리에 얹은 채 속수무책이며, 미사일들이 그들에게 비 오듯이 퍼부어지고" 있었다.[38]

공중에 대한 통제권을 획득하고 유지하기 위한 작전들은 연합군이 수행한 전체 공대지타격의 14%를 차지했다.[39] 연합군은 지대공미사일 포대들을 향해 1270회, 비행장을 향해 2990회, 스커드 발사대를 향해 1460회의 타격을 가했다. 이라크의 한 작전결과보고서는 연합군의 공중공격은 저고도에서 이루어질 것이며, 이 덕분에 이라크군은 연합군 항공기들을 파괴할 수 있을 것이라고 가정했음을 보여준다. 분명 이라크는 항공력의 무게 자체나 "요격기들이 그토록 짧은 시간 안에 무력화될 것"이라는 점을 예견하지 못했다.[40]

전략공격: 이라크 체제의 불능화

연합군은 공중우세를 확립하는 동시에 이라크의 리더십•을 마비시키고, 군사적 능력을 저하하며, 집단적인 전투의지를 무력화하는 길을 모색했다.[41] 공중공세의 이런 전략적 부분은 이라크 체제 자체에 대한 동시적이고 정밀한 표적처리를 강조했다. 그것은 항공력을 점진적인 방식으로 적용하지 않고 전면적인 공세로 설계한 것이었다. 저변에 깔려 있는 이론은 전쟁을 개시하는 시점부터 체제의 심장부를 타격하는 것은 이라크의 정치적·군사적 체계에 지대한 마찰을 유발해 공세적·방어적 대응을 효과적으로 조율할 수 없게 만들리라는 것이었다. 공중공격은 동시에 전국에 있는 긴요한 통신노드들과 전력(電力)을 교란하고자 했다. 추가적인 타격은 정유의 생산과 저장을 위한 설비들과 이라크의 핵무기 생산과 관련된 것으로 추정되는 발전된 무기 설비들을 기능하지 못하게 만들 것이었다.

• 여기서 '리더십'은 특정한 지도적 인물이나 조직, 또는 지도자가 갖추어야 할 지휘역량을 의미하는 것이 아니라 '국가운영과 국가의 전쟁 기획 및 수행을 지도하는 집단적 체계'를 의미한다.

언급했듯이 이런 개념은 항공력이 공중우세를 달성하는 것과 동시에 지상 전력의 지원적·부차적 역할만을 수행할 수 있는, 당시의 기존 군사교리와의 중대한 결별을 보여주었다. 그것은 제2차 세계대전과 관련된 전략폭격 유형과의 결별이기도 했다. 새로운 전략은 인구와 산업 자체를 표적으로 삼기보다는 리더십 자체를 불능화하고, 물리적 파괴가 아니라 기능적 교란과 혼란을 달성하기 위해 고안되었다. 전역의 이런 측면을 위해 연합군은 정밀유도무기에 의존했으며, 전통적인 중형폭격기가 아니라 F-117 쌍발엔진 타격항공기를 "전략폭격기"로 지정했다.[42] F-16의 소수 소티를 제외하면 F-117과 토마호크 순항미사일만이 바그다드 도심지를 향해 사용되었다.

리더십 표적에는 대통령 궁과 관저, 국가 지휘통제 벙커, 바트당(Ba'ath Party) 본부, 비밀경찰본부, 정부 부처들이 포함되었다. 전기통신 표적은 라디오 중계설비, 전화교환국, 섬유광학 중계소, 위성수신기지, 텔레비전과 라디오센터를 포괄했다. 전기 표적은 주로 전력발전소, 변전소로 이루어져 있었으며, 석유 표적은 정유공장, 비료공장, 펌프장을 포함했다. 항공기획관들은 화학·생물학 무기를 위한 연구와 생산시설과 더불어 핵연구시설 같은 "비재래식무기" 표적들 또한 목록화했다.

사막의 폭풍 작전 이후 이라크 장교들과 가진 인터뷰에 따르면, 리더십 설비에 대한 260회의 타격과 지휘·통제·통신 사이트에 대한 580회의 타격에도 스텔스 항공기, 정밀유도폭탄, 순항미사일의 결합은 바그다드, 바스라, 그리고 쿠웨이트를 점령하고 있던 군사력 간의 통신을 결코 완전히 단절시키지 못했음을 시사한다.[43] 이라크는 컴퓨터화된 현대식 장비와 더불어 일반전화, 섬유광학 케이블, 마이크로파 중계기를 상당 정도 중첩하여 사용하고 있었다. 후세인은 참모와의 직접적인 대면, 오토바이를 타고 움직이는 전령, 미리 위임된 명령에도 의존했다.

요약하자면 리더십과 통신설비에 대한 공중공격은 이라크 체제에 실로 막대한 불편을 유발하고, 귀중한 예비자원을 소비시키며, 수리를 위한 높은 수준의 노력을 요구했다. 전략폭격이 야기한 전반적인 피해와 결합한 지체와 불확실성은 대부분 별 효과가 없었던 급조된 지휘본부들을 만드는 데 이라크 리더십이 상당한 시간을 소비하도록 강제했다. 바트당원들과 정부 각료들은 개인 안전을 두려워했을 뿐 아니라, 본부를 학교 건물로 옮기고 신뢰성이 떨어지는 예비용 통신으로 옮겨 사용하도록 강제되었다.[44] 후세인은 각료와 지휘관들에게 계속 옮겨 다니고, 회합장소와 휴식장소를 바꾸며, 예기치 않은 스케줄로 움직이고, 민간인 복장을 하고 신분을 숨긴 채 여행하도록 명령했다. 후세인 역시 다양한 위치에서 사람을 만나고, 몇 차례 이상 같은 장소에서 잠을 자지 않았다. 가끔은 한밤중에 위치를 바꾸기도 했다.[45] 연합군은 후세인이나 체제의 주요 인사들을 죽이는 데 결코 성공하지 못했다. 하지만 지휘통제본부에 대한 타격은 이라크 리더십을 지속적인 압박 아래 놓이게 만든 것으로 보인다.[46]

게다가 연합군에게 숨길 수 없는 것은 이라크가 보존할 수 없다고 인지한 후세인은 1월 22일 정부의 모든 각료에게 "모든 장치나 기계에서 긴요한 부분을 분해해… 적이 항공촬영을 통해 파악할 수 있는 장소 밖으로 옮기도록" 명령했다.[47] 그는 각료들에게 "전쟁이 끝나고 (우리가) 대승(大勝)의 관을 쓰게 되면 그것들을 고스란히 재조립하기 위해" 할 수 있는 것은 무엇이든지 분해하도록 촉구했다.[48]

연합군 항공기획관들은 전력(電力)의 손실이 이라크 주민의 사기를 저하할 뿐 아니라 이라크의 군사적 능력도 감퇴시키리라고 믿었으며, 그렇게 되면 사람들이 이라크 체제에 압력을 가할 것으로 기대했다. 연합군은 전력생산을 전쟁 초기에 약 55%, 2월 9일에는 88%까지 감소시키는 데 성공했다. 바그다드와 다른 주요 도시들에서는 전쟁 내내 전기 불빛이 사라지고 말았다. 한 달 간의 폭격 뒤에 이라크의 정유능력은 93% 감소했으며, 연합군은 정유공장과 주요 저장고에 있는 연료와 윤활유를 약 20% 파괴했다.[49] 이런 공격은 분명 이라크 리더십의 상황을 악화시켰지만, 이런 노력의 영향만을 단독으로 평가하기는 어렵다.

연합군 항공기들이 이라크 안의 생산·저장·연구 설비들을 폭격했는데도 연합군은 대량파괴무기*와 관련된 표적들에 대해서는 엇갈린 성공을 거두었을 뿐이다. 공중타격은 '알려진' 프로그램들에 대해서는 상당한 피해를 유발했다. 항공기획관들이 목록에 포함했던 8개의 핵 표적 중에 연합군은 전쟁이 끝날 때까지 5개를 파괴하고 2개에는 피해를 입혔다. 그러나 나중의 조사들에 따르면 이라크는 이전에 생각했던 것보다 더 광범위한 핵 프로그램을 가지고 있었다. 유엔 사찰팀은 21개의 설비를 발견해냈다. 이라크의 화학·생물학 생

* 국내에서는 '대량살상무기'로 통용되고 있으나 WMD는 원래 인명에 대한 살상뿐 아니라 유형적 자산에 대한 파괴까지도 포함하고 있으므로 '대량파괴무기'로 옮긴다.

산에 대한 공격은 그보다 실적이 좋았는데, 연합군은 알려진 설비의 75%를 파괴하거나 심각하게 손상시켰다.

더 많은 연구·생산 설비를 제거하지 못한 것은 항공력이 실패한 탓이 아니라 정보가 불충분한 탓이었다. 항공력은 표적처리를 할 때 그것이 의존하는 정보를 초월해서 효과적일 수는 없다.[50] 이라크군은 이런 공격의 일부를 예견하고 있었다. 작전결과보고서들에 따르면 핵·생물학·화학(NBC) 설비에 가해진 970회의 타격 중 일부는 텅 빈 건물을 정밀폭격한 것과 다름없었다.[51]

전략공격은 전술적인 부작용 또한 낳았다. 사막의 폭풍 작전 동안 바트당은 군대에 정치지도원을 두고 있었는데도 전례 없는 수준의 탈영을 막지 못했으며, 권력에 대한 장악력도 상당히 약화되었다. 어떤 시점에는 병력의 대략 20%가 휴가 중이었는데, 폭격이 시작되었을 때 휴가 중이었던 이들 가운데 전구로 복귀한 장병은 거의 없었다. 이는 부분적으로는 그들이 그러기를 거부했기 때문이고, 또 부분적으로는 기간구조가 피해를 입어 싸우기를 원하는 이들조차도 복귀하기 어렵게 되었기 때문이다.[52] 이런 상황에서 바트당이 할 수 있는 것은 거의 없었다. 비밀경찰인 무카바라트(*Mukhabarat*)조차 체제를 보호하기보다는 살아남는 데 더 몰두하는 듯 보였다.

연합군의 관점에서 보았을 때 전략적 항공전역 과정은 사상의 최소화를 요구했던 정치적 제약의 틀 안에서 고찰해야 했다. 바그다드 도심 상공에서 작전을 수행하는 조종사들은 부수피해를 피하기 위해 이례적일 정도로 노력했으며, 그 때문에 비우호적인 언론보도를 야기할 수 있는 표적들에서 멀리 떨어져 있었다. 예컨대 연합군 항공기획관들은 라쉬드 호텔(Rasheed Hotel) 지하층에 이라크의 거대한 정보본부가 있다는 것을 알았지만 결코 공격하지 않았다. 기획관들은 많은 벙커와 가옥들이 작전본부나 체제 구성원들의 주거지로 기능하고 있다고 의심했지만, 그런 사용에 대한 확인된 보고가 없는 한 공격을 승인하지 않도록 매우 신중을 기했다.

전쟁 동안의 가장 불행한 사건은 알피르도스(al-Firdos) 지휘·통신 벙커에 대한 공격이었다. 2대의 F-117A가 벙커에 각각 1개의 폭탄을 투하했다. 하나는 벙커의 밖에 맞았지만 다른 하나는 벙커를 관통해 폭발해서 위층에 피신해 있던 200~300명의 여성과 어린이를 죽였다. 이 공격은 상당히 부정적인 언론보도를 야기했으며, 2월 13일 슈워츠코프는 호너에게 바그다드 중심부를 "출입금지" 구역으로 알렸다. 그러한 금지는 2월 22일 철회되었지만 전략폭격의 마지막 2주 동안에는 결과보다 좌절이 더 두드러졌는데, 이는 항공기획관들이 바그다드의 긴요한 표적들을 공격하는 선택지를 거부당했기 때문이다.[53]

전략적 항공전역은 사막의 폭풍 작전의 군사목표들을 달성하는 데 도움을 주었지만 한계 또한 갖고 있었다. 바그다드에 대한 폭격은 이라크 체제를 심각하게 약화시켰지만, 기획관들은 그 체제에 대한 진정한 지식을 갖고 있지 못했으며, 후세인이 가동하던 체계—체제의 운영법, 국가의 사회적 구조, 후세인의 개인안전과 권위를 확고히 하기 위해 만들어진 안보체계—에 대한 이해는 훨씬 더 모자랐다. 항공전역의 전략적 부분이 얼마나 효과적이었는지 고려할 때는 걸프전의 마지막 2/3 동안 연합군은 최소 수준의 전략적 항공전역을 수행했다는 점도 상기해야 한다.[54] 어려운 기상상황 탓에 연합군은 수백 소티를 취소해야 했으며, 스커드 사냥은 이라크의 리더십과 통신기구를 향해 쓸 수 있었던 자산들을 필요로 했다. 이라크 지상전력을 표적처리하는 데 주어졌던 우선순위는 전략적 항공전역이 일부 항공기획자들의 기대보다 덜 중요해지게 만들었다.

보급차단: 이라크 병력의 식량과 식수 제거

방공망과 바그다드에 있는 전략적 표적들에 대한 며칠간의 지속적이고도 체계적인 공격 뒤에 연합군의 공중공세가 보급로, 교량, 철도역, 다양한 군사적 생산·저장 설비, 배수센터에 대한 공격을 포함하도록 확대되면서 이라크 국가, 주민, 군의 상황은 꾸준하게 악화되었다. 이라크군에게 식량, 식수, 탄약, 석유, 오일, 윤활유, 기타 필수 보급물자들을 박탈해서 연합군은 지상공세에 저항할 수 있는 이라크 병사들의 능력을 약화시킬 수 있으리라고 기대했다.[55] 1월 23일 파월 장군은 "이라크 육군에게 적용될 우리의 전략은 매우, 매우 단순하다. 먼저 우리는 그들을 차단하고, 그다음에는 그들을 죽일 것이다"라고 선언했다.[56]

파월의 진술은 병력과 물자가 중앙 이라크와 쿠웨이트 작전전구(KTO) 간을 오가는 데 쓰이는 도로와 철도에 대한 항공차단을 의미했다.[57] 교량이 "전구를 고립시키기" 위한 주요 표적이 되었다. 슈워츠코프 장군은 보급물자의 흐름과 전구로의 전력 이동을 중단시킬 뿐 아니라 전구에서 공화국수비대 정예전력이 퇴각하는 것도 가로막기 위해 항공전역 초기에 특정 교량들에 대한 타격을 명령했다.[58] 교량은 상대적으로 적고 위치를 파악하기 쉬우며 공격에 취약하고 수리가 어려우며 이라크군이 우회하기 어려웠기에 매력적인 표적이 되었다. 게다가 이라크군은 이런 많은 공격에 대한 진정한 대응조치를 갖고 있지 못했으며, 전쟁 동안 어느 주요 교량도 복구해내지 못했다. 종전까지 바그다드 남부에 있는 126개의 도로교량 중 37개와 9개에 이르는 철도교량 전체가 더 이상 사용할 수 없게 되었다. 도로교량 9개는 심각한 피해를 입었지만 통행은 가능했다.[59] 두 강을 건너는 54개의 고정식 교량들 중 40개가 사용이 불가능해졌으며, 10개가 손상되었고, 4개는 의도적으로 손상을 입히지 않고 남겨졌다. 교량공격의 효과를 모면하기 위해 건설된 32개의 부교(浮橋)도 파괴되었다.[60] 이는 또한—공화국수비대의 상당수는 도주했지만— 이라크 육군의 장갑과 기갑 부대들이 신속하게 퇴각하지 못하게 만들었다.[61]

보급차단은 쿠웨이트에 주둔한 이라크군의 입지를 약화시킨다는 의도된 목적을 신속하게 달성했다. 전투능력을 유지하기에 충분한 양의 필수물자가 주둔지 장병들에게 도달하는 데 실패했다. 수송대와 차고지에 대한 공중공격에도 이라크의 트럭수송대는 쿠웨이트 전구에 재보급을 실시할 수 있을 만큼 거대했지만, 그런 공격은 가까운 공급원으로부터도 상당한 배급 문제를 야기했다. 폭격은 보급호송대와 심지어 개별 트럭까지도 표적으로 삼아 쿠웨이트에 있는 임시창고들에서 이라크 부대의 병참센터와 야전병력까지 보급물자들을 수송하는 일을 상당히 복잡하게 만들었다.[62] 이라크 포로들은 식량과 식수 부족을 그들의 부대에서 사기가 저하되었던 주요한 이유로 언급했다.[63] 일부 전력은 사실상 기아와 탈수 직전에 놓여 있었으며, 보급물자의 전반적인 부족은 일부 대대가 최소한의 저항만 한 뒤 항복해버린 주요한 이유가 되었다.[64] 군사적 공세 동안 생포된 몇몇 이라크 장군들은 만약 항공전역이 2~3주 더 계속되었다면 이라크 육군은 군수적인 옥조임을 견디지 못하고 퇴각할 수밖에 없었으리라고 진술했다.[65]

교통을 차단하는 것은 부수적인 효과를 낳았다. 이라크군이 명령을 전달하기 매우 어려워진 것이다. 이라크 육군참모차장 하심(Sultan Hasim) 중장은 쿠웨이트로부터 전력을 철수할 준비를 하는 동안 바그다드와 쿠웨이트 간의 통신이 "도로에 대한 폭격과 차량에 대한 파괴 때문에" 어려웠다고 언급했다.[66] 나중에 이라크 참모장교들은 설령 겨우 전술본부에 도착한다고 해도 많은 경우 지휘관이 존재하지 않았다고 보고했다. 한 이라크 장교는 "중대장이나 연대장이나 여단장이 없다면 어떻게 철수를 수행할 수 있겠습니까?"라고 불평했다.[67]

적의 사기에 영향을 미칠 수 있는 군사작전의 능력은 언제나 논쟁거리가 되었다. 하지만 이라크 병사들이 의심의 여지없이 점진적인 사기 붕괴를 경험했는데도 심리적 스트레스의 어떤 특정한 측면이 가장 큰 영향을 미쳤는지는 평가하기 어렵다. 연합군의 공격은 분명 이라크 병사들을 혼란에 빠뜨렸고, 공포와 충격에 따른 마비, 자신감 상실, 고립감 같은 감정적 효과, 수면부족과 충분한 식량·식수 부족에 따른 심리적 효과, 이라크 병사들이 계속되는 전투가 어떤 목적을 위한 것인지 묻게 만드는 지적 효과를 경험하게 했다. 그러나 '사기'는 많은 추상적 요소를 포괄하며, 특정 유형의 공격과 특정 효과 간의 상관성은 확립하기 어렵다. 그러나 상식은 이라크군의 낮은 사기가 효율적으로 싸울 수 없게 하는 데 기여했다는 것을 보여준다. 예를 들어 공중공격은 이라크 트럭수송대의 규모를 직접적으로, 그리고 상당 정도 축소시켰지만, 바그다드와 바스라에서 쿠웨이트까지 운행하려는 의지를 가진 운전사의 수가 더 적어지게 만드는 부수적인 효과 또한 낳았다.

직접적 전력공격: 전장의 준비

연합군은 사막의 폭풍 작전에서 이루어진 공대지공격의 약 2/3를 이라크 작전전구에 있는 이라크 전력에게 쏟아부었다. 이라크 기갑부대와 포에 대한 타격이 이런 노력의 가장 특징적인 면모였지만 트럭과 병력도 두드러진 표적이었다. 전역은 이라크 해군과 이동 중인 이라크 전력을 표적으로 삼았지만, 타격의 대부분은 한곳에 자리를 잡고 있는 이라크 육군과 공화국수비대를 향했다. 공중에 대한 통제권을 획득하려는 노력의 상당 부분과 바그다드 도심에 대한 공격은 정밀무기를 활용했으며, 이라크의 능력이 급격히 저하되게 만들었다. 그러나 항공전의 이런 부분은 이라크 전력의 점진적인 소모로 더 적절하게 묘사할 수 있다. 연합군의 계획은 적 전력에 대한 직접적 타격을 통해 이라크의 전투능력을 50% 감소시켜—이는 항공력에게 전례 없는 목표였다— 연합군 지상전력이 약화된 적과 교전하게 만들고자 했다.

이라크는 예견된 지상공격에 맞서기 위해 3개 제대로 구성된 전력을 전개했다. 연합군의 초기공격에 맞서는 일은 주로 쿠웨이트와 사우디아라비아 간의 국경을 따라 배치되어 있던 최전선 전력(시아파 징집병 부대들로 구성되었다)에게 맡겨졌다. 그들의 역할은 적의 진격을 늦추고 소모를 야기하면서 이라크의 군사 지도부가 연합군 공격의 주된 축을 파악할 수 있게 하는 것이었다. 최전선 전력의 일부였으며 해안을 따라 위치하고 있던 이라크 제3군단의 사단들은 가장 잘 훈련되어 있었으며 제1선에 전개된 장비들로 무장하고 있었다. 그러나 와디 알바틴(Wadi al-Batin)의 서쪽에 자리 잡고 있던 제7군단 사단들은 최악의 상태에 놓여 있었다. 전술적·작전적 장갑 및 기계화 예비사단들로 구성되어 있던 제2선은 중앙 쿠웨이트 전역과 이라크에 걸쳐 전개되어 있었다. 이들 전력에게는 최전선을 깨뜨리는 데 성공한 연합군 전력과 교전하는 임무가 부여되었다. 제3선은 쿠웨이트의 북서쪽 구석에 있는 공화국수비대 8개 사단이 형성했다. 이들 전력은 연합군의 주요 부대들에게 반격을 가할 태세를 갖춘 전략적 예비대였다. 본질적으로 그들은 '체제의 연장' 그 자체였는데, 공화국수비대가 매우 충성스러운 장교들—대부분 수니파였으며 그들 중 다수는 후세인의 고향이었던 티크리트(Tikrit) 출신이었다—로 가득 차 있었기 때문이다. 공화국수비대의 지휘관은 자신의 임무가 다음과 같은 '3중 방어'라고 보았다. "그 지역의 깊숙한 곳에 가해지는 적의 공격을 무산시키기 위한 작전을 수행한다. 적이 발판을 마련할 수 있는 위치에서 반격을 수행한다… 상황에 따라 필요할 때는 바스라를 방어하기 위한 대결선(對決線)을 구축한다."[68]

이라크 육군이나 그와 관련해 공화국수비대를 파괴하기 위한 계획에는 복잡한 것이 없었다. 연합군의 항공기획관들은 쿠웨이트와 남부 이라크를 이른바 킬박스(kill box, 각 킬박스는 225제곱마일)들로 구분하고 각 박스 안에 있는 이라크의 무기와 장비를 가능한 한 많이 제거하기 위해 항공기들을 할당했다. 연합군은 기본적으로 소모전략, 즉 엄체화되어 있는 진지 안의 적에게 항공력을 투입하는 전략을 추구했다. 일부 항공기들은 정밀유도무기들을 투발했으며, 다른 항공기들은 명중하지 않는다고 해도 적어도 이라크의 사기는 손상시키리라는 희망에서 사막에 많은 양의 폭탄과 집속탄을 투하했다.[69]

연합군은 항공전역의 첫째 주에 쿠웨이트 작전전구에서 938소티를 운영하는 모습을 보여주었으며, 둘째 주에 2796소티, 셋째 주에 3512소티, 넷째 주에 3972소티, 다섯째 주에 최고치인 4048소티, 여섯째 주와 마지막 주에 3807소티를 기록했다.[70] 항공기획관들은 표적의 성격과 운용 가능한 항공기에 기초해 무장을 선택했다. 그래서 전역은 500파운드 레이저유도폭탄으로 탱크들을 "빠개는(plinking)" F-117과 F-111에서 고고도에서 공포와 사기저하를 확산시키는 B-52까지, 신무기체계와 낡은 무기체계의 특이한 혼합을 보여주었다.[71]

B-52는 전구 전역에 걸쳐 타격을 수행했으며, 통로개척지점(breaching site), 탄약저장소, 병력집결지, 군 야전본부 같은 지역표적들 처리하는 주요한 자산이었다.[72] F-16, F/A-18, F-15(야간에는 F-111과 A-6)는 더 멀리 떨어져 있고 무장상태가 더 나은 공화국수비대를 상대로 작전을 수행했으며, 전선에 가까운 곳에서는 연합군의 다른 항공기들—F-5, 재규어(Jaguar), A-4—이 엄체화된 보병들과 싸웠다. 육군과 해병의 공격헬리콥터들도 가용했지만, 그것들은 대부분 지상전역 동안에 쓰였다.

연합군 항공기들은 이라크 부대들에게 총 2만 3430개의 폭탄을 투하했다.[73] 최전선 보병부대들이 공격의 초점이 되었으며, 가장 큰 물리적·심리적 피해를 입었다. 반면에 전선에서 더 멀리 떨어져 있었으며 보다 잘 훈련되고 잘 무장하고 있었던 공화국수비대 사단들을 파괴하는 것은 상당히 어렵다는 것이 입증되었다.

작전결과보고서에서 이라크 포로들은 그들과 그들 주변으로 무작위로 떨어지던 재래식 폭탄에 대해 말했으며, 무력감과 항복하고 싶은 감정에 대해서도 언급했다. 일부 포로들의 보고에 따르면 연합군의 무기목록에 있는 것들 중 가장 정확성이 덜한 플랫폼인 B-52가 그들의 사기에 가장 큰 영향을 미쳤다.[74] 이라크군 장교들도 미국의 공격헬리콥터들(특히 아파치)이 이라크 지상군의 많은 고위지휘관들의 심리에 심대한 효과를 끼쳤다고 진술했다. 그들은 공격헬리콥터들을 집중적인 화력을 가지고 어떤 방향에서든지 기갑부대들에 "몰래 다가가는(sneaking up)" 존재라고 칭했다. 이라크 전력은 고정익 항공기들이 항속거리 밖에 있는 동안에나 헬리콥터들과 맞서 싸워볼 기회라도 잡을 수 있으며, 그 기회를 활용하는 데 실패하고 말았다는 생각에서 오는 좌절감에 대해서도 언급했다.[75]

정밀유도무기들은 리더십, 통신설비, 전력발전소, 보급선, 방공호, 군사적 하드웨어를 파괴해서 이라크의 전쟁수행 역량을 감소시키는 데 효과적이었다. 하지만 쿠웨이트 작전전구 안에서 이루어진 융단폭격 전반도 이라크의 사기를 추가적으로 분쇄하는 데 기여했다. "스마트" 폭탄과 "재래식" 폭탄의 결합은 이라크 부대와 대형을 연합군의 지상공세가 시작되기도 전에 패배와 와해 직전으로 내몰고 갔다. 종합적으로 보았을 때 공중공세는 일단 지상전역이 시작되면 그것이 대부분 무력화된 상대와 교전하게 될 것이라는 확실한 지식 속에서 진행될 수 있도록 이라크의 전력을 끌어내렸다.

근접항공지원과 지상공세: 승리의 완결

연합군은 지상공세가 3개의 주요 축에 따라 이루어지도록 고안했다. 멀리 서쪽에서는 미 제18공수군단과 프랑스 제6경기갑사단이 유프라테스 계곡(Euphrates Valley) 바로 가까이에 있는 탈릴(Tallil) 공군기지를 향해 진군할 것이었다. 이라크군은 이런 움직임을 바그다드에 대한 공격의 첫 단계로 해석할 수 있었다. 사실 이 전개의 주된 목적은 차단진지를 구축하고 미 제7군단이 수행하는 주된 공세를 보호하는 것이었다. 4개의 중(重)사단(heavy division)•과 1개의 장갑기병연대로 구성되어 있으며 1개의 영국 사단과 함께하고 있던 제7군단은 북쪽을 휩쓸고 그 뒤에는 공화국수비대와 이라크 육군의 배후를 공격하기 위해 동쪽으로 향할 것이었다.[76] 마지막으로 미 해병대가 쿠웨이트 시를 향해 남동 쿠웨이트의 "한복판으로 곧장" 밀고 들어갈 것이었다. 이들은 우익의 동부합동군사령부(Joint Force Command East)와 좌익의 북부합동군사령부(Joint Force Command North)로 조직되어 있는 아랍 전력들의 지원을 받을 것이었다.[77]

지상공세는 세 가지의 전제조건에 의존했는데, 그 모든 것은 항공력의 효과적인 사용에 달려 있었다. 첫 번째 전제조건은 우선 항공력이 병력과 보급물자를 방대하게 공수하고, 다음으로는 이라크의 공격으로부터 보호하는 움직임을 통해 연합군 전력이 대규모로 훨씬 더 서쪽으로 재전개할 수 있게 도와주는 것이었다. 사실 2월 중순에 이르면 연합군 제18공수군단은 처음 전개했던 곳에서 서쪽으로 500킬로미터 거리에 걸쳐 병력 11만 5000명, 차륜차량 2만 1000대, 궤도차량 4300대를 재배치해놓은 상태였다. 같은 시기에 연합군 제7군단은 14만 명의 병력, 3만 2000대의 차륜차량, 6600대의 궤도차량을 서쪽으로 200킬로미터 이상 이동시켰다.[78] 연합군의 공중제패는 병력이 탐지되지 않고 이동할 수 있게 해 작전적 기습을 달성할 수 있게 해주었다. 후세인은 여전히 연합군의 주된 공격은 쿠웨이트를 직접적으로 겨냥할 것이며 이를 지원하는 상륙공격을 동반하리라고 확신했다. 이라크 지도부는 상륙준비가 연합군의 기만에 지나지 않다는 것을 전혀 깨닫지 못했다.

두 번째 전제조건은 항공전역이 이라크의 전투력을 50% 감소시켜 연합군

• 통상적으로 장갑이나 기갑 중사단은 사단 구조의 지휘통제체계, 전투지원능력, 10개의 기동사단들로 구성된다.

이 자신들의 선택에 따라 지상전을 시작할 수 있게 하는 것이었다. 10월에 워싱턴 수뇌부가 슈워츠코프에게 당시 독일에 주둔하고 있던 미 육군 제7군단을 제공하기로 결정했을 때 항공기획관들은 만약 항공작전이 1월 중순에 시작된다면 지상전역은 2월 중순이나 말까지는 개시할 수 없음에 동의했다. 2월 24일 연합군 지상전력이 이라크로 밀고 들어갈 준비를 끝냈을 때, 공중공격은 사실 많은 이라크 부대의 전투효과성을 50% 수준 이하로 감소시킨 상태였다.[79]

세 번째 전제조건은 연합군의 항공자산들이 주로 차단작전과 더불어 이라크군이 반격을 위해 전력을 집결하는 것을 저지하는 종심타격을 통해, 부차적으로는 연합군의 진격을 더 원활하게 해줄 항공근접지원을 통해 지상공세를 적절히 지원하는 것이었다. 종래의 차단과 종심타격은 화력지원협조선 너머에서 이루어졌던 반면, 호너는 협조선 안에서 이루어지는 "공세적 근접항공지원(push CAS)"이라는 개념을 도입했다. 그것은 지상지휘관의 요청에 따라 지속적으로 이루어지는 공중공격을 의미한다. AV-8B와 F/A-18이 지상지원의 상당 부분을 제공했지만, 모든 항공기 중에서도 30밀리 개틀링 기총(Gatling gun)을 장착하고 저고도로 비행하는 A-10 "혹멧돼지(Warthog)"가 가장 큰 영향을 끼쳤다.[80]

나중에 밝혀지듯이 연합군의 지상전력에게는 고전적인 항공근접지원이 거의 필요 없었다. 항공력이 여러 주 동안 이라크 지상병력을 공격해 전투력을 저하시킨 상태였으며, 지상에서 전투가 이루어지는 4일 동안 근접항공지원은 임무를 달성하는 데 필수적이지 않았다.[81] 이라크의 결연한 저항이 없었던 탓에 근접항공지원은 사막의 폭풍 작전에서 주변적인 측면이 되었다. 그래서 사막의 폭풍 작전은 고정익 항공기와 공격헬리콥터에 의한 항공근접지원이 어떻게 지상 화력지원체계와 동기화될 수 있는지를 보여주는 예로서 기능할 수 있는 "접적(接敵)교전(troops in contact)"의 상황을 거의 포함하고 있지 못했다.[82]

2월 27일이 끝날 무렵에 이르면 연합군은 쿠웨이트 영토의 4/5를 통제하고 이라크의 바스라로 향하는 사실상의 모든 도주로를 차단하게 되었다.[83] 이라크 전력이 철수하거나 파괴되거나 항복하자 부시 대통령은 다음 날 아침에 작전을 중단하기로 결정했다. 군사적인 맥락에서 보았을 때 사막의 폭풍 작전은 현대 군사사에서 가장 일방적인 승리들 중 하나였다.

항공력의 유용성

사막의 폭풍 작전에서 군사전역의 성공은 미리 선언된 분명한 정치적·군사적 목표들, 누가 무엇에 대해 책임을 질지에 대해 어떤 의문도 남겨놓지 않았던 지휘와 통제 구조, 건전한 작전개념, "항공력 친화적" 환경에서 파생된 것이었다. 공세적 항공력의 유용성은 보통 상황에 따라 매우 달라지며, 전역의 강도와 식별가능한 표적의 존재에 달려 있다. 이 경우—리더십 설비든, 발전소, 도로, 교량, 철로의 형태를 갖춘 기간구조든, 야전 탱크든 막론하고— 대부분의 표적은 "발견, 추적, 타격"하기 용이했다. 쿠웨이트의 상대적으로 편평하고 특색 없는 사막에서 이라크 병력은 숨을 만한 곳이 없었다.[84]

연합군이 거둔 성공에서 가장 중요한 요소들 중 하나—이 점에 대해서는 구체적으로 알려지지 않는 경향이 분명 있다—는 명확한 지휘계통이었다. 전구사령관 슈워츠코프 대장은 호너 중장에게 항공전역을 기획하고 수행하는 전권을 부여했다. 호너는 항공작전의 모든 측면에서 단일화된 접촉창구였으며, 슈워츠코프와 호너 간의 이해와 신뢰는 두 사람 모두가 동일한 목표를 향해 일할 수 있도록 보장해주었다. 사막의 폭풍 작전은 항공인들이 미첼(William "Billy" Mitchell) 시절 이후 꿈꿔왔던, 합동항공작전에 대한 지휘통제에서 "단일 매니저(single manager)" 개념이 정당하다는 것을 입증해주었다.[85]

대부분의 군사분석가들은 1991년의 항공전역은 적어도 작전적·군사적 맥락에서 보면 성공적이었으며, 그 성공의 토대는 연합군이 처음부터 공중우세를 획득한 덕분이라는 데 동의한다. 전쟁의 첫 며칠 동안 이루어진 연합공격은 이라크 방공망의 능력을 심각하게 저하시켰는데, 이를 통해 연합군 지도자들은 자신들이 원하는 만큼 수용 가능한 소모의 수준 안에서 전역을 계속할 수 있었다.[86] 전투기와 지대공미사일을 포함해 이라크의 각 공군기지는 고립되었으며, 조기경보 레이더들은 불능화되었고, 중앙지휘체계도 부분적으로 가동을 멈추었다. 이라크군은 자신들의 민간과 군사적 기간구조에 가해지는 공격에 대해 효과적인 방어책을 가지고 있지 못했다. 연합군은 전투에서 총 38대의 고정익 항공기를 잃었는데,[87] 11만 회가 넘는 비행이 이루어졌다는 점을 고려하면 인상적인 기록이었다. 이라크군은 전투지원과 전투기의 이란으로의 도피를 포함해 610소티를 비행할 수 있었으며, 공대공전투에서 항공기 33대와 헬리콥터 5대를 잃었다.

미국이 주도한 항공전역의 어느 측면이 정해진 군사목표들을 달성하는 데 가장 중요했는지에 관해서는 4개의 학설이 등장했다.[88] 첫 번째 학설은 전략적 공중공격을 결정적인 요소로 간주하는데, 그런 타격이 이라크의 리더십을 마비시켜 이라크 지도부가 효과적인 지휘·통제를 행사할 수 없게 만들었기 때문이다. 이런 전략적 항공력 옹호론자들에 따르면 스텔스·정밀·원거리 무기의 결합은 규모, 직접성, 효과의 맥락에서 전례 없는 수준의 혼란을 가했다. 사우디아라비아의 카프지(al-Khafji)에서 용감했지만 짧고 절망적인 습격을 가했던 때를 제외하다면, 이라크 리더십은 어떤 공세적 선택지도 거부당한 채 오직 희생자의 역할만 할 수 있었다.[89]

두 번째 학설은 항공력이 보급물자가 병력에게 전달되지 못하도록 한 것이 긴요한 요소였다고 주장한다. 정밀유도폭탄들은 사막에 있는 이라크 병사들에게 식수, 식량, 탄약을 실어 나르는 차량들의 흐름을 중단시켰다. 도로와 철도교량의 파괴, 바그다드에서 바스라로 향하는 도로교통에 대한 중단 없는 공격, 임시변통한 부교들에 대한 신속한 공격은 이라크군이 사용할 수 있는 도로를 거의 남겨놓지 않았다. 그로써 발생한 지체는 또 이라크의 차량이 보다 손쉬운 표적이 되게 만들었다. 이동은 느리고 위험하며 때로는 불가능해졌다.[90] 보급물자의 흐름이 결코 완전히 중단되지는 않았지만, 점점 더 불규칙하고 비정규적이며 작전을 효과적으로 수행하는 데 필요한 수준에 훨씬 못 미치게 되었다. 탈영하거나 생포된 포로들에 대한 심문보고서들은 이라크 병사들이 허무감을 가지고 있었다는 강한 인상을 준다. 이라크군에게는 식수, 식량, 연료, 여분의 부품 모두가 부족했다.[91] 반드시 정확하지는 않지만, 끊임없는 폭격은 그들의 사기를 저하시켰을 수도 있고 그렇지 않을 수도 있다. 그러나 보급트럭들에 대한 정밀타격은 분명 그들을 굶주림으로 내몰았다.

세 번째 학설은 이라크 지상전력에 대한 직접적인 타격이 항공력의 가장 유용한 적용이었다고 주장한다.[92] 이런 타격은 이라크 병력에게 난처한 선택지를 남겨놓았다. 적에게 알려진 참호진지에 머물며 매우 정밀한 공격에 노출되든지 아니면 그런 진지에서 도피해 "기회성 표적"을 공격하는 적의 더 큰 위험에 직면하든지 하는 것이었다. 결국 8만 6000명의 이라크군이 포로가 되었다. 그들 중 대부분은 작전 중 생포된 것이 아니라 항복한 것이었으며, 항복한 이들 대부분은 주로 공중공격의 효과에 굴복한 것이었다. 요약하자면 지상전력에 대한 직접적인 공격 자체가 얼마나 투박했는지를 막론하고 사막의 폭풍 작전은 지휘관과 기획관들이 즉각적인 효과를 달성하는 작전적 도구로서 항공력을 직접적으로 사용한 군사사상의 첫 사례를 제공해주었다.[93] 이라크 군사력에 대한 38일간의 집약적이고 집중적인 항공작전이 현대 군사사에서 보다 신속하고 파괴적인 연합제병의 지상전역을 수행하기 위한 전제조건을 형성해주었다는 점은 꽤 분명해 보인다.[94]

주로 육군 전통주의자들이 신봉하는 네 번째 학설은 항공력에 관한 다양한 주장에 대한 반대적인 입장을 보여주며, 기본적으로 지상공세가 결정적인 요소였다고 주장한다. 이 학파는 항공전역을 단순히 진정한 전투의 서곡으로 간주한다. 항공력이 이라크 전력의 저항을 완화시키는 데 얼마나 유용했는지를 막론하고 쿠웨이트의 해방을 보장한 것은 지상에 서 있는 군화들이었다는 게 이들의 주장이다.

누가 어떤 관점에 호의를 갖게 되는지는 개인적인 관점과 효과성을 측정하기 위해 선택한 기준에 달린 문제다. 사실 어떤 단일한 이유 하나만으로 쿠웨이트에서 병력을 철수하기로 한 후세인의 결정을 설명해낼 수는 없다. 이라크가 쿠웨이트를 유지할 수 있는 모든 전망이 봉쇄된 상황에서 정치적·외교적·군사적 행동의 결합이 추가되었던 것이다. 특정 이론에 대한 지지자들에게는 불만족스러울 수 있지만, 연합군의 승리를 보장한 것은 총체적인 항공전역이었다. 전략공격, 차단, 직접적 공격의 결합이 공중우세로 덧입히고 지상공세로 종결을 맛보게 된 것이다.[95]『모든 전투의 어머니(The Mother of All Battles)』의 저자인 우즈(Kevin M. Woods)는 다음과 같이 말한다.

> 어떤 사건들이 이라크 정부, 군, 주민의 상당 부분에 동시적인 혼돈을 가져오는 데 가장 기여했는지를 판단하기는 어렵다. 목록의 맨 꼭대기에 근접한 원인으로는 철수 동안에 발생한 혼돈, 이라크 내부 치안전력의 도주와 재배치에 따라 발생한 공백, 교량 파괴에 따른 내부적 기동의 결여, 이라크의 지휘와 통제 체계에 가해진 연합군의 가차 없는 공격을 들 수 있을 것이다. 이라크와 워싱턴 안의 많은 이들의 눈에는 전능한 체제통제와 위반행위에 대한 신속한 응징에 관한 인식이 증발해버렸다.[96]

관점들: 미완의 사업

사막의 폭풍 작전에서 항공력 적용과 그 적용의 장점과 한계는 상대의 전반적인 전략이라는 틀 안에서만 판단할 수 있다. 항공력은 분명 연합군이 쿠웨이트를 해방하고 중동의 석유에 대한 계속적인 접근권을 확보한다는 설정된 목표들을 달성할 수 있도록 도왔다. 그러나 항공력 단독으로나, 지상공격과 결합한 항공력으로나 부시 행정부가 희망했던 결과—굴욕을 당한 장군들이나 복수심에 불타는 주민들이 후세인을 타도하는 것—를 낳지는 못했다.

단기적으로 보았을 때 전략적 공중공세는 이라크 리더십이 주민들에 대한 확고한 통제력을 상실하게 만들었다. 바트당 기관과 정부청사에 대한 체계적이고도 정밀한 폭격은 바트당이 전능하다는 이라크 사람들의 인식을 변화시켰다. 공세는 수많은 지휘와 통제 기구를 손상시켰으며, 야전의 병사들은 물론 이라크 안의 사람들끼리도 효과적으로 통신할 수 있는 체제의 능력을 무너뜨렸다. 누적된 기능적 교란, 혼돈, 전략적·작전적 수준의 지휘에서 발생한 혼란이 지역적 수준에서 바트당에 대한 장악력 이완과 결합하면서 군사작전을 지휘하고 봉기를 예견하거나 방지하는 후세인의 능력을 상당 정도 감소시켰다.[97] 전통적인 불만에 더해 일상생활에서 고조되고 있던 박탈에 대한 이라크 사람들의 좌절과 분노는 전쟁 직후에 시아파와 쿠르드족의 반란이 발생하도록 도왔다. 비록 성공하지는 못했지만 이라크와 같은 경찰국가에게 반란의 규모는 이례적인 것이었다.[98]

후세인은 이란과의 전쟁이나 최근에 끝난 "모든 전투의 어머니"보다 내부봉기가 체제를 전복시킬 가능성이 더 많다고 믿었다. 그는 "배신적인 반란이 그 앞에 있었던 국면보다 더 어렵다"라고 말했다.[99] 후세인 스스로가 이런 반란은 적지 않게 전략적 항공전역 때문에 발생한 결과라고 시사했다. 바트당 관리들, 정부 각료들, 장교들이 그들의 "위치를 변경하도록" 강요받을 때 후세인의 반대파가 국가가 통제력을 상실하고 말았다는 대중적 믿음을 활용했던 것이다. 후세인은 전후에 증가한 반군의 공격에 대해 다음과 같이 말했다.

> (그런 공격이) 주지사가 집무실을 바꾸고, (지역) 치안감이 자신의 위치를 바꾸며, 경찰국장이 자신의 위치를 바꿔야 하는 지경까지 확산되었다. 정부는 존재하지 않았다. 그렇다, 정부는 존재하지 않았다. 그런 상황에서는 자신이 술탄이라고 말하는 사람은 누구든지 술탄이 될 수 있었다. 그래서 이란에서 그와 같은 역할을 할 수 있도록 훈련되었거나 특별히 훈련된 요원들의 지원을 받는… 반역자들이 등장했다. 그들은 알 바스라에서 등장하고 다른 장소들에서도 등장했으며… 심지어 북부에서

도 등장했다.[100]

그러나 사막의 폭풍 작전은 공화국수비대의 상당 부분을 그대로 남겨놓았으며, 공화국수비대는 일부 정규부대들과 이라크의 방대한 보안·정보망과 함께 남부 시아파 반란과 북부 쿠르드족의 저항 모두를 진압하는 데 성공했다. 미국이 주도하는 연합군이 승리를 자축하는 동안 후세인은 체제의 생존에서 더 나아가 개인적 권력기반을 확고히 하는 데 성공했다.

결정적이었던 것으로 보이는 군사전역의 이런 혼란스러운 여파는 지속가능한 평화를 달성할 수 있는 방법을 마음속에 그리는 일에는 군사작전 차원을 넘어서 사고하는 것의 중요성을 보여준다. 전쟁 종결을 위한 일관된 개념이나 계획이 연합군에게 없었던 점이 사막의 폭풍 작전의 업적을 상당 정도 무위로 돌리고 말았다. 정치지도자도 군사지도자도 최종단계에 대해 숙고했던 이는 없었다.

후세인은 전후의 기간을 자신의 생각대로 역사를 다시 쓰는 데 사용했다. 그는 자신이 전례 없는 항공전역을 버텨냈으며 연합군은 더 이상 이라크의 군대들과 싸울 생각이 없기에 정전을 선언했다고 자랑했다. 그는 스스로 이스라엘을 깊숙하게 공격하고 "미국에 감히 맞설 수 있는" 능력과 의지를 갖춘 아랍의 첫 지도자라고 자처했다.[101]

의심의 여지없이 쿠웨이트 침공은 결국 후세인의 몰락을 가져올 일련의 사건들의 시초였지만, 이라크의 체제를 넘어뜨리는 데 성공하기 위해서는 미국이 주도하는 또 한 번의 군사작전이 필요했다. 이라크 자유 작전(2003년 3월 19일~5월 1일)을 위한 정치적 목표와 전반적인 전략은 많은 면에서 사막의 폭풍 작전과 달랐지만, 그 군사전역이 멀리서 쿠데타가 발생하도록 만드는 데 의존하지는 않았다는 점은 특히 차별화되었다. 이번에는 바그다드에 도달해 그곳을 점령해서 후세인 체제를 타도하고 "넓은 기반을 가진 정부"로 대체하는 작전이 설계되었다. 군사전역은 다시 한 번 잘 수행되었지만, 2003년 이후의 반군활동과 사망자 수는 무력의 한계, 전투와 전역에서의 승리와 평화를 확보한다는 훨씬 더 복잡한 목표—이를 위해 전쟁을 수행한다— 간의 차이에 관한 질문들을 제기한다.

제9장

신중한 힘 작전, 1995년

로버트 C. 오언(Robert C. Owen)

> 많은 경우 그들은 그런 혐오를 표현할 수 있는 기회를 찾지 못한 채 일생을 살았다… 그러나 기존의 일상이 모종의 중요한 사건 때문에 깨지고 이성과 법률이 정지될 때마다 이런 무리, 더 정확히 말하면 그들의 일부가… 도심에 넘쳐났다… 그리고 마침내 연료를 찾아낸 화염처럼, 오랫동안 간직해온 혐오감과 파괴와 폭력을 위한 감춰진 열망이 그들보다 더 큰 힘이 그들을 진압하거나, 그들이 스스로 소진되거나, 자신들의 분노에 싫증이 날 때까지 도심을 사로잡았다.[1]

모든 분쟁은 아닐지라도 대부분의 분쟁처럼 보스니아 내전(1992~1995년)도 군대들 간의 충돌에 관한 것만큼이나 문화, 정치, 경제에 관한 것이기도 했다. 그러한 분쟁에 대해 유엔이 승인한 개입을 지원하기 위해 이루어졌던 북대서양조약기구(NATO, 이하 나토)의 항공작전에 대한 모든 평가는 그 인적·경제적 차원을 고려해야 한다. 물론 이는 그러한 점을 고려하지 않는다면 단순히 표적처리 전략, 무기효과, 달성된 전반적인 결과에 대한 설명에 지나지 않았을 것에 상당 정도의 혼란을 야기하게 된다. 이는 유엔과 나토 스스로가 종족적·지리적으로 복잡하고 외부적 연계성과 중요성이 매우 강하며, 정치적 위험도 큰 지역에 뛰어들었기 때문이다. 다시 말해 보스니아는 개념적으로 보았을 때 다른 지역, 또는 개입에 가담한 국가들—이 분쟁에 직접적으로 개입했던 다양한 유엔과 나토의 회원국들—이 세계의 그 밖의 곳에서 다시 직면할 수 있는 분쟁과 그리 다르지 않았다. 물론 세부사항은 다르겠지만 보스니아에서 얻은 일반적인 교훈—전쟁을 시작하기 전에 분쟁의 진정한 성격을 이해하는 일의 결정적인 중요성—은 항속적인 가치를 갖고 있다.

보스니아에서 나토의 항공작전은 2개의 국면으로 나눠졌으며, 그중 두 번째 국면은 연표와 특성 모두에서 다시 2개의 주요한 하위국면을 갖고 있었다. 1992년 10월 16일 시작된 첫 번째 국면에서 나토의 일부 국가들은 내전에 참가하고 있던 옛 유고슬라비아의 모든 당사자들에게 비행금지를 강제하기 위한 하늘감시 작전(Operation Sky Watch)에 항공기를 제공했다. 하늘감시 작전은 이 연구의 주제가 아닌데, 이는 그 작전이 전투작전을 포함하고 있지 않기 때문이다. 그러나 1993년 3월 31일에 거부비행 작전(Operation Deny Flight)을 개시하게 만든 것은 하늘감시 작전이 대적하는 세력들로 하여금 항공기 사용을 단념하게 만드는 데 실패한 것이었다. 거부비행 작전을 진행하는 대부분의 기간 동안 나토는 보스니아의 하늘을 초계하며 관측하고 비행금지 위반을 보고했다. 또한 1993년 8월 이후에는 유엔이 "안전지역"으로 선언한 보스니아의 도시들을 포위하거나, 유엔 병력과 구원전력을 공격하는 세르비아계 군 전력을 타격할 준비가 되어 있었다. 보스니아 내 세르비아계(이하 세르비아계) 세력의 계속적인 침략과 야만행위에 직면해 나토는 장기적이지는 않지만 확장된 작전을 기획하기 시작했다. 이 기획은 1995년 8월 30일부터 9월 14일 간의, 이른바 세르비아계 공화국(Bosnian Serb Republic, 이하 스릅스카공화국)의 군사적 능력에 대한 단기적이지만 집중적인 항공전역에서 절정에 달했다. 엄밀히 따지자면 거부비행 작전의 한 국면이었는데도 이 전역은 강도, 지속성, 그리고 신중한 힘 작전(Operation Deliberate Force)으로 별도로 지정된 다소 느슨한 교전규칙 측면에서 충분히 차별적이었다. 성공적인 평화협상에 따라 유엔과 나토는 1995년 12월 20일 거부비행 작전을 중단했다.

당시 군과 민간의 관찰자들은 정밀무기가 거부비행 작전과 신중한 힘 작전 모두에서 전례 없을 정도의 전략적·전술적 중요성을 갖게 되었다고 인정했다. 분쟁에 개입한 국가들 안의 정치적 분열, 분쟁의 원인에 대한 전략적인 불확실성, 당파 지도자들의 의지력을 고려해보았을 때 신속하면서도 비전투원들의 부수적인 위험(심지어 전투원들의 사상도)은 최소화하며 공세작전을 수행하는 것이 필연적으로 중요해졌다. 그래서 나토 조종사들은 거부비행 작전 동안 승인된 소수의 공세작전들 대부분과 신중한 힘 작전 동안 이루어진 비행의 대부분을 수행하기 위해 유도미사일, 레이저유도폭탄, 정밀조준 기관포를 사용했다. 신중한 힘 작전의 경우 나토는 708개의 정밀유도폭탄과 불과 318개의 비(非)정밀 미사일과 폭탄을 사용해 세르비아계의 표적들을 공격했다. 불과 몇 년 전의 걸프전에서 두 유형의 무기 사용비율이 8% 대 92%였는데 보스니아에서는 69% 대 31%로 바뀌었다.• 사실 신중한 힘 작전은 최초의 "정밀전쟁"이었으며, 현대 공군이 나아갈 길을 보여주었다는 데 의심의 여지가 없었다.

거부비행 작전과 신중한 힘 작전을 수행하면서 정밀무기의 가치에 대해 의심한 관찰자들은 거의 없었지만, 폭격 자체의 절대적이거나 상대적인 전략적 유효성에 대해서는 이견이 존재한다. 보스니아 분쟁의 복잡한 배경은 그런 이견을 불가피하게 만든다. 신중한 힘 작전에 대한 미 공군의 초기평가에 따르면, 다른 힘들도 보스니아 내전의 종결 국면에 영향을 미쳤다. 여기에는 다음의 것들이 포함되었다.

- 3년간의 잔인한 전쟁 뒤에 분쟁에 관여한 모든 진영이 전반적으로 탈진상태에 처해 있었던 점.
- 세르비아 대통령이자, 스릅스카공화국을 운영하다가 기소된 전범들을 배후조종하던 밀로셰비치가 유엔의 경제제재를 필사적으로 피하려고 한 점.
- 세르비아계 군이 크로아티아 군대와 유엔이 인정한 보스니아 정부군에게 최근 역전된 점.
- 유엔과 이른바 5개국 접촉단(5-Nation Contact Group, 평화 중재를 위해 유엔과 별도로 일하고 있던 미국, 영국, 독일, 프랑스, 러시아)이 전후 세르비아계 영토의 온전성과 외교적 자율성을 보장할 것이라고 재확인해준 점.

이런 문제들 간의 복잡한 상호작용을 고려해 공군의 연구는 항공전역이 "보스니아 분쟁을… 끝내는 데 결정적으로 중요했던 '하나'의 요소"였으며, "그것이 적용되자마자… 안전지역에 대한 공격은 중단되었으며" 세르비아의 협상의지에 자극을 주었다고 주장할 수 있었을 뿐이다.[2] 당시에 다른 이들은 세르비아를 강제했던 주요 요소로 크로아티아와 보스니아의 지상공세가 갖는 중요성을 강조했다.[3]

지금은 보스니아 항공전역을 재검토하기에 적절한 시점이며, 그 수행과 효

• 정밀유도폭탄(무기)와 비정밀유도폭탄(무기) 간의 사용비율이다.

과에 대한 추가적인 학문적 연구가 10여 년 넘게 이어져왔다. 중요한 점은 정밀무기의 효과가 분쟁과 개입의 변화하는 특성과 갖는 연계성을 사후적(事後的)인 맥락에서 재검토해볼 여지가 있다는 점이다. 거부비행 작전 동안 정밀무기의 제한적이며 간헐적인 사용은 일반적으로 대적하던 세력의 지도자들에게 나토와 유엔이 진정으로 싸우기를 원하지 않는다는 인식을 강화시켰을 뿐이며, 그 결과 그들이 침략을 계속하도록 상당 정도 고무시켰다. 그와 대조적으로 개입의 정치와 불확실성은 여전히 신중한 힘 작전 동안의 표적처리와 전술에 상당한 제약을 가했지만, 그럼에도 이 전역은 세르비아의 저항을 신속하게 무너뜨리는 데 기여했다. 그것은 개입의 의지와 무기 때문이었을까 아니면 다른 요인들이 세르비아가 중지하는 것이 좋다고 판단하도록 만들었을까? 아니면 다른 방식으로 보자면, 세르비아의 의사결정과 관련된 다른 요인들은 적어도 부분적으로는 나토의 우세한 항공력 보유와 항공력의 궁극적인 사용에 따라 형성되었던 것일까?

지금의 이 재평가는 보스니아 내전의 연관된 배경요소들을 소상하게 개관하는 데서 시작할 것이다. 이는 그 복잡성을 강조하여 보여줄 뿐 아니라 나토의 항공지도자, 기획자, 조종사들에게 영향을 주었던 제약과 규제 또한 묘사해줄 것이다. 그다음에는 거부비행 작전 전반에, 보다 각별하게는 신중한 힘 작전의 기획, 수행, 결과에 초점을 둘 것이다. 결국 맥락과 작전에 대한 이런 요소들은 정밀항공력이 지상력, 비(非)정밀항공력, 나아가 어느 정도는 독립적인 결정성과 관련해 갖게 되는 유효성에 관한 일반적인 문제를 볼 수 있는 독특한 시각을 제공해준다. 분쟁에 개입한 국가들에게 작용했던 정치적·도덕적 제약들은 정밀공중공격과 지상력의 공격—간접적 포격—이 그들이 선택할 수 있는 우선적이고도 아마도 유일한 선택지가 되게 만들었다. 그러나 실제적인 사건의 경과를 고려하면, 집중적인 공세적 공중타격이 1995년 여름 이전에 개입을 위해 실행가능한 선택지가 될 수 있었을지 의심해볼 만하다. 다른 어떤 군사적·정치적 힘의 요소에서처럼 시간, 장소, 인적 요소가 정밀항공력의 유효성에 영향을 미칠 것이다.

전략적 맥락

아마도 해당 지역의 소수 학자들을 제외한다면 1980년대 중반 그 어떤 외부

인도 유고슬라비아의 보스니아 헤르체코비나 지방이 불과 몇 년 뒤에 종족적 폭력의 납골당이 되리라고 예상하지 못했을 것이다. 무엇보다 보스니아 지방의 수도인 사라예보는 1984년 동계올림픽 개최지였다. 그 행복한 시절에 그 도시의 "얼굴"은 미소와 호의로 가득 찼다. 그 도시의 아름다운 젊은이들은 거리에서 춤을 추었으며 개막식에 빛과 에너지를 제공했다. 물론 그 지역은 여러 민족이 한데 모여 사는 곳이었다. 그곳은 다(多)언어 국민국가인 유고슬라비아 안의 주요한 세 민족이 함께 사는 지역이었다. 열성적이지는 않더라도 이슬람을 믿는 보스니아크(Bosniaks)•가 주민의 44%를 구성했다. 동방정교회를 믿는 세르비아인들이 31%를, 대부분 가톨릭교도인 크로아티아인들이 18%를 차지했다. 그러나 민족적 정체성이 광범위한 정치적 폭력을 촉발할 수 있었던 존재로 보이지는 않는다. 티토(Josip Broz Tito) 대통령과 그가 이끄는 유고슬라비아 공산정부의 전반적인 공평성은 경제적·정치적 기회에 대한 긴장을 정체성보다 이데올로기의 문제가 되게 만들었다. 모든 보스니아인들이 같은 언어를 사용했고, 비슷한 외양에 비슷하게 입었으며, 같은 대학에 진학했고, 같은 군대에서 복무했으며, 때로는 민족적 구분을 초월해 결혼했고, 그렇지 않은 경우에도 당연한 듯 가까운 곳에서 섞여 살았다. 분명 그들은 서로 다르게 이야기할 수 있었지만, 일반적으로는 서로의 급소를 찌를 만큼의 증오감은 갖고 있지 않았다.

그러나 위험의 징후들이 이미 존재했다. 1980년 티토 대통령이 사망하면서 그와 결국에는 그가 이끌던 유고슬라비아 공산당도 공평하고 다민족적인 국가로서 유고슬라비아의 결정권자라는 자리에서 제거되고 말았다. 또한 1980년대는 유고슬라비아에게 경제적으로 어려운 시기였다. 크로아티아와 슬로베니아 같은 비(非)세르비아 지역들은 다른 지역에 비해 나았지만, 유고슬라비아 경제는 40% 하락했다.•• 가장 중요한 점은 유고슬라비아 안의 다양한 주(州) 지도자들이 공산주의 이후의 정치체제를 정하는 데 실패하면서 밀로셰비치 같은 종족적 민족주의자들이 나라의 내부적 분열을 악화시키고 활용해 정치적·경제적 이점을 도모하게 되었다는 점이다. 밀로셰비치는 1989년에 세르비

• 민족적으로는 남슬라브족에 해당한다.

•• 1982~1989년에 유고슬라비아의 생활수준은 거의 40% 하락했으며, 1989년에는 인플레이션이 2500%로 절정에 달했다.

아 사회주의공화국의 대통령이 되었다.• 그는 자신에게 동조하는 종족적 민족주의자들을 신속하게 세르비아, 보스니아, 보이보디나(Vojvodina), 코소보, 몬테네그로 같은 다른 공화국과 주를 통치하는 자리에 앉혀놓았다. 범세르비아 운동의 증대하는 힘과 군사화에 직면해 비세르비아 주민집단들이 지배하던 다른 주들은 가만히 있을 수 없게 되었다.

슬로베니아와 크로아티아가 연방에서 탈퇴한 1991년 유고슬라비아는 해체되었다. 유고슬라비아 연방군(*Jugoslovenska Narodna Armija*: JNA)은 슬로베니아를 되찾기 위해 형식적인 비행만 하고 말았는데, 이는 슬로베니아에는 세르비아인이 소수만 거주했었기 때문이다. 그러나 유고 연방군은 크로아티아와는 —보스니아와 접해 있던— 크라이나(Krajina) 지역의 통제권을 놓고는 몇 달씩이나 싸웠는데, 그 지역은 주로 세르비아인들이 거주했으며 크로아티아 영토의 거의 1/3을 차지하고 있었기 때문이다. 세르비아는 격렬한 국제비난에 직면하고서야, 그리고 자신들이 크라이나에 대한 통제권을 획득하고서야—크라이나 지역은 세르비아-크라이나공화국(*Republika Srpska Krajina*: RSK)으로 재편되었다 — 작전을 중단했다. 종합적으로 보았을 때 이런 전개는 보스니아를 우호적이지 않은 국가들—세르비아, 크로아티아, 세르비아-크라이나공화국— 한가운데에 위치시켰으며, 그 국경들에는 불만을 가진 기독교도 세르비아인과 크로아티아인의 소수공동체들이 존재했다. 1992년 1월 기독교도 세르비아인 소수공동체가 카라지치(Radovan Karadzic)를 대통령으로 하며 세르비아와 연계성을 유지한다는 공언된 목적하에서 독립적인 세르비아계 공화국인 스릅스카공화국(*Republika Srpska*: RS)을 탄생시켰을 때 보스니아는 해체되기 시작했다.

대부분의 보스니아인들이 유고슬라비아로부터의 독립과 세르비아계 공화국을 그 새로운 국가로 편입시키는 데 찬성하면서 3월부터 보스니아는 격심한 내전으로 빠져들었다. 유고 연방군은 준군사집단, 폭력배, 조직 중이던 세르비아계 공화군(Serb Republic Army)의 군사부대들이 뒤섞인 무리에게 병기고를 개방했다. 보스니아의 북서부와 동부 지역으로 신속하게 진군해 들어간 세르

• 원서에서 저자는 밀로셰비치가 1987년에 유고슬라비아의 대통령이 되었다고 쓰고 있으나 이는 오류로 보인다. 밀로셰비치는 1986년에 세르비아 공산당 당수, 1989년에 세르비아 사회주의공화국 대통령, 1991년에 세르비아 대통령, 1997년에 유고슬라비아 연방공화국의 대통령이 되었다. 세르비아 사회주의공화국은 유고슬라비아 사회주의연방공화국을 구성하는 6개 공화국 가운데 인구와 영토 면에서 가장 컸다.

비아계 공화국의 전력은 강제이주, 집단살인, 체계적인 강간, 도적질을 자행했다. 이를 통해 비세르비아인들이 거주하는 전체 지역에서 주민들을 제거하는 계획적인 과정인 '인종청소'를 시작했다. 주민들을 잡아 참수하거나 사살하거나 굶겨 죽였다. 유아들을 그 어머니의 면전에서 죽였다. 노인들을 침대에서 죽이거나 절벽 너머로 내던져 죽였다. 비세르비아계 주민들의 가옥은 방화를 당하거나 세르비아계 주민들에게 빼앗겼다. 인종청소는 외부 관찰자들이 깜짝 놀랄 만한 중세적 잔학행위였으며, 그에 맞서는 보스니아 정부의 방어는 무능하기만 했다.[4] 비록 세르비아인들이 자행한 학살 규모나 계획성에는 결코 미치지 못했지만, 그에 대한 보복으로 크로아티아와 무슬림 병사들도 잔학행위를 자행했다. 1년 만에 보스니아 정부는 원래 영토의 겨우 1/3가량만을 통제하는 지경까지 내몰렸으며, 세르비아계 군은 여전히 진군하고 있었다.

관련 국가들은 폭력에 거의 넋을 잃었다. 보스니아 분쟁은 이제 '구(舊) 유고슬라비아공화국'이라고 불리게 된 다른 지방들로 확산될 수 있었고, 분쟁에 끌려들어갈 수 있음을 두려워하던 관련국들은 보스니아 위기에 마지못해 소극적으로 반응했다. 내전의 발발은 아닐지라도 불안정한 상황을 예견한 유엔은 1992년 2월 보스니아에 평화유지 작전본부인 유엔평화유지군(UN Protection Force)을 창설했지만, '청색 헬멧' 병력이 도착하기 시작한 것은 6월 이후였다. 같은 달에 나토이사회(North Atlantic Council: NAC)의 정치지도자들은 유엔이 승인한 무기보이콧(arms boycott)과 유엔평화유지군 부대들이 공격받는 경우 그들에 대한 지원을 승인했다. 세르비아가 자신들의 진군을 지원하기 위해 수송기와 경(輕)타격항공기를 사용하기 시작했을 때 나토와 유엔은 그와 같은 활동을 탐지하고 보고하기 위해 1992년 10월에 하늘감시 작전을 개시했다. 그러나 위반자들을 격추할 의사는 전혀 없었다.

실질적인 내용이 있었던 유엔 안보리의 결의안은 1992년 5월 30일에 발령된 결의안 제757호였는데, "유고연방공화국(세르비아와 몬테네그로)에서 나오는 모든 상품과 산물"의 수출과 수송을 전면적으로 금지할 것을 요구했다. 이 결의안은 세르비아계 사람들이 밀로셰비치의 꼭두각시에 지나지 않음을 암암리에 인지하고 있었던 것 외에도 유고슬라비아의 경제와 군에 엄청난 압박을 가할 수 있는 분명하고도 강제 가능한 방법도 제공했다. 그 결과 단행된 금수조치는 결코 엄격하지 않았지만, 1994년 말에 이르러 세르비아계 사람들의 활동을 정치적·경제적으로 지원하려는 밀로셰비치의 의지를 손상시켰다. 밀로셰비치의 보호와 재정지원이 없으면 보스니아 연방정부와 그 밖의 정파에 대한 세르비아계의 우위는 약화될 것이었다.

익히 짐작할 수 있듯이 이런 미온적인 조치는 스릅스카공화국의 목표와 매일같이 이어지는 야만적 행위에 이렇다 할 직접적 효과를 미치지 못했다. 보스니아 중앙정부의 군사적 능력이 일부 개선된 것을 논외로 하면, 세르비아의 진군을 억제시킨 것은 그들 자신의 군사적 한계와 유엔과 나토가 군사적, 그리고(또는) 경제적으로 더 강압적으로 개입하도록 부추길 만한 행동을 하지 않으려는 밀로셰비치의 의지였다. 개입하는 진영의 소극성과 세르비아의 계산 간의 대립으로 전쟁은 서서히, 하지만 결코 쉽게 끝나지는 않을 방향으로 진행되었다.

거부비행 작전

세르비아의 공중공격이 계속되자 유엔과 나토는 1993년 3월 하늘감시 작전을 거부비행 작전으로 대체했다. 이론적으로 거부비행 작전은 강압적인 조치가 진일보한 것이었지만, 개입은 너무 늦게 이루어져 그런 강압이 체감(體感)될 수 없었다. 거부비행 작전을 가능하게 했던 결단들은 나토의 항공기들이 적 항공기를 격추하고, 유엔평화유지군 부대들이 공격받을 때 근접항공지원을 제공할 수 있게 해주었다. 또한 뒤이은 결단들은 보스니아의 특정 도시들을 "안전지역"으로 선언하고, 그곳을 공격하거나 나중에는 유엔이 확립한 금지구역에 배치되었을 뿐인 세르비아계 군대들까지도 나토가 공세적인 공중타격을 가할 수 있게 해주었다. 그러나 모든 형태의 공세적인 항공작전은 언제나 유엔과 나토의 동시적이고도 분명한 정치적·군사적 승인을 필요로 했다. 당시의 용어로 말하자면 나토와 유엔의 리더들은 동시적으로 "열쇠를 돌릴" 필요가 있었다. 1993년 동안 나토 항공인들은 "이중키(dual-key)"와 같은 동의를 확보하지 못했다. 점점 더 좌절감을 느끼게 된 미국과 영국 정치지도자들의 촉구로 변화가 발생하는 1994년 초까지 연합국들은 보스니아에 개입하는데 보다 확고한 입장을 취하지 않았다.[5] 심지어 그 시점에도 개입의 실행자들은 중요한 개입국가들이 세르비아에 대한 통일되고 지속적인 조치에 동의할 수 있을 때까지 분쟁의 성격, 나아가 올바른 행동경로에 대한 근본적인 이견 속에서 일해야 했다.

적절한 행동경로에 대한 전반적인 동의는 개입 실행자들의 정치적 통일성에 결정적으로 중요했으며, 정치적 통일성은 개입 실행자들이 취하는 모든 행동의 성공에 불가결했다. 유엔과 나토는 공히 자발적인 국제조직으로서 이들이 실질적인 군사행동을 취하는 데는 일반적으로 다수의 지지를 필요로 한다. 당시 불과 16개 회원국으로 구성된 조직이던 나토의 정치적 정점인 나토이사회(NAC)는 대규모적이고 지속적인 항공작전을 개시하기 전에 만장일치의 지지나 적어도 회원국 모두의 묵인을 필요로 했다. 그보다 10배나 많은 국가의 시각과 정치적 영향력에 민감했던 유엔 사무총장과 안보리 회원국들은 보스니아에서의 행동에 대해 통일된 정치적 지지를 유지해야 할 필요성에 훨씬 더 구속되었다. 물론 많은 유엔 회원국들은 관심이 거의 없었으며 개입에 관여하지도 않았다. 그러나 유엔 사무총장과 안보리는 모든 안보리 상임이사국과 전력을 투입하는 대상 지역에 있는 모든 국가의 분명한 지지와 적어도 유엔총회의 묵인을 확보하지 못하는 한 행동을 취할 수 없었다. 개입에 기여하는 주요 국가나 유엔총회의 지지를 잃어버리면 개입은 중단되었을 것이다.[6]

몇 가지 요인들이 강력한 군사행동을 위한 통일된 입장을 달성하기 어렵게 만들었다. 첫째, 개입국가들 중 어느 누구도 필요 이상으로 보스니아 내전에 깊게 끌려들어가는 것을 원치 않았다. 둘째, 분쟁의 근원적 원인, 나아가 적절한 개입전략을 둘러싸고 개입 측은 분열되었다. 거부비행 작전 초기에 대부분의 개입국 정부들은 보스니아인들이 아주 오래되고 화해가 불가능한 종교적·종족적·역사적 적대감—이른바 '해묵은 증오감' 개념— 때문에 싸우고 있다는 이론에 동의했다.[7] 그 지역에 대한 저명한 학자 코언(Lenard Cohen)은 1993년에 종족적 긴장상태는 발칸에서의 삶에서 변함없는 모습이었으며, 공산주의가 몰락한 뒤 유고슬라비아의 정치지도자들이 종족적으로 중립적인 새로운 국가 정치적 합의를 발전시키는 데 실패하고, 그 대신 자신들의 사적인 정치권력을 건설하기 위해 종족적 민족주의로 전환하면서 현재와 같은 폭력상태가 조성되었다고 주장했다.[8] 많은 이들은 그런 상황에서 개입하는 것은 발칸 지역에서 지배권을 위한 불가피한 투쟁을 지연시킬 뿐이며, 실상은 보스니아에 있는 하나 또는 그 이상의 세력들이 유엔평화유지군을 공격하게 만들 수 있다고 믿었다. 그 때문에 '해묵은 증오감'을 통한 설명을 지지하는 일부 사람들은 유엔평화유지군의 유일하고도 적절한 역할은 절대적 중립을 유지하면서, 보스니아의 세력들이 현재의 격발하는 폭력을 종식시킬 때까지 비전투원들의 고통을 경감시키는 것이라고 주장했다.

보스니아 분쟁이 종족적 구분선에 입각한 것이었다는 점에는 아무도 이견을 가질 수 없었다. 하지만 분쟁에 개입한 국가들에서 점점 더 많은 정치인들이 해묵은 증오감이 아니라 세르비아계의 군사적 우위가 분쟁의 지속적인 원인이 되었다고 주장했다. 이런 집단은 세르비아계의 군사력이 무너지지 않는 한, 나라 전체를 정복하고 비세르비아계 주민들을 '청소'하려는 공세가 계속되리라고 주장했다. 그들은 세르비아의 군사력을 깨뜨리는 것은 보스니아 안의 모든 세력들 간에 "공평하게 경쟁할 수 있는 장(場)을 만들고" 효과적인 평화협상을 위해 필요한 첫걸음이 되리라고도 주장했다. 세르비아에 초점을 둘 것을 주창하는 이들은, 보스니아의 "종교적·종족적 차이는 일반적으로는 적대감의 원인이 되지 못하는 오래된 다문화적 전통"인데 제1차 세계대전 이후의 실정(失政)과 더 최근에는 세르비아 민족주의에 직면하고 나서 무너지고 말았다고 주장하는 학자들의 점점 더 많은 지적 지지를 받았다.[9] 달리 말해 세르비아의 지도자들은 나쁜 녀석들이었으며, 나쁜 녀석들과 그들의 이해관계는 연합군의 표적이 될 수 있었던 것이다.

전쟁을 중지시키기 위해서는 모종의 강압적인 군사행동이 필요할 수 있다는 인식이 커져갔지만, 기본적인 절차적 준비는 여전히 행동을 취하기를 꺼리던 이들의 수중에서 진행되었다. 거부비행 작전을 위한 포괄적인 결의는 회원국들이 "비행금지를 따르도록 하는 데 필요한 모든 조치"를 승인하게 해주었다. 하지만 그들은 "안보리의 지휘하에서만, 유엔 사무총장과 평화유지군과 긴밀하게 협력하는" 가운데서만 그럴 수 있었다.[10] 이런 "긴밀한 협력"에 대한 요구는 안보리가 추가적으로 "안전지역에 대한 포격이나… 유엔평화유지군이나 보호받는 인도주의적 호송대가 이동하는 자유를 가로막는 것에 대한 대응으로 무력사용을 포함한 필요한 조치"를 승인해주었을 때도 여전히 존재했다.[11] 공중타격의 경우, 이런 조건은 몇 분 사이에 삶과 죽음이 달라질 수 있는 격전이 한창일 때도 나토와 유엔 모두가 공세적 타격에 동의할 것을 요구했다. 더 심각하게도 유엔 사무총장 자신이 폭격에 대한 유엔의 승인권자였기 때문에, 이른바 "이중키" 동의과정은 실제로는 몇 시간이 걸릴 수 있었고 때로는 그렇게 되었다. 나토이사회와 유엔의 사무총장들이 군사지휘관들에게 타격을 개시할 수 있는 보다 큰 권한을 주었던 신중한 힘 작전 직전에도 이중키 체계는 여전했다.[12]

그리 놀랄 것도 없이 무기의 실제적인 발사를 포함하는 작전은 거부비행 작전의 대부분 기간 동안 흔하지 않은 사건이었다. 1994년 2월 보스니아 정부가 통제하는 표적들을 폭격하던 4대의 세르비아계 공격기들을 나토 제트기들이 포착해 격추했다. 하지만 그다음에 나토 항공기들은 보스니아의 수도 사라예보를 포격하던 세르비아계 군대의 포는 공격할 수 없었는데(이는 승인과정의 어설픔을 보여주는 것이었다), 유엔 사무총장의 공격 승인이 도달했을 때는 세르비아계 군의 포가 이미 위장해버린 뒤였기 때문이다. 고라즈데(Gorazde) 시의 유엔평화유지군을 지원하는 공중타격 때문에 세르비아계의 공격전력이 퇴각할 수밖에 없었던 4월에 나토는 더 많은 성공을 경험했다. 기총소사 공격으로 세르비아계 군이 유엔이 경비하는 창고에서 탈취했던 장갑차량과 중무기들을 반납해야 했던 8월에도 그랬다. 그러나 이런 각각의 행동은 유엔 사무총장이 마지못해 승인한 것에 지나지 않은 소규모 행동이었으며, 전쟁을 계속하려는 세르비아계의 전반적인 결의에는 가시적인 효과가 없었다. 발칸 지역의 주요한 미국의 협상가 홀브룩(Richard Holbrooke)은 이중키 절차 때문에 신속한 작전에 가해진 제약을 "완전한 재앙"으로 보았다.[13]

1994년의 가장 대규모적인 단일 항공작전이었던, 유비나(Udbina)에 있는 세르비아계의 비행장에 대한 11월 21일 나토의 공격은 열성적이지 않게 수행된 공중타격과, 공중타격 효과의 극대화가 아닌 최소화를 위해 사용되는 정밀무기의 제한된 잠재력을 가장 극명하게 보여준다. 당시 이격된 도시였던 비하치(Bihac)와 통신을 열려고 시도하던 보스니아 전력을 타격하기 위해 세르비아계 군은 몇 주간 크라이나에 위치해 있던 유비나 비행장을 사용했다. 이탈리아 나폴리에 소재한 나토 남유럽연합군(Allied Forces Southern Europe: AFSOUTH) 사령부 사령관이던 미 해군의 스미스(Leighton Smith) 제독은 유비나에 있는 비행장을 완전한 파괴할 것을 요구했다. 그는 비행장을 "주차장"으로 만들고자 했다.[14] 총체적인 공격이 사상을 유발하고 유엔평화유지군에 대한 세르비아계 군의 보복을 야기할 것을 염려한 사무총장 부트로스-갈리(Boutros Boutros-Ghali)와 발칸 지역에 있는 그의 정치적 대리인 아카시(Yusushi Akashi) 대사는 초기에 스미스의 항공지휘관인 미 공군의 라이언(Michael Ryan) 중장에게 정밀폭탄으로 유비나의 활주로만 공격하도록 제한했다. 라이언의 폭격기들은 세르비아의 방공체계를 타격하거나 비행장 경사로에 버젓이 주기되어 있는 세르비아 항공기에 손상을 가할 수 없었다. 결국 유엔 지휘관들은 공중승무원들의 안전에 관한 라이언의 염려에 부응했으며, 그들에게 타격항공기에 "직접적인" 위협이 되는 방공체계를 공격할 수 있도록 승인했다.[15]

이런 제약과 결정적인 행동을 취하는 것에 대한 개입국들의 계속적이고도 명백한 소극성은 군사적·외교적으로 실질적인 가치가 있는 것에 대한 타격을 가로막았다. 주로 레이저유도 폭탄을 사용하는 미국, 프랑스, 영국, 네덜란드 공군이 전개한 항공기 39대가 표적들을 손쉽고도 매우 정밀하게 파괴했다. 그러나 나토가 이런 무기를 거의 살균제 쓰듯 사용한 것은 실제로는 대지에 크지만 쉽게 채워지는 구멍을 만들어냈을 뿐이며, 그런 무기들은 적에게 군사적으로는 사소한 고통을 가했고 외교적으로는 아무런 고통도 가하지 못했다.[16] 더 심각하게는, 사태가 정리되어가고 있을 때에도 아카시 대사는 세르비아계 지도자들에게 그런 타격은 악화되는 상황에 대한 "불가피하고 적절한 대응"이라는 점과, 유엔은 여전히 이 분쟁에서 어느 편도 들고 있지 않음을 재확인시켜주었다. 추가 공격이 세르비아계 군을 자극해 유엔평화유지군을 인질로 삼을 가능성을 두려워한 영국과 프랑스는 추가적인 타격을 막았다. 유엔평화유지군이 인질이 되는 일은 발생하지 않았는데, 아마도 이는 영국과 프랑스의 금지조치가 효력을 발하기 직전에 이루어졌던 세르비아의 미사일 사이트에 대한 나토의 공중공격으로 세르비아 전력이 당분간 물러서는 게 적절하다고 판단했기 때문이었다. 결국 나토와 유엔의 외교적인 소극성은 세르비아가 그들이 심각한 위협이 되지 못한다고 확신하게 만들었을 뿐이다.[17]

1995년 초에 이르러서는 유엔과 나토이사회 안의 정치적 균형이 세르비아에 대한 강력한 공중조치를 선호하는 방향으로 점점 더 움직이고 있었다.[18] 세르비아계 군을 계속 공격하는 것을 지지했던 인물들 중 한 명은 홀브룩 대사였다. 그는 나토와 유엔이 입증해가고 있던 것보다 더 기민하고 영향력 있는 협상팀을 제공하기 위해 미국, 영국, 프랑스, 독일, 러시아가 1994년 초에 결성했던 이른바 접촉단의 수장이었다. 처음부터 홀브룩은 평화를 위한 외교적 구조를 만들려는 접촉단의 노력에서 지도자의 역할을 수행했다. 세르비아의 지도자들은 무력에만 반응을 보이리라는 점을 충분히 확신하고 있던 그는 미국의 정치지도자들이 보다 공세적인 항공력의 사용을 지지하게 만들고 유럽의 보다 소극적인 지도자들도 그런 노선으로 밀어 넣으려고 끊임없이 노력했다.[19] 다른 이들도 홀브룩처럼 생각하기 시작했는데, 여기에는 유엔평화유지군 부사령관 스미스(Rupert Smith) 중장도 포함되었다.[20]

전쟁이 확장되어가는 과정은 홀브룩의 열성과 효과성이 옳았음을 보여주었다. 세르비아계 군은 공세를 계속했으며 물론 여기에는 종족청소 작전도 동반되었다. 그러나 이제 보스니아군과 크로아티아군은 군사적 효과성이 증대된 모습을 보이고 있었으며, 4월에는 크로아티아군이 크라이나 지역에서 세르비아계 군을 제거하기 위한 공세를 개시했다. 크로아티아군과 보스니아군의 진군은 강제이주, 마구잡이식의 대규모 살인, 약탈을 수반했지만, 세르비아계 군이 했던 것처럼 체계적인 대혼란과 같은 일은 발생하지 않았다. 게다가 세르비아의 군사부대들은 협상을 하거나 심지어 단순히 전술적인 군사적 이점을 확보해야 할 필요성을 느낄 때마다 습관적으로 유엔평화유지군 장병들을 생포하거나 인질로 삼기 시작했다. 폭력이 증가하고 유엔평화유지군의 비참한 무력함이 일상적인 치욕이 되어가자 점점 더 많은 연합군의 정치·군사 지도자들이 개입을 실행하는 동맹은 군사적 개입을 강화하든지 아니면 모든 신뢰성과 사건에 대한 영향력을 상실하든지 선택해야만 함을 깨닫게 되었다.[21]

1995년 5월 말에 유엔과 나토는 사라예보 인근의 팔레(Pale)라는 마을에 있는 세르비아의 탄약고를 타격할 것을 요구했으며, 거의 완벽한 정치적·군사적 혼란 속에서 공중공격을 수행하는 어리석음을 다시 한 번 보여주었다. 타격을 요청한 유엔 지휘관들은 평화유지부대와 관측부대들을 최근에 유엔 장병들을 인질로 삼거나 유엔 장비를 절도했던 바 있던 세르비아와 무슬림 전력 한가운데에 흩어져 있게 내버려두고 말았으며, 폭격 자체는 용두사미로 끝나고 말았다. 유엔의 제트기들은 레이저유도폭탄을 발사했고 탄약벙커는 거대한 폭발과 함께 사라지고 말았다. 그리고 제트기들은 점심을 위해 기지로 돌아왔고 두 번째 타격을 준비했다. 그러나 두 번째 타격이 있기 전에 세르비아계 군은 최종적으로 거의 400명에 이르는 유엔평화유지군을 인질로 삼았으며, 그들 중 일부를 손상되지 않은 벙커, 통신타워, 교량 등을 포함하는 그 지역의 다른 잠재적 표적들에 결박해놓았다. 유엔의 규칙을 지키기 위해 소규모 관측팀은 일절 무장하지 않고 있었으며, 어떤 경우에는 그들을 물색하기 위해 파견된 개별적인 세르비아 병사들에게 생포되고 말았다.[22] 예상대로 유엔은 뒤이은 타격을 취소했다. 이런 사건이 전개되는 중에도 기자, 외교관, 장군들은 보스니아에 대한 개입이 실패한 것이 유엔과 나토의 신뢰성을 손상시키고 유럽과 서구 전반의 도덕적 자신감과 정치적 생존까지도 위협하고 말았다고 생각했다.[23]

그 뒤로 유엔과 나토 지도자들은 이례적일 정도로 신속하게 세르비아계 군에 대한 지속적인 항공전역을 준비하기 시작했다. 중요한 점은 6~7월 동안 나토가 1만 명 전력의 신속대응군(Rapid Reaction Force: RRF)을 크로아티아와 보스니아에 전개한 점이다. 포, 헬리콥터, 중급 장갑차량, 중포(重砲)로 무장한 신속대응군은 동맹의 증대된 결의와 유엔평화유지군을 보호할 수 있는 능력을 보여주는 분명한 증거였다.(그러나 지휘관들과 외교관들은—쓰게 된다면— 이 무기들의 구체적인 사용 방안에 대해서는 여전히 확신하지 못하고 있었다.)[24] 7월 6일 보스니아의 도시 스레브레니차(Srebrenica)가 함락된 일은 개입을 위한 결의나 적어도 그러한 결의의 절박한 필요성을 강화시켰다. 그 도시에서 수적으로 열세였던 네덜란드 평화유지군 대대는 사실상 인질의 처지로 전락했다. 네덜란드 인질들을 죽이겠다는 세르비아의 위협에 나토는 불과 몇 소티 끝에 근접항공지원 타격을 중지했고 그 뒤에 이루어진 세르비아계 군의 잘 계획된 기습공격에 스레브레니차는 함락되었다.[25] 세르비아계 군이 그 도시를 장악한 뒤에 수천 명의 무슬림 남성들이 냉혈적으로 살육되었다는 보고가 도착하면서 대실패의 규모와 치욕은 커져 가기만 했다. 스레브레니차처럼 유엔이 선언한 다른 안전지역도 잠재적인 함락에 직면하자 나토 지도자들은 7월 21일 런던에서 만나 안전지역에 대한 세르비아계 군의 진격이나 공격이 계속되는 경우 타격을 조심스럽게 승인하는 데 동의했다.[26] 8월 10일 유엔 사무총장 부트로스-갈리와 나토 사무총장 클라스(Willy Claes)는 공중타격을 개시할 수 있는 권한을 그들의 군사지휘관들인 유엔평화유지군 사령관 장비에(Bernard Janvier) 장군과 남유럽연합군의 스미스 제독에게 양도하면서 그들의 강화된 결의를 보여주었다.[27]

당시 외부 관찰자들은 확실히 이해하지 못했지만, 8월 크로아티아군과 보스니아군에게 당한 일련의 패배는 전쟁의 경과에 대한 세르비아계의 장기적인 자신감을 손상시켰다. 그 기간 크로아티아군은 폭풍 작전 1, 2, 3(Operations Storm I, II, III)을 감행했으며, 크라이나에서 세르비아계 전력을 제거하고 서부 보스니아에 있던 그들의 방어구조를 심각하게 교란하는 데 성공했다. 그보다 작은 일련의 진격에서 보스니아군은 세르비아계 군을 교란하고 영토의 작은 일부를 재장악했다. 분명 세르비아계 군은 동부 보스니아 부근으로 여전히 진격해가고 있었지만, 처음으로 그들은 자신들이 보스니아 점령을 완결할 수 있을지 의심해야 했다. 일부 박식한 관찰자들의 평가에 따르면 육지에서 세르비아계가 경험한 전세의 역전이 폭격전역에 대한 그들의 뒤이은 대응과

오하이오의 데이튼(Dayton)에서 펼쳐진 평화협상에서 그들의 양보 의지에 깊은 영향을 주었다.[28]

8월 무렵에 나토 항공인들은—비록 그 구조는 미완의 상태로 남아 있었지만—강력한 항공전역을 위한 토대를 갖추게 되었다.[29] 그 핵심문서는 작전계획(OPLAN) 40101이었다. 1993년 4월 이래 수많은 손질을 거치면서 나토, 남유럽연합공군(AIRSOUTH), 유엔평화유지군 간에 조율된 작전계획 40101은 유엔의 비행금지 조치를 강제하고 유엔 요원들과 안전지역을 방어하는 작전을 수행하기 위한 거부비행 작전의 핵심적인 계획이었다. 거부비행 작전의 거의 초기부터 남유럽연합공군 기획관들은 유엔평화유지군과 안전지역을 보호하기 위해 있을 수 있는 공세적인 공중타격을 위한 표적정보목록을 작성하기 시작했다. 유엔 안보리 결의안 제836호가 "유엔평화유지군이 (안전지역들을 보호하기 위해) 위임사항들을 수행할 수 있게 지원하기 위한… 안전지역 내부와 인근에서의 항공력의 사용"을 승인한 뒤에 기획관들은 이런 표적들을 3개의 기본적인 선택지로 나누었다. 선택지 1의 표적들은 일반적으로 안전지역에 대한 공격에 직접적으로 관련된 군사적 가치가 있는 대상들—포, 전투차량, 임시 탄약고와 같은—이었다. 선택지 2의 표적들은 전형적으로 안전지역 안에 있는 것들로서 통신설비, 장거리포와 같이 포위를 지속하는 데 직접적으로 연관된 대상들을 수반했다. 선택지 3의 표적들은 선택지 2 유형의 표적들에 전투를 지속할 수 있는 한 세력의 능력과 의지를 지탱해주는 군사보급 능력과 항공자산들을 추가한 것이었다. 선택지 3의 표적들은 방어적인 조치를 초월해 안전지역 부근 지름 12마일의 금지구역 밖에 대한 타격까지 포함했기에 그것들을 타격하는 것은 나토와 유엔 모두에서 민감한 정치적 이슈가 될 것이었다.[30] 1994년 말이 지나면서, 유엔 안보리 결의안 제836호에 따른 공세적 공중타격 준비와는 별도로, 나토 기획관들은 나토의 항공기들을 위협하는 세르비아의 방공망을 제압하기 위한 계획인 데드아이(Deadeye) 계획을 마련했다. 교전 범위, 방공망, 장거리 통신체계 간의 상호연계성을 인지하고 있던 데드아이 계획은 보스니아를 2개의 지역으로 구분했으며, 나토는 제트기들이 두 지역 안의 국지적인 영역에서 공격을 받는다고 해도 지역 전역을 자유롭게 타격할 수 있으리라고 가정했다.[31]

1995년 봄 대규모 전투의 가능성이 증대하면서 남유럽연합공군 사령관 라이언 중장은 참모들에게 데드아이 계획을 공세적인 항공전역을 위한 기초자료로 사용하라고 지시했다. 이에 따라 기획관들은 데드아이 계획상의 경계와 대략 일치하게 보스니아를 2개의 공세행동지대(ZOA)로 나누었으며, 그 안의 어떤 도시가 공격받는 경우 공세행동지대 전역에 걸쳐 공중타격을 가할 수 있게 준비했다.[32] 남유럽연합공군은 봄 동안 계획을 계속 다듬었고, 뒤이은 5월과 6월 많은 브리핑 과정을 거치며 이 계획은 '신중한 힘(Deliberate Force)'이라는 이름을 얻게 되었다.[33] 1995년 8월 1일 나토이사회는 라이언에게 위협받고 있는 도시가 포함된 공세행동지대라면 어디서나 전역에 걸쳐 공격을 수행할 수 있도록 허락했다. 그달 말에 이르러 '신중한 힘' 계획은—비록 정교화와 연습이 여전히 필요했지만— 전역을 위한 기초를 제공하기에 충분할 정도로 발전했다. 이제 항공전을 촉발하기 위해 남은 조건은 7월의 런던협정 조항에 따라 개입을 활성화시켜 행동을 취하게 만들 모종의 행동—'촉발사건(trigger event)'—을 세르비아계 군이 자행하는 것이었다.

신중한 힘 작전

8월 28일에 38명가량의 민간인을 죽이고 수백 명을 다치게 한, 사람이 가득 모인 사라예보의 므르칼레(Mrkale) 시장에 대한 박격포 공격이 항공전의 촉발제가 되었다. 그 도시를 포위하고 있던 세르비아계 전력이 시장의 민간인 쇼핑객들을 각별히 조준해 박격포를 발사했다는 점에 개입국 정부들 간에는 이렇다 할 이견이 없었다. 하지만 강력한 행동을 취하는 것에 대해서는 나토와 유엔의 많은 회원국들이 소극적인 태도를 보여 두 조직은 그 공격에 대해 조사할 수밖에 없었다. 여하간 짧은 기간 동안 지연이 필요했는데, 이를 통해 유엔 군사력은 마지막 준비를 할 수 있었다. 이 준비에는 유엔평화유지군이 세르비아계 군의 보복과 인질행위의 위협을 최소화하기 위해 외부 옵서버와 보다 작은 평화유지부대들을 주요 기지들로 위치시키는 것이 포함되었다. 또한 신속대응군은 전투부대들을 핵심적인 지점들로 전개하는 일을 서둘렀으며, 가장 중요하게는 중포 포대들에게 사라예보 인근의 세르비아계 전력에 대한 공격을 준비하게 했다. 남유럽연합군의 스미스 제독은 조사 시간을 미국과 그 밖의 나토 항공전력들에게 추가 항공기를 요청하는 데 사용했다. 한편 나토이사회와 유엔의 지도자들은 지속적인 타격을 개시하는 것에 대한 미약한 정치적 합의를 확고히 하기 위해 노력했다. 비록 많은 국가들이 여전히 그들의 지지를 철회할 지경에 처해 있었지만, 8월 29일에 그들은 나토 지휘관들에게 필요한 경우 공격할 수 있도록 승인해주기에 이르렀다.[34] 그래서 8월 30일 나토와 유엔의 조사관들이 세르비아계 군이 므르칼레 사건을 저지른 장본인이라고 확인해주었을 때 스미스 제독과 장비에 장군은 자신들의 열쇠를 돌릴 준비가 되어 있었다.

라이언 장군은 불과 몇 년 전 이라크를 상대로 운용했던 것에 비하면 크지는 않지만 상당한 공군을 보유한 상태에서 신중한 힘 작전을 개시했다. 작전을 개시하는 시점에 8개의 나토 회원국들은 그의 전투서열에 269대의 전투 및 지원 항공기를 제공했는데, 전역이 끝날 무렵에는 305대로 증가해 있었다.[35] 아울러 라이언은 제너럴 아토믹스 냇(General Atomics Gnat)과 프레데터(Predator)가 포함된 몇몇 무인정찰 및 감시체계, 일부 국가가 제공한 신호정보 항공기와 미국이 제공한 U-2 고고도 정찰항공기, 그리고 미국, 영국, 프랑스가 제공한 위성영상과 같은 '국가급' 자산들에도 접근할 수 있었다.

라이언의 공군이 보유한 타격항공기는 대부분 정밀무기를 투발할 수 있도록 장비되었다.[36] 정밀무기 대부분은 레이저유도 및 광학유도 자유낙하폭탄으로 주로 미국제 GBU-12(500파운드), GBU-16(1000파운드), GBU-10, 15, 24(2000파운드)였다. 미국만이 동력 원거리타격무기를 운용했다. 방어가 두텁고 강화된 표적을 위해서는 신형 원거리 지상공격 미사일을, 보다 작은 점표적을 위해서는 AGM-65 매버릭(Maverick)을, 다양한 표적들에 대한 장거리공격을 위해서는 BMG-109 토마호크(Tomahawk) 지상공격 순항미사일을 사용했다. 이런 모든 무기는 의도된 조준지점—나토 기획관들은 요망 평균탄착점(desired mean point of impact: DMPI)이라고 불렀다—의 몇 피트 안에서 신뢰성 있게 타격할 수 있는 능력을 갖추고 있었다.

GBU-16만을 운용했던 스페인과 공세적인 타격을 수행하지 않았던 독일, 터키를 제외한 모든 나토 공군은 비정밀무기 또한 사용했다. 그들은 대부분 무게가 각각 500, 1000, 2000파운드인 Mk 82, 83, 84 폭탄을 투발했다. 첨단 무기투발체계를 장비하고 있으며 숙련된 조종사가 조종하는 '스마트' 항공기에서 발사되는 경우, 그런 항공기들은 일상적으로 요망 평균탄착점의 수십 야드 안에 폭탄을 투발할 수 있었으며 또한 그렇게 했다. 그러나 정밀유도무기에 비해 더 큰 비정밀무기의 잠재적인 부정확성은 그것이 거주 지역에서 멀리 떨어진 표적에만 사용되도록 제한했다. 몇몇 경우에 미 공군의 A-10과 AC-130

이 30, 40, 105밀리 기관포를 극도로 정확하게 사용했으며, A-10은 표적 자체를 파괴하거나 다른 항공기들이 공격할 수 있도록 그것에 표식을 남기기 위해 비유도 2.75인치 로켓 또한 발사했다.[37]

항공전의 역사에서 가장 제약적인 일반 교전규칙들 중 일부가 라이언 장군이 전력과 무기를 운영하는 것을 제약했다. 통상적인 가이드라인으로서 교전규칙은 항공인들이 전투가 한창인 가운데 스스로를 보호하고 임무를 달성할 수 있는 최대한의 여지를 제공하기 위해 가능한 한 일반적이고 무제한적이며 분쟁의 정치적 목표와 군사적 상황에 부합해야 한다. 그와 대조적으로 작전계획 40101의 교전규칙 부록, 안보리 결의안, 그리고 작은 수준의 부수피해도 작전에 대한 정치적 지지를 손상시키리라는 전반적인 생각이 나토 항공인들이 실제로 할 수 있는 일을 엄격하게 제약했다. 타격을 승인하기 위한 이중키 체계에 추가해서 '신중한 힘'의 교전규칙에는 타격할 수 있는 표적 유형, 가용한 무력의 비례성, 부수피해에 대한 고도의 민감성, 언제든지 민간당국이 통제하고 감축할 수 있게 하려는 항공전역의 단계화에 대해 상세한 설명이 들어 있었다.[38] 거부비행 작전의 근접항공지원과 유비나 비행장에 대한 공격에서 유엔과 나토 지도자들은 공중공격의 개폐(開閉) 스위치를 가지려는 거의 강박적인 요구와 국제법의 실제적인 위임사항과 작전적 필요성을 넘어서는 어떤 종류의 부수적 사상(死傷)도 용납하지 않으려는 태도를 보여주었다.

상황의 정치적 민감성을 알고 있으며 민간인 사상이 한 차례만 발생해도 폭격이 중지될 수 있음을 확신하고 있던 라이언 장군도 전술적 작전에 대해 엄격한 특별지령(SPIN)을 내렸다. 오직 그만이 타격항공기가 아드리아 해에서 발칸반도까지 '직행'할 수 있도록 승인할 수 있었다. 그와 소수의 내부 기획장교들이 타격 뒤의 모든 전투피해평가를 실시하고, 매일 타격에 사용되는 요망평균탄착점과 무기에 대한 모든 선택을 승인했다. 라이언이나 연합항공작전본부장인 혼버그(Hal Hornburg) 준장만이 무기투발을 최종승인해줄 수 있었다. 게다가 기동하는 조종사들이 표적처리할 때 오류를 저지르는 일을 막기 위해 라이언 장군은 조종사들이 육안으로 식별할 수 있을 때만 할당된 요망평균탄착점에 무기를 투발하도록 명령했다. 신중한 힘 작전의 대부분 기간 동안 라이언 장군—그는 무선망에서 "전차(Chariot)"라는 암호로 불렸다—은 폭격기들이 적 방공망제압(SEAD) 임무를 수행할 수 있도록 무장한 항공기들의 지원을 받을 수 있을 때만 출격하도록 요구했다.[39] 적 방공망제압 항공기는 제한적으로 공급되었기에, 적 방공망제압 편대군의 연료가 소진되거나 앞선 타격을 지원하면서 무기—보통 고속 대(對)레이더 미사일(HARM)—를 발사해버렸을 때는 일부 타격이 취소되었다.

이런 일반적인 제약들 외에도 라이언의 기획팀은 특정 임무가 부수적인 사상을 발생할 가능성을 줄이도록 추가적인 특별지령들을 내렸다. 예를 들어 일반적으로 교량은 사람들이 그 위에 있지 않을 시간인 야간에 공격했다. 라이언은 또한 오작동된 무기들이 공격받는 교량의 끝에 있는 마을이 아니라 물에만 타격을 주도록 하기 위해 조종사들에게 하상(河床)을 따라 폭탄을 떨어뜨리도록 요구했다. 군수물자 생산단지를 공격할 때 라이언은 그 수비대와 기타 요원들에게 경보를 주고 도주할 수 있는 기회를 주기 위해 조종사들이 그 단지의 입구에서 가장 멀리 떨어진 벙커와 행정건물을 먼저 타격하도록 했다.[40] 라이언은 항상 조종사들에게 한 번 통과할 때 하나의 무기만 투하하도록 지시했다. 이런 제약이 타격항공기가 동일한 표적의 상공을 여러 차례에 걸쳐 통과하도록 만들어 승무원들이 받는 위험을 잠재적으로 증가시키리라는 점은 주지의 사실이었다. 그러나 부수적인 사상을 감소시켜야 할 필요성이 위험 증가에 대한 염려나 가능한 한 최대한 빠르게 표적을 "손봐주는(service)" 것에 대한 항공인들의 강력한 선호를 제압해버리고 말았다. 게다가 일부 분석가들은 라이언의 제약들이 이 지역에서 장기적인 평화의 토대를 마련할 수 있는—연료, 무기, 비행시간에서 일부 비용이 증가함에도 그 전략목표들을 달성할 수 있는—개입 진영의 능력에 필수적인 지주였다는 점에 동의했다.[41]

아마도 전략적 차이가 항공전역의 아킬레스건이 되고 말았다. 이 분쟁에서 유엔은 여전히 중립적인 브로커로 간주되기를 희망했다. 유엔은 계속해서 자신들의 군사행동은 세르비아계 군이 안전지역에 대한 공격을 중지하고 평화에 대해 더 적극적인 자세를 보이도록 하는 데 필요한 최소한의 필수사항이라고 정당화했다. 남유럽연합공군의 기획관들은 유엔이 자신들의 군사작전이나 또는 그들을 대신해 수행하는 작전을 제한하려고 한다는 점을 이해하고 있었다. 그러나 그들은 동시에 폭격이 "보스니아 육군에 대항한 군사작전을 수행함에 있어 세르비아계 육군이 갖고 있던 이점을 역전시킬" 때까지는 세르비아계 군이 대화하지 않으리라고 믿었다.[42] 그런 목표에 도달하는 것은 세르비아계 군이 착해질 것이라는 추가적인(그러나 아마도 공허한) 약속을 받아내는 데 필요한 것보다 더 많은 무력이 필요로 했다.

유엔평화유지군, 특히 새로 도착한 신속대응군은 전략에 대해 이견을 갖고 있었다. 유엔평화유지군 부대 대부분과 국제경찰당국은 평화유지 외에는 작전을 수행할 수 있는 능력을 갖고 있지 못했다. 전반적으로 보았을 때 유엔의 군사부대는 공세작전을 수행하는 것보다는 세르비아계 군에게 인질을 제공하는 데 더 능숙해보였다. 그러나 유엔평화유지군의 고위 지휘관들—특히 장비에 장군의 부사령관인 영국의 스미스 중장—은 세르비아계 군을 징벌하는 데 더 적극적이었으며(실제로 그렇게 했다), 신속대응군은 분명 그렇게 하는 데 기여할 수 있는 전투전력이었다. 또한 신속대응군의 포는 사라예보 안전지역 안에 위치해 침공하는 세르비아계 전력과 직접 교전할 것이었으므로 사상을 가하는 데 따른 염려가 덜한 가운데 세르비아계 군을 더 자유롭게 타격할 수 있었다. 마지막으로 홀브룩 대사와 접촉단에 속한 국가들은 일반적으로(하지만 완벽하지는 않게) 분쟁의 즉각적인 종결을 추구하고 있었다. 이들은 폭격이 목표를 달성할 수 있게 할 수 있고 또한 그래야 한다고 믿었다. 이처럼 혼돈스러운 전략적 환경하에서 폭격전역은 서로 다른 집단과 개별국가에게 서로 다른 의미를 가질 것이었으며, 그 서로 다른 의미도 전역이 진행되어가며 매일같이 변화할 수 있었다. 작전을 정치적 목표와 합리적으로 연계하는 클라우제비츠의 격언이 충분히 이야기해주듯이 말이다.

라이언 장군은 상충하는 매우 많은 전략적 시각들 사이에서 살아남을 수 있는 작전개념을 발전시키려고 했으며, 많은 세르비아계 병사들을 죽이는 것은 고려대상이 될 수 없음을 알고 있었다. 그 때문에 그는 기획관들에게 야전전력보다는 세르비아가 크로아티아와 보스니아 정부에 대해 갖는 주요한 군사적 이점을 표적으로 삼도록 지시했다. 그런 이점은 바로 최상급 전투부대들을 이동, 통제, 보급할 수 있는 세르비아의 능력이었다. 균등하지 않은 능력을 가진 약 2만 명의 병력으로 이루어진 보스니아군에 맞서 세르비아는 약 6만 5000명의 병력을 전개했으며, 여기에는 7개 기동예비여단으로 이루어진 약 2만 명의 직업군인들—주로 유고슬라비아연방군(JNA)—도 포함되어 있었다. 예비여단들은 탱크, 중포, 수송차량으로 무장하고 있었다. 세르비아 장군들은 자신의 부대들은 대부분 정적인 방어에 활용하면서 기동여단들은 공세를 강화하고 필요할 때 흔들리는 방어선을 떠받치는 데 사용했다. 이런 역할에서 그들의 효과성은 통행가능한 도로, 미리 위치한 보급물자, 일반전화와 마이크로웨이브 무선중계(RADREL)탑에 의존하는 우수한 통신체계의 가용성에 의존했기에, 라이언은 기획관들에게 세르비아 통합방공체계(IADS)와 더불어 좁은 도로, 교량, 탄약집적소, 무선중계탑 같은 물자적 표적들을 조준하도록 지시했다. 그는 세르비아계 군의 기동을 차단하는 것이 전쟁을 계속하려는 그들의 의지와 능력을 깨뜨리는 전략적 효과를 가져다주리라고 기대했다.

작전에 관한 서술로 돌아가면, 일단 필요한 준비가 이루어지고 나토의 평화유지군이 주요 캠프에 자리 잡자 나토이사회와 사무총장은 라이언 장군에게 공격을 승인했다.[43] 라이언 장군의 승인에 따라 약 60대의 미 공군과 해병 항공기, 루스벨트 호(USS *Theodore Roosevelt*)에서 발진한 F-18과 EA-6B로 이루어진 첫 편대군이 사라예보 부근의 세르비아계 방공망을 타격하기 위해 1995년 8월 30일 01시 40분에 아드리아 해에서 "직행"했다. 이 첫 편대군은 미사일 사이트, 레이더통제차량, 무선중계탑들을 공격했다. 그날 동안 12~30대의 폭격기로 이루어진 5개의 다른 타격편대군 각각이 주로 세르비아의 탄약집적소를 타격하기 위해 투입되었다. 그런 모든 공격은 나토 항공전력으로부터 공중경보통제기, 공중지휘통제본부(ABCCC), 공중급유기, 적 방공망 제압, 정찰을 위한 항공지원을 받았다. 나토는 모두 합해 제1일에 122소티, 제2일에 242소티를 비행했으며, 공격편대의 제1파를 이루었던 대부분은 여기에 포함된 것이었다. 이 전역의 첫 이틀 동안 나토는 총 26시간에 걸쳐 일부 무선중계탑, 군수품 벙커, 레이더안테나, 일부 전술무기를 불능화하거나 파괴하기 위해 48개에 이르는 요망 평균탄착점을 타격했다. 한편 신속대응군의 포병들은 나토 제트기들을 위험에 빠뜨리지 않기 위해 교전창(engagement window)을 조율했으며, 영국과 프랑스의 105, 155밀리 포와 프랑스와 네덜란드의 120밀리 박격포가 포탄을 총 600여 발을 발사해 사라예보 금지구역 안에 있는 세르비아의 참호, 지휘벙커, 무기를 타격하고 수많은 세르비아계 병사들을 죽이거나 부상을 입혔다.[44] 다음 날인 8월 31일에는 아침 안개와 흐린 날씨가 폭격을 제한해 3개 편대군이 무선중계탑과 군수품 벙커들을 공격했으며, 신속대응군의 포들은 세르비아의 박격포 진지와 장갑차량들을 공격했다.

폭격이 그렇게 짧은 시간 안에 세르비아 지도자들에게 항복을 실제적으로 강압하지는 못했다고 해도, 그들 사이에서 신중해야 한다는 의식을 주입했다는 것을 보여주는 직접적인 징후가 존재했다. 세르비아 대공포병들과 미사일 사수들은 나토 항공기들을 격추하기 위해 애썼던 반면, 세르비아 지상전력은 나토의 평화유지군과 신속대응군 부대들에게 몇 차례의 저격과 박격포 공격을 했을 뿐이다. 8월 30일 오후에 팔레 상공에서 격추된 프랑스의 미라주 2000 승무원들을 처우하는 모습을 보면서 세르비아가 공황상태에 빠졌다기보다는 보다 신중을 기하고 있다는 생각이 강화되었다. 과거 같았으면 그들은 언론에 조종사들을 선보이고 폭격이 계속되면 보복으로 그들을 죽일 것이라고 위협했을 것이다. 그러나 나토 제트기들의 공격파들이 으르렁거리고 신속대응군이 공격태세를 갖추면서 세르비아계 군은 단지 조종사들을 격리하고 어떻게 이용할 수 있을지 지켜볼 뿐이었다.[45] 아마도 가장 중요한 점은 베오그라드의 밀로셰비치가 홀브룩에게 이른바 총대주교 서한(Patriarch Paper)을 건네주었던 일이다. 이 서한에서 스릅스카공화국 의회는 전범으로 기소되어 있던 스릅스카공화국 대통령 카라지치와 활개치고 다니던 군 지휘관 믈라디치(Ratko Mladic)를 직접적으로 개입시키지 않는 가운데 밀로셰비치가 자신들을 대신해 평화협상을 진행하도록 승인했다.[46] 8월 31일 밀로셰비치는 폭격을 중지한다는 조건하에 세르비아계가 유엔의 요구를 기초로 협상에 임할 준비가 되어 있다고 알렸다. 때로는 험악했던 논의가 있은 뒤에, 그리고 일부 민간과 군사 지도자들에게는 혐오스럽게도 스미스 제독, 장비에 장군, 부트로스-갈리 사무총장은 결국 세르비아가 평화를 향해 진지하게 움직이라는 희망에서 폭격과 선제포격을 중지하는 데 동의했다. 나토이사회와 유엔의 많은 회원국들이 폭격에 소극적이었다는 점을 고려할 때, 세르비아에게는 유엔이 폭격을 계속해서 중지하도록 만들기 위해 그다지 진지한 노력을 기울여야 할 필요가 없었다.

세계가 곧 깨닫게 되듯이 세르비아계 지도자들은 유엔의 결의안을 따르는 데 진지하지 않았다. 게다가 카라지치와 믈라디치의 장광설과 스스로를 정당화하는 대중선언은 유엔과 나토의 지도자들이 다시 한 번 속고 말았음을 보여주는 당혹스러운 증거가 되었다. 그럼에도 항공전역의 외교계 지지자들이 폭격을 재개하기에 충분한 합의를 급조해내는 데는 유럽 각국, 미국, 유엔 안보리와 나토이사회 국가들 간에 4일간의 광적이고도 격렬한 서틀외교가 필요했다.[47] 결국 프레데터•와 지상 관측사의 보고를 통해 세르비아에게 순응하려는 의도가 없다는 결론을 내린 뒤에 장비에 장군과 스미스 제독은 9월 5일 폭격을 재개했다.

새로운 정치적 합의가 추가적으로 이루어지는 며칠간의 폭격보다 오래갈

• 무인기 MQ-1 Predator를 의미한다.

수 있을지 여전히 확신하지 못하던 라이언 장군은 장비에 장군과 스미스 장군과 긴밀히 협력하는 가운데 신중한 힘 작전을 맹렬하게 재개했다.[48] 폭격의 "고통"과 심리적 충격을 증가시키기로 결심한 라이언 장군과 스미스 장군은 군수품, 통신설비, 도로망을 공격하는 데 초점을 두었다. 공격하기로 결정한 도로망은 믈라디치 장군이 전력을 통제하고 크로아티아와 보스니아 전력에 의해 서쪽에서 압박받고 있던 부대들을 지원하기 위한 예비대를 이동시키는 데 필요한 것이었다. 유엔의 군사지휘관들이 믈라디치의 교통망에 속한 가장 중요한 교량들 중 12개를 타격할 수 있게 승인해주자 라이언은 만족했다. 이런 표적을 타격하기 위해 라이언은 9월 5일에 5개 타격편대군을 투입했다. 나쁜 날씨가 다음 날 나토의 타격을 제한했지만 동맹은 9월 7일부터 10일까지 매일 270소티가량 비행했으며, 그중 100소티가량은 매일 폭탄을 탑재했다. 세르비아계 군이 폭격중지 기간 동안 방공기량을 연마하고 주요 도시인 바냐루카(Banja Luka) 인근에 장거리 방공미사일체계를 집중한 것을 알고 있던 라이언은 그곳을 타격하기 위한 준비 또한 개시했다. 가장 중요한 조치로 그는 지휘계통을 통해 F-117 나이트호크(Nighthawk) 스텔스 전투기들을 이탈리아 아비아노(Aviano)에 있는 미국의 주요 공군기지에 전개해줄 것과 세르비아 방공사이트들을 제압하기 위해 함정에서 발사하는 토마호크 대지공격미사일(TLAM)을 사용할 수 있게 허락해줄 것을 요청했다. 그와 스미스 장군의 의도는 스릅스카공화국이 계속되는 공중공격에서 자신을 방어하지 못하도록 한 뒤 전력을 통제하고 이동할 수 있는 믈라디치의 능력을 무너뜨리는 것이었다. 라이언은 이런 효과를 달성함으로써 전투를 계속하고자 하는 믈라디치의 의지를 깨뜨릴 수 있으리라고 기대했다.

연합군이 9월 8일 새로운 공세—미스트랄 2 작전(Operation Mistral 2)—를 개시하면서 세르비아의 비참함과 불확실성은 증가하기만 했다. 작전은 몇 주에 걸쳐 준비되었지만, 아마도 크로아티아는 미스트랄 2 작전의 개시를 폭격하에서 세르비아의 능력이 급격히 잠식되는—활용할 수 있는— 시간으로 잡았던 것 같다. 그들이 대적해야 할 대상이었던 대부분의 세르비아 부대는 폭풍작전(Operation Storm) 동안 난타당한 상태였으며, 훈련이 형편없고 사기가 꺾인 신병들로 가득 차 있었다. 놀랄 것도 없이 크로아티아군은 세르비아 부대들을 격파해갔으며, 첫날 전략적인 고지를 장악해 서부 보스니아에 있는 세르비아 방어선의 상당 부분을 유지할 수 없게 만들었다. 다음 며칠 동안 크로아티아군은 몇 개의 세르비아 방어선을 돌파하고 세르비아계 군이 도주하게 만들었다. 장거리 통신체계가 혼돈에 빠지면서 믈라디치 장군은 방어를 조율할 수 없게 되었다. 일부 분석가들은 세르비아 전력의 무질서한 퇴각을 두고 미스트랄 2 작전으로 진행되던 폭격보다 "아마도 군사적으로 더 중요한 사건"이었다고 말했다.[49] 그러나 실제로는 그때나 지금이나 폭격과 지상전쟁의 효과를 신뢰성 있게 구분하기 어려우며, 특히 적어도 크로아티아군이 신속하게 진격할 수 있도록 환경을 조성해준 것은 세르비아의 기동과 통신에 대한 나토의 공격이었기에 더욱 그렇다.

자신들이 보유하고 있던 정밀무기들과 하늘에 대한 거의 완벽한 지배와 그에 따른 기동의 자유를 활용해 남유럽연합공군은 세르비아계에 대한 군사적·심리적 영향을 극대화하고 작전적 위험은 거의 영(零)으로 줄이기 위한 전역을 수행했다. 매일 사령부는 다수의 타격편대군을 투입했는데, 보통 그것은 8~20대의 비행기와 함께 적 방공망제압, 정찰, 전투공중초계, 공중지휘통제, 탐색구조 비상대기, 공중재급유 임무를 수행하는 수십 대의 항공기로 구성되었다. 라이언 장군은 보통 각 편대군을 단일한 표적이나 서로 근접해 위치하는 복수의 표적들 안에 있는 요망 평균탄착점들에 집중시켰다. 다른 전쟁에서는 기회성 표적을 찾기 위해 자유탐색 전투기들이 탐색파괴(search-and-destroy) 임무를 수행한 적이 없었다. 라이언의 접근법은 각 폭탄이 계획되고 통제된 방식으로 투하되고 개별 표적이나 요망 평균탄착점군(群)이 몇 분 만에 집중적인 파괴와 심리적 충격에 노출되게 만들었다. 또한 나토의 타격항공기들은 일반적으로 1만 5000피트 이상에서 머물며 무기를 발사했는데, 이 고도는 세르비아의 대공포 대부분과 사람이 휴대가능한 방공체계(MANPAD)가 무용지물이 되게 만들었다. 아비아노 공군기지에서 출격해 작전을 수행하던 F-16 승무원들은 곧 새로 설치된 야간 저고도 항법 및 표적추적 장비(low-altitude navigation and targeting infrared for night system) 덕분에 중급 고도에서 정확하게 비행하고 무기를 투발할 수 있게 되었다.[50] 또한 나토의 적 방공망제압 항공기들은 타격항공기들을 위협하는 세르비아의 레이더나 미사일 발사대에 반격을 가할 준비를 갖추고 있었다. 그 결과 특정 요망 평균탄착점군을 파괴해야 할 시점이라고 판단했을 때 나토는 타격항공기 편대군을 보내기만 하면 되었으며, 편대군은 막을 수 없는 기세로 표적들을 파괴하고 세르비아 방어망을 제압하는 임무를 다했다. 타격편대군이 일부 요망 평균탄착점을 놓쳤거나 다른 사유로 재타격이 요구되는 경우에도 나토는 그와 마찬가지로 지배력을 강력히 과시하면서 타격을 되풀이했다.

그러므로 신중한 힘 작전은 지배적인 항공전력을 통해 정밀무기가 진정으로 첫선을 보인 사건이었다. 이런 종류의 전투에서는 귀에 거슬리는 소리를 내는 전폭기들이 기관포화, 폭탄, 로켓을 투발하며 표적을 공격하기 위해 포화와 장갑(裝甲)의 장막을 뚫고 급강하하는 일이 거의 발생하지 않았다. 민간인과 그들의 재산에 위해를 가할 높은 위험성에도 불구하고 가치 있는 무언가를 타격할 수 있을지 모른다는 희망에서 넓은 범위의 지형지물에 가해지는 융단폭격도 포함되지 않았다. A-10 몇 대가 근접항공지원 임무를 하는 동안 한 번은 포로 화염을 토하며 무선중계탑을 파괴하기도 했지만, 신중한 힘 작전의 통상적인 그림은 전폭기와 무장항공기들이 수평비행을 하며 정확하게 무기를 발사하는 것이었다. 비행운(飛行雲)을 남기지 않는 한 그런 항공기들은 육안으로는 거의 보이지 않았다. 고도, 속도, 적 방공망제압 지원을 통해 상당 부분 안전을 확보한 나토 항공기 조종사들은 세르비아 방공망에 대한 두려움이나 방해가 거의 없는 가운데 각 무기의 적절한 발사 "구역(basket)"으로 기동해 지정된 요망 평균탄착점에 명중하리라는 것이 가장 확실할 때 발사할 수 있는 호사를 누렸다. 소수의 스마트 무기가 엉뚱한 곳에 떨어지거나 오작동되고 말았지만, 대다수는 제대로 유도되었다. 네덜란드와 이탈리아의 항공기들이 비(非)유도폭탄을 투하했을 때도 현대식 항법과 조준 체계 덕택에 유도무기들이 제공하는 것과 비교해도 눈에 띄게 근접한 정확성을 가지고 표적에 도달할 수 있었다.[51] 그렇기에 현장에 있는 대부분의 세르비아계 사람들—무장 전투원이나 민간인이나 할 것 없이—에게 나토의 항공전은 오랜 평온기에 해당했다. 그런 평온기는 예견 가능한 군사표적들에서 발생하는 몇 분간의 폭발로 한두 차례 중단되고는 했다. 공격이 한창일 때에도 머리를 숙이고 우연히 요망 평균탄착점에 직접 위치해 있지만 않다면 그들은 이례적일 정도로 안전했다.

한편 신중한 힘 작전의 외교적 영향은 절정에 도달하고 있었다. 9월 8일 제네바에서 예비휴전회담이 진행되는데도 폭격이 지속되었던 것은 세르비아계 사람들과 베오그라드의 밀로셰비치에게 나토와 유엔의 끝장을 보고자 하는 정치적 의지에 대한 예기치 않은 강력한 메시지를 전달해주었다. 9월 10일 밤에 노르망디 호(USS *Normandy*)가 감행한 토마호크 대지공격미사일 공격은 나토가 세르비아계 군을 격파하기 위해 필요하다면 공격을 확대할 준비가 되어 있다는 메시지를 예기치 않게 강화해주었다. 군사적으로 보았을 때 노르망디호가 발사한 13기의 토마호크 대지공격미사일은 거의 완벽히 정확하게 세르비아의 방공 및 통신 표적들을 타격했으며, 그중 11기는 요망 평균탄착점의 30피트 안에서 명중했다.[52] 가장 중요한 점은 믈라디치 장군의 본부 인근에 있는 무선중계탑이 파괴되면서 미스트랄 2 작전 전에 그랬던 것처럼 서부에 있는 세르비아 전력과 통신이 차단되고 말았다는 점이다. 고비용적이며 첨단기술이 적용된 토마호크 대지공격미사일을 사용한 것은 세르비아계 군은 물론 그것에 익숙하지 않거나 그 임박한 사용에 대해 미리 경고받지 못했던 나토의 많은 외교관들까지 깜짝 놀라게 만들었다. 미국의 기획자들은 토마호크 대지공격미사일을 악기상 속에서 방어망이 두터운 고가치 표적을 타격하는 데 특히 유용한 무기로 간주했을 뿐이다. 그러나 다른 이들에게 토마호크 미사일의 사용은 폭격전역의 상당한 팽창을 반영하는 것이었다. 즉, 세르비아가 유엔의 강화조건을 수용하도록 강제하기 위해 나토(또는 적어도 미국)가 소요기간에 개의치 않고 밀어붙이려는 의지를 보여주는 증거였다. 당시 밀로셰비치와 다음 회합을 준비하고 있던 홀브룩 대사는 그 미사일이 세르비아인들에게 "엄청난" 심리적 영향을 주었다고 보고했다. 아마도 홀브룩의 평가를 반영하면서 나중에 스미스(Leighton Smith) 제독•은 협상에 가담했던 한 외교관이 자신에게 토마호크 대지공격미사일이 "세르비아인들의 간담을 서늘하게 만들었다"라고 말했다고 보고했다.

역설적이게도 폭격이 세르비아를 심각한 압박하에 놓이게 했듯이 개입은 스스로 만들어내는 외교적 위기의 가능성으로 점점 더 빠져들고 있었다. 선택지 1과 선택지 2의 표적들이 고갈되고 있었던 것이다. 9월 12일에 이르자 표적은 불과 8개의 남동부 공세행동지대(ZOA)와 3개의 데드아이 표적만 남게 되었다. 라이언의 제트기들이 그것들을 제거해가는 속도를 고려해보았을 때 전역은 파괴해야 할 새로운 표적이 없어 며칠 만에 종결될 수 있었다. 홀브룩 대사가 이를 각별히 염려하고 있었는데, 그는 당시 세르비아가 계속 대화하도록 만들고 있는 것은 크로아티아와 보스니아의 지상공세가 아니라 폭격이라

• 1994년 4월 미 해군의 4성 장군으로 주(駐)유럽 미 해군(U.S. Naval Forces Europe) 총사령관 겸 나토 남유럽연합군(Allied Forces Southern Europe) 총사령관에 임명되었다. 1996년 10월 미 해군에서 퇴역했다.

고 믿고 있었다.[53] 남유럽연합공군이 어느 순간 공격을 중단할지 모른다고 생각했던 대사는 밀로셰비치와의 다음 대면회합을 9월 13일로 옮기고 지휘계통을 통해 폭격을 가능한 한 연장할 것을 요구하는 메시지를 보냈다. 홀브룩의 염려를 직접 알고 있지는 못했지만 자신의 작전이 협상에서 가지는 중요성을 충분히 인지하고 있던 라이언 장군은 9월 11일 이미 표적목록을 점검해 공격이나 재공격의 가치가 있는 요망 평균탄착점들을 찾을 것을 지시한 상태였다.[54] 우연히 악기상이 9월 13일과 14일 작전의 속도를 둔화시켜 나토가 폭격을 중단하고 선택지 3의 목록에 있는 보다 정치적으로 민감한 표적들을 조준한다는 어렵고도 매우 대중적인 결정을 내리기 전에 홀브룩이 협상을 계속할 수 있게 해주었다. 실제로 9월 13일에 ≪타임(Time)≫은 상황을 요약해 세계에 보도했으며, 선택지 3의 목록에 있는 발전소, 교량, 기타 경제설비들로 포격 대상이 이동하는 것은 전쟁의 규모와 강도에 있어 "대약진"이 되리라고 했다. 나아가 기사(記事)는 미국의 주요 지도자들은 전쟁을 확대하고 끝장을 보려고 하는데 나토와 유엔이 그런지는 불분명하다고 썼다.[55]

나중에 밝혀지듯이 세르비아는 ≪타임≫의 기사가 등장한 바로 그날에 전쟁을 포기했다. 베오그라드에 도착한 홀브룩은 밀로셰비치가 낙심해 카라지치와 믈라디치가 유엔의 강화조건을 받아들이도록 협박했다는 사실을 알게 되었다. 그 2명의 전범은 불만족스러웠지만 밀로셰비치의 지도를 따르는 길밖에 없었다. 나중에 수많은 분석가들이 지적했듯이 하늘이 그들의 머리 위로 무너져 내리고 있었다. 그들의 지역적인 적들이 전세를 역전시켜가고 있었을 뿐 아니라 세르비아계 육군은 탈영으로 상당한 고통을 당하기 시작하고 있었다. 게다가 밀로셰비치는 스스로 육군과 거리를 두고 보급지원을 제한하고 있었다. 게다가 9월 8일 제네바회의의 결과는 유엔과 나토가 세르비아계로 하여금 보스니아연방 안에서 상당한 정치적·외교적 자율성을 유지하고 심지어 그들이 당시 통제하던 땅의 대부분도 보존할 수 있도록 허용해줄 의사가 있음을 보여주었다. 그 모든 것과 폭격전역의 예측할 수 없는 방향성은 완벽한 바보가 아니라면 누구나 그들이 손실을 줄여야 할 때가 되었음을 알려주었다. 즉각적인 휴전에 대한 답례로 세르비아 지도자들은 안전지역을 존중하고 평화협상에 임한다는 협정에 서명했다. 10월 16일에 이르자 그들은 금지구역 밖으로 전력을 이동시키고 있었다. 10월 20일 유엔과 나토는 항공전역을 재개할 이유가 없으며 신중한 힘 작전은 종결되었다고 선언했다.

함의: 정밀항공력의 효능

신중한 힘 작전은 강화를 수용하고자 하는 세르비아의 계산에서 가장 중요한 요소들 중 하나였다. 홀브룩에게 신중한 힘 작전은 "세르비아가 평화협상에 임하도록 하는 데 결정적인 요소"였으며, 정밀폭격은 개입진영이 공세작전에 착수할 수 있게 해준 핵심적인 능력이었다.[56] 이 분쟁 이후 대부분의 연구처럼 홀브룩 대사는 나토의 성공을 크로아티아와 보스니아의 지상공세, 다른 외교적 기동들(그중 일부는 홀브룩 자신이 꾀한 것이었다), 유엔의 경제금수조치에 따른 밀로세비치의 탈진과 국내정치에서의 취약성이 혼합된 덕택으로 돌렸다. 그러나 홀브룩과 공군의 사후평가팀 등은 세르비아의 군사적 능력과 정치적 의지가 급격하게 무너지게 하는 데 폭격의 공적이 컸다고 지적했다. 역설적이게도 나토의 폭격은 밀로세비치에게 사격을 멈추고 협상을 시작하라는 자신의 요구를 보다 광적이고 위험스러운 동료들인 카라지치와 믈라디치에게 강제하는 데 필요한 영향력 또한 가져다주었다.[57] 달리 말해 보스니아 내전을 종식시키는 일에서 신중한 힘 작전이 가져다준 독특한 기여는 미래의 모호한 날에나 이루어질 수 있었던 내전의 종식을 약 2주간에 걸친 진지한 폭격 뒤에 바로 가능하게끔 변화시켰다는 점이다.

그러나 첫인상과는 달리 정밀무기는 신중한 힘 작전의 성공적인 결과에 결정적으로 중요하지는 않았다. 실제로 그 분쟁의 특정한 상황하에서는 폭격의 수단보다는 폭격의 사실이 세르비아의 계산에서 더 중요했다. 세르비아의 저항은 군사적 가치를 가진 핵심 표적들을 파괴하려는 나토의 분명한 결의와 능력에 직면하면서 무너졌다. 전역 동안 비정밀폭격의 정확성이 보여주듯이 나토는 "스마트" 비행기와 "재래식" 폭탄을 가지고 선택지 1, 2, 3의 목록에 있는 어떤 표적도 파괴할 수 있었다. 물론 그와 같은 비정밀 전역은보다 많은 항공기와 그리고(또는) 표적목록을 완결할 수 있는 보다 많은 시간을 필요로 했을 것이다. 그것은 또한 보다 많은 민간인과 군인 사상자를 발생시켰을 것이다. 그러나 동맹이 굴하지 않고 전쟁을 계속하려는 의지를 갖고 있는 한, 스마트무기를 가지고 그럴 수 있는 것만큼 재래식 폭탄을 가지고도 세르비아가 협상테이블로 나오도록 확실히 강제할 수 있었다.

이것이 정밀무기가 개입에 그다지 가치 있지 않았다는 말은 아니다. 우선 나토 항공인들과 많은 군사지도자들이 정밀무기의 능력에 대해 갖고 있던 확신은 그들이 행동을 취하기로 결심할 수 있는 문턱을 낮춰주었다. 적절히 표적화되고 운영되면 정밀무기는 아마도 정치적 지지가 시들해지기 전에 신속하고 부수피해를 최소화하면서 선택된 표적들을 파괴할 수 있다는 것을 알고 있었다. 스마트무기 없이도 나토는 신중한 힘 작전에서 "승리"할 수 있었지만, 스마트무기가 없는데도 동맹이 전쟁으로 치달았을 수 있었으리라고 주장하기는 어렵다. 발칸 지역을 감독하고 있던 미국의 힐(Christopher Hill) 대사는 스마트무기의 사용이 세르비아군을 "겁에 질리게" 만들었다고 믿었는데, 스마트무기가 서구언론을 동요시킬 수 있는 부수적인 민간인 사상을 발생시키지 않았기 때문이다.[58] 마지막으로 정밀무기의 존재 자체가 나토가 그것을 운용하게 만들었다. 정밀무기 대신에 비전투원들을 죽일 가능성이 높은 재래식 무기를 사용했다면 나토는 무력의 비례적이고 분별 있는 사용에 관한 전쟁법을 위반할 위험에 처해졌을 것이다.

1995년 보스니아 내전이 종결되도록 강제하는 데 있어 정밀무기는 개입진영이 행동하는 데 더 유리하게 만들었고, 나토가 보다 적은 교전전력을 가지고도 전투원이나 비전투원이나 할 것 없이 사상자의 규모를 크게 줄이면서 목표를 달성하도록 해주었다고 할 수 있다. 요약하자면 정밀무기의 효과는 혁명적이기보다는 점증적이었다. 그러나 이런 시각은 항공력에 대한 몇몇 저명한 연구자들의 일반적인 주장에는 부합하지만, 신중한 힘 작전 자체가 정밀무기의 점증적 효과를 입증해주는 것은 아니다.[59] 그 작전에서 나타난 정밀무기의 제한적인 영향력은 분명 정치적 의지가 전역에 영향을 미치는 고유한 상황과 쉽게 식별할 수 있고 타격에 취약한 표적목록의 존재가 반영된 것이었다. 정치적 의지가 더 확고하고 표적들이 더 유동적이거나 지하에 묻혀 있거나 비전투원들에게 둘러싸여 있는 다른 분쟁에서는 정밀무기의 영향력이 지상전력과 항공우주전력의 상호관계를 중대하게 변경할 수 있는 지경까지 심대할 수 있다. 전력이 서로 필적하거나 거의 필적하는 국가와의 고강도 분쟁에서는 작전의 속도와 시간부족이 정밀무기에게 절대적인 가치를 부여할 것이다. 그런 경우 정밀무기의 능력을 충분히 이해하고 활용하지 못한다면 합동지휘관들은 자신들의 책임에 태만하게 될 것이다.

제10장

동맹군 작전, 1999년

토니 메이슨(Tony Mason)

위기

1989년에 세르비아는 당시 유고슬라비아 연방공화국 내 세르비아의 일부였던 코소보의 자치를 철회했다. 그리고 알바니아어를 사용하는 신문, 라디오, 텔레비전, 알바니아연구소(Albanian Institute)를 폐쇄했으며, 도로명을 알바니아어에서 세르비아어로 바꾸었다. 또한 대학과 학교들에 새로운 세르비아식 커리큘럼을 도입했으며, 수천 명의 알바니아인들을 공적 고용으로부터 해고했고, 나중에는 대부와 무료 토지제공을 통해 세르비아인들을 코소보에 재정착시켰다. 이런 조치들은 광범위한 인권유린을 동반했다.[1] 코소보 거주 알바니아인들은 비폭력 저항과 국제적 지지를 결합시켜 정치적인 독립을 쟁취한다는 목표를 달성하고자 하는, 루고바(Ibrahim Rugova) 박사•가 이끄는 민주코소보연맹(League for a Democratic Kosovo)을 창설하는 것으로 이에 대응했다.

1993년 8월에 올브라이트(Madeleine Albright) 미 대사는 유엔 안보리에서 밀로셰비치 대통령에게 "세르비아의 행동으로 인해 코소보에서 분쟁이 발생하는 경우에는 미국이 코소보 내 세르비아인들과 세르비아 자체에 대해 군사

• 1992~2000년과 2002~2006년에 코소보공화국의 초대 대통령을 역임하게 된다. '코소보의 아버지' 또는 '발칸의 간디'라고도 불린다. 알바니아 문학비평으로 1984년에 프리슈티나 대학교(University of Priština)에서 박사학위를 받았다.

력을 사용할 준비를 할 것"이라고 경고했다.[2] 그러나 코소보는 1995년 데이튼 협상의 의제(Dayton agenda)에 포함되지 않았다.

1996년에 자칭 코소보해방군(KLA)이라 부르는 조직이 세르비아 경찰과 알바니아 협력자들에 대한 공격이 자신들의 소행이라고 주장했다. 1997년에 국경 부근에서 알바니아의 국가기구가 붕괴되었을 때* 코소보해방군은 많은 양의 무기, 보급로, 훈련지역을 확보했다. 세르비아 정부는 코소보해방군을 테러리스트 조직으로 금지시킴으로써 코소보해방군 대원으로 의심되는 인물, 정치활동가, 그리고 기타 민간인들에 대한 무차별적인 조치를 정당화했다.[3] 유고슬라비아 육군이 코소보에 진입하여 경찰과 준(準)군사부대들과 함께 작전을 수행했다. 세르비아의 잔학행위에 대한 보고가 증가했다. 1998년 3월, 드레니차(Drenica) 지역의 마을 주민들에 대한 학살—국제인권감시기구(Human Rights Watch)의 조사에 의해 결국 사실로 확인되었다—은 세르비아 당국에 의해 "코소보 테러리즘의 중심지를 제거하기 위한 작전"으로 분류되었다.[4]

1997년 3월 31일에 유엔 안보리는 유고슬라비아에 대해 무기 금수조치를 가하면서 코소보에게 자치와 "의미 있는 자기통치"를 허용할 것을 요구하고, 평화적 해결을 향한 진전이 없을 경우 "추가적인 조치"가 가능함을 경고했다.[5] 유고슬라비아는 평화와 안보에 어떠한 위협도 없음을 주장하면서 코소보에서의 어떤 무장분쟁에 대해서도 부인했다.

나토의 대응

향후 12개월 동안 나토는 어떻게 유엔의 결의안을 지원할 것인지를 놓고 논쟁했다. 3년 전 보스니아에서 항공력의 성공적인 사용이 상기되었다. 1998년 4월에 영국 외무장관 쿡(Robin Cook)은 나토의 최고사령관인 미국의 클라크(Wesley Clark) 대장에게 항공력의 위협을 통해 탄압을 증가시키는 밀로셰비치의 정책을 중단시킬 수 있는지 물었다. 장군은 "아마도 그럴 것입니다"라고 답변했다.[6] 그러나 한 달 뒤에 나토 상설군사위원회(NATO Military Standing Committee) 의장인 독일의 나우만(Klaus Naumann) 대장은 1995년 보스니아와 코소보 간의 차이를 분명하게 식별해냈다. 이번에는 밀로셰비치를 격파할 위협을

---

* 1997년 1월 16일부터 8월 11일까지 이어졌던 알바니아 내전(또는 폭동, 반란)을 의미한다.

가할 수 있는 지상전력이 존재하지 않았던 것이다. 나토의 항공력만으로는 성공을 보장할 수 없었으며, 추가적인 확전의 위협이 동반되어야 할 필요가 있을 수 있었다.[7]

합동참모차장 랠스턴(Joseph Ralston) 미 공군대장은 클라크 대장에게 밀로셰비치가 억제되지 않는다면 무슨 일이 발생할 수 있는지를 물었다. 그는 "공군이 할 수 있는 일에는 실질적인 제약이 있다는 점을 알고 있지 않습니까. 폭격이 효과가 없는 경우에는 어떡합니까?"라고 물었고, 클라크 대장은 "그럴 것으로 생각하지는 않습니다만, 그런 경우에는 우리가 코소보를 향해 지상에서 뭔가를 해야 하게 되지 않겠나 짐작해봅니다"라고 대답했다.[8] 그럼에도 불구하고 6월에 클라크 대장은 미 합동참모의장 셸턴(Henry Shelton) 대장에게 브리핑을 하면서 "밀로셰비치는 협상을 하는 척만 할 뿐 압박 아래 놓일 때까지는 실제 그리하지는 않을 것입니다. 공중에서의 위협이 외교관들로 하여금 의미 있는 합의에 도달할 수 있도록 해줄 수 있는 긴요한 영향력을 제공해줄 것입니다"라고 말했다.[9]

코소보에 거주하는 세르비아인들에 대한 밀로셰비치의 헌신과 알바니아 주민들에 대한 적대감은 보스니아에서의 그의 관심과 매우 다른 것이었다. 1999년 초 밀로셰비치와의 만남에서 나우만 대장은 "그가 어느 날 코소보를 잃어버릴지도 모른다는 생각이 그의 마음속에서 들도록 코소보에 대해 언급하자마자 그는 매우 감정적인 반응을 보였다. 그가 얼마나 자주 우리에게 코소보가 실로 세르비아 문화와 종교의 요람이라고 얘기했는지 모른다"는 점을 알게 되었다.[10]

클라크 대장은 이미 유럽 주둔 미 공군사령관 점퍼(John Jumper) 대장에게 유고슬라비아에 대한 항공전역을 수행하기 위한 계획을 작성하도록 지시한 상태였다. 그런 계획은 "밀로셰비치로 하여금 작전을 중지하게 만들 강력한 인센티브를 제공하는, 보스니아 모델에 입각하여 성격상 강압적인 공중타격을 가하기 위한 의도를 가지고 만들어질 것이었다. 그것은 또한 코소보에서 발생하는 세르비아의 체계적인 인종청소 전역을 중지시키거나 그것에 차질을 유발할" 것이었다.[11] 님블 라이언(Nimble Lion) 계획으로 알려진 이 계획은 250개의 표적에 대해 미국과 기타 국가의 다수 항공기들이 공격을 수행하는 것을 상정했다.[12]

연합군의 항공기와 순항미사일들은 단계화된 작전에 따라 활용될 것이었다. 시위적인 요소가 포함될 수 있지만, 세르비아가 순응하기를 거부하는 경우에는 항공작전이 유고슬라비아 전역의 표적들—즉, 그들의 통합방공체계, 지휘 및 통제 자산, 비행장 그리고(또는) 항공기, 병참기지, 작전기지, 코소보 내에 전개된 중무기들—에 대한 타격으로 확대될 것이었다.[13] 지상전력에는 독일, 이탈리아, 프랑스, 미국에서 파견된 부대들이 포함될 것이었으며, 이들은 3만 6000명에 이르는 병력으로 이루어진 나토군을 제공할 수 있었지만 그 역할은 "평화협정의 군사적 측면을 이행하는" 데만 국한될 것이었다.[14]

6월 10일에 영국 수상 블레어(Tony Blair)는 외교가 위기를 종식시킬 수 없는 경우에 군사적인 행동이 필요함을 주장했다.[15] 6월 16일에 나토는 그 지역에 항공력을 투사할 수 있는 동맹의 능력을 시위하기 위한 의도에서 유고슬라비아 연방공화국 국경 50마일 내에 있는 알바니아와 마케도니아 영토의 상공에서 80대의 항공기가 가담하는 연습을 수행했다. 밀로셰비치는 별다른 반응을 보이지 않았다. 나중에 나우만 대장은 "밀로셰비치는 나토의 위협이 허풍에 지나지 않는다고 올바로 결론 내리고… 자신의 여름 공세를 완결했다"고 주장했다.[16] 세르비아 전력은 코소보해방군에 몇 차례 패배를 가했으며, 일부 지역의 영토에 대한 그들의 통치를 종식시키고 도시와 마을을 포격했으며 민간인들을 고향에서 내몰았다. 밀로셰비치는 국제적인 비난과 나토의 전쟁계획에 대한 보고들을 무시해버렸다. 1998년 8월까지 26만 명의 코소보 주민들이 그 지방 내에서 다른 지역으로 옮겨지고, 또 다른 20만 명이 국경을 넘어 도피했다.[17] 수만 명의 난민을 보여주는 국제적인 텔레비전 영상은 무력에 의존하고자 하는 나토의 결심에 대한 지지를 고무시켰다.

코소보 내 알바니아인들에 대한 세르비아의 증가되는 폭력은 1998년 9월 23일에 유엔 안보리로 하여금 유엔헌장의 제7장을 언급하는 결의안 제1199호를 채택하게 만들었다. 그것은 정전을 요구했으며, "민간인 탄압을 위해 사용되는" 유고슬라비아 전력의 철수와, 난민과 내부적으로 이주당한 이들의 귀향을 요구했다.[18] 다음 날 나토는 유연한 모루 작전(Operation Flexible Anvil)의 "제한된 공중대응"과 동맹군 작전의 "단계별 항공전역"의 "개시 경고(activation warning)"를 발령했다.

10월 5일에 클린턴(Bill Clinton) 행정부는 홀브룩 특사를 미 공군 쇼트(Michael Short) 중장과 함께 베오그라드로 파견했다. 이는 코소보에 유럽안보협력기구(Organization for Security and Cooperation in Europe: OSCE)의 국제적인 옵서버들이 주둔하게 하고, 나토 항공기들로 하여금 공중감독을 하게 하며, 그 지방으로부터 세르비아의 추가 전력이 철수하도록 하기 위한 것이었다. 사흘 뒤에 밀로셰비치는 나토의 공중타격의 위협을 "정치적 과정이 계속되는 것을 위험에 빠뜨리는 것"이라고 맹렬히 비난하며 여전히 저항적인 태도를 보였다.[19]

결국, 19개 회원국 각각이 폭격에 대한 서로 다른 관점을 표출했던 광범위한 논쟁 끝—10월 10일—에 나토이사회는 밀로셰비치가 클라크 대장의 요구에 따르지 않을 경우 96시간 내에 공중타격을 개시할 수 있도록 하는 "개시 명령"을 승인했다. 10월 13일에 홀브룩은 베오그라드에서 유고슬라비아 대통령이 마음을 바꿔 조건을 수용했다고 선언했다. 그는 적대행위를 중단하고 동원된 전력을 코소보로부터 철수시키며, 모든 세력이 결의안 제1199호를 준수하는지에 대한 국제적 감독을 허용하는 데 동의했다. 그러나 10월 19일에 이르러서도 그는 이를 완전히 따르지 않고 있었으며, 96시간이라는 시한은 10월 27일까지 연장되었다. 그러는 동안에 나토의 전비태세는 유지되었으며 항공기들도 전구로 계속 전개되었다. 밀로셰비치가 코소보에서의 제지에 순응하고 그곳으로부터 철수하는 데 추가적으로 응하지 않았음에도 두 번째 시한은 도래했으며, "나토는 준비를 완료한 상태로 남아 있으며… 나토이사회는 코소보에서의 상황을 계속해서 관찰하면서 향후 중대한 불응행위가 있다는 증거가 발견되는 경우에는 무력을 사용할 준비가 되어 있다"는 진술 말고는 아무것도 없이 지나가고 말았다. 그러는 동안 나토의 초점은 "확인체제(verification regime)• 의 효과성을 확보하는" 데 놓여 있었다.[20]

그러나 1998년 10월 말에 이르면 많은 수의 유고슬라비아 전력이 코소보로부터 철수하고 유럽안보협력기구의 코소보확인감시단(Kosovo Verification Monitors)이 전개되어 있었다. 클라크 대장은 항공력에 의한 강압의 승리를 주장했다. 그는 "이것은 위협의 지원을 받는 외교의 결과였습니다. 본인이 기대했던 것에 적중하게 공중위협이 코소보에서 세르비아의 전역을 멈추게 하는 데 도움을 주었습니다. 밀로셰비치는 중대한 지상에서의 위협이 없는 가운데서도 나토 항공력에 의해 위협감을 느꼈던 것입니다. 공중위협이 없었다면 우리는

• 밀로셰비치가 자신의 약속을 지키며 코소보의 상황을 안정화하는지를 지속적으로 감시하고 확인하기 위한 체제이다. 2000명에 이르는 비무장 옵서버를 활용하는 동시에 이탈리아 아비아노에 기지를 두고 있는 U-2 정찰기들이 감시 목적으로 코소보 상공을 지속적으로 비행했다.

세르비아의 전역을 중단시킬 수 없었을 것입니다"라고 말했다.[21]

밀로셰비치는 그렇게 보지 않았다. 세르비아 정부의 일원이었던 부체리치(Milorad Vucelic)•는 홀브룩과의 합의에 대해 밀로셰비치는 "들떠 있고 희열에 차 있었던" 것으로 묘사했으며, 밀로셰비치는 그런 거래를 "세르비아 사람들에게 있어 사상 최대의 승리"로 간주했다고 주장했다.[22]

그러는 동안에 양측의 적대행위는 가속되었다. 12월에 유엔 사무총장은 "코소보 알바니아인들의 준군사적인 부대들은 전투의 소강상태를 적극적으로 활용했다"고 보고했으며, "이러한 행동은… 세르비아 당국을 자극했을 뿐이어서 그들로 하여금 코소보해방군이 자신들의 부대를 통제하지 못하는 경우에는 정부가 그리할 것이라고 진술하게 만들었다… 보고들은 코소보에 전개된 [세르비아] 전력의 수가 합의된 수치를 상회할 것임을 시사하고 있다"고 비관적으로 바라보았다.[23] 항공력의 위협은 밀로셰비치에게 일시적인 제약을 가할 수 있었지만, 1999년 초에 이르면 내전의 성격을 띠게 되는 분쟁을 해결할 수는 없었다.

1999년 1월 16일에 확인감시단은 라차크(Racak)라는 마을에서 45명의 알바니아인들이 처형당한 사실을 확인했다. 클라크와 나우만 대장과 밀로세비치 대통령 간의 직접적인 협상은 결렬되고 말았다. 유엔 사무총장은 그 지방에서 자행되는 잔학행위의 즉각적인 중단과 대화의 시작을 요구했다. 그 결과로 접촉단(미국, 영국, 프랑스, 이탈리아, 독일, 러시아)은 파리 외곽의 랑부예(Rambouillet)에서 열리는 평화협상에 세르비아와 코소보의 대표들을 초청했다. 3월 19일에 코소보 거주 알바니아인 대표단은 코소보해방군의 무장해제, 3만 명에 이르는 "합법적인" 나토군 감독 아래서의 세르비아군 철수, 그리고 향후의 정치적인 지위는 3년 후에 결정한다는 단서하에 코소보의 자치와 독립적 기관들을 복원시키는 것을 상정하는 계획에 동의했다.[24] 그러나 유고슬라비아 연방공화국/세르비아 대표단은 그러한 조건을 거부했다. 격렬한 전투가 8만 명에 이르는 또 다른 알바니아인들로 하여금 고향을 떠나 피난하도록 강제했음에도 불구하고 3월 20일에 유럽안보협력기구-코소보확인감시단의 옵서버들은 철수하고 말았다. 밀로셰비치는 코소보 내 알바니아인들에 대한 공격을 중단하든지 공중공격에 처해지든지를 결정하라는 홀브룩 대사의 최후 요구에

• 세르비아사회당(SPS)의 부의장이다.

따르기를 거부했다.

3월 22일에 나토이사회는 사무총장으로 하여금 추가적인 고려에 따라 "필요하면 보다 광범위한 항공작전"을 결심할 수 있도록 승인했다.[25] 다음 날 공중타격을 개시하라는 명령이 내려졌으며, 1999년 3월 24일에 동맹군 작전이 시작되었다.

강압전략

1998년 12월에는 2개의 매우 다른 나토의 공중계획이 존재했다. "오히려 1998년 동안의 이라크에 대한 공격과 흡사한, 단기간 동안에 가해지는 날카로운 처벌적 충격의 성격을 갖는 제한적인 항공 선택지가 존재했다. 그런가 하면, 점점 더 규모를 확대해가는 일련의 과정을 밟는 단계적인 항공 선택지가 존재했다."[26] 그러나 클라크 대장이 점퍼 대장에게 내린 초기 지령에서 표현되었듯이 한 가지 면모는 변하지 않고 남아 있었다. 그것은 항공작전이 밀로셰비치의 군이나 그의 정부를 파괴하기 위한 게 아니라 그를 강압하기 위해 고안된 것이라는 점이었다. 핵심적인 요구사항도 고정된 채로 남아 있었다. 그것은 부수피해를 최소화하고, 어떤 경우에도 우군의 손실을 피하며, 유고슬라비아의 민간 기간구조를 보존하는 것이었다.[27]

두 번째의 선택지가 선택되었다. 클린턴 대통령은 항공작전에 세 가지 목적이 있음을 확인해주었다. 그것은 "침략에 대한 나토의 심각한 반대를 보여주는 것, 밀로셰비치로 하여금 무력한 민간인들에 대한 공격을 계속하거나 확대하는 것을 단념시키는 것", 그리고 필요하면 "세르비아의 군사적 능력을 심각하게 감소시킴으로써 코소보에 대한 전쟁을 수행할 수 있는 그들의 역량을 손상시키는 것"이었다. 대통령은 또한 "나는 코소보에 있는 우리 장병들로 하여금 전쟁을 수행하도록 할 의사가 없다"고 말했다.[28] 항공력은 강압적인 군사적 도구로서만 확인되었다.

나토의 목표도 그와 유사한 용어들로 표현되었다. 그것은 난민들로 하여금 고향으로 안전하게 돌아오게 하고, 모든 세르비아 전력들로 하여금 코소보에서 철수하게 만들며, 국제적인 군으로 하여금 평화를 감시하게 하고, 코소보에게는 광범위한 자치를 부여받게 하며, 그 지방에 다민족적인 민주주의가 확립되도록 하는 것이었다. 세르비아는 침략자로 파악되었다. 블레어 수상은 "우리는 밀로셰비치가 무고한 코소보 민간인들에게 용납할 수 없는 탄압을 계속해서 저지르지 못하도록 하기 위해 이러한 행동을 취하고 있는 것입니다"라는 말로 도덕적인 분위기를 개관하고 나토의 행동을 정당화했다.[29]

유엔 사무총장 솔라나(Javier Solana)는 "군사적 행동은 세르비아군과 특수경찰 전력에 의해 자행되고 있는 폭력적 공격을 방해하고 추가적인 인도주의적 참사를 유발할 수 있는 그들의 능력을 약화시키기 위해 사용될 것"이라고 말했다.[30] 클라크 대장은 "우리는 밀로셰비치가 국제공동체의 요구를 따르지 않는 한, 그러한 전력과 그들의 지원을 체계적이고도 점진적으로 공격, 교란, 저하, 유린하고, 궁극적으로는 파괴할 것이다. 작전은 밀로셰비치가 원하는 만큼 길고 혹독할 것이다"라고 말했다. 그러나 그는 "밀로셰비치는 교활하고 약삭빠르며 용의주도하지만, 나토의 항공력을 높게 평가하고 그것이 무엇을 할 수 있는지 매우 잘 알고 있기 때문에 우리는 상황을 긍정적으로 보고 있다"며 확신에 차 있었다.[31]

나토 항공전력은 밀로셰비치를 강압하여 코소보에 거주하는 알바니아 민간인들에 대한 세르비아인들의 탄압을 중단시키고 랑부예 제안을 받아들이도록 하는 것을 과업으로 받았다. 워싱턴에서 백악관 대변인은 "그들은 폭격이 불과 3~4일간 지속될 것으로 생각하고 있다는 점을 분명히 했다".[32] 3월 24일에 올브라이트 국무장관은 텔레비전에 출연하여 "저는 이 작전이 장기적인 것이 되리라고 생각하지 않습니다. 이 작전은 상대적으로 짧은 기간 내에 달성할 수 있는… 그런 종류의 것이라고 생각합니다"라고 말했다.[33] 그 전구의 미 공군 작전사령관이었던 쇼트 중장은 훗날 "내가 얼마나 여러 번 '마이클! 이틀 또는 사흘 밤 동안만 폭격할 수 있다는 점을 명심하세요. 그것이 워싱턴이 감당할 수 있는 전부이고, 일부 동맹국가들이 감당할 수 있는 전부입니다. 그것이 바로 우리가 불과 90개의 표적만을 부여받은 이유입니다. 사흘 밤 동안에 이 작전은 끝날 것입니다'라는 지령을 받았는지 모릅니다"라고 진술했다.[34]

영국 국방참모의장 거스리(Charles Guthrie) 대장은 폭격 첫날이 지난 뒤인 3월 25일에 국방부에서 있던 브리핑에서 다음과 같이 동맹의 입장을 요약하여 말했다. "이것은 제한된 인도주의적 행동으로서 공중타격을 통해 달성할 수 있다고 믿어지는, 엄격히 인도주의적인 목표들을 갖고 있습니다. 우리는 이것이 주요한 지상침공으로 확대되는 것은 바람직하지 않다고 생각하며, 그렇게 되면 많은 이들이 목숨을 잃고 인도주의적 위기가 악화될 것입니다." 영국 국방장관 로벗슨(George Robertson)은 나토에게는 코소보에 지상군을 투입할 의사가 없음을 확인해주었다.[35] 나토의 군사참모부는 상대적으로 작은 세르비아의 전력으로도 협소한 레페나츠 계곡(Lepenac Valley)을 따라 마케도니아로부터 이동하려는 나토 전력의 움직임을 방해하거나 차단할 수 있다고 결론 내린 바 있었다. 알바니아와 마케도니아를 관통하는 다른 통로들은 형편없이 유지되고 있었으며 장갑차량이나 다른 중형 교통수단이 가로지르기 어려웠고, 교량들에는 대전차 및 대인 지뢰들이 장착되어 있을 것으로 추정되었다. 헬리콥터를 이용해 세르비아 전선 배후로 나토 장병들을 이동시키는 작전은 헬기의 항속거리와 체공시간을 제한하는 산들로 인해 제약을 받을 것이었다. 항공력이 나토가 사용할 수 있는 유일한 군사적 도구였던 것이다.

그리하여 동맹군 작전은—비록 지상전력의 사용을 포기함으로써 보스니아의 전례는 적용할 수 없게 되고 말았지만— 신속한 성과에 대한 나토의 기대와 함께 시작되었다. 코소보에 대한 세르비아의 본능적인 몰입에 비춰 볼 때 밀로셰비치가 코소보에 대한 모종의 강압에 민감하게 반응할 것이라는 판단은 매우 잘못된 것이었다.

3월 24일에 항공기 80대가 넓게 산재되어 있던 40개의 표적들—베오그라드, 프리시티나(Pristina), 니스(Nis), 미트로비차(Mitrovica), 포드고리차(Podgorica), 크랄레보(Kraljevo) 인근에 있는 방공망, 기타 군사설비, 군수공장이 포함되었다—에 대한 첫 공중공격에 참여했다. 코소보에 전개되어 있는 세르비아 전력에 대해 유인 항공기들이 활용할 수 있는 간극을 만들기 위해 프리시티나 남부에 있는 방공망에 대해 영국과 미국 해군은 순항미사일을 발사했다.

처음에 주(駐)유럽 미 공군(USAFE)은 세르비아 방공망을 타격하는 데 첫 며칠이 할당되는, 사막의 폭풍 작전 항공전역의 재연(再演)을 상정했었다. 점퍼 대장은 이러한 방공망 제압 국면이 날씨와 세르비아 방공망의 효과성에 따라 4~6일 걸릴 수 있을 것으로 어림잡았다. 선견지명 있게 미 공군의 기획관들은 세르비아 방공망이 "쪼그려 앉아 있기만" 하거나 교전을 거부하는 경우에는 그러한 과업이 훨씬 더 힘들어질 것이라고 말했다.[36]

교리에 입각하여 우선순위는 공중통제를 달성하는 일에 주어졌다. 전쟁의 첫 7일 동안 나토 항공전력은 1700소티를 비행했으며, 그중 424소티가 공격임무였다. 그뿐만 아니라 100개 이상의 순항미사일이 코소보에 있는 4개 비밀경찰기지, 3개 탄약집적소, 1개 헬리콥터기지를 포함하는 70개 이상의 표적에 대해 발사되었으며, 유고슬라비아 연방공화국 전역의 방공설비들에 대해서도 42회의 선별적인 공격이 추가적으로 이루어졌다.[37]

이러한 수치는 사막의 폭풍 작전 첫날 밤에 이루어졌던 2000소티의 비행과 빈번하게, 그러나 비현실적으로 대조되었다. 3월 30일에 거스리 대장은 악기상이 항공전역이 시작된 이후 6일 중 사흘 밤 동안의 계획된 나토 공중공격을 취소하게 만들었음을 인정했다. 구름 속에서는 레이저 및 광학 무기 유도체계가 작동될 수 없었다. 방공망과 전개된 전력에 충격이나 마비를 유발하기에 충분할 정도로 강력한 병행공격을 감행할 수 있는 항공기도 불충분했다.

그러나 근본적인 대조는 사막의 폭풍 작전 시 견고한 동맹, 분명한 목표, 강력한 결의에 뿌리를 둔 이전의 강제전략(strategy of compulsion)과 쉽지 않은 파트너, 불분명한 목표, 정치적 망설임 속에서 이루어지는 이번의 강압전력(strategy of coercion) 간의 차이에서 파생되었다. 나토 회원국들은 베오그라드와 세르비아의 전개된 전력에 대한 동시적인 타격에 자신들의 항공력이 사용되는 것에 동의하지 않을 것으로 예상되었다. 그렇기 때문에 동맹은 항공력의 "점진적"인 사용에 몰입했으며, 이는 점점 더 많은 논쟁을 불러올 것이었다.

세르비아의 대응

유고슬라비아 연방공화국의 공군은 나토의 위협을 심각하게 받아들였다. 냉전기의 강화된 방공호와 지하격납고가 많은 군사 및 민간 비행장에 존재했다. 1998년 10월의 한 연습 시에 항공기들은 주요 기지로부터 분산되었으며, 지대공미사일들은 고정적인 진지로부터 이동되었다. 전쟁을 위한 준비에는 비행장과 주요 도로에 모형유인체들이 빈번하게, 그러나 서로 다르게 전면적으로 분산 배치되는 것을 포함했다. 그러한 분산 배치는 지상요원들의 지원하에 이루어졌으며, 통신은 휴대전화와 일반전화로 유지되었다.[38] 1999년 3월에 이르러서는 레이더를 위한 새로운 사이트들과 방공미사일 포대들이 파악되었다. 전쟁의 발발로 전개가 방해를 받게 된 3월 24일에 이르면 예비물자의 90%와 유고슬라비아 공군 및 방공군(RV i PVO)• 장비의 70%가 평시 위치로부터 이동된 상태였다.[39]

• 유고슬라비아 공군의 공식명칭은 '공군 및 방공군'이다.

나토는 세르비아 전투기들의 저항을 거의 받지 않았다. 유고슬라비아 공군 및 방공군에서는 154대의 항공기로 구성된 명목상의 전력 중 불과 전투기 40대와 폭격기 40대만이 작전 가능했다. 그것들 중 제127전투기연대의 MiG-29들만이 전투에 임했다.[40] 그들의 항공기 16대 중 불과 9대만이 3월 24일에 작전 가능한 것으로 판명되었다. 첫날 밤에 5대가 비상 출격했다. 3대가 나토 항공기에 의해 격추되었고, 1대는 아마도 세르비아의 지대공미사일에 의해 파괴되었으며, 1대는 다수의 체계가 고장 난 가운데 기지로 복귀했다. 모든 항공기가 고장 난 레이더, 무선, 또는 레이더경보수신기(RWR) 때문에 어려움에 빠졌다. 다음 날 바타즈니세(Batajnice)로부터 2대가 추가 발진했으나 이내 격추되고 말았다.[41] 4월 5일과 6일에 2대의 미그기가 독립적으로 발진했지만 나토 항공기와는 교전하지 않고 기지로 복귀했다. 추가로 미그기 5대가 지상에서 파괴되었는데, 가장 견고하게 건설된 항공기 강화방공호조차도 보호를 제공해주지는 못했다.

MiG-29에 장착된 공중요격레이더들은 계속해서 재밍을 당했지만 지상통제본부와의 통신은 그렇지 않았다. 조종사들은 1년에 채 30시간도 비행하지 못하고 있었으며, 항공기의 가용성은 매우 형편없었다. 부품 구입에는 자금이 거의 할당되지 않았으며, 1992년 이후로는 무기 수입에 대한 유엔의 금수조치가 존재하고 있었다. "작전 가능"한 것으로 선언되었던 항공기가 "비행만 가능"했던 경우도 매우 빈번했다. 세르비아 MiG-29 조종사들 중 매우 소수만이 전문적이고 용맹했다. 그러한 항공기는 수적으로 열세이고 항속거리도 뒤처졌으며, 전자적으로 맹인과 같았고, 비행성능도 열세였고 겨우 작전이 가능했지만, 여전히 나토의 상대들과 교전하려고 했다. 그러나 제127연대의 항공기는 몰살당했지만 조종사들 중에는 2명만 사망했다.

코소보해방군의 야전전력에 맞서 오라오(Orao)와 수퍼갈렙(Super-Galeb) G-4 전폭기에 의해 소수의 근접항공지원이 코소보 상공에서 저고도로 이루어졌으며, 불분명한 이유로 항공기 1대가 손실되었다. 세르비아군에 의한 이러한 활동은 공군기지들에 대한 나토의 체계적인 공격에 의해 위축되었다. 정찰, 방공, 또는 대지공격을 위한 MiG-21의 비행은 이루어지지 않았다.[42]

나토 전투기의 1/3이 마케도니아, 알바니아, 보스니아, 헝가리, 아드리아 해 상공에서 전투공중초계를 실시했다는 뒤이은 보고서들은 공대공 위협에 대한 동맹군의 신중함을 반영하는 것이었다. 그러나 한 번에 5대도 안 되는 전투기만이 하늘에 나타났으며, 그것도 한 차례에 지나지 않았다. 5월 4일에 MiG-29 1대가 미 공군 F-16에 의해 격추되었을 때 그러한 신중함은 정당한 것으로 보였다. 조종사는 사망했으며, 발전된 중거리 공대공미사일과 스트렐라(Strela) SA-7 휴대용 지대공미사일의 파편이 잔해에서 발견되었다. 당시에는 절망에 빠진 미그기 조종사가 허가도 없이 단독으로 나토 항공전력과 대결하려 했음이 알려지지 않았다.

반면에 세르비아의 지상방공망은 상당한 위협을 가했다. 방공 구조와 전략은 생존을 위해 냉전 동안에 고안된 것이었지 어떤 대가를 치르더라도 적을 파괴하기 위한 게 아니었다. 나토의 압도적인 우세는 그러한 원칙을 강화시켰을 뿐이었다.[43] 1996년과 1999년간에 세르비아는 1991년 걸프전과 보스니아 분쟁에서 방공망에 대한 교훈을 학습한 상태였다. 냉전기의 방공 절차와 규칙이 수정되었으며, 대응성과 기동성의 증대를 강조했다. SA-3와 SA-6 미사일 포대들은 보통 동이 트기 전에 빈번하게 이동되었다. 유인(誘引) 전송기들이 더 많이 사용되었으며, 보다 오래된 레이더들이 재사용되었다. 1982년에 미국으로부터 구입한 레이더들이 육군과 해군으로부터 빌려온 추가적인 감시레이더를 장착한 소련제 장비들로 보충되었다. 레이더 운용사들은 가능한 한 레이더 전면부로부터 멀리 떨어진 강화된 벙커 속으로 흩어졌다.

조기경보 지상레이더뿐 아니라 SA-3와 SA-6 포대레이더들도 조기경보를 제공했다. 나토의 이륙에 대한 공지가 나토기지에 가까운 곳에 살고 있던 세르비아 국적자들이나 그에 동조하는 이들에 의해 휴대전화로 빈번하게 제공되었다. 세르비아의 고위 방공장교들은 그런 정보를 인정하려 하지 않았지만, 기분 좋은 미소와 함께 내뱉는 "해외에는 세르비아인들이 많아!"라는 말은 그에 대한 충분한 인증이었다.[44] 노비사드(Novi Sad)의 민간인들은 나토의 공격에 대해 2시간 경보를 받는 경우가 빈번했는데, 이는 축구경기, 바비큐, 기타 사교활동에 대한 참석 여부를 결정하는 데 영향을 미치기에 충분한 시간이었다.[45]

수백 개의 SA-7 스트렐라가 세르비아와 몬테니그로 전역에 전개되었는데, 보통 부대당 4개 포대씩 집단을 이루어 예견된 표적들로부터 약 3킬로미터 떨어진 곳에 위치했다.[46] 조작사들은 나토의 공중승무원들이 그들에게 보여준 존경을 받을 자격이 있던, 잘 교육된 징집병이나 예비군들이었다. 그들은 사단의 일부로서 또는 독립적으로 미사일을 운용할 수 있도록 정규훈련을 받은 이들이었다. 그들은 7500피트까지 미사일을 효과적으로 쏠 수 있을 것으로 기대되었지만, 열원을 이용한 교전(heat source engagement)을 극대화하기 위해 멀어져 가는 항공기를 조준함으로써 효과성은 제약되었다. 1개 포대는 계속해서 전투태세를 유지했으며, 1개 포대는 대기상태였고, 2개는 인근의 참호에서 운용사들과 함께 5분 전투준비태세를 갖추고 있었다. 각 조작사는 미사일 2개씩을 보유했다. 노비사드 정유설비들을 방어하고 있던 SA-7 조작사들은 단파 무선이나 육성으로 부대지휘관으로부터 조기경보를 제공받았다. 그러나 그들은 노비사드 교량들에 대한 순항미사일 공격에 대해서는 아무런 경보를 받지 못했다. 그런 경보를 받았다 해도 조작사들은 작은 적외선 형상(infrared signature)과 그 표적의 예측할 수 없는 접근경로 때문에 요격할 수 있는 전망이 비관적이었다. 순항미사일 1기를 SA-7 4기로 격추한다는 기획상의 가정은 조금 낙관적인 것이었다.

SA-7과 그 파생무기, 그리고 SA-6로부터 가해지는 1만 5000피트 이하에서의 방공망 위협에 대한 램버스(Benjamin S. Lambeth)의 평가는 근거가 충분한 것이었다.[47] 그러나 3월 26일에 베오그라드 북서쪽 40마일에서는 SA-3 1기가 F-117 1대를 격추했다. 그 잔해는 세르비아 텔레비전에 곧장 노출되어 그때까지 F-117과 관련해 얘기되었던 무적성(無敵性)에 반하는 증거가 되었다. 나중에 세르비아 당국은 F-117이 제250여단 제3대대의 SA-3 네바(Neva) 미사일에 의해 파괴되었다고 밝혔다.[48] 그것은 12킬로미터 거리에서 탐지되어 대략 2만 3000피트 고도에서 격추당했다. SA-3 조작사들은 자신들의 미사일이 스텔스 항공기와 교전했음을 알지 못했기 때문에 당시에는 격추의 세부사항이 정확히 기록되지 않았다. 그와 유사한 윤곽으로 비행하던 이전의 항공기로 인해 그 미사일은 "매복"되어 있지 않았으며, F-117의 임박한 등장에 대해서도 아무런 정보를 받지 못한 상태였다. 역설적이게도 미사일은 무슬림 군인에 의해 발사되었으며, 포대는 헝가리인이 지휘했다.

같은 대대는 5월 1일에 두 번째 F-117에 손상을 가하고 5월 2일에는 F-16 1대를 격추했다고 주장했다. 포대레이더들이 획득한 "블립(blip)"•들이 교전 후에 사라졌을 때 제250여단의 SA-3 포대지휘관들은 자신들이 1대 이상의 F-117을 손상시키거나 격추했다고 믿었다. 불규칙적으로 다른 블립들이 등장하고 사라졌다.[49] 그와 같은 관찰은 F-117들이 세르비아의 레이더에게 짧은 순간 노

• 표적이 나타났을 경우 레이더상에 생기는 전자 빔의 편향 또는 발광 휘점을 의미한다.

출되었음을 시사한다.

레이더의 2/3가 나토의 공중타격을 받았지만, 지대공미사일은 여전히 위협적이었다. 3개 방공구역 전체는 관련된 지역이 상대적으로 작았기 때문에 어느 하나로부터도 통제할 수 있었다. 세르비아의 방공장교들은, 방공 지휘·통제·통신 네트워크가 반복적으로 공격을 받고 가동되지 않는 경우가 빈번하게 발생했지만 동맹군 작전이 종결될 때까지도 그것은 여전히 와해되지 않고 있었다는 나토의 평가를 확인해주었다.

전역의 확대

항공전역이 시작되자 코소보에서의 세르비아의 탄압은 강화되었다. 지상전력 또한 사막의 폭풍 작전과 보스니아 내전으로부터 배운 바가 있었다.[50] 분산, 기만, 은폐, 위장, 소수로 이동하는 것, 군사표적을 민간인들 사이에 위치시키는 것과 같은 전술이 표준적인 관행이 되었다. 본부, 병사(兵舍), 그리고 지하벙커를 제외한 기타 군사용 설비들로부터 병력이 철수되었으며, 유고슬라비아 연방공화국의 병력이 차량, 장갑차, 포, 대공무기와 함께 알바니아 주민들 사이로—공장, 물류창고, 차고, 가옥, 그리고 심지어 와인 저장실에까지— 전개되었다. 노비사드에서는 적어도 1개의 대공포대가 화난 민간인들의 항의로 제거할 수밖에 없게 되기까지 다세대 주택의 옥상에 위치했다. 그것도 정밀유도무기의 드문 비정확성이 그 주택과 이웃 간의 대지에 큰 구멍을 내고 난 뒤에야 그리되었다. 거부와 기만의 관행이 활용되었다.

> 코소보 교전지대(Kosovo Engagement Zone: KEZ)를 타격한 지 한 주가 지나자 세르비아군은 주간에 군사용 차량을 버젓이 움직이지 않았다. 그들은 주간 동안에는 은신의 달인이 되었으며, 야간이나 악기상을 최대한 활용했다. 그들은 박격포, 포, 트럭, 장갑병력 수송차량(APC), 탱크를 가장할 수 있는 기발한 단순 유인체들도 만들어 전개시켰다… 그들은 또한 농지에 차량들을 주차시키고 그것들에 커가던 작물과 동일한 색을 칠하기도 했다. 그들은 터널도 만들었는데, 그중 일부는 진짜였고 어떤 것은 그렇지 않았다.[51]

1개 여단은 무려 15개 마을로 분산될 수 있었다. 주간에 차량은 보통 민간인들 사이나 두터운 잎사귀 밑에 은폐되었으며, 이때 열이 방사되는 것을 막는 데 각별한 주의를 기울였다. 터널 사이를 야간에 이동함으로써 1개 기갑여단이 탐지되지 않고 코소보로 진입할 수 있었다. 그러나 이러한 전술은 불이익을 유발했다. 분산된 소규모 부대는 민간인들은 쉽게 진압할 수 있었지만 코소보해방군의 매복과 방해에는 취약했다. 그렇기 때문에 나토 항공력으로부터의 지속적인 위협은 압제의 규모를 줄이기는 했지만, 코소보해방군의 손에 더 많은 세르비아군이 사상을 당하게 만들었다고 할 수 있다.

즉각적인 성공의 결여는 3월 27일에 솔라나 사무총장으로 하여금 동맹군 작전의 두 번째 국면을 개시하도록 촉진했다. 그는 "본인은 코소보에서 발생하고 있는 폭력을 중지시키고 추가적인 인도주의적 재앙을 막고자 하는 결연한 의지를 가진 모든 동맹정부의 지지 속에서 결정을 내렸다. 이런 점을 염두에 두고 보았을 때, 작전범위의 확대는 나토 지휘관들로 하여금 유고슬라비아 전력에 대한 그들의 행동을 강화할 수 있게 해줄 것이다"라고 말했다.[52]

공중공격이 세르비아의 탄압과 난민의 물결을 중지시키거나 둔화시키는 데 실패한 것에 대한 언론의 비판이 증대되는 가운데[53] 3월 29일에 [영국 국방장관] 로벗슨은 코소보에서 나토 지상병력을 공세적으로 사용하는 것에 반대하는 주장을 반복했다. 유럽 회원국들은 그에 필요한 전력을 보유하고 있지 못했다. 그들이 그러한 전력을 보유하고 있다 하더라도 그들을 규합하고 훈련시키는 데는 2개월 또는 그 이상이 소요될 것이었으며, 전투에 의한 손실이 심각하게 발생할 위험성도 존재했다. 그는 나토에 의해 유고슬라비아 연방공화국의 군사적 기간구조가 파괴된 결과로서, 그리고 전범으로서 기소될지 모른다는 두려움에서 세르비아의 군대가 밀로셰비치를 타도할 가능성과 함께 항공전역이 성공할 수 있는 가능성을 강조했지만, "그것이 순식간에 이루어지거나 쉽게 이루어지지는 않을 것"이라고 말했다.[54]

이는 나토 지도자로부터 제기된, 밀로셰비치가 기대했던 것처럼 쉽게 강제되지 않을 수 있다는 첫 번째 주장이었다. 전해진 바에 따르면, "짧은 기간에 걸친 폭격만으로도 유고슬라비아로 하여금 굴복하게 만들 수 있을 것이라는 올브라이트 국무장관, 코언(William Cohen) 국방장관, 버거(Sandy Berger) 국가안보보좌관의 확신에 찬 희망이 비현실적인 것으로 증명되고 있다"는 두려움으로 인해 백악관에는 침울한 분위기가 퍼졌다.[55]

표적을 확대하여 베오그라드에 있는 정부 부처들과 밀로셰비치 체제의 기타 핵심요소들을 포함하는 것을 고려하기 위해 나토 대사들이 모였다. 폭격전역의 "제3국면"에 대한 이전의 언급들은 "작전의 효과성을 극대화하기 위해 작전의 거리와 템포"를 확대하고자 하는 의도로 대체되었다.[56] 베오그라드에 있는 표적들에 대한 공중공격을 승인하는 것과 유고슬라비아에 대한 공세를 "강화하고 확대"하자는 클라크 대장의 요청에 반응하는 것에 대해 나토 회원국들 사이에서 존재하는 이견에 관한 소문이 계속 확산되었다.

4월 1일에 솔라나 사무총장은 "우리는 현재 코소보에서 자행되고 있는 폭력행위를 수행할 수 있는 세르비아의 능력을 저하시켜가고 있습니다… 유고슬라비아 군대는 거의 무력해져 가고 있습니다. 우리가 수행하는 항공전역의 영향은 점점 더 누적될 것입니다"라고 주장했다. 그러나 동일한 나토 브리핑에서 클라크 대장은 현재 위기에서 항공력의 효과성에 대해 이전에 자신이 내렸던 평가를 뒤집었다.

> 처음부터 우리는 늘 항공력이 지상의 준군사적인 힘을 중단시킬 수 없다고 얘기했다. 우리는 그것을 알고 있다. 이는 널리 인정되어온 것이다. 다른 것이 할 수 있는 일에 대해서는, 나는 그것을 나토의 정치지도자들과 나토 정부들에 맡기고자 한다. 왜냐하면 그것은 정부들이 해결해야 할 문제들이기 때문이다. 그것은 군이 풀 수 있는 문제가 아니다.[57]

"다른 것"은 "지상전력"의 외교적 표현이었다. 당시 클라크 대장은 미 육군의 아파치 헬리콥터들을 전구에 도입하려는 시도를 시작한 상태였다.

7일 뒤에, 기대가 여전히 충족되지 못하고 있는 가운데 B-1 폭격기 5대, EA-6B 5대, 캐나다의 F-18 6대, 토네이도(Tornado) GR-1 폭격기 4대가 연합군에 추가되었다. 폭격전역은 4월 1일에 확대되어 도나우(Danube) 강 위의 첫 교량이 베오그라드 북쪽 75마일에 있는 노비사드에서 파괴되었다. 이틀 후에 순항미사일 8기가 이른 시간에 베오그라드에 있는 내무부 청사와 경찰본부를 타격했다. 부수적인 피해나 사상은 보고되지 않았다.

베오그라드에 대한 제한적인 공격의 영향에 관한 초기 보고서들은 모순적이었다. 그것들은 반항, 공포, 편집증을 기록했다. 베오그라드의 영향력 있는 민간인들과의 뒤이은 인터뷰는 이런 모호함을 반영했다. 일부는 초기의 집중적인 공중공격이 밀로셰비치에 대한 광범위한 반감을 유발하고 그로 하여금 랑부에 평화안을 받아들이도록 강제했을 것으로 믿었다. 다른 이들은 베오그라드 내의 태연함과, 노비사드의 도나우 교량들 중 3개가 파괴된 것에 대해 그 시민들이 나토를 향해 보여주었던 성난 반응을 회고해냈다. 민간주민들은 공중공격의 선별성과 정밀성을 곧 깨달은 것처럼 보였으며, 처음에는 군·경의 건물과 정치적인 건물들을 피하면서 태연하게 자신들의 일을 계속했다. 30명 미만의 민간인이 베오그라드에서 사망했으며, 100명의 민간인이 부상을 당했다.[58]

4월 3일에 이르러서는 알바니아 난민들이 겪는 곤경에 대한 관심의 확산이 나토 대변인들로 하여금 세르비아의 압제가 줄어들지 않았음을 인정하게 만들었다. 영국 외무성은 "우리는 밀로셰비치가 지금과 같은 수준으로 주민들을 이동시키리라고는 기대하지 않았다. 아마도 그것은 상상력의 실패였다"고 개탄했다.[59]

연료설비가 주요한, 그러나 논쟁적인 표적이 되었다. 나토는 코소보에 있는 4만 명에 이르는 세르비아 병력이 기동을 위해 약 7000대의 차량에 의존하므로 매일 15만 갤런가량의 연료를 필요로 하는 것으로 어림잡았다. 그러나 세르비아 병력의 움직임은 상대적으로 작았고, 연료보급은 코소보에서 즉각적으로 가용했다. 그리고 적어도 1개의 미국 석유회사와 러시아 및 리비아 유조선들이 몬테네그로 항구인 바르(Bar)를 통해 석유를 전달해주고 있었다.[60] 유엔의 승인이 없이 그 보급선을 차단하는 것은 당연히 러시아가 반대할 것이었기 때문에 도발적인 것이 될 수 있었다. 그러한 작전은 전개된 세르비아 전력에 대한 직접적인 공격의 대체물이 될 수도 없었다.

4월 4일에 미 국방부가 헬파이어(Hellfire) 대(對)전차미사일, 비(非)유도 로켓, 30밀리 기관총으로 무장한 AH-64A 아파치 헬리콥터 24대가 독일에 있는 기지로부터 발칸으로 전개될 것이라고 선언하면서 보급선에 대한 공격이 증가할 것이라는 기대가 대두되었다. 그것들은 4월 20일에 알바니아에 도착하기 시작했지만 운용되지는 않았다. 그것들은 방공망이 다련장 로켓체계로 제압되고(제압되거나) 지원임무를 수행하는 고정익 항공기에 의해 불능화되는 작전에 맞춰 훈련되어 있었다. 세르비아의 방공망이 파괴되어 있지 않은 한 아파치의 작전은 심각하게 방해를 받을 것이었다.

한편, 항공전역은 표적에 대한 적극적인 식별, 두 출처로부터의 확인, 그리고 민간의 사상이나 피해가 발생할 위험이 있는 경우에는 정밀유도무기의 사용을 요구하는 엄격한 교전규칙에 의해 계속해서 제약을 받았다. 구름은 빈번하게 중간 고도에서의 표적 식별을 불가능하게 하거나 방해하여 임무 포기를 유발했다. A-10 부대들에게는 코소보에 있는 가능한 표적들에 대한, 앞선 12시간 동안 취합된 일일목록이 제공되었다. 그러나 표적이 식별되고 항공기가 공격을 위해 자리를 잡는 데까지 걸리는 시간 동안에 세르비아 전력은 늘 이동해버림으로써 표적정보가 "절망적으로 시대에 뒤떨어지고 전반적으로 무용해지게" 만들었다.[61]

그럼에도 불구하고 4월 5일에 블레어 수상은 지상병력을 파견하는 것은 "대안이 아니다"라고 주장했다.[62] 그리스 외무장관 파판드레우(George Papandreou)는 "마케도니아는 이미 자신들이 어떤 군사작전을 위한 발판도 되지 않을 것이라고 말했다. 그렇기 때문에 살로니카(Salonika)를 통해 유입되는 병력은 오직 인도주의적 사유들에 입각하여 투입될 것이다"라고 말했다.[63]

4월 7일에 클라크 대장은 더 많은 타격 및 정찰 항공기가 필요하다고 말했는데, 이는 과업의 규모가 과소평가 되었었다는 것을 다시 한 번 보여주는 것이었다. 나중에 그는 자신이 추가적으로 300대의 미 항공기와 100대 이상의 다른 나토 동맹국 항공기를 요청했었음을 확인해주었다.

4월 11일에는 미국이 더 이상 지상공세를 전적으로 배제하지는 않는 듯이 보였다. 백악관 비서실장인 포데스타(John Podesta)는 "지난 가을에 나토는 지상병력을 투입하는 것에 대한 평가를 실시했으며, 그러한 계획과 평가는 만약 우리가 그렇게 하기로 결심한다면, 그리고 그렇게 할 필요가 있을 때는 신속하게 재실시할 수 있었다"고 말했다. 셸턴 장군은 "이러한 규모의 전력을 증강하는 것은 얼마나 많은 진입지점을 사용하게 되는가에 달려 있었으며, 우리는 복수의 진입지점을 사용하는 것을 배제하지 않았다"고 덧붙였다.[64] 정치적·군사적 이유들 때문에 버려졌던 계획들이 이제는 쉽게 부활되어 이행될 수 있었다는 주장은 설득력이 없는 것이었다.

민간인의 목숨을 앗아간 것으로 주장되었던 모든 우발적인 공격은 집중적으로 보고되었다. 4월 14일에 미 공군의 F-16이 잘못하여 코소보 서쪽에서 난민 호송대를 공격했다. 소속 대대장에게 이루어진 사후 브리핑에서 조종사는 자신이 군사용 궤도차량의 대열이라 믿었던 것을 식별하기 위해 몇 분이나 호송대의 머리 위를 선회했었다고 설명했다.[65] 목격자들의 보고는 서로 상충했지만, 몇몇은 난민 호송대 인근에 세르비아의 병력과 차량이 존재했었다고 언급했다. 조종사나 나토 본부가 모종의 실수가 있었음을 인지하기도 전에 세르비아 텔레비전은 호송대에 대한 공격을 보도하기 시작했다. 나토 대변인들은 적대적인 성격을 가진 새로운 출처가 제시한, 파괴를 주장하는 불상(不詳)의 증거에만 입각해서는 책임을 받아들일 수 없었다. 4월 19일에서야 조종석을 찍은 이미지와 함께 나토의 온전한 설명이 이루어졌다. 한 OA-10 조종사가 쌍안경으로 호송대 사이에 민간차량이 있음을 파악해내기 전에 8차례의 공격이 있었음이 드러났다. 브리핑은 조종석에 있는 4.5인치 흑백 스크린에서 F-16 조종사들에게 가용한 이미지가 제한됨도 보여주었다.

이 사건은 최대한 주의를 기울이고 가장 엄격한 교전규칙이 존재해도 인간적인 오류가 발생할 수 있음을 보여주는 비극적인 사례였다. 호송대의 위를 저고도로 한 차례만 통과해도 그들의 난민적인 성격에 대해서는 의심이 생기지 않을 것이었지만, 그것이 이동식 저고도 방공체계에 의해 보호를 받는 군사적인 호송대인 경우에는 그러한 통과가 조종사에게 가장 위험하며 공중승무원의 위험에 관한 지휘지침과도 부합되지 않을 것이었다.

그와 같은 가이드라인은 부분적으로는 전력보호에 대한 합법적인 관심에 의해, 그리고 다른 일부는 사상자 발생에 대한 대중의 부정적인 반응에 대한 염려(특히 미국에서)에 의해 촉진된 것이었다. 나토의 최고사령관 클라크 대장은 1998년 11월에 "항공기 무(無) 손실"에 관한 제약을 내린 것으로 보도되었다.[66] 훗날 쇼트 중장은 그와 같은 명령을 받은 것을 부인했지만 "제로 손실이 주요한 목표"였음은 인정했다.[67] 사실, 클라크 대장은 자신의 지휘관과 참모들에게 항공전역의 제1국면을 수행하라는 명령을 공식적으로 선언했던 3월 14일의 화상회의에서 항공기 손실에 대해 각별히 언급했었다. 훗날 그는 다음과 같이 썼다.

> 그러나 우리는 명령에 담겨진 법적 제약들을 염두에 두면서도 일반적인 경로를 따라 전역을 진행시켜가야 했다. 나는 이를 "가점(加點) 척도(measures of merit)"라 칭했다… 첫 번째 가점척도는 항공기를 잃지 않는 것, 즉 "항공기 손실을 최소화하는 것"이다. 이는 쇼트(Mike Short)•의 가장 큰 관심사인 공중승무원의 손실을 막는 일에 해당한다. 이러한 척도가 전술, 표적, 그리고 어떤 비행기가 참여할 수 있는

• 이 전쟁 동안 동맹군 합동공군구성군 사령관이었던 미 공군의 쇼트(Michael Short) 중장을 의미한다.

지에 대한 결심을 좌지우지했다. 그러나 나는 보다 광범위한 정치적·군사적 이유들에 의해서도 영향을 받았다. 이 전역이 무기한적으로 계속되게 하려면 우리는 우리의 항공함대를 보호해야 했다. "나토가 이틀 만에 10대의 비행기를 잃어버리다"라고 외치는 1면 머리기사들보다 대중여론을 통해 우리를 마음 상하게 만드는 것은 없을 것이었다. 그와 같은 손실을 당하고, 투입된 항공기의 총수(總數)로 그와 같은 손실이 분할되면, 전역에 대한 시간적인 제약은 분명해질 것이었다. 밀로셰비치는 우리가 빠져나가기를 기다리고 있을 수 있었다.[68]

항공전역을 둘러싼 미디어 전쟁은 계속되었다. 이는 항공전역의 효과성은 "성공적인" 임무들을 수행하고 오가는 양심적인 승무원들을 보여주는 그림이 아니라 그 영향을 보여주는 이미지들로서만 실증될 수 있었기 때문이다. 이에 비례하여 민간인 사상의 위험성도 증가했다. 나토에게 문제는, 밀로셰비치는 타격이 가해지는 지점에 직접적으로 접근할 수 있었던 데 반해 나토의 자체적인 폭격피해 이미지는 희귀하고 시간적으로도 지연되었다는 점이었다. 비록 소수이기는 했지만, 나토 항공기들이 교량, 막사, 전력공급원, 정유시설들을 타격하고 코소보에 있는 지상전력에 대한 공격을 강화함에 따라 민간인 사상도 함께 증가했다.

항공력은 연합군이 사용했던 유일한 군사적 수단이었기 때문에 당연히 언론보도도 그에 관한 것이 지배적이었다. 사막의 폭풍 작전의 성공에 의해 조성되었으며, 동맹군 작전을 개시하는 시점의 정치적인 예측에 의해 고무되었던 연합군의 손쉬운 승리에 대한 언론의 기대는 분명한 진전의 결여에 의해 좌절되고 말았다.

4월 20일에 이르면 이 전역에 투입된 항공기의 수가 1000대로 증가했다. 800대는 미국이 투입한 것으로서 그들은 총 출격의 4/5를 감당했다. 268대의 전투항공기 중에는 미국 142대, 프랑스 30대, 영국 27대, 네덜란드 16대, 독일 14대, 벨기에 12대를 차지했으며, 나머지는 캐나다, 덴마크, 노르웨이, 스페인, 포르투갈이 제공한 것이었다. 한편, 세르비아의 방공망은 여전히 나토 항공기들에게 위협을 가하고 있었다.

이러한 수적 증가와 기상상태의 개선은 나토의 표적목록이 확장되어 베오그라드에 있는 밀로셰비치 대통령의 정당청사를 포함할 수 있게 해주었으며, 그 건물은 4월 21일 03시 30분에 미 해군 토마호크 순항미사일 8기에 의해 타격되었다. 정당청사에 위치해 있던 2개의 친(親) 밀로세비치 라디오 및 텔레비전 방송국도 그 공격으로 파괴되었다. 나토 대변인 시어(Jamie Shea)는 "지금부터는 밀로세비치의 권력구조의 어떤 측면도 합법적인 표적으로 간주될 것"이라고 말했다.[69] 다음 날에는 아마도 밀로세비치에게 심리적 압박을 가하기 위해 그의 공관이 파괴되었다.

한편, 공중공격에 의해 세르비아의 지상전력이 교란되고 약화된 뒤에는 더 이상 조율된 무장저항이 존재하지 않게 되면서 지상전력의 운용에 대한 영국의 입장도 그들을 평화이행을 강제하는 군으로 사용하는 것에서 코소보 내로 이동시키는 것으로 변화되고 있었다. 워싱턴에서 나토 50주년 기념 정상회담이 있기 직전인 4월 22일에 블레어 수상은 클린턴 대통령에게 세르비아 병력이 약화된 뒤에 이루어지는 "가벼운" 침공의 가치를 설득하려 했다. 대통령은 그러한 제안을, 클라크 대장이 비록 간접적이기는 했지만 "격론(a stormy session)"이라 칭했던 분위기 속에서 거절했다.[70]

정상회담에서 동맹국들은 지상병력에 의한 침공은 거절했지만, 군사적·산업적 기간구조, 미디어, 그리고 기타 전략적 표적들을 추가함으로써 표적목록을 확대하는 데는 동의했다. 그들은 또한 모든 평화유지군은 나토가 지휘하지만, 평화유지군은 상당 정도에 달하는 러시아의 기여를 포함하는 비(非)나토 병력도 포함할 수 있음을 용인했다.

4월 24일에 항공전역과 미디어 전쟁은 서로 수렴되었다. 유고슬라비아 국영 텔레비전 방송국은 나토에 의해 합법적인 표적으로 간주되었는데, 이는 그들이 그 분쟁을 "편향적이고 왜곡되게" 보도하고 있었기 때문이다. 그 텔레비전 센터는 02시에 B-2 1대에 의해 파괴되었다. 17명이 사망했으며, 사망한 직원들에 대한 이미지가 세계적으로 유포되었다. 민간인에게 사상을 가하면서 스튜디오와 관련 설비들을 의도적으로 공격한 것은 국제법상으로 보았을 때 그 타당성이 의심스러운 것이었다. 양측 모두가 호의적인 텔레비전 보도를 열렬히 추구하는 전역에서 그러한 공격은 정치적으로나 심리적으로나 그릇된 것이었다. 군사적으로 보았을 때, 그것은 방송국이 신속하게 방송을 재개했기 때문에 실패했다. 베오그라드 밖의 언덕들에 위치하고 있던 그들의 전송기는 공격되지 못한 상태였다. 그러나 명백하게 적이 미디어를 전쟁의 도구로 사용하고 있을 때는 그것이 군수공장만큼이나 합법적인 표적이 되는 것을 피할 수 있는 길을 발견하기란 어렵다.

텔레비전 방송국의 파괴에 대한 베오그라드 내 세르비아 민간인들의 반응은 미미했다. 유고슬라비아 연방공화국 전역에서 주민들은 국제 텔레비전에 접근할 수 있었다. 베오그라드의 방송국은 일반적으로 밀로셰비치의 거짓말을 전달해주는 존재로 비난을 받았기 때문에 그것의 파괴에 대한 첫 보도는 열렬히 환영받았다.

4월 27일 나토의 보도자료는 세르비아 석유저장량의 불과 33%만이 파괴되었고, 방공체계는 여전히 가동되고 있으며, 탄약저장고의 20%에 중대한 피해가 가해졌음을 확인해주었다. 도나우 강을 횡단하는 5개의 주요 교량이 파괴되었으며, 1개가 손상되었다. 35일간의 공중공격은 세르비아의 군사적 기간 구조에 심각한 피해를 가했지만, 코소보에서의 탄압을 계속할 수 있는 밀로셰비치 대통령의 능력은 대부분 그대로 남겨져 있었다.

그러나 5월 2일에는 폭격이 세르비아 민간인들의 사기에 영향을 미치기 시작하고 있다는 징후가 생겨났다. 베오그라드에서 보도를 하고 있던 BBC 국제담당 편집자 심슨(John Simpson)은 민간주민들의 태도에 발생하고 있는 변화에 주목했다. 그들은 더 이상 자신들의 대통령을 본능적으로 지지하지 않고 있었으며, 폭격전역에 대해 두려움을 느끼기 시작하고 있었다. 밀로셰비치에 대한 광범위한 반대는 폭격이 시작되기 전부터 존재했었으며, 대부분의 민간인들은 텅 빈 정부청사들에 대한 공격을 차분하게 받아들였다. 세르비아 전역에 있는 세르비아 군사본부의 통신 및 전산 서비스를 교란하기 위한 주된 목표 아래 5월 3일에 F-117들이 5개의 주요 전력망과 변압소에 비살상 탄소흑연 필라멘트탄(carbon graphite filament bomb)들을 투하했다. 베오그라드에 대한 전력공급이 몇 시간 동안 차단되었다. 3일 뒤에도 흑연입자들은 여전히 발전장치 내에서 단락(short circuit)을 유발함으로써 상수도, 가전제품, 전화 교환기에 공급되는 전력을 간헐적으로 차단시켰다. 한편, 가솔린은 베오그라드에서 심각히 제한되어 있었으며, 공습 사이렌의 결과 잠 못 드는 밤의 영향도 느껴지고 있었다.

사기(morale)와 대통령의 일파(一派)를 창의적으로 표적화한 예로서, 니스에 있는 담배공장 1개소를 파괴하여 베오그라드에서 담배의 공급 부족을 유발하고 밀로셰비치 가족과 친지들의 주된 수입원을 제거해버렸다. 그러나 50일 뒤에는 항공전역이 널리 비판받았다. 나토의 브리핑은 늘 낙관적이었고, 출격 횟수, 공격된 표적, 투하된 폭탄을 일관되게 강조했다. 그와 같은 "투입 내역"

은 쉽게 계산될 수 있었다. 그러나 당시로서는 베오그라드에 대한 폭격이 얼마나 세르비아의 대중여론에 영향을 미치고 있는지를 평가하거나 코소보에 있는 세르비아 전력에 대한 공격이 밀로셰비치에게 가한 압박효과를 규정하기 어려웠다.

베오그라드에 있는 중국 대사관이 B-2 폭격기 1대가 투하한 3개의 정밀유도무기에 의해 타격을 받은—그것이 유고슬라비아 육군본부라고 믿고 있었다— 5월 6~7일 밤 동안에 전역은 차질을 경험하게 되었다. 분명, 중앙정보국이 제공한 표적정보가 낡은 것이었다.

이러한 실수는 중국을 설득하여 G-8 평화계획안에 동의하도록 만들려는 국제적인 노력을 약화시켰다. 러시아 정부는 강력한 어조로 비판을 가했으며, 서유럽 방문을 연기했다.• 그것은 밀로셰비치 대통령에게 예기치 않은 안도와 선전에 있어서 주요한 반전을 제공해주었다. 그 누적적인 영향은 이 분쟁의 종식을 지연시킴으로써 불필요하게 코소보 내 알바니아인들이 당하고 있던 고통을 연장시킨 것이었다.

나토 대변인 시어는 연합군의 비행기들이 "1900개의 조준지점"을 타격했으며 총 9000개의 미사일과 폭탄 중 불과 12개만 오발되었음을 주지시킴으로써 중국 대사관 오폭을 군사적 관점으로 설명하려 했다. 그러나 어떠한 군사적 관점도 국제정치적 반응에 의해 압도되고 말았다. 정당한 분개, 의심, 분노, 불신, 조롱이 비우호적으로 뒤섞여 제기되었다.[71]

5월 10일에 밀로셰비치가 자신의 일부 병력을 코소보로부터 철수시킬 것을 제안했을 때 나토 대변인들은 코소보에서의 탄압이 오히려 증가했음을 근거로 그것을 "선전" 음모로 보았다. 유고슬라비아 군대가 3월 20일 훨씬 이전부터 코소보 거주 알바니아인들에 대한 잘 계획된 테러리즘과 추방 전역에 임했었다는 점에 대해서는 광범위한 의견 일치가 존재했다.[72] 나토 공중공격의 지속적인 위협은 세르비아 전력의 활동을 제약했던 반면, 결과적으로는 항공전역이 진행되는 동안 대략 86만 3000명의 민간인이 코소보 국경을 넘어 피신하려 했거나 그렇게 하도록 강제되었던 것으로 개산(概算)되었다. 추가적으로 59만 명가량이 국내에서 거처를 옮겼다.[73]

• 러시아 외무장관 이바노프(Igor Ivanov)가 3일간 영국을 방문하여 영국 외무장관 쿡을 만날 예정이었으나 옐친(Boris Yeltsin) 러시아 대통령이 이 계획을 취소하도록 지시했다.

5월 12일 시어의 발언은 항공전역을 두고 쏟아진 비난에 관한 나토의 각성과 그것에 대한 그들의 예민한 반응을 반영하는 것이었다. "언제 우리가 한 고비를 넘기게 될지는 알 수 없습니다. 그러나 우리는 그것이 조만간 이루어질 것으로 알고 있습니다… 우리는 현재 우리가 밀로셰비치 대통령에게 깊은 인상을 주고 그로 하여금 자신이 이 위기에서 어떻게 처신해야 할지를 생각하기 시작하게 만들 수 있는 유형의 군사적 충격을 가하고 있음에 만족하고 있습니다."[74] 이러한 발언은 추가적인 A-10과 F-15를 포함하는, 클라크 대장이 요청했던 300대의 전투항공기가 전구에 도착한 것과 헝가리와 터키에 있는 비행장들을 사용할 수 있게 될 전망과 때를 같이하여 이루어진 것이었다. 이제 나토는 전역을 시작할 때보다 3배나 많은 항공기를 전개시켰으며, 그것들의 증대된 영향은 곧 분명해졌다.

불행하게도 지상병력의 사용에 대한 동맹 간의 공공연한 이견은 계속되었다. 5월 17일에 영국 외무장관 쿡은 유고슬라비아 정부가 조건에 동의하기 전에 전개될 지상군을 준비하기 위해 브뤼셀을 방문했다. 영국 정부 대변인들은 이제는 지상병력이 침공을 할 것인지가 아니라 "언제" 그렇게 할 것인지가 문제임을 시사했다.[75] 프랑스 정부의 관리들과—추정해보건대— "일단 폭력사태가 중단되었을 때"에만 국제치안군을 투입한다는 동맹 간 합의를 되풀이했던 시어로부터 곧장 반대가 제기되었다. 다음 날 슈뢰더(Gerhard Schroeder) 독일 총리와 달레마(Massimo D'Alema) 이탈리아 수상은 그러한 움직임에 대한 반대를 선언했다. 동맹은 다분히 혼란에 빠져 있는 듯이 보였으며, 이는 밀로셰비치를 강압하기는커녕 그를 고무시켰다.

그럼에도 불구하고 연합군의 공중공격이 강화됨에 따라 지상군과 관련된 문제는 뒷전으로 내밀렸다. 5월 20일에 크루셰바츠(Krusevac)에서는 반전시위들이 발생했으며, 코보소에 전개된 세르비아 예비군들 사이에서 발생한 탈영 또한 보고되었다. 반전시위와 육군 내 탈영이 보고됨에 따라 5월 25일에 유고슬라비아 육군은 "불법적 공공집회"를 금지했다. 한편, 나토는 그들의 "평화이행군(peace implementation force)"을 2만 8000명에서 5만 명으로 확대하는 데 동의함으로써 압박을 증대시키고 알바니아 항구인 두레스(Durres)로부터 코소보 국경까지의 주요 도로에 대한 개선을 승인했다. 같은 날, 영국을 공식방문하고 있던 몬테네그로 대통령 주카노비치(Milo Djukanovic) 는 세르비아 내에서 반대가 증가되고 있으며, 밀로셰비치 대통령은 화평을 청할 준비를 하고 있다고 주장했다.

5월 27일에는 미 국무부차관 탤벗(Strobe Talbot), 러시아 특사 체르노미르딘(Victor Chernomyrdin), 핀란드 대통령 아티사리(Martti Ahtisaari)가 모스크바에서 회담을 시작했으며, 이는 나토의 합의안에 대한 러시아의 지지를 이끌어냈다. 같은 날 수행된 308회의 공중타격에는 베오그라드에 대한 50회 이상의 공격이 포함되었다. 그러한 공격은 국제전범재판소가 비인도적 범죄를 이유로 밀로셰비치 대통령을 기소한 것에 뒤이어 이루어졌다.

5월 말에 이르러서는 정밀유도무기로 타격할 수 있게 공개된 장소로 세르비아 전력이 나오도록 만들기 위한 시도로서 B-52와 B-1들이 매일같이 코소보에 비유도폭탄들을 투하하고 있었다.[76] 알바니아 국경 인근에서 세르비아 전력과 코소보해방군 간의 전투가 치열해지면서 나토의 공중공격에 대한 세르비아의 취약성은 증대되었는데, 이는 세르비아군이 소부대 단위의 기동을 포기하고 방어진지를 취하기 시작했었기 때문이다. 6월 1일에는 파스트릭 산(Mount Pastrik) 인근에서 4000명의 코소보해방군 비정규 병력에 맞서고 있던 세르비아 전력을 타격하는 197회의 소티가 실행되었다. 그날에 이르러서는 실행된 총 출격이 3월 당시 하루 100회에도 미치지 못하던 것이 700회 이상으로 증가되었다. 세르비아 국방 당국은 나중에(하지만 전적으로 설득력 있지는 않게) 이러한 코소보해방군 부대들과 교전하고 있던 세르비아 전력은 소수의 경무장한 "국경수비대"에 지나지 않았으며, 코소보의 다른 지역에서도 그랬듯이 공중공격으로 인한 사상은 매우 소수만 발생했다고 주장했다.[77]

개인적으로 밀로셰비치는 코소보에서 500명 이상의 세르비아 병력이 사망했음을 인정했지만, 그 대부분은 나토 항공력이 아니라 코소보해방군에 의해 사상당한 것이었다. 개별적인 전사자 명단은 『조국의 영웅들(Heroes of the Fatherland)』이라는 제목의 책자에 기록되었으며, 밀로셰비치는 메달과 함께 이 책자를 그 가장 가까운 친척들에게 선물했다. 일반대중은 볼 수 없었던 그 책자는 1998년 2월과 1999년 6월 사이에 전 지역을 통틀어 1004명이 죽거나 실종되었다고 기록했다. 세르비아와 몬테네그로에서 사망한 이들 중 다수는 방공망레이더와 지대공미사일 부대에서 복무했던 이들이었다.[78] 이러한 수치는 "전쟁이 끝난 뒤에, B-52와 B-1에 의해 투하되었던 폭탄들 중 어떤 것이 군사적으로 중대한 어떤 효과를 낳았다거나, 코소보해방군과 나토의 협력이 작전적으로 실질적인 가치가 있는 어떤 결과를 낳았음이 입증되는 일은 결코 없었

다"는 램버스의 관찰을 상기시키는 것이었다.[79]

대단원

서구의 미디어에는 세르비아군 내 탈영에 대한 보고와 그들의 사기에 나토의 폭격이 미친 영향이 계속해서 등장했지만, 베오그라드로부터 대규모로 통제력이 상실되고 있음을 보여주는 징후는 존재하지 않았다. 그럼에도 분쟁의 외교적 해결을 향한 움직임은 계속되었다. 밀로셰비치 대통령은 러시아로부터의 외교적인 압력이 있고 난 뒤에 G-8의 제안을 받아들인 것으로 알려졌지만, 평화협정 이후에도 코소보에 있는 세르비아군의 입지는 여전히 불분명했다.

6월 3일에 유고슬라비아 의회는 평화안을 수용했지만, 평화유지군에 러시아가 참여하는 성격에 대해서는 여전히 불확실성이 존재했다. 그러나 나토는 폭격을 중단하기에 앞서 "입증될 수 있고 실질적인 세르비아의 철수"가 시작되어야 한다는 입장을 유지했다.

6월 5일에 마케도니아 주둔 나토군을 지휘하던 잭슨(Mike Jackson) 중장은 세르비아군의 철수 준비를 시작하기 위해 코소보 국경에 주둔하던 세르비아군의 지휘관들을 만났다. 세르비아의 철수에 대한 합의가 6월 9일에 체결되었으며, 몇 시간 뒤에 폭격전역은 중단되었다. 난민들은 고향으로 돌아가기 시작했다. 동맹군 작전의 모든 목표가 달성된 것이었다.

다양한 요소들이 결합되어 세르비아의 굴복을 이끌어낸 것으로 보인다. 밀로셰비치는 러시아의 지지에 의존해오고 있었는데 그것이 철회되고 말았다. 그는 나토가 지상병력을 전개시키는 뒤늦은 계획을 진행할 경우 자신의 전력에 발생할 수 있는 일을 두려워했을 수 있다. 그는 국제적 고립과 더불어, 자신의 핵심층과 일반대중 모두로부터 지지가 급감하는 상황을 파악하고 염려하게 되었을 수 있다. 그는 자신이 전범으로 기소된 것에 반응을 보였을 수도 있다. 이러한 요소들 중 어떤 하나라도 없었다면 그러한 결과는 지연되었을 수 있지만, 항공전역은 그 성공에 불가결한 촉매제였다. 유일한 군사적 강압 수단은 항공력이었다.

미 공군참모총장 라이언 대장은 의심하지 않았다. "불빛은 꺼졌고 전기는 나갔으며, 석유 생산은 중단되었고, 교량은 무너졌으며, 통신은 차단되었고, 국가의 경제는 서서히 무너지고 있었다. 나는 그[밀로셰비치]가 전략적인 의미에서 자신이 이 전쟁을 계속할 준비가 되어 있지 않음을 깨닫게 된 것이라 생각한다."[80]

"연합"항공력?

그러나 그 성공에도 불구하고 항공전역의 수행은 격렬한 논쟁을 자극했다. 사막의 폭풍 작전 이후 8년간 "항공력 격차"[81](미국의 항공력과 그 외 국가의 그것 간에 존재하는 능력의 격차)는 전에 없이 커졌다. 그것은 상호운용성의 문제를 낳고, 논란이 되는 이중적 지휘구조를 만들어냈으며, 폭격전략에 대한 깊은 이견을 악화시켰다. 이는 덜 일방적인 대결 시에는 그 결과를 위험에 빠뜨릴 수 있었다.

미 공군은 새로운 무리의 정밀유도무기, 무인기 개발, 정보-공격 루프(information-attack loop)•의 가속화, 그리고 정보전의 모든 측면에 우선순위를 두었다. 반면 유럽의 동맹 파트너들은 한두 국가를 예외로 하면 그와 유사한 무기와 기술에 재투자하는 데 실패했다. 결과적으로, 중부유럽 연합공군사령관은 동맹군 작전에서 나토의 항공전력이 달성한 업적을 매우 자랑스러워 할 수 있었지만, 그는 항공전역에서 드러난 상당수의 작전적 결함에도 주목해야 했다.[82]

나토 항공기들은 매서운 국제적 시선 가운데 교전규칙에 의해 요구되었던 정확성을 가지고 지상표적들을 공격할 수 있어야 했지만 그 대부분은 정밀유도무기를 투발할 수 없었다. 레이저유도폭탄 공격이 가능하도록 표적을 지시할 수 있는 항공기는 매우 모자랐다. 미국, 그리고 그보다 훨씬 덜하게 프랑스와 영국만이 정밀유도폭탄을 투하할 수 있었다. 미국조차도 5월 초에 이르러서는 탄도미사일을 포함하는 일부 종류의 정밀유도무기의 부족을 경험하기 시작했다. 연합군의 많은 항공기들은 여전히 외부적인 레이저 또는 전기광학 유도를 필요로 했다. 레이저 지시(laser designation)를 위해 다른 항공기에 의존하는 것은 항공기에 대한 전반적인 요구사항을 증가시키키고 임무기획을 복잡하게 만들었으며, 적의 공역에서 느린 속도로 비행해야 했던 표적표식 항공

• 표적에 대한 정보를 입수하고 난 뒤 공격에 임할 때까지의 제반 의사결정 순환주기를 의미한다. 보이드(John Boyd)는 이러한 과정을 관찰(Observe)-판단(Orient)-결심(Decide)-행동(Act)의 주기로 설명했다. 이 주기를 상대에 비해 빨리 돌리면 전투(특히 공대공전투)에서 매우 유리해진다.

기•의 취약성을 증대시킬 수 있었다.

미국만 전천후 정밀유도무기를 보유하고 있었다. 전기광학적으로나 레이저에 의해 유도되는 것들의 성능은 구름, 연기, 악기상에 의해 저하되었다. 코소보 상공에서는 "당시 기간의 72% 동안에 50~100%의 운량(雲量)이 존재했으며, 78일 중 21일만이 전반적으로 좋은 날씨를 보였다. 총 3766회의 계획된 소티—여기에는 "근접항공지원"으로 특징지어지는 1029소티가 포함되었다—가 날씨로 인해 포기되었다. 날씨가 계속해서 좋아진 것은 5월에 들어서였다."[83]

일부 항공전력은 안정적인 공대공 통신을 보유하고 있지 못했다. 표적과 항공기의 위치정보는 세르비아의 방해에 취약한 경우가 흔했다. 다행히 세르비아에게는 이를 활용할 수 있는 항공기가 존재하지 않았으며, 경보를 받았다 하더라도 세르비아의 독립적인 방공부대들은 자신들의 위치를 노출시키려 하지 않았다.

"우군과 적을 식별하는" 표준적인 장비는 존재하지 않았다. 모든 나토 항공기가 레이더경보수신기를 충분히 장착하고 있지도 못했다. 일부 항공기는 어떤 지대공미사일 체계가 자신들을 비추고 있는지를 확실히 알 수 없었으며, 그러한 체계가 적의 것인지 아닌지도 파악하지 못했다. 범동맹적으로 신뢰할 수 있는 지대공미사일 위협경보체계도 존재하지 않았다. 그 결과 작전기획관들은 다국적인 편대군에게 충분한 엄호를 제공하기 위해 서로 다른 수준의 효율성을 가진 레이더경보수신기를 혼합시키려 했다. 이는 분명 참여하고 있던 가장 효과적인 항공기의 운용을 제약하는 것이었다. 점퍼 대장은 "우리의 상대가 가하는 위협에 필적할 수 있는 신뢰성 있고 유연한 위협경보체계"를 확보하려 했다.[84]

미 공군이 모든 임무에서 전제조건으로 삼았던 방공망 제압을 위한 준비가 불충분했던 관계로 잠재적인 취약성은 증대되었다. 1998년의 랜드연구소(RAND Corporation) 보고서는 사막의 폭풍 작전 이후 전자전 자산의 위축을 조명했으며, 펜타곤에 새로운 전자전국을 창설하고 훈련, 인력 배치, 장비 확보에 투자하도록 권장했다. 그러나 1999년 3월까지 그것이 작전적 능력에 미친 영향은 거의 없었다.

EA-6B 승무원들은 매일, 1주일에 6일, 한 달에 90시간을 비행했지만, 미 해

• 공격하는 편대군을 위해 표적을 명확히 식별하여 유도해주는 항공기를 의미한다.

군은 훈련보직에 있던 교관들로 대대들을 증원시켜야 했다. F-117과 B-2 스텔스 항공기를 위해 재밍 지원을 제공해야 할 필요성은 예견되지 못한 것이었다.[85] EC-135 리벳조인트(Rivet Joint), 미 해군 EP-3, 육군 RE-12 가드레일(Guardrail)이 추적했던 세르비아의 표적신호가 EC-130 컴패스콜(Compass Call)과 EA-6B 프로울러스(Prowlers)에 의해 동시적으로 재밍되면서 부족한 부분은 상쇄되었다.

동맹 간의 능력 차는 작전뿐 아니라 그것이 통제되는 방식에도 영향을 미쳤다. B-2에 의해 완수된 45소티는 미국에 있는 기지에서 이륙하여 유럽에서 이루어진 첫 번째 장거리 정밀타격 공세였으며, 이는 편도당 두 차례 이루어진 공중재급유에 의해 가능했다. 전구 내 공군기지에 대한 전통적인 요구를 감소시키며 "전 지구적 도달거리, 전 지구적 힘"이 항공력의 현실이 되었다. 항공기들은 650개의 합동직격탄(JDAM)을 투하했으며,[86] 그 폭탄 중 11%는 세르비아와 코소보에 있는 고정표적들에 투하되었다. 이런 투하는 실행된 총 9500 타격소티의 절반도 안 되는 소티 동안에 이루어졌으며, 표적의 80% 이상이 한 번 통과하는 과정에 명중되었다.[87] 세르비아 방공체계는 B-2의 존재를 결코 알고 있지 못했으며, B-2 승무원이 그것에 의해 위협을 받는 적은 없었다. 내장된 합성개구레이더(synthetic aperture radar)•와 위성항법체계(GPS)를 갖추고 있으며 합동직격탄으로 무장하고 있던 B-2는 다른 모든 전투항공기의 비행을 가로막거나 제약했던 기상에 둔감했다. 합동직격탄은 주야를 가리지 않고 어떤 기상 아래에서도 모든 정적인 표적을 타격할 수 있었으며, 최고 4만 피트 상공에서 몇 피트의 "거의 정밀한" 정확성을 가지고 타격할 수 있었다.

B-2는 명목상으로만 나토가 기여한 자산이었다. "B-2(그리고 다른 특정 체계들)에게는 가장 민감한 임무기획을 나토를 위한 대부분의 기획으로부터 분리시키는 구조가 자리 잡고 있었다. 이는 그 작전의 '미국 독점적' 측면에 임하고 있던 조종사들을 격리시키는 것이었다."[88] 미국과 나토의 병렬적인 지휘구조는 작전기획과 지휘의 통일을 복잡하게 만들었다. B-2, F-117, 순항미사일은 나토가 아니라 미 유럽사령부(USEUCOM)에 의해 투입된 것들이었다. 연합항공작전본부(CAOC) 내에는 미 유럽사령부와 나토가 별도의 표적처리팀을 두고

• 인공위성이나 항공기에 탑재된 안테나로부터 마이크로파를 전파하여 되돌아오는 신호의 강도와 시간을 측정하고 이를 합성하여 물체의 특성을 파악하는 능동형 센서를 의미한다.

있었다. 때때로 공중경보통제기(AWACS) 승무원들은 자신들의 지역에 "민감한" 미국 항공기가 존재하는 것을 통보받지 못했다.

일부 나토 동맹국은 "연합" 전쟁지대에서 이루어지고 있는 독립적인 작전에 대해 불만족스러워했다. 그 지역에 적의 공중활동이 있었다면 혼돈이나 그보다 더한 사태가 발생할 잠재성은 심각했을 것이었다. 그러나 미 공군은 단순히 동맹의 예민함을 덜기 위해 매우 고가치적인 항공기의 안전과 효과성을 손상시킬 수 없었다. B-2의 임무에 대한 공중재급유, 정보, 공중엄호, 적 방공망 제압 지원은 미국의 자산들에 의해서만 배타적으로 제공되었다. 미국의 안보 이해관계와 동맹의 작전적 상호운용성 간의 충돌은 계속해서 동맹군 간 응집력에 실질적인 장애물이 될 것이었다.

동맹군 작전을 수행하는 데 연합군 간 긴장의 정도는 2001년 1월 런던회의에서 영국 해군의 한 고위장교에 의해 다음과 같이 세련되게 확인되었다.[89]

> 이중키(dual key) 접근법은 군사적 효과성을 극적으로 감소시킬 수 있습니다… 노력의 통일을 유지하기 위해서는 우리의 정치적 리더들을 포함하여 지휘관들이 지휘계통의 각 수준에서 연락하고 조율할 필요가 있습니다… "자국인 전용(National Eyes Only)"• 체계를 위한 항공임무명령서(Air Tasking Order)를 알아야 할 별도의 필요성을 선포하는 것은 무기의 능력을 충분히 활용할 수 있게 해줍니다… 그러나 그러한 상황은 동맹이 운영하는 연합항공작전본부의 "명실상부한 합동"의 원칙을 부분적으로 손상시킬 수 있기 때문에 항공임무명령서 간에는 신중한 조율이 요구됩니다.[90]

지휘와 통제에서의 차이는 동맹 내에서 전략에 대한 심각한 이견을 동반했다. 미 공군의 지휘관들은 자국 공군의 교리에 입각하여 "항공우주력은 보통 병행적·비대칭적 작전에서 가장 효과적으로 운용될 수 있다. 여기에는 지상전력에 대한 정밀타격, 지휘 및 통제 체계에 대한 정보공격, 또는 국가 기간구조와 전략적 중심에 대한 정밀타격을 포함한다"고 믿었다.[91] 그들은 밀로셰비치와 그의 핵심층과 연관된 표적들을 타격하기를 선호했다. 여기에는 가옥,

---

• "Eyes Only"는 기밀로 분류된 정보를 의미하는 용어이다. 예를 들어 "National Eyes Only"로 분류된 정보는 별도로 승인된 자격을 가진 자국인만이 열람할 수 있다. 여기서는 B-2와 같은 미국인 전용 무기체계를 의미한다.

사업, 지휘설비, 그리고 주민들에게 압박을 가하기 위해 교량이나 전력망과 같은 시설, 그리고 민간인들이 사용하는 기타 표적들이 포함되었다. 워든(John Warden, 1943~) 대령의 표현을 빌리자면 이는 민간인들의 사기를 압박함과 더불어 "핵심부"에 직접적인 공격을 가하는 고전적인 항공력 전략이었다.[92] 전쟁 동안 동맹군 합동공군구성군 사령관 쇼트 중장은 한 인터뷰에서 다음과 같이 말했다.

> 항공인들은 첫날 밤부터 표적군[세르비아의 리더십]을 추격함으로써 첫째, 우리는 매우 처음부터 본격적으로 싸우려 한다는 점과, 둘째, 우리는 이렇게 하면 상대가 어떤 반응을 보이고 또 저렇게 하면 상대가 또 어떻게 반응을 보이는지를 지켜볼 의사가 없음을 보여줄 수 있는 분명한 신호를 보내기를 좋아한다.[93]

전역이 종결된 직후에 라이언 대장은 다음과 같이 말했다.

> 그 전역은 미국이 항공력을 적용하는 통상적인 방식—즉, 밀로셰비치와 그의 억압적인 체제를 지원해주는 전략적인 무게중심을 대규모로 타격하는 것—을 시작하지 않았다. 전역을 시작한 지 한 달이 되자 제약이 가해지는 단계적인 접근법은 효과적이지 않다는 게 분명해졌다. 그래서 나토는 전략적인 효과를 달성할 수 있도록 전역을 확대했다.[94]

1999년 10월에 쇼트 장군은 미 상원 군사위원회에서 이루어진 증언에서 자신의 입장을 보다 강력하게 표현했다.

> 저는 인종청소를 중단시키는 길은 리더십의 심장부를 향해 직진하여 최대한 신속하고 직접적으로 그 심장에 단검을 꽂는 것이라 믿습니다… 저라면 첫날 밤에 뱀의 머리를 향해 덤벼들었을 것입니다. 저라면 도나우 강의 교량들에 폭탄을 투하했을 것입니다… 노력에 8%도 안 되는 소티 기여도를 가진 나라[프랑스]는 그러한 짐의 70%를 지고 있던 미국의 비행사들을 제약할 수 있는 입장에 있을 수 없는 것이었습니다.[95]

전략에 대한 논쟁의 저변에는 동맹전쟁의 근본적인 문제가 깔려 있었다.[96]

전역이 시작될 때 일부 나토 회원국들은 베오그라드 인근의 표적들을 타격하기를 꺼렸다. 영국조차도 "좀 더 신중한 무엇"을 요구했다.[97] 1999년 5월 4일에 있었던 마지막 기자회견에서 나우만 대장은 "우리는 동맹전쟁의 상황과 기습이나 압도적 힘과 같은 군사작전의 원칙들을 조화시킬 수 있는 방법을 찾아야 할 필요가 있다. 우리는 동맹군 작전에서 그 어느 것도 적용하지 않았으며, 이는 시간, 노력을 소비시키고 추가적인 사상(死傷)이 발생할 수 있는 가능성을 증대시켰다"고 말했다.[98]

미 상원 군사위원회에서 있었던 합동증언에서 합동참모의장 셸턴 대장은 다음과 같이 말했다.

> 나토가 자신의 전략에 대해 합의를 달성하고 유지시켜야 할 필요가 있었다는 사실은 작전에 대한 보다 점진주의적인 접근을 취할 것을 요구했다. 일부 나토 동맹국들은 코소보의 인종청소를 실제로 수행하고 있는 병력과 차량 외에는 공격하는 것을 꺼렸던 반면에 다른 국가들은 밀로셰비치의 순응을 확보하는 가장 빠른 길이 세르비아의 무게중심에 대한 전략폭격의 노력을 통하는 것이라고 주장했다.

코언 국방장관은 보다 단호했다.

> 일부 나토 회원국들이 항공전역을 점진적으로 증대시키는 것이 아닌 무엇인가를 추구할 것을 요구했다면 전역은 결코 시작조차도 하지 못했을 것이다. 그리고 밀로셰비치는 인종청소를 강행했을 것이다… 19개에 달하는 민주국가들 사이에서 합의를 이루어내는 일은 쉬운 일이 아니다.[99]

전략에 대한 논쟁은 항공력 교리의 핵심사항이 되었다. 항공력이 압도적인 힘으로 적용될 때에만 효과적일 수 있다면, 그것에 내재된 유연성에 대한 주장은 근거 없는 것이 되고 만다. 동맹군 작전의 "점진주의"에 대한 미 공군의 반대는 베트남전에 대한 각인된 기억에 뿌리를 둔 것이었던 반면, 사막의 폭풍 작전 이후의 생각은 압도적인 병행타격에 대한 개념에 의해 상당한 영향을 받았다. 1999년에 미 공군의 교리는 도그마로 굳어지는 데 위험스러울 정도까지 근접해 있었다. 그 역사상 처음으로 항공력은 날카로운 칼과 같이 적용될 수 있는 역량을 갖추었지만, 거기에는 쇠몽둥이를 포기하는 것에 대한 머뭇거림이 존재했다.

항공력의 새로운 세기

사막의 폭풍 작전이 아니라 동맹군 작전이 항공력의 새로운 시대가 시작되는 것을 알렸다. 항공력의 기술, 비대칭적 대응조치의 발전, 인도주의적 문제에 대한 영향, 국제적인 미디어에 대한 노출, 그리고 불편한 동맹 내에서의 항공력의 적용에서 그랬다. 그 뒤를 이어 발생한 압도적인 성공들과, 이라크와 아프가니스탄에서 발생했던 마찬가지로 굉장했던 문제들은 1991년의 보다 대규모적이고 눈부셨던 성공이 아니라 세르비아에 대한 1999년의 전쟁에 그 뿌리를 두고 있는 것이었다.

위성은 통신, 정보, 감시, 정찰을 용이하게 했을 뿐 아니라 위성항법체계와 합동직격탄을 통해 플랫폼에 대한 전천후 항법과 정밀무기유도를 제공함으로써 마침내 항공력으로 하여금 거대한 장애물을 극복할 수 있게 해주었다. 전천후 정밀능력의 등장은 공중공격의 진화에서 가장 중요한 발전이었다.

적시적인 정찰과 전투피해평가에서 미흡한 점은 여전히 남아 있었지만 처음으로 무인체계가 중대하게 기여했다. 미 공군의 RQ-1 프레데터, 미 해군 RQ-2 파이오니어(Pioneer), 미 육군의 RQ-5 헌터(Hunter)는 다수의 프랑스, 독일, 영국 무인기들과 함께 표적정보와 확인, 전투피해평가, 난민 감시를 제공했다. 소모율은 비교적 높아 50%에 육박했지만,[100] 그것의 장점과 잠재력은 이제 논박할 수 없는 것이었다. 무인기 손실은 승무원 사상을 포함하지 않았기 때문에 대중적인 염려나 정치적 곤경을 조장하지 않았다. 그것의 비용도 상대적으로 저렴했다. 프레데터 1대의 경우 320만 달러였다. 그것은 공중승무원을 위험에 빠뜨리는 일이 없이 세르비아 지대공미사일의 사거리 내에서 날씨와 무관하게 비행할 수 있었다. 적대적인 행위가 있는 지역의 상공에서 상당 시간 체공할 수 있는 무인체계의 능력은 그 자체가 지상에서의 적의 움직임에 억제제가 되었다. 전역이 끝날 무렵에 미 공군은 레이저표적지시기를 장착하고 있는 첫 프레데터를 전구에 전개시켰다. 동맹군 작전에서 무인체계는 훨씬 더 오랜 체공시간, 더 신속한 통신, 무기 투발의 잠재력이 분명해지는 모습을 보이며 21세기로 접어들었다.

사막의 폭풍 작전에서 정밀유도무기의 사용은 요구되는 효과를 달성하기 위해 보다 적은 무기, 보다 적은 항공기, 보다 적은 공중 및 지상 승무원, 보다 작은 지원 기간구조가 필요할 수 있다는 전망을 제공해줌으로써 바람직할 뿐 아니라 작전적으로도 비용 대비 효과적인 항공력의 보강 수단이 되었다. 소비된 총 폭탄 중 9%가 정밀유도무기였다. 부수적인 피해와 사상에 대한 염려가 전략의 입안을 지배했던 동맹군 작전에서 정밀유도무기는 정치적인 필수품이 되었다. 그것의 비율은 35%로 증가했다.[101] 다른 어떤 능력보다 정밀유도무기의 보유 또는 결여가 참가자의 가치를 결정지었다. 점퍼 대장은 "장차 우리는, 정밀유도무기가 그 특성을 막론하고 선택의 무기가 되는 그와 같은 정밀전쟁에 우리 각자가 '독립적으로' 참가할 수 있는 능력을 확보할 수 있도록 해야 할 필요가 있다"고 강조했다.[102]

동맹군 작전에서 선보인 정밀유도무기, 전천후 공세능력, 확장된 체공 및 도달, 점점 더 빨라지는 정보전달의 결합이 21세기 항공작전의 기술적 기초가 될 것이었다. 불행하게도 전략과 마찬가지로 군사기술도 정치적 또는 심지어 기술적 공백상태에서 발전하는 게 아니다.

1990년과 1991년에 후세인은 국제적인 미디어를 조작하는 것의 잠재력을 매우 발 빠르게 깨달았지만, 그에게는 일관적이고 성공적으로 그렇게 할 수 있는 기량이나 조직이 결여되어 있었다. 바그다드에서나 전장에서나 할 것 없이 안정적인 위성중계를 활용할 수 있었던 기자는 거의 없었다. 그러나 1999년에 이르러 위성기술은 사건이 전개되는 실시간에 전 세계에서 벌어지는 사건에 대한 텔레비전 보도를 확대시켰다. 미디어의 잠재적 영향력에 대해서는 양측 모두가 예민하게 의식하고 있었다. 민간인 사망과 파괴가 세르비아 당국에 의해 가용해진 사진들과 함께 정기적으로 보도되었으며, 그에 대한 정당화나 사과는 나중에서야 나토의 브리핑을 통해 이루어졌다. 역으로, 비극적인 난민들에 대한 이미지는 나토에 의해 매일 제공되었으며, 나중에 방어적인 구두설명이 베오그라드로부터 나왔다.

보다 집중적인 폭격은 불가피하게 무기의 오작동이나 인간적인 실수의 발생도 증가시켰다. 그러나 미디어의 보도에도 불구하고 그러한 실수들(중국 대사관의 경우는 제외하고)은 나토의 전략이나 표적처리에 영향을 주지 않았으며, 전역의 결과에도 영향을 주지 못했고, 대중적 지지에도 누적적인 영향을 거의 또는 전혀 주지 못했다. 미디어 전쟁에서 나토는 약간의 전술적 패배를 당했지만, 나토의 오폭에 대한 간헐적인 이미지보다는 코소보 난민의 곤경이 대중여론에 미친 영향이 훨씬 더 크고 오래갔다. 게다가 발생한 사상은 지상전력이 민간주민들 사이에서 싸웠을 때 발생할 수 있는 그것과 비교해볼 때 극도로 작은 것이었다. 4월 말에 이르면 영국의 여론조사 결과는 폭격전역에 대한 지지가 3 대 1 이상으로 상승한 것을 보여주었다. 코소보로부터 수집된 증거들은, 명분에 대한 대중적인 지지가 간헐적인 폭격의 오류에 대해 서구의 일부 정치인과 장군이 두려워했던 것보다 더 관용적임을 시사해준다.

인도주의적 목표들은 전략, 사상(死傷)에 대한 민감성, "부수"피해에 대한 나토 내의 차이를 악화시켰다. 표적에 대한 확인—이게 항상 가능한 것은 아니었다—을 요구하는 엄격한 동맹 교전규칙의 부과는 작전의 좌절을 촉진시켰다. 동맹군 작전 후에 대중의 높은 기대, 국제적인 미디어의 접근, 실시간 이미지 전송, 부도덕한 정치적 조작의 결합은 계속해서 항공력이 가장 드물게 발생하는 실수에 대해서도—아무리 폭넓게 반성한다 할지라도— 정치적 대가를 치르게 될 것임을 보여줄 것이었다.

미 공군과—정도는 서로 다르지만— 나토의 다른 항공전력들은 동맹군 작전으로부터의 교훈을 학습하고 적용하려 할 것이었다. 그들은 전천후 정밀무기, 무인체계, 안정적인 실시간 지휘·통제·통신·정보·대응 네트워크를 확보할 것이었다. 그러나 한 가지 불편한 문제가 도사리고 있었다. 미 공군과 그 동맹국 간 항공력의 격차가 너무 커서 나토가 미국에 대해 가지는 군사적 가치가 이제 얼기설기 얽힌 정치적인 제약들보다 못하게 된다면 어떻게 될까? "피할 수 없는 인상은, 다국적성을 위한 정치적 요구를 충족시키기 위한 명령에서 발생되는 마찰이 그러한 다국적성이 제공해주는 실질적인 군사적 혜택을 상회한다는 것이다. 이것은 맥스웰•과 워싱턴에 있는 항공력 사상가들이 망각하지 않은 교훈이었다".[103]

그러나 잠재적인 상대들은 다른 방향에서 교훈을 찾을 것이었다. 그들은 동맹과 함께하거나 그렇지 않은 미 공군을 공중에서 대적하는 것은 불가능하다는 점을 인식하게 될 것이었다. 그들은 비대칭적인 대응조치를 모색할 것이었다. 그들은 분산, 위장, 기동, 유인, 그리고 민간 공동체 사이로의 전개라는 세

• 맥스웰 공군기지(Maxwell Air Force Base)는 미 공군 교육사령부(Air Education and Training Command) 휘하의 기지로서, 특히 공군대학(Air University)과 같은 핵심적인 교육 및 연구 기관이 위치해 있다.

르비아의 전술을 모방할 것이었다. 그들은 고정적인 시설이나 방공에 대한 전통적인 지휘와 통제에 의존하지 않는 이동식 지대공미사일을 전개시켜 관례적인 교전보다는 보전을 추구할 것이었다. 국가의 긴요한 이해관계가 위험에 처해 있지 않을 때 민주적인 대중여론이 사상(死傷)의 발생과 성공의 부재에 대해 갖는 취약성을 목도한 그들은 미디어에 대한 조작을 주요한 전략적 도구로 격상시킬 것이었다. 그들은 원래의 나토 상호국방안보지역 밖에서 작전이 이루어지는 경우에 나토의 합의가 쉽게 깨질 수 있는 점에 주목할 것이었다. 항공력에 대한 21세기의 비대칭적인 대응들 중에서 동맹군 작전에서 누락된 것이라고는 미국의 심장부를 타격할 수 있는 능력과 테러리즘에 비정상적인 정당성을 제공해줄 이데올로기였다.

항공력은 독립적으로 동맹군 작전의 목표들을 달성했다. 21세기의 문턱에서 미국의 항공력은 훨씬 더 강력해질 태세를 갖추고 있었다. 항공력의 잠재력이나 그것에 대한 비대칭적인 대응이나 할 것 없이 코소보 전쟁에 뿌리를 둔 것이었다.

제4부 2000~2006년

서론

이 책의 네 번째 부분은 항공력의 두 번째 세기를 다룬다. 제11장에서 램버스는 아프가니스탄의 알카에다(al Qaeda)와 탈레반(Taliban)에 대한 미국 주도의 군사전역인 항구적 자유 작전(Operation Enduring Freedom)을 주로 특수작전전력과 우호적인 토착 전투원들이 함께 수행한 항공전역으로 특징짓는다. 이는 미국에게 새로운 전쟁수행 방식이었다. 2001년 말부터 2002년 초까지 5개월여 동안 수행된 항구적 자유 작전은 표적지역으로부터 수천 마일 떨어진 지상기지뿐 아니라 육지에 둘러싸인 전투지대로부터 전에 없이 멀리 떨어진 곳에 위치하고 있는 항공모함기지로부터도 성공적으로 전력을 투사할 수 있는 미국의 능력을 보여주었다. 램버스는 이 전쟁의 다양한 국면을 고찰하고 있으며, 아나콘다 작전(Operation Anaconda)—미국의 재래식 지상병력을 개입시켰으며 전쟁사에서 가장 작은 지리적 공간에 가장 많은 수의 정밀무기가 투하되는 모습을 보여주었던, 항구적 자유 작전의 일부에 지나지 않는다—에 각별한 주의를 기울이고 있다. 램버스는 실시간 형상화와 개선된 통신연결성이 탐지-타격 자산 간의 연계를 강화하고 인상적인 표적-공격의 정확성을 통해 그것을 전에 없이 효율적이게 만들었다고 주장한다. 저자는 전쟁수행 개념과 기술에서 새로운 요소들을 고찰하는 동시에 항구적 자유 작전에서 연합군이 맞닥뜨렸던 몇 가지 문제들에 대해서도 강조한다. 아울러 국가들에게 단순히 자신들이 그렇게 하는 데 필요한 기술을 갖고 있기 때문에 분쟁에 개입하고 중앙집권적이며 장거리적인 작전수행에 의존하는 것에 대해 경고한다.

제12장에서 머리(Williamson Murray)는 이라크 자유 작전(Operation Iraqi Freedom, 2003년 3~4월)•에서 후세인과 그의 바트당 체제를 넘어뜨리기 위한 미국

• 이라크 자유 작전의 공식적인 수행기간은 2003년 3월 19일부터 5월 1일까지다. 그러나 5월

주도의 전역을 고찰한다. 저자는 항공력이 전역의 정치적·군사적 목표들을 충족시키는 데 결정적인 역할을 수행했다고 주장한다. 그러나 그것은 전략공격의 형태가 아니라 공중우세, 차단, 근접항공지원의 형태로 이루어졌다. 머리에 따르면, "충격과 공포"를 만들어내기 위한 전략폭격은 전쟁을 계속하려는 체제의 의지에는 거의 영향을 미치지 못하고 이라크의 민간 및 행정적 기간구조에 상당한 피해를 야기했을 뿐이었다. 머리에 따르면, 이러한 효과성의 결여는 항공력의 다른 적용과 강력하게 대조되는 것이다. 매우 초기부터의 연합군의 확고부동한 공중제패는 거의 모든 면에서 비대칭적인 전역을 위한 기초를 제공했으며, 미 육군(제3보병사단)과 미 해병(제1해병사단) 모두에 대한 근접항공지원과 결합된 직접공격 형태의 항공력은 지상에서의 진격을 용이하게 해주는 데 충분함을 입증해냈다. 머리는 또한 이라크 군대에 대한 정밀타격의 심리적 효과가 실제적인 물리적 파괴만큼이나 중요했음을 시사한다. 연합군뿐 아니라 이라크의 보고서에도 기초하여 머리는 많은 관찰결과가 항공력의 유용성과 무용성에 대한 보다 폭넓은 패턴과 맞아떨어지기는 하지만, 학습된 교훈의 면에서 보았을 때 전술적·작전적 수준에서는 이 특정한 전역에 너무 많은 의미를 부여해서는 안 된다고 결론짓는다.

2006년에 치러졌던 제2차 레바논 전쟁은 군사사에서 한 진영이 거의 배타적으로 항공력에 의존했던 전쟁, 또는—보다 구체적으로는— 현대 항공력이 상당한 군사적 능력을 갖고 있는 테러리스트 및 게릴라 조직에 대해 광범위하게 사용되었던 전쟁으로 자리매김하고 있다. 브룬(Itai Brun)은 제13장에서 이 독특한 교전이 논쟁적인 결과를 이끌어냈다고 주장한다. 헤즈볼라(Hezbollah)는 이스라엘 공군에 의한 공격을 견뎌내는 데 성공했으며, 이스라엘 방위군은 북부 이스라엘 주민들을 지키는 데 대부분 실패했다. 그러나 이스라엘은 헤즈볼라의 군사력을 감소시켰을 뿐 아니라 그 조직의 서로 다른 정체성 간의 긴장관계를 드러냄으로써 그들을 약화시킨다는 목표를 달성해냈다. 기존에 알고 있던 것과는 대조적으로 저자는 이스라엘 방위군이 논리정연한 교리가 없는 가운데 제2차 레바논 전쟁을 수행했다고 주장한다. 그들이 항공력에 우선순위를 두었던 것은 항공력을 통한 승리에 의존하는 작전개념보다는 사회적·정치

1일은 부시(George W. Bush) 대통령이 에이브러햄 링컨 호(USS *Abraham Lincoln*)에서 주요전투작전의 종결을 선언한 날로서, 실질적인 작전은 3~4월 동안 수행되었다고 할 수 있다.

적 제약들로부터 기인한 것이었다. 브룬에 따르면, 적절한 교리의 부재는 전쟁 동안에 이스라엘 공군의 인상적인 역량과 항공력을 적절히 적용할 수 있는 그들의 능력 간에 큰 격차를 만들어냈다. 이러한 면에서 군사작전에 임하기 전에 사려 깊고 포괄적인 교리를 발전시켜야 할 필요성이 제2차 레바논 전쟁의 주된 교훈이다.

제11장

항구적 자유 작전, 2001년

벤저민 S. 램버스(Benjamin S. Lambeth)

2001년 9월 11일 청명한 날 오전은 미국의 역사에 영원히 기억될 것이다. 4대의 여객기—보잉 757 2대와 보잉 767 2대였으며, 그 모두는 연료를 가득 채우고 미국 동해안에서 이륙하여 대륙횡단비행을 할 예정이었다—가 보스턴, 뉴어크(Newark), 워싱턴에서 동시적으로 이륙한 후 거의 같은 시점에 이슬람 테러리스트들에 의해 납치되었다. 공중 납치된 4대의 항공기는 곧장 미국과 미국 시민들에 대한 사실상의 대량파괴무기로 변모되었다.[1]

첫 두 항공기는 서로 18분 간격을 두고 뉴욕에 있는 세계무역센터의 쌍둥이 타워를 향해 날아갔으며, 결국 맨해튼 스카이라인의 그 낯익은 주요 지형지물을 45만 톤의 돌무더기로 바꿔놓았다. 세 번째 항공기는 40분 뒤에 버지니아 주 알링턴(Arlington)에 위치한 펜타곤의 남서쪽 측면으로 날아들었다. 네 번째 항공기—의도된 표적은 여전히 알 수 없지만 워싱턴에 있는 백악관이나 국회의사당 건물로 여겨졌다—는 다행히도 땅에 있는 친구와 친지들과의 빗발치는 휴대전화 연락을 통해 다른 세 여객기가 막 무슨 일을 했는지 알게 된 몇몇 용감한 승객들이 납치자들에게 달려들면서 그 임무수행을 방해받았다. 테러리스트들과 저항하는 이들과의 실패한 투쟁이 있고 난 후에 항공기는 화염에 휩싸인 채 서부 펜실베이니아의 공터로 떨어졌다.

이 공격은 완벽하게 미국의 허를 찔렀다. 그것은 또한 즉각적으로 21세기 초 분쟁의 얼굴을 규정지었다. 소비에트 공산주의의 몰락 이후 이어졌던 미완의 기간을 묘사할 수 있는 보다 나은 구절이 없어 거의 10년 동안 "후기 냉전

시대(post-Cold War era)"라 느슨하게 불렸던 시대가 하루아침에 광적인 이슬람 극단주의의 시대로 변형되었다. 살인적인 이슬람 열성주의자들의 결연한 무리에 의해 계획되고 수행된 이 공격은 진주만 기습 이래 미국 땅에 가해진 가장 대담한 적대행위였다. 그것은 또한 전 세계를 통틀어 발생했던 테러리스트의 침략 중 가장 파괴적인 단일 사례였다. 공격에 의해 야기된 생명 손실은 1941년 진주만에 대한 일본의 공격으로 인한 것을 상회했다. 합산하여 거의 3000명에 이르는 무고한 민간인들이 공격의 결과로서 사망했다.

공격 직후에 미 연방항공국(Federal Aviation Administration)은 모든 국내선 항공편으로 하여금 가장 가깝고 적합한 공항에 내리도록 지시했다. 그들은 또한 전국에 걸쳐 비군사적 항공기의 추가적인 이륙을 금지하고 유사 이래 처음으로 미국 내에서 모든 민간항공교통을 중지시켰다. 그 결과, 미국의 공역이 폐쇄됨에 따라 약 3만 3000명에 이르는 항공승객들이 캐나다에 발이 묶였으며, 접근하던 국제선 비행 편은 항로를 변경해야 했다. 그와 동시에 부시(George W. Bush) 대통령의 지시에 따라 냉전 초기에 그 기원을 두고 있던 정부존속계획(continuity-of-government plan)• 이 가동되기 시작했다. 그 계획의 일환으로 대통령은 뚜렷한 테러리스트 위협이 가라앉을 때까지 공중에서 머물며 에어포스원(Air Force One)을 탑승한 채 옮겨 다녔다.[2] 19시가 되어서야 대통령은 워싱턴으로 돌아와 국민들에게 연설했다. 그 연설에서 대통령은 그러한 공격에 대응하기 위해 미국은 "이러한 행위를 자행한 테러리스트들과 그들을 숨겨준 이들을 똑같이 다룰 것"임을 분명히 했다.[3]

그날 그보다 이른 시간에, 심지어 공격이 여전히 진행되고 있을 때에도 세계 도처의 미군 전력들에게는 경계태세가 1973년 욤키푸르 전쟁 이래 가장 높은 수준인 데프콘(Defense Condition) 3로 격상되어 있었다. 주(州)공군(Air National Guard)의 F-16 전투기들이 워싱턴에 대한 계속적인 전투공중초계를 제공하기 위해 메릴랜드(Maryland) 주의 앤드류 공군기지(Andrews Air Force Base)에서 발진했다. 그와 동시에 버지니아 주의 리치먼드(Richmond)에 있던 주 공군의 F-16들은 최고 경계태세에 돌입했다. E-3 공중경보통제 항공기들도 뉴욕

• 핵전쟁이나 기타 재앙적 사건이 발생한 경우에 정부가 그 필수적인 운영을 계속할 수 있도록 하는 절차를 규정한 계획이다. 영국전투 동안 독일 공군의 위협에 대응하기 위해 영국에서 처음 만들었으며, 핵확산에 따라 그 필요성에 대한 인식이 확산되어 미국, 독일, 프랑스, 캐나다 등의 보다 많은 국가들이 이를 마련했다.

시와 워싱턴 공역을 감시하기 위해 공중궤도를 돌기 시작했으며, 전 세계적으로 미국의 군사설비에 접근하는 데는 엄격한 제약이 가해졌다.[4] 그러한 설비들 중 다수가 가장 확실한 폐쇄등급인 전력보호태세 델타(Force Protection Condition Delta)하에 놓였다.

어느 누구도 그런 공격에 대한 책임이 누구에게 있는지를 즉각적으로 주장하지는 못했지만, 미 정부가 빈라덴(Osama bin Laden)과 그의 알카에다 이슬람 테러망이 그 배후에 있다는 강력한 증거를 찾아내는 데는 그리 오래 걸리지 않았다. 그 공격은 테러리즘을 '가끔은 치명적인 성가신 일'에서 미국의 안보에 대한 핵심적인 위협으로 격상시키면서 국제 테러리즘에 관해 근본적으로 새로운 면모를 보여주었다. 실제로, 9월 11일 이전에 가장 보편적으로 이해되던 것과 같은 "테러리즘"에 대한 재래적 이미지는 그 암울한 아침에 발생했던 사건의 제대로 된 규모를 파악해내는 데 전적으로 실패했다. 사실 그 공격은 미국에 대항하는 무국적적(無國籍的)인 비대칭 전쟁이 수행되는 조직화되고 제약 없는 전역(戰役)이 실로 아무런 제약도 없이 표출된 첫 사례였다. 뒤이은 미국의 테러와의 전쟁을 구성했던 초기의 군사전역, 항구적 자유 작전은 거의 한 달 뒤인 10월 7일까지 개시되지 않았다. 그러나 부시 행정부가 9월 11일의 잔학행위에 대응하여 단호한 조치를 취할 것이라는 점은 공격 후 가장 초기부터도 분명했다. 그리고 그러한 대응의 최선봉은 아프가니스탄에 있는 빈라덴의 망과 테러리스트들에게 안전한 은신처와 작전기지를 제공해주었던 그 나라의 탈레반 정부를 제거하기 위한, 항공력이 지배하는 전역이 될 것이라는 점에도 의심의 여지가 거의 없었다.

계획 수립

공격에 의해 촉발된 초기 충격이 국가지도자들의 보다 집중적인 결의로 대체되어가면서 행정부의 의도된 반격전략의 첫 낌새가 나타나기 시작했다. 공격을 인지한 지 몇 분 내에 유럽, 아시아, 중동에 걸쳐 존재하던 미국의 군사사령부들은 격상된 전력보호조치를 이행하고, 신속한 군사적 대응에 투입될 수 있는 각 책임구역(AOR) 내 전력들의 상태를 평가하기 위해 위기조치팀을 설치했다. 전 세계적으로 존재하는 많은 미국의 설비들에 대해 전력보호태세 델타가 이튿날에도 계속되면서 미국은 부시 대통령이 묘사했던 "21세기의 첫 전쟁"

을 준비했다.[5]

행정부의 대응계획이 드러나면서 테러와의 임박한 전쟁에 필요한 정당성을 부여해주고 물질적인 지원을 해줄 세계적인 동맹을 건설하는 게 그 첫 번째 도전거리가 되었다. 두 번째 도전은 전역의 우선순위와 목표들을 명시해주는 견고한 계획을 발전시키는 일이었다. 세 번째 도전은 그러한 우선순위들을 충족시키며 행정부가 선언한 목표들을 달성하기 위한 소상한 작전개념을 만들어내는 것이었다. 마지막으로, 그와 같은 행동을 위해서는 모든 군종의 필요한 자산들을 투입하고 사전에 전개 배치하기 시작해야 할 필요성이 존재했다. 그 모든 것은 9월 11일의 공격과 10월 7일의 항구적 자유 작전의 개시 사이인 불과 26일 내에 이루어졌다.

일찌감치 9월 12일에 펜타곤과 미 중부사령부의 관리들은 기존의 대응 선택지들을 세밀하게 재검토하기 시작했다. 미 중부사령부는 특별히 아프가니스탄의 탈레반과 알카에다 테러조직을 다룰 수 있는, 우발사태와 관련된 계획된 선택지를 갖고 있지 못한 것으로 드러났다. 그러나 구상되어가던 전역의 주된 목표가 머지않아 아프가니스탄에 있는 알카에다 테러리스트들의 기간구조를 파괴하는 것과 더불어 탈레반 체제를 완전히 타도하는 것이 되었다. 기본적인 전략은 정밀 원거리무기를 최대한 활용하는 것이었으며, 상당한 수의 재래식 지상전력은 완벽하게 필수적인 경우라고 여겨지는 경우에만 투입하려 했다. 불과 3주 동안에 미 정부는 효과적인 국제동맹을 규합해내고, 적용 가능한 전쟁전략의 첫 윤곽을 그려냈으며, 필요한 전력과 물자를 그 지역으로 이동시키고, 아프가니스탄에 있는 반(反)탈레반 토착세력과의 동맹을 발전시켰다. 아울러 지역적으로 기지 사용과 비행에 대한 허가를 조율해냈고, 수용 가능한 표적승인 과정을 위한 기초를 마련했으며, 동시적으로 인도주의적 구제 작전을 수행할 준비를 갖추었다.

이런 전략을 이행할 도구를 위해 미 중부사령부는 해군과 해병의 항공모함에 기반을 두는 타격전투기들에 크게 의존했다. 이러한 전투기들은 비행 중 재급유를 제공해주는 미 공군과 영국 공군 공중급유기들의 지원을 받았는데, 이는 지상기반 전투기들이 쉽게 미칠 수 있는 아프가니스탄 지역 내에 접근 가능한 기지의 수가 제한되었기 때문이다. 이 사령부는 또한 자신들과 전술적 수준에서 이 전쟁을 수행하는 이들에게 최대한 신뢰성 있는 상황지각력을 제공하기 위해 매우 다양한 우주와 공중 기반 정보·감시·정찰(ISR) 플랫폼들의 망을 활용했다. 부시 행정부가 막 그 전략을 구체화하고 그것을 이행할 계획을 발전시키기 시작했을 때부터 남서 아시아에 있는 미 중부사령부의 책임구역에는 병력과 장비의 초기 전개가 시작되었다. 상당한 수의 미국과 영국의 전투항공기들이 이라크에 대한 북부감시작전과 남부감시작전을 지원하기 위해 이미 사우디아라비아와 쿠웨이트, 그리고 터키의 인시르릭(Incirlik) 공군기지에 전개되어 있었다. 9월 19일에 부시 대통령은 24대의 B-52와 B-1B 대형폭격기, 그리고 공중급유기들을 영국에 의해 가용해져 있었던 인도양의 섬 디에고가르시아(Diego Garcia)로 전진 이동하도록 명령했다. 이는 그런 항공기들이 아프가니스탄에 더 쉽게 도달할 수 있게 하기 위한 것이었다.[6] 9월 21일에 럼즈펠드(Donald Rumsfeld) 국방장관은 그곳에 이미 존재하던 175대의 항공기를 증원하기 위해 100대의 미국 항공기를 그 지역에 파견하는 두 번째 명령에 서명했다.

해군자산으로서는 항공모함 2대—칼 빈슨 호(USS *Carl Vinson*)와 엔터프라이즈 호(USS *Enterprise*)—가 책임구역 내에 있는 기지에서 이미 작전을 수행하고 있었으며, 그러한 항모들에 탑승해 있던 비행단들은 작전태세를 갖추고 있었다. 시어도어 루스벨트 호가 이끄는 세 번째 항모전투전단은 9월 18일에 버지니아주의 노퍽(Norfolk)에 있는 모항(母港)으로부터 책임구역으로 전개하라는 명령을 받았다. 같은 시기에 항공모함 키티호크 호(USS *Kitty Hawk*)는 일본의 요코스카에 있는 모항으로부터 책임구역을 향해 출발했다. 그러나 그것은 미 특수작전전력(SOF)팀이 아프가니스탄으로 진입하는 해상기반의 "전진기지(lily pad)"• 를 제공하기 위해 제대로 된 비행단 전력은 갖추지 않은 상태였다. 다양한 특수작전전력 헬리콥터들이 공간을 확보할 수 있도록 비행갑판과 격납고 갑판을 비워주기 위해 키티호크는 50대 이상으로 이루어진 비행단 전력 중 불과 8대의 타격전투기만 탑재했다.[7]

항구적 자유 작전이 시작되기까지 한 주도 채 남지 않은 시점에 그 지역에 배치된 미국 항공기의 수는 400~500대로 증가되었으며, 여기에는 정박 중이던 3대의 해군 항공모함 각각에 탑재되어 있는 각 75대의 항공기가 포함되었다. 그 수는 공중급유기와 전자전 및 정보·감시·정찰 플랫폼과 같은 지원항공

• 미국의 특수전력은 우발사태가 발생한 세계 도처의 위치에 신속하게 전개할 수 있는 능력을 매우 강조하고 있다. 이를 위해서는 일종의 소규모 '전진기지'가 필요한데, 이를 물에 떠 있는 '수련의 잎'을 의미하는 'lily pad'로 칭하고 있다.

기들을 포함했다. 수십 대의 공군 전투항공기가 페르시아 걸프 지역의 국가인 쿠웨이트, 사우디아라비아, 오만으로 전개되었다. 그리고 전례가 없는 탈냉전의 움직임 속에서 이전에 소비에트 공화국이던 두 나라인 우즈베키스탄과 타지키스탄으로도 파견되었다. 그곳에는 아직 수천 명의 러시아 병력이 유지되고 있었다. 그러한 항공기에는 B-52, B-1B, F-15E, F-16뿐 아니라 E-3와 공중급유기, 그리고 기타 지원항공기들이 포함되었다.[8]

전투의 개시

항구적 자유 작전은 2001년 10월 7일 밤의 청명한 하늘 아래서 시작되었으며, 헤라트(Herat), 신단드(Shindand), 마자리샤리프(Mazar-i-Shrif), 그리고 탈레반의 남부거점이던 칸다하르(Kandahar) 내와 그 인근의 계획된 표적들을 향했다. 공격은 디에고 가르시아에서 출격해 작전을 수행하던 공군 B-1B 5대, B-52 대형폭격기 10대와 북 아라비아 해에 있던 항공모함 엔터프라이즈 호와 칼빈슨 호에서 발진한 25대의 해군 F-14와 F/A-18 전투기에 의해 수행되었다. 미주리 주의 화이트먼 공군기지(Whiteman Air Force Base)에 있는 모(母)기지로부터 무착륙 비행해 온 공군 B-2 스텔스 폭격기 2대도 전투를 개시하는 야간 공격에 참여했다. 그것들은 각각 탈레반의 조기경보 레이더들과 군사본부 건물들을 지향하는 16개의 2000파운드 위성유도 GBU-31 합동직격탄을 장착하고 있었다. 공격항공기들은 동반된 F-14와 F/A-18 전투기 소탕 전력과 해군 EA-6B 프로울러스에 의한 적 레이더 및 통신송출에 대한 전자재밍의 지원을 받았다.[9] 이런 공격의 개시 시각은 현지 시각 21시였다.

그날 밤 가장 강력한 폭격은 공군 B-52들에 의해 수행되었다. 그들은 동부 아프가니스탄의 계곡들에 있던 알카에다 테러리스트들의 훈련캠프에 합동직격탄과 수백 발의 500파운드 Mk 82 비유도폭탄을 퍼부었다. 해군 항모들로부터 가해지는 타격은 600해리 이상 떨어져 있는 표적까지의 거리, 4시간 반 이상의 평균 비행시간, 임무를 완수하기 위해 이루어지는 매번 최소 2회의 비행 중 재급유를 포함했다. 영국 공군은 해군 전투기들에 대한 비행 중 재급유를 공급함에 있어 미 공군 KC-135와 KC-10을 보조하기 위해 트라이스타(Tristar)와 VC-10 공중급유기들을 제공했다.[10] 전역이 촉발시킬 것이 확실히 예견되는 탈레반과 알카에다의 선전공세를 방해하기 위한 계산된 노력의 일환으로, 첫

폭탄이 표적에 명중된 후 45분 내에 독일의 람슈타인(Ramstein) 공군기지로부터 날아온 C-17 2대가 폭격 동안에 아프가니스탄의 도시들에서 빠져나올 것으로 예견되었던 수천 명의 난민들에게 임시 생필품을 제공하기 위해 식량과 의료물자 3만 4400꾸러미를 투하했다.

초기 공격의 한 가지 목적은 탈레반의 제한적이지만 얕잡아 볼 수 없는 전투기 전력과 지대공미사일, 그리고 대공포 망을 무력화하여 확고한 공중통제를 달성하는 것이었다. 그들의 전투기 전력은 50대가 채 못 되는 MiG-21과 Su-22 전투기로 구성되었는데, 그것들은 소련이 몰락한 후 패배한 아프가니스탄의 파벌들로부터 1996년에 포획한 것으로서 그중 다수는 퇴역한 상태였다. 후자와 관련해서, 보고서들은 탈레반의 지상기반 방공망이 SA-3 3개 사이트를 포함했지만 그 운용요원들은 레이더와 미사일을 사용 가능한 상태로 유지시키는 데 필요한 유능함은 갖추지 못했음을 보여주었다.[11] 그것은 또한 인간이 휴대 가능한 SA-7 적외선 지대공미사일들과 300~550대의 대공포, 그리고 어깨에 얹은 채 발사하는 불명확한 수의 미국제 스팅어 적외선 지대공미사일—이들은 소련이 점령하던 말기에 미국이 무자헤딘(mujahedin)에게 공급했던 1000개의 원래 수량 중에 남아 있는 것이었다—도 포함한 것으로 알려졌다. 극히 초보적이기는 했지만 미국의 임무기획관들의 관점에는 이러한 방공위협이 하찮은 것일 수 없었다. 40명이나 되는 탈레반 조종사들이 MiG-21과 Su-22를 조종할 수 있는 것으로 믿어졌다.[12] 그러한 항공기에 대한 미 중부사령부의 주된 염려는 전통적인 공중전투에서 그들이 제기하는 도전—이는 경미했다—이 아니라 그것들이 폭발물을 탑재하고 궁극적으로는 미군의 지상 야영지에 자살임무를 수행하기 위해 비행할지도 모른다는 한정된 가능성이었다.

2일째 항공작전에서는 첫날 밤에 투입되었던 항공기 숫자의 약 절반가량만을 볼 수 있었다. 다시 한 번 공격은 밤에 시작되었지만 이번에는 주간 시간까지 계속되었다. 이는 탈레반의 보잘것없는 방공망이 대부분 무력화되었다는 미 중부사령부의 증가된 확신을 반영하는 것이었다. 타격작전이 이루어진 지 5일째에 이르러 알카에다 전투원과 장비들을 숨겨주고 있던 산악동굴단지가 GBU-28 5000파운드 레이저유도 경성구조탄(hard-structure munition)에 의해 처음으로 공격되었다.[13] 적 대공포화는 기껏해야 간헐적으로만 계속되었으며, 스팅어 적외선 지대공미사일이 발사되었다는 확인된 보고는 존재하지 않았다.

항구적 자유 작전이 2주차에 접어들면서 AC-130 무장항공기 2대가 10월 15

일에 공격군 전력의 일부로서 처음 투입되었다. F-14를 탑승한 공중전방항공통제관(FAC-A)•들도 머리 위를 비행하며 탈레반 표적들을 식별해 무장항공기들로 하여금 공격하도록 했다. 그런가 하면 AC-130 공중승무원들은 자체적인 공중전방항공통제관으로 기능했다. 컴퓨터로 조준하는 105밀리와 40밀리 기관포와 25밀리 개틀링 기총으로 무장하고 있는 AC-130의 도입은 지대공 위협이 대부분 제거되었다는—적어도 AC-130이 통상적으로 전투에 활용되는 야간에는—미 중부사령부의 확신이 커져 가고 있음을 반영하는 것이었다. 같은 날, 타격전투기와 중폭격기들이 적의 동굴 은신처에 가한 공격으로 2차적인 거대폭발이 발생했으며, 그중 하나는 거의 4시간이나 지속될 지하화재를 유발하기도 했다.[14]

그에 앞서 미 중부사령부 사령관 프랭스(Tommy Franks) 미 육군대장은 10여 대의 공군 F-15E들이 책임구역으로 전개하여 전역에 참가해줄 것을 요청했다.[15] 그에 따라 10월 17일에 F-15E들이 쿠웨이트의 알자비르(al Jaber) 공군기지에서 출격하여 탈레반 병력의 진지에 대한 작전을 개시했다. 이는 항구적 자유 작전에서 지상기반 전투기들이 사용된 첫 사례였다.[16] 관련된 거리가 상당했기 때문에 아프가니스탄에 대한 주간 및 야간 타격임무를 수행하기 위해 북 아라비아 해에 전개되어 있던 2대의 항공모함은 '14시간 이륙 및 회수창(fourteen-hour first-launch-to-last recovery window)'을 사용해 각각 10시간가량만을 담당할 수 있었으며, 이로써 항모들이 담당할 수 있는 총 시간은 하루 불과 20시간에 지나지 않았다. 그에 따라 항모들이 담당할 수 있는 시간에서의 공백을 채우기 위해 라이트닝 II 표적지시 포드(targeing pod)••를 장착한 F-16들과 함께 알자비르 공군기지에서 이륙한 F-15들이 사용되었다.[17]

전역 10일째 되던 날에 국방부는 노력이 주로 고정표적들을 공격하는 것에서 기회성 표적, 특히 집결하는 병력과 차량들을 찾는 것으로 옮겨졌음을 선언했다. 즉, "떠오르는 표적(emerging target)"으로 주의가 옮겨졌는데, 여기에는 초기 공격 후에 이동한 탈레반 차량들뿐 아니라 탐지되고 식별된 기타 적 병

• 지상부대에 배속되어 항공기를 유도하는 일반적인 전방항공통제관(FAC)과는 달리 항공기에 탑승하여 항공기를 통제하는 요원을 의미한다.

•• 다양한 전투기 항공기에 장착되어 사용되고 있는 이스라엘제 정밀 표적지시 포드이다. 이를 장착한 항공기는 주·야간뿐 아니라 기상 불순 시에도 다양한 원거리무기를 사용해 지상과 공중의 표적들을 효과적으로 공격할 수 있다.

력과 무기들도 포함되었다. 강조점에서 이런 전이의 주요한 일부로서 1주일간의 논스톱 폭격 후에 소수의 특수작전 요원들이 남부 아프가니스탄에 성공적으로 투입됨으로써 현대전에서 항공력의 새로운 사용의 시작을 알렸다. 작전의 이러한 새로운 국면에서 항모기반 타격전투기들에 탑승한 공중전방항공통제관들은 특수작전팀에 의해 지정된 표적들을 육안으로 확인하고 확정하며 다른 항공기로 하여금 그것들을 공격하게 만들 것이었다.

11월 9일에 우군 측 아프가니스탄 전력이 마침내 마자리샤리프를 장악했다. 그들은 T-55 탱크, 장갑차량, 보병, 심지어는 말에 탄 채 돌격하는 방식으로 공격했으며, 정밀공중폭격으로 이미 망연자실해 있는 그 도시를 향해 북으로 진격했다. 뒤이은 성공은 항구적 자유 작전에서 첫 번째 가시적인 돌파를 가능하게 했을 뿐 아니라 전역의 초기 진전이 정체되는 것에 대한 염려가 발생하기 시작했던 시점에 가시적인 사기 진작제로 기능하기도 했다.

우군 측 아프가니스타 전력—이들은 연합군 특수작전팀들과 긴밀하게 협력하며 일하고 있던 미국 항공력으로부터 결정적인 도움을 받았다—에 의해 결국 카불(Kabul)이 점령된 것은 또 하나의 주요한 돌파였다.[18] 그렇다고 같은 시기에 항구적 자유 작전의 첫 국면이 끝난 것은 결코 아니었다. 탈레반 전력은 쿤두즈(Kunduz)와 칸다하르에 대한 통제권을 장악하기 위해 계속해서 필사적으로 싸웠다. 후자는 탈레반의 주요한, 그리고 최후의 잔존거점이었다. 그에 따라 미 중부사령부의 초점의 중심은 그 2개 지역으로 이동했으며, 미국이 가하는 대부분의 공중공격이 그곳에 집중되었다. 연합군 특수작전팀들은 이제 도로를 차단하고 교량을 선별적으로 파괴하며 이동하는 차량에 대해 공격을 요청함으로써 체계적으로 적 표적들에 대한 공중타격을 가능하게 하는 일에 임했다. 이 모든 것은 머리 위에서 중단 없이 가동되는 다양한 공중 및 우주 자산들을 통해 꼼짝 못하도록 노려보고 있는 다중스펙트럼의 정보·감시·정찰 우산의 도움을 받았다.

쿤두즈에 대한 포위전이 본격적으로 진행되면서 연합군의 공중타격은 그 수와 강도를 더해갔다. 진전이 있음을 보여주는 또 다른 신호로서, 칸다하르 지역에서 폭격이 마침내 알카에다의 일부 고위지도자들을 죽이는 데 성공했다는 첫 보고서들—적 무선통신을 가로챈 결과에 기초하여 작성되었다—이 확인되었다.[19] 그 지도자들 중 주요한 인물은 빈라덴의 군사령관 아테프(Mohammed Atef)로서, 그는 빈라덴의 아들과 자신의 딸을 결혼시켜 그 테러리스트 리더와 긴밀한 유대를 갖고 있었다.[20] 그는 공군 F-15E가 투하한 레이저유도폭탄의 표적이 된 가옥 내에 있다가 사망했으며, 우연히 그 항공기는 나중에 역사상 전투기에 의한 최장 전투비행(15.8시간)으로 판명되는 임무를 수행하고 있었다.[21]

탈레반의 권력이 그 수명을 다해감에 따라 펜타곤은, 전역이 전선은 덜 엄격하게 유지하면서 이제 "탈레반 축출"과 알카에다 전투원들을 발견하는 대로 제거하는 데 강조점을 두는 새로운 국면에 접어들었음을 보여주었다. 그때까지 전역에서 이루어졌던 노력의 수준에 대해 합참 대변인 스터플빔(John Stufflebeam) 해군소장은 전투의 첫 45일 동안에 대략 1만 개의 폭탄이 소비되었다고 보고했다. 그러한 소비율은 1999년 코소보에서 북대서양조약기구가 수행한 항공전의 무기투발율과 대강 비슷했는데, 당시에는 78일 동안에 2만 3614개의 폭탄이 사용되었다. 두 전역 간의 차이는 운용된 정밀무기의 전반적인 비율이었다.(비율로 보았을 때 항구적 자유 작전에서는 동맹군 작전 때보다 2배나 많이 사용되었다.)[22]

12월 1일에, 저항세력이 탈레반의 마지막 남아 있는 저항거점이었던 칸다하르의 10마일 내로 이동함에 따라 그 도시에 대한 공중공격은 강화되었다. 칸다하르에 대한 느슨한 포위는 점차적으로 포위전이 되었다. 우군 간 오폭의 첫 사례가 12월 5일에 발생했는데, 그날 합동직격탄 한 발이 우발적으로 전투통제관 자신의 진지에 날아들었다. 잘못된 조준지점 때문에 3명의 미국인 병사와 5명의 아프가니스탄 병사가 사망하고 20명의 미국인 병사와 18명의 아프가니스탄 병사가 부상을 당했다. 나중에 탈레반 이후 아프가니스탄의 지도자가 될 카르자이(Hamid Karzai)는 특수작전 부대에 의해 인근에서 보호되고 있었다. 그는 B-52 1대가 투하한 2000파운드 폭탄 1발에 의해 거의 죽을 뻔했었다.[23] 처음에는 폭격기 승무원에게 잘못된 좌표가 제공된 것으로 여겨졌다. 그러나 나중에는 표적좌표를 설정하기 위해 통제관이 사용하는 위성항법체계 수신기에 새로운 배터리팩이 교체되었으며, 통제관은 배터리가 교체될 때마다 수신기가 미리 설정된 좌표로 복원되어버린다는 점을 기억하지 못했던 것으로 판명되었다. 용하게도 통제관은 그 잘못된 공격에서 살아남았다.[24]

칸다하르를 위해 계속되던 전투는 주로 공중으로부터 수행되었으며, 그 도시의 외곽에 대한 2개월 이상의 타격을 수반했다. 미국이 쓸 수 있었던 정밀무기들에 의해 가능해진 선별적인 전력운용을 잘 보여주는 예는 일렬로 늘어서 있는 3개의 알카에다 가옥들을 파괴한 F-15E들의 공격이었다. 그 가옥들과 매

우 인접해 있던, 유엔식량농업기구 소속의 삼베 텐트 2개는 아무런 피해도 입지 않았다.[25]

전역이 시작된 지 63일 후에 칸다하르가 함락되자 럼즈펠드 장관은 전쟁노력이 이제 새로운 국면에 접어들었으며 빈라덴과 그의 최고위급 심복들을 색출하고 탈레반 축출 이후의 아프가니스탄을 안정시키는 데 주된 초점이 있음을 선언했다. 강성 알카에다 전투원들은 토라보라(Tora Bora) 산악지대에서 무려 200개에 달하는 개별적인 은신처를 마련해 저항을 계속했다.[26] 이는 합동참모의장 마이어스(Richard Myers) 대장이 표현했듯이 그들을 제거하기 위한 "매우 힘든 전투"가 절박해지게 만들었다.[27] 그러한 노력과 관련하여 B-52 1대가 토라보라에 있는 특히 관심이 집중된 표적에 대해 바위를 뚫는 탄두를 장착한 AGM-142 해브냅(Have Nap) 미사일 1발을 발사했다. 그 동굴의 입구는 접근하는 데 상당한 도전이 필요해서 정밀무기가 실제로 그 안에 날아들어야만 하게 만들었다.[28] 또한, 1만 5000파운드 BLU-82/B 폭탄이 알카에다 지도자들의 거처로서 어느 누구도 들어가거나 나올 수 없는 곳으로 여겨졌던 토라보라 동굴단지의 일부에 투하되었다.

중단 없이 3주간 지속된 토라보라에 대한 폭격은 우군 측 아프가니스탄 전력이 알카에다 도피자들을 색출하기 위해 동굴로 진격할 수 있도록 짧은 기간 동안 중단되었다. 그러한 막간이 시작되기 전에 미국과 영국의 특수작전팀들은 빈라덴이 최근에 백산지대(White Mountains)에서 발견되었다는 확인된 보고를 받은 뒤 동굴들을 수색하기 시작한 상태였다.[29] 알카에다의 저항이 이례적일 정도로 격렬한 점에 비춰 연합군의 정보는 처음에는 빈라덴이 토라보라에서 포위되어 구석에 몰린 것으로 가정했다. 그러나 그를 추적하여 생포하거나 죽이려는 노력이 실패로 돌아가자 행정부 대변인은 그가 여전히 그곳에 있을 확률은 반반에 지나지 않았음을 인정했다.

이제 토라보라 동굴단지가 사라져버림에 따라 알카에다 생존자들의 일부는 동부 아프가니스탄에 있는 자와르킬리(Zhawar Kili)와 호스트(Khost) 부근의 동굴들로 재결집하려 했다. 그런 발전은 4일간에 걸쳐 그 지역에 118소티의 연속적인 공격이 가해지게 만들었으며, 그 시작은 2002년 1월 3일에 B-52, B-1B, F/A-18, AC-130 들에 의해 이루어졌다. 자와르킬리의 동굴단지는 9제곱마일에 걸쳐 존재했으며, 70개의 서로 연결된 동굴과 터널이 그야말로 수 마일의 보호된 공간을 제공해주었다.[30] 자와르킬리의 동굴들에만 해도 약 250개의 폭탄이 투하되었다.[31] 그곳에 있는 알카에다 단지를 파괴하는 일을 완결하는 데는 거의 2주가 걸렸으며, 이때 공군 전투통제관들은 대부분의 목표지점을 파악하고 지정하는 일을 하던 미 특수작전팀에 배속되어 일했다.[32]

사막의 폭풍 작전에서처럼 항구적 자유 작전에서도 달성된 무기효과들 중 다수는 그 성격상 주로 심리적인 것이었다. 적이 보거나 들을 수 없도록 높이 비행하는 항공기에 의해 투하된 폭탄들은 난데없이 들이닥친 것처럼 폭발했다. 우군 측 아프가니스탄 전투원들은 무선통신에서 탈레반 병사들이 제트기 소리가 들리면 숨을 곳을 찾아 미친 듯이 뛰는 것을 우연히 듣곤 했다. 전역 초기의 어느 날 밤에 탈레반 전력은 안개가 낀 날씨 속에서 다리를 넘으려고 준비하고 있었다. 그 다리는 동시다발적으로 발사된 3개의 합동직격탄에 명중되어 그들의 눈 바로 앞에서 제거되고 말았다.[33] 무형적이고 계량화할 수 없으며 예상할 수 없지만, 그러한 2차적인 효과가 탈레반이 예기치 않게 일찍 패배하는 데 주목할 만한 역할을 수행했음은 분명하다.

9주 이상의 중단 없는 전투작전 뒤인 12월 18일에 공중폭격은 마침내 멈췄다. 사태가 점차 정리되자 펜타곤은 빈라덴과 그의 가장 가까운 동지들이 도피하는 것을 막는 데 도움을 주기 위해 미국의 지상전력을 토라보라 전투에 보다 적시에 투입하지 않은 것에 대해 여러 방면으로부터 신랄한 비판을 받았다. 토라보라에서의 무산된 노력이 취소되고 난 뒤에 연합군 지상작전에 참가했던 한 영국 특수작전 장교는 그러한 실패에 대해 다음과 같이 말했다. "우리는 알카에다 투사들이 곳곳에서 필사적인 지연전술을 펼치던 동굴들을 급습했다. 그러나 우리 쪽의 제안에도 불구하고 빈라덴과 다른 지도자들이 도피하고 있는 계곡으로 이동하라는 명령은 결코 내려오지 않았다. 토착전력으로 하여금 차단부대를 제공하게 하려 할 생각이었지만, 그들은 그러한 과업에는 적합하지 않았다."[34]

2002년 1월 중순에 이르러 아프가니스탄에 대한 미국의 타격작전은 소규모로 줄어들었다. 1월 말에 시어도어 루스벨트 호에 탑승해 있던 비행단에 배속되어 있던 한 F-14 조종사는 다음과 같이 이야기했다.

> 항구적 자유 작전의 표준적인 비행은 다음과 같다. 발진한다. 유조선으로 이동한다. 대기한다. 대기한다. 대기한다. 대기한다. 대기한다. 유조선을 타격한다. 대기한다. 대기한다. 대기한다. 조금 더 대기한다. 다시 한 번 유조선을 타격한다. 그러고는

야간매복을 위해 복귀했다. 이제 우리의 임무는 불펜에서 시간을 보내고 있는, 몸을 풀면서 한순간에 지시가 있으면 출전할 준비를 갖추고 있는 구원투수의 그것과 같다. 호출이 있는 경우 그의 임무는 한 가지, 곧 빈볼(beanball)을 던지는 것이다… [이제 우리의 출격은] 크리스마스 이전의 모든 활동과는 전혀 다르다.[35]

한 달 뒤에 항구적 자유 작전은 첨단기술을 동원한 항공전으로서의 초기 특징으로부터 사실상 내부적인 경찰활동으로 대부분 변화되었다. 미국 스스로가 반목하는 군벌들을 관리하고 평정하며, 신생 아프가니스탄 임시정부를 보호하고, 그 나라에 주둔하고 있던 4000명에 이르는 미 지상병력을 위해 저격수의 사격과 다른 적대적인 행동으로부터 충분한 전력보호를 제공하려고 애쓰고 있는 자신을 발견했다.

전역을 시작하는 순간부터 미국의 목표는 아프가니스탄을 "격파"하는 것이 아니라 탈레반 통치를 종식시키고 그 나라에 있는 알카에다의 조직망과 지원구조를 파괴하는 것이었다. 그러한 목표에 맞게 9월 11일의 테러리스트 공격이 있고 난 지 불과 102일 만에 탈레반 체제는 붕괴되었다. 프랭스 장군은 나중에 자신의 전략은 항공작전으로 시작되어 그다음에는 특수작전전력과 재래식 지상병력이 그 뒤를 따르는 선형적인 전개과정이 아니라 필요한 대로 모든 가용한 도구를 동시적으로 사용하는 것을 상정했음을 밝혔다. 아프가니스탄 토착전력과 연합군 특수작전팀들이 이러한 전략의 성공에 필수적이었지만, 미국의 항공우주력이 이를 가능하게 한 주요한 요소였다.

아나콘다 작전

탈레반이 몰락하고 카르자이 임시정부가 설치되면서 이어진 두 달간의 상대적인 휴지기간 뒤에 미 지상전력은 아나콘다 작전이라고 명명된 공세를 통해 아프가니스탄에 남아 있던 알카에다 도망자들을 포위하여 생포하거나 죽이려는 과감한 시도를 하던 중에 이 전쟁에서 가장 까다로운 시험에 직면했다. 동부 아프가니스탄 고산지대로의 이러한 계획된 진격은 항구적 자유 작전에서 미국의 재래식 지상병력이 개입한 처음이자 유일하게 실질적인 전투가 될 것이었다. 샤히콧(Shah-i-Kot) 계곡은 2002년 1월 초 이래 미 중부사령부의 면밀한 감시 아래 놓여 있었는데, 이는 정보 보고들이 탈레반 및 외부 알카에다 강성주의자들이 그곳에 재집결하고 있음을 보여주었기 때문이다.

결국 아나콘다 작전을 이끌었던 발전에는 두 가지의 고려가 깔려 있었다. 그 첫째는 아프가니스탄 내륙지역에서 스스로 재무장하고 유약한 카르자이 정부를 위협하고 있던 알카에다 전투원들이 점점 더 결집하는 것을 미연에 방지하려는 미 중부사령부의 열망이었다. 다음으로는 미군 전력은 자신들을 산악지대까지 추격하지 않을 것이며 겨울 날씨에 자신들과 격돌하지 않을 것이라는, 알카에다 지도자들의 확신을 보여주는 증가하는 정보였다.[36] 대안적인 지휘 및 통제 체계에 대한 몇 주간의 실험 후에 아나콘다 작전의 기획과 수행을 위한 주도적인 역할은 제10산악사단의 지휘관인 하겐벡(Franklin L. Hagenbeck) 육군소장에게 맡겨졌다. 임박한 작전을 위해 그는 제10산악사단과 제101공수사단을 소규모의 전문적인 특수작전대와 그보다 큰 규모의 토착 아프가니스탄 전투원들을 혼합한 전력인 연합합동산악기동부대[Combined Joint Task Force (CJTF) Mountain]의 지휘관으로 공식 지정되었다.[37] 이 모든 전력이 지정한 시점에 아나콘다 작전을 수행할 것이었다.

명목상으로는 "합동"군이라는 존재로 지정되었음에도 불구하고 연합합동산악기동부대는 육군으로만 조직이 구성되었을 뿐 군종별 참여는 없었다. 게다가 하겐벡 장군 자신을 제외하면 연합합동산악기동부대의 불과 2명만이 합동환경에서 작전을 수행했던 이전 경험을 갖고 있었다. 더 중요한 점은, 그의 지휘 아래서 그러한 임무가 10년 전의 사막의 폭풍 작전 이후 미 지상병력을 투입하는 가장 대규모적인(1000명 이상) 계획으로 커졌다는 사실에도 불구하고 아나콘다 작전이 수행되는 예정일에 거의 임박할 때까지 그 작전을 위한 정교한 기획에 공군구성군이 참여하게 하려는 시도는 전혀 없었다는 점이다. 훗날 그가 스스로 인정한 바에 따르면, 하겐벡은 그에게 배속된 공군 연락장교가 아나콘다 작전을 기획하기 시작하는 시점부터 연합합동산악기동부대의 의도와 필요를 정기적으로 공군구성군에게 알려오고 있었으며, 작전장교들과 공군구성군의 참모들이 필요한 항공지원의 통합을 위해 일하느라 바쁜 것으로 가정했다. 그러나 이는 잘못된 것으로 드러났다.[38] 그러한 근거 없는 가정은 아나콘다 작전을 실행하는 시점에는 거의 재앙과 같은 결과를 낳고 말 것이었다.

그 작전의 공표된 임무는 아프가니스탄 동부 내륙의 샤히콧 지역에서 연합군 전력과 조우할 수 있는 알카에다와 탈레반 전투원들을 생포하거나 죽이는 것이었다. 그러한 목적을 위해, 계획된 차단과 수색 노력에도 참가하고 있던 1000명가량의 우군 아프가니스탄 전투원들과 더불어 1400명 이상의 재래식 미 육군 보병들과, 추가적으로 200명의 제대로 된 특수작전 요원들이 참가하도록 할당되었다. 연합합동산악기동부대의 계획은 그 지역에 은신하고 있는 것으로 여겨졌던 수백 명의 알카에다 전투원들을 봉쇄한 뒤 생포하거나 죽이는 것을 목표로 하는 중첩하는 전력 고리들로 샤히콧 계곡을 포위하는 것이었다. 그러나 결국 아나콘다 작전은 강풍과 기타 기상문제로 인해 반복적으로 지연된 뒤인 3월 2일에 시작되는 일련의 격렬한 화력전이 되고 말았다. 이 전투에서 알카에다 저항자들은 이전에 토라보라에서 그랬던 것처럼 퇴각하지 않고 버티면서 죽을 때까지 싸우려 했다. 그것은 또한 고정익 항공력—이것은 초기 기획에서는 대부분 빠져 있었으며 사건의 흐름이 주요한 재앙을 향해 가는 것처럼 보이는 마지막 순간에서야 총력적으로 소집되었다—이 고비용적일지는 모르지만 결국에는 성공적인 결과를 낳는 데 중추적인 역할을 하게 됨을 경험했다.

추가적인 문제가 발생할 것임을 보여주는 전조가 되었던 사례들 중 하나에서는 연합합동산악기동부대가 계곡으로 진격하기에 앞서 미 육군의 AH-64 아파치 공격헬리콥터들이 계획된 공중강습상륙지대(LZ)를 비행하며 정찰했다. 공중에서 그 지역에 알카에다의 존재가 탐지되지 않았기 때문에 아파치 편대장은 상륙지대가 안전한 것으로 잘못 보고했다. 그러나 투입되자마자 연합합동산악기동부대의 병력은 계곡의 바닥과 인근 고지 모두로부터 날아드는 강력한 적의 박격포 및 기관총 사격에 의해 곤경에 처하고 말았다. 개인 무기와 경기관총, 박격포로만 무장하고 있던 그들은 알카에다의 압력을 무력화할 수 있는 충분한 자체 화력을 갖고 있지 못했다. 그래서 그들은 아파치들이 돌아와 적 사격의 진원지로 의심되는 지역에 제압소탕을 펼쳐줄 것을 요청했다. 그러나 치열한 전투가 진행 중인 계곡으로 돌아오던 아파치 승무원들은 여러 방향에서 자신들에게 가해지는 고밀도의 적 사격으로 인해 필요한 지원을 제공할 수 없는 스스로를 발견했다.[39]

결국 원래 그 전투에 투입되었던 아파치 7대 모두가 알카에다의 사격으로 피탄되고 말았다. 결국 그들은 100마일 거리를 비행하여 바그람(Bagram)에 있는 그들의 주요 작전설비로 돌아오는 데 성공했지만, 도착 시에는 운용이 불가한 상태가 되고 말았으며, 그에 따라 광범위한 야전수리가 이루어지고 다시 항공임무에 투입될 수 있음이 검인될 때까지는 전투에 사용되지 못하게 되었다.

전투피해를 입은 7대의 아파치가 전투에서 철수되고 기상문제로 인해 원래 계획되었던 연합합동산악기동부대 전력의 절반만 투입되면서 아나콘다 작전의 외양은 중대하게 변모되었다. 한 정통한 설명에 따르면, “주로 지상력에 초점을 두는 작전으로부터 공군, 해군, 그리고 나중에는 해병의 항공자산들에 점점 더 의존하게 되는 작전으로” 변형되었던 것이다.[40]

그러나 연합합동산악기동부대는 공군구성군의 개입을 이끌어내거나 마지막 순간까지도 효과적인 공지작전을 위한 최적화된 토대를 갖추고 있지 않았기 때문에 고정익에 대한 이러한 급작스러운 의존은 긴급한 항공근접지원의 필요가 제기되었을 때 자연스럽게 문제에 봉착하고 말았다. 아나콘다 작전이 개시되었을 때 공군구성군의 연합항공작전본부에는 근접항공지원반이 배치되어 있지 않았다. 연합합동산악기동부대에 배속되어 있던 2명의 공군 연락장교는, 아나콘다 작전 명령이 처음 내려졌던 2월 20일에서야 급조되어 정원도 미달이고 장비도 빈약했던 항공지원반이 다양한 항공근접지원 요구들에 우선순위를 부여하고 계곡 상공의 제한적인 공역에서 충돌을 방지해야 할 필요성으로 인해 눈코 뜰 새 없는 지경에 처해 있음을 곧 알게 되었다. 그 지역 전역에 전개되어 있던 37명의 공군 전술항공통제부사관(ETAC)들로부터 즉각적인 화력지원을 위한 수많은 요청이 연합합동산악기동부대의 지휘소로 동시적으로 쇄도했다.[41]

아나콘다 작전에 대한 항공분야의 기여가 그 효과성에서 개선되자 공군 전투통제관과 전술항공통제부사관들은 항구적 자유 작전에 참가하던 미국과 연합군이 보유한 다양한 유형의 공격 플랫폼들이 우군 간 사격이나 적 사격에 의한 우군 손실이 발생하지 않는 가운데 수백 개의 폭탄이 투발되도록 통제했다. 때로는 육군의 박격포 사격이 알카에다 병력으로 하여금 그들의 산악진지에서 꼼짝 못하게 만들어 항공자산들이 전투에 진입하여 레이저유도폭탄이나 합동직격탄으로 그들을 공격할 때 도주하지 못하게 했다. 나중에 하겐벡 장군은, 이것이 전통적인 공지협력에서의 역할이 역전된 것으로, 이 경우에는 항공력이 지원전력 요소였다는 데 동의했다.[42]

3월 5일부터 12일까지 아나콘다 작전의 제2국면은 근접항공지원 작전의 강도가 고조되어 결국 알카에다의 잔존전력으로 하여금 저항을 지속해갈 수 없게 만드는 모습을 보여주었다. 제3국면은 수십 대의 항공기가 계곡 위의 좁은 공역에서 사고 없이 계속해서 작전을 수행하면서 계곡에 있던 알카에다의 진지들을 마침내 파괴했다. 연합합동산악기동부대가 기대했던 것보다 5배나 많은 적 전력과 교전하는 상황 속에서 아나콘다 작전에 대한 항공지원은 항공전의 역사상 가장 많은 수의 정밀폭탄이 가장 작은 지리적 공간에 투하되는 모습을 보여주었다.[43]

공군의 관점에서 보면 아나콘다 작전을 위한 초기 기획에서 가장 큰 문제는 동시에 이루어지는 많은 타격작전을 너무나 적은 사전준비와 조율시키는 것이었다. 항공지원에 대한 급작스럽고 예기치 않은 요구는 아주 상당한 정도의 공역 혼잡을 야기해 연합군 항공기들이 전투지대 상공 8마일 높이까지 착륙지시를 기다리며 선회하는 일이 빈발했다. 가장 높은 3만 9000피트의 고도에서 B-52는 B-1 폭격기의 비행경로를 통해 합동직격탄을 투하했으며, 전투기 편대들은 2만 2000~2만 5000피트를 선회했고, EP-3는 그보다 낮은 고도에서, AC-130은 야간에 더 낮은 고도에서 비행했다. 그 모든 것에 뒤이어 RQ-1, MQ-1 프레데터 무인기, A-10, 공격헬리콥터 들이 가장 낮은 고도에서 비행했다.[44] 게다가 B-52의 작전고도 밑에 있는 샤히콧 계곡 상공의 공역에는 3개의 민간 비행경로가 이어져서 연합항공작전본부에게는 충돌을 피하기 위한 또 하나의 도전거리가 되었다. 가장 심각한 문제는 항공기가 모자란 것이 아니라 가용한 공역이 모자란 것이었다. 충분한 공역이 없어 보다 낮은 우선순위의 요청은 거부되곤 했다. 조밀하게 점유된 이러한 공역을 통해 많은 합동직격탄이 떨어짐에 따라 가장 엄격한 공중기율이 상당한 운과 결합되어야만 주요한 비행 중 재앙을 막을 수 있었다.

지나고 나서 보면, 아나콘다 작전을 위해 초기 점검을 하는 동안 연합합동산악기동부대는 원칙적으로 자신들에게 가용했던 지상력과 항공력의 잠재적 시너지를 최대한 활용하는 데 반복적으로 실패했다. 초기에는 하겐벡의 의도를 체계적인 항공근접지원 우선순위 부여 계획으로 변환시킬 수 있는 제대로 된 항공지원작전본부(ASOC)가 그의 본부에 존재하지 않았다. 그래서 처음에는 지상의 최종공격통제관들•이 단일한 전술항공지휘 주파수를 통해 제한된 근접항공지원 자산들을 놓고 수시로 경쟁함에 따라 마찰과 혼란이 이어졌다.[45] 그 결과, 모든 유형의 수많은 항공기들이 근접항공지원에 대한 다양한 긴급한

• 전방에 전개하여 근접항공지원이나 기타 공세항공작전에 임하는 전투항공기의 활동을 유도·통제하는 작전요원이다. '전방항공통제관(Forward Air Controller)'으로 더 많이 불린다.

요청들에 동시적으로 기여하면서 서로 비켜 갈 수밖에 없게 됨에 따라(그리고 서로의 낙하하는 폭탄을 피해 가야 함에 따라) 샤히콧 지역 상공의 번잡한 공역에서는 거의 대혼란에 가까운 상황이 뒤따랐다. 결국, 아나콘다 작전을 위한 기획 초기에 지상군구성군이 연합항공작전본부와 조율하는 데 실패한 결과를 경감시키는 것에 도움을 주기 위해 개별적인 항공기 표적공격을 위해 쓸 수 있는 일단의 할당된 출발점들을 대충 꿰어 맞추기 위한 막바지 노력이 기울여졌다.[46] 그러나 작전이 한창일 때까지도 그러한 일은 실행되지 못했다. 연합항공작전본부가 아주 초기부터 아나콘다 작전을 위한 기획에 참여하지 않았기 때문에—그들은 결국 연합합동산악기동부대에 압도적인 수의 전력을 제공했음에도 불구하고— 그들은 계획에 통합되지 못했다.

더 중요한 점은, 만약 하겐벡 장군이 예정된 아나콘다 작전의 개시일을 한 주가량—연합항공작전본부가 우발적으로 생길 수 있는 요구를 충족시킬 수 있도록 스스로를 준비시키는 데 필요한— 연기했다면, 공군구성군 사령관 모즐리 중장과 그의 참모들은 그 작전이 군종을 망라한 미 중부사령부의 모든 항공자산들로부터 최대한의 지원을 받을 수 있도록 다양한 조치를 취할 수 있었을 것이라는 점이다. 그러한 조치에는 작전이 시작되기 전에 필요한 모든 항공기와 물자를 사전에 배치하는 게 포함되었으며, 여기에는 A-10을 처음부터 준비가 되어 있을 수 있도록 적시에 전방 전개시키는 것도 포함되었다. 그것은 또한 공군구성군의 기간구조를 준비하고, 필요한 AC-130의 수(數)와 같은 전투지속을 위한 수요와 모든 플랫폼에 있어 적절한 승무원 대 항공기 비율을 결정하는 것과 같은 일을 포함했다. 또한 알려진 적 동굴의 위치를 확인하기 위해 가용한 모든 정보·감시·정찰 자산들을 사용하고, 공중급유기에 대한 수요를 수립하고 공중급유기의 공중항로를 기획하며, 할당된 다양한 헬리콥터의 착륙지대 상공에서 항공기 선회대피와 충돌방지 계획을 발전시키고, 연합항공작전본부에서 지상군구성군의 입장이 충분히 대변되도록 하며, 바그람에 있는 연합합동산악기동부대 야전본부에 제대로 편성된 항공작전지원본부를 적시에 제공하는 것을 포함하여 적절한 지휘와 통제 체계를 발전시키는 일을 포함했다. 이러한 사항들이 제대로 잘 처리되었다면 모즐리 장군과 연합항공작전본부 참모들은 모든 관련된 공군구성군 지휘관들—임무지휘관들과 비행편대장들뿐 아니라 전투통제관과 전술항공통제부사관들에까지 이르는 모든 다른 주요 참가자들도 포함하여—과 함께 작전 전체를 사전에 조율할 수 있었을 것이다.[47]

그럼에도 불구하고 결국 고정익 항공력이 원래 육군의 고유 화력이 담당할 것으로 상정되었던 과업의 대부분을 수행했다. 연합항공작전본부가 지상군구성군에 의해 이루어진 아나콘다 작전을 위한 기획을 의도적으로 멀리했음을 시사해주는 증거는 없지만, 많은 잘못된 가정은 일단 연합합동산악기동부대가 첫날 투입되어 저항에 직면하고 상황이 예기치 않게 까다로워지자 필요한 항공지원을 적절히 받지 못하게 되는 결과를 야기했다. 항구적 자유 작전의 초기 국면 동안 연합항공작전본부를 이끌었던 한 인사는 "이 문제로부터 도출할 필요가 있는 메시지는 공·지 시너지를 최적화하기 위해 공군구성군은 표면작전을 기획하는 모든 국면에 포함되어야 하고 또 그 반대로도 해야 한다는 점이다. 아나콘다 작전에서 잘못되었던 것은 근접항공지원이 아니라 바로 그 점이다"라는 적절한 결론에 이르렀다.[48]

특징적 면모들

항구적 자유 작전은 합동 및 연합 항공력이 특수작전 중심적으로 적용된 사례였으며, 이는 결국 미국의 새로운 전쟁수행 방식의 하나가 되었다. 무엇보다도, 10여 년 전의 사막의 폭풍 작전과 비교해보았을 때 특히 차별화되게도 이 전역의 결과는 육지로 둘러싸인 전투지대로부터 해전의 역사상 가장 멀리 떨어진 곳에 위치한 항공모함 작전기지로부터뿐 아니라 표적지역으로부터 수천 마일이나 떨어진 곳에 위치한 지상기지들로부터도 전력을 성공적으로 투사할 수 있는 미국의 능력을 보여주었다.[49] 항구적 자유 작전이 시작되었던 10월 7일부터 탈레반 붕괴 후 전쟁의 첫 국면이 끝났던 12월 23일까지 76일에 걸친 폭격 동안에 연합항공작전본부에 의해 취합된 통계가 증명해주듯이, 총 6500 공격소티가 이루어졌으며, 그 과정에서 120여 개의 고정표적, 400대의 차량과 포, 그리고 결집하는 많은 탈레반과 알카에다 전투원들에게 1만 7500개의 폭탄이 투하되었다. 소비된 연합군 폭탄의 총수(總數) 중 57%는 정밀유도무기였다. 미국의 항모기반 타격전투기들은 이 기간 동안에 이루어진 공격소티들 중 4900소티를 담당했으며, 이는 총수의 75%에 해당했다. 이러한 소티들 중 절반 이상은 해군과 해병대의 F/A-18이 담당했다.

이러한 업적을 가능하게 만들었던 세 가지의 중심적인 구성요소는 첫째, 각별히 정교하고도 유능한 연합항공작전본부에 의해 관리되는 장거리 정밀항공력, 둘째, 일관되게 우수한 실시간 전술정보, 셋째, 지상과업을 수행함에 있어 아프가니스탄의 토착 저항세력과 긴밀히 협력하면서 충분한 상황지각을 유지하고 독립적으로 작전하며 매복을 피할 수 있는 고유의 화력과 전자지원을 갖춘, 기동성 있는 특수작전팀이었다. 항구적 자유 작전 동안에 등록된 항공전의 "최초 사례들"로서 이 전쟁은 풍향조절폭탄투하기(wind-corrected munitions dispenser)와 RQ-4 글로벌호크(Global Hawk) 고도도 무인기가 처음으로 전투에 활용되는 모습뿐 아니라 헬파이어 미사일로 무장한 MQ-1 프레데터들이 처음으로 작전에 사용되는 모습과 B-1과 B-52에 의해 합동직격탄이 처음으로 전투에서 운용되는 모습도 보여주었다.(1999년에 세르비아와 코소보에 대해 이루어졌던 동맹군 작전 동안에는 B-2만이 위성의 보조를 받는 무기를 투발할 수 있었다.) 떠오르는 표적들에 대한 정밀공격을 가능하게 하기 위해 지상의 전투통제관들과 중폭격기들이 협업하는 모습도 참신한 것이었다. 사우디아라비아의 프린스술탄(Prince Sultan) 공군기지에 있는 매우 발전된 연합항공작전본부가 처음으로 사용된 것과 무인기 프레데터의 실시간 비디오 영상이 공중에 있는 AC-130 무장항공기의 승무원들에게 직접적으로 제공된 것도 마찬가지였다.[50]

마지막으로, 항구적 자유 작전은 1991년 걸프전 동안 시동이 걸렸던 몇 가지의 중요한 추세가 계속되는 모습을 보여주었다. 사막의 폭풍 작전 동안 소비되었던 폭탄 중 정밀무기는 9%에 불과했지만, 동맹군 작전에서는 29%, 항구적 자유 작전에서는 거의 60%에 달했다. 정밀유도무기가 전에 없이 풍족해짐에 따라 장차 우발사태 시에 전반적인 활용의 비율은 계속해서 증가할 것으로 기대되며, 그 결과 박격포 진지를 지키는 소수의 적 병력과 같은 작은 전투원 집단까지도 어떤 상황에서는 결국 정밀유도무기의 공격을 받게 될지 모른다. 무력적 수단 전반의 극적인 개선은 이제 주어진 하나의 표적을 공격하기 위해 필요한 소티의 수가 아니라 단일한 소티에 의해 얼마나 많은 요망된 무기조준지점들이 공격될 수 있는지에 대해 일상적으로 이야기할 수 있음을 재확인시켜 주었다.[51]

그러나 항구적 자유 작전에서 계속되었던 또 다른 작전적 추세는 장거리 작전(extended-range operation)과 관련된 것이었다. 사막의 폭풍 작전에서 실행된 항공소티의 총수 중 공중급유 소티가 차지했던 비율은 12%였다. 동맹군 작전에서는 20%였다. 항구적 자유 작전에서는 27%였다. 같은 이유에서 1991년 이래 이어진 미국의 전투 교전들을 통틀어 소비된 무기의 총수에서 장거리 폭격기들이 투하하는 비율은 점점 더 높아졌다. 사막의 폭풍 작전에서 그것은 32%였다. 동맹군 작전에서는 대략 50%였다. 항구적 자유 작전에서는 약 70%였다.[52]

현대전쟁사에서 처음으로 작전이 적의 행동을 찾아 가차 없이 노려보는 매우 중요한 정보·감시·정찰 우산 아래서 수행되었다. 그 우산은 우주의 낮은 궤도나 그보다 높은 궤도를 도는 다양한 위성들부터 시작하여 서로 중첩하는 센서 플랫폼들의 무리에 의해 형성된 것이었다. 그것은 또한 전자광학, 레이더, 그리고 기타 센서장비와 패키지로 구성된 광범위한 스펙트럼에서 작동되는 다양한 유인 및 무인 항공기도 포함했다. 서로 연결되어 있으며 서로를 지원하는 이런 플랫폼들은 이전의 분쟁들에서 가용했던 것보다 훨씬 더 정교한 정보·감시·정찰 입력을 가능하게 해주었다. 그것은 또한 이전의 모든 항공전역들로부터 항구적 자유 작전을 차별화시켜줄 정도의 정보·감시·정찰 융합도 가능하게 해주었다.

항구적 자유 작전 동안 개척된 또 다른 주목할 만한 혁신은 전쟁노력을 지배하는 항공력과 지상력을 독특하고도 긴밀하게 동기화한 것이었다. 연합군 특수작전팀은 전역을 통틀어 세 가지의 주요한 임무를 수행했다. 첫째, 그들은 우호적인 아프가니스탄 토착 전투원들의 북부동맹이 보유하고 있던 조직화되지 못한 전력을 결집시키고 지도했다. 둘째, 그들은 남부의 반(反)탈레반 파슈툰(Pashtun) 부족민들로 소규모 군대를 건설했다. 셋째, 그들은 미국의 공중승무원들에게 정확하고 확인된 정보를 제공해 정밀공중공격을 수행할 수 있게 했다.

공군 최종공격통제관과 미국과 연합군의 지상 특수작전팀을 결합시킨 것은 분명 이 전쟁의 가장 위대한, 단일한 전술적 혁신이었다. 그러한 통제관들은 전장의 한 부분에 몇 층의 웨딩케이크처럼 10여 대의 전투기와 폭격기를 중첩하여 투입시키고 조종사들의 시선을 공격되어야 할 특정의 표적으로 이끌었다. 그와 같은 방식으로 항공기는 한 번의 투발로 최대한 많은 합동직격탄을 사용해 6개 이상의 개별적인 표적조준지점을 타격할 수 있었다. 전역이 고정표적을 공격하는 것에서 떠오르는 시한성 표적들과 교전하는 것으로 전이됨에 따라 공중승무원들은 미리 할당된 어떤 표적도 없는 가운데서도 일상적으로 공중에 대기해야 했다. 항공전이 끝날 때까지 연합군 공중승무원들에 의해 공격된 모든 표적의 약 80%는 계획되었던 것이 아니라 그들의 항공기가 아프가니스탄 상공의 지정된 대기지점으로 향하는 동안에 할당된 것이었다.

모든 면에서 보았을 때 2001년 10월 7일부터 시작하여 2002년 3월까지 이어진 항구적 자유 작전의 주요전투작전 부분은 어느 정도는 대성공이었다. 현대에 미국이 그 기반구조로부터 그토록 멀리 떨어진 곳에서 원정전쟁을 수행했던 적은 결코 없었다. 그 전역을 지배했던 거리(distance)의 압제적인 힘은 항공전에서 내구성에 대한 의미를 재정의하고 미국의 전투유연성으로 하여금 전례가 없는 시험에 맞닥뜨리게 만들었다. B-2의 한 소티는 이륙으로부터 착륙까지 44.3시간이나 지속되었으며, 이는 역사상 가장 긴 시간 동안 이루어진 공중전투 임무에 해당했다. 비행 중 여러 차례 재급유의 도움을 받아 전투기의 소티가 10시간 이상 지속되는 것도 드문 일이 아니었다. 실제로, 이 전쟁은 해군 항공전의 역사상 가장 긴 거리에 걸쳐 이루어지는 항모기반 타격작전의 모습을 보여주었다. 아프가니스탄에서 지속적인 전투 현시성(combat presence)• 을 유지하는 미 중부사령부의 능력에 주된 제한요소가 되었던 것은 장비가 아니라 사람이었다.

수행상의 문제

동시에 항구적 자유 작전에 비효율성과 마찰이 없었던 것은 아니었다. 우선, 1999년의 세르비아에 대한 동맹군 작전의 경우에도 상당 정도 그랬듯이, 엄격한 시간적 제약 아래 표적승인에서 심각한 문제들이 노출되었다.[53] 전 지구적인 통신과 정보·감시·정찰 융합에서 발생한 최근의 혁명 덕택에 감지-타격 데이터 순환주기["킬체인(kill chain)"으로 더 잘 알려져 있다]가 몇 시간(또는 며칠)에서 한 자릿수 분(몇 분)으로 줄어들었다. 그러나 관련된 몇 겹의 참여자들로 이루어진 몹시 성가신 표적승인 과정은 의사결정에 드는 시간을 증가시켜 그러한 돌파가 가져올 수 있는 잠재적 효과를 무효화하고 말았으며, 이는 지휘·통제와 정보·감시·정찰 체계가 아니라 인적 요소가 효과 증진의 주요한 제한요소가 되게 했다.

항구적 자유 작전 동안 직면했던 수행상의 문제 중 다수는 가장 높은 수준으로부터 하달되는 매우 제약적인 교전규칙뿐 아니라 미 중부사령부의 중앙

• 전투가 요구되는 지점에 전력을 투입하여 그에 임할 수 있는 능력을 의미한다.

집권적인 조정기획, 그리고 작전수행과도 관련된 것이었다. 이러한 추세는 전례가 없을 정도의 전 지구적인 센서와 통신연결성(수평적·수직적인 것 모두를 포괄한다)—이것이 그 전쟁에서 지휘·통제와 정보·감시·정찰이 수행했던 역할을 지배했다—에 의해 가능해진 것이었다. 일단 연합군 특수작전팀이 마침내 아프가니스탄 땅에 위치하게 되자 전역은 고정표적들에 대한 공격에서 떠오르는 시한성 표적들과 교전하는 것으로 전이되었다. 교전규칙은 특수작전팀 대원 중 적어도 1명은 표적을 타격하기 전에 그것을 확인할 것을 요구했다. 덜 완벽하게 정밀하거나 무차별적으로 공격했을 때 단 한 명의 비전투원 사상자라도 유발할 수 있는 표적은 먼저 연합항공작전본부에 의해 미 중부사령부에 보고되어 워싱턴에 있는 그보다 고위급 민간지도자들은 아닐지라도 프랭스 장군의 검토를 받아야 했다. 그러한 요구는 연합항공작전본부가 기울이는 항공노력의 효과성을 손상시키곤 했던, 시간소비적인 브리핑 준비과정을 동반했다.

교전규칙과 표적승인상의 제약에 대한 일부 불평은 전적으로 적절한 것이었다. 그러나 그와 동시에 교전규칙이 어떻게 생겨났으며 그것에 깔려 있는 고려에는 어떤 것이 있는지를 이해하는 것이 중요하다. 사실 그것은 미 정부의 최고위수준에서 파생된 것이었으며, 임의적인 것에 지나지 않았다. 그와는 대조적으로, 부시 대통령은 개인적으로 그 전역이 아프가니스탄 사람들이나 이슬람에 대한 무차별적인 전쟁이라는 점을 조금이라도 시사하게 되는 뜻밖의 상황을 피하려고 작심했다. 그러한 작심은 아프가니스탄의 일반인들로 하여금 등을 돌리게 하거나, 이미 취약해져 있는 아프가니스탄의 경제와 기반구조에 추가적인 피해를 입히거나, 아랍세계의 다른 지역에서 대중적인 격분을 유발시키는 위험성을 내포하지 않은 전술을 사용하는, 최소한적으로 파괴적인 항공전역을 요구하도록 만들었다. 그러한 이유에서 기간구조 표적은 공격으로부터 분명히 제외되었다. 게다가 운용된 무력의 양과 유형이 표적의 가치와 비례하도록 하기 위해 표적평가에 집요한 노력이 기울여졌다. 이러한 관련된 제약들은 전쟁사의 어느 경우에나 그랬듯이 미 중부사령부의 작전국장에 의해 규정되었다.[54]

그러나 나중에 밝혀진 것처럼, 어느 정도가 교전규칙에 대한 가장 엄격한 해석에 지레짐작으로 굴복해버린 것인지는 몰라도, 미 중부사령부가 취했던 접근법은 때때로 연합항공작전본부의 참모들로 하여금 부수피해에 대한 민감성을 근거로 미 중부사령부가 동의하지 않을지도 모른다는 예상적인 두려움으로 인해 표적을 제안하는 것을 꺼리게 만들었다. 때로는 임무의 완수가 부수피해를 피하는 것보다 덜 중시될 지경이 되기도 했다. 분명 요망된 목표를 달성하고 사건의 바람직하지 않은 전환을 피하기 위해 부수피해에 대한 제약을 가하는 것은 국가지도자의 정당한 특권이다. 그러나 시한성 표적에 대한 정보는 매우 쉽게 소멸될 수 있으며 의도된 결과를 낳기 위해서는 많은 경우 몇 분 내에 행동을 취해야 한다는 점을 망각하는 경향이 모든 수준에서 존재했다. 이전의 어떤 전역에서보다 항구적 자유 작전은 중앙집권적인 기획뿐 아니라 정부의 가장 높은 수준으로부터 전술적인 수준에서 교전하고 있는 전투원들에게까지 이르는 중앙집권적 수행의 확연한 팽창 또한 보여주었다. 그 결과는 킬체인을 단축시키는 것이 아니라 오히려 지연시키는 효과를 낳는 다층의 지휘계통을 포함시키는 복잡한 표적승인 과정이었다.

어떻게 그러한 상황이 조성되었을까? 사막의 폭풍 작전 이후 발전된 모든 수준에서의 확장된 대역 폭과 상황지각이 가져온 분명한 부정적 결과는 그것들이 그 어느 때보다도 더 효율적인 작전을 가능하게 해주었던 동시에 고위지도부로 하여금 점점 더 전력운용의 가장 구체적인 분야에까지 직접적으로 개입할 수 있도록 해주었다는 점이다. 9월 11일의 테러공격 이전에도 미국의 전통적이고 오랫동안 낯익은 지휘통제 체계는 일부 관찰자들이 "거대화된 지휘 및 통제"를 만들어내는 통신 연결의 "그물망(meshwork)"이라 불렀던 것으로 이미 변모되어 있었다. 그 속에서는 거의 모든 구성요소가 그것이 지휘계통에서 차지하는 위치와는 무관하게 다른 요소와 대화할 수 있었다. 이는 근본적으로 새로운 현실이었으며, 고위지도자들은 항구적 자유 작전에서 그것을 철저하게 활용했다. 이는 그들이 그렇게 해야 할 필요성을 느꼈기 때문이자 더 중요하게는 그렇게 할 수 있었기 때문이다. 결국 그들은 정치적 또는 작전적 상황이 그것을 필요로 했기 때문이 아니라 단순히 그들이 그렇게 할 수 있었기 때문에 전술적 수준에서의 수행에 개입하곤 했던 것이다. 이 모든 것은 많은 이들의 마음속에서 전투지휘본부, 국방부, 그리고 백악관이 프레데터 실시간 비디오 영상(또는 이 경우에는 실시간 센서자료)을 갖고 있는 것이 적절한지에 대한 타당한 질문을 제기했다.[55]

항구적 자유 작전 전반을 지배했던 통신의 연결성과 전투공간에 대한 지각 증대가 갖는 한 가지의 연관된 부정적 측면은 분산된 강력한 조직들의 등장으로 야기된 좌절의 증가였다. 그러한 조직의 모든 수장은 직접적으로 관여하는 행위자가 되고 싶어 했다. 이해관계가 있는 모든 수장들에게 공유된 작전 상황도를 제공하기 위해 사막의 폭풍 작전 이래 발전되었던 체계와 능력은 작전을 가속시키기 위해 고안되었던 혁신들이 오히려 그러한 작전에 제동을 걸지 않게 하기 위해서는 지휘관과 고위지도자들의 전례가 없을 정도의 기율을 요구한다. 이는 행동의 유연성과 신속성을 가능하게 해주고 이를 보장해주는 것을 목표로 하는 지휘와 지원 관계를 필요로 한다. 구성군 지휘관들에게 명목상으로뿐만 아니라 실질적으로도 지휘관이 될 수 있는 힘이 부여되면 그 반대의 상황이 조성되고 만다.

일부 사람들은 항구적 자유 작전에서 지배적이었던 종류의 중앙집권적인 수행은 21세기 군사적 삶의 거역할 수 없는 사실이 되었다고 주장한다. 그게 맞다면 그것은 미국 안보의 장기적인 이해관계에 나쁜 조짐이 될 수 있는데, 이는 작전수행자들이 그것에 도전하지 않고 무비판적으로 순순히 굴복해버리는 경우가 발생할 수 있기 때문이다. 사실 정치적인 콘텐츠가 다분하고 실패가 불러올 수 있는 결과가 심대한 종류의 작전들은 계속해서 엄격한 교전규칙과 중앙집권적 수행 모두를 요구할 것이다. 그러나 국가지도자들은 그러한 제약의 잠재적 영향을 여전히 염두에 두어야 할 필요가 있다. 중앙집권적 수행은 항구적 자유 작전과 같은 작은 전쟁에서는 작동되었지만 하루에 1000회(개) 이상의 전투소티와 무기조준지점을 요구하는 보다 큰 전쟁에서는 작동이 불가능할 것이다. 많은 상황에서 시한성 표적이 계속해서 미래의 추세가 될 것임은 의심의 여지가 없다. 그러나 미국은 그러한 대규모의 표적에 대한 적시적인 승인을 가능하게 해줄 보다 빠른 방법을 필요로 한다. 한 해 뒤의 이라크 자유 작전에서 주요 전투가 이루어지는 3주 동안에 발견하게 되듯이, 매일같이 수천 개의 표적이 타격되고 있을 때 고위 지도자들과 지휘관들은 모든 무기조준지점의 위치에 대해 승인과정을 거치는 사치를 누릴 수 있을 것으로 기대할 수 없다.

요약하자면, 정치적 통제의 중대한 필요성과 고위 작전수행자들과 국가지도자들이 이해하고 대처할 필요성이 있는 새로운 지휘·통제와 정보·감시·정찰 환경에서의 효율적인 수행의 필요성 간에는 고유의 긴장이 존재한다. 중앙집권적인 수행이 점점 더 규범이 되어간다면 적어도 특정 종류의 분쟁에서 체계는 유입되는 전투공간 정보를 보다 신속하고 효율적으로 처리·통합할 수 있는 방법을 필요로 한다. 그뿐 아니라 고위지도자들은 적절한 전쟁의 수준에 계속해서 집중하고 자신의 직접적인 개입이 언제 적절하고 언제는 그렇지 않은지를 알아야 할 필요성이 있다. 미국의 지휘 및 통제 그물망은 이제 중앙집권적 수행이 원칙상으로는 통상적으로 가능한 지경까지 발전했지만, 분권적인 수행은 미국 군사문화의 두드러진 덕목이자 그 군사문화를 정반대의 것인 구소련 최고사령부의 경직되고 신뢰성 없는 하향식 접근법과 차별화해주는 면모로 남아 있다.[56] 1991년 걸프전 동안에 항공사령관이었던 미 공군 호너 퇴역대장은 "[범세계적인 정보·감시·정찰 및 통신연결성이 증가된 결과로서] 우리가 마주하는 가장 위험한 것은 8000마일 스크루드라이버•인데 이는 단순히 그게 가능하기 때문이다"라고 직설적으로 말했다.[57] 그렇기 때문에 교리와 실제는 이러한 새로운 현실에 부합해야 하며, 작전수행자의 태만으로 인해 그러한 현실이 과소평가되고 결국에는 미국의 가장 귀중한 군사적 이점들 중 하나를 파괴해버리지 않도록 이에 선제적으로 대처할 수 있는 방법을 찾아내야 한다.

결론

항구적 자유 작전은 테러리즘에 대한 전 지구적인 전쟁에서 최초의 주요한 군사적 움직임이라는 매우 중요한 역할 외에도 20여 년간 등장한 가장 중요한 항공력의 발전들 중 일부를 실제 전투를 배경으로 시험하기 위한 전투실험장이기도 했다. 무엇보다도, 이 전쟁은 무인 정보·감시·정찰 플랫폼(MQ-1 프레데터)이 정밀공격무기로 처음 사용되는 모습을 보여주었다. 이 전역의 지배적인 특징은 새로운 기술로 인한 데이터 융합의 개선, 연합항공작전본부의 운영개선, 우주로부터의 증가된 도움, 보다 재치 있는 작전개념 덕택에 가능해진 적에 대한 압박의 지속성과 수행의 신속성이었다. 지속적인 압박의 대부분은 정밀무기의 광범위한 가용성으로부터 파생된 것이었다. 동맹군 작전 동안에는 B-2 스텔스 폭격기만이 합동직격탄을 투하할 수 있게 설계되어 있었다. 항구적 자유 작전에서는 거의 모든 타격 플랫폼이 그런 능력을 갖추고 있었다.

게다가 적 지상전력에 이루어지는 공세적 항공 운용에 대한 새로운 개념이

• 2003년 이라크 전쟁 시 연합군임시행정청(CPA)의 모든 면을 세밀하게 통제하려 했던 워싱턴의 시도를 비판하기 위해 행정청장 브레머(Paul Bremer)가 처음 썼던 용어이다. 8000마일은 워싱턴에서 바그다드까지의 거리를 의미한다.

항구적 자유 작전에서 성공적으로 시험되었다. 근접항공지원과 동일한 것으로 잘못 여겨졌지만, 사실 그것은 우군 병력과 직접적으로 조우하고 있지 않은 적 야전전력에 대한 공중공격을 수반하는 항공력의 적용이라는 면에서 근본적으로 새로운 것이었다.[58] 부수피해 방지와 관련해서는, 항공력이 전에 없이 정확해지고 치명적이며 효과적이게 되었음이 확고한 기정사실이 된 것만큼이나, 또한 대중의 집중적인 관심, 감시, 문제제기 아래 놓이게 되었다. 그와 동시에 이러한 항공력의 능력은 무력사용에서 보다 선별적이어야 할 국가의 정치적 필요성뿐 아니라 법적 필요성 또한 강화시켜놓았다. 게다가 근래에 적 비전투원에게 발생하는 사상을 피하는 것에 대한 관심이 꾸준히 증가함에 따라 부수피해 발생의 최소화를 목표로 하는, 점점 더 엄격해지는 교전규칙 체제가 등장했다.

의심의 여지없이, 의도하지 않은 결과들이 치러야 할 잠재적인 비용에 대해 백악관으로부터 하부에까지 이르는 지휘계통에 만연해 있던 고조된 반감은 적 지도자들을 죽일 수 있는, 수익성은 좋지만 유동적인 적지 않은 기회를 놓쳐버리게 만들었다. 그러나 부수피해에 대한 그런 원칙적 반감에는 충분하고도 타당한 이유가 존재했으며, 기회를 놓쳐버리는 경우는 다행히도 그와 같은 규칙에 대한 예외적 상황이었다. 이런 중요한 요점에 대해 사막의 폭풍 작전 동안 항공지휘관이었던 호너 장군은 항구적 자유 작전에서 "부수피해에 관한 염려는 실로 임무의 성공보다 더 중요한 일이 되었다. 그렇기 때문에 부분적으로 임무의 성공은 부수피해를 피하는 데 달려 있었다"고 적절히 지적했다.[59]

적시적이고 정확한 정보는 시한성 표적에 대한 공격을 승인하기 위해 필요한 확신을 최고지도자들에게 제공하는 데 다른 무엇보다도 중요한 것이 되었다. 그런 고급정보는 다양한 출처와 일관되게 우수한 분석을 통해서만 생산될 것이다. 현 공군 법무차감이 "법적 전쟁(lawfare)"이라고 적절하게 칭했던 상황 속에서 똑똑한 상대는 무장분쟁에 관한 국제법을 하나의 무기로서 사용할 것이라는 점은 이제 기정사실이 되었다.[60] 테러와의 전쟁이, 테러리스트들이 기반으로 삼으며 힘을 얻으려고 하는 대상인 무슬림 세계 전역(全域)의 사람들로부터 지지를 확보하는 데 성공하려면 그러한 책략으로부터 선전적인 이점을 확보할 수 있는 기회를 상대에게 거부하는 것이 점점 더 필수적이 될 것이다.

항구적 자유 작전은 항공력, 연합군 특수작전전력, 그리고 지상의 토착 아프가니스탄 저항조직 전투원들이 독특하게 결합된 모습을 보여주었다. 그것은 또한 대규모 미 지상기동전력의 완벽한 부재를 보여주었다. 나중에는 아나콘다 작전에 많은 수의 재래식 지상병력이 개입되었음에도 불구하고, 이 전역은 지상전이 아니라 특수작전전력 중심의 항공전이었다. 그것이 아프가니스탄 저항전력이 궁극적으로 성공을 거둔 이유를 대부분 설명해주었다. 특수작전팀과 항공력은 어느 하나가 다른 것을 가능하게 만드는, 고유의 시너지를 만들어냈다. 특수작전 부대들은 항공력으로 하여금 그렇지 않았을 때보다 더 효과적이게 만들었으며, 항공력은 특수작전팀으로 하여금 그렇지 않았으면 불가능했을 것을 탈레반과 알카에다 전력에 대한 지상작전에서 저항집단들과 함께 성공할 수 있도록 해주었다. 아울러 지상의 특수작전팀은 잠재적 표적들을 감시하고, 표적의 정밀한 지리적 위치와 표적의 특성에 관한 정보를 획득하며, 가능한 한 최상의 공격시간을 기다리고 적이 가장 잘 노출되었을 때 타격을 요청하는, 인내가 필요한 기다림의 과정을 가능하게 해주었다. 이런 면에서 특수작전전력의 존재는 항구적 자유 작전의 결과에 결정적이었다. 항공력이나 항공력의 지원을 받는 재래식 지상병력이나 할 것 없이 혼자만으로는 그와 같은 결과를 낳을 수 없었을 것이다. 그러나 특수작전전력의 작전과 타격항공의 결합은 적의 동굴 보루들이 안전한 은신처에서 죽음의 덫으로 탈바꿈하게 만들었다. 특수작전전력의 전투원들은 이제 전반적인 항공력의 방정식에서 가장 결정적인 일부이다. 그들의 직접적이고도 창의적인 개입 덕분에 항구적 자유 작전은 전에 비해 높은 전투소티당 표적타격률을 보여주었다.

항구적 자유 작전이 수행되었던 방식에서 '변형적'인 게 있었다면 그것은 결국 전역의 성공을 가능하게 만들었던 주요 인자로서 플랫폼과 무기에 대한 융합정보의 지배력이었다. 그러한 새로운 역학이 전쟁의 다른 모든 주요한 측면을 가능하게 만들었는데, 여기에는 인간 정보·감시·정찰 센서로서의 특수작전팀과 정밀항공력과의 결합, 표적의 위치에 대한 오류의 최소화, 부수피해의 방지가 포함되었다. 실시간 형상화와 통신연결성의 증가에 힘입어 킬체인은 전에 없이 짧아졌으며, 표적공격의 정확성은 실로 경이적이게 되었다. 그런 네트워크화된 작전이 세계에서 가장 발전된 항공군에 의한 전쟁수행에 20세기 초 탱크의 도입이 그랬던 것보다 더 큰 잠재적 영향력을 가질 수 있는, 전투방식에서 현재 진행 중인 패러다임 전환의 최첨단에 서 있다.

제12장

이라크 자유 작전, 2003년

윌리엄슨 머리(Williamson Murray)

사담 후세인의 바트당 체제를 상대로 하는 항공전은 항공기가 수행하는 가장 중대한 기여가 지상전역을 상대로 하는 것이었던 항공력의 초창기 시대를 회상시키는 것이었다. 제1차 세계대전에서 비행기는 1918년 마침내 서부전선의 교착상태를 깨뜨렸던, 전쟁에 대한 연합제병적 접근법의 매우 중요한 구성요소였다. 정찰항공기는 포병을 위한 표적을 제공할 수 있도록 공중우세를 제공했고, 진격하는 보병들에게는 근접항공지원을 제공했다. 적의 보급선과 증원병력을 차단하는 한편, 전선에 도달하기 전에 적의 제대들을 공격하기도 했다. 그런 중에 발생했던 소수의 전략폭격 공격은 상당수의 민간인들을 죽이면서 상당한 분노를 자아냈다. 그러나 그것은 군사적·전략적 가치가 있는 그 어떤 것도 사실상 달성하지 못했다.

역설적이게도 전간기 동안 대부분의 항공인들—특히 미국과 영국의—은 지난 전쟁의 교훈을 거부했다. 항공력의 제대로 된 역할은 적국의 심장부를 폭격하는 것, 즉 적의 도시와 산업을 파괴하는 것이라는 점을 확신하면서 미래로 나아갔다.[1] 그러나 제2차 세계대전 중반 이전에 영국과 미국은 항공력의 잠재력을 최대로 활용할 수 없었다. 불행하게도 역사는 항공력이 지상과 바다에서의 노력과 결합되었을 때 가장 크게 기여할 수 있음을 일관되게 보여주었다. 하지만 항공력이 혼자서 모든 것을 할 수 있다는 인식은 오늘날까지도 항공인들 사이에서 인기를 누리고 있다.[2]

그럼에도 그것이 대부분의 항공력 옹호론자들과 이론가들이 미래를 바라보았던 방식은 아니었다. 1924년 3월 영국 공군본부가 참모총장에게 제공했던 메모는 역사의 유용성에 대한 그들의 태도를 다음과 같이 요약했다.

> [적국을 공격하는 항공전력은] 첫째, 그런 공격이 낳을 사기(士氣) 효과를 통해, 그리고 그 나라의 일상생활에 심각한 혼란을 야기해서 결심을 얻어낸다는 목표를 가지고 전쟁 초기부터 인구밀집지역의 군사적 목표물들을 폭격할 수 있다. 둘째, 그 대안적으로는 그것을 일정 정도의 공중우세를 획득하려는 시각으로 우선 적 비행장을 공격하는 데 사용할 수 있다. 그것이 획득되면 적국에 대한 직접적인 공격으로 전환할 수 있다. 군사사의 교훈들은 후자의 대안을 권장하는 것처럼 보이지만 공군본부는 전자가 바른 것임을 확신한다.[3]

그렇다면 2003년 이라크에 대한 항공전역의 수행은 사실 상당히 역설적인 것이었다. 역사적으로 효과적이었던 것으로의 회귀현상은 전역의 처음부터 끝까지 분명했다. 장기적인 항공전역은 존재하지 않았다. 그 대신 연합군 항공력의 대부분은 미국의 제3보병사단과 제1해병사단의 진격을 지원하는 데 집중되었다. 그러나 미국 군사력의 역사에서 늘 그랬듯이 연합군 항공력이 지상전역에 집중한 것은 역사로부터 배우고자 하는 의도적인 노력의 결과라기보다는 우연의 결과였다.

1980년대 초에 미 육군과 미 공군은 미국의 군사력을 합동군으로 통합하기 위한 전역을 주도했지만, 각각은 서로 꽤나 다른 이유들 때문에 그렇게 했다. 육군은 모든 군종의 능력을 통합하는 진정한 합동군이야말로 더 효과적인 전투군이 되리라고 믿었다. 한편 공군은 항공전역에 대한 통제권을 확보하고 해병과 해군의 항공자산들이 특정의 노력을 위한 자신들의 계획에 완전히 통합되도록 만드는 데 보다 협소하게 집중했던 것으로 보인다.[4]

이런 노력들의 결과와 함께 데저트 원(Desert One)•과 그레나다(Grenada)에서 겪은 합동작전의 실패에 대해 민간 국방공동체가 전반적으로 갖고 있던 불만은 각 군종이 일관성 있고 효과적인 방식으로 협력하도록 강제하는 골드워터-니컬스 국방부 재조직법(Goldwater-Nichols Department of Defense Reorganiza-

• 1980년 4월에 카터 대통령이 이란에 인질로 억류되어 있던 52명의 미 대사관 직원들을 구출하기 위해 델타포스(Delta Force)를 파견했지만 실패한 사건을 가리킨다.

tion Act)을 이끌어냈다. 역설적이게도 미국의 일부 항공력 옹호론자들은 오늘날 합동성의 결과에 대해 불만을 표현하고 있다. 이는 한편으로는 공군구성군 사령관이 항공자산에 대한 통제권을 갖고 있지만, 다른 한편으로 그는 대부분의 경우 지상군 지휘관인 전투사령관의 통제하에 있기 때문이다.

두 번째의 전적으로 새로운 문제는 부수피해가 보다 분명할 때의 항공력 사용과 관련해 제기되었다. 특히 1990년대 말 세르비아에서 수행되었던 것과 같은 전략적 전역에서 이런 문제가 부각되었다. 역설적이게도 부수피해 문제는 정밀무기의 등장이 야기한 것이었다. 제2차 세계대전 동안 항공력의 성격은 정밀폭격능력이 가용한 경우에도, 노르망디 침공 전 프랑스에서 독일의 교통망에 대한 극도로 효과적인 공세 같은 항공전역에서도 여전히 대략 1만 명의 프랑스 민간인을 죽이는 "수용 가능한" 부수피해를 야기했을 뿐이다.[5] 그러나 1990년대 정밀무기의 도입과 걸프전 항공전역에서 거둔 성공은 정밀무기의 정확성에 대한 기대를 만들어내어 항공력 운용을 상당한 정도로 방해했다. 이제 문제는 정밀무기의 정확성이 얼마나 인상적이든지 간에 정밀무기는 표적에 대한 정보가 우수한 만큼만 우수해질 수 있다는 점이다. 세르비아에 대한 항공전역 기간 벌어진 베오그라드 주재 중국대사관에 대한 잘못된 공격이 이런 점을 보여주는 사례다. 영국 육군의 한 고위 장군은 오늘날 지휘관들이 직면한 정밀무기의 사용에 관한 기대와 어려움들을 다음과 같이 설득력 있게 표현했다.

> 1000대의 폭격기 공습이 표적에 가하는 효과가 이제는 항공기 1대를 통해 가해질 수 있다. 포와 로켓 GPS(위성항법시스템) 기술에 대해서도 마찬가지로 얘기할 수 있기에 우리의 타격능력은 점점 더 나아지고 있다. 그러나 뉴턴의 제3법칙•은 "반대되는 동등한 힘이 가해지지 않는 힘이란 없다"라는 점을 우리에게 알려준다. 정밀무기의 그 모든 이점들에도, 정밀성은 보다 안전하고 책임 있는 표적선정의 증대되는 책임성을 수반한다. 우리는 타격금지 목록, 부수피해 개요, 법적 의무, 도덕적 의무, 승인절차를 살핀다. 그 모든 것들은 우리를 집중으로부터 더 멀어지게 하고 정밀성을 더 고집하도록 우리를 급격히 몰아간다. 또한 그 모든 것들은 우리가 간접적인 타격을 떠나, 표적을 발견해 확인하며 표적이 승인된 공격목록 안에 있는 것이

• 원서에서 저자는 이를 '제2법칙'으로 잘못 적고 있다.

확실하지 않다면 타격할 수는 없는 제약 속에서 이루어지는 매우 직접적인 타격으로 옮겨가게 한다. 표적의 발견이 21세기의 열쇠를 쥐고 있는 장본인이다. 단순히 표적을 파악하려고 하든지, 파괴하려고 하든지 간에 표적은 점점 더 작아지고 있다. 개인, 극단주의자, 테러리스트와 같은 혼돈의 건축자들은 현대 도시라는 거대한 도시 속으로 숨어버린다… 정밀성을 갖춘다고 해도 우리가 가진 모든 선택지는 건초더미 속의 바늘처럼 보이기 시작했다.[6]

이 장에서 우리의 과업은 2003년 3월과 4월 후세인의 바트당 체제를 파괴하기 위한 노력을 수행하면서 연합군의 항공전역이 직면했던 어려움과 함께 항공전역의 기여에 대한 보다 폭넓은 일부 측면들을 살펴보는 것이다. 우리는 연합군 합동전역의 기획과 발전뿐만 아니라 연합군의 성공에 기여하게 되는 이라크의 기획과 기대 또한 살펴보며 시작할 것이다. 다음으로 후세인 체제의 심장부에 대한 타격이라는 맥락과 이라크 중심부를 향한 제3보병사단과 제1해병사단의 진격 및 바그다드 점령 지원이라는 맥락에서 항공작전의 실제적인 수행으로 주의를 돌릴 것이다.

항공전역 기획

이라크 전역 전반과 항공 차원의 노력을 위한 매우 중대한 기획은 2002년 후반에 이루어졌다. 미국과 연합군의—특히 영국군의— 항공전력 지휘관들은 이라크의 방공능력에 대해 철저한 이해를 갖고 있었으며, 그것은 기획에 반영되었다. 북부감시 작전(Operation Northern Watch)과 남부감시 작전(Operation Southern Watch)을 통한 항공전역의 노력들이 걸프전이 끝나고 이라크전이 발발하기까지의 대부분 기간 동안 지속되었다. 그 때문에 연합군 지휘관들은 이라크군의 군사적 효과성의 성격에 대해 환상을 갖고 있지 않았으며, 이는 1990년에 그들이 보여준 과대평가와는 현저하게 대조되는 것이었다.[7] 사실 다음부터 언급되는 이유들 때문에 이라크의 전쟁수행은 기대했던 것보다도 훨씬 더 무능함이 입증될 것이었다.

전쟁의 초기 기획은 지상전역이 시작되기 전에 얼마나 항공전역이 지속되어야 할지에 초점이 맞춰졌다. 공군의 고위장교들이 장기적인 항공전역을 주장했던 반면 지상지휘관들은 짧은 것을 주장했다. 결국 양측은 동시에 공세를 시작하기로 절충했다.[8] 그런 절충은 처음부터 전쟁 기획에 민간 지도자들이 관여한 것을 반영하는 것이기도 했다. 럼즈펠드 미 국방장관은 걸프전 동안 이루어졌던 대규모 전력증강과는 대조적으로 지상전력 증강이 여전히 이루어지는 가운데 작전을 개시하는 순조로운 출발을 요구했다.[9] 그래서 지상작전은 가용한 전력의 일부만을 가지고 시작했고 나머지는 필요한 경우 미국에서 수송될 것이었다. 단기적으로는 그것이 연합군의 작전이 언제 개시될지 이라크군의 오판을 유도했기에 미국에 유리하게 작용했다. 그러나 미 중부사령부는 후세인 체제가 몰락한 뒤에 이라크에서 질서와 안정을 복원하기에 충분한 지상전력을 갖고 있지 못했기에 장기적으로 이것은 재앙이 되고 말았다.[10]

2002년 5월 항공과 지상 지휘관들 간의 회합에서 차이가 발생했다. 모즐리(T. Michael "Buzz" Moseley) 중장은 이라크의 방공체계를 파괴하고 바그다드 전역과 이라크의 중심에 있는 리더십 표적들을 공격하기 위해 약 10일에서 2주까지 필요하다고 주장했다. 모즐리의 접근법은 지난 수십 년간의 경험을 반영하는 것이었다. 그것은 또한 워싱턴 주변의 국방 관련 지식공동체들 안에 퍼져 있던 엉성한 생각을 반영한 것일 수 있었다. 이런 엉성함을 보여준 가장 두드러진 사례들 중 하나가 울먼(Harlan K. Ullman)과 웨이드(James P. Wade)가 내놓은 악명 높은 『충격과 공포(Shock and Awe)』 연구였다. 저자들은 항공력과 정밀무기들은 전장에서 "신속한 지배"를 가능하게 해 정치적·군사적으로 적의 붕괴를 가져올 수 있다고 주장했다. 럼즈펠드는 분명 이 개념을 매우 흥미롭게 여겼다.

어느 정도 남부감시 작전의 공세적이고도 강화된 버전을 수행하려는 2002년 여름의 결정은 지상전을 개시하기 전에 지속적인 항공전역이 필요하다는 모즐리의 주장을 교묘하게 각색한 것이었다.[11] 전쟁이 다가오면서 지상전역과 항공전역을 동시에 시작하는 것을 선호하는 방향으로 합의가 이루어졌다. 지상공세가 아직 전구에 있지 않은 다수의 사단들과 함께 시작될 것이기에 항공전역은 지상에서의 노력에 상당히 집중하고 제3보병사단과 제1해병사단이 이라크로 진입하는 것을 지원해야 할 것이었다. 여기에서 정밀능력뿐 아니라 정보, 감시, 정찰(ISR) 능력이 걸프전 때보다 공중과 지상 간의 화력의 더 큰 통합을 가능하게 해줄 것으로 기대되었다. 게다가 바그다드에 근접해 진격할 때는 정밀능력이 이라크 공화국수비대의 집결을 교란하기 위해 이루어지는 차단 임무의 치명성을 증가시킬 것이었다.

그럼에도 2002년의 마지막 몇 달 내내 항공전역이 지상공세에 며칠이나 선행해야 하는지에 대해 분명한 결정이 없었다. 10월에 미 해병대는 이라크 자유 작전(OIF)을 준비하기 위해 쿠웨이트로 전개하도록 준비명령을 받았다. 에이머스(James Amos) 소장이 7월에 미 제3해병비행단의 지휘를 막 맡은 상태였다. 11월에 그는 150명의 선봉대와 함께 쿠웨이트로 전개했으며, 그들 모두는 임박한 항공 및 지상 작전을 기획하는 데 깊게 관여했다. 당시 계획들은 여전히 모호했으며, 항공전역을 30일 먼저 시작하는 것에서 지상전력과 항공전력의 동시적인 작전개시 개념까지, 항공전역에 대한 다양한 논의가 있었다. 게다가 항공전역 기간 외에도 이라크 자유 작전과 관련된 매우 중요한 많은 이슈들이 전역을 개시하기 거의 직전까지도 해소되지 않았다.[12]

이라크 체제는 연합군의 의도를 명백하게 오해했을 뿐 아니라 후세인과 그의 심복들은 미국의 결의를 전혀 이해하지 못하고 있었기에 당시 이라크의 관점을 들여다보는 일은 특히 흥미롭다. 연합군이 포획한 이라크 문서들은 전쟁을 준비하는 내내 후세인은 부시 행정부가 바트당 체제를 전복시킨다는 분명한 목적을 가지고 이라크 심장부로 연합군을 진군시킬 지상전을 치르려고 한다는 사실을 인정하기를 거절했다는 점을 분명히 보여준다.[13] 서구 항공력을 상대해본 경험을 가진 후세인은 미국이 1990년대 말 자신의 체제를 뒤흔들었던 사막의 여우 작전(Operation Desert Fox)과 유사한 광범위한 항공전역을 개시할 것으로 예상했다. 당시 후세인의 각료 중 한 사람은 "나는, 어떤 사건이든지 발생한다면, 미국은 소말리아에서 겪은 끔찍한 경험 때문에 지상전력을 보내는 대신 그들이 선호하고 최근에 사용하기도 했던 공중타격 방법을 사용하리라고 믿는다"라고 말했다.[14]

미군의 침공 직전에 후세인은 공화국수비대 사령관에게 미국은 지상전을 하지 않으려고 할 것이며 "이라크 병사가 1명이라도 남아 있는 한 미 공군이 전투나 전쟁에서 승리하는 일은 없다"라고 말했다.[15] 몇 차례 후세인은 연합군이 바스라 북부와 서부의 석유자원이 풍부한 지역들을 장악하기 위해 지상전력을 사용할 수도 있다는 의견을 밝혔지만, 그때도 그는 지상전은 가능성이 없다고 스스로를 설득하고 말았다. 놀랄 것도 없이 후세인의 시각은 이라크 고위장교들 사이에서 열렬한 지지를 얻었다. 이라크 공군의 한 지휘관은 전쟁 후에 "우리는 이 전쟁이 1991년의 전쟁과 같으리라고 생각했다. 우리는 미국이 남쪽에서 일부 작전을 수행하고 난 뒤에 귀국하리라고 이해했다"라고 진술

했다.[16]

연합군의 공중공세 위협에 대적한다는 맥락에서 보면 이라크 역시 걸프전 이후 12년이 경과하는 과정에 미국과 연합군 항공력에 대해 광범위한 경험을 갖고 있었다. 그렇기에 이라크군은 가능한 한 많은 것을 파묻었으며, 지상전력을 위해 광범위한 은신진지들을 팠다. 그리고 무엇인가를 명중할 수 있거나 적어도 이라크 민간인들에게 체제가 적을 격퇴하고 있다는 점을 재확인해줄 수 있다는 희망에서 하늘에 비(非)유도 대공포와 미사일을 난사하는 것 외에는 예상되는 연합군의 공중공세에 대해 직접적인 대응을 하지 않기로 결정했다.[17] 간단히 말해 이라크의 전략은 국제공동체가 연합군이 항공전역을 종결하도록 강제하기 전까지 쭈그린 채 기다리겠다는 것이었다.

연합군의 잠재적인 항공전역에 대한 후세인 자신의 태도는 걸프전 직후인 1991년 3월 그가 남긴 다음의 언급에 가장 잘 압축되어 있다.

> 얼마나 많은 이가 두려움에 떨었던가? 이 공격에 우리가 어떤 비례성을 갖고 있다는 말인가?… 한 달 반 동안의 (공중) 준비폭격을 당했던 사례가 역사서 어디에 있다는 말인가?… 어떤 책이 그렇다는 말인가? 전쟁에 그런 일이 기록되어 있기라도 하다는 말인가?… 이런 공격은 역사에 전혀 유례가 없는 일이기에 우리는 신념과… 정신적·신경적 능력과… 인간적 강인함에 관해서 단호하게 이라크가 세계의 지배자라고 말할 수 있다.[18]

후세인은 연합군의 지상공세 가능성을 무시했기에 이라크인들은—부시 체제를 펀드는 자들이 이라크 자유 작전의 재앙과 같은 여파 속에서 주장했던 것과 같은—반군활동을 개시할 준비가 되어 있지 않았다.[19] 후세인은 다른 이슈에 집중하고 있었다. 그의 가장 큰 두려움은 연합군의 항공전역이 자신의 체제를 위험하게 무너뜨릴 뻔했던 1991년 3월의 반란 노선에 따라 또 다른 봉기를 촉발하지 않을까 하는 점이었다. 그러한 두려움이 왜 이라크군이 이라크의 교량들을 파괴하려는 노력을 거의 기울이지 않았는지를 설명해준다. 교량들은 손상되지 않은 채로 남겨졌고 미군의 제1보병사단과 제1해병사단이 이를 장악해 메소포타미아 계곡의 중앙으로 진격해가는 데 활용했다. 1991년에 연합군 공중공격은 대부분의 이라크 교량을 파괴해버려 걸프전 직후에 뒤따랐던 내부 반란을 진압하려는 후세인의 노력을 매우 복잡하게 만들었다.[20] 그래서 후세인은 교량들이 반란의 기미를 조기에 제거하기 위해 전력을 재배치하는 데 결정적인 역할을 하리라고 믿었기에 이라크군은 교량들을 건드리지 않고 놔두었다.

미국의 항공력에 대한 그때까지의 경험에 입각해볼 때 후세인은 자신의 공군이 적의 공중공격에 맞서 무엇을 달성해낼 수 있을지 아무런 확신도 갖고 있지 못했다. 그 결과 후세인은 자신의 항공기들이 연합군에 대해 대응하지 말도록 명령했다. 그 대신 남아 있는 소수의 항공기들을 비행장에서 멀리 떨어진 곳으로 분산하도록 명령을 내렸다. 어떤 경우에는 지휘관들이 전투기를 모래 속에 묻기도 했다. 전쟁을 시작할 때부터 연합군은 완벽하고도 총체적인 공중우세를 누렸다. 3주간의 전역 과정에서 발생한 손실은 연합군이 얼마나 완벽하게 이라크의 공역을 통제하고 있었는지 말해준다. 육군의 아파치(Longbow Apache) 헬리콥터 4대와 해병의 코브라 헬리콥터 2대, A-10 근접항공지원 항공기 1대만이 손실되었다.[21]

전력구조와 군수 준비

미국은 이라크 자유 작전을 지원하기 위해 네 집단의 항공능력을 중동에 전개했다. 공군, 해병, 해군, 육군 모두가 지상에서의 노력과 직접적으로 연계되어 있는 혁신적이고 유연하며 인상적인 전역에 기여했다. 영국 또한 상당한 전력을 제공했다. 미국의 공군구성군 사령관 모즐리 장군은 교조적인 인물이 아니었다. 오히려 그는 이라크 자유 작전의 보다 큰 목표들을 지원하기 위해 가능한 한 최대로 자기 휘하의 전력을 사용하기 위해 모든 노력을 다했다. 미국의 항공전력 각각은 서로 다른 강점, 전력구조, 전투 하위문화를 가지고 있었다.

전략적 항공전역의 맥락에서 보았을 때 가장 거대하고 준비가 잘되어 있던 군은 미 공군이었다. 그들은 전투기 293대(F-15C, F-15E, F-16, A-10, F-117), 폭격기 51대(B-1, B-2, B-52), 그 밖의 모든 지원항공기들을 전개했다. 해병은 전투기 130대(F-18, AV-8), EA-6B, 다수의 헬리콥터, 지상 군수지원을 위해 특별히 개조된 C-130을 투입했다. 해군은 전투기 232대(F-18, F-14)와 EA-6B들을 투입했다. 육군은 다수의 공격 및 지원 헬리콥터를 투입했다. 미국의 노력에 더불어 연합군 파트너들—특히 영국과 호주—이 많은 수의 전투기를 제공했다.

무인기(UAV)들도 주요 지상전투작전 지원에 첫선을 보였다. 4대의 프레데터와 글로벌호크(Global Hawk)가 정보·감시·정찰 임무의 새로운 장을 열었다. 이는 장차 상당한 가능성을 가진 장(章)이었다.

2002년 걸프 전역(全域)에서 이루어진 연합군 항공력의 증강은 주요 항공전역의 가능성을 보여주었다. 항공전을 위한 기획은 2002년 후반, 특히 남부감시 작전으로 항공기들이 공격하는 표적의 수가 증가하면서 시작되었다. 이라크의 혹서기가 4~5월에 시작되기에 연합군에게는 지상작전을 개시할 시간이 제한되었다. 연합군 항공력의 한 가지 취약점은 근접항공지원과 관련한 것이었다. 제2차 세계대전 이래 근접항공지원 임무는 공군에서 천대받아왔으며, 그 결과 공군은 육군에게 충분한 전방항공통제관(forward air controller)을 제공하기를 꺼려왔다.[22] 한 장교가 필자에게 말했듯이 공군은 "옛 생각(old-think)"에 빠져 있었다. 해병이 근접항공지원을 제공할 준비를 더 잘 갖추고 있었는데, 이는 차단이나 전략공격 임무와는 달리 근접항공지원 임무는 해병 공지기동부대에 대한 그들의 인식에서 근본적이었기 때문이다.[23]

이런 점에서 모즐리는 이론적 지도자가 아니라 적응력 있고 창의적인 지휘관인 것을 입증해냈다. 그는 예하의 해병 지휘관인 에이머스 소장에게 긴밀한 협력을 보장하기까지 했다. 모즐리는 자신이 항공전역의 최고지휘관인 것을 분명히 했지만, 동시에 해병 지상전력이 자신의 항공자산들이 제공하는 지원을 각별히 필요로 한다는 점 또한 이해하고 있었다.[24] 모즐리는 약속을 지키는 인물인 것을 입증했다. 전역 내내 해병 항공지휘관들과 공군 간에는 최소한의 마찰만이 존재했을 뿐이다.

쿠웨이트에서 해병 항공력을 증강하는 일은 공군부대들의 전개나 해군 항공력의 집결에서는 봉착하지 않았던 많은 어려움을 극복해내야 하는 일이었다. 물론 해군은 작전 준비를 위해 항공모함들을 홍해로 이동시키면 되었다. 공군은 걸프 지역 전역에 있는 많은 기지들을 사용할 수 있었다. 그들의 항공기는 10년 넘게 이 기지들을 사용하며 작전을 수행해오고 있었기에 정비 설비, 연료, 탄약, 여분의 부품, 항공기를 조종하거나 정비하는 이들을 위한 훌륭한 숙소가 잘 갖춰져 있었다. 해병의 경우, 초기에 배에서 이륙해 가까이서 작전을 수행하는 해리어들에게는 지원이 문제가 되지 않았다. 그러나 해병 지상부대들이 이라크로 밀고 들어감에 따라 해병 해리어들을 전방으로 전개시키는 계획은 해리어들이 비행갑판을 떠난 뒤에 보급물자, 탄약, 연료의 전진 이동을 필요로 했다.

그러나 해병은 아무런 지원구조도 갖추지 않고 전구에 도착하고 있었으며, 새로이 그것을 만들어내야 했다. 그러려면 작전수행자, 보급, 해군 연안공병대(Seabees) 간의 긴밀한 협력이 필요했다. 1월 초에 해병대 F-18 5개 대대가 쿠웨이트의 알자비르(al-Jaber) 공군기지에 주둔하게 되면서 해병은 주요한 일단의 문제에 봉착했다. 다행히도 그곳에는 이미 공군의 상당한 전력이 존재하고 있었다. 알자비르 공군기지에는 A-10 2개 대대와 F-16 1개 대대가 2500명의 공군 병력으로 이루어진 지원구조를 갖춘 채 주둔하고 있었으며, 그 모두는 1급 숙박시설을 보유하고 있었다. 이제 해병은 안락한 생활을 할 수 있게 되었으며, 호닛(Hornet)과 비행단 모두를 지원하기 위해 4500명에 이르는 항공병들을 위한 텐트도시를 만들었다.

알자비르의 설비들에도 해병은 제3해병비행단(MAW)은 물론 차량으로 쿠웨이트로 쇄도해 들어가는 지상병력을 지원하기에 충분한 기간구조를 건설하는 일에서 주요한 문제에 봉착했다. 이런 노력은 1월 초에 도착하는 3개 연대 전투팀을 위한 텐트도시들을 건설하는 것, 연료보급을 위해 쿠웨이트 시의 항구에서 알자비르까지 추가적으로 파이프라인을 까는 것, 800×1300피트의 경사로에 콘크리트를 붓는 일, 1300제곱마일의 부지를 포장하는 일을 포함했다. 게다가 해병은 C-130—승무원들은 모두 야간착륙을 할 수 있는 자격을 가지고 있어야 했다—이 사용할 활주로를 연대 야영장 인근 사막에 건설하기 위해 매우 딱딱한 사막모래를 사용했다. 해병이 직면했던 군수문제들은, 장차 공군이 걸프에서 익숙했던 종류의 기지 구조와 설비가 가용하지 않을 때 미국이 항공력을 투사하는 데 발생할 수 있는 잠재적인 어려움들을 반영하기에 명심해두는 게 중요하다.[25]

초기 움직임: "충격과 공포"

3월 20일 이라크 현지 시각으로 22시 직후에 모즐리의 전략국장은 미국 중앙정보국이 후세인의 위치를 파악해냈음을 거의 100% 확신하고 있다는 말을 워싱턴으로부터 들었다. 후세인과 두 아들이 후세인 가족이 과거에 가끔 사용했던 도라팜스(Dora Farms)에서 만나고 있는 것으로 추정되었다. 사실 그 독재자가 전쟁 바로 전 몇 해 동안 그곳을 사용한 증거는 없었다. 이라크에 대한 미국의 최후통첩이 04시에 시한이 만료될 예정이었기에 도라팜스를 공격하고 후세인 체제를 참수하는 임무를 F-117에게 다급하게 준비시키는 일이 가능하리라고 보였다.

또 다른 48시간 동안 전쟁을 시작하지 않을 예정이라는 사실에도 부시(George W. Bush) 대통령은 전쟁 개시를 승인했다. 그러자 조종사들에게 브리핑하고, 항공기를 무장하고 준비하며, 해군에게 다른 주요한 지휘 및 통제 사이트들을 타격하기 위해 토마호크 대지공격미사일(TLAM)을 발사할 준비를 하도록 하는 필사적인 기간이 뒤따랐다. 그런 임무에는 처음부터 끝까지 마찰이 만연했다. 그것은 기술이 제공해주리라고 믿었던 마찰 없는 환경을 옹호했던 이들이 현실을 묵살하려고 애쓰는 과정에서 전적으로 놓쳐버리고 마는 종류의 마찰이었다.[26]

5시간여가 흐른 뒤 각각 2개의 EGBU-27 벙커파괴폭탄으로 무장한 F-117 2대가 공중에 나타났다. 그러나 마찰이 계속해서 임무를 방해했다. 그 항공기가 바그다드에 접근했을 때 폭탄들 중 하나의 위성항법장치가 고장 나고 말았다. 항공기를 조종하고 있던 투미(David Toomey) 중령은 필사적으로 그 장치를 재가동하려고 시도했다. 그는 항공기가 도라팜스에 4개의 폭탄을 직접적으로 투하할 바로 그 시점에 장치를 복구하는 데 성공했다. 표적은 완전히 파괴되었지만 후세인은 그곳에 있지 않았다. 이런 일은 3주간의 전역 내내 수차례에 걸쳐 발생하는데, 정보당국이 후세인의 위치를 파악하면 곧이어 항공기들이 그 표적을 파괴했지만 후세인이나 그 밖의 중요 인물은 그곳에 있지 않았다. 사실 오늘날 가용한 증거들을 보면, 그런 공격들 중 어느 것도 후세인의 실제 위치에 근접해보지도 못했다는 것을 보여준다. 정밀무기는 훌륭하지만 그것은 공격하도록 지시된 것에 대해서만 정밀하게 공격할 수 있다. 정밀하고 정확한 정보가 없으면 정밀무기는 과거의 "재래식" 폭탄 이상으로 효과적이지 못하다.[27]

걸프에 있는 연합군 해군 함선들이 발사하는 45기의 토마호크 대지공격미사일이 도라팜스에 대한 공격에 동반할 것으로 예정되었다. 그러나 해군 관료체제 안에 있는 누군가가 일상적인 정비를 위해 초고주파 체계를 꺼버리는 바람에 필요한 표적처리 데이터가 보다 느린 체계를 통해 탑재되어야 했다. 그 결과 39기의 미사일만이 발사준비를 갖출 수 있었다. 이는 인간의 행동에서 불가피하게 존재할 수밖에 없는 마찰의 한 유형을 보여주었다.[28] 이 미사일들은 이라크의 지휘 및 통제 본부들을 표적으로 삼았지만 후세인 체제의 고위 지도자들 중 누군가를 심각한 곤궁에 빠뜨렸다는 증거는 존재하지 않는다. 다만 바그다드 전역에 산재해 있던 많은 은신처들 중 한 곳에 있는 후세인을 찾아가서 만나야 하는 불편을 초래했을 뿐이다.[29] 이 전쟁에 대한 주요 연구들 중 하나는 다음과 같이 쓰고 있다.

> 전쟁이 수행되면서 연합군 항공기들은 '케미컬 알리(Chemical Ali)'•를 포함하는 다른 시한성 표적들에 대한 타격을 수행하려고 했다. 그러나 체제의 고위 인사 20명 중 어떤 이도 공중타격으로 사망하지 않았다. 미국의 정찰, 통신, 정밀무기는 그들에게 적 리더들을 타격하는, 그것도 신속하게 타격할 수 있는 능력을 제공해주었다. 그러나 그런 공격은 그것이 기초하는 정보가 우수했을 때만 효과를 발휘할 수 있었다. 전쟁을 개시하는 날 밤에 그랬듯이, 많은 경우 정보는 신뢰할 만하지 않았다.[30]

후세인을 제거해 그 체제를 참수하려는 시도는 전략적 항공전역이 순조롭게 진행되지 못하게 만들고 말았다. 후세인 체제의 심장부를 공격하려는 전면적인 노력이 다음 날 저녁에 시작되었지만, 그때는 이미 지상전역이 시작된 상태였다. 그때는 이라크의 각료, 관료, 장군들이 안전한 위치에 자리를 잡은 뒤였다. 바그다드 지역 전역의 표적들을 타격하는 무기들의 모습은 전 세계 매스컴에 현란한 사진들을 제공해주었다. 바그다드 상공에서 폭발하는 이라크 방공체계의 무차별적이고 조율되지 않은 노력들이 불꽃놀이를 더 현란하게 만들었다. 전쟁의 3일째 밤에는 무인기 프레데터가 버젓이 나타나 대략 시간당 80마일의 속도로 바그다드를 선회하면서 이라크의 미사일과 대공포가 맹렬히 퍼부어지게 만들었지만, 그 어느 것도 무인기를 명중하지 못했다.[31] 이 한 번의 사례만으로도 이라크 방공체계의 무용성은 분명히 드러났다. 이라크군이 발사한 1660기의 지대공미사일 중 어느 것도 명중하지 못했으며, 수많은 대공포탄도 거의 효과를 내지 못했다.[32]

바그다드의 정부 구조물에 대한 공격은 전략적 항공력의 효과성에 대한 많

• 사담 후세인의 사촌인 알마지드(Ali Hassan al-Majid, 훗날 국방장관)는 1987~1988년 동안 쿠르드족의 분리 독립을 저지하는 '알안팔(al-Anfal) 전역'을 벌이면서 화학가스를 무차별 사용해 '케미컬 알리(Chemical Ali)'라는 악명을 얻었다.

은 중요한 질문들을 제기했다. 첫째, 전쟁을 계속하고자 하는 의지의 맥락에서 보았을 때 그런 폭격이 후세인과 그의 동료들에게 최소한의 경미한 영향이라도 주었다는 증거는 없다. 둘째, 연합군의 폭격 노력에 대응하는 이라크의 경험을 고려해보았을 때 이라크 심장부에 대한 타격은 군사부대들을 지휘하기 위해 통신체계를 사용하는 체제의 능력에 최소한의 피해만을 가했을 뿐이었다. 교전행위가 끝난 뒤에 한 이라크 지휘관은 다음과 같이 말했다. "초기 공중공격은 텅 빈 본부와 병사용 숙소들만을 타격했을 뿐이다. 폭격은 그런 건물들을 근거지로 삼고 있던 우리의 통신 스위치들에는 아무런 영향도 주지 못했다. 우리는 주로 학교와 과수원에 있는 비밀지휘본부를 본부로 사용했으며 그것들은 타격당하지 않았다."[33]

셋째, "충격과 공포"는 전쟁을 계속하려는 후세인 체제의 의지에는 실질적인 피해를 거의 입히지 못했던 반면,[34] 이라크를 재건하기 위해 필요하게 될 민간과 행정의 기간구조에게는 막대한 피해를 입혔다.[35]

차단과 근접항공지원: 지상전역

이라크의 심장부에 대한 전략공격이 계속되는 동안 연합군 지상전력은 쿠웨이트에 있는 거점에서 이라크를 향해 신속하게 진격하기 시작했다. 우측에서는 쿠웨이트에 있는 전개지역들에서 등장한 영국 전력이 미 해병의 지원을 받으며 바스라와 루마일라(Rumaila) 유전을 향해 북쪽으로 진격했다. 바그다드를 향한 육군과 해병의 주된 진격선은 유프라테스 강을 향해 서쪽과 북쪽으로 옮겨졌다. 그 뒤 해병이 나시리야(Nasiriya)에서 그 강을 넘었는데, 그곳에서 이라크군의 격렬한 저항에 직면했다. 무능하게 지휘되던 육군 보급대 하나가 나시리야를 배회하다가 이라크 방어군을 완전히 깨우고 말았다. 그때까지 해병은 비교적 경미한 저항에 직면해 있었다. 제3해병비행단의 코브라 헬리콥터들이 유프라테스 강 남쪽에 있던, 사기가 떨어진 이라크 부대 대부분을 제압했다. 그러나 나시리야에서는 근접거리에서 치열한 전투가 벌어졌는데, 그 상대는 대부분 이라크 페다인 조직•이었고 일부 부대는 이라크 제11보병사단

• 1995년부터 이라크는 사담 페다인 부대(Fedayeen Saddam)로 알려진 준군사조직을 창설했다. 그들은 후세인과 바트당 정부에 충성하는 이들이었다.

소속이었다.

격렬한 저항에 맞서 유프라테스 강의 먼 쪽에 있는 운하를 건넌 뒤 이미 페다인의 맹공격하에 놓여 있던 선봉 해병부대가 연합군의 A-10 1대에 의해 타격을 입었다. 항공기는 해병 상륙공격차량들을 잘못 식별해 파괴하고 말았다. 그 결과 6명의 해병이 사망했다.[36] 공군의 A-10이 연합군의 전투차량들을 잘못 식별한 것이 이 경우만은 아니었다. 영국의 워리어(Warrior) 경장갑차도 사상을 당했다. A-10은 미 육군의 차량은 타격하지 않았지만, 두 차례의 우군공격 사건은 미 공군이 미 육군—A-10은 미 육군과는 긴밀하게 협업했다—이 보유하지 않은 차량들을 식별하는 훈련이 부족하다는 것을 보여주었다.

우군공격 사건이 있었지만 해병은 계속해서 공중자산들의 상당한 화력지원을 받았다. 에이머스의 코브라 헬기들이 이라크 방어군을 제압하는 데 특히 중요한 역할을 수행했다. 한 해병 조종사는 다음과 같이 말했다.

> 그날 밤 우리는 (해병)보병들이 위치했던 곳으로 돌아왔다. 우리는 그들을 그곳에 두고 연료를 충전하기 위해 떠났었다. 이제는 어둠이 드리워져 있었다. 해병 차량들이 코일 대형(a coiled formation)으로 서 있었다… 이는 각 차량이 코일을 이루는 나머지 차량들을 보호하기 위해 특정 방향으로 사격할 수 있게 하기 위한 것이었다. 각 탱크와 경장갑차에게는 특정 사격구역이 할당되었다. 접근하자 우리는 그들이 꽤 제대로 된 격전을 치르는 것을 볼 수 있었다. 그들의 위치로 옮기자 그들의 코일에서 모든 방향으로 사격이 빗발쳤다. 토우(tube-launched, optically tracked, wire-guided: *TOW*) 대전차유도미사일, 25밀리 체인건(chain gun), M-1 탱크 주포(main gun), 중기관총 사격이 작열했다. 우리는 그들의 머리 위에서 너무 낮게 날고 있었기에 기관총 사격이 위협적으로 다가왔다. 몇 분마다 전방항공통제관은 나에게 선회를 멈추고 헤딩을 유지하도록 요청했으며, 나는 로켓 몇 발을 발사하거나 포를 쏘며 공격했다. 모든 것이 매우 위험했다.[37]

나시리야에서 발생한 전투로 제1해병연대전투팀은 유프라테스 강 유역의 알쿠트(Al-Kut)로 진격할 수 있게 되었으며, 제5 및 제7 연대전투팀은 아드디와니야(Ad Diwaniyah)를 향해 유프라테스 강의 서안을 따라 북서쪽으로 이동했다. 블런트(Buford Blount) 소장의 제3보병사단은 유프라테스 강의 우안으로 이동했으며, 강 인근의 주요 도시들을 통제하다가 카르발라갑(Karbala Gap)으로 접근했다. 블런트의 사단은 이곳에서 바그다드로 서쪽으로부터 진격할 계획이었다. 그들이 북쪽으로 이동하면서 사단의 헬리콥터 자산인 아파치들도 함께 이동하며 북쪽으로 굽이치며 이어지는 긴 종대대열에게 지원과 엄호를 제공했다. 그들은 도시들에서 나타나 공격하는, 지휘와 훈련은 형편없었지만 맹렬했던 페다인 전력에 직면했다.

3월 22일 저녁에 제11공격헬리콥터연대가 이라크 공화국수비대 메디나(Medina)사단의 부대들을 파괴할 목적으로 종심공격을 감행했다. 메디나사단의 기갑전력과 함께 서쪽에서 주요한 폭풍이 다가오고 있음을 염려하던 연합군 고위장교들에 떠밀린 제11연대는 임무지역에 대한 정보가 거의 없는 가운데 매우 피상적인 기획만을 가지고 공격을 개시했다. 밤이 되기 직전에 임무에 필요한 연료가 도착했으나 낯선 지형과 어둠 속에서 복잡한 재급유 과정이 필요했다. 임무 지휘관이 공격헬리콥터의 수를 1/3로 줄이는 과정은 매우 힘들었으며, 그것은 표적의 수를 1/3로 줄인다는 뜻이기도 했다. 너무 늦게야 임무가 순조롭게 진행되기 시작한 관계로 제11연대가 공격을 개시할 무렵에는 포병과 공군이 제압사격을 이미 시작한 뒤였다.

임무의 어려움을 가중시킨 것은 남쪽 통로만이 남아 있던 북쪽—상대적으로 사람이 살지 않는 영토였다—으로부터 표적지역으로 비행해달라는 제11연대의 요청을 제5군단이 거절한 점이었다. 임무개요서에 따라 연합군의 헬리콥터들은 방어망이 두터운 이라크 영토 상공으로 진입했는데, 그곳에서는 전력(電力)망이 가동되어 헬리콥터들의 윤곽을 밤하늘에 드러내고 말았다.[38] 그리고 마지막으로 이라크군이 준비를 갖추고 기다리면서 공격군이 처한 어려움의 정도가 가중되었다.[39] 공중승무원들이 취한 비범한 영웅적 행위들에도 임무는 완벽히 실패했다. 공격군은 아파치 한 대를 잃었으며 나머지는 손상을 입었다. 적어도 필자가 보기에 요점은, (얼마든지 많은 임무에 매우 유용한) 헬리콥터는 최후의 수단으로, 특히 고정익 항공기가 가용하지 않을 때만 종심공격 자산으로 간주해야 한다는 점이다.

해병과 육군 병력이 북쪽으로 기동하는 내내 정보·감시·정찰 자산들의 지원을 받은 차단타격이 정밀무기들로 이라크군을 계속해서 타격했다. 대부분의 경우에 정밀무기는 실제로 가해진 피해의 맥락만큼 심리적인 관점에서도 효과적인 것으로 드러났다.[40] 전후 인터뷰에서 이라크 공화국수비대 제1군단장 알둘라이미(Majid Husayn Ali Ibrahim Al-Dulaymi) 중장은 "우리 부대들은 심리전이 유발한 염려들 때문에 아무것도 수행할 수 없었다. 그들은 현대전쟁, 특히 기후와 날씨를 가리지 않고 가해지는 정밀폭격 전쟁을 두려워했다"라고 말했다.

정밀공격으로 대대들 중 하나가 파괴된 직후에 아드난(Adnan) 공화국수비대 사단을 방문한 뒤에 알둘라이미 장군은 "이런 정밀한 수준의 공격이 나머지 사단의 병사들에게도 진정한 공포를 주입시켰다. 미군은 정밀항공력을 사용해 (이라크) 육군 전체에 공포를 유발했다"라고 덧붙였다.[41]

무장을 가장 잘 갖춘 후세인의 전력들 중 하나였던 공화국수비대 알니다(Al-Nida)사단을 파괴한 것은 심리적 파괴와 실제적 파괴 간의 연관성을 추가적으로 보여준다. 전쟁이 시작될 때 이 사단은 1만 3000명의 장병을 보유했다. 하지만 지상전역의 첫 2주가 지나고 바그다드로 퇴각하도록 명령이 내려졌을 때 사단은 고작 2000명만을 보유하고 있었다. 그러나 사단은 진격하는 미군과 지상전투를 치러야 했다. 수도에 도착했을 때 그들은 1000명 남짓에 지나지 않았다. 사기가 꺾인 지휘관은 전쟁 후에 다음과 같이 말했다.

> 매일같이 탈영이 증가했다. 우리는 미군과 교전을 치러야 했다. 나의 사단이 디얄라(Diyala) 다리를 넘어 퇴각할 때, 전쟁 전에 내게 할당되었던 500대 이상의 장갑차들 중 약 50대만이 다리를 넘을 수 있었다. 대부분은 디얄라 강의 동쪽에서 파괴되거나 유기되었다.[42]

이라크의 군사문건들과 이라크 고위장교들과의 인터뷰에 기초해 이루어진 2003년 이라크 전쟁에 대한 한 연구는 다음과 같이 적고 있다.

> 전쟁이 진행되는 동안 알니다사단이 지상전투에 진정으로 개입한 적은 전혀 없다. 그런 점을 고려했을 때 그 사단에서 발생한 일은 정밀화력과 심리작전이 결합해 피할 수 없어 보이는 파괴에 대한 전반적인 두려움을 만들어냈음을 시사해준다. 이런 결합은 두려움에 노출된 많은 이라크 부대들의 의지를 꽤나 심각하게 깨뜨려놓고 말았다. 평균적인 이라크 병사들의 눈에는 자국이 미국이 "8000마일을 날아와 그들에게 쓰레기(전단)를 떨어뜨리는 것"을 중단시키지 못하는 모습이 보였고, 이는 이라크 체제의 무능을 입증해주는 것이었다. 연합군이 어디에 "쓰레기"를 떨어뜨릴지 정확히 아는 것처럼 보였다는 사실은 공화국수비대의 모든 병사들에게 자신들이 "저

격수의 시야"에 있는 것과 같은 느낌을 갖게 만들었다. 노출된 진지들을 파괴하는 정밀무기의 효과를 목격하는 것은 이미 형편없어진 사기에 도움이 되지 않았다.[43]

항공전 초기 동안에 알니다사단은 대부분 맹공격을 피해갔다. 그러나 한 번은 3개의 은신처에 분산되어 있던 사단의 제153포병대대가 연합군 항공기들의 집중적인 주목을 받아 몇 분 만에 대대 전체가 파괴되고 말았다. 2주차 동안에 연합군 지상전력이 메소포타미아 계곡의 중앙으로 침입해 들어오면서 사단의 여단들 중 2개가 맹공격을 받았다. 알니다 사단장은 다음과 같이 말했다.

제42여단 구역에서 준비된 진지에 있던 장병들은 5일 동안 매우 실질적인 타격을 당했다. 손실의 정도를 헤아릴 수 없을 정도로 우리는 지속적으로 공격받았다. 공격이 있은 뒤에 많은 장병들이 "몸을 피하고"(탈영하고) 말았다. 전쟁이 끝날 때까지 알니다 공화국수비대 사단의 70% 이상이 '몸을 피하고' 말았다. 공중타격과 탈영으로 1만 3000명 이상에 달했던 이들 중 1000~1500명만이 남았다.[44]

서구의 관점에서 놀라울 수 있는 점은, 미국의 지상전력이 가져온 파괴적인 공중공격이 이라크 전투력의 대부분을 파괴한 뒤에 잔존하던 이라크 지상전력을 처리하고 있을 때 이라크 통신을 파괴하지 못한 일이 오히려 후세인과 그의 체제가 실제로 벌어지고 있는 일을 이해하지 못하게 하는 데 실질적으로 기여했다는 것이다. 독재자가 확립했던 억압적인 체제는 지휘계통을 따라 좋은 소식만이 전달되고 나쁜 소식은 그 결과를 모면할 수 있을 때까지 오랫동안 묻어버리는 문화를 만들어냈다. 분명 후세인의 주변에 있는 모든 이들은 그 독재자에게 나쁜 소식을 전하는 일이 자신의 경력을 끝장내는 확실한 길이라는 것을 이해하고 있었다. 경력을 단절당하는 것으로 끝나는 것이 그나마 가능한 한 최선의 결과라는 것도 이해하고 있었다.

그 결과 후세인이 전선으로부터 받은 정보는 거의 전적으로 좋은 소식뿐이었다. 아스사마와(As Samawah), 안나자프(An Najaf), 알힐라(Al-Hillah), 아드디와니얄(Ad Diwaniyal)에 있던 바트당 관리들 모두가 이라크군이 그들의 도시를 침공하려는 미국의 시도를 극적으로 격파했다고 보고했다. 그러나 사실 미군은 페다인 부대가 나타나 군수물자가 북쪽으로 이동하는 것을 방해하지 못하도록 하기 위해 그 도시들을 엄폐했을 뿐이었다. 전쟁 후에 이라크의 보다 교양 있고 유능한 장군들 중 한 명은 다음과 같이 언급했다.

> 현장으로부터의 보고와 관련된 문제 중 일부는 정치적 리더십에 있었다. 유프라테스 지역의 한복판에 있던 지역부대들을 지휘하던 바트당 관리들은 무슨 일이 벌어지고 있는지 알지 못했다. (그럼에도) 후세인은 부족전쟁에 대한 이상화된 시각을 상당히 신뢰했다. 후세인은 이런 종류의 근접전투는 바트당이 감당해낼 수 있으리라고 보았다. 후세인은 바트당 지도자들이 직업적인 군보다 더 많은 것을 알고 있다고 생각했다. 바트당이 육군을 파괴하고 말았던 것이다.[45]

연합군의 공중공격으로 부대들이 받은 피해는 군의 보고체계 속에서 묻혀버리고 말았다. 그런 체계에서 관료적 사다리의 윗부분으로 올라가면 갈수록 소식은 계속 좋아졌다. 그렇게 된 이유 중 일부는 후세인이 경청하는 대상이었던 바트당 관리의 대부분은 자신들이 보고 있던 바를 이해하지 못했으며, 그나마 충분히 알고 있던 관리들은 침묵하고 말았기 때문이다. 예컨대 '바그다드 밥(Baghdad Bob)'• 으로 알려진, 서구의 눈에는 그저 완벽한 난센스로밖에 보이지 않던 소식을 전달했던 이라크 공보장관은 체제가 실제로 발생하고 있다고 믿었던 바를 보고했을 뿐이다.[46]

대단원: 전술 항공력과 체제의 붕괴

3월 28일과 30일 사이에 연합군 지상군구성군사령관 매키어넌(David McKiernan) 중장은 지상전력에게 재정비와 재보급, 그리고 바그다드로의 마지막 진격 준비를 위해 작전을 중지하도록 명령했다. 해병은 육군보다 중지해야 할 필요가 덜했다. 그들은 이동해야 하는 거리가 적었으며 그렇기에 육군부대들보다 연료를 덜 사용했다. 그리고 나시리야에서의 격전을 제외하고는 격렬한 전투에 직면하지 않았다. 그러나 공군이 지상전역과 결합하는 것과 해병의 항공자

• 후세인 통치하의 공보장관 알사하프(Mohammed Saeed al-Sahhaf)를 가리킨다. 그는 전쟁 이전과 전쟁 동안에 이라크군의 강력함과 후세인 통치의 영속성에 대한 과장되고 비현실적인 선전을 펼친 최고의 주역이었다. 그 때문에 그의 발언은 상당한 조롱의 대상이 되었으며, 영국에서는 그를 '코미컬 알리(Comical Ali)'라고도 불렀다. 미국은 그를 '바그다드 밥'으로 불렀다.

산들이 지상전력과 결합하는 것 간에 존재하는 차이를 잘 보여주는 추가적인 근거가 존재했다. 베트남 전쟁 이후 공군은 대부분 C-130 함대를 공수부대원들을 수송하고 한 기지에서 다른 기지로 보급물자를 운송하는 전력으로 간주했다.[47] 그와 대조적으로 해병은 C-130들을 전투항공기로 간주했다. 그들에게 C-130은 필요한 경우 해병 전력의 선봉부대들을 직접적으로 지원하기 위해 사용할 수 있는 유용한 자산이었다. 해병은 자신들의 무기목록에 있는 C-130 4대의 화물실에 4만 파운드의 연료탱크를 장착했는데, 이로써 C-130T가 소비할 수 있는 4만 파운드의 연료에 여유분을 제공하고 해병군단에게도 선봉대에 연료를 보급할 수 있는 엄청난 능력을 제공해주었다.

해병의 연료보급 문제는 고속도로의 가드레일을 제거한 뒤에 4차선 도로의 몇몇 직선 부분들을 선택하면서 해소되었다. 제5연대전투팀은 연료용기(fuel bladder)들을 지참했으며, 안누마니야(An Numaniyah)에 접근하자 그 보급조직과 제3해병비행단의 지상요원들은 M-1을 위한 연료를 내리는 데 필요한 비행장과 연료기지들을 급조해냈다. 그동안 일반적인 C-130들은 탄약과 필요한 여분의 부품들을 실어 날랐다. 그렇게 해서 제1해병사단은 티그리스 강을 건널 수 있었으며, 강의 동안(東岸)을 선회해 동쪽에서 모습을 나타냈다. 에이머스 장군은 필자에게 "제1해병사단장 매티스(Jim Mattis)•를 위해 내가 하지 못했을 일은 없다"라고 말했다.[48]

그 결과 미군의 두 차례 공격이 후세인의 무너져가던 제국의 심장부인 바그다드를 거의 동시에 타격했다. 이제 이라크 공화국수비대와 정규 육군에 대한 미국의 공중공세가 본격적으로 가해지고 있었다. 모즐리와 에이머스 간의 협력 수준은 "공군 A-10들의 거의 무제한적인 지원"에 대한 보답으로 에이머스가 고속 대(對)레이더미사일을 발사하는 F-18C들을 최소한의 실랑이도 없이 공군구성군 사령관에게 제공하는 지점까지 도달했다. 전쟁 후에 필자와 이야기했던 사실상 모든 이들이 해병의 근접항공지원 체계가 공군의 그것보다 더 즉응적이고 유능하다고 칭찬했는데, 이는 해병이 더 많은 전방항공통제관을 투입해 "근접위험(danger close)" 임무 시에도 유도를 제공했기 때문이다.

이라크군에게 전쟁의 마지막 주는 공중에서 가해지는 대규모 공격들이 아

• 제임스 매티스(James Mattis) 소장을 의미하며, 훗날 2013년 5월에 대장으로 퇴역 후 2017년 1월에 트럼프(Donald Trump) 행정부 초대 국방장관에 임명되었다.

직까지 모종의 전투능력을 보존하고 있던 부대들을 파괴해버렸던 재앙의 기간에 해당했다. 4월 2일 이라크 공화국수비대 제2군단 지휘관 함다니(Raad Hamdani) 장군은 유프라테스 강에 있는 알카이드(Al-Qa'id) 다리—직접 카르발라갑으로 접근할 수 있는 통로였다—를 폭파할 수 있게 해달라고 서너 차례에 걸쳐 요청했다. 결국 그는 허락을 받았지만, 바로 그 순간에 미군이 알카이드 다리를 장악했다는 말을 듣게 되었다. 그 뒤 그는 다리를 재장악하라는 명령을 받았다. 그날 밤 함다니는 메디나사단의 잔존 병력과 다양한 이라크 특수전력 부대들을 활용해 하나의 부대를 만들려고 안간힘을 썼다. 그는 전후에 쓴 회고록에서 당시 참담한 결과를 다음과 같이 묘사한다.

> 야간이라 시야를 확보할 수 없었기에 공격은 천천히 진척되었다… 메디나사단의 지휘관과 나는 통신전대들과 함께 제10기갑여단을 뒤따랐다. 우리가 길을 내려가고 있던 02시에 미국의 제트기들이 우리 전력을 공격했다. 우리는 많은 미사일에 타격당했다. 메디나사단의 참모 대부분이 죽음을 맞았다. 내 군단의 통신참모도 사망했다. 특수전력 대대의 본부가 있는 다리 인근에 도달하자 우리는 즉각적으로 집중사격 아래에 놓이게 되었다. 사격의 규모로 미루어보았을 때 나는 적어도 장갑차 60대 정도는 있는 것으로 짐작했다.[49]

모든 면에서 전쟁은 이제 끝난 셈이었다. 미군은 바그다드로 죽 밀고 들어갔다. 며칠간의 살육이 이어졌지만 진행되는 상황에 전적으로 준비가 되어 있지 않았던 후세인의 체제는 신음소리는 내지만 함성은 없이 몰락했다.

북부에서의 전쟁

이라크 남부에서 결정적인 지상전이 발생하고 있는 동안 북부에서는 항공전력과 그들의 지원을 받은 지상전력이 이라크군을 묶어두고 있었다. 제4보병사단을 전개할 수 있게 터키의 문을 열려는 미국 외교관들과 고위 군사지도자들의 노력이 실패하자 이미 미 특수전력과 쿠르드 게릴라들의 통제 아래 있던 바슈르(Bashur)의 간이활주로에 제173공수여단의 공수대원들을 강하시킨다는 결정이 내려졌다.

4일 안에 2160명의 병사와 탱크를 포함한 상당히 많은 수의 전투장비들이 도착했다.[50] 미군은 실질적인 기동성은 갖고 있지 못했지만 항공지원이 가용하여 이라크군에 의해 어떤 위험에도 처해지지 않았다. 게다가 이라크의 문서들은 후세인과 그의 군이 미국의 공수능력에 대해 극히 염려했음을 분명히 보여준다. 게다가, 북부에서의 작전은 미군의 진정한 진격방향이 남쪽이 아니라 북쪽이나 서쪽에서 이루어지고 있다는 독재자의 믿음을 강화해주었던 것으로 보인다. 연합군의 상당한 군사력이 북부에서 증강되고 있다는 인상을 주기 위해 미군 지휘관들이 했던 일이라고는 아무것도 없었다.

결론

이라크에 대한 항공전은 다윗(David)에게는 이길 수 있는 가망이 전혀 없었던, 골리앗(Goliath)과 다윗의 전투를 보여주었다. 이 전쟁에서 배워야 할 것이 많이 있을까? 대답은 분명 "그렇다"이다. 그러나 가장 넓은 의미에서만 그렇다. 항공력에 대한 독단적인 접근법에 젖어 있는 항공인들은 모든 항공자산에 대한 지휘를 통일하기 위한 그들의 편협한 열망과, 왜 그리고 무슨 목적으로 국가가 전쟁을 수행하는지에 대한 보다 폭넓은 이슈를 너무 흔하게 혼동하고 만다. 항공력이 어떻게 사용되어야 하는지는 적의 성격뿐 아니라 보다 폭넓은 전략적·정치적 맥락에서 결정되어야 한다. 세르비아에 대한 전역에서는 너무나 많은 항공지휘관들이 북대서양조약기구가 전쟁을 수행하는 데 있어 존재하는 정치적 제약들을 놓치고 말았다. 분명 정치적·전략적 맥락은 덜 효과적인 항공전을 야기했지만, 그것은 또한 성공적으로 종결될 때까지 전쟁을 지속할 수 있게 해주기도 했다.

2003년 이라크 전쟁에서 전략적 항공전역은 대부분 비효과적이었다. 그것은 분명 후세인 체제의 몰락을 이끌지 못했으며, 설령 그런 항공전역이 계속되었다고 해도 그런 결과는 달성될 것 같지 않았다. 메소포타미아 계곡의 중심부로 밀고 들어가서 바그다드를 점령한 지상침공만이 후세인 타도에 성공할 수 있었다. 공군과 해군은 영토를 점령할 수 없었다. 20세기 역사에서 그들이 행한 이례적일 정도로 중요한 역할을 고려한다고 해도 공군과 해군은 대부분 성공적인 지상전역을 위해 길을 닦아주는 주요한 가능화요소(enabler)였다. 육군병사들과 해병만이 대지를 점령할 수 있으며, 정치적·전략적 승리를 가져오는 것은 대지에 대한 통제다. 따지고 보면 항공력은 연합군의 지상전력이 압도적인 재래식 승리를 달성할 수 있게 해주었다. 실제로는 지상전력의 진격효과가 적이 공개된 장소로 나오게 하는 데 도움을 주었으며, 그곳에서 근접항공지원과 차단타격은 이라크군의 전력을 상당 부분 파괴했다. 게다가 해병 C-130들의 군수 지원—특히 연료—은 바그다드를 향한 진격에서 해병이 담당하는 갈래가 계속해서 진격할 수 있게 도움을 주었다.

이라크 전쟁이 미래 전쟁에 대한 상(像)을 제공해줄까? 필자의 관점으로는 그것이 몇 가지 힌트 외에는 제공해주지 못한다. 우리가 아무리 공세적으로 과거를 뒤진다고 해도 미래는 결코 미리 살펴볼 수 없다. 그러나 이 전쟁은 적어도 항공력이 (지상전력이 땅과 지형을 통제하는 데 도움을 주는) 합동적인 팀의 일원으로서 원래의 뿌리로 되돌아갔음을 시사해준다.[51]

제13장

제2차 레바논 전쟁, 2006년

이타이 브룬(Itai Brun)

"제2차 레바논 전쟁"은 2006년 7월 12일과 8월 14일 사이에 이스라엘과 레바논 헤즈볼라 간에 있었던 무장분쟁에 대해 이스라엘 정부가 사후에 붙인 공식명칭이다.[1] 이 전쟁은 1982년 헤즈볼라의 창설과 함께 시작되어 진행 중이던 분쟁의 새로운 국면에 해당한다. 이 전쟁은 헤즈볼라가 이스라엘-레바논 국경을 순찰 중이던 이스라엘 방위군을 공격하여 병사 3명을 죽이고 또 다른 2명은 납치한 뒤에 시작되었다. 그것은 정전(停戰)과 레바논에 대한 유엔군의 증원을 요구했던 유엔 안보리 결의안 제1701호를 양측이 수용하면서 끝났다. 북부전선에서의 전쟁과 동시에 이스라엘은 가자지구에서 또 다른 납치가 발생함에 따라 그 지역의 하마스(Hamas)와 기타 테러리스트 집단들에 대한 주요 군사작전 또한 수행했다.

제2차 레바논 전쟁의 직접적인 결과로서 이스라엘은 그 북쪽 국경에서 2년여 간의 이례적인 평화를 만끽했다. 그것은 이 전쟁의 긍정적인 전략적 결과들 중 하나였다. 그러나 이스라엘의 대중여론은 이 전쟁을 놓쳐버린 기회로 보았다. 이는 이스라엘의 손실(군인 120명, 민간인 42명이 사망했다) 때문이 아니라, 전쟁을 시작할 때의 기대와 그 최종적인 결과 간의 넓은 간극 때문이었다. 발전된 능력을 갖고 있었음에도 불구하고 이스라엘 방위군은 이스라엘의 북부지역에 계속해서 로켓들이 날아오는 것을 막지 못했으며, 34일이 지나 전쟁이 끝날 때까지도 헤즈볼라를 격파하는 데 실패했다. 많은 이스라엘 사람들에게 있어 이스라엘에 날아든 4000발의 로켓은 군, 특히 항공력의 힘이 갖고 있는 한계를 보여준 것이었다.

이 장은 제2차 레바논 전쟁 동안 이스라엘 공군의 운용에 대해 다룬다. 이 전쟁은 항공전의 역사에서 흥미로운 사례연구를 제공해주는데, 이는 주로 이스라엘이 공군과 포병에 의해 제공되는 화력을 우선적으로 사용하기로 선택했으며 지상병력을 운용하는 것은 매우 꺼렸기 때문이다. 전쟁 후반까지 소규모 습격에 대조되는 주요한 지상작전은 개시되지 않았으며, 이스라엘이 마침내 그러한 작전을 수행하기로 결심했을 때에도 그것은 목표를 달성하기도 전에 끝나고 말았다. 그렇기 때문에 제2차 레바논 전쟁은 역사적 경험을 풍부하게 해주며, 항공력에 대한 오늘날의 도전과 군사적 힘 전반에서 그것이 행하는 역할에 관한 근본적인 문제들을 고찰할 수 있는 기회를 제공해준다. 이러한 의미에서 이 전쟁은 전쟁의 성격 변화와 그로부터 야기되는 새로운 도전들을 반영한다.

전쟁 동안 이스라엘 공군의 전투기와 헬리콥터는 약 1만 9000소티를 수행했으며, 그중 약 1만 2000소티는 공격과 지원 임무에 임하는 전투기 소티였다.(하루 평균 약 300소티를 수행했다.) 공격과 수송 헬리콥터는 추가로 약 4200소티를 수행했다. 대부분의 공중활동은 헤즈볼라를 직접적으로 지향했다. 전쟁 동안 이스라엘 공군은 약 1만 9000개의 폭탄과 약 2000대의 미사일을 사용해 약 7000개의 표적을 공격했다. 전쟁 동안 사용된 폭탄의 대략 35%가 정밀유도무기였다. 활성적 작전*과 병행하여 이스라엘 공군은 정보영역에서도 작전을 수행했으며, 약 1730만 장의 전단을 투하했다.

작전적 관점에서 보았을 때 이 전쟁의 독특함은 이스라엘의 그것과 같은 현대적인 항공력과 헤즈볼라와 같이 상당한 군사적 능력과 준군사적 구조를 갖고 있는 테러 및 게릴라 조직 간의 조우에 있다. 이 장에서는 이 전쟁 동안 이루어진 항공력 운용의 전략적·작전적 측면에 초점을 두어 분석한다.

이 장은 제2차 레바논 전쟁이 끝난 지 약 3년 뒤에 쓰였다. 그렇기 때문에 저자는 처음부터 인정해야만 하는 몇 가지의 내재적 어려움에 직면했다. 다른 무엇보다도 그것은 정보 자체와 관련되어 있다. 이스라엘은 전쟁수행과 전쟁

---

* '활성적 작전(kinetic operation)'은 기본적으로 물리적 타격을 가하는 것을 지향한다, 반면에 '비활성적 작전(non-kinetic operation)'은 목표를 달성하기 위해 정보, 심리, 외교, 경제, 사회, 기술적 도구를 사용한다. 사이버공간작전이나 심리작전 등이 후자에 해당하는 대표적인 유형이다.

전과 전쟁 동안의 의사결정 과정에 관해 전례가 없을 정도로 많은 양의 정보를 공개했지만 몇 가지 사실은 모호한 채로 남아 있다.[2] 다른 문제들—그중 일부는 매우 중요하다—에 대해서는 가용한 정보의 제한이 서로 다른 접근법과 해석 간의 선택을 불가능하게 만든다. 그와는 대조적으로 헤즈볼라는 전쟁에 대한 신뢰할 만한 정보를 거의 제공하지 않았으며, 선전 목적으로 확산시키는 불완전한 정보를 사용했다.[3] 이 장은 이스라엘 공군에 의해 달성된 성과를 평가하기 위해 무엇보다도 이러한 정보에 의지한다. 그러나 분명 몇 년이 지나면 이 주제에 대한 완전하고도 신뢰할 수 있는 그림이 등장하게 될 것이다.

두 번째 주요한 어려움은 전쟁을 분석하는 토대가 되는 관점과 관련된다. 3년이라는 기간은 분명 충분히 폭넓은 관점을 부여하기에는 짧은 시간이다. 주된 문제는 전략적 결과를 평가하는 일과 관련 있다. 이 전쟁의 전술적 결과에 대해서는 상대적으로 폭넓은 합의가 존재하는 데 반해 그 전략적 성과는 이스라엘과 아랍세계 모두에서 주요한 논쟁의 주제로 남아 있다. 이러한 측면에서 보면 그 전쟁은 또한 '결판(decision)'과 '승리(victory)'라는 용어에 대한 일반적으로 받아들여진 해석을 최신화해야 할 필요성 또한 반영한다. 이러한 필요성은 상대의 성격과 군사적 분쟁의 특성에서의 변화가 현대를 거치면서 발전된 개념적 틀과 낯익은 이미지에 도전을 가하는 방식으로부터 파생된다.

전략적 맥락

헤즈볼라

헤즈볼라는 다수의 정체성을 가지고 있다. 그들은 테러와 게릴라 조직이자 정당이며, 이데올로기 운동이기도 하고, 사회적 네트워크이기도 하다.[4] 이 조직은 이스라엘 방위군이 레바논을 침공하여 그곳에서 이스라엘에 맞서 작전을 수행하던 팔레스타인 테러조직의 군사적·정치적 기간구조를 파괴한 뒤인 1982년에 이란에 의해 창설되었다. 그 전쟁[갈릴리평화전쟁(Peace for Galilee Peace war) 또는 제1차 레바논 전쟁으로 알려졌다]은 레바논에서 점하고 있던 시리아의 헤게모니를 일시적으로 약화시켰지만, 1975~1976년의 내전 동안에 무너졌던 레바논 중앙정부의 권위를 복원시키는 데는 실패했다. 이란은 자신들의 혁명을—아랍세계의 가장 심장부인— 레바논의 무대로 수출함으로써 이러한 전략적 변화를 활용하고 그곳에서 직접적으로 개입하지 않고도 이스라엘과 미국에 맞서 행동할 수 있는 기회를 발견했다. 이란은 레바논에서 가장 큰 공동체임에도 불구하고 전통적으로 정치적·경제적·사회적 차별을 당해왔던 시아파 공동체 내에서 주로 작전을 수행하기로 결심했다.

그러나 이란과의 강력한 유대에도 불구하고 헤즈볼라는 정통 레바논 조직이며, 그 창설은 무엇보다도 20세기 후반 동안에 레바논의 시아파 공동체를 정치적 행동주의로 나아가게 만들었던 힘을 반영하는 것이었다. 헤즈볼라는 또한 레바논의 정치 무대에 참가하는 정당이 되었다. 1992년 이래 그들은 의회에서 시아파 공동체의 거대한 일부를 대변했으며, 2005년 이후 레바논 정부는 헤즈볼라 당에 소속된 각료를 포함했다. 혼성조직으로서 헤즈볼라의 특성은 이스라엘이 이 조직에 대처하려 시도함에 있어 맞닥뜨린 어려움의 중대한 요소가 되었다.[5]

"레바논 진흙탕"

1980년대 동안 헤즈볼라는 패권을 놓고 또 다른 레바논 시아파 조직인 아말(Amal)과 싸웠다. 그러나 1990년대 초부터 이란과 시리아의 이해관계가 결합되어 헤즈볼라를 이스라엘에 대한 공격을 수행하는 주요한 레바논 전력으로 변모시켰다. 헤즈볼라는 그들이 1982년에 점령당한 영토로부터 철수하기로 일방적인 결정을 내린 이래 이스라엘이 그 통제하에 두고 있던 안전지대에 주둔하고 있던 이스라엘 방위군 전력을 향해 주된 노력을 기울였다. 헤즈볼라는 주로 급조폭발물(IED)과 로켓, 박격포, 대전차 유도미사일(ATGM) 발사뿐 아니라 이스라엘 방위군 진지에 대한 공격과 자살폭탄테러에도 의존하면서 다양한 테러공격을 자행했다. 이스라엘이 헤즈볼라 사무총장을 제거한 뒤인 1992년 2월에 헤즈볼라는 그에 대해 보복할 뿐 아니라 이스라엘로 하여금 그와 유사한 작전을 단념시키기 위해 처음으로 이스라엘 영토에 로켓을 발사했다. 이러한 행동경과는 시간이 흐르면서 점점 더 고조되었고, 헤즈볼라가 "이례적인 행동"이라 불렀던 것에 이스라엘이 의존하지 못하도록 만들었다.

남부 레바논의 안전지대에 이스라엘 방위군이 계속해서 존재한 것은 이스라엘 내에서 대중적인 반대를 낳았다. 처음에 그것은 갈릴리평화전쟁에 관한 격렬한 대중적 논쟁으로 표면화되었으며, 이스라엘 방위군이 레바논에 머무르는 것은 인명(人命) 면에서 보았을 때 그 대가가 너무 크다는 대중적 인상을 만들어내는 데까지 이르렀다. 이스라엘이 "레바논 진흙탕에 빠지고 말았다"는 생각이 1990년대 동안에 증가되었으며, 헬리콥터 사고가 발생하여 이스라엘 방위군 병사 73명이 죽음을 당한 사건에서 절정에 이르는 일련의 유혈적인 사건들이 있고 난 뒤인 1990년대 말에 최고조에 이르렀다. 이어서 발생한 대중적 저항의 물결은 2000년 5월에 이스라엘 방위군이 레바논으로부터 철수하기로 결정하는 데 특히 중대한 영향을 주었다.

이스라엘의 철수(2000년)

이스라엘의 철수는 18년에 걸친 레바논에서의 불만족스러운 군사적 주둔을 종식시키기 위한 것이었다.[6] 철수 후에 바락(Ehud Barak) 총리는 이스라엘이 시리아에게 레바논의 평화를 보장해야 할 책임을 넘겨주었음을 공개적으로 선언했다. 이는 시리아가 그곳에서 패권적 지위뿐만 아니라 군사적으로도 확실한 존재감을 갖고 있었기 때문이다. 그러나 사실 시리아와 헤즈볼라의 관계는 주요한 변화를 경험하고 있었다. 2000년 6월에 알아사드(Hafez al-Assad) 시리아 대통령이 사망하고 그의 아들 바샤르(Bashar)가 그를 승계했다. 바샤르가 권력을 잡은 첫해 동안 시리아와 헤즈볼라 간의 관계는 그 균형이 이동되었는데, 이는 시리아는 점점 더 약화되어갔음에 반해 이스라엘의 철수는 헤즈볼라를 극적으로 강화시켜주었기 때문이다. 자신의 레바논 파트너에 대한 시리아의 인식도 변화되었다. 그들은 더 이상 헤즈볼라를 단순히 이스라엘과의 분쟁 도구로 보지 않고 진정한 전략적 파트너로 간주했다. 그렇기 때문에 경험이 미천한 바샤르와 헤즈볼라의 지도자 나스랄라(Hassan Nasrallah) 간에는 독특하고도 긴밀한 관계가 발전되었다.

이스라엘의 철수 후 전략에서 그 첫 번째 도전은 몇 달 뒤인, 헤즈볼라가 이스라엘 방위군 병사 3명과 이스라엘 방위군 예비역 대령 1명을 납치한 2000년 10월에 가해졌다. 이스라엘이 헤즈볼라나 시리아에 보복을 가하지는 않았는데, 이는 주로 납치가 '제2차 봉기(Second Intifada)'•로 알려진 팔레스타인 사람들과의 폭력적인 대결의 시작과 함께 발생했으며 이스라엘은 2개의 전선에 동시에 직면하기를 원치 않았기 때문이다. 그러나 보복의 부재는 또한 정치지도자

• 이스라엘의 샤론(Ariel Sharon) 총리가 성전산(Temple Mount)을 방문한 2000년 9월에 팔레스타인 사람들이 봉기하여 2005년 2월까지 지속된, 이스라엘과 팔레스타인 간 폭력이 최고조에 이르렀던 사건이다.

들이나 고위 군사지도자들이나 할 것 없이 레바논 진흙탕으로 그토록 빨리 되돌아가기를 더욱 꺼리게 된 상황을 보여주는 것이기도 했다. 미국에서의 9/11 공격 이후에 국제공동체는 헤즈볼라가 무엇을 해왔으며 그들이 무엇을 할 수 있는지를 더 잘 알게 되었다. 그러한 인식은 레바논으로부터 시리아군의 철수와 무장민병대의 해체를 요구했던 유엔 안보리 결의안 제1559호에 반영되었다. 이스라엘의 많은 이들은 국제공동체가 헤즈볼라 문제를 해결해주기를 희망했다.

"백향목 혁명"

전임 레바논 수상 하리리(Rafik Hariri)가 베이루트에서 죽음을 당한 2005년 2월 14일에 레바논의 상황은 급격하게 변화되었다. 암살사건은 대중여론을 뒤흔들었다. 수십만 명의 레바논 사람들이 거리로 나와 시리아군의 철수를 요구했다. "백향목 혁명(Cedar Revolition)"으로 알려진 이러한 집회는 그들이 요구한 목표를 달성했다. 시리아의 마지막 병사가 2005년 4월 26일에 레바논을 떠났다. 한 달 뒤에 하리리의 아들인 사드(Saad)가 이끄는 반(反)시리아 동맹이 압도적인 다수(128명의 의원 중 72명)로 선거에서 승리했다. 반시리아적인 시각을 견지하던 레바논의 전임 재무장관 시니오라(Fouad Siniora)가 수상으로 선출되었다.

레바논으로부터 시리아군의 철수는 이스라엘에서 긍정적인 전략적 변화로 보였지만, 사실 그것은 헤즈볼라에 대한 이스라엘 전략의 기초를 손상시키고 보다 직접적인 새로운 전략을 요구했다. 이러한 이해가 대규모 지상전역에 중점을 두는, 이스라엘 방위군에 의해 준비된 새로운 작전계획의 기초가 되었다. 그와 동시에 이스라엘 방위군은 그와 같은 지상전역을 피하고 대신에 화력만을 사용해 레바논 무대에서의 상황을 변화시키고자 하는, 그와 경쟁적인 계획도 발전시켰다. 시급한 필요성을 느끼지 못했기 때문에 제2차 레바논 전쟁이 2006년 7월에 시작되기 전에는 어느 계획도 완결되지 못했다. 그러나 그러한 계획은 상당 정도 제2차 레바논 전쟁 동안에 이스라엘 방위군이 작전을 수행하게 될 개념적 틀을 형성했다.

헤즈볼라의 전투서열

헤즈볼라의 독특한 특성 중 하나는 그들이 정치적·사회적 활동을 발전된 군사적 능력과 결합시키는 데 있다.[7] 2006년에 헤즈볼라는 레바논 전역(全域)에서 활발하게 활동했지만, 베이루트와 바알베크(Baalbek)에 가까운 남부 레바논에 집중했다. 그 중추부는 베이루트의 시아파 구역에 있는 다히아(Dahia) 마을이었다. 그곳은 레바논 내 헤즈볼라 주권의 주된 상징이었으며, 헤즈볼라의 본부뿐 아니라 나스랄라의 사무실이 위치한 곳이기도 했다. 다히아는 경비대가 출입자 모두를 체크하는, 엄격히 통제되는 마을이었다.

전쟁이 시작되었을 때 헤즈볼라는 인상적인 수의 로켓을 보유하고 있었다. 거기에는 1만 3000발의 107밀리와 122밀리 단거리 로켓(최고 사거리 20킬로미터)뿐 아니라 약 1000발의 이란과 시리아제 중거리 로켓 또한 포함되었다. 이란제 로켓은 이동식 발사대(민간차량)와 민간가옥에 숨겨진 고정식 발사대에 탑재된 파즈르(Fajr)-3(45킬로미터)와 파즈르-5(70킬로미터)였다. 헤즈볼라는 차량탑재식 시리아제 220밀리와 302밀리 로켓—사거리는 각각 70킬로미터와 115킬로미터였다—과 보다 긴 사거리(250킬로미터)를 위한 이란제 로켓[젤잘(Zelzal)]도 보유하고 있었다. 게다가 헤즈볼라는 공격임무를 위해 무인기를 운용하는 항공부대 또한 보유하고 있었다. 대함미사일을 운용하는 해병부대와 대전차 유도미사일과 대공포로 무장한 대규모 지상군(약 1만 명의 병력), 그리고 잘 발전된 지하 기간구조 또한 갖추고 있었다.

헤즈볼라 작전요원의 대부분은 나바티예(Nabatieh) 지역과 리타니(Litani) 강 남부에 위치하고 있었으며, 그곳에는 단거리 로켓 전체와 중거리 로켓 일부가 배치되어 있었다. 이 구역에 헤즈볼라는 장기적인 전투를 지원할 수 있는 다층의 대전차 유도미사일망, 지하설비, 병참을 건설했다. 이 구역은 이스라엘의 영토로 로켓을 발사하고 이스라엘의 지상공세 시에는 이스라엘 방위군을 지연시키도록 지시되었다.

중거리 로켓을 포함하는 헤즈볼라의 작전종심은 리타니 강 북부에 위치했다. 이 지대의 역할은 중거리 로켓[주로 리타니 강과 아왈리(Awali) 강 사이에 배치된 302밀리 로켓] 일부를 발사하고 이스라엘 지상전력이 레바논 영토의 심장부로 우회기동을 시도하는 경우에는 그들과 교전하는 중간대기지역(a staging area)으로 기능하는 것이었다. 장거리 젤잘을 위한 발사대들은 아왈리 강 북부에 위치했다.

헤즈볼라의 훈련과 병참 기간구조는 이스라엘 국경으로부터 멀리 떨어진 레바논 지역 베카(Bekka) 계곡에 위치했다. 시리아와 이란의 보급물자가 그곳에서 인수되어 다양한 부대들로 배분되었다.

이스라엘의 전략적 목표

일반적으로 이 전쟁은 전략적 수준에서 이스라엘의 정책결정 과정에 심각한 결점이 있음을 드러냈던 것으로 받아들여진다.[8] 납치의 위협(헤즈볼라는 2005년 11월에 이미 이를 이행하려 했었지만 성공하지 못했다)이 상존했음에도 불구하고, 이스라엘의 보다 높은 수준에 있는 정치적·군사적 지도부는 그와 같은 도전과 그것의 더 폭넓은 함의에 대처하기 위한 일관되고 포괄적인 개념을 갖고 있지 못했다.

이런 사태는 다양한 이유에서 파생된 것이었으며, 그것들 중 일부는 이 전쟁이 이스라엘에서 정치적·군사적 지도부에 극적 변화가 발생하던 시기 동안에 발발했다는 사실에 관련된 것이었다. 2006년 1월에 올메르트(Ehud Olmert) 총리가 질병으로 혼수상태에 빠진 샤론의 뒤를 이었다. 전쟁이 발발하기 약 한 달 전인 2006년 5월에 올메르트는 페레츠(Amiel Peretz)를 국방장관으로 임명했다. 이전에 페레츠는 주로 사회적·경제적 문제들을 다뤘었다. 올메르트나 페레츠에게는 공히 국가안보나 군사적 문제에 대한 이전 경험이 결여되어 있었다. 이는 이스라엘에게 이례적으로 드문 상황이었다.

군 최고사령부도 전쟁이 발발하기 전 해 동안에 거의 완전하게 변화되었다. 이스라엘 총참모장은 할루츠(Dan Halutz) 중장이었는데, 그는 공군 출신으로서 그 지위에 오른 첫 번째 인물이었다. 임기 첫해(2005년) 동안 그가 직면했던 주된 도전은 이스라엘군의 가자지구 철수였다. 이스라엘 방위군은 이를 매우 성공적으로 수행했다. 할루츠의 총참모부는 그 구성에서 그 전의 그것과 다르지 않았으며 주로 육군 대표들로 구성되었다. 2명의 이스라엘 공군소장이 총참모부에서 복무했다. 그들은 2006년 1월에 할루츠가 군사정보국장이라는 민감한 직위에 임명한 야들린(Amos Yadlin)과 2004년 4월에 이스라엘 공군사령관으로서 할루츠를 대체했던 쉬케디(Eliezer Shkedi)였다.

제2차 레바논 전쟁에서 이스라엘의 목표를 밝혀내기는 어렵다. 간행된 기록들을 통해 보면 전쟁으로 치닫기 전에 고위 정치지도부에게는 정치적 목표에 대한 분명한 기초평가가 없었음이 꽤 확실하다. 내각 내 초기 논의 동안 대부분의 각료들은 이스라엘이 진정한 전쟁에 진입했음을 깨닫지 못했으며, 그들 중 다수는 당시의 군사적 교전을 시간과 범위가 제한된 보복작전으로 간주했다. 그들은 2명의 이스라엘 방위군 병사가 납치된 것에 대해서는 강력한 대응의 필요성을 확신하고 있었지만 이스라엘의 보복작전이 갖는 보다 폭넓은 의미와 그것의 정치적 목표에 관해서는 진지하게 논의하지 않았다. 논의 끝에 정부는 납치를 심각한 사건으로 특징짓고 레바논 정부에게 그 책임을 지우는 보도자료를 냈지만, 동시에 헤즈볼라를 납치 가해자로 지목하고 그 조직이 큰 대가를 치르게 될 것임을 선언하기도 했다. 보도자료는 본토에 대한 중대한 공격의 가능성에 대해서도 경고했다.

정부는 보다 작은 규모의 내각위원회를 임명해 개별적인 군사작전을 감독하게 했다.[9] 나중에 밝혀지듯이 이 위원회는 군사작전을 위한 보다 전반적인 목표를 설정하거나 표적이 어떻게 그러한 목표들과 연관되는지를 결정짓기보다는 주로 표적을 승인해주었을 뿐이다.

제2차 레바논 전쟁의 정치적 목표에 대한 가장 분명한 표현은 전쟁이 시작된 지 약 5일 뒤인 7월 17일에 이스라엘 국회(Knesset)에서 있었던 올메르트 총리의 연설에서 발견된다.[10] 이 연설에서 올메르트는 납치된 병사들의 귀환을 보장하고, 남부 레바논으로부터 헤즈볼라를 축출하며, 유엔 안보리 결의안 제1559호에 입각하여 그 지역에 레바논군이 전개되도록 하는 것을 포함하는 매우 야심적인 정치적 목표들을 제시했다. 그러나 전쟁 후에 위노그라드 조사위원회(Winograd Commission)•에 출석하여 한 증언에서 총리는 그 연설의 중요성을 경시하고 자신에게는 억제와 이스라엘 주민과 장병의 사기를 고양시켜야 할 필요성과 같은 다른 이유들이 있었기 때문에 그와 같은 진술을 했었다고 주장했다.[11]

많은 면에서 군이 보다 실질적인 전쟁의 목적을 가장 분명하게 규정했다. 전쟁 첫날에 군 대표들은 정부에 군이 어떻게 전쟁의 정치적 목표들을 이해하고 있는지를 설명했다.[12] 군은 주된 전략적 목표가 헤즈볼라에 대한 이스라엘의 억제력을 복원하고 증대하는 것으로 이해하고 있는 듯 보였다. 이는 이스라엘이 자국 영토에 가해지는 위협에도 불구하고 어떤 적대적인 작전에도 압도적으로 큰 대가를 치르게 할 준비가 되어 있음을 보여줌으로써 달성될 수 있었다. 군의 설명은 또한 남부 레바논의 안보상황에 대해 레바논 정부에 그 책임이 있음을 강조했다.

• 제2차 레바논 전쟁 전반을 조사하고 교훈을 도출하기 위해 이스라엘 정부가 임명한 조사위원회로서, 퇴임 법관인 위노그라드(Eliyahu Winograd)가 위원장을 맡았다.

전쟁 초기의 논의를 다루고 있는 자료들로부터 도출되는 전반적인 인상은 이스라엘이 주로 자신들의 억제능력을 복원시키는 데 관심이 있었다는 것이다. 이스라엘은 그러한 능력이 자신들이 일방적으로 철수했던 지역에서 발생한 납치(6월 25일에 가자지구에서 팔레스타인 사람들이 이스라엘 방위군 병사 1명을 납치했다)에 의해 손상을 당했다고 믿었다. 이런 상황 아래 이스라엘의 의사결정자들은 자신들이 엄하게 대응해야 한다고 믿었다. 실제로 전쟁 첫날인 7월 12일에 있었던 논의에 대한 분석은 정부가 야기될 수 있는 정치적인 이득보다는 이스라엘의 군사적 대응의 정도와 규모에 더 관심이 있었음을 보여준다. 기본적으로 이스라엘 정부는 전쟁으로 치닫기보다는 추가적인 납치의 발생을 막을 수 있는 분명한 메시지를 전달하고자 군사작전을 수행하기로 결심했다.

이스라엘 방위군의 임무

전쟁 첫날 동안의 정부 내 논쟁은 이스라엘군의 주요한 표적에 관해 서로 다른 의견이 존재했음을 보여준다. 일부는 레바논인들의 국가에 대한 무력사용을 요구했다. 다른 이들은 무력이 시리아를 지향해야 한다고 주장했다. 그러나 또 다른 이들은 무력이 헤즈볼라 자체에 대해 사용되어야 한다고 말했다.

총참모장 할루츠 중장은 납치에 대한 이스라엘의 대응이 이스라엘이 헤즈볼라뿐 아니라 레바논 정부의 책임을 다루는 방식에서도 전환점이 될 것이라 믿었다. 그는 정치지도부에 그날 총참모부에 의해 발전된 전략적 개념을 제시했는데, 이 개념은 레바논 정부에 강력한 압력을 행사하고 그들에게 헤즈볼라를 처리해야 할 책임을 다하도록 강제하는 것을 강조했다. 이는 레바논의 국가적 기간구조—주로 전기와 교통 체계—에 심각한 피해를 가함으로써 달성될 수 있었다. 특히 군은 2개의 발전소를 타격하여 레바논 전력망의 총 역량을 20~30% 감소시키고 방송국을 비롯한 헤즈볼라의 자산들을 공격할 것을 제안했다. 할루츠 장군은 분명 레바논 정부의 약점을 잘 인지하고 있었다. 그렇기 때문에 이 제안은 분명 그와 같은 공격이 국제공동체로 하여금 분쟁에 개입하게 하고 헤즈볼라를 통제함에 있어 레바논 정부를 지원해주도록 고무시킬 것이라는 가정에 기초한 것이었다. 추가적인 측면은, 야기된 피해가 레바논 주민들로 하여금 스스로를 "레바논의 방패"로 제시했던 헤즈볼라의 행동이 실상은 심각한 파괴만을 불러왔을 뿐이라는 것을 인식하게 만들 것이라는 점이었다.

정치지도부는 이러한 작전개념과 시리아에 대한 공격을 주창했던 대안적인 개념 모두를 거부했다. 그 대신 그들은 헤즈볼라를 직접적으로 공격하는 것에 기초를 두는 전략개념을 선호했다. 그 이유들 중 하나는 시니오라의 체제를 유지시켜야 할 필요성을 강조하는 미국 정부로부터의 메시지였다. 미국의 관리들은 그러한 체제를 레바논에서의 변화를 진정으로 보여주는 것이자 중동이 민주화와 개혁을 향해 움직이게 만들기 위한 전역이 거둔 가장 큰 성공의 하나로 간주했다. 정치지도부는 레바논 국가의 기간구조에 대한 공격이 현 정부의 몰락을 가져오지는 않을까 두려워했다.

결국, 이스라엘의 지도자들은 이스라엘 방위군으로 하여금 이스라엘 공군이 앞선 수년간 준비했으며 헤즈볼라의 배치된 로켓들에 대한 선제공격을 골자로 하는 작전계획을 수행하도록 지시했다. 사실, 군은 대규모 민간인 사상이 발생할까 두려워 현 상황에서 그런 표적들을 공격하는 것에 반대했다. 로켓 발사대들을 공격하는 것은 훨씬 더 심대한 결과를 초래할 수 있었으며, 대부분의 로켓 발사대들은 일반적으로 마을 외곽에 있는 개인 가옥들에 숨겨져 있었기 때문에 레바논의 국가 기간구조를 타격하는 것보다 훨씬 더 위험했다. 결과적으로 민간인 사상은 군이 우려했던 것보다는 덜했지만, 정치지도부의 공격 승인은 요구되는 대응의 규모에 대한 그들의 시각을 반영하는 것이었다.

7월 12일에 발령된 작전명령은 자신들에게 할당된 임무의 구체적인 목록에 대한 군의 이해를 반영한다. 이 명령은 이스라엘 방위군으로 하여금 헤즈볼라의 장거리 로켓 발사대들을 파괴하고 그 조직의 발사능력에 손상을 가하며, 그 병력, 지휘부, 기간구조를 공격하고, 그 상징물들과 자산들을 타격하며, 특별안전지대를 확립하기 위해 이스라엘 국경에 인접한 헤즈볼라의 기간구조를 파괴하도록 지시했다. 그와 동시에 이스라엘 방위군은 시리아와 이란이 헤즈볼라에게 무기를 공급하는 것을 막기 위해 공중 및 해상 봉쇄를 가하라는 명령을 받았다.

첫날에는 지상공세가 진지하게 논의되지 않았다. 다음 날부터 그 주제가 제기되었을 때 정치적·군사적 의사결정자의 대부분은 그것에 반대했다.

흥미롭게도 이스라엘 방위군에게 내려진 지령은 단거리 로켓 발사대의 제거를 구체적으로 요구하지 않았다. 일반적으로 정치지도부나 군 최고사령부나 할 것 없이 단거리 로켓의 중요성을 과소평가하고 그것이 헤즈볼라의 전략적·작전적 개념에서 차지하는 중심적인 위치를 상당 정도 간과한 것으로 가정된다. 그러나 의심의 여지없이 그들은 이스라엘의 후방전선이 미사일에 의해 공격을 받을 것이라는 점을 인지하고 있었다. 그러한 가능성은 사적인 논의에서나 공적인 선언에서나 강조된 바 있었다. 게다가 의사결정자들은 이스라엘에게는 로켓 문제에 대응하기 위한 적절한 메커니즘이 결여되어 있다고 믿었던 것으로 보인다. 그들은 지상공세가 미사일 공격을 중단시킬 수는 없다고 생각했다.

교리: 항공력 우선주의

이스라엘이 주로 공군과 포병에 의한 화력을 중시했던 점은 전후에 혹독한 비판을 받았다.[13] 제2차 레바논 전쟁 후 3년 동안에 이스라엘과 전 세계의 많은 이들은 전쟁 직전 몇 년 동안에 이스라엘 방위군은 항공력만을 이용해 승리를 달성하는 데 초점을 두는 새로운 교리를 위해 전통적인 지상전역 중심의 교리를 포기했다고 주장했다. 어떤 이론가들은 낡은 전략폭격 개념을 취하고 있는 새로운 교리를 발견했으며, 다른 이들은 새로운 효과중심작전(EBO) 접근법을 취하고 있는 새로운 교리를 발견하기도 했다. 이러한 이론가들은 보통 교리의 변화가 기술의 발전과 이전 10년간의 군사적 분쟁에—특히 1999년에 세르비아에 대해— 이와 같은 기술을 적용하는 데 미국이 거둔 성공에 의해 이스라엘 방위군 장교들이 미혹된 데 기인한 것으로 판단했다. 그들은 새로운 교리가 이스라엘 공군 출신이었던 이스라엘 초대 총참모장에 의해 발전되었으며, 그것은 극적으로 실패했다고 주장한다. 이 같은 분석을 통해 그들은 다양한 결론을 도출하며, 그 모든 교훈은 전통적인 개념으로의 회귀를 요구한다.

이 결론들은 훨씬 진지하게 분석할 만한 가치가 있는 문제에 피상적인 답변을 제공한다. 보다 깊은 고찰은 이스라엘의 군사력 적용이 전쟁은 공중으로부터 결판날 수 있다는 기존의 인식에 기초하지 않았음을 보여준다. 항공력에 부여한 우선순위는 효과중심작전이나 전략폭격을 토대로 삼았음을 반영하는 게 아니었다. 그 대신 그것은 다른 무엇보다도 군사작전에 가해지는 사회적·정치적 제약이 증대되는 오랜 과정의 결과였다.

이스라엘 방위군의 원래 교리는 1950년대와 1960년대 동안에 형성되었다. 그 중심부에는 전쟁을 적의 영토로 가져가는 개념이 자리 잡고 있었다. 이는 이스라엘에게는 전략적 종심이 결여되어 있다는 점과 모든 전쟁을 신속하고도 확실한 승리로 끝내야 할 필요성으로부터 파생되었다. 그러한 개념에서 핵심은 지상기동이었으며, 이스라엘 방위군은 주로 이러한 개념의 수행에 적합하게 조직되었다. 이스라엘 공군은 언제나 이스라엘의 전반적인 군사력에서 핵심적인 요소였다. 6일 전쟁 첫날 동안 모케드 작전(Operation *Moked*)에서 그 절정에 달했던(이 책의 제6장 참조) 그들의 업적은 이스라엘 공군의 지위를 상당 정도 강화시켰지만, 그것이 군사적 성공을 계속해서 지상기동의 개념으로 파악하는 원칙을 손상시키지는 않았다.

이스라엘 방위군의 원래 교리는 이스라엘의 사회적 관점을 고려한 것이었지만, 욤키푸르 전쟁(1973년)까지는 그러한 고려가 군사력이 기능하는 방식에 제한적인 효과만을 미쳤다. 전쟁은 이스라엘에게 부과된 상황으로 받아들여졌으며, 어느 누구도 국가의 생존 자체가 위협받고 있다는 점을 의심하지 않았다. 소수만이 이스라엘 사람들은 조국을 위해 싸워야 한다는 일반적인 합의에 저항했다. 국민 전체가 생존적인 위협에 맞서 싸우기 위해 징집되었으며, 대중도 미디어도 군사적·안보적 사안들에 대해 어려운 결정을 내릴 수 있는 정치적·군사적 지도부의 능력에 대해 의심하지 않았다. 독립전쟁(1948년), 시나이 전역(1956년), 6일 전쟁(1967년)에서 이스라엘 방위군이 거둔 승리는 군, 지휘관, 그리고 그 교리에 대한 이스라엘 대중의 확신을 강화시켰다.

원래의 이스라엘 방위군 교리는 욤키푸르 전쟁 이후 변화하기 시작했다. 일반적으로 이 전쟁은 많은 영역에서 이스라엘 대중의 태도에 전환점이 되었다고 가정된다. 이 전쟁은 주로 지도부를 향한 전례가 없는 저항의 물결을 촉발시켰으며, 의심의 여지없이 1977년의 정치적 격변—처음으로 노동당이 권력을 잃었다—에 상당 정도 기여했다. 정치적·군사적 지도부에 대한 신뢰의 상실과 전쟁의 큰 대가에 대한 각성의 결합이 전쟁에 대한 대중적 태도의 기본적인 변화를 이끌었다. 뒤이은 20년 동안 강화되었던 이 같은 변화가 원래의 교리를 적용할 수 있는 이스라엘 방위군의 능력에 가장 중대하게 영향을 미친 발전이다.

이러한 변화의 함의는 헤즈볼라에 맞서 레바논에서 수행된 1990년대의 두 차례 주요한 작전[1992년의 책임작전(Operation Accountability)과 1996년의 분노의 포도작전(Operation Grapes of Wrath)] 동안에 이미 분명하게 드러났다. 이 2개의 작전에서 이스라엘은 항공력과 포만을 사용했으며, 지상에서의 대규모 작전은 피했다. 이는 그들의 원래 교리로부터의 명백한 첫 이탈이었으며, 그들이 리타니 작전(Operation Litani, 1978년)과 갈릴리평화전쟁(1982년) 시 레바논으로부터의 위협을 다루었던 방식에 분명히 반대되는 것이었다.

한 학파는 이러한 두 작전과 1991년 걸프전으로부터 이스라엘이 학습했던 교훈 간의 직접적인 연관성에 주목한다. 그러나 이러한 작전들과 이 전쟁으로부터 학습된 교훈만을 연계시키려는 시도는 이스라엘 사회에서 사회적·정치적 과정이 미치는 영향을 간과하는 것이다. 이 시점에 이르면 민군관계에서 근본적인 변화는 매우 분명했으며, 이는 1950년대에 등장하여 1980년대 초까지 이스라엘에서 계속되었던 "군복 입은 국민"에 대한 집단주의적 국가모델에 대한 지지가 극적으로 감소하는 상황으로 표출되었다.

사실, 전쟁 이전 10년 동안 이스라엘 방위군 최고사령부는 교리에 대한 수많은 논쟁에 휘말렸다. 그러한 논쟁은 부분적으로는 감소된 안보예산에 의해 고무된 것이었지만, 그것은 또한 원래의 교리에 대한 근본적이고도 결정적인 논쟁을 받아들일 분명한 준비가 되어 있음을 반영하는 것이기도 했다. 2003년 중반에 이스라엘 방위군은 최신화된 교리를 만들고 성문화하는 공식적인 과정을 개시했다. 그 논의는 할루츠 장군이 서명했으며 2006년 4월에 발간된 새로운 이스라엘 방위군 교리를 개관하는 문서로 요약되었다.

나중에 위노그라드 조사위원회가 강조하듯이, 그 문서 자체는 의사결정자들이나 제2차 레바논 전쟁에서 전력이 운용되는 방식, 또는 그러한 작전이 어떻게 결함을 보이게 되었는가에 대해 거의 영향을 주지 않았다. 그 문서는 4월에 발간되었으며, 전쟁이 발발하기 전에 독자들이 그것을 진지하게 고려해볼 수 있는 시간을 확보할 수 있었을 것으로 보기는 어렵다. 사실 그것은 완전한 교리라고도 볼 수 없었다. 그것의 중요성은 그것이 고위 군사지도부가 이스라엘의 전략적 환경과 이스라엘 사회 자체에 발생한 일련의 변화들을 해석하는 방식을 반영한다는 사실에서 파생되는 것이다.

그 문서의 핵심 결론들 중 하나는 그러한 변화가 협상카드로서 영토의 정복과 점령이 가지는 타당성을 심각하게 제한시키며 영토문제의 중요성과 의미를 재검토하도록 강제하고 있다는 점이었다. 그 문서는 또한 대규모 전력에 의한 점령은 적을 돕고 게릴라전을 조장할 수 있는 위험이 있으며, 이스라엘로 하여금 적성 주민들을 통제하도록 강제한다고 진술했다. 이러한 진술은 전쟁을 적의 영토로 움직여가는 것—이것은 영토를 점령하는 것을 암시한다—에 중점을 두는 원래 교리로부터의 일탈을 표현한다.

새로운 교리는 항공력의 역할이 군사적 결판을 유발함에 있어 지원요소로부터 주된 요소로 변화했음을 강조했다. 이 문서는 공중으로부터만으로도 전쟁에서 승리할 수 있다고 진술하지는 않았으며, 지상작전을 무시하지도 않았다. 그러나 그것은 욤키푸르 전쟁에서 수행되었던 고전적인 기동이 아니라 다른 형태의 작전이 필요함을 지적했다. 새로운 교리는 미군이 개입했던 전역에 의해 영향을 받았지만, 화력과 지상기동을 결합시키는 교리를 반영했던 2003년의 걸프전•이 코소보에서 미국이 항공력을 사용했던 방식보다 훨씬 더 크게 그것에 영향을 미쳤다.

전쟁의 결과: 전쟁의 제(諸) 국면

제1국면: 7월 12~19일

전쟁은 헤즈볼라가 순찰조를 공격하여 이스라엘 방위군 병사 2명을 납치한 뒤인 2006년 7월 12일에 시작되었다.[14] 납치 몇 시간 뒤에 나스랄라는 연설에서 납치의 목표가 이스라엘에 의해 억류되어 있는 레바논과 팔레스타인 포로들을 귀환시키는 것이라고 선언했다. 이스라엘 정부가 그 전쟁 동안에 군이 어떻게 작전을 수행할 것인지를 결정하는 긴요한 회의를 여는 동안에 이스라엘 공군은 이미 35개 표적—주로 리타니 강과 자흐라니(Zahrani) 강의 교량, 헤즈볼라의 전초기지, 지휘소—을 포함하는 공격임무를 위해 파견되어 있었다. 같은 날 22개의 로켓이 이스라엘 영토에 떨어졌으며, 그중 일부는 이스라엘의 주의를 분산시키기 위한 시도로서 납치 자체가 이루어지는 동안에 떨어졌다. 일부 로켓은 이스라엘 공군의 북부 항공통제부대를 타격하기도 했다.

7월 12~13일 밤 동안에 이스라엘은 납치에 대해 보다 가혹하게 대응하기로 결심했으며 전쟁의 첫 국면을 개시했다. 여기서 이스라엘 방위군은 주로 헤즈볼라의 전략적 능력을 무력화하고 이스라엘의 봉쇄정책에 급격한 변화가 있음을 알리는 역할을 수행했다. 한 주간 지속되었던 이 국면 동안 이스라엘 공군은 약 2300회의 전투기 소티를 수행했다. 이는 이 전쟁 동안 이루어진 총 소티의 약 20%였다.(하루 평균 약 330소티를 수행한 셈이다.) 같은 기간에 625개의 로켓이 이스라엘을 강타해(하루 평균 90개의 로켓) 13명의 민간인과 첫날 죽은 이들을 포함해 14명의 군인이 사망했다.

첫 국면 동안 이스라엘은 주로 항공력에 의존했으며, 그것을 주로 헤즈볼라

• 2003년에 개시된 이라크 전쟁을 의미한다.

의 중·장거리 로켓 발사대에 대해 사용했다. 이스라엘 공군은 레바논에서 헤즈볼라의 주권을 상징하는 것들(베이루트의 다히아 마을과 바알베크에 있는 그 조직의 설비들), 교량, 교통 교차점, 지휘소에 대해서도 공격했다. 그와 동시에 레바논에 대한 공중 및 해상 봉쇄가 발효되었다. 게다가 이스라엘 공군은 시리아로부터 레바논으로 무기를 수송하던 호송대들을 습격했다. 지상전력은 이스라엘 국경에 근접한 헤즈볼라의 거점들을 파괴하기 시작하는 용도로만 사용되었다. 이스라엘은 전쟁의 이 국면 동안에 국내와 국제의 대중여론으로부터 광범위한 지지를 받았다.

7월 13일 이른 시각 이스라엘은 전개된 중거리 로켓—주로 이란제 파즈르-3와 5 로켓—에 대한 선제타격을 수행했다. 이 작전은 수년에 걸친 정보적·작전적 노력이 절정에 달한 것이었다. 한 시간도 채 안 되어 이스라엘 공군은 헤즈볼라 활동가들의 가옥과 남부 레바논의 시아파 가정들에 숨겨져 있던 수십 개의 이동식 로켓 발사대를 파괴했다. 그날 동안 이스라엘 공군은 베이루트 공항과 헤즈볼라 방송국을 포함하는 수십 개의 추가적 표적들에 대한 또 다른 습격도 수행했다. 나스랄라는 만약 이스라엘이 베이루트를 공격하는 경우 헤즈볼라는 하이파를 공격할 것이라고 경고했다. 사실, 첫날 이스라엘 영토에 떨어진 125개의 로켓 중 하나는 하이파를 타격했었다.

7월 14일에 이스라엘 공군은 레바논에 있는 표적들에 대한 급습을 계속했다. 나스랄라의 경고에도 불구하고 이스라엘 공군은 처음으로 다히아 마을을 공격했으며, 그 뒤로 그곳은 베이루트 지역의 주요한 표적이 되었다. 그날 밤 동안 헤즈볼라는 2기의 중국제 C-802 대함미사일을 발사했으며, 그중 하나는 레바논 부근에서 해상봉쇄를 강제하고 있던 이스라엘의 해군함선을 강타했다. 이스라엘 해군은 헤즈볼라가 그와 같은 미사일을 자신들의 병기고에 포함시키고 있음을 알지 못했으며, 함선들에 내려진 정규지령은 적절한 방어조치를 제공하지 못했다. 4명의 수병이 사망했던 이 사건은 나스랄라에 의해 광범위하게 알려졌는데, 그는 이스라엘에도 생방송으로 방송되었던 실시간 전화 인터뷰에서 이를 알렸다. 그 결과, 나스랄라는 레바논과 이스라엘 대중 사이에서 신뢰성을 확보할 수 있었다.

다음 날, 헤즈볼라의 로켓들은 처음으로 레바논 국경으로부터 약 35킬로미터 떨어진 킨네렛 호수(Lake Kinneret) 변의 도시인 티베리아스(Tiberias)를 강타했다. 이스라엘 공군은 주로 세 구역을 공격했다. 그것은 베이루트의 다히아 마을, 헤즈볼라의 후방 병참과 관련된 바알베크 지역에 있는 표적들, 그리고 남부 레바논에 있는 헤즈볼라의 기간구조와 로켓 발사대들이었다.

이날은 또한 전쟁과 관련된 폭넓은 국제적 행동이 시작되는 날이기도 했다. 아랍연맹은 회합을 가졌는데, 여기서 보다 온건한 일부 아랍국가들은 공개적으로 헤즈볼라에 반대했다. 레바논의 시니오라 수상은 헤즈볼라를 비판하고 국제공동체가 휴전선언을 만들어줄 것을 요구했다. 다음 날 러시아의 상트페테르부르크(St. Petersburg)에서 열린 G-8 정부수반의 회의는 헤즈볼라를 규탄하고 위기를 해결하기 위한 4개항 프로그램(four-point program)을 포함하는 선언서를 도출해냈다.

7월 16일에 헤즈볼라는 이스라엘 영토로 약 50개의 로켓을 발사했다. 그중 하나—시리아제 중거리 미사일—가 하이파에 있는 기차고(train hangar)를 강타해 8명의 민간인을 죽였다. 이는 전쟁 동안 단일 공격으로 이스라엘 후방전선에서 민간인이 가장 많이 죽은 사례였다. 이 비극적 사건은 이스라엘 사람들에게 그들이 직면하고 있는 분쟁의 다른 성격을 분명하게 보여주었다. 하이파는 1991년 걸프전 동안에는 이라크에 의해 타격을 받고 수년에 걸친 팔레스타인과의 대결 동안에는 주요한 테러공격을 당한 바 있었지만 독립전쟁 이후로는 중대한 공격을 경험해본 적이 없었다.

7월 17일에 헤즈볼라는 약 90개의 로켓을 발사해 주로 하이파, 사페드(Safed), 미그달 하에멕(Migdal Haemek), 아풀라(Afula)를 타격했다. 그날 올메르트 총리는 의회에서의 연설을 통해 이스라엘의 야심적인 전쟁목표들을 선언했다.

다음 날, 이스라엘 공군은 헤즈볼라의 전개된 로켓들에 대한 또 한 차례의 중대한 공격을 수행했다. 이번에는 공격이 텔아비브와 그 주변을 위협하는 장거리 젤잘 로켓들을 표적으로 삼았다.

제2국면: 7월 20~31일

지나고 나서 보니 이스라엘의 작전은 분명 전쟁의 첫 주가 지난 뒤 그 한계점에 도달했다. 이스라엘은 로켓과 기타 설비에 대한 작전을 이끌면서 주로 자신들이 이전부터 확보하고 있던 헤즈볼라에 대한 정보에 의존했다. 전쟁 전에 준비되었던 이스라엘 방위군의 작전계획은, 공격을 중단하고 그 영향을 분석하며 필요하면 중대한 지상기동을 시작하기에 적절한 시기를 1주 시점으로 파악했었다. 그러나 그러한 계획들은 이 같은 선택지를 인정했던 반면, 의사결정자들은 결코 이를 진지하게 고려하지 않았다.

그럼에도 불구하고 항공노력이 헤즈볼라와 진행되던 로켓공격에 중대한 손상을 가하는 데 실패했다는 생각은 이스라엘의 작전패턴에 몇 가지 변화를 낳았다. 7월 19~31일간 전쟁의 두 번째 국면은 로켓 발사대들에 대한 계속적인 공중사냥과, 영토를 정복하거나 심지어는 단거리 로켓의 전개를 가로막는다는 의도도 갖고 있지 않은 제한적인 지상작전을 포함했다. 이 국면에서 주된 강조점은 헤즈볼라의 활동에 대한 보다 전반적인 타격에 놓였으며, 이는 헤즈볼라의 통제 아래 있는 구역들에 대한 제한적인 공습의 형태로 수행되었다. 이러한 공습은 빈트 즈베일(Bint Jbeil)과 마룬 아라스(Maroun A-Ras)라는 마을, 그리고 나중에는 추가적인 구역들에 집중되었다. 이 국면 동안 이스라엘 공군 전투기들은 약 4000소티(하루 평균 약 260소티)를 수행했는데, 이는 전쟁 동안 이루어진 총 소티의 35%에 해당했다. 같은 기간에 약 1250개의 로켓이 이스라엘 영토를 타격했으며(하루 평균 115개의 로켓), 민간인 7명과 군인 21명이 사망했다.

7월 26일에는 레바논에서 발생한 분쟁을 논의하기 위해 로마에서 개최된 국제회의가 유엔 다국적군을 레바논으로 파견하도록 요청한다는 것을 제외하고는 아무런 중대한 결정에 도달하지 못하고 말았다. 이 회의에서 레바논의 시니오라 수상이 눈물을 터뜨리며 이스라엘이 자신의 나라를 파괴하고 있다고 비난했던 것으로 기억된다.

같은 날, 빈트 즈베일에서 전투를 수행하는 동안 이스라엘 방위군 병사 8명이 사망했다. 이러한 사상(死傷)과 지상작전의 제한된 성공은 이스라엘 의사결정자들로 하여금 지상전력의 사용에 대해 의문을 갖게 만들었다. 이 같은 감정은 부분적으로는 이스라엘이 '진정한 전쟁'에 끌려들고 말았다는 점을 받아들이는 데 있어서의 어려움과 연관된 것이었다.

7월 27일에 이스라엘 내각은 이스라엘 방위군으로 하여금 예비군에 대한 동원을 몇 개 사단 규모로 확대하도록 명령했지만, 아직 레바논을 향한 주요한 침공은 승인해주지 않았다. 그러나 그러한 동원은 항공력이 로켓공격의 중대한 감소를 가져오는 데 실패했다는 점에 대한 인정과 헤즈볼라의 전반적인 작전개념에서 로켓이 차지하는 핵심적 역할에 대한 인식의 증가를 보여주는 것이었다. 다음 날인 7월 28일에 헤즈볼라는 처음으로 레바논 국경으로부터 약

55킬로미터 떨어진 곳에 있는 도시인 아풀라에 로켓을 발사했다.

이스라엘 방위군은 7월 29일에 예비군 동원을 완결했다. 그날, 총리는 이스라엘 방위군으로 하여금 남부 레바논에서 작전을 확대하기 위한 선택지들을 제시하도록 지시했다. 대부분의 의사결정자들은 여전히 그와 같은 선택지를 이행함으로써 야기되는 피해가 이득을 상회할 것이라고 믿고 있었다.

전쟁의 이 국면에 드러나는 주요한 면모들 중 하나는 이스라엘의 행동에 대한 국제적인 지지가 중대한 감소세를 보여 7월 말에는 최저점으로 떨어졌다는 것이다. 7월 30일에 이스라엘 공군의 공격으로 카프르 카나(Kafr Qana)에 있는 건물 하나가 붕괴되어 28명의 민간인이 사망했다. 이 비극은 양측 모두에게 나쁜 기억을 되살리게 했다. 그것은 1996년에 분노의 포도작전 동안 이스라엘이 실수로 타격해버렸던 바로 그 마을에서 발생한 것이었다. 약 100명의 레바논 민간인이 사망했던 이전의 사건은 이스라엘로 하여금 그 목표를 달성하기도 전에 작전을 종결하도록 이끌었었다.

이스라엘 공군은 단거리 로켓에 대한 작전이라는 틀 내에서 카프르 카나의 빌딩에 대한 타격을 수행한 것이었다. 공격 전 며칠 동안 헤즈볼라는 이 마을과 그 인근에서 약 150발의 로켓을 발사했었다. 발사 직후에 무장한 무리들이 그 마을의 시가지로 몸을 숨기기 위해 뛰어가는 것을 감시반이 몇 차례에 걸쳐 발견한 바 있었다. 타격을 당한 건물은 공격 이전에 사용되었던 발사지점으로부터 매우 가까운 데 위치하고 있었다.

카프르 카나에서의 공격은 대중여론의 전환점이 되었다. 이 공격을 해명하기 위한 시도로 이스라엘은 미디어 캠페인과 민간 건물에서 로켓이 발사되는 모습을 보여주는 동영상을 방송하기 시작했다. 그러나 레바논 사상자들을 보여주는 이미지가 더 큰 영향을 주었다. 그 이후로 레바논에서는 이스라엘의 행동에 대한 일치된 반대가 터져 나왔다. 부분적으로는 이 사건 때문에 유럽도 이스라엘 방위군의 공세에 대한 대중적 지지를 철회했다. 많은 국가들이 공격을 받고 있는 베이루트의 이미지에 충격을 받았으며, 유럽인들은 이스라엘의 공격 규모와 레바논 측에서 발생한 많은 수의 희생자들을 헤즈볼라의 로켓으로 인해 발생한 상대적으로 적은 수의 이스라엘 사상자에 대한 불균형한 대응으로 바라보았다. 7월 말에 이르면 미국만이 이스라엘의 작전을 지지하고 있었다.

그 사건에 대한 초기 정보는 당시 이스라엘을 방문하고 있던 라이스(Condoleezza Rice) 미 국무장관으로 하여금 예정된 베이루트 방문을 취소하게 만들었다. 이 방문은 그 분쟁에 휴전과 정치적 해결을 모색해보고자 의도된 것이었다. 7월 31일에 (미국의 압력으로) 이스라엘은 48시간 동안 주거지역에 대한 공격을 중지했다. 그 이틀 동안에는 그 어느 쪽도 중대한 작전을 수행하지 않았다. 10개의 로켓만이 이스라엘 영토에 떨어졌을 뿐이다. 그러나 헤즈볼라는 이틀간의 일시적인 정전을 자신들의 로켓 배치를 재조직하는 데 사용했다.

제3국면: 8월 1~14일

7월 31일 열린 내각토의는 이스라엘 방위군으로 하여금 레바논에서의 지상 전역을 확대하고 폭 6킬로미터의 특별 안전지대를 만들도록 승인했다. 이러한 논의는 전쟁의 제3국면이 시작되는 것과 지상작전의 성격에 중대한 변화가 발생하는 것을 의미했다. 전쟁이 종결에 가까워지면서 이스라엘은 리타니 강 남부에서의 대규모 지상공세 수행을 계획했다.

이 국면 동안 약 2080개의 로켓(하루 평균 약 150개의 로켓)이 이스라엘 땅을 타격했다. 대규모 지상공세가 끝날 때까지 23명의 민간인과 84명의 군인이 사망했으며, 그중 33명은 전쟁의 마지막 이틀 동안에 죽음을 당한 것이었다. 이스라엘 공군은 5300회의 전투기 소티(하루 평균 380소티)를 수행했으며, 이는 전쟁 동안의 총 소티 중 45%에 해당하는 것이었다.

8월 1일 밤에 헬리콥터로 수송된 이스라엘 특수전력이 바알베크에 있는 헤즈볼라 표적들을 급습했다. 이례적으로 작전지휘권은 리타니 강 북쪽에 있는 전장을 책임지고 있던 공군 지휘관에게 주어졌다. 작전의 일부는 정보·감시·정찰력과 지상력의 도움을 받아 도심지 환경에서 이루어졌다.

8월 2일에 이스라엘의 공중공격이 재개되었다. 그에 비례하여 헤즈볼라도 이스라엘 영토에 대한 로켓공격을 재개했으며, 그날 230개의 로켓이 이스라엘을 타격했다. 이는 하루에 발사된 로켓으로서는 가장 많은 수였다. 8월 4일에는 약 200개의 로켓이 이스라엘 영토에 떨어졌으며, 처음으로 텔아비브 북쪽 50킬로미터 정도 떨어진 지중해변의 도시 하데라(Hadera)를 강타했다. 이틀 뒤에는 로켓 1발이 크파르 길라디(Kfar Giladi)에 배치되어 있던 예비군 병사 12명을 죽였다. 단일 사건으로는 가장 많은 수의 군사적 사상을 유발한 것으로, 그 로켓 타격은 민간 후방전선뿐 아니라 군사적 후방에서도 위협감을 강화시켰다. 이 사건 뒤에 전쟁에 대한 이스라엘 대중의 지지는 상당 정도 감소했다.

8월 7일에 총리 집무실에서 열린 안보회의의 참석자들은 로켓공격을 중단시키는 것의 중요성을 강조했으며, 그날 늦은 시간에 국방장관은 레바논에서의 주요한 지상공세에 동의했다. 다음 날 총참모장은 총참모차장인 카플린스키(Moshe Kaplinski) 장군으로 하여금 북부사령부를 맡도록 지명했다. 이는 전쟁 동안에 총본부와 북부사령부 간에 대두되었던 긴장관계가 공개적으로 표출된 것이었다. 많은 이들은 카플린스키의 임명이 전쟁에 관한 이스라엘의 대중여론이 뒤바뀐 것을 반영한다고 믿었다.

8월 9일에 안보내각은 레바논에서의 주요한 지상공세를 승인했다. 반면 외교적 협상은 그 분쟁에 대한 정치적 해결을 모색했으며, 다음 날 이스라엘과 미국은 휴전결의안 초안에 동의했다. 유엔 안보리에서의 논의가 계속되고 있던 8월 11일에 총리는 남부 레바논에서의 광범위한 지상공세를 승인했으며, 작전은 유엔 안보리 회원국들이 제안된 휴전결의안에 동의했던 바로 그 시점에 시작되었다.

남부 레바논에서의 지상공세는 8월 12일에도 계속되었다. 그날 헤즈볼라는 레바논에 병력을 내려주고 이륙하는 CH-53 헬리콥터 1대를 격추했다. 같은 날, 유엔 안보리는 적대행위의 종결과 1만 5000명의 무장한 유엔 병력을 남부 레바논으로 파견할 것을 요구하는 결의안 제1701호를 만장일치로 채택했다. 사실 결의안은 지상공세의 모든 목표를 달성하기도 전에 그것을 종결하는 것을 의미했다. 8월 13일에 이스라엘은 결의안을 수용했으며, 유엔은 휴전이 8월 14일 08시를 기해 발효될 것임을 선언했다. 남부 레바논에서의 전투는 그때까지 계속되었다. 이스라엘 공군은 공격임무를 수행하는 과정에서 2대의 헤즈볼라 무인기를 격추했으며, 이스라엘 공군은 마지막으로 다히아 마을을 공격하기도 했다.

뒤이은 몇 주 동안에는 휴전과 레바논에 대한 공중 및 해상 봉쇄 모두가 유지되었다. 이스라엘 방위군에 의해 점령된 영토는 레바논에 주둔하는 유엔임시군(UN Interim Force)에게 인계되었으며, 집중적인 수색으로 상당수에 이르는 헤즈볼라의 전투장비가 발견되었다. 9월 7~8일에 이스라엘은 봉쇄를 해제했으며, 이스라엘 방위군은 10월 1일에 레바논으로부터 철수했다.

전시(戰時) 헤즈볼라

헤즈볼라는 납치가 전쟁을 초래했다는 점에 놀랐지만, 그들은 실제 발생한 것과 매우 유사한 무장분쟁을 미리 준비해놓은 상태였다.[15] 헤즈볼라의 전력 건설과 전개를 이끌었던 개념은 훗날 "무(無)패배를 통한 승리"로 알려졌다. 그것은 소모전 개념의 변종으로서, 이스라엘의 기본적인 군사적·안보적 인식에 대한 깊은 이해에 기초하는 것이다. 헤즈볼라는 단기전에서 분명하고도 확실한 승리를 거둬야 할 이스라엘의 필요성을 정확하게 파악하고 있었다. 그렇기 때문에 헤즈볼라는 살아남기만 하면 되었으며, 보다 중요하게는 자신들의 생존 가능성을 보여주기만 하면 충분했다. 헤즈볼라는 이스라엘에 대한 지속적인 로켓공격을 통해 그렇게 하는 길을 선택했다.

전쟁 동안 헤즈볼라는 마을, 개활지, 그리고 그들이 지은 특수 지하설비로부터 약 3500개의 단거리 로켓을 발사했다. 첫 번째 국면에서는 발사가 하루 종일 간헐적으로 이루어졌지만, 나중에는 헤즈볼라가 거의 고정된 시간—주로 주간—에 일제사격을 가하기 시작했다.

헤즈볼라는 또한 40회의 집중사격을 통해—대부분은 이동식 다련장 로켓으로부터— 약 200개의 중거리 로켓과 150회의 발사를 통해 사거리가 확장된 122밀리 로켓도 약 400개를 발사했다. 첫 며칠 동안에는 그러한 공격이 주로 레바논 국경에 인접한 소규모 거주지들을 표적으로 삼았다. 전쟁의 첫째 주 중반부터 둘째 주 종반까지 로켓은 하이파를 포함한 북부 이스라엘의 큰 마을 또한 타격했다. 둘째 주 종반이 가까워지면서 로켓공격은 감소되었는데, 이는 이스라엘이 발사대들을 파괴하는 데 성공했기 때문인 것으로 보인다. 7월 말이 가까워지면서 헤즈볼라는 전투에 302밀리 로켓 발사대를 도입함으로써 더 먼 위치까지 사격할 수 있게 되었다.

국경에 근접한 이스라엘인들의 거주지구는 여러 차례 로켓공격을 당했다. 갈릴리 돌출부(Finger of Galilee)에 있는 도시인 키르얏 시모나(Kiryat Shmonah)가 가장 많은 수의 로켓(약 520개)공격을 받았다. 지중해 유역의 도시인 네하리야(Neharyah)는 약 300개의 로켓에 타격당했다. 국경으로부터 20킬로미터가량 떨어진 곳에 위치한 도시인 아코(Akko)와 카르미엘(Carmiel)은 각각 80개에서 100개의 로켓에 타격당했다. 국경으로부터 40킬로미터가량 떨어진 하이파는 약 50개 로켓의 타격을 받았다. 소수의 로켓은 국경으로부터 더 멀리 떨어진 곳에 떨어지기도 했다. 예를 들어 아풀라(국경으로부터 약 55킬로미터), 벳스안(Beth-shean, 국경으로부터 65킬로미터), 헤데라(Hedera, 국경으로부터 75킬로미터, 그리고 텔아비브로부터 50킬로미터)와 같은 도시들이 그에 해당했다.

이스라엘 방위군 지상전략에 맞서는 싸움에서 헤즈볼라의 목표는 가능한 한 많은 사상자를 유발시키고 헤즈볼라가 로켓공격을 계속할 수 있도록 이스라엘 방위군의 진격을 지연시키는 것이었다. 헤즈볼라의 전술 대부분은 대전차미사일과 박격포를 발사하고 길가에 폭발물을 감춰두는 것이었다. 헤즈볼라 전력이 이스라엘 방위군 병력과 직접적인 대결을 벌이는 경우는 드물었다.

전쟁의 결과

전후에 이스라엘 대중은 강한 실망감과 좌절감을 느꼈는데, 이는 주로 결정적인 승리에 대한 전전의 기대와 실제적 결과 간의 큰 간극 때문이었다.[16] 그러한 기대감은 부분적으로 전쟁 초기에 리더들이 야심적인 목표를 선언한 데서 파생된 것이었으며, 또 일부는 이스라엘이 개시했던 성공적인 전쟁의 전례들 때문이기도 했다. 이스라엘은 공격을 계획할 수 있는 시간이 충분했었으며, 초기에 군사작전은 거의 만장일치적인 지지를 누렸다. 그럼에도 불구하고 기대와는 대조되게 전쟁이 끝났을 때 헤즈볼라는 여전히 건재하여 무장한 채로 남아 있었다.

대중적 압력은 이스라엘 정부로 하여금 퇴임 법관인 위노그라드가 이끄는 조사위원회를 설치하게 만들었다. 이 위원회는 올메르트 총리, 페레츠 국방장관, 할루츠 총참모장을 밝혀진 실패에 주된 책임이 있는 인물들로 지목했다. 그러나 주로 법적인 이유들 때문에 조사위원회는 징계조치를 권면하는 일은 자제했다. 그럼에도 불구하고 조사위원회에 의한 분명한 결론이 없는 가운데서 대중적인 실망감과 좌절감은 전쟁에 관여했던 거의 모든 지도자의 사임을 이끌어냈다. 맨 처음 사임한 인물은 지상전력사령관이었던 북부사령관 아담(Udi Adam) 소장과 북부사단장 히르시(Gal Hirsch) 준장이었다. 다음으로는 총참모장 할루츠와 이스라엘 해군사령관(대함미사일이 미사일고속정 1대를 타격하는 사건이 발생한 후에 신랄하게 비판받았다)•도 사임했다. 총참모차장 카플린스

• 벤-베시트(David Ben-Besht) 제독을 의미한다.

키 소장은 총참모장으로 임명되지 못했으며, 차장으로서 2년 반을 지낸 뒤 군을 떠났다. 정치적인 수준에서도 변화는 발생했다. 국방장관 페레츠가 정부직으로부터 사임했다. 전쟁 자체와 직접적으로 관련된 이유 때문은 아니었지만 올메르트 총리도 사임했다.

폭넓은 실망을 넘어 전쟁의 전략적 결과는 이스라엘 내 거대한 논쟁의 중심 주제가 되었으며, 이 또한 정치적 측면을 갖고 있었다. 논의는 주로 그 전쟁이 억제에 대한 이스라엘의 입장—전반적인 입장과 더불어 특히 헤즈볼라에 대한 입장—에 미친 영향과 관련되어 있었다. 한 진영에서는 이스라엘이 전쟁에서 실패했으며 그들의 억제능력도 상당 정도 손상을 입었다고 주장한다. 전쟁 직후에는 이러한 관점이 지배적이었으며, 그것은 당시의 대중적 논의에 기초로 기능했다. 2007년 4월에 발간된 위노그라드 조사위원회의 잠정 보고서는 이러한 관점을 반영하고 있다.

그러나 전후 약 2년 뒤에는 그와는 다른, 훨씬 더 균형 잡힌 시각이 등장했다. 그 시각은 전쟁이 실제로는 이스라엘의 억제를 강화시켜 놓았다고 주장한다. 또한 이 시각의 지지자들은, 비록 결과는 이스라엘 대중의 비합리적인 기대를 충족시키지 못했지만 이스라엘은 그들의 보다 현실적인 목표들을 달성했다고 주장했다. 2007년 말에 발간된 위노그라드 조사위원회의 최종 보고서는 이러한 시각을 예고하는 매우 제한적인 표현을 담고 있다. 조사위원회는 전쟁의 성과를 결정하기에는 시기상조라고 말하면서 이 보고서에 그것을 평가하는 장은 포함하지 않기로 선택했다

보다 균형 잡힌 관점은 그 전쟁의 전술적 업적과 그것의 전략적 성과 모두를 강조한다. 전술적 맥락에서 보았을 때 이스라엘은 의심의 여지없이 헤즈볼라를 기습하고 배치된 그들의 로켓전력에 상당한 피해를 유발하는 데 성공했다. 사망한 헤즈볼라 전투원의 수는 600명 이상으로 추산된다. 이전에 많은 전투원을 잃은 적이 없는 조직에게 이는 매우 큰 대가였다. 헤즈볼라는 값비싼 무장과 긴요한 기간구조를 잃어버림으로써 심각한 경제적 피해 또한 입었다. 게다가 전쟁은 베이루트에 있는 헤즈볼라 주권의 상징물과 헤즈볼라 조직의 주요 중추망에도 피해를 입혔다. 이스라엘 방위군은 헤즈볼라가 레바논과 이스라엘의 국경을 따라 건설했던 일련의 진지들을 파괴하고 그 조직이 확립해놓은 지하설비의 체계를 적발해냈으며, 배치된 그들의 로켓전력에도 심각한 피해를 입혔다. 나스랄라의 주요 거점이었던 시아파 마을들은 심각한 피해

를 입었으며, 나스랄라도 이스라엘이 자신의 목숨을 노릴지 모른다는 두려움에 전후 2년간 숨어 지냈다.

전략적인 맥락에서 보았을 때 이러한 평가는 전후 2년 동안 이스라엘의 북부 국경 부근에서 자리 잡았던 평정을 지적하며, 그것을 그 전쟁, 특히 레바논에 가해진 피해의 결과와 연결 짓는다. 게다가 이러한 시각은 전쟁의 발발 자체가 헤즈볼라가 보유한 전략적 무기의 효과와 헤즈볼라가 전쟁 전 몇 년 동안 달성했던 억제를 상당 정도 감소시켰다고 주장한다. 게다가 결의안 제1701호(이는 부분적으로만 이행되었다)의 수용 자체가 남부 레바논에서의 헤즈볼라 무장전력의 주둔에 대한 금지, 유엔 전력의 광범위한 전개, 전례가 없는 레바논군의 남부 레바논 배치 때문에 사태를 변화시켰다. 이러한 관점은 또한 이란이 상당히 고된 공정과 수년간의 노력 끝에 건설했던 자산들의 손실이라는 전략적 측면 또한 강조한다.

그와 유사한 논의가 헤즈볼라가 상당한 성공을 거두었다는 시각이 지배적인 아랍세계에서도 발생하고 있다. 그러나 또 다른 학파는 헤즈볼라의 행동이 레바논에서 심각한 파괴를 유발하고 실상은 훨씬 더 중요한 것을 달성하는 데 실패했다고 주장한다.

학습된 교훈

로켓

이 전쟁의 각별한 특성 때문에 학습된 교훈의 대부분은 이스라엘 공군이 어떻게 헤즈볼라의 전개된 로켓전력을 처리했는가와 관련된다.[17] 전반적으로 보았을 때 중거리 및 장거리 로켓에 대한 선제공격은 매우 인상적이었다. 이란제 파즈르-3와 5 발사대는 7월 13일에 심각하게 공격당했으며, 그 미사일들은 전쟁 동안 실제로 사용되지 못했다. 7월 18일의 작전은 젤잘 장거리 로켓에 심각한 피해를 유발했으며, 나스랄라의 명쾌한 약속에도 불구하고 이 무기는 결코 텔아비브에 대해 사용되지 못했다.

중거리 로켓 발사대에 대한 사냥도 성공적인 것으로 드러났다. 이스라엘 공군은 거의 모든(이미 미사일을 발사한 적이 있는 대략 40개의 발사대 중 30개) 로켓 발사대를 파괴했다. 이러한 업적은 전개된 220밀리와 302밀리 로켓전력을 심각하게 손상시켰다. 이 같은 결과는, 전쟁 내내 기능했으며 탐색작전을 가능하게 해주었던 복잡한 탐지 및 파괴 체계를 이행하는 데 이스라엘 공군이 성공했음을 보여준다.

그와는 대조적으로 122밀리 로켓은 진정한 문제가 되는 것으로 드러났는데, 이는 그것의 레이더 형상이 이스라엘 공군이 공중타격을 수행하기 위해 필요로 하는 고도 밑에 남아 있었기 때문이다. 비록 그 로켓은 220밀리와 302밀리 로켓보다는 훨씬 덜한 피해를 유발했지만, 헤즈볼라는 주로 북부 이스라엘의 도시들에 대해 지속적인 압박을 가하기 위해 122밀리 로켓을 사용했다.

단거리 로켓 발사대에 대한 노력은 전혀 결실이 없었다. 이스라엘 공군은 수십 개의 발사대를 겨우 타격할 수는 있었지만 그것은 총수(總數)에 비해 작은 부분에 지나지 않았다. 이스라엘 공군은 그 발사대의 운용능력을 저하시키기 위한 시도로서 수백 개의 표적을 공격하고 무기저장소나 지휘 및 통제 지점으로 수백 곳의 위치를 파악해냈지만, 헤즈볼라는 계속해서 이스라엘에게 단거리 로켓을 발사했다.

헤즈볼라의 관점에서 보았을 때 전개된 로켓전력은 뒤섞인 결과를 달성했다. 많은 면에서 로켓의 사용은 그 목표를 달성했으며 "무패배를 통한 승리"의 개념을 이행하는 데 핵심적인 요소였다. 이러한 업적은 주로 이스라엘 도시들에 지속적인 압박을 가했으며 헤즈볼라가 하루에 비교적 고정적으로 100~160개의 로켓을 발사하는 데 성공했던 단거리 로켓에게 그 공이 돌아가야 한다. 헤즈볼라가 자신들의 전략무기로 간주했던 중거리 로켓은 이스라엘로 하여금 전쟁을 시작하지 못하게 하거나 전쟁 동안 이스라엘의 행동을 억제하지 못했다. 이 무기는 전쟁이 시작되면서, 그리고 전쟁 동안에 심각한 손실을 당했다. 전개된 장거리 로켓 전력은 전혀 효과가 없었으며, 그 또한 7월 18일의 포괄적인 공격 동안에 심각히 손상되었다.

로켓공격이 이스라엘 후방전선에 야기한 물리적 피해는 상대적으로 낮았으며, 이는 이스라엘 방위군의 기대에 부합되는 것이었다. 로켓은 총 54명(민간인 42명, 군인 12명)을 죽였는데, 이는 평균 75개의 로켓당 1명이 사상을 당한 꼴이었다. 파괴된 건물은 거의 없었다. 주된 피해는 사기(士氣)에 발생했는데, 이는 이스라엘 방위군이 자신들의 집을 보호해줄 수 있음을 믿지 않는 약 100만 명의 민간인이 방공호에 머물거나 한 달 이상 집을 떠나도록 강제되었기 때문이다.

단거리 로켓에 대한 이스라엘 공군의 실패는 전문가들 사이에서 논쟁을 촉발했다. 한 학파는 이스라엘 공군은 더 나은 결과를 달성할 수 있었지만 이러한 임무에 적절히 준비되어 있지 못했다고 주장한 데 반해 다른 이들은 항공력이 이 같은 유형의 무기에게는 비효과적이라고 주장한다.

그러나 로켓전력에 관한 전략적 수준에서의 교훈은 전술적 수준의 그것과 상당 정도 어긋난다. 이 분쟁은 이스라엘의 전쟁개념은 여전히 신속하고도 확실한 승리를 요구한다는 점을 보여주었다. 헤즈볼라는 이러한 태도를 충분히 이해하고 있었으며, 이스라엘로부터 그와 같은 승리를 박탈하는 데 초점을 두었다. 자신들의 목표를 달성하기 위한 헤즈볼라의 주된 메커니즘은 이스라엘에 계속해서 로켓을 발사하는 것이었다. 그와는 대조적으로 이스라엘에서 정치적·군사적으로 가장 높은 수준의 의사결정자들은 단거리 로켓을 심각한 위협으로 간주하지 않았으며, 그렇기 때문에 그것에 대해 실질적인 행동을 취하지 않았다. 그러나 의심의 여지없이 로켓은 헤즈볼라의 생존과 이스라엘이 결정적인 승리를 거두지 못하도록 하는 데 가장 강력하게 기여했다.

당시 기술의 상태를 고려해보았을 때 많은 수(수천 개의 단거리 로켓)의 로켓과 그것들의 특성(특히 그것의 작은 레이더 형상)은 공중공격으로부터 그것들을 표적화하는 게 불가능하도록 만들었다. 그래서 2006년 전쟁에서는 지상작전만이 그런 로켓의 발사를 중단시킬 수 있었다. 보다 장기적인 맥락에서 이스라엘 공군은 그와 같은 무기체계를 처리할 수 있는 능력을 발전시켜야 한다.

지상작전

보다 일반적으로, 이 전쟁은 헤즈볼라와 같은 적을 격파하기 위해서는 상당한 지상기동이 필요함을 보여주었다. 이스라엘의 전략지정학적 상황 때문에 이 교훈은 훨씬 더 통괄적인 것으로 보이며, 이스라엘이 직면할 수 있는 대부분의 분쟁 시나리오에서 지상작전의 필요성과 연관된다.

이 전쟁은 로켓과 지대지미사일 발사대들을 처리하는 임무에 맞게 재단된 작전을 발전시켜야 할 필요성을 보여주었다. 그러한 작전은 비단 특정의 지리적 위치에 도달하거나 심지어 영토를 통제하려 해서는 안 된다. 오히려 로켓과 미사일이 정복하고 있는 지역을 탐색하고 정리해내는 중대한 요소를 포함해야 한다. 주된 목표는 적 전력을 개방된 공간으로 이끌어내어 그 진지를 노출시킴으로써 효과적인 공중타격이 가해지도록 하는 것이어야 한다. 이런 의미에서 지상전력은 항공전력이 그들을 지원하는 것만큼이나 항공전력을 지원해주게 된다.

근접항공지원

지상작전의 필요성은 자연스럽게 근접항공지원에 대한 논쟁으로 이어진다. 이스라엘 방위군의 구조에서 지상전력은 자체적인 육군항공대를 갖고 있지 못하다. 그래서 이스라엘 공군은 그 비행기와 헬리콥터를 사용해 지상전력에게 근접항공지원을 제공해야 할 책임 또한 갖고 있다. 이스라엘 공군은 마찬가지로 리타니 강 남부의 단거리 로켓에 맞서 싸우도록 배속되어 있던 북부사령부를 지원하기 위해 수천 회에 이르는 전투기 및 전투 헬리콥터의 출격을 수행했다. 근접항공지원 임무로서 수행되었던 그러한 소티는 로켓 발사대를 찾아내고 발사작전을 교란하며, 기간구조를 공격하고, 공격을 받고 있는 전력에게는 공중엄호를 제공했다.

이스라엘 공군은 그곳에서 이루어지는 이스라엘 공군의 모든 작전을 감독하기 위해 북부사령부 내에 그 본부를 설치했다. 북부사령부는 표적을 선택하고 우선순위를 정했다. 그러나 근접항공지원을 수년 동안 실행해보지 않았기 때문에 이 임무를 수행하는 데 많은 어려움과 문제가 유발되었다. 위노그라드 조사위원회는 기획, 준비, 사전연습에서의 심각한 약점으로 인해 초래된, 이스라엘 공군의 지상전역 참가에서의 많은 결함에 대해 언급했다. 교리를 해석하는 데서 발생하는 차이가 추가적인 문제를 유발했다.

이러한 문제들은 또한 지상전력의 군수에서도 분명히 드러났으며, 이는 항공력이 사용되는 방식에 주요한 영향을 미쳤다. 전쟁 동안 약 350명의 부상병과 20명의 전사자가 공중—주로 헬리콥터로—으로 후송되었다. 포화 속에서 전투지대로부터 병력을 후송하기 위한 방법이 개조되고 있는 동안에 후송작전은 지상전력의 다급한 요구에 대응하여 수행되었다.

군수문제의 또 다른 결과는 이스라엘 공군에게 할당된 보급임무에서 나타났다. 이러한 틀 내에서 이스라엘 공군은 C-130을 이용해 수백 톤의 장비를 낙하산으로 투하했다. 이스라엘 공군은 지상전력의 요구에 신속하게 반응하기로 결정했기 때문에 고위험의 보급물자 투하가 접촉선과 매우 가까운 곳에서 이루어졌다.

전쟁 말기에 가까워지면서 소수의 헬리콥터 소티는 수백 명의 병력을 지상작전으로 수송하기 위해 수행되었다. 헬리콥터들 중 한 대는 견착(肩着) 미사일에 의해 격추되었다. 그와는 대조적으로 전투 헬리콥터들은 전쟁 동안에 이루어진 총 소티의 약 16%를 수행했다. 그들은 타격당하는 일을 피하기 위해 상대적으로 높은 고도에서 작전을 수행했다.

전략폭격

제2차 레바논 전쟁은 전략폭격 논쟁에 관해서는 아무런 교훈도 제공해주지 못했는데, 이는 이스라엘이 전쟁 동안 이러한 작전개념을 사용하지 않았기 때문이다. 이스라엘은 레바논의 국가 기간구조와 관련된 표적을 공격했지만, 이 같은 유형의 작전은 매우 제한되었으며 이스라엘 공군에게 주어진 다른 임무들과 연계된 것이었다. 그럼에도 불구하고 국제공동체에서의 이미지 퇴색이라는 면에서 보았을 때 이스라엘은 그러한 공격에 대한 높은 대가를 치른 셈이었다. 보편적인 인상은 이스라엘이 레바논의 기간구조와 심지어 그 주민들을 의도적으로 공격하고 있다는 것이었다.

이러한 혼란은 다른 임무를 수행하는 동안에 이 기간구조의 작은 일부가 피해를 입었기 때문에 생겨난 것이었다. 이스라엘 공군은 대부분 전쟁의 첫 3일 동안에 레바논의 교통 기간구조에 대해 제한적인 공격을 수행했다. 비행기들은 또한 연료저장소 한곳을 표적으로 삼았으며, 베이루트, 라야크(Rayak), 클레야테(Kleyate) 공항의 활주로를 파괴했다. 게다가 이스라엘 공군은 무기 보관과 헤즈볼라의 기타 활동을 위해 사용되던 민간가옥들을 포함해 많은 건물을 공격했다.

공중타격은 레바논에서 심각한 피해를 유발했는데, 레바논의 자료들에 따르면 수십 억 달러 정도로 개산(概算)된다. 피해의 대부분은 교통 기간구조(100개 이상의 교량이나 우회로), 베이루트의 다히아 마을, 무기 보관을 위해 사용되던 건물들, 로켓발사기지에 대한 공격으로부터 야기된 것이었다.

유엔의 한 보고서에 따르면 이 전쟁에서 1191명의 레바논 민간인이 사망하고 4405명이 부상을 입었다. 약 90만 명의 레바논 사람들이 자신들의 집을 떠났으며, 약 3만 개의 거주단위가 파괴되거나 광범위하게 손상되었다.[18] 전쟁 이후 시기의 헤즈볼라를 특징지었던 자제하는 태도는 레바논에서 발생한 파괴와 연계되어 있을 가능성이 큰데, 이는 헤즈볼라가 자신들은 군사적 행동을 함에 있어 대중적 의지에 의존하며, 그렇기 때문에 그와 같은 행위와 공동체

후견자로서 자신들의 이미지를 조화시켜야 한다고 생각하기 때문이다.

무인기

이 전쟁은 그 낮은 레이더 형상을 고려해볼 때 공격임무를 수행 중인 무인기를 요격하는 일이 가하는 도전을 보여주었다. 전쟁 동안에 이스라엘 공군은 방공임무에 약 1000소티를 수행했다. 이스라엘은 헤즈볼라가 이란제 아바빌(Ababil) 모델의 무인기를 보유하고 있다는 정보를 갖고 있었는데, 이는 헤즈볼라가 2004년 말과 2005년 초에 이러한 유형의 항공기로 이스라엘 영토 내에서 소티를 수행한 적이 있었기 때문이다. 이스라엘 공군은 총체적인 방공요격을 행할 수 있는 파이썬(Python) 4 공대공미사일을 사용해 그러한 시도를 막았는데, 아바빌 무인기 2대가 7월 7일과 13일에 각 1대씩 격추되었다. 또 1대의 무인기는 이스라엘 공군 전투기의 추적을 받다가 이스라엘에 추락했다. 여기서 얻을 수 있는 주요한 교훈은 항공기의 특성과 그것의 운용개념 모두에 대한 사전정보의 필요성이다. 발사 사이트의 위치에 대한 사전정보는 성공적인 작전을 거의 보장해준다.

회복탄력성

제2차 레바논 전쟁은 항공력에 매우 적은 피해만을 유발했던 지난 수십 년간의 일련의 군사적 대결 중 하나이다. 비록 F-16I 1대의 승무원이 이륙 중에 비행기를 포기해야만 했지만, 이스라엘은 전쟁 동안 전투행위 중에 단 1대의 전투기도 손실당하지 않았다. 전쟁의 마지막 시기에 수송작전에 참여하던 CH-53 헬리콥터 1대가 이륙 직후에 격추되어 파괴되었다. 5명의 항공팀원(조종사 2명, 여성 1명을 포함한 정비사 3명)이 사망했다. 헬리콥터 부대는 몇 차례의 사고 또한 경험했다. 2대의 아파치 헬리콥터가 충돌했으며(항공팀원 1명이 사망하고 3명이 부상당했다), 아파치 롱보우(Apache Longbow) 1대가 기계문제로 추락하여 항공팀원 2명이 사망했다.

또 하나의 중대한 교훈은 기지가 공격을 받고 있을 때 항공력의 운용능력과 관련되어 있다. 로켓과 지대지미사일의 발전은 공군의 기지들을 더 취약해지게 만든다. 제2차 레바논 전쟁 동안에 이스라엘 공군의 기지 한 곳과 몇 개의 다른 중요한 사이트들(북부지역의 이스라엘 공군 중앙지휘소를 포함한다)이 로켓의 공격 아래 놓였다. 이는 항공팀과 기타 존재들에 대한 적절한 보호와, 로켓과 지대공미사일의 지속적인 공격 아래 놓였을 때 운용능력의 발전을 요구한다.

정보와 전투피해평가

이 전쟁은 전 범위에 걸친 표적에 대한 항공작전의 기초로서 정보가 가지는 중요성을 다시 한 번 입증해주었다. 대결의 성격과 적의 특징은 대부분 유형의 표적에 대한 실시간 정보(실시간 표적위치뿐 아니라 민간인의 위치에 대해서도)의 필요성을 증대시켰다. 대부분 표적의 유동적인 성격 때문에 전술적인 수준에서 이 전투의 전투피해를 평가하기란 매우 어려웠다. 성과는 전략적·작전적인 전쟁의 수준에서 더 뚜렷하게 나타났다. 전력이 수행하는 작전과 그것의 전략적 성과 간의 연계성에 대한 정의가 복잡해짐에 따라 평가 또한 더 어려워진다.

선제공격

전략적으로 보았을 때 이 전쟁은 그 자산이 집결되어 있고 취약한 적에 대한 선제공격의 증대되는 중요성을 보여주었다. 물론, 그와 같은 공격은 정치적인 결점을 갖고 있지만, 예견되는 이득이 잠재적인 피해를 능가할 수 있을 정도로 클 수 있다. 이러한 맥락에서 중거리 로켓에 대한 조기공격은 잘 준비된 강력한 초기 행동의 중요성을 강조하여 보여주었다. 그와 같은 행동은 질서 있는 준비과정, 고급정보, 기습을 사용함으로써 항공력의 능력을 최대로 보여줄 수 있다.

중거리 로켓 발사대를 처리하는 데 이스라엘이 성공한 것은 완전하고 조직적인 전쟁준비의 중요성을 반영한다. 수년에 걸친 이스라엘 공군의 준비는 적절한 개념을 발전시키는 것, 적절한 무기로 전력을 무장시키는 것, 계속적으로 훈련하는 것을 포함했다. 이스라엘 공군은 정보 획득을 위한 엄청난 노력을 기초로 하여 그와 같은 능력을 준비했으며, 그 노력은 헤즈볼라의 전개를 탐지하고 전쟁 동안에 선제공격과 발사대 사냥 전역 모두를 가능하게 해주었다.

결론

현대전쟁의 가장 두드러진 특징 중 하나는 분명하고 명쾌한 군사적 결판이었다. 그러한 결판 뒤에는 제2차 세계대전 종결과 일부 이스라엘-아랍 전쟁

시의 그것과 같은 유명한 항복의식이 이어졌다. 제2차 레바논 전쟁의 종결에는 그러한 결판이 결여되었다. 양측 모두 성공과 실패를 경험했다. 헤즈볼라는 이스라엘의 군사력을 버텨낼 수 있었으며, 이스라엘 방위군은 북부 이스라엘의 주민들을 지켜내는 데 상당 부분 실패했다. 그러나 이스라엘은 주로 항공력 운용 덕분에 헤즈볼라의 서로 다른 정체성 간의 긴장을 고조시키고 헤즈볼라의 행동의 자유를 제한하는 제약들의 체계를 강화하는 데 성공했다.

분명하고 명쾌한 결판의 결여는 이른바 포스트모던 시대 전쟁의 변화된 성격을 특징짓는다. 실제로, 제2차 레바논 전쟁은 보다 식견 있는 관찰자들의 주의를 현시대의 전형인 새로운 유형의 분쟁으로 이끌었다. 그것은 비대칭적인 위협과 비국가적인 상대에 맞서 장기적으로 도시환경에서 수행되는 저강도 분쟁으로서, 이는 국민국가들(양측 모두)이 주요한 군사적 분쟁에 임하는 19세기와 20세기의 모습과는 다른 것이었다. 그러한 분쟁은 군사항공의 첫 100년 동안 항공전력이 다루도록 설계되었던 분쟁과는 근본적으로 다르다. 이러한 새로운 유형의 분쟁은 인상적으로 발전된 능력과 그것을 상당한 정도로 군사적 분쟁에 적용하는 능력 간의 증대되는 간극을 만들어낸다.

실제로 지난 수십 년 동안 항공력의 능력은 의심의 여지없이 근본적인 변화를 경험했다. 항공력의 생존성과 상대방의 영토로 깊숙하게 침투할 수 있는 그 능력은 전자전, 스텔스 기술, 무인기, 먼 거리(즉, 위협 사거리 밖)에서 발사할 수 있는 능력 덕택에 상당 정도 개선되었다. 정밀유도무기와 새로운 정보수집 도구와 통제체계의 채택은 항공력의 효과성을 상당히 증가시켰다. 이스라엘 공군이 혜택을 받았던 이러한 발전 덕택에 이제는 나쁜 기상조건 아래서, 불명확한 빛 가운데, 복잡한 위협지역에서도 정적이거나 이동식이거나, 단거리에 있거나 장거리에 있거나를 막론하고 많은 수의 표적에 대한 대규모 공격을 수행할 수 있다.

헤즈볼라는 그러한 능력과 그것이 이스라엘군에 부여해준 기술적 우위에 대해 알고 있었다. 그렇기 때문에 최근의 다른 상대들과는 달리 헤즈볼라는 훨씬 더 강력하고 기술적으로 우세한 상대를 다루는 약자의 논리를 채택했다. 이 논리는 강자에게는 기술적 우위를 상쇄시키기 위해 활용할 수 있는 약점과 취약성이 존재한다는 가정에 의존한다. 헤즈볼라는 이러한 생각을 일반적으로 세 가지 주요 요소를 갖고 있는 비대칭전의 개념으로 변환시키는 데 성공했다. 첫째는 복원성과 생존성을 강화하는 것이다. 이는 주로 약자로 하여금 강자의 치명적인 능력에 버티고 자신의 힘을 보존할 수 있게 한다. 둘째는 전쟁을 약자에게 보다 유리한 지역으로 옮겨 가는 데 필수적인 억제력이다. 억제력은 또한 직접적인 군사적 대결이 없이도 강자의 일부 기술적 이점을 상쇄할 수 있다. 셋째는 소모와 합법성의 무효화를 결합시키는 것인데, 강자는 많은 손실을 내는 장기적인 전쟁을 참아낼 수 없기 때문에 이것이 비대칭전에서 승리는 거두는 열쇠가 된다.

앞서 언급했듯이 이러한 개념과 이스라엘 공군의 기술적 능력 간 조우의 결과는 모호했다. 부분적으로 이 같은 결과는 헤즈볼라의 독특한 특성을 다룰 수 있는 다양한 기량에 대한 이스라엘 방위군의 무경험에서 파생되지만, 그보다 이스라엘에게는 헤즈볼라를 격파하기 위한 포괄적인 전략개념이 결여되어 있었던 데 기인한다. 받아들여진 견해와는 대조적으로 이스라엘 방위군은 일관된 교리가 없는 가운데 제2차 레바논 전쟁을 수행했다. 이스라엘 방위군이 탄생한 초기에 만들어졌으며 1970년대까지는 성공적이었던 원래의 교리는 부적절한 것으로 간주되었다. 전쟁 이전 10년간 발전된 이해들의 결합은 헤즈볼라에 의해 제기되는 도전에 대응하기 위한 견고한 기초로서 기능할 수 있는 대안적 교리에 해당하지 않았다.

적절한 교리와 개념의 부재는 항공력을 효율적으로 사용할 수 있는 이스라엘의 능력을 직접적으로 손상시켰다. 이러한 부재 때문에 이스라엘 공군은 포괄적인 개념적 틀을 형성하지 못하는 개별적인 임무들 속에서 작전을 수행했다. 그래서 그와 같은 교리를 발전시켜야 할 필요성이 제2차 레바논 전쟁으로부터 학습된 주된 교훈이다.

이 문제는 정치적 또는 고위 군사적 수준의 의사결정 과정에서의 결점과 항공전력의 마음가짐과 관련된 보다 근본적인 문제와 연계된다. 그렇기 때문에 제2차 레바논 전쟁은 항공전력 내부에서의 전략적·작전적 사고와 그러한 사고를 행동으로 가장 잘 변환시킬 수 있는 적절한 기획과정의 필요성 또한 보여주었다. 이스라엘 공군은 할당된 임무들을 매우 효율적으로 수행했지만, 그러한 임무들의 배경이 되었던 논리는 전쟁 동안 이스라엘이 군사력을 운용하는 방식에 관한 다수의 비판을 이끌어냈다. 이스라엘 공군은 늘 그 전술적 우수성을 유지시키는 데 집중했다. 제2차 레바논 전쟁과, 이 전쟁과 기타 분쟁에서의 항공력 운용의 중요성은 이스라엘 공군과 기타 항공전력들로 하여금 작전적·전략적 우수성 또한 발전시키도록 강제한다.

제5부 관점과 전망

서론

제1차 세계대전부터 제2차 레바논 전쟁에 이르는 거의 100년간의 군사전역에서 항공력의 역할을 추적한 뒤에 이 책은 항공력의 역사 전반에 걸쳐 그것이 보여주었던 전반적인 유용성을 평가하는 3개의 장으로 결론을 맺는다. 코럼(James S. Corum)은 제14장에서 1913년부터 오늘날까지의 "작은 전쟁(small war)"—대(對)반군작전과 비정규전—에서 항공력의 사용에 초점을 둔다. 그는 제2차 세계대전 전에 프랑스와 영국의 식민지들에서 이루어졌던 항공치안작전(air policing operation)에 대해 비판적인 관점을 취하고 있는데, 당시 유럽의 열강들은 항공력을 지상작전의 저렴한 대용물로 사용하고자 시도했다. 그러나 이러한 접근법은 먼 지역의 반항적인 주민들을 통제하는 데 비효과적임을 드러내고 말았다. 다음으로 그는 냉전기간에 걸쳐 그리스, 말레이 반도, 필리핀 제도에서 항공력이 어떻게 적용되었는지, 프랑스군은 알제리와 베트남에서 대반군작전을 어떻게 수행했는지, 그리고 어떻게 미국은 베트남에서 항공력을 잘못 적용했는지를 고찰한다. 코럼은 또한 항공력은 1980년대 이후 라틴 아메리카에서 이루어진 대반군작전 전역에서 어떻게 행동했는지, 소련은 어떻게 아프가니스탄 전력에 맞서 고전했는지, 그리고 러시아군은 어떻게 체첸에 대해 항공력을 사용하고 또 잘못 사용했는지에 대한 개관도 제공한다. 또한 그는 아프가니스탄, 이라크, 레바논에서 있었던 최근 항공작전의 핵심적인 면모들에 대해서도 개관한다. 그는 대반군작전에서 항공력의 주된 역할은 지상의 경찰과 군사 전력을 지원하는 것이며, 작은 전쟁에서의 성공은 무력의 신중한 적용을 봉기의 근원적인 원인을 다루는 민간적·경제적 조치와 결합시키는 포괄적인 전략에 달려 있다고 결론 내린다.

제15장에서 반 크레벨드(Martin van Creveld)는 다양한 항공력 이론과 기술적 개선의 영향을 고찰함으로써 1911년 이탈리아-터키 전쟁으로부터 2006년

이스라엘과 헤즈볼라 간의 최근 전쟁까지의 항공전의 발전을 분석한다. 반 크레벨드는 처음에는 매우 미약했지만 급속하게 성장한 항공력이 국민국가 간 전쟁에서 강력하고 영향력 있는 무력도구임을 입증해냈다고 주장한다. 그것은 제2차 세계대전에서 파괴적인 효과를 드러냈으며, 그 이후에도 중동으로부터 포클랜드 제도에 이르는, 그리고 페르시아 걸프에서부터 코소보에 이르는 많은 재래식 전쟁에서 그 가치를 과시했다. 그러나 그는 유인항공력은 계속해서 영향력을 증대시킬 수 있는 궤적을 따라가지 않았다고 주장한다. 일찍이 1945년부터 "전략"폭격, 억제, 정찰과 같은 유인항공력의 가장 중요한 임무들 중 일부는 순항미사일과, 나중에는 다양한 무인 공중 및 우주 기반 수단들에 의해 인수되었다. 그와 동시에 반 크레벨드는 전 세계적으로 비재래식 전쟁이 확산되면서 그와 같은 분쟁에서는 항공력의 유용성이 기껏해야 제한적이라는 점이 점점 더 분명해지고 있다고 주장한다. 그 결과, 지난 10년간만 하더라도 세계의 가장 중요한 공군들에서 전투항공기의 수는 평균 1/3이 감소했다. 저자는 이러한 추세가 계속되면(그렇게 될 게 거의 확실하다고 보고 있다) 또 다른 세대의 유인항공기는 자취를 감추고 말 것이라고 주장한다. 반 크레벨드는 항공력의 남아 있는 일부 요소들—미사일, 다양한 무인장치들, 헬리콥터—은 지상 및 해상 전력에 재흡수될 것이며, 다른 것들은 우주사령부의 틀로 재조직될 것이라고 결론 내린다.

제16장에서 핼리언(Richard P. Hallion)은 변화하는 기술, 교리, 기대, 전투경험이라는 렌즈를 통해, 그리고 그것들의 성격과 가치에 대한 지속적인 논쟁을 평가함으로써 항공력과 우주력의 역사를 고찰한다. 그는 의견 일치는 거의 존재하지 않지만 서로 다른 많은 해석들의 모순되는 성격이 그 주제에 대한 "사실상 지속적인 재고찰"을 자극했다고 말한다. '항공 및 우주력: 상승과 가속'이라는 그의 장의 제목에서 분명히 드러나듯이 핼리언은 반 크레벨드의 시각에 대조되는 시각을 제공한다. 그는 항공 및 우주력(그리고 항공우주와 관련된 발전 전반)에 대한 회의(懷疑)는 전반적으로 부적절하다고 언급하며, "유인 군사용 비행기, 항공전력, 또는 항공력을 묻어버리는 것은 시기상조이다"라고 결론짓는다. 특히 핼리언은 첫째, 공중우세는 항공 및 우주력이 제공하는 "가장 중요한 단일 능력"이며, 둘째, 공중지배는 "항구적으로 필요한 가장 중요한 것"이고, 셋째, "항공"과 "우주"력 간의 구분과 우주의 "무기화"에 대한 논쟁은 점점 더 적절하지 못하게 되고 말았으며, 넷째, 항공 및 우주력은 효과중심작전의

원칙에 따라 적용될 때 가장 잘 가동될 수 있고, 다섯째, 무인항공기는 항공전력을 변형시킬 것으로 기대되지만 유인항공기의 배제를 가져오지는 않을 것이며, 여섯째, 모든 군종이 항공력을 투사하고 활용할 자체적인 이유를 가지고 있지만, 유인 공군만이 항공력의 "풀 서비스(full service)"를 제공할 수 있다고 주장한다.

제14장

작은 전쟁에서의 항공력
1913년에서 현재까지

제임스 S. 코럼(James S. Corum)

비행기가 개발되자마자 그것은 비정규전력에 대한 전쟁에서 중요한 역할을 할 것으로 가정되었다. 1913~1914년에 프랑스 육군은 모로코에서 평정 전역을 수행 중이던 프랑스 전력을 지원하기 위해 몇 대의 비행기를 전개시켰다. 처음부터 비행기는 정찰 역할에 극히 유용하다는 점을 입증해냈다. 비행기 1대는 1개 기병중대보다 훨씬 더 효율적으로 넓은 지역을 관측할 수 있었다. 프랑스군은 적성 부족민들에게 폭탄을 투하하는 것을 실험했으며, 그들의 첫인상은 비행기가 적에게 중대한 심리적 효과—발생한 물리적 효과보다 이것이 훨씬 더 컸다—를 유발한다는 것이었다. 비정규 적에 대해 항공력을 운용하는 첫 번째 실험들은 고무적이었지만, 1914년 8월 제1차 세계대전의 시작과 함께 그것들은 끝나고 말았으며, 항공파견대는 프랑스로 복귀했다.

제1차 세계대전 동안에 모든 주요 열강들은 대규모 항공군을 창설했으며, 항공력의 기술도 급속히 발전했다. 장거리 전략폭격이 전쟁의 한 가지 면모가 되었으며, 대형폭격기들은 1톤이나 되는 폭탄을 100마일 너머까지 운송할 수 있었다. 비행기는 또한 전술정보를 수집하는 주요한 수단이 되었다. 1917년에는 비행기가 대지공격 역할에 규칙적으로 쓰였으며, 1918년에 이르면 합동 공·지 작전이 전쟁의 통상적인 면모가 되었다.

제1차 세계대전 후에 영국과 프랑스가 몇 차례의 식민지 분쟁에 직면하게 되면서 식민지 반란세력에 대한 항공력의 사용은 재개되었다. 전쟁 동안 무시되었던 질서가 식민지들에 복원되어야 했다. 인도 북서국경(Northwest Frontier)

부근에서는 소란이 심해졌으며, 모로코에서의 프랑스의 전역은 재개되었다. 가장 어려운 문제는 영국과 프랑스가 오스만 제국의 몰락으로부터 획득한 새로운 식민 위임통치령들이었다. 영국은 이라크, 요르단, 팔레스타인을 새로운 위임령으로 획득했으며, 프랑스는 시리아와 레바논을 얻었다. 오스만 제국이 몰락한 가운데 권력을 놓고 경쟁하던 아랍과 민족주의적 당파들이 영국과 프랑스의 위임통치에 맞섰다.

카리브 해 지역에서는 미국이 도미니카 공화국과 아이티(Haiti)에서 군사적 개입을 수행하고 친미국적인 정부를 수립하는 일에 휘말려 있었다. 이탈리아와 스페인과 같은 다른 식민 열강들도 그들의 팽창해가는 제국들에서 분쟁에 직면했다. 이러한 국가들은 평정의 노력을 지원하기 위해 자신들의 식민지와 속국들에 항공부대를 전개시키려 했다.[1]

공중통제의 개념

항공력은 영국의 전후 첫 식민지 작전 중 하나에서 극적인 역할을 수행했다. 1919년에 영국은 소말릴란드(Somaliland)의 "미친 물라(Mad Mullah)"라는 도적세력을 처리하는 지역 병력을 돕기 위해 복좌 경폭격기 1개 대대를 파견했다. 그들은 대영제국의 가장 멀리 떨어진 식민지 중 1곳에서 몇 년 동안이나 영국의 식민 노력을 몹시 방해해왔었다. 항공기와 전혀 마주한 적이 없던 '미친 물라' 전력에 대한 공중폭격을 포함했던 짧은 전역에서 반군들은 공황상태에 빠졌으며, 비교적 쉽게 격파되었다. 별개의 군종으로서 새로이 획득한 독립성을 유지시킬 수 있는 수단으로서 특화된 임무를 광적으로 물색하고 있던 영국 공군은 "공중통제"라는 체계를 통해 식민지 치안을 저비용으로 유지시킬 수 있다고 주장했다. 공중통제는 적대적인 부족이나 세력으로 하여금 질서를 지키게 만들기 위해 공중폭격이나 그것에 대한 위협을 사용할 수 있었다.[2]

공중통제 교리 아래서 비행기는 오래전부터 제국의 국경에 있는 반란적인 부족민들에 대해 이루어지는 표준적인 군사작전이었던 처벌적인 원정을 대체할 수 있었다. 비행기는 멀리 떨어진 나라의 적대적인 마을에 도착하기 위해 몇 주를 소비하는 대신 몇 시간 만에 현장까지 비행해 가서 몇 개의 폭탄을 떨어뜨려 필요한 처벌을 가한 뒤에는 시간에 맞춰 복귀해 저녁식사를 할 수 있었다. 비행기는 요망되는 효과—즉, 반도(叛徒)와 도적들에 대한 처벌—를 낳을 수 있었으며, 그것도 신속하게 최소한의 비용으로 그럴 수 있었다. 이제 거대한 새로운 식민지들을 수비해야 할 책임을 맡게 된, 재정적으로 쪼들리던 전후 영국과 프랑스에게 항공력은 이상적인 해법으로 보였다.

항공력이 자력으로 식민지 수비군으로 기능할 수 있다는 생각은 곧 시험대에 올랐으며 미흡함이 발견되었다. 1920년에, 최근 영국의 위임령이 된 이라크에서 쿠르드족에 의해 시작되어 다른 집단들로 확산된 대규모 반란이 발생했다. 쿠르드족과 아랍 반도들은 비교적 잘 무장하고 있었으며, 대부분 터키 제국이 몰락했을 때 획득했던 현대식 무기들을 갖추고 있었다.[3] 반군 지도자들 중 다수는 전쟁 동안에 오스만 튀르크와 아랍의 군대에서 복무한 경험이 있었으며, 현대전쟁에 대한 이해를 갖고 있었다.[4] 6만 명에 이르던 이라크 주둔 영국군이 처음에는 이에 대응하는 데 애를 먹었으며, 영국은 추가적으로 3만 명의 병력과 영국 공군 2개 대대를 증원군으로 파견해야 했다.[5]

제1차 세계대전에서 그랬듯이 영국 공군은 정찰과 근접지원을 제공하면서 지상전력에 대한 지원군으로서의 역할을 잘 수행했다. 이라크 분쟁의 가시적인 혁신들 중 하나는 수송을 위해 영국 공군의 항공기를 사용한 것이었다. 반군에 포위된 육군 수비군이 병력에게 식량과 탄약을 투하해주는 항공기에 의해 구원되었다. 항공력과 현대무기의 이점들에도 불구하고 이라크 반란을 진압하는 데는 1년에 걸친 격렬한 전투와 영국군의 심각한 사상(死傷)이 필요했다.[6]

4000만 파운드를 상회했던 그 전쟁의 재정적 비용은 정부에게 커다란 충격으로 다가왔다. 반란이 분쇄되고 난 뒤에 영국 정부는 공중통제의 수단으로 이라크의 치안을 "값싸게" 유지하는 데 공군 전력을 사용하자는 영국 공군참모총장 트렌처드의 제안을 받아들였다. 영국 육군의 부대들은 이라크로부터 철수되는 한편 영국 공군의 전력이 8개 대대로 증강되었으며, 이라크에 있는 군사력은 영국 공군 지휘관의 지휘하에 놓였다. 당시의 기사(記事)들은 영국 공군이 일부 식민지에서는 지배적인 군사력이었으며 항공작전이 지상작전을 대체했었다는 인상을 준다. 그러나 현실은 달랐다. 상대적으로 심각하지 않은 반란의 경우에만 문제가 되는 부족에 대한 주된 군사적 대응으로 공중공격이 활용되었다. 심각한 부족반란이 발생하는 경우에는 군이 상당한 지상전력을 활용했으며, 항공부대들은 이들을 지원했다. 이라크에서 영국 행정부는 대규모 지상전력이 그 나라를 수비하게 했다. 1922년에 이라크로부터 철수한 영국 육군부대들은 인도의 육군여단들로 대체되었으며, 인도 당국이 그들에게 급료를 지불했다.[7] 영국은 또한 영국군에 의해 지휘되고 훈련되는 이라크 육군도 창설했다.[8] 이라크와 인도의 육군전력은 1922년과 1932년 이라크의 독립 사이에 쿠르디스탄(Kurdistan)에서 발생했던 몇 차례의 주요한 반란에 맞서 싸웠다.

그렇기 때문에, 대중언론에서는 "항공치안활동"에 대해 많이 다뤄졌음에도 불구하고 전간기 동안 식민지들에서 이루어진 영국 공군의 작전 대부분은 사실 합동작전이었다. 영국 공군이 반란을 일으킨 도시들을 폭격하긴 했지만, 쿠르드 반도들과 인도 북서국경의 적대적인 부족들에 대한 전역에서 그들의 주요한 임무는 정찰과 근접항공지원이었다. 정찰 역할을 수행하면서 두어 대의 항공기는 1개 기병연대보다 그러한 임무를 더 빠르고 우수하게 수행할 수 있었다. 영국 공군 폭격기들이 중포를 대체했으며 효과적인 근접항공지원을 제공했다. 요약하자면, 항공력은 효과적인 전력 승수인자(force multiplier)로 기능했던 것이다. 항공기는 유연성 또한 입증해냈다. 경폭격기들은 보급물자를 수송하고 부상당한 이들을 의료적인 치료를 위해 후송할 뿐 아니라 적을 폭격할 수도 있었다.

전간기에 다른 식민국가들이 항공력을 운용했던 바는 영국의 경험과 매우 흡사했다. 제1차 세계대전 이후 시리아에 주둔하고 있던 프랑스군의 지휘관 베강(Maxime Weygand) 장군은 식민지의 치안을 유지하는 데 항공력을 사용하는 것에 대해 열성적이었다.[9] 1924년에 그가 항공부대들에 내린 지령들은 영국의 공중통제 교리와 매우 흡사했다. 항공기는 부족집단들로 하여금 프랑스 체제에 순응하도록 겁박하기 위해 그들을 폭격하는 데 사용되었다.[10]

프랑스는 1923년부터 1925년까지 모로코에서[리프(Rif) 전쟁], 그리고 1925년부터 1927년까지 시리아에서[드루즈(Druze) 봉기] 반군들에 대한 주요한 전역을 수행했다. 두 전역은 모두 대규모 지상전력을 필요로 하는 재래식 전쟁이었으며, 합동작전으로 치러졌다.[11] 모로코에서 1925년에 리프 전역이 한창일 때 프랑스 육군은 36개 대대를 전개시켰으며, 이들은 매달 거의 2000소티를 비행하는 10개 항공대대의 지원을 받았다.[12] 이라크에서 영국 공군이 그랬듯이 항공력은 주로 정찰, 포격관측, 근접항공지원에 사용되었다. 프랑스군은 항공력 사용에서 혁신적이었다. 모로코에서 그들은 이격된 수비대들을 유지시키기 위해 공중재보급에 크게 의존했다. 리프 산맥 깊은 곳에 전력을 유지시킴으로써 프랑스군은 반란작전을 막을 수 있었다.[13] 지도를 작성하기 위해 항공사진을 사용한 것도 항공력이 기여한 중요한 분야였다.[14] 모로코에서 프랑스군은 최초로 대규모 항공의무후송 체계를 확립했다. 프랑스 항공군은 부상당한 요원들을 수송할 수 있도록 경폭격기들을 개조했으며, 질병에 걸리거나 부상당한 병사들의 후송을 유일한 임무로 하는 항공파견대를 창설했다.[15] 1925년의 전역 동안에 프랑스군은 부상당하거나 질병에 걸린 병사 987명을 공중을 통해 후방의 병원으로 후송했다.[16] 그러한 체계는 비단 많은 병사들의 목숨만 구한 게 아니었다. 신속하게 훌륭한 의료지원을 받을 수 있다는 점을 아는 것만으로도 식민지 병사들의 사기는 엄청나게 고양되었다.

1920년대 초에 군과 정치지도부는 반도들의 마을을 폭격함으로써 식민지에서 발생한 도적질과 반란행위를 빠르고 값싸게 진압할 수 있는 항공전력의 잠재력에 대해 상당히 열광했다. 런던의 식민청은 그러한 정책을 다소 가혹한 것으로 간주하기는 했지만, 이라크에서 영국 공군은 심지어 세금을 납부하지 않는다는 이유로 부족들을 폭격하기도 했다.[17] 공식적으로는 영국 공군은 민간인 사상을 최소화하기 위해 경보를 발령한 뒤에만 반란지역을 폭격할 것이라고 선언했다.[18] 그러나 많은 경우 야전의 장교들은 공중공격으로 발생하는 심리적 효과를 극대화하기 위해 경고 없이 이루어지는 폭격을 선호했다. 이는 전간기의 주요한 항공력 이론가들이 사용했던, 민간인에 대한 폭격을 정당화하는 표준적인 주장의 한 종류였다. 대적행위가 개시될 때 공중폭격을 통해 최대한의 충격효과가 가해지면 결국에는 전쟁에서의 사상과 비용이 더 낮아진다는 게 그들의 주장이었다. 폭격의 충격효과가 반도들의 사기를 신속하게 무너뜨릴 것이라는 게 그들의 기대였다.

처음에 영국군은 대중의 격렬한 반응이 없이 폭격을 수행할 수 있었는데, 이는 쿠르디스탄, 아덴(Aden), 북서국경 모두가 멀리 떨어져 있는 지역들이었기 때문이다. 제국의 변경에서는 언론이나 의회의 많은 질문을 유발하는 일이 없이 전체 부족이나 마을에 처벌을 가할 수 있었다. 그러나 1930년대에 이르러서는 토착민들로 하여금 질서를 지키게 만들기 위한 전통적인 가혹한 방법들이 대중이나 본국의 정부에 더 이상 받아들여질 수 없게 되었다. 총독을 포함한 인도의 고위 영국 관리들은 공중통제 교리를 좋아하지 않았으며, 일부 도적의 행위를 처벌하기 위해 마을을 폭격하거나 민간인을 공격하는 것은 도덕적으로 의심스러울 뿐 아니라 정치적으로도 위험한 것이라고 주장했다. 그러한 조치는 변경의 부족들이 영국군에 대해 갖고 있던 증오감을 증가시킬 가능성이 컸다.[19] 1930년대 중반에 이르러 식민지에서 항공치안활동에 대한 정책은 조용히 끝나고 말았다.

항공치안활동 교리가 종식된 하나의 이유는 그것의 효과성이 분명 감소해 가고 있다는 점이었다. 처음 그것이 사용되었을 때는 폭격이 중대한 심리적 효과를 유발하는 경향이 있었지만, 그것이 일반적인 전술이 되자 효과는 덜해졌다. 1920년대와 1930년대 이라크에서 발생했던 쿠르드족 봉기 동안에 영국군은 몇 달간의 공중폭격에 노출된 반도들이 영국의 항공력에 어떻게 적응할 수 있는지를 효과적으로 학습해냈다는 점을 발견했다. 반도들은 그들의 기지를 위장하고 낮에는 숨고 야간에 이동했으며, 그로 인해 그들은 공중정찰로 관측될 수 없었다. 그들은 직접적인 타격 외에는 아무것에도 끄덕하지 않는 방공호를 팠으며, 근접하는 항공기를 발견하고 경보를 제공하기 위해 지상관측부대를 조직했다.[20]

식민지 항공력 작전은 주요 국가들에게 몇 가지 귀중한 군사적 교훈을 제공해주었어야 했다. 그러나 재래식 전쟁을 위한 항공력 사상에 미친 실제적인 효과는 경미했다. 식민지들에서 영국과 프랑스의 항공전력은 합동 공·지 작전을 매우 유능하게 수행했었다. 그러나 제2차 세계대전이 발발되었을 때 영국 공군과 프랑스의 항공전력은 독일군에 대해서는 합동작전을 수행할 수 없었다. 게다가 식민전쟁에서 공중수송의 중요성이 반복적으로 드러났음에도 불구하고 프랑스군도 영국군도 특화된 공중수송 전력을 갖추고 있지는 못했다. 마지막으로, 식민지에서의 전역들은 유럽 항공전력들에게 민간주민들은 이론가들이 예견했던 것보다 공중폭격에 덜 취약함을 가르쳐주었어야 했다.

냉전 초기

제2차 세계대전 동안 항공력은 그 능력에서 극적으로 발전했다. 그와 동시에 반군활동과 혁명전쟁에 대한 이론과 실제도 변화되었다. 전쟁 직후에 서방 국가들은 전전 식민지 반군활동에서보다 훨씬 더 심각한 일련의 위협에 직면했다. 1920년대와 1930년대에 마오쩌둥은 마르크시즘을 추종하는 반군 지도자들이 우선 주민들을 조직화하고 강력한 그림자 정부(shadow government)를 발전시키는 '인민전쟁'에 대한 교리를 발전시켰다. 이러한 과정의 다음 단계는 게릴라전을 개시하고 반군이 전력을 건설해가는 동안에 그들의 전투전력은 정부의 정규전력과 맞서는 위험을 지양하는 것이었다. 강력한 정치적·군사적 기지를 만들고 게릴라 활동을 통해 정부의 전력을 소모시킨 후 반군은 재래식 전쟁을 수행하는 다음 단계로 넘어갈 것이었다. 다음 수십 년간 서방 국가들과 그들의 동맹국들은 몇 가지 유형의 인민전쟁에 직면하게 되었다.

제2차 세계대전 후에 유럽의 파괴된 국가들과 일본의 점령으로 피해를 입은 아시아의 서방 식민지들은 자체적인 버전의 인민전쟁을 활용할 준비를 갖춘 강력한 공산주의적 반군활동에 비옥한 토양을 제공했다. 영국과 프랑스도 그들의 식민지에서 훨씬 더 강력한 민족주의에 직면했다. 몇몇 식민지, 특히 인도차이나와 말레이 반도에서 공산주의 이데올로기의 한 버전에 의해 고양된 민족주의자들은 주민들의 오랫동안 억눌린 감정을 활용할 수 있었으며, 식민체제를 타도하는 것에 대한 강력한 지지를 발견했다.

제2차 세계대전 동안 서구 국가들은 점령된 영토의 파르티잔 집단들을 돕기 위해 비밀리에 무기와 군사훈련관들을 제공했다. 많은 경우 그런 집단이 공산주의자들에 의해 조직되었다는 사실은 추축국 국가들을 격파하는 데 집중하고 있던 군사지도자들에게 그다지 문제가 되지 않았다. 이러한 은밀한 연합군의 작전 덕택에 전쟁이 끝날 때에는 그리스, 말레이 반도, 필리핀, 그리고 기타 지역에 잘 훈련되고 무장한 대규모 공산주의 파르티잔 전력이 존재하게 되었다. 이러한 집단들은 이제 전후의 무질서를 권력 장악의 기회로서 사용할 준비가 되어 있었다.

그리스

공산주의와 서방 국가들 간의 첫 전후 대결은 그리스에서 발생했다. 전쟁 동안에 공산주의자들은 상당한 파르티잔 전력을 창설하고 그리스의 커다란 부분을 통제했다. 1944년 가을에 독일군이 철수하고 영국군과 그리스 망명 전력이 아테네에 상륙했다. 즉각적으로 공산주의자들과 영국군이 지원하는 친서방 그리스 왕실정부 간에 전면적인 내전이 발생했다. 처음에는 아테네 부근에 집중되어 있던 영국군과 그리스군이 버텨내는 데 애를 먹었지만 시간이 경과하면서 영국 공군 스핏파이어와 보파이터 전폭기의 형태를 취한 영국 항공력이 반군의 공격을 격파하는 데 큰 역할을 수행했다.[21]

아테네에서 반도들이 격파되자 그리스 정부는 영국의 지원으로 그 나라에 자신들의 통제를 재확립했으며, 휴전이 확립되었다. 그러나 1946년에 그리스 정부와 공산주의자들 간에 다시 전쟁이 발발했다. 많은 면에서 그것은 서방과 소련 간의 대리전쟁이었는데, 이는 공산주의자들은 소련이 동맹국 유고슬라비아와 알바니아를 통해 제공한 군사원조를 받았으며 그리스 정부는 영국과 미국의 지원을 받았기 때문이다. 영국은 그리스가 그들의 육군과 공군을 재확립하도록 도왔지만 1946년의 그리스군은 반군들에 맞서 싸우기에는 모양새가 잘 갖춰져 있지 않았다. 그들은 형편없이 훈련되고 조직되어 있었으며, 어중간한 리더십에 시달렸고, 초기 전투에서 반군에 맞서 형편없이 작전을 수행했다. 얼마 지나지 않아 공산주의자들이 중앙과 북부 그리스의 상당한 지역을 통제했다.[22]

그리스 공군(Royal Hellenic Air Force: RHAF)은 이탈리아의 그리스 침공에서 살아남은 그리스 항공부대들을 이용해 제2차 세계대전 동안에 조직되어 있었다.[23] 1947년에 영국은 그리스 공군에게 200대의 잉여 항공기를 인도했으며, 여기에는 스핏파이어, C-47 수송기, 앤슨(Anson) 수송기, 경(輕)연락기가 포함되었다.[24] 1947년 중반에 이르러 그리스 공군은 5000명의 장교와 병사를 보유한 군으로 성장했다. 이 시점에서 그리스의 문제는 자원이 아니라 합동작전을 효과적으로 조율할 수 있는 지휘관들의 능력에 있었다.

제2차 세계대전으로 파산한 영국 정부는 상황이 악화되면서 그리스에 대한 지지를 유지할 수 없음을 발견했다. 1947년 초에 영국은 미국에게 그리스를 위한 전략적 책임을 넘겨받아 줄 것을 요청했다. 미국의 반응은 1947년 3월에 있었던 트루먼 대통령의 의회연설에서 개관되었다. 트루먼 독트린은 공산주의자들의 전복 위협을 받고 있는 우방을 지원하기 위해 원조, 훈련, 장비, 군사 자문관을 제공하겠다는 약속이었다. 다음 수십 년간 트루먼 독트린은 미국의 대반군작전 정책의 핵심적인 부분이 되었다.[25]

미국 대중은 그리스에 미국의 전투병력을 보내 싸우게 한다는 생각에는 반대했지만 그리스인들로 하여금 자신들의 전쟁을 수행할 수 있도록 돕기 위해 원조를 제공하는 것에 대해서는 강력히 지지했다. 미국의 원조에는 그리스군을 위한 많은 양의 장비, 보급물자와 더불어 600명에 이르는 군사훈련관과 자문관이 포함되었다. 영국은 더 이상 그리스를 지원할 수 없었지만, 영국 공군은 그리스 공군의 훈련을 돕고 자문하기 위해 150명의 요원을 남겨놓았다. 이러한 요원들과 1947년에 도착한 미국 자문관들 사이에서 그리스 공군은 자신들의 노력을 지원하는 250명 이상의 영국과 미국 요원들을 확보하게 되었다.

이 분쟁에서 전환점은 트루먼이 그리스에 대한 미국 군사임무단의 단장으로 밴 플리트(James Van Fleet) 미 육군대장을 임명한 1947년 말에 도래했다. 제2차 세계대전 시 역동적인 군단장이었던 밴 플리트는 그리스 지도자들로 하여금 군사력을 재조직하고 개혁하도록 강권하는 데 자신의 노력을 집중했다. 밴 플리트의 충고에 따라 그리스는 공산주의자들에 대해 공세적인 작전을 수행할 정예 보병대대들로 구성된 전력과 게릴라들에 맞서 후방지역을 안정시킬 대규모 향토방위군을 만들었다. 밴 플리트의 충고에 따라 보다 나은 군사지휘관들이 임명되었다. 미국 자문관들은 그리스 참모들이 합동작전을 계획하고 조율할 수 있도록 도왔다.

1949년에 그리스 공산주의자들은 게릴라전이 아니라 재래식 전쟁을 치르는 전략적 실수를 범했다. 대규모 사상을 가함으로써 그리스 육군의 사기를 무너뜨릴 수 있을 것으로 기대했던 공산주의자들은 험난한 비트시(Vitsi)와 그라모스(Grammos) 산악지대에 강력한 방어진지들을 구축했다. 그러나 이것은 그리스 정부에게 반도들의 거점을 체계적으로 파괴하기 위해 포와 항공기의 형태로 집중적인 화력을 사용할 수 있는 기회를 제공했다. 포격과 공중타격을 위한 표적들을 탐지해주는 그리스 공군의 T-6 훈련기로부터 도움을 받은 그리스 육군은 공산주의자들의 방어력을 감소시켰다. 미국이 제공해준 40대의 커티스 헬다이버(Curtiss Helldiver) 급강하폭격기에 의해 집중 화력지원이 제공되었다. 8월 24~29일에 그라모스 산악지대에서 있었던 마지막 전역 동안에 그리스 공군은 826회의 공격소티를 수행했다.[26] 공산주의 전력은 붕괴되었으며, 생존자들은 퇴각하여 불가리아와 알바니아로 망명했다.

필리핀

세계의 다른 편에서는 새로이 독립한 필리핀 또한 후크(Huk) 운동이라는 형태를 취한 공산주의 반군활동에 직면했다. 제2차 세계대전 동안 게릴라로서 일본군과 맞서 싸웠던 후크단은 필리핀 농민들의 장기적인 불만을 활용해 유약한 정부에 맞서 대규모 반군활동을 조직했다. 그리스에서와 같이 미국의 반응은 필리핀 정부에게 원조, 군사장비, 자문관을 제공하는 것이었다. 1947년에 합동군사고문단(Joint Military Advisory Group)이 설립되었으며, 고문단과 함께 일했던 2명의 장교인 랜스데일(Edward Lansdale) 미 공군중령과 보해넌(Charles

"Bo" Bohannan) 미 육군소령이 후크단을 격파하는 데 기여했다.[27] 두 사람 모두 대(對)반군전쟁에 대한 건전한 이해를 갖고 있었다. 랜스데일은 필리핀을 잘 알고 있었으며, 심리전에 전문화되어 있었다. 보해넌은 비재래식 전쟁에 대한 권위자였다.

필리핀군은 가혹한 방식으로 대응했다. 중무장을 한 육군부대들이 반란지역을 휩쓸었으며, 미국제 F-51 전투기들로 무장하고 있던 필리핀 공군은 반란을 일으킨 마을들을 폭격했다. 무력으로 반란을 분쇄하려는 초기의 시도는 실상은 농민들이 정부에 대해 불만을 갖게 하는 데 기여했다.[28]

반란이 커져 가자 미국과 필리핀 정부는 자신들의 전략을 필리핀의 군과 경제를 개혁하고 농민들의 정당한 불만을 해소하는 것으로 변경했다.[29] 매우 유능한 막사이사이(Ramon Magsaysay)가 1950년에 국방장관에 임명되면서 전환점이 도래했다. 미국 자문관 랜스데일과 보해넌의 지원을 받고 있던 막사이사이는 군을 재조직해 민사(民事)작전 프로젝트에 집중했다. 항복한 반도들에게는 관대한 사면조건이 제공되었다. 저항하는 이들은 필리핀 공군의 지원을 받는 정예 경보병 부대들에 의해 가차 없이 진압되었다.

필리핀 공군은 지역별 관구를 지원하는 기동부대로서 그 대대들을 전개시켰으며, 각 관구는 지상전력을 지원하기 위한 연락기, 수송기, 전투기로 이루어진 소규모 공군을 보유했다. 경항공기들은 반란지역들을 중단 없이 관측했다. 항공기들은 또한 반란지역들에 전단과 통신 메시지를 떨어뜨림으로써 심리전 임무를 수행하기도 했다. 지상전력으로부터의 압박과 결합된 감시 및 심리 작전은 후크단 반도들의 사기를 떨어뜨리는 데 매우 효과적이었다.

후크 전역은 기본적으로 낮은 수준의 게릴라전이었기 때문에 그리스에서와 같이 항공력이 극적으로 운용되는 경우는 없었다. 이 전역에서 필리핀 공군은 육군을 지원했다. 정찰기들은 정보를 제공하고 반도들에게 지속적으로 압박을 가했다. 수송기들은 육군부대들을 이격된 지역들에 신속하게 수송하여 주요한 노력들을 강화시켜주었다. 후크 전력과 육군부대들 간에 화력전이 발생했을 때 항공기들은 효과적인 근접항공지원을 제공하도록 호출되었다.[30] 필리핀 정부는 전국에 걸친 통제를 획득했으며, 후크 반도들을 정글로 몰아넣고 주민들과 분리되게 만들었다. 1954년에 이르러 반군활동은 격파되고 말았다.

말레이 반도와 영국의 식민지 작전

1948년부터 1960년까지 영국, 영연방, 말레이 정부의 전력들은 말레이 반도에서 발생한 마오쩌둥 스타일의 반란에 맞서 싸워 이를 격파했다. 그리스와 필리핀에서처럼 반란자들 중 다수는 전시에 게릴라 투사였던 이들이었다. 대개 말레이 반도에 거주하던 중국인 주민들의 대대적인 지원을 받고 있던 반란은 공산주의자들이 이끌었으며 합법적인 경제적·정치적 불만에 기초했다.

반란에 대해 첫 3년 동안 영국은 군과 경찰전력을 증가시키고 대규모 군사 소탕작전을 수행하는 것으로 대응했다. 그러한 무력의 적용에도 불구하고 영국인들에 대한 공격과 영국과 말레이 전력에 가해진 사상은 증가되었으며, 반도들의 수는 계속해서 늘어났다. 반란 초기에는 링컨(Lincoln) 대형폭격기를 통한 집중적인 공중화력의 적용이 포함되었는데, 이 항공기들은 반도들이 숨어 있는 것으로 여겨졌던 정글의 상당 부분을 파괴했다. 영국군은 1000톤에 이르는 폭탄을 투하했지만, 정글 폭격이 반도들에게 실제적으로 사상을 가한 증거는 존재하지 않는다.

1952년 초에 이르러 말레이 반도는 영국에게 수렁이 되고 말았다. 그러나 그 해는 영국 정부가 템플러(Gerald Templer) 대장—그는 군 지휘관이자 총독으로 일할 것이었다—이 이끄는 새로운 지도부를 말레이 반도에 파견하면서 극적 전환이 시작되는 모습을 보여주었다. 템플러는 일련의 주요한 정치적·군사적 개혁을 시작했다. 중국인 공동체의 합법적인 불만과 말레이 정부로부터 그들이 부당하게 소외된 것을 다루기 위해 템플러는 보다 많은 중국인을 정부와 군대로 유입시키는 전략을 도입했다. 그는 강력한 반군활동이 있는 지역들로부터 멀리 떨어진 곳으로 민간인들을 재정착시켰으며, 그들에게 땅을 주고 정부 서비스를 제공했다. 정보체계는 개조되었으며, 말레이 경찰과 군은 개혁되었다. 템플러의 정치개혁은 주민들 사이에서 반란에 대한 지지를 효과적으로 감소시켰다.[31] 보다 우수한 정보의 지원을 받고, 더 잘 훈련되고 지휘되는 군과 경찰전력을 통해 템플러는 반도들을 수세에 처하게 만들었다.

말레이 반란은 대부분 소부대 단위로 활동이 이루어지는 모습을 보여주었기 때문에 주요 타격작전이 이루어질 수 있는 가능성은 거의 없었다. 항공력은 지원 역할에 가장 유용함이 입증되었다. 공중수송은 영국과 말레이 전력으로 하여금 정글 깊숙한 곳에 수비대를 유지할 수 있게 해주었으며, 대반군전역에서 처음으로 헬리콥터가 광범위하게 사용되었다. 영국 공군과 해군의 헬리콥터들이 이전에는 접근할 수 없었던 정글지역 깊숙한 곳에 경보병 부대들을 수송하는 데 사용되어 그곳에서 게릴라들과 그들의 근거지에서 교전할 수 있게 해주었다. 이러한 전술은 게릴라들로 하여금 훈련하고 재결집할 수 있는 보호구역을 확보할 수 없게 했다.

이 전역의 또 다른 주요한 면모는 심리작전에 항공기가 사용된 것이었다. 영국 공군은 수송기에 확성기를 탑재하고 그것을 알려진 반란지역 상공에 띄워 반군 부대들로 하여금 정부가 제공한 사면조건을 받아들이도록 고무하는 녹음 메시지를 방송했다. 항복한 많은 반도들은 이러한 방송 메시지가 그들로 하여금 사면을 받아들이도록 설득시켰다고 말했다. 그런 작전은 1954년에 이르러 반란이 격파되는 데 핵심적인 역할을 했다.[32] 말레이가 1957년에 독립했을 때, 한때 강력했던 반군활동은 정글 깊숙한 곳에 은신한 소수 게릴라들에게로 국한되게 되었다.

프랑스의 대(對)반군전역

인도차이나

1946년부터 1954년까지 프랑스군은 호치민이 이끄는 이례적으로 잘 조직된 민족주의 운동에 맞서 인도차이나에 있는 자신들의 식민지를 보존하기 위해 싸웠다. 제2차 세계대전 동안 일본군에 의해 식민지에서 쫓겨났던 프랑스는 전쟁 후에 자신들의 권력을 재확립하려고 시도함에 있어 엄청나게 불리한 처지에 있었다. 간단히 말하자면, 프랑스는 매우 유능하고 결연한 저항에 맞서 세계의 반대편에서 식민제국을 유지하려고 시도해볼 수 있는 병력, 항공기, 또는 자금을 결코 가지고 있지 못했다. 그리고 근본적인 전략적 문제는 어떤 유럽국가도 제2차 세계대전 후 제3세계로 확산된 민족주의 운동에 직면하여 실질적으로 식민제국을 유지시킬 수 없었다는 점이다.

보응우옌잡의 군사적 지휘 아래 있던 베트남 반군들은 더 나은 전쟁을 수행했다. 때때로 베트민(Viet Minh)은 매복과 습격의 게릴라전을 수행했으며 공공연한 전투를 피했다. 다른 때에는 그들이 전력을 집중하여 재래식 전투를 치렀다. 프랑스는 인도차이나에 대규모 전력을 전개시켰으며 재래식 화력의 이점을 보유하고 있었지만, 늘 너무 적은 병사와 항공기가 너무 많은 영토를 책

임지는 경우가 되고 말았다.[33]

인도차이나에서 프랑스의 마지막 행동은 항공력의 능력을 과대평가하고 적의 지략을 과소평가한 결과로서 이루어졌다 1954년에 프랑스군은 디엔비엔푸(Dien Bien Phu)라는 베트민 영토의 깊숙한 곳에 대규모 전력을 주둔시키고 공중보급으로 그들을 유지시키기로 결정했다. 베트민은 이에 대해 자신들의 전력을 집중시키고 정글과 산악을 통해 많은 수의 대공포를 비밀리에 수송해 그것들을 프랑스군의 주둔지가 내려다보이는 언덕들에 위치시키는 것으로 대응했다. 그것은 프랑스군이 불가능한 것으로 치부했던 행동이었다. 베트민이 공세를 시작했을 때 프랑스 비행장에 대한 그들의 대공포와 포 사격은 프랑스군으로 하여금 보급물자와 증원병력을 싣고 비행할 수 없게 만들었다. 몇 주간의 포위전 끝에 1만 명에 이르는 수비대가 항복했다. 이윽고 프랑스는 베트남의 독립을 승인했다.[34]

알제리

1954년부터 1962년까지 프랑스가 알제리에서 민족주의 반란에 맞서 싸웠을 때 상황은 매우 달랐다. 알제리와 그 압도적 다수를 이루는 무슬림 주민들은 프랑스에 의해 식민지로 취급되었으며, 법적으로 알제리는 본국 프랑스의 일부였다. 알제리에는 100만 명 이상의, 민족적으로 프랑스인인 정착자들이 살고 있었고 그곳은 오랫동안 프랑스의 최고 소유물이었기 때문에 프랑스 정부는 최상급 일부 전력을 투입해 민족해방전선(*Front de Libération Nationale*: FLN) 반도들과 싸우게 했다. 1957년부터 1959년까지 프랑스의 대반군전역이 한창일 때 알제리에는 45만 명 이상의 육군병사, 수병, 항공병이 복무하고 있었다. 이러한 전력에 추가하여 수만 명에 이르는 무슬림 알제리인들이 정부가 조직한 향토방위군 부대들에서 복무했다. 프랑스 공군의 커다란 일부가 알제리에서의 작전을 지원하기 위해 전개되었다. 알제리 전쟁은 또한 헬리콥터들이 대규모로 사용되는 모습도 보여주었다. 이 전쟁은 무장항공기로 개조된 헬리콥터들이 운용된 첫 사례로 유명하다.

거의 모든 면에서 알제리는 전술적·작전적 수준에서 항공력의 효과적인 운용을 보여주는 훌륭한 모델이다. 압도적인 전력과 풍부한 항공력을 이용해 프랑스군은 알제리에서 엄청난 군사적 이점을 누렸다. 프랑스 전략의 핵심은 대부분 시골지역에서 활동하고 있던 민족해방전선 반란군을 공세적으로 물색해내는 것이었다. 알제리의 험난한 산악지대는 반도들에게 훌륭한 피신처와 풍부한 은신처를 제공해주었다. 지형의 성격 때문에 항공력은 프랑스 작전의 필수적인 요소였다. 프랑스는 알제리를 지구(地區)별로 나누고, 각 지구사령관이 자체적인 정찰 및 타격 항공기뿐 아니라 가용한 헬리콥터 부대 또한 보유하도록 했다.

대반군작전에 대한 프랑스의 접근법은 광범위한 통신망에 의존했다. 합동 공·지 작전이 열쇠였으며, 작전을 조율하기 위해 몇 개의 합동작전본부가 설치되었다. 각 지구사령관은 항공통제본부와 군수, 항공기 수리, 기지지원을 제공할 항공지원여단을 보유했다.[35]

프랑스의 전략은 각 지구를 병력으로 가득 채우고 그것을 체계적으로 정리하는 것이었다. T-6 정찰기가 반란행위가 있는 지역들을 지속적으로 감시했다. 반란전력이 발견되면 헬리콥터 부대들이 신속하게 경보병 부대들을 멀리 떨어진 지역들로 수송하여 저지(沮止) 진지를 구축하고 반도들의 부대를 차단했다. 프랑스군이 민족해방전선을 전투로 이끌었을 때 그들의 전방항공통제관은 타격항공기와 집중적인 화력을 현장으로 신속하게 유도할 수 있었다. 이러한 정도의 기동성과 화력에 직면하여 프랑스군에 의해 붙잡힌 민족해방전선 부대들은 생존할 가능성이 거의 없었다.

1958년 12월에 드골 대통령은 샤를레(Maurice Challe) 공군대장을 알제리 총사령관으로 임명했다. 비범하게 유능한 지휘관이었던 샤를레는 항공지휘통제체계를 개선하고 민족해방전선의 전 지역을 평정하기 위한 체계적인 작전을 수행할 3개 사단전력을 창설했다. 항공력의 이점을 사용하는 것은 샤를레의 전략에서 핵심적인 요소였으며, 400대가 넘는 헬리콥터가 샤를레의 공세전력을 매우 기동성 있게 만들어주었다. 헬리콥터 전대는 H-21 중(重)헬리콥터 7대와 지휘 및 정찰을 위한 알웨트(Alouette) 경헬리콥터 1대로 이루어진 분견대("전투반")들로 조직되었다. 이러한 부대들은 두 번의 이동으로 중대들을 신속하게 이동시킬 수 있었다.[36] 샤를레의 공세전력은 기동을 위해 경보병과 헬리콥터를 사용해서 몇몇 지구에서 민족해방전선 전력을 찾아내어 파괴했다. 프랑스의 민사작전반이 시골지역으로 하여금 평정된 상태로 남아 있게 하기 위해 기동전력을 뒤따라 이동했다.[37] 1959년 말까지 수천 명의 반도들이 죽음을 당하고 시골지역의 상당 부분에서 반도들이 소탕되었으며, 민족해방전선의 사기는 붕괴했다. 1960년 초에 이르러 샤를레의 혁신적이고 공세적인 전략

은 하나의 군사력으로서의 민족해방전선을 무너뜨렸다.[38]

그러나 대반군작전에서는 군사적 승리가 반드시 전략적 승리를 의미하지는 않는다. 군사적으로는 프랑스가 분명 승리했지만 1960년에 이르러 프랑스 국민들은 알제리를 지키기 위해 큰 값을 치르는 데 싫증을 느꼈다. 민족해방전선 반도들과의 평화협상은 머지않아 알제리의 독립을 선호하는 프랑스의 결정을 야기했다. 모든 전투에서 승리했음에도 불구하고 프랑스군은 철수했으며 알제리인들에게는 1962년 7월에 독립이 주어졌다.

남동 아시아 전쟁

베트남

미국의 가장 긴 대반군작전의 경험은 베트남에서 있었다. 1955년에 남베트남에서 국가가 탄생했을 때부터 1975년에 그것이 붕괴될 때까지 미국은 베트콩(Viet Cong) 게릴라와 북베트남군과의 남베트남 전쟁에서 중심적인 역할을 수행했다.

인도차이나 전쟁에 대한 미국의 개입은 응오딘지엠의 새로운 정부를 돕기 위해 소규모의 자문 및 훈련 임무단이 남베트남으로 전개되었던 1955년에 시작되었다. 남베트남에 대한 미국의 초기 몰입은 아이젠하워 행정부에 의해 나중에 채택된 트루먼 독트린의 맥락에서 이루어졌는데, 그것은 위협을 받고 있는 국가에게 미국의 전투전력을 투입하는 것은 피하고 군사적인 원조를 제공하는 것을 강조했다.

지엠 대통령은 처음에는 인기가 있었지만 1950년대 말에 이르러서는 많은 남베트남의 정치적·종교적 세력들과 소원해졌으며, 주요한 반란에 맞닥뜨렸다. 상황이 악화되자 미국은 군사원조의 양을 증가시키는 데 집중했다. 1961년에 케네디 행정부가 출범할 무렵에는 남베트남에서의 곤경이 주요한 도전으로 간주되었다. 케네디 행정부는 남베트남에 대한 군사적 지원의 수준을 극적으로 증가시켰다. 공산주의자들의 전복 위협에 대한 보다 역동적인 대응이 필요하다는 케네디 대통령의 요구에 대한 답으로서 미 공군은 외국 항공전력을 훈련시키고 자문하는 임무를 가진 특수전 부대를 창설했다. 머지않아 "공군 특공대(Air Commandos)"로 개칭되는 미 공군 전대가 1961년 말에 남베트남으로 전개되었다. 향후 3년 동안 미국은 남베트남 공군(VNAF)을 건설하고 그들에게 육군지원작전을 훈련시켰다. 남베트남 공군은 미국의 잉여 비행기들로 무장했는데, 여기에는 중헬리콥터와 A-1 스카이레이더(Skyraider) 전폭기(이 항공기는 강력하고 믿을 만한 프로펠러 비행기로서 대반군 역할에 극히 효과적임을 입증해냈다)가 포함되었다.[39] 1964년에 이르면 남베트남 공군은 잘 훈련된 조종사들을 근간으로 하며 92대의 A-1 스카이레이더로 구성된 유능한 타격전력으로 성장해 있었으며, 남베트남 육군을 지원하기 위해 타격임무를 수행하기 시작했다.[40]

미국의 군사원조가 증가되었음에도 불구하고 1963년 11월에 지엠이 물러난 뒤 남베트남의 전략적 입지는 악화되었다. 1965년 초에 존슨 대통령은 미국의 대규모 전투전력을 남베트남으로 전개시키고 전쟁을 "미국화"하기로 결정했다. 미군은 대반군작전의 모델로서 그리스와 필리핀에서 최근에 성공을 거둔 경험을 가지고 있었음에도 불구하고 미국의 군사적·정치적 지도자들의 대부분은 전통적인 대반군 접근법을 경시하고 베트남 분쟁을 재래식 전쟁으로 다루기를 선호했다. 미국의 지도부는 베트남의 중력중심이 토착 반군세력이 아니라 반도들을 지원하고 있는 공산주의 국가인 북베트남이라고 믿었다. 합동참모본부와 로스토(Walt Rostow)와 같은 핵심 대통령보좌관들은 북베트남에 있는 전력표적들을 파괴하는 항공전역을 주창했다. 그들은 북베트남의 전쟁수행 잠재력을 신속하게 파괴함으로써 반란을 빠르게 종결시킬 것을 약속했다. 그리하여 3년간 지속되는 폭격전역이 시작되었다. 북베트남에 대한 폭격에 더불어 미 공군과 해군은 라오스를 통해 북베트남으로부터 남베트남으로 이동하는 보급물자의 흐름을 차단하기 위한 대규모 차단전역을 수행했다.

베트남전을 재래식 전쟁으로 취급한 것은 1급의 전략적 실수였다. 폭격전역은 전쟁을 수행할 수 있는 북베트남의 능력을 무너뜨린다는 목표를 달성하는 데 있어 심각하게 실패했다. 집중적인 공중공격에도 불구하고 북베트남의 사기는 높았으며, 풍족한 양의 병력과 보급물자가 북베트남으로부터 남베트남으로 공중 수송되었다. 남베트남에서는 미국 항공력의 지원을 받고 있던 미군 병력이 북베트남군과 베트콩에게 대규모 사상을 가했다. 그러나 미국이 거둔 전술적 성공은 남베트남의 상당한 지역에서 화력을 무차별적으로 사용한 결과 얻어진 것이었다. 이는 미국이 보호하겠다고 약속했던 바로 그 남베트남 주민들 사이에서 많은 사상이 발생하는 결과를 초래했다.

이 전쟁의 상대적으로 늦은 시점인 1969년에 미국 지도자들은 자신들의 전략을 바꾸었으며, 미군은 남베트남 전력을 건설하는 데로 주의를 돌렸다. 이전에 이것은 우선순위가 낮은 임무로 간주되었으며, 훈련과 자문을 위한 10여 년간의 미국의 노력에도 불구하고 남베트남군의 대부분은 훈련과 무장이 여전히 형편없었다. 미군은 1969년에 철수를 시작하면서 그 전쟁을 준비가 되어 있지 않던 베트남인들에게 넘겨주었다. 수년에 걸친 미국의 개입 후에 일부 남베트남 부대들은 효과적이게 되었지만, 대부분은 일관되게 형편없는 행위자들에 지나지 않았다. 미국 군부의 전면적인 지지를 받은 적이 결코 없었던 미국의 자문노력은 남베트남군의 심각한 내부적 결함들을 극복해낼 수 없었다.[41]

남베트남 육군과는 대조적으로 남베트남 공군의 전투성과는 전쟁 내내 매우 우수했다. 1968년에 이르면 남베트남 공군은 362대의 항공기와 1만 6000명의 병력을 보유한 군으로 팽창해 있었다. 1968년의 뗏 공세(Tet offensive)는 남베트남 공군에게 주요한 시험이었는데, 그들은 1968년 1월과 2월에 4000회 이상의 근접항공지원 소티를 달성하면서 높은 성적으로 시험을 통과했다.[42]

미국이 전쟁의 더 많은 부분을 남베트남군에게 넘겨주면서 남베트남 공군은 수천 대의 항공기를 보유한 군으로 급속하게 팽창했다. 1972년 초에 북베트남군이 주요한 공세를 시작했을 때 남베트남 공군은 남베트남 육군을 지원하기 위해 수천 회의 소티를 소화했다.[43] 그것은 탁월한 노력이었으며, 북베트남 육군은 심각하게 타격을 입어 향후 2년 동안 주요한 공세작전을 수행할 수 없게 되었다. 그 직후에 미국의 마지막 전력이 남베트남으로부터 철수했다. 유능한 공군에도 불구하고 남베트남은 엄청난 내적 취약성을 가진 나라로 남았다. 남베트남은 1975년에 반군이 아니라 북베트남 정규전력에 의해 수행되는 기계화된 전격전에 무너지고 말았다.

태국

미국이 베트남에서 전략적 패배를 당했던 것과 같은 시기에 미군의 지원을 받는 태국군은 태국 북부지방에 있는 공산주의 반도들에 맞서 매우 성공적인 대반군전역을 수행했다. 베트남의 경우와는 달리 태국에서는 상식적인 접근법이 우세했다. 그곳에서는 전쟁을 미국화하려는 시도가 없었으며, 미국의 개입은 훈련, 자문, 장비의 공급에 국한되었다. 처음부터 대반군 노력은 베트남에서보다 훨씬 잘 조직되어 있었으며, 1966년에는 단일한 미국 관리가 태국을 지원하는 모든 프로그램을 책임지는 자리에 임명되었다. 즉, 그곳에서는 베트남에서 존재했던 것보다 나은 노력의 통일과 군종 간 협력이 존재했다.

태국에서는 미 국제개발국(U.S. Agency for International Development) 민간인들과 함께 소수의 군사자문관들이 증대되는 반군활동과 싸우기 위한 태국 정부의 노력을 지원했다.[44] 베트남에서의 재래식 전쟁 접근법과는 대조적으로 태국은 민사작전 프로그램과 지역 방위전력을 건설하는 것에 초점을 두는 전략을 발전시켰다. 태국의 노력에서 열쇠는 북부지방들을 발전시키고 지역주민들에게 치안을 제공하는 장기적인 전략이었다. 미 공군 자문관들은 베트남에서 대부분의 미군 고위장교들이 선호했던 매우 파괴적인 전쟁이 아니라 고전적인 대반군 기량을 활용하려는 태국의 노력을 격려했다. 미국 전력이 베트남을 떠난 뒤에도 미국 군사자문관들은 태국에 남았다. 그들의 억제된 접근법은 매우 성공적이었으며, 남베트남에서는 공산주의자들이 승리했음에도 불구하고 태국에서는 쇠퇴했다.

라틴 아메리카에서의 대반군작전

엘살바도르

베트남에서의 실패는 의회와 군사지도자들로 하여금 미군 전력을 대반군전역에 투입하는 것을 매우 꺼리게 만들었다. 쿠바와 니카라과의 지원을 받는 주요한 마르크스주의 반란이 1980년에 엘살바도르에서 발생했을 때 미국의 대응은 원조, 훈련, 자문관을 제공하는 것에 국한되었다. 의회는 그곳에 주둔하는 미군 병력의 수를 심각하게 제한하여 미국이 행한 노력의 대부분은 그 나라 밖의 엘살바도르인들을 훈련시키는 것으로 구성되게 했다.

엘살바도르에서 미군은 올바르게 이해하고 있었다. 전쟁에서 신속하게 승리할 수 있다거나 재래식 수단에 의해 승리할 수 있다는 믿음은 존재하지 않았다. 미군은 고전적 교리를 적용했으며, 반란을 유발한 심각한 경제적·사회적 문제들을 치유할 전략을 살바도르 정부와 함께 발전시켰다. 살바도르군의 리더십, 부패, 훈련과 장비 결여 등의 심각한 문제는 살바도르군을 재건설하고 재훈련하는 미국의 장기적인 계획에 의해 대처되었다.

미국은 반도와 싸우기 위한 포괄적인 전략을 발전시킴으로써 개입을 시작했다. 1981년과 1982년에 펜타곤과 국무부는 경제적 원조(1981년부터 1992년까지 엘살바도르에 제공된 미국의 원조 50억 달러 중 40억 달러는 경제원조였고 10억 달러는 군사원조였다)와 살바도르 정부와 군의 근본적인 개혁을 강조하는 전략을 수립했다. 12년 동안 미 군사자문관들은 형편없이 훈련되고 지휘되던 군을 매우 유능한 조직으로 변형시키기 위해 인내심을 가지고 일했다.[45]

유능한 살바도르 공군을 건설하려는 노력이 미국 군사원조의 커다란 부분을 차지했다. 1981년에 공군은 그 다수가 거의 날 수도 없는 낡은 비행기들의 모음에 지나지 않았다. 미 육군과 공군은 살바도르가 공군을 2000명도 채 안 되는 데서 5000명 이상으로 팽창시키도록 돕는 일에 착수했다. 살바도르의 조종사와 요원들은 미국과 파나마에 있는 미군 기지들에서 훈련되었다. 1984년에는 살바도르 공군이 100대 이상의 항공기를 보유하고 있었는데, 그 대다수는 미국이 제공한 UH-1 헬리콥터와 타격항공기로 일할 수 있게 개조된 일부 A-37 훈련기로 구성되었다.

살바도르 공군의 개선은 이 전쟁의 군사적 측면에 주요한 영향을 주었다. 1984년에 이르러 미국의 훈련노력은 살바도르군이 합동작전과 지상병력에 대한 효과적인 항공지원을 조율할 수 있는 능력을 입증해내면서 기대했던 성과를 거두게 되었다. 공군 헬리콥터 대대의 지원을 받은 육군은 반도들의 공격에 신속하게 대응하고 위협을 받는 지역을 강화시킬 수 있었다. 헬리콥터군은 또한 살바도르 육군으로 하여금 이전에는 접근이 불가능했던 산악지역에 있는 반도들의 근거지에 대해 공세를 취할 수 있게 해주었다. 경(輕)정찰기에 의한 끊임없는 감시는 반도들의 이동을 막았으며 반도들의 사기를 저하시키는 데 강력한 효과를 발생시켰다. C-47과 같은 낡은 수송기는 무장항공기로 개조되었으며, 매우 정확하고도 효과적인 근접항공지원 체계임을 입증해냈다.

1985년 이후에 정부 전력은 우세를 점했다. 훈련과 리더십 개혁, 그리고 새로운 미국 장비의 인수는 살바도르 전력의 전투효과성에서 가시적인 개선을 만들어냈다. 반란이 오래 지속되었음에도 불구하고 파라분도 마르티 민족해방전선(*Frente Farabundo Marti para la Liberación Nacional*) 반도들은 군사적 승리의 가능성이 오래전에 지나가고 말았음을 이해했다. 수년간의 협상 후인 1992 년에 평화안이 체결되었으며, 이는 반도들의 무장해제와 이전에 반도였던 이들의 민주주의 정당체계로의 통합을 야기했다.

콜롬비아

1960년대 이후 콜롬비아는 두 차례의 주요한 반란에 직면했다. 불법적인 마약무역 수입으로 자금을 확보한 두 주요 반란집단—콜롬비아무장혁명군(*Fuerzas Armadas Revolucionarias de Colombia*)과 민족해방군(*Ejército de Liberación Nacional*)—은 1990년대에 이르러 꽤 강력해졌다. 엘살바도르에서 그랬듯이 미국은 콜롬비아를 장기적인 동맹국으로 지원했으며, 콜롬비아의 군과 경찰에게 장비, 훈련, 군수지원을 제공했다. 콜롬비아에 대한 미국의 헌신은 제한적이었으며, 그 나라에 있던 400명의 미국 훈련관과 자문관들은 전투작전에 참가하는 게 허용되지 않았다.

고전적인 마오쩌둥 유형이었던 콜롬비아에서의 반란은 콜롬비아와 미국이 장기적인 대반군 전략인 "콜롬비아 계획(Plan Colombia)"에 동의했던 2000년까지 기세를 더했다. 이 계획 아래 미국은 콜롬비아에 13억 달러를 원조했으며,[46] 그중 일부는 콜롬비아로 하여금 정예 대(對)마약 대대들을 설립하도록 돕는 데 투입되었다. 콜롬비아 계획의 주요한 일부는 항공지원이었다. 미국은 콜롬비아에게 정예 경보병 대대들을 지원할 수십 대의 헬리콥터를 제공했다.[47] 미국의 원조 프로그램에 의해 공급된 모든 항공기는 훈련 및 군수지원과 더불어 제공되었으며, 콜롬비아의 비행요원들은 텍사스에 있는 미주공군사관학교(Inter-American Air Force Academy)에서 미 공군에 의해 훈련되었다.[48]

콜롬비아 정부의 "애국자 계획(Plan Patriota)"에 선행되었던 2000년의 콜롬비아 계획 전략은 콜롬비아 정부에 반란집단들을 공세적으로 추격하기에 적합한 유형의 전력을 제공하는 데 있어 중요한 진전이었다. 2002년 이후 미국으로부터 제공된 무기와 항공기로 무장한, 증강된 콜롬비아 전력은 반군전력들에 대해 공세를 취했다.[49] 콜롬비아 공군과 국립경찰항공대와 육군은 반도들에 대해 잘 협력된 합동작전을 수행했는데, 여기에는 공수부대원 강하, 헬리콥터 기반 보병작전, 정밀무기를 통한 항공지원이 포함되었다. 반도들의 넓은 지역을 소탕한 성공적인 작전 덕택에 2000년부터 2005년 사이에 콜롬비아의 사망률은 극적으로 떨어졌다. 콜롬비아 경찰과 군의 작전은 증가되었으며, 반도들의 공격은 감소되었다. 2008년에 이르면 한때 강력했던 반란집단인 콜롬비아무장혁명군은 2000년 전력의 60%로 감소되었다.[50]

21세기 첫 10년 동안에 콜롬비아 공군은 소규모 국가가 수행한 효과적인 대반군작전의 모델로 등장했다. 마르크스주의 반군과 콜롬비아의 수십 년에 걸친 오랜 전쟁에서 아직 승리를 달성하지는 못했지만, 콜롬비아 정부는 계속해서 진전을 이루어가고 있다.

소련-러시아 대반군작전

엘살바도르, 콜롬비아, 태국에서의 꽤 복잡한 대반군 전략과 항공력 운용은 대반군작전에 대한 소련-러시아의 접근법과 대조되었다. 1979년부터 1989년까지 소련은 아프가니스탄의 부족민들에 대한 유혈적인 대반군전역에 휘말려 있는 자신을 발견했다. 1995년부터 현재까지 러시아 연방은 체첸에서 분리주의적 반군에 대한 가차 없는 전쟁을 수행했다. 두 전역 모두에서 러시아는 반도들에 대한 항공력과 기술의 사용을 강조했으며, 두 전역 모두는 대반군작전에서의 기술적 한계를 보여준다.

아프가니스탄

1979년에 소련이 아프가니스탄을 침공했을 때 소련은 아프가니스탄 정부를—한마디로 말하자면— 자신들의 이해관계에 더 우호적인 정부로 대체하는 작전을 기대했다.[51] 소련으로서는 놀랍게도 압도적 다수의 아프가니스탄인들이 카불에 설립된 괴뢰정부를 거부했으며, 무장저항을 시작했다. 그 나라에 주둔하던 11만 명의 소련 병력은 머지않아 적대적인 땅의 한가운데에서 두텁게 요새화된 주둔지에 갇혀 있는 자신들을 발견했다.

세계에서 가장 험난하고 이격된 지형 중 하나에 살고 있는 이점을 가진 아프가니스탄 부족들은 매복, 급습, 소련 기지들에 대한 습격 등의 게릴라전을 수행했다. 1979년의 중장갑 소련 육군은 도로를 갖춘 소수의 지역에서 작전을 하는 것으로 한정되었다. 그러나 소련은 신속하게 적응했으며, 헬리콥터를 통해 아프가니스탄에 있는 그들의 전력을 기동성 있는 육군으로 변모시켰다. 그들은 헬리콥터 기반 전력을 팽창시키고 특수전 정예부대들을 전개시켰다. 헬리콥터 중심으로 새로운 전술이 개발되었으며, Mi-8과 Mi-6 수송 헬리콥터들과 Mi-24 무장 헬리콥터들이 매우 좋은 성과를 달성했다. 기동성이 더 좋아짐에 따라 소련군은 산악지대에 있는 반란자들의 거점으로 전투를 확장시켰다.[52] 그러나 심각한 손실에도 불구하고 아프가니스탄인들은 소련군에 대한 투쟁을 계속했다.

가차 없는 게릴라 전쟁과 싸우는 데 좌절한 소련군은 아프가니스탄 마을들을 폭격하는 가차 없는 정책으로 보복했다. 아프가니스탄 주민들의 고통은 막대했다. 대부분의 추산은 수십만 명에 이르는 아프가니스탄 사람들이 사망하고 200만 명 이상이 파키스탄에서 난민으로 살기 위해 산을 넘는 위험한 길을 선택한 것으로 어림잡는다. 소련군은 무려 2만 명을 잃은 것으로 추산된다.

현대식 무기의 모든 이점과 항공력의 대규모적인 적용에도 불구하고 소련군은 아프가니스탄인들을 평정할 수 없었다. 아프가니스탄인들은 자체적으로 훌륭한 전술을 발전시켰으며, 이웃 파키스탄을 통해 서방으로부터 스팅어 대공미사일을 포함한 무기와 원조를 제공받았다. 스팅어는 소련군으로 하여금 항공력을 더욱 신중히 사용하도록 강제했다. 1985년에 이르러 전쟁은 소련군에게 수렁이 되고 말았으며, 그들은 병력을 철수시키기 시작했다. 1989년에 이르면 아프가니스탄은 소련 병력이 떠나고 서로 대적하는 세력들의 수중에 남겨졌다.

체첸

1991년에 소련이 붕괴하자 코카서스의 작은 지역인 체첸이 독립을 선언했다. 신생 러시아는 체첸의 독립을 인정하려 하지 않았지만 4년 동안 체첸과 휴전을 유지했다. 1995년에 체첸의 수도 그로즈니(Grozny)를 장악하기 위해 러시아가 전폭기들의 지원을 받는 무장전력을 파견하면서 전쟁이 발발했다. 군사력의 열세에도 불구하고 체첸은 그로즈니를 훌륭하게 방어해냈으며, 러시아군에게 심각한 패배를 가하기도 했다. 러시아 병력의 형편없는 성과는 소련 시기 이후 군사적 능력에서의 가파른 감퇴를 보여주었다. 공격은 형편없이 조율되었으며, 전술 자체도 조악했다. 러시아는 초기 전투 이후에 자신들의 전력을 재조직하는 데 오랜 기간을 필요로 했다. 그 뒤 러시아는 그로즈니를 포위하여 결국 그 도시를 장악했지만 이는 체첸 반군의 다수가 게릴라 전역을 수행하기 위해 산악지역으로 퇴각한 후에야 가능했다.[53] 아프가니스탄에서 그랬듯이 체첸에서도 러시아는 화력과 폭력에 크게 의존했다. 민간인 사상을 최소화하기 위한 조심성은 거의 없었으며, 러시아가 점령할 즈음에 이르면 그로즈니는 완전한 폐허가 되어 있었다. 체첸의 사기는 여전히 높았으며, 남부 체첸의 산악지역에서 저항은 오늘날까지도 지속되고 있다.

탈냉전기 반군활동

많은 면에서 1980년대 이후의 반군활동은 1940년대부터 1980년대까지의 그것과 달랐다. 앞선 시대의 반군활동 대부분은 마오쩌둥 유형의 것들이었으며, 민족주의와 정치개혁을 위한 열망이 주된 동기였었다. 마오쩌둥 식 반군활동은 강력한 중앙집권적 조직을 보유하는 경향이 있었다. 콜롬비아의 그것처럼 탈냉전기 반군활동은 여전히 마오쩌둥 모델을 따른다. 그러나 냉전의 종식과 함께 해묵은 종족적·정치적 긴장관계가 반군들과 테러리스트들의 주요한 동기부여 요소가 되었는데, 이는 그것이 레바논 시아파, 아프가니스탄 부족민, 이라크의 알카에다 지지자들이 관여된 오늘날 반군활동의 동기가 되었던 바와 같다. 불행하게도 그러한 분쟁은 보다 높은 강도의 열성을 가지고 수행되는 경향이 있다. 오늘날 반군활동의 또 다른 특징은 반군조직들이 다른 지역집단들과 느슨한 망을 형성하여 함께 일하는 지역 집단과 지도자들을 중심으로 건설되는 경향이 있다는 점이다.[54]

1982년부터 2007년까지 헤즈볼라에 대한 이스라엘의 전역은 대반군작전 수행자가 직면한 새로운 상황과 항공력 운용의 문제 일부를 보여주는 좋은 사례를 제공한다. 1982년 이스라엘의 레바논 침공—이는 베이루트 포위와 군사력으로서 팔레스타인해방기구(PLO)의 파괴로 절정에 달했다—의 결과 이스라엘은 남부 레바논의 일부를 보호지대로 점령했다. 이스라엘군은 대개 남부 레바논에 살고 있던 레바논 시아파 주민들의 조직인 헤즈볼라에 의해 수행되는 게릴라전의 표적이 되어 있는 자신을 발견했다. 이스라엘은 레바논 내에 있는 헤즈볼라의 훈련캠프, 지휘본부, 기반구조에 대한 정밀타격을 수행하기 위해 대규모의 현대식 공군을 사용했다. 그러한 타격은 고도로 중앙집권화되어 있던 팔레스타인해방기구에 대해서는 적중했지만, 그와 같은 전략은 보다 분권화되어 있던 헤즈볼라에 대해서는 효과적이지 못했다.

정밀공중타격의 전략은 현대적인 기술, 신중한 기획, 합동전력의 수완 있는 운용, 훌륭한 정보—이 모든 것은 이스라엘군의 강점이었다—를 필요로 한다. 헤즈볼라에 대한 이스라엘 공군의 전역은 심각한 사상을 가했지만, 손실되는 대원이 발생할 때마다 많은 신입대원들이 합류할 준비가 되어 있었다. 항공전역은 억제효과를 낳거나 헤즈볼라에 대한 치명적인 피해를 가하는 데 실패했다.[55] 두 차례는 이스라엘이 헤즈볼라의 지도자들을 제거하기 위해 항공력을 사용했지만, 이러한 타격조차 전략적인 효과를 낳는 데는 실패했다. 이 조직은 그와 같은 공격에 덜 취약했는데, 이는 그것이 평의회에 의해 지휘되어 손실된 지도자를 신속하게 대체할 수 있었기 때문이다. 그 부대들은 중앙집권적인 조직에 의존하지 않았으며, 자체적으로 소규모 급습을 행할 수 있는 상당한 재량을 가지고 있었다.

헤즈볼라는 격렬한 전투에서 이스라엘군을 격파할 수 있을 것으로 결코 기대하지 않았다. 그들의 전략은 이스라엘군에게 일정한 비율의 사상을 가하고 레바논에 머물려고 하는 이스라엘의 의지를 깨뜨리는 것이었다. 소수의 이스라엘군을 죽이기 위해 헤즈볼라는 기꺼이 심각한 사상을 감내하려 했다. 2000년에 이르면 이스라엘 정부는 헤즈볼라에 대항해 진전을 이루어내는 데 실패한 상태였으며, 강력한 대중적 압력 아래서 이스라엘군은 남부 레바논으로부터 철수했다. 그 지역은 헤즈볼라의 통치하에 놓이게 되었다.[56]

헤즈볼라에 의한 일련의 로켓공격과 국경을 넘어 이루어지는 습격을 경험한 후인 2006년 여름에 이스라엘은 남부 레바논에 있는 헤즈볼라 전력을 무너뜨리기 위한 6주간의 전역을 개시했다. 헤즈볼라의 표적에 대한 일련의 정밀공중타격에 뒤이어 이스라엘 육군에 의한 지상침공이 뒤따랐다. 이스라엘 공군이 이 전역에서 핵심적인 행위자가 될 것이었지만, 이스라엘은 헤즈볼라의 거대한 로켓 병기고의 규모와 정교한 수준을 과소평가했으며, 헤즈볼라를 꺾을 수 있는 공군의 능력을 과신했다. 그렇기 때문에 남부 레바논을 침공할 준비를 갖춘 지상병력은 너무 적었다.

이스라엘의 정보에서도 주요한 실패가 존재했으며, 이러한 실패는 이스라엘군에 의해 아직까지도 분석되고 있다. 이스라엘이 기대했던 것보다 헤즈볼라 전력은 더 크고 더 잘 준비되어 있었다.[57] 이스라엘 공군이 알려져 있던 많은 헤즈볼라의 표적들을 타격했음에도 불구하고 헤즈볼라는 효과적인 전투전력으로 남아 있었다. 강력한 항공지원에도 불구하고 헤즈볼라의 거점을 향한 이스라엘 육군의 진군은 느렸다. 6주간 헤즈볼라는 이스라엘의 민간표적에 대해 수천 발의 로켓을 발사할 수 있었으며, 이스라엘 공군은 포격을 중단시키기 위해 할 수 있는 게 거의 없었다.[58] 헤즈볼라가 심각한 사상을 당하고 결국 휴전안을 받아들였음에도 불구하고, 그들은 압도적인 이스라엘의 항공력을 버텨내고 살아남았다는 점에서 정신적 승리를 거두었다고 주장할 만했다.

아프가니스탄과 이라크에서의 항공력

2001년 말에 미국 항공력은 아프가니스탄에서 탈레반 체제를 격파하는 데 주도적인 역할을 수행했다. 소수의 미국 특수전력 요원들이 탈레반과 알카에다에 맞서 싸우던 수적열세 상태의 미국의 아프가니스탄 동맹세력을 위한 정밀공중타격을 조율했다. 이러한 토착전력은 미 항공력의 지원을 받아 상당한 미국 지상전력의 투입이 없이도 아프가니스탄의 대부분을 신속하게 장악했다. 대중적인 국방분석가들과 미 공군의 많은 지도자들은 2001년 10월부터 12월까지 아프가니스탄에서 미국의 항공력과 첨단무기들이 달성한 눈부신 성과는 "미국의 새로운 전쟁방식"—미국이 그 항공력과 기술적 우위를 활용하고 지상전력의 사용은 최소화하면서 신속하게 적을 격파할 수 있는, 전쟁수행상의 혁명—을 보여주었다고 주장했다.[59]

그러나 몇 주 뒤 동부 아프가니스탄의 산악지대에서는 탈레반과 알카에다 전력이 자신들이 연합군의 항공력 전술에 적응할 수 있음을 보여주었다. 알카에다 투사들은 연합군의 거대한 공중감시 노력으로부터 효과적으로 자신들의 전투진지를 숨겼다. 토라보라 공세가 개시되기 전에 미 공군은 알카에다의 수많은 전투진지들 중 절반도 파악해낼 수 없었다.[60] 전투가 시작되었을 때 일부 연합군 전력은 알카에다가 쳐놓은 덫으로 걸어 들어가고 말았다. 연합군의 지상 및 항공 전력이 알카에다 전력에게 심각한 사상을 가했음에도 불구하고 그들 중 다수는 도피하여 다시 또 싸웠다.

2001년에 아프가니스탄과 2003년에 이라크에서 미국과 연합군의 항공력은 초기의 재래식 전쟁 작전에서 결정적인 역할을 수행했다. 그러나 저항하는 당파들이 반군활동으로 전환한 뒤에는 전통적인 대반군전술이 필요한 것으로 드러났다. 정교한 무인기 체계와 정밀무기들을 통한 정밀타격 능력을 포함하는 연합군의 항공력은 아프가니스탄과 이라크에서 중요한 무기였다. 그러나 대반군작전은 인력 집약적인 전쟁형태로 남아 있으며, 아프가니스탄과 이라크 모두에서 항공력의 주된 역할은 지상전력을 지원하는 것이었다.

서구 항공전력이 제 역할을 수행할 수 없었던 한 가지 분야는 아프가니스탄과 이라크 정부로 하여금 자체적인 항공전력을 건설하도록 도우려는 노력이었다. 두 국가 모두에서 토착 항공전력을 훈련하고 무장시키기 위한 노력은 뒤늦게야 시작되었으며 매우 소규모로 남았다.

아프가니스탄 항공단을 창설하려는 노력은 2006년 봄에 시작되었다. 카르자이 체제가 수립된 지 4년 넘게 지나서야 소수의 미국 자문관들이 아프가니스탄 육군에 부속되어 있는 전력으로서 아프가니스탄 항공단을 훈련시키기 시작했다.[61] 아프가니스탄 육군을 건설하는 것을 돕는 데는 관대한 지원이 있었던 반면 아프가니스탄 항공을 위해서는 최소한의 지원만이 가용했다.[62] 가까운 미래 동안은 아프가니스탄이 항공지원을 위해 미국과 서구 국가들에게 거의 전적으로 의존할 것이다.

새로운 이라크 공군을 발전시키려는 진지한 노력은 미 공군이 이라크 공군 요원들을 훈련시킬 자문대대를 설립한 2006년에 이르러서야 시작되었다.[63] 2008년 중반에 이라크 공군은 헬리콥터와 훈련기를 포함해 불과 80대의 항공기를 보유하고 있었다.[64] 2007년 말의 미국의 보고서는 이라크 공군을 낮은 사기와 높은 탈영률에 감염되어 있는 조직으로 평가했다.[65] 오늘날 이라크 공군은 반군들에 맞서 진행 중인 전역에 참가하고 있는 자신들의 전력을 지원하는 데 필요하게 될 수송과 타격 능력을 그 일부조차 갖추지 못한 실정이다. 아프가니스탄과 이라크에서의 이러한 미미한 결과는 과거 미 공군의 지원 프로그램과 매우 극적으로 대조된다.[66]

항공력이 전쟁을 혁명적으로 변화시켰다는 생각을 증진시키는 과정에서 미 공군의 지도부는 일반적으로 연합국들을 훈련시키고 무장시키는 임무를 무시하고 말았다. 2007년 8월에 미 공군은 자신들의 첨단능력을 극찬하고 훈련과 자문의 임무는 무시하는 대반군작전 교리를 간행했다.[67] 공군의 입장과는 대조적으로 미 육군과 해병대는 2006년 12월에 전통적 대반군작전 개념을 강조하고 "주둔국의 효과적인 치안전력을 발전시키는 것은 대반군작전 과업 중 가장 우선순위가 높은 것이다"라고 주장하는 대반군작전 교리를 간행했다.[68] 육군과 해병의 교리는 연합군 공군을 훈련시키는 원칙을 개관하고 있는, 대반군작전에서의 항공력 사용에 대한 부록을 포함했다.[69] 대반군작전에 대한 육군과 해병이 선호했던 보다 전통적인 접근법과 항공인들이 좋아했던 첨단기술 중심의 접근법 간의 차이는 다음 10년간에도 논쟁점으로 남아 있을 것이다.

항공전, 대반군작전, 그리고 현대 미디어

알제리 전쟁 이후 반란집단들은 자신들이 반란의 명분을 우호적으로 조명하고 대반군 전력은 잔인한 침략자로 제시하기 위해 제3세계와 서구의 미디어를 조작하는 데 매우 능수능란함을 보여주었다. 대반군 전력의 항공력 사용은 과도하고 주로 민간인을 조준하는 것으로 일관되게 제시된다. 부수피해를 최소화하기 위해 계획된 정밀공중타격조차도 미디어에서는 보통 무차별적인 전쟁으로 특성화된다. 많은 경우 반란군은 항공력을 부정적으로 묘사하고 군사적 패배로부터 선전적 승리를 거둘 수 있었다. 예를 들어, 베이루트 소재 팔레스타인해방기구의 표적들에 대한 1982년 이스라엘의 폭격—이는 명백히 군사적인 표적들에게로 신중하게 제한되었다—은 세계의 많은 언론에서 "테러폭격"과 "무슬림 민간인들에 대한 무차별 폭격"으로 언급되었다.[70] 레바논에서 이스라엘이 전개한 2006년 전역은 헤즈볼라와 세계의 미디어들 중에 그들을 지지하는 이들에 의해 수행된 정교한 선전전 전역으로 대응되었다. 무차별적인 이스라엘의 폭격에 대한 터무니없는 주장은 조작된 사진들을 동반했으며, 레바논에 있는 1만 5000개의 가옥이 폭격에 의해 파괴되었다는 주장을 부채질했다. 실제로 헤즈볼라의 일반적인 전술은 반란전력을 의도적으로 민간인들 사이에 위치시켜 높은 민간인 사상이 발생하도록 하고 반군과 테러리스트 전력에게 동조하는 미디어 보도가 그러한 전역을 따라다니게 하는 것이었다.

그와 유사한 비난이 아프가니스탄에서 북대서양조약기구 전력과 이라크에서 연합군 전력이 무차별적으로 민간인들을 표적으로 삼았다는 이유하에 통상적으로 가해졌다. 서구와 제3세계 언론에 제시된 가당치 않으며 근거 없는 사상자 수치는 많은 경우 액면 그대로 받아들여진다.[71] 예를 들어, 2004년 이라크의 팔루자(Fallujah)에서 있었던 치열한 전투 동안에 반도들은 20개의 모스크에 무기를 보관하고 그것들을 전투진지로 사용했다. 이라크에서 연합군 항공전력은 정밀무기만을 활용하고 격전 동안 모스크에 가해지는 피해는 최소한으로 유지하려고 시도했음에도 불구하고 반도들이 미군을 이슬람 자체에 대해 공격을 퍼붓고 있는 침략자로 색칠하기에는 충분할 정도의 파괴가 발생하고 말았다.

많은 경우 특히 항공력을 조준했던 이러한 유형의 선전은 서구 항공인들로 하여금 군사적 우세를 획득할 것인지 아니면 선전전에서 패배할 것인지를 선택해야 하는 딜레마에 빠지게 만들었다. 게다가 항공력이 지속해서 부정적으로 조명되면서 서구의 일부 인권집단과 심지어 서구의 일부 정부도 이제는 집속탄과 같은 다양한 항공무기를 국제적으로 금지시킬 것을 촉구하고 있다.[72]

결론

대반군작전에서 항공력의 교훈은 1913년 이래 현저하게 일관되었다. 예를 들어 비(非)국가전력과의 분쟁에서 항공력의 기본 임무는 그러한 작전에 항공력이 처음 활용되었던 이래 거의 변하지 않았다. 항공인들의 희망에도 불구하고 대반군작전에서 항공력의 주된 역할은 육군과 경찰을 지원하는 것이다. 항공기술이 매우 정교해졌음에도 불구하고 항공력이 대반군작전의 근본적인 역학을 변화시켰다는 증거는 없다. 실제로, 반도들과 비정규전력은 항공력 기술에서의 진보에 적응하고 항공력의 효과를 제한 가능한 수단을 찾을 수 있는 능력을 보여주었다.

비국가전력에 대한 전쟁은 국가에 대항하는 재래식 전쟁과 매우 다르다. 반란 및 비정규 전력과 싸우는 데서는 군사적 성공이 반드시 그 결과를 결정짓지는 않는다. 항공력 기술은 대반군작전 수행자들에게 상당한 이점을 제공해 주지만, 성공은 여전히 건전한 전략, 훌륭한 리더십, 우수한 훈련, 그리고 합동작전을 조율할 수 있는 능력에 달려 있다. 모든 성공적인 대반군전역은 이러한 요소들을 내포하고 있었다. 한편, 베트남과 알제리의 경우는 거대한 항공력의 능력이 나쁜 전략을 극복할 수 없음을 보여준다.

제15장

항공력의 성쇠

마틴 반 크레벨드(Martin van Creveld)

항공력은 어디로부터 유래했고, 지금은 어디에 있으며, 앞으로는 어디로 향할 것인가? 독립적인 항공력에 미래는 있는 것일까 아니면 그 좋던 시절은 지나가 버린 것일까? 현대 공군을 건설하고 유지하는 데 수반되는 엄청난 비용뿐 아니라 항공력이 국방에서 수행한다고 얘기되고 있는 중심적인 역할을 고려해볼 때 이런 질문은 각별히 중요하다. 여기서는 항공력의 역사, 그 현재적 상황, 그 가능한 미래에 대한 짧은 고찰을 통해 그러한 질문에 답하고자 한다.

항공력의 시초

그 주제에 대한 방대한 문헌들 덕택에 항공력의 역사는 손쉽게 얘기된다. 전쟁에서 항공력을 사용하는 것에 관한 시각들—그것들 중 어떤 것은 극도로 새디스트적이다—은 인류 자체만큼이나 오래되었을 것이다. 항공력의 초기 형태는 하나님이 여호수아의 가나안 적들에 대해 하늘로부터 돌을 퍼부음으로써 사용되었다. 나폴레옹 전쟁 동안에 영국의 풍자만화가들은 프랑스의 위대한 군대(Grande Armée)의 병력이 말과 포를 완비하고 새로이 발명된 몽골피에르(Mongolfier) 유형의 기구(氣球)에 오를 가능성에 대해 생각했다. 순풍이 불기를 기다렸다가 그들은 해군에 대해서는 신경 쓰지 않고 영국 해협을 날아 도버(Dover)에 착륙한 뒤 잉글랜드를 점령하러 진군할 것이었다. 관측기구는 미국 남북전쟁 동안에 사용되었으며, 프랑스군은 프로이센군에 맞선 전쟁 동안에 포위된 수도 밖으로 우편물과 승객을 실어 나르기 위해 기구를 사용했다. 20세기의 첫 몇 년에 이르면 세계의 가장 중요한 군사력들 중 대다수는 관측기구를 거의 당연한 것처럼 자신들의 전투서열에 포함시켜놓고 있었다.

보통 통신단의 일부로 조직되어 있던 관측기구들은 제1차 세계대전 동안 땅과 바다 모두에서 광범위하게 쓰였다. 감시, 조기경보, 표적 확인, 피해평가를 제공하기 위해 그것들을 사용하려는 생각이 자리 잡고 있었다. 그러나 휴대 가능한 성능 좋은 무선통신이 결여되어 있는 상태에서는 많은 경우 그것들과 그것들에 탑승한 관측사들이 할 수 있는 게 제한되어 있었다. 바로 이 시점에 이르러 독일을 필두로 하는 몇몇 국가들이 공기보다 가벼운 경식(硬式) 장치들도 제작하여 그것들을 취역시키기 시작했다. 그러한 장치는 엔진과 조종 메커니즘을 갖고 있어 바람에 전적으로 의존하지 않고 어떤 방향으로든지 날아갈 수 있었다는 점에서 기구와는 달랐다. 독일의 경식비행선들은 수차례 북해를 횡단해 영국의 도시들에 폭탄을 투하함으로써 모종의 피해와 사상을 유발했다. 그러나 당시의 기술적 한계로 인해 문제가 되었던 공습은 사소한 일에 지나지 않았으며, 독일인들에게 필요 이상의 대가를 치르게 만들었다.

그 후 얼마 되지 않아 1903년에 발명된 공기보다 무거운 장치들이 전쟁에서 처음 사용되었다. 이탈리아-터키 전쟁 동안에 가장 최초의 임무들 중 일부가 수행되었는데, 리비아에서 이탈리아 항공기는 정찰을 수행하고 그 상대들에게 소형폭탄들을 투하했다. 제1차 세계대전이 발발했을 때 양측 모두의 항공기들은 각 육군에게 있어 “눈”으로 기능하기 위해 재빠르게 비행을 개시했다. 프랑스의 정찰항공기는 마른전투에서 결정적인 역할을 수행하기도 했는데, 이때 조종사는 파리로 접근하던 독일군이 방향을 바꾼 것을 관측하고 보고했다. 독일군은 남서쪽으로 진군하지 않고 남동쪽으로 선회함으로써 그들의 우익을 파리를 향해 노출시켰고 이로써 프랑스군이 반격을 가할 수 있었다.

정찰과 폭격을 위한 초보적인 시도—처음에는 손으로 폭탄을 던져야 했다—부터 모든 것은 공대공전투를 향한 작은 발걸음에 지나지 않았다. 애초부터 조종사들은 적대행위가 발생하거나 기계적 결함으로 인해 적 영토에 착륙할 수밖에 없는 경우 자위를 위해 권총을 소지했다. 곧 그들은 그와 같은 총을 서로에 대해 사용하기 시작했다. 약간 뒤에 권총은 기관총으로 대체되었으며—일부 항공기는 2명, 즉 조종사와 사수를 탑승시키고 있었다— 1916년에 이르러서는 기관총이 정면을 향해 직사될 수 있도록 하기 위해 기총과 프로펠러를 연동시킬 수 있는 방법이 발견되었다. 이는 또 상호보호를 제공하기 위한 편대비행뿐 아니라 다양한 공중전 전술의 발전도 이끌어냈다. 항공기가 진보적으로 개선된 한 가지 결과는 공기보다 가벼운 장치들이 너무 취약하다는 점이 입증되어 하늘에서 축출된 것이었다.

1916~1917년에 이르면 항공기는 정찰기, 전투기, 근접지원 항공기(기체 전면 하부에 무장을 갖추고 있다), 경폭격기, 그리고 거대한 양의 폭탄을 적 영토 깊숙한 곳까지 운송할 수 있는 중폭격기와 같은 서로 다른 유형으로 범주화되고 있었다. 정찰은 점차적으로 조종사의 육안보다는 사진에 의존하게 되면서 매우 빠른 속도로 발전해갔다. 얼마 지나지 않아 그 결과 확보된 이미지들을 판독하는 책임을 가진 전문가들의 조직이 창설되었다. 지상에서는 최초의 개선된 대공포와 포대가 배치되고 있었다. 그 전쟁의 마지막 해에 이르면 각 주요 교전국이 자신들의 전투서열에 수천 대의 항공기를 포함시키고 있었다. 적대행위에 의한 것이든 사고에 의한 것이든지 간에 손실은 엄청났기 때문에 그러한 수의 항공기를 유지한다는 것은 생산 수치가 수만 대에 이르는 것을 의미했다. 이러한 항공기를 개발하고 전개하며 보급하고 수리하며 가동시키는 것뿐 아니라 필요한 요원들을 훈련시키고 작전을 지휘하는 것도 가공할 만한 일이었다. 전쟁의 대부분 기간 동안에 이 일은 지상전력과, 일부 국가에서는 해군전력 내의 특화된 조직에게 맡겨졌다. 그러나 1918년 4월 1일에 영국은 왕립공군(Royal Air Force)의 형태로서 세계 최초로 독립공군을 설립하는 선봉에 섰다.

그때에 이르면 항공력은 이미 오늘날까지 그것을 특징짓게 될 서로 다른 종류의 임무들 대부분도 발전시킨 상태였다. 거기에는 정찰, 공대공전투, 포격관측, 근접항공지원(폭격과 기총소사), 차단, 전략폭격(표적들이 민간적인 것이고 후방 깊숙한 곳에 위치하고 있다는 의미에서), 연락이 포함되었다. 돌이켜보면 누락된 중요한 것이라고는 공중수송과 공수부대작전(airborne operation)뿐이었다. 이 두 가지는 공히 전간기 동안에 발전하여 제2차 세계대전에서 주요한 역할을 할 것이었다. 항공력은 서부전선에서의 상 미엘 전투부터 팔레스타인에서 앨런비(Edmund Allenby) 장군의 그것에 이르기까지 많은 전역에서 매우 중대한 역할을 수행했다. 특히 영국 제도(British Isles) 부근에서는 독일 잠수함의 위협을 막는 것을 도왔다. 그럼에도 불구하고 그 역할이 결정적이었던 주요 전역이나 전투를 하나라도 지목하기란 어렵다. 모든 것을 고려해보아도 항공력은 지상전력과 해상전력을 지원했지만 그것들을 대신해 전투의 결과를 결정지을 수는 없었다.

전쟁이 끝나고 오래지 않아 이탈리아의 장군 두에에 의해 항공력에 대한 최초의 고전적인 논문이 발표되었다. 원래 공병장교였던 두에는 일찌감치 항공력 열성주의자가 되었다. 1912년에 그는 이탈리아-터키 전쟁으로부터 얻은 항공력 교훈에 대해 집필하는 과업을 부여받았으며, 한 해 뒤에는 토리노(Turin)에 있는 이탈리아 최초의 항공대대를 지휘하는 자리에 임명되었다. 1915년에 이탈리아가 제1차 세계대전에 뛰어든 이후 그는 최고사령부의 무능에 대해 글을 썼다. 북동쪽의 이존초 전선에서 당했던 끔찍한 소모를 놓고 보았을 때 그렇게 하는 것은 그리 어려운 일이 아니었다. 이로 인해 그는 1년간 투옥을 언도받았다.

카포레토에서의 패배는 이탈리아 육군에 대한 두에의 비판이 타당함을 보여주었고 그로부터 얼마 되지 않은 1917년 11월에 그는 석방되어 항공국장에 임명되었다. 나중에 그는 육군에서 사임하고 강력한 공군의 건설을 계속해서 주창했다. 결국 1921년에 항공력 옹호 노력의 일환으로 그는 『제공권』을 발간했다. 많은 면에서 이 책은 하나의 시대물(a period piece)이다. 그러나 그것은 발간된 지 수십 년이 지나도 여전히 읽을 가치가 있으며, 항공력에 대해 그보다 더 큰 영향을 준 단행본은 생각해내기 어렵다.

기본적으로 두에의 메시지는 단순했다. 내연기관의 발명은 인간으로 하여금 처음으로 하늘을 날 수 있게 해주었다. 고속도로, 철도, 기타 교통동맥의 존재와는 무관하게 인간은 모든 방향으로 날 수 있었다. 그와 동시에 인간은 강, 호수, 산, 숲과 같은 모든 종류의 장애물을 무시할 수 있었다. 전통적인 군종(육군과 해군)의 능력과 비교했을 때 항공력은 속도, 항속거리, 유연성이라는 커다란 이점을 갖고 있었다. 항공기는 먼 거리에 걸쳐 신속하게 집중하고 타격할 수 있어 기습을 달성할 수 있게 해주었다. 게다가 이러한 자질은 항공력으로 하여금 탁월한 공세도구가 되게 해주었다. 적이 모든 지점을 방어할 수는 없었다. 통치하는 영토가 클수록 모든 지점을 방어하고자 시도하기는 더욱 어려워질 수밖에 없었다.

이러한 모든 점은 오늘날까지도 그 타당성을 보존하고 있는 중요한 고려사항들이었다. 그러나 두에는 거기에 머무르지 않았다. 그는 장차 항공력은 지상 및 해상 전력을 보완하는 것에 머물지 않고 그들의 자리를 차지할 수 있을 것으로 보았다. 항공력은 제1차 세계대전 시 모든 육군을 몹시 괴롭히던 거대한 문제, 즉, 요새화된 전선을 어떻게 돌파할 것인가의 문제를 풀 수 있는 수단을 제공해주었다. 항공력은 가장 준비가 잘 되어 있는 진영으로 하여금 적의 취약한(즉, 민간의) 후방을 직접적으로 타격할 수 있게 해주었다. 첫날에 고성능 폭탄뿐 아니라 가스도 탑재한 항공기들의 함대가 이륙하여 적의 주요한 인구 및 산업중심지를 직접적으로 향할 것이었다. 그들은 폭탄을 투하하여—절망감에 빠진 격노한 폭도들에 의해 먼저 그 정부가 타도당하지는 않는다 할지라도—적 정부가 항복할 수밖에 없게 만들기에 충분한 피해를 가하고 막대한 공포를 유발할 것이었다.

모든 위대한 예언자들이 그렇듯이 두에도 자신의 이론이 주제의 본질 자체에서 도출된 것이므로 보편적 타당성을 가지고 있는 것처럼 말했다. 사실, 그러한 이론은 반도로서의 외양과 북쪽 국경을 이루고 있는 산악지대 때문에 이웃 국가들에게 대규모 공격을 감행하는 데 어려움을 경험했던 이탈리아와 같은 국가에게 특히 적합한 것이었다. 동일한 고려가 왜 영국과 같은 섬 국가들과 미국까지도 의식적으로든지 무의식적으로든지 그러한 이론을 채택했는지 상당 정도 설명해준다. 그러한 국가의 고위 군 인사들에게 두에는 침공함대를 건설할 필요가 없이, 그리고 가장 어려운 작전인 상륙작전을 감행해야 할 필요가 없이 대양을 횡단하여 대륙의 적에 다다를 수 있는 방법을 제시해준 것이다. 유사성은 인물에게까지 확장되었다. 미국에서 당시 가장 중요한 항공력 옹호자는 미첼이었다. 두에와 상당 정도 흡사하게 그가 받은 보상은 항명으로 1925년에 재판을 받아 투옥된 것이었다.

전통적으로 지상전력에 의존했던 국가들은 다른 시각에서 사안을 보는 경향이 있었다. 특히 독일은 두에에 대해 친숙하기는 했지만—그의 책은 히틀러가 새로운 독일 공군(Luftwaffe)을 출범시켰던 해인 1935년에 번역되었으며, 일부 사람들은 그보다 훨씬 전에 그의 책을 읽은 상태였다— 그의 저술을 통째로 받아들이지는 않았다. 두에처럼 독일국방군 최고사령부도 항공력을 그 효과가 속도, 유연성, 그리고 무엇보다도 집중할 수 있는 능력에 달려 있는, 주로 공세적인 도구로 간주했다. 두에처럼 그들도 처음에는 민간표적들을 폭격하는 것이 유발할 수 있고 유발하게 될 효과를 과대평가하는 경향이 있었다. 제2차 세계대전 전야에는 "전략적" 폭격으로 야기될 수만 명의 폭탄성 정신질환자들을 다루기 위한 계획까지 마련되어 있었다. 그러나 그런 일은 현실화되지 않았다.

그러나 두에와는 달리 독일은 항공력 자체만으로는 결코 전쟁을 승리로 이끌 수 없다고 생각했다. 승리는 모든 군종의 효과적인 결합을 통해서만 달성될 수 있었다. 국가의 힘은 주로 그 군사력에 달려 있으며 그렇기 때문에 승리는 무엇보다도 그러한 전력을 공격하여 섬멸해야 한다는 클라우제비츠의 생각에 따라 그들은 우선적인 표적이 적 민간인들로 구성되어야 한다는 생각 또한 거부했다. 어떤 면에서 독일군이 말하고 있던 것은 민간인만으로는 공격의 가치가 없다는 것이었다. 그 대신에 독일군은 독일 공군의 작전을 지상전력의 그것과 조율시키려 했다. 적의 전선—이를 공격하는 것은 근접항공지원(CAS)로 알려졌다—과 본부, 기지, 수송망, 호송대 등과 같은 병참지대(zone of communication)가 표적이 되어야 했다.

상당 정도 조직의 체계는 각국의 지리적 위치뿐 아니라 그들의 군사교리 또한 반영했다. 이미 언급했듯이 독립공군을 창설한 첫 국가는 영국이었다. "강대국"만을 따져보자면 이탈리아, 프랑스, 그리고 재무장을 시작했을 때는 독일도 그 뒤를 따랐다. 영국 공군과 더불어 영국은 해군 항공대 또한 발전시켰다. 이는 그 생명 자체가 해상 통신에 달려 있던 세계적 제국에게는 논리적인 일이었다. 그와는 대조적으로 미국이나 일본은 독립공군을 창설하지 않았다. 그 대신에 그들은 자신들의 항공을 육군과 해군으로 각각 분할했다. 압도적인 지상력의 아주 오래된 전통을 갖고 있던 소련도 다소 유사한 체계를 채택했다. 소련에서는 공군이 소련 육군의 필수적인 일부였던 반면, 해군은 자체적인 항공대를 보유했다. 독일과 소련 모두에서는 글라이더와 낙하산 전력이 전투서열에 추가되었으며, 제2차 세계대전 말에 독일 공군은 자체적인 지상사단을 갖고 있기도 했다. 독일은 그 공군이 대공포 방어망도 책임지고 있었다는 점에서 독특했는데, 이러한 사실은 괴링이 히틀러를 제외하고는 누구에게도 뒤지지 않는 정치적 입지를 갖고 있었던 점을 반영하는 것이었을 수 있다.

전간기 내내 기술혁신은 매우 빠른 속도로 진행되었다. 공기보다 가벼운 장치들은 모두 사라지고 말았다. 기구는 대공포 과업(런던대공습과 나중에는 V-1에 대한 영국의 방공노력의 일환으로)과 관측(연합군이 독일 항공기에 대해 염려할 필요가 없었기 때문에 잠수함을 탐지하기 위해 기구를 사용할 수 있었던 대서양 상공에서)을 위해서만 계속 사용되었다. 단엽기가 복엽기를 대체했다. 철제로만 된 항공기가 목재, 줄(wire), 직물로 만들어진 비행기를 대체했다. 엔진은 꾸준히 그 신뢰성을 더해갔으며, 중량 단위당 더 높은 마력이 발전되었다. 속도, 항속거리, 상승한도, 상승률과 같은 가장 중요한 성능 특성은 꾸준히 개선되었다. 무장도 마찬가지로 개선되어 점차적으로 단순한 기총이 아니라 20밀리 포와 심지어는 37밀리 포로 구성되게 되었다. 공·지 과업의 일부 유형을 위해서는 로켓이 도입되었다. 폭격은 더 높은 고도에서 수행되고 보다 빠르게 비행하는 동안에 이루어지기 때문에 정확성이 반드시 개선되지는 않았지만 폭탄은 점점 더 커지고 무거워지게 되었다. 1930년대에 독일과 소련은 글라이더와 낙하산을 이용하는 공수부대 전력에 대해 실험했다. 다른 국가들도 제2차 세계대전 동안에 이를 뒤따라 했다.

마지막으로, 이탈리아 항공기들이 프랑코(Francisco Franco)의 병력을 지브롤터 해협 너머로 수송하여 그로 하여금 스페인 내전을 시작할 수 있게 해주었던 1936년에 가장 극적으로 드러나듯이, 모든 국가에서 공중수송이 많은 발전을 이루었다. 규모와 비용 면에서 보았을 때 공중수송은 지상 또는 해상 수송과 경쟁할 수 없었다. 지금도 여전히 그렇다. 다른 장애요소는 수송항공기가 가진 극도의 취약성과 그것이 꽤 엄청난 지상설비를 필요로 한다는 점이었다. 그래서 그것은 전선의 매우 가까이까지 접근할 수 없었다. 이러한 불리한 점과는 달리 공중수송은 비범한 속도와 유연성을 제공해줄 수 있었다. 제값을 하는 군이라면 항공력 전반의 입지가 그랬듯이 어디에서나 공중수송도 안정적인 자리를 확보했다.

바르샤바에서 바그다드까지

이탈리아-에티오피아 전쟁, 스페인 내전, 중일전쟁, 러시아-핀란드 전쟁 모두에서 항공력이 사용되었음에도 불구하고 이 전쟁들 모두에서 그것은 여전히 상대적으로 작은 규모로 활용되었으며 그 상당 부분은 여전히 실험적인 것에 지나지 않았다. 수행된 작전의 규모가 거대했으며 항공력이 실로 발전된 모습을 갖추고 있었던 제2차 세계대전 동안에는 그렇지 않았다. 그 첫 전역—독일이 폴란드를 공격한—이 그동안 얼마나 진척이 있었는가를 보여주었다. 항공력은 공중우세를 확보하고 지상전력의 진격을 효과적으로 지원하며 나중에 전략폭격으로 알려지게 되는 것을 수단으로 하여 결국 하나의 도시를 무릎 꿇게 만들 수 있는 독일 공군의 능력을 선명히 보여주었다.

1940년 봄에 서부전선에서 독일이 수행한 전역은 훨씬 더 극적이었다. 우선 공중우세를 달성해야 할 필요성이 있었는데, 프랑스와 영국이 제각기 자신들의 공군을 투입하기를 꺼리고 있었기 때문에 이는 그다지 어려운 일이 아니었다. 다음으로 독일 공군은 차단, 근접항공지원, 낙하산과 글라이더 모두를 통한 공수부대작전을 사용해 네덜란드, 벨기에, 프랑스로 향하는 길을 열었다. 그렇게 하지 않았다면 그러한 국가들에 대한 독일의 전역은 1914년 여름에 그랬던 것처럼 길이 막혀버릴 가능성이 매우 컸다. 바다에서 영국 해군이 누리고 있었던 엄청난 우위를 고려하여 1940년 4월 노르웨이에 대한 독일의 전역은 차단, 근접항공지원, 공수부대작전의 형태로 항공력에 훨씬 더 의존했다. 독일 공군이 그렇게 하지 않았다면 그 전역은 전혀 수행될 수 없었을 것이다.

이 지점부터 항공력의 역할은 커질 수밖에 없었다. 우선 영국전투가 발생했는데, 이 전투 동안 독일은 노르웨이에서 해군의 상당 부분을 잃어버린 관계로 공군을 사용해 영국을 무릎 꿇게 하려고 했다. 영국에게는 다행스럽게도 독일 공군은 결코 전략적 작전을 심중에 두고 건설된 조직이 아니었다. 그들의 항공기가 탑재할 수 있었던 폭탄량은 그러한 과업을 하기에는 너무 적었으며, 점표적(pinpoint target)을 타격할 수 있는 항공기들은 너무 느리고 보호력이 떨어졌으며 취약했다. 이와 더불어 독일 공군은 그 항공기들이 다다를 수 있는 항속거리의 맨 끝단에서 작전을 수행하고 있었으며, 영국이 레이더를 보유하고 있었다는 사실은 영국 공군으로 하여금 효과적으로 저항할 수 있게 해주었다. 전투는 박빙이었지만 결국 영국 공군은 공세력을 깨뜨릴 수 있을 만큼의 손실을 가하여 독일군으로 하여금 단념하도록 강제했다. 나중에 독일군은 영국 공군에서 민간표적들로 전환하여 공세를 계속했지만 감당할 수 없는 손실은 계속되었다. 종합해서 보면 두에의 이론과는 대조적으로 그 전역은 방어적 항공력의 승리였다. 처칠이 말했듯이 역사상 그 어떤 경우도 그토록 적은 이들에게 그토록 큰 은공을 입은 적이 없었다.

다음으로 독일군은 노르웨이와 저지대 국가들에서 학습했던 교훈들을 재확인하고 확장시키면서 크레타에서 공수부대에 의한 강습을 수행했다. 바다로부터 거의 지원을 받지 못했던 그 전역은 역대 가장 극적인 것이었다. 그것이 끝났을 때 히틀러는 독일 의회에 "독일군 병사들은 무엇이든지 할 수 있다!"고 말했다. 사실 침공군에 발생한 사상은 매우 심각하여 히틀러조차도 말타(Malta)를 대상으로 실험을 반복할 생각을 전혀 갖지 못하게 만들었다. 한 달도 채 못 되어 크레타에서의 작전은 독일의 소련 침공에 의해 위축되고 말았다. 독일 공군은 적에게 기습을 가해 첫 4일 동안에만 약 8000대의 적 비행기를 파괴했으며, 그것들 중 대부분은 지상에서 그렇게 되었다. 그렇게 함으로써 그들은 지상에서의 성급한 진격을 위한 길을 열어 독일국방군으로 하여금 시작된 지 6개월 후에는 모스크바의 입구에 도달할 수 있게 해주었다.

진주만 공격이 미국의 참전을 야기한 후에 전쟁은 전 세계적인 차원을 갖게 되었다. 그러나 항공력이 없었다면—어떤 형태의 해군항공도 보유하고 있지 않았던 독일은 이에 대한 답을 진정으로 가지고 있지 못했다— 대서양에서의 잠수함전은 다르게 끝날 수 있을 가능성이 다분했다. 영국은 식량, 원료, 석유의 부족 때문에 항복할 수밖에 없었다. 매우 효과적인 형태의 항공력, 특히 일본이 전간기 동안 개발하여 중국에서 시험했던 뇌격기가 없었다면 일본의 태평양과 남동 아시아로의 팽창은 전적으로 불가능했을 것이다. 그러나 미국의 항공력 —지상기반과 해상기반을 통틀어, 그러나 특히 해군전력과 긴밀하게 협력하는 항공력 —은 일본으로 하여금 그들의 본토로 퇴각하게 만드는 진전을 이루어내는 데 매우 중대한 역할을 수행했다. 주로 근접항공지원과 차단 형태의 항공력은 독일국방군과 소련군 간의 아주 거대한 투쟁에서도 중요한 역할을 수행했다. 처음에는 독일 공군이 공중우세를 누렸지만 전쟁 말기로 가면서는 소련군이 우세를 확보했다. 독일과 서부 연합군 간의 전쟁에서 공중우세의 역할은 훨씬 더 컸다. 이탈리아의 산악지대 상공에서보다는 북아프리카와 서유럽에서 발견되는 종류의 편평한 개활지 상공에서 항공력은 상당 정도 더 효과적이었다.

지리, 전략, 기술, 산업적 능력에 따라 일부 교전국은 다른 국가들보다 더 항공력을 발전시켰다. 그러나 그들은 서로 간에 모든 가능한 형태와 모든 가능한 결합을 통해 항공력을 사용했다. 일본에 대항한 전쟁은 독일과 이탈리아에 대항한 전쟁과 달랐지만, 두 경우 모두에 있어 지상 및 해상 기반 항공력은 엄청난 규모로 사용되었다. 작전은 지상기반부터 항공모함 기반까지, 공격부터 방어까지, 정찰부터 감시까지, 연락부터 경항공기를 날아다니는 지휘소로 사용하는 것까지, 근접항공지원부터 차단까지, 수송부터 공수부대강습까지 다양했다. 적어도 한 경우에는[데미얀스크 포켓(Demyansk pocket)으로 알려진, 1941~1942년 동부전선에서 있었던 독일 병력에 대한 소련군의 포위] 상당한 규모의 지상전력이 공중을 통해서만 몇 달을 생존할 수 있었다. 그와는 대조적으로 스탈린그라드에서 있었던 동일한 시도는 실패했다. 한때 "낙타 혹" 상공을 비행하던 수송기는 연합군과 중국 간에 유일한 연결 수단을 제공했다. 가용한 우세한 항공력이 없었다면 시칠리아, 살레르노(Salerno), 안치오(Anzio), 노르망디에서 연합군의 상륙은 불가능했을 것이다. 한편, 1944년 9월 아른험(Arnhem)에서 발생했던 것처럼 항공력도 실패 사례를 보유하고 있었다.

영국전투는 독일 공군의 패배로 끝났지만, 전략폭격에 관한 두에 이론의 유용성은 다른 시기의 다른 전구에서는 상당 정도 확인되었다. 1941년에 독일 본토에 대한 영국의 공중공격은 하늘 아래의 민간인들보다는 공중승무원들 사이에서 더 많은 사상자를 유발했던 데 비해 1942년 5월은 영국 공군이 그 첫 '1000대 항공기'를 이용한 공습을 감행해 쾰른의 상당 지역을 폐허로 만들었다. 1943~1945년에 수천 대의 영국 및 미국 폭격기들이 체계적으로 독일을 강타하여 조각내는 일에 착수했다. 그것들은 처음에는 도시를, 다음에는 산업설비를, 그다음에는 정유공장을, 그리고 마지막으로는 교통중심지들을 공격했다. 1945~1946년 미국 전략폭격조사단에서부터 시작하여 독일 제3제국을 무릎 꿇게 하는 데 항공력 전반, 특히 전략폭격이 수행한 정확한 역할이 역사가들에 의해 뜨겁게 논쟁되었다. 그러나 도심지 부근 몇 마일 내에 지붕이 멀쩡한 채 남아 있는 건물이라고는 하나도 없었던 전쟁 직후의 베를린 사진을 본 적이 있는 사람이라면 항공력의 역할이 실로 매우 컸다는 점을 의심할 여지가 없다.

태평양에서는 관련된 거리가 유럽에서보다 길었으며, 이는 연합군 항공력이 그 영향력을 발휘하는 데 더 많은 시간이 걸렸음을 의미했다. 그러나 전쟁의 마지막 달 동안에 일본도 그 도시들을 체계적으로 재로 만들어버렸던 거대한 전략폭격 공세에 직면했다. 그 공세의 결정적인 한 방은 1945년 8월에 발생했다. 처음에는 히로시마가, 다음에는 나가사키가 공중으로부터 전소되었으며, 사상자의 수는 수십만 명에 달했다. 그 결과 일본이 할 수 있는 일이라고는 항복밖에 없었다. 그 폭탄을 만들어냈던 오펜하이머(Robert Oppenheimer)는 자신이 한 일을 바가바드 기타(Bhagavad-Gita)•를 인용해 "이제 나는 죽음(Death) 그 자체, 즉 세계의 파괴자가 되었다"라고 묘사했다. 항공력은 그야말로 세계를 지배할 수 있는 지위를 확보한 듯이 보였다. 어떤 표적이든지 몇 개의 폭탄만 떨어뜨리면 어떤 종류의 저항도 사라질 것이었다. 1945년 8월은 다른 전력의 지원을 적게 받으며, 또는 그것이 전혀 없이도 전쟁의 결과를 결정지을

• 힌두교의 2대 서사시의 하나인 마하바라타(Mahabharata)의 일부이다.

수 있는 항공력의 능력에 대한 두에의 믿음을 결국 옹호해주는 대신에 항공력(그리고 석기시대부터 이해되어온 것과 같은 재래식 전쟁)이 쇠퇴의 길에 접어들게 되는 지점이 되고 말았다. 분명 이것은 노력, 투자, 또는 독창성의 부족에 기인한 것이 아니었다. 이 전쟁의 마지막 몇 달 동안에 독일은 이미 최초의 제트항공기를 취역시켰다. 몇 년 내에 이러한 항공기는 거의 모든 프로펠러 추진 비행기들을 고철 신세가 되게 만들었다. 그러한 발전을 주도했던 전투항공기들은 계속해서 더 커지고 더 빨라지고 더 무장을 잘 갖춰가고 있었다. 그러나 수송기, 정찰기, 그리고 항공전력이 작전을 수행하고 전투를 하는 데 필요한 다른 모든 종류의 항공기도 마찬가지였다. 1950년대 말부터 대공포는 지대공미사일에 의해 상당 정도 대체되어 전자는 저고도 공격에 맞서 점표적들을 방어하는 목적으로만 계속 쓰이게 되었다. 전투기들도 공대공과 공대지 미사일로 무장하기 시작했다. 1945년 이후 헬리콥터의 도입은 항공전력에게 먼저 광범위한 지상설비를 준비할 필요 없이 이륙과 착륙할 수 있는 능력을 제공해주었다. 그러나 속도, 탑재능력, 비용 면에서 보았을 때 헬리콥터는 결코 고정익 항공기의 능력에 근접할 수 없었다.

무엇보다도 그때는 미사일 시대였다. 제2차 세계대전에서 독일은 그러한 장치의 부정확성을 고려해보았을 때 그 비용이 가치보다 더할 수 있었음에도 불구하고 미사일과 순항미사일을 매우 대규모로 개발하고 사용했다. 전쟁이 종결되자 많은 경우 독일의 과학자, 공학자, 기술자 들의 도움을 받아 그러한 무기의 개발은 계속되었다. 1950년대 동안에 가장 중요한 국가들은 모두 탄도미사일을 자신들의 병기목록에 포함시키기 시작했다. 1950년대 말에 이르면 미사일은 항공력이 대기권으로부터 우주공간으로 확장될 수 있게 해줄 수 있을 만큼의 충분한 사거리를 확보한 상태였다. 점점 더 많은 지구선회위성들이 궤도에 오르면서 그것들은 일기예보, 정찰, 감시, 피해평가, 항법, 통신, 그리고 그와 유사한 다양한 임무를 위해 점점 더 큰 중요성을 갖게 되었다.

그 모든 것들 중 가장 중요한 것은 지대지미사일의 발전이었다. 그것들 중 일부는 다른 어떤 지점으로부터도 지구상의 거의 모든 지점에 도달할 수 있는 대륙 간 사거리를 갖고 있었다. 공중에서 요격하거나 지상으로부터 격추할 수 있는 유인항공기와는 달리 그러한 미사일은 표적을 향해 가는 동안 멈추게 할 수 없었다. 그 기지가 이동식이거나 적절히 엄폐되거나 강화되면, 그것들은 또한 발사되기 전에 파괴하기가 극도로 어려웠다. 항공력의 힘 자체, 또는 문구 그대로 "우리가 아는 문명을 끝장낼 수 있는" 능력은 이제 그것에 반하는 쪽으로 작용하기 시작하고 있었다. 아마도 1945년 이후의 가장 예지력 있는 전략가인 브로디는 대항할 수 없을 정도로 강력한 무기는 사용되지도 못한다는 점을 지적한 최초의 인물 중 한 사람이었다. 그것을 사용하는 것은 자살과 같은 일이다.

익히 짐작할 수 있듯이 모든 곳의 공군 지휘관들이 이러한 상황에 순응하지 못했다. 수십 년 동안 그들은 세계를 반드시 방사능의 사막으로 탈바꿈시키지 않고도 자신들이 사용할 수 있는 가장 강력한 무기를 사용 가능하게 해줄 방법을 찾기 위해 재산뿐 아니라 엄청난 지적 자본도 소비했다. 그러나 결국 그들은 성공하지 못했다. 점점 더 많은 국가가 핵무기와 그것을 투발할 수 있는 수단을 확보해가고 있지만 그들 중 어떤 나라도 그러한 무기를 사용해본 적은 없다. 그 대신에 대부분의 국가는 다른 국가들과의 관계에 점점 더 구속되어 가고 있는 스스로를 발견했다.

해당되는 국가의 항공력을 관리하는 책임을 맡은 이들의 관점에서 볼 때 더욱 나쁜 점은, 미사일이 핵무기를 표적까지 투발하는 주요한 도구가 됨에 따라 그러한 미사일이 왜 공군의 일부가 되어야 하는지, 또는 왜 공군이 다른 군종과 독립되어야 하는지에 대한 납득할 만한 이유가 존재하지 않는다는 점이었다. 예를 들어, 이미 제2차 세계대전에서 V-2 탄도미사일을 개발하여 제작하고 운용했던 것은 독일 공군이 아니라 독일 육군이었다. 전쟁이 끝날 무렵에는 그러한 미사일의 생산이 친위대(SS)의 감독 아래 놓였다.(그 지휘관의 거대한 야심을 고려했을 때 그것의 전개와 더불어 사용까지도 감독하는 것은 피할 수 없는 것이었다.) 새롭게 창설된 공군에게 뒤처지는 것을 두려워한 미 해군은 1948년에 핵능력을 갖춘 자체적인 항공기를 요구하여 획득했다. 나중에 미 해군은 공군이 그랬던 것처럼 탄두를 표적에 투발할 수 있는 잠수함 발사 미사일 전력을 선구적으로 발전시켰다. 잠수함이 지상기반 미사일 기지보다 방어하기에 용이한 한 그것은 우수한 전력이었다. 강대국 소련은 자신들의 공군을 전술적인 것과 전략적인 것으로 쪼개놓았다. 전략공군은 소련이 소수밖에 보유하고 있지 못했던 단거리 폭격기들과 다수를 보유하고 있었던 대륙간 탄도미사일 모두를 책임졌다. 이러한 특별한 배열이 갖고 있는 장점이 무엇이든지 간에 그것은 일을 하는 방법에는 한 가지만 존재하는 것이 아니며, 괴링이 공식화했던 것처럼 "날아다니는 모든 것"을 단일한 군종의 지휘하에 두는 것이 반드시 유일한 가능한 길이거나 심지어 최상의 길은 아님을 분명히 보여주었다.

자신들이 보유하고 있던 그때까지 가장 강력한 무기를 그때까지 가장 강력한 적에 대해 사용할 수 없게 된 공군들은 그보다 덜한 작전으로 주의를 돌렸다. 그렇게 하면서 한 세대의 항공기, 미사일, 그리고 (아마 가장 중요하게도) 전자장비가 다른 세대의 뒤를 이었다. 항공기의 속도, 항속거리, 한계고도, 상승능력, 그리고 1975년경부터는 그것의 기동성(앞선 세대의 제트기들은 속도를 위해 이것을 희생하는 경향이 있었다)과 같은 모든 것이 급속하게 증가되었다. 그럼에도 불구하고 훨씬 더 복잡하고 정교해졌음에도 많은 면에서 근본적인 변화는 없었다. 실상은 1개 국가만이 어떤 형태이든지 전략적인 공중공세를 감행하기에 충분한 수의 중폭격기를 보유하고 있었음에도, 항공력은 여전히 제2차 세계대전으로부터 등장했던 체계에 따라 보통 전략적인 것과 작전적(차단을 의미한다)인 것, 그리고 근접항공지원으로 나눠졌다.

한국전쟁, 1973년 10월 전쟁(이스라엘군으로 하여금 특히 시리아에 대해 선제타격을 개시할 수 없게 만든 이유들 중 하나가 뒤덮인 구름이었다), 코소보 전쟁이 입증해주었듯이 항공력의 효과성은 어느 정도 계속해서 지형과 기상에 달려 있다. 항공력을 보유하지 못했거나, 전쟁 초기에 그것을 손실당했거나(1967년에 이집트군, 1991년에 이라크군에게 발생했던 일과 같은), 어떻게 그것을 제대로 운용할 수 있는지를 알지 못했던 재래식 군대는 상당한 어려움에 빠져 있는 자신을 발견했다. 한편, 항공력 자체가 승리를 가져온 적은 결코 없었다. 중동전쟁들, 인도-파키스탄 전쟁들, 포클랜드 전쟁, 걸프 만에서의 전쟁들은 발발하고 또 종결되었다. 적어도 1991년까지는, 그리고 그때를 포함하여 그러한 전쟁들은 케셀링(Albert Kesselring),• 갈란드(Adolph Galand),•• 다우딩,••• 포털(Charles Portal),•••• 이커,••••• 아놀드•••••• 등과 같은 지휘관들이 인지하지 못하

• 제2차 세계대전기 독일 공군의 원수로서 나치 독일의 가장 유능한 지휘관 중 한 명이다.

•• 제2차 세계대전기 독일 공군의 에이스로서 총 705회의 전투임무 수행 중 적기 104기를 격추했다. 훗날 중장까지 진급했다. Adolph Galland가 옳은 표기이다.

••• 제2차 세계대전 영국전투 시 전투기사령부를 지휘했다. 훗날 영국 공군의 원수가 되었다.

•••• 제2차 세계대전 초기에는 영국 공군 폭격기사령부 사령관, 나머지 기간에는 공군참모총장을 역임했다.

••••• 제2차 세계대전기 미 육군항공군의 장군으로서 1942년 12월부터는 제8공군을 지휘했다.

거나 공부를 하고서야 숙달할 수 있는 것이라고는 거의 소개하지 못했다.

항공기와 그 보조체계의 질은 내내 개선되고 있었지만, 1945년 이후 양적으로는 상황이 악화되었다. 진행되던 상황을 보여주는 한 가지 예만 언급하자면, 제2차 세계대전이 한창일 때 미 육군항공군은 400만 명에 이르는 남녀를 보유하고 있었다. 반세기 뒤에 미 공군은 그 수의 불과 1/8만을 보유하고 있었다. 1944년에는 평균 매 5분마다 1대의 군사항공기가 미국의 조립라인에서 생산되고 있었다. 그와는 대조적으로 지구상에 남겨진 유일한 "초강대국(hyperpower)"인 미국은 1995년의 전 기간을 통틀어 수송기와 헬리콥터를 포함해 127대만을 생산해냈다. 미 공군이 운용했던 항공기들 중 일부는 그것을 조종하는 조종사들보다 수십 년이나 오래된 것이었다. 역으로, 공군참모총장 맥픽(Merrill A. McPeak) 대장이 1993년에 필자에게 말했듯이, 새로운 항공기의 조달은 너무 늦게 진행되어 어느 날 그것을 조종하게 될 이들은 조달이 승인될 당시에는 여전히 유치원에 있었다.

부분적으로 그런 쇠퇴는 이전에 유인항공기에 의해 수행되었던 일부 임무들이 미사일과, 나중에는 원격조종항공기(RPV)와 같은 무인체계에 의해 대체되고 있었다는 사실에 기인했다. 그러나 더 큰 원인은 핵무기의 확산이 주요한 전쟁이 주요 국가들—'주요 국가'는 이미 핵무기를 보유하고 있거나, 그것을 문제가 되지 않을 만큼 신속하게 배치시킬 수 있는 국가로 정의된다— 사이에서 발발하는 것을 막았기 때문이다. 이러한 고려의 맨 위에 있었던 것은 비용문제였다. 먼저는 소련, 그리고 지금은 미국의 운명이 보여주듯이, 공중 무기체계나 지상과 해상 기반 무기체계나 할 것 없이 새로운 무기체계의 다수는 너무 고비용적이어서 어떤 나라도 그 과정에서 스스로를 파산시키지 않고도 그것을 얼마든지 확보할 수는 없었다.

항공력(그리고 재래식 전쟁 전반)의 사용이 이제는 거의 전적으로 3류와 4류 국가들 간 또는 그들에 대항한 전쟁으로 국한되면서 이론은 오도 가도 못하는 신세가 되어버렸음에 의심의 여지가 없다. 공군들 중 가장 중요한 공군으로서 미 공군에 초점을 두자면, 1980년대 말에도 여전히 그들은 그 이전은 아닐지라도 제2차 세계대전으로부터 직접적으로 파생된 용어로 논쟁—근접지원과 차단 대(對)"종심"전략폭격—을 만들어내고 있었다. 1939~1941년에 독일 공군이

······ 제2차 세계대전기에 미 육군항공군을 지휘했다. 라이트 형제에게 비행을 배웠다.

실행했던 칭찬이 자자했던 공지전투(AirLand Battle)에는 귀중한 것이 거의 없었다. 가끔 자칭 천재는 어떻게 새로운 항공기와 미사일이 전쟁을 혁명적으로 변화시키고 있는지, 그리고 항공력이 어떻게 쓰일 수 있고 어떻게 쓰여야 하는지에 대한 새로운 이론으로 논란을 일으킬 것이었다. 한때는 미사일이 변화를 발생시킬 것으로 가정되었으며 다음에는 헬리콥터였다. 그러나 대부분의 경우에 이론은 눈에 보이는 것보다 가치가 덜한 것으로 드러났다.

전체 기간을 통틀어, 이론가들이 줄곧 말하듯이 새로운 "패러다임"을 고안해내는 데 가장 근접했던 사상가는 미 공군의 워든 대령이었다. 워든은 변화의 가장 큰 책임을 지고 있는 것이 정밀유도무기라고 보았다. 적절한 정보와 지휘 및 통제(이러한 기능들 중 다수는 우주공간에 의해 공급되거나 그로부터 도움을 받았다)가 주어지면 그러한 무기는 "전략적"인 것과 "작전적이거나 전술적"인 것 간의 구별을 없애버릴 정도의 정밀성과 효과가 있게 사용될 수 있었다. 나아갈 길은 표적들을 "동심원(ring)"으로 나누는 것이었다. 그 가장 안쪽은 적의 지휘와 통제 설비로 구성되었으며 그 가장 바깥쪽은 그들의 군대로 이루어졌다. 스텔스 항공기와 정밀유도무기가 길을 선도하면서 그러한 동심원들은 안에서부터 밖으로 공격되어야 했으며, 우선은 마비를 확산시키고 그것이 잘 작동되지 않는 경우에는 파괴로 확대되어야 했다. 워든은 이러한 방식으로 하여 클라우제비츠는 논박될 수 있고 그렇게 되어야 한다고 주장했다. 두에까지 거슬러 올라가는, 공중만을 통해 적을 격파하고 전쟁에서 승리한다는 늙은 항공인의 꿈은 마침내 실현될 것으로 기대되었다.

1991년 이라크에서, 그리고 다시 한 번 1999년 코소보에서 워든의 이론은 시험대에 올랐다. 거의 틀림없이 두 경우 모두에 그것은 작동되었다. 그러나 그것은 너무나 허약하여 어떤 종류의 저항도 견뎌낼 수 없는 것으로 드러났던 상대에 대해서만 그랬다. 게다가 그것은 제2차 세계대전 이후 결집되었던 것보다, 또는 장차 결집될 수 있을 것으로 보이는 것보다 강력한 항공기 함대에 의한 몇 주간의 공격 후에만 그랬다. 게다가 그 어떤 전역에서도 승리는 완전하지 않았다. 이라크의 경우에 항공력은 작업을 완결하지 못하고 쿠웨이트의 실제적인 해방은 늘 그랬던 것처럼 지상에서 기동하는 지상전력에 의해 수행되어야 하는 것으로 드러났다. 코소보의 경우에는 숨어 있던 세르비아 육군이 대부분 멀쩡하게 남아 있었음이 나중에야 드러났다. 밀로셰비치 대통령이 항복하기는 했지만 그것은 북대서양조약기구가 수행한 항공전역의 효과성 때문이 아니라 당시에 정치적·경제적 입지에서 최악의 상태에 놓여 있던 러시아가 지지를 철회했었기 때문이다.

워든 개인적으로 보자면 혁신적인 그의 이론에 대한 보상은 많은 경우 그와 같은 종류의 선지자들에게 예약되어 있던 것과 같은 것이었다. 그는 진급을 거부당했으며 결국 퇴역할 수밖에 없었다. 그런 면에서 그의 운명은 미첼과 두에와 같은, 그에 앞선 이들의 운명을 반영하는 것에 지나지 않았다.

항공력과 게릴라

냉전기 항공 전사들은 지상과 해군 전력의 전사들과 마찬가지로 서로 싸우기 위해 계속해서 전력을 건설했지만 자신들의 엄청나게 강력한 무기들에 의해 점점 더 그러한 전력은 사용할 수 있는 길이 막히고 말았다. 그런가 하면 전혀 다른 형태의 전쟁이 확산되어 그 영향력이 체감되고 있었다. 수십 년 동안 이러한 형태의 전쟁에 적용된 이름은—몇 가지만 들어도— 비적(匪賊) 행위(banditry), 비정규전, 파르티잔 전쟁, 인민전쟁, 혁명전쟁, 국지전(brushfire war), 저강도 전쟁, 게릴라전, 비대칭전, 테러리즘, 반군활동과 같이 다양했다.

이러한, 그리고 기타의 이름들이 보여주듯이 문제가 되는 전쟁들은 극도로 다양하다. 이는 점점 더 그 위치가 침해당하고 있는, 국가 간의 정규적인 전쟁보다 훨씬 다양하다. 그럼에도 불구하고 그것이 어떤 것인지에 대한 피상적인 인상이라도 얻을 수 있는 길은 그것을 국가 간 전쟁과 대조해보는 것일 것이다. 그것의 우선적인, 그리고 가장 중요한 특징은 그것이 '반(反)삼위일체적(*non-trinitarian*)'이라는 점이다. 즉, 전쟁을 수행하는 정부 내에 존재하는, 싸우고 죽는 군대와 그에 돈을 지불하고 또 고통을 받는 민간주민 간의 고전적인 구분이 그러한 전쟁에서는 그와 같은 형태로 존재하지 않는다는 것이다. 그 대신에 삼위일체를 이루는 세 가지 요소 모두가 서로 뒤섞여 있다. 실제로 그것들이 뒤섞여 있어서 어느 정도는 적이 도달할 수 있는 범위 밖에 존재한다는 게 그것들이 오랫동안 성공적으로 존재하는 데 매우 중요한 요소를 이루고 있다.

둘째, 이러한 형태의 전쟁은 강력한 자에 맞서는 약자의 무기가 된다. 앞서 말한 명제와 더불어 이 같은 명제로부터 나머지 모든 것이 도출된다. 허약한 반군, 테러리스트, 게릴라, 자유투사 등은 정규적인 무장전력을 건설할 수 있는 능력이 없었다.(그것이 그들이 삼위일체를 무시하는 매우 중요한 이유의 하나이다.) 이런 역량이 결여되어 있는 그들은 섬멸전략에 임할 수 없으며, 소모와 지구전(이 주제에 대한 마오쩌둥 논문의 원 제목은 「게릴라전론(On Guerrilla Warfare)」이 아니라 「지구전론(On Protracted Warfare)」이다)에 의존할 수밖에 없다. 동일한 이유가 왜 가장 낮은 전술적 수준이 아닌 경우에는 그들이 자신들의 전력을 분산하고 민간주민들 사이에 숨으며 보급을 위해 그들에게 의존하는지를 설명해준다. 그뿐만 아니라 그것은 그들의 대부분 작전이 왜 은밀하게 수행되는지, 왜 그들에게는 전쟁에 대한 국제법을 준수하는 게 불가능하지는 않더라도 어려운지를 설명해준다. 아울러 그토록 많은 이들에 의해 그토록 빈번하게 논의되어왔던 다른 많은 사항—여기서 반복하여 언급할 필요성은 없을 것이다—에 대해서도 설명해준다.

그렇다면 그런 것들이 이러한 전쟁들의 가장 중요한 특성이 된다. 그러나 항공력은 그것들에 어떻게 작용했던 것일까? 전반적으로 보았을 때 답은 '매우 잘못' 작용되었다는 것이다. 만약 대(對)반군, 대게릴라, 대테러리즘 작전 등이 공통점을 가지고 있다면, 그것은 1945년 이래 있었던 100여 건의 그러한 투쟁에서는 거의 예외 없이 정규군, 점령군, 대반군작전군, "질서유지군(forces of order)", 또는 스스로를 어떤 이름으로 부르든지 간에 그들은 완벽하거나 거의 완벽한 제공권을 갖고 있었다는 점이다.

1936~1939년 팔레스타인 아랍 봉기에서 영국 공군의 노력을 예로 들어보자. 영국 공군이 제1차 세계대전 직후 이라크에서 '항공경찰' 작전을 수행함에 있어 그 수장들(이들은 공군을 2개의 보다 오래된 군종과 동등한 기반 위에 세우고자 싸우고 있었다)이 주장했던 것처럼 실로 효과적이었는지는 여기서 논의하지 않을 것이다. 팔레스타인 아랍인들이 봉기했을 때 그 나라의 치안을 책임지고 있던 영국 공군은 이라크에서의 자칭 성공을 거론하며 약속했던 것처럼 그러한 봉기에 대처하지는 못했다는 점을 얘기하는 것만으로 충분할 것이다.[1] 영국 공군 항공기들은 분명 반군들에 관한 정보를 제공해주었다. 그러나 많은 경우 그것들은 충분히 일찍 그리하지는 못했으며, 그러한 반군들을 전투로 이끌어 파괴할 수 있을 만큼 충분히 구체적인 정보를 제공하지도 못했다. 다른 경우에는 그러한 항공기들이 기상으로 인해 방해를 받았다. 영국 공군 항공기들은 도로를 통해 전진하는 군의 호송대를 호위했지만 제한된 체공가능시간으로 인해 보호를 계속 제공해줄 수는 없었다. 영국 공군의 항공기들은 폭탄을 투하하고 기총을 쏘면서 게릴라들과 교전했지만, 너무 흔히 그들을 파괴하는

대신 그들로 하여금 숨고 분산하게 만들었을 뿐이었다. 영국 공군 항공기들은 연락, 사상자 후송과 같은 다양한 다른 과업도 수행했다. 제1차 세계대전식 빈티지 라이플로 무장하여 때때로 무차별 사격을 가했던 마을 사람들을 제외하면 그러한 항공기는 전혀 대적되지 않았다. 그럼에도 불구하고 그것들은 반군 활동을 극복하는 데는 성공하지 못했다.

1937년에 영국은 이러한 사실들로부터 스스로 결론을 도출했다. 1922년 위임통치가 확립된 이래 팔레스타인 방어의 전반적인 책임은 영국 공군의 수중에 놓여 있었다. 이제는 그런 책임이 박탈되어 육군과 그 배후에 있는 육군성(War Office)으로 옮겨졌다. 포와 장갑차를 완비한 2개 육군사단이 반군활동을 진압하기 위해 투입되었다. 그 책임자는 딜(John Dill)과 몽고메리(Bernard Montgomery) 장군과 같이 영국에서 가장 유망한 지휘관들이었으며, 두 사람은 모두 장차 제국 총참모부(Imperial General Staff) 의장의 자리에 오를 것이었다. 분명 영국 공군은 작전을 계속했지만, 이번에는 주요 작전수행군이 아니라 보조군으로서 그렇게 했다.

결국, 결과는 엇갈렸다. 5000명 이상의 팔레스타인 아랍 반군들을 죽이고(영국군에서는 200명이 안 되는 장병을 잃었다) 방대한 파괴를 가한 영국군은 군사적으로는 봉기를 분쇄하는 데 성공했다. 그러나 승리가 정치적 양보를 통해 달성되었다는 점에서는 분명 미완결된 과업이었다. 1939년에 체임벌린 정부가 백서를 발간했을 당시 그것은 심지어 10년 내 "독립을 향한 진전"을 포함하는 거의 모든 팔레스타인의 요구를 승인했다.

이러한 작전에서 영국 공군이 사용했던 가장 중요한 항공기는 글로스터 글래디에이터(Gloster Gladiator)였다. 그것은 850마력의 엔진을 갖추고 시간 당 250마일의 최고 속도를 낼 수 있는 3000파운드 복엽기였으며, 하단 날개 밑에 기총으로 무장하고 있었다. 다른 항공기들은 폭탄을 탑재하고 그것들을 투하했다. 분명 이것은 나중의 초음속 제트기뿐 아니라 영국의 허리케인(Hurricane)과 같이 당시의 가장 발전된 전투기들과도 동떨어진 것이었다. 그럼에도 불구하고 그것들은 공중에서 아무런 적과 대적하지 않았으며 지상에서의 저항도 무시할 만했다는 점에서 글래디에이터에게 장점이 없는 게 아니었다. 그것은 정교한 지상설비를 전혀 필요로 하지 않고 간단한 활주로에서 이착륙할 수 있었다. 그것은 수리 및 운용하기 용이했고, 이는 단시간 내에 많은 소티를 비행할 수 있는 능력으로 변환되었다. 그것은 움직이는 지상전력을 호위할 수 있을 정도로(F-16이 그렇게 하고 있다고 상상해보라!) 충분히 느렸으며 극히 기동성이 뛰어났다. 이는 글래디에이터에게 폐쇄된 지형—게릴라들은 이런 지형을 선호했다—에서 게릴라들에게 사격을 가할 때 이점을 제공해주었다. 마지막으로, 그렇지만 중요도가 결코 덜하지는 않은 점은 비행하는 각 소티가 많은 비용을 소비하지 않았다는 점이다. 모든 상대적인 저성능에도 불구하고 당시의 항공기들은 많은 면에서 그것들이 투입된 목적에 적합했다.

1936~1939년에 팔레스타인에서 영국군에 의해 쓰였던 이야기가 상당 정도 1941~1944년에 발칸에서 점령군 독일과 소련에 의해 반복되었다. 아마도 연합 제병이 늘 그들의 모토였기 때문에 영국군과 달리 독일군은 항공력만으로 "도적들"을 진압할 수 있다는 환상은 결코 갖고 있지 않았다. 영국은 늘 도덕적 양심을 잃지 않았으며 무차별적인 살육은 주민들을 더욱 결연해지게 만들 뿐이라는 점을 두려워했던 반면, 독일은 필요하다고 생각된 일은 뭐든지 행할 준비가 훨씬 더 잘 되어 있었다. 독일 공군이 "도적들"과 싸우는 데 제1선의 항공기들을 사용하지 않았다는 점은 자명하다. 그것들은 1939~1942년의 대공세를 지원할 때, 그리고 나중에는 독일 자체에 대한 연합군의 공중공격에 저항하려고 필사적으로 노력할 때 더 잘 사용될 것이었다. 그러나 특히 발칸에서 독일 공군이 완벽한 제공권을 누렸다는 점을 고려해볼 때 그들이 사용한 항공기는 충분히 강력했다. 예를 들어 스투카(Stuka)는 영국의 스핏파이어에 맞서 작전을 하기에는 너무 취약했지만 티토의 파르티잔들에게는 정확한 화력을 가할 수 있었으며 또 그렇게 했다. 글래디에이터의 경우처럼, 나중에 등장하는 것들과 비교했을 때 그것들은 상당한 이점을 누렸다.

이 슬픈 이야기를 계속해서 늘어놓아야 할까? 1945년경부터의 전쟁사에 대해 아주 약간만이라도 낯익은 독자에게라면 분명 그렇게 하는 게 불필요하다. 세계에서 가장 중요한 공군들은 전부가 서로의 국가에 대해 핵폭탄 투하 준비를 하느라 바빴다. 가장 중요한 공군들 모두는 서로에 대해 재래식 전쟁을 수행할 준비 또한 했다. 그러나 그들은 핵전쟁 확전을 두려워한 나머지 실제로는 3급이나 4급의 상대에 대해서만 싸울 수 있었다.

이 모든 것이 사실이라 할지라도 팔레스타인, 말레이 반도, 케냐, 키프로스, 아덴에서 영국은 완벽한 제공권을 누렸다. 인도차이나(베트민이 중국으로부터 제공받은 대공포를 사용했던 디엔비엔푸 전투는 제외하고)와 알제리에서 프랑스군, 베트남(북베트남 상공을 비행할 때는 제외하고)에서 미국군, 아프가니스탄에서 소련군, 레바논에서 이스라엘군, 그리고 이루 다 셀 수 없는 많은 다른 경우에도 마찬가지였다. 거의 항상 새로운 기술장비가 등장하여 항공전력에 통합되었으며—그것이 제트엔진이든, 후퇴익 전투기이든, 공대지미사일이든, 헬리콥터이든, 전자기어(electronic gear)이든, 전방시현장치(heads-up display)이든, 전방감시 적외선 레이더(forward-looking infrared radar)이든 가리지 않고— 순식간에 대반군작전에도 쓰이게 되었다. 그러나 기술혁신도 제공권도 그 항공전력들에게 승리를 가져다주지는 못했다. 물론 그러한 항공전력을 뒷받침해주었으며 그들을 가능하게 해주었던 엄청난 비용과 노력도 그렇게 하지는 못했다.

"대반군작전 수행자"가 패배하고 축출당할 때마다 왜 그가 그의 목적을 달성하는 데 실패했는지에 대한 많은 설명이 존재했다. 이를테면 이랬다. 첫째, 당시 공군에게는 충분한 독립성이 주어지지 않았으며, 이는 무지한 지상지휘관이 공군의 능력을 잘못 사용했음을 의미했다. 둘째, 당시 공군에게는 너무 많은 독립성이 주어졌으며, 이는 그들이 필요한 만큼 지상전력과 협력하지 않았음을 의미했다. 셋째, 당시 대반군작전 수행자들이 사용했던 항공기들—이것들은 같은 종류의 다른 항공기와 싸우기 위해 설계되었던 것들이다—은 대반군작전에 적합하지 않은 것으로 판단되었다. 넷째, 다른 경우에는 그것들이 적합한 것으로 판단되었지만 상부로부터 미시적으로 관리되고 패배를 당하도록 구성되어 있었다. 일부는 OODA(관찰, 판단, 결심, 행동)의 순환과정을 가속시키고 "민첩한" 게릴라들을 잡기 위해 자체적인 전투기, 수송기, 헬리콥터, 정보, 통신, 공수부대를 가진 전문적인 공군이 창설될 필요가 있다고 주장했다. 다른 이들은 이에 대해 제2차 세계대전 시 독일 공군은 실제로 서로 다른 모든 항공기들로 구성된 부대들을 운영했으며 그 휘하에 공수부대 또한 보유했었다고 답변했다. 한 가지 예만 들자면, 1944년 1월 뢰셀스프룽 작전(Operation Rösselsprung)은 그러한 부대를 사용했지만 그 작전이 지향했던 유고슬라비아 파르티잔들을 격파하는 데는 성공하지 못했다.

이러한, 그리고 그와 유사한 질문들은 논쟁거리가 될 수 있다. 그럼에도 불구하고 거의 모든 이들은 현대 항공전력이 사용할 수 있는 가장 강력한 도구—즉, 그들의 고성능 전투항공기들—는 대반군작전 임무에 이상적이지 않다는 데 동의한다. 프랑스군은 고정익 항공기와 헬리콥터 모두를 운용했던 데 반해 그들의 적(인도차이나와 알제리)은 그들의 전투서열에 그와 같은 기계를 1대도 갖고 있지 못했던 경우를 보라. 그때까지 배치되었던 가장 강력한 항공기들로 구성되어 있는 가장 강력한 항공함대가 제2차 세계대전 동안 독일과 일본 두 나라에 투하되었던 총량보다도 2배나 많은 600만 톤의 폭탄을 투하했지만 패배를 면할 수 없었던 베트남을 보라. 또한, 아프가니스탄에서 현재 진행 중인 작전은 말할 것도 없고, 부시(George W. Bush) 대통령이 2003년 5월에 "주요전투작전"의 종료를 선언한 뒤 미국의 항공력이 매우 제한적인 역할만을 수행했던 이라크를 보라.

아마도 이 점과 관련하여 가장 흥미로운 경우는 레바논 헤즈볼라에 대한 이스라엘의 2006년 전쟁일 것이다. 첫 며칠 동안은 세계에서 동급 최강인 것으로 널리 믿어졌던 요원들이 조종하던 이스라엘의 F-15와 F-16들이 실로 매우 효과적인 작전을 수행했다. 그들은 1991년에 슈워츠코프와 호너가 전적으로 실패했던 곳에서 성공을 거두어 적의 거의 모든 장거리(60마일) 미사일 발사대를 발견한 지 몇 분 내에 파괴했다. 그러나 남아 있는 40일간의 전쟁 동안에는 수천 소티를 비행했지만 그러한 항공기들은 거의 아무것도 달성하지 못했다. 상대적으로 작고 잘 감추어져 있는 무수히 많은 단거리 카추샤 로켓에 대적하여 그것들은 사실상 속수무책이었다. 로켓 1개는 기껏해야 몇 백 달러밖에 들지 않았지만 F-15와 F-16의 가격표는 4000만~1억 달러에 달했으며, 그에 비례하여 작전비용도 치솟았다. 이러한 기계를 운용할 수 있는 조종사를 훈련시키는 것만 해도 몇 년이 걸렸으며 몇 백만 달러를 소비했다. 그와 같은 상황 아래서 공군이 할 수 있는 것이라고는 그들을 운영하는 주체가 되는 국가의 국가적 채무를 증가시키는 것뿐이다.

항공력에게 적용되는 것은 우주에 더 잘 적용된다. 스푸트니크(Sputnik)가 발사된 지 반세기 뒤에 우주는 핵전쟁과 재래식 전쟁 모두를 수행하는 데 필수가 되었다. 이러한 사실은 지구선회위성을 발사하는 국가의 수가 증가하는 것뿐 아니라 날아다니는 우주 쓰레기의 양이 증가하는 것에도 반영되어 있다. 그럼에도 불구하고 스푸트니크 발사 이래 반세기가 지났어도 여전히 위성은 사격하지 못하고 있다. 위성들이 언젠가는 사격을 가능하게 해주는 무기를 제공받게 될 것인가에 대해서는 고려해볼 가치가 별로 없다. 우주에서 운용하는 것의 비용을 생각해볼 때 위성에 무기를 장착하는 것은 그러한 무기가 실로 엄청난 파괴력을 가해주지 못하는 한 이치에 맞지 않는다. 이에 설상가상으로 우주기반 무기는 어떤 면에서 지상이나 해상 기반 무기에 비해 적의 행동에 더 취약할 수 있다. 한편, 우리는 사실상 어느 지점으로부터도 지구상의 어떤 지점을 파괴시킬 수 있는 수단을 오래전부터 확보해놓은 상태이다. 그렇다면 왜 우주에 신경을 쓴단 말인가? 설령 무기가 우주에 기반을 둔다 해도 그것을 지구의 방향으로 발사하는 것은 그것이 무엇을 달성할 수 있을지라도 테러리스트들과 싸우는 데 도움이 될 가능성이 극히 적다.

대반군작전 수행자들이 실패를 거듭하게 되면서 헬리콥터, 원격조종항공기, 그리고 가장 최근에는 무인기와 같은 새로운 기술의 사용을 통해 그러한 문제들을 해결하거나 적어도 완화시켜보려는 시도가 이루어졌다. 겉으로는 그런 항공기들이 고성능 전투기들에 비해 대반군작전에 훨씬 더 적합해 보인다. 이는 그것들이 보다 작고 느리며 기동성이 뛰어나고, 표적들에 더 가까이 근접할 수 있으며(이는 보다 높은 정확성으로 변환되곤 한다), 원격조종항공기와 무인기의 경우에는 보다 저렴하고 덜 필수적이어서 그 손실을 감당하기 용이하기 때문이다. 바로 그렇기 때문에 그것들이 진정으로 공군의 일부가 되어야 하는지에 대해서는 물음을 제기한다. 흔히 그런 것처럼 주된 위협이 반군활동과 그 다양한 부류의 활동임을 가정해보자. 그리고 일부 분석가들이 주장하듯이, 반군활동에 맞서 싸우는 데 있어 가장 중요한 문제는 대반군작전 수행자들의 OODA 순환고리를 어떻게 단축시킬 것인가 하는 점이라고 가정하자. 이러한 가정들이 사실이라면 혹자는 독립공군이 여전히 필요한지를 의아해할 수 있다.

지금까지의 논의에 결말을 짓기나 하는 듯이 이곳저곳에서 실패한 대반군전역의 황무지 속에서 성공적으로 싸웠지만 궁극적으로는 패배하고만 대반군작전을 찾아내는 게 가능하다. 근본적으로 다르지만 두 가지 매우 좋은 예는 북아일랜드 "골칫거리(Trouble)"(1969~2003년)와 1982년 1월에 함마(Hamma) 시에서 발생한 이슬람 봉기에 대한 시리아의 진압이다.[2] 영국이 헬리콥터와 원격조종항공기를 사용한 것을 제외하면 항공력은 이러한 투쟁에서 아무런 역할도 하지 못했다. 실제로 이 장을 쓰고 있었던 2008년 4월에도 미국 내에서는 미 공군이 이라크와 아프가니스탄에서 육군과 해병을 충분히 지원하지 못하고 있다는 주장이 존재했다.[3] 항공력이 매우 제한적인 용도를 갖게 되는(그리고 그것이 더 많이 사용되는 경우에는 지상전력에 매우 잘 재흡수될 수 있는) 다양한 형태의 비대칭 전쟁과 다른 한편의 핵전쟁(이 전쟁은 자살하는 것과 같은 대가를 치르고서야 수행할 수 있고, 어쨌든 지대지미사일이 쓰일 가능성이 훨씬 더 높다) 사이에서 항공력은 분명 실로 곤경에 처해 있다. 이를 부인하려고 시도하는 이는 현실을 외면하는 것에 지나지 않다.

항공력의 종말을 향하여?

시간: 1996년 여름/ 장소: 호주 수도구역(Capital District)의 캔버라(Canberra)에 있는 의사당/ 때: 호주 공군 75주년을 기념하기 위한 컨퍼런스/ 주제: 2020년의 항공력. 약 3000명의 남녀 군인들 앞에서 필자는 이상의 주장들 중 일부를 사용하면서 2020년에는 아마도 아무런 항공력이 존재하지 않을지 모른다고 말했다. 훌륭하게도 청중들은 그 메시지를 재미있는 유머로서만이 아니라 상당한 박수로 받아들였다. 아마도 이는 그 시점이 되면 자신들 중 거의 모두는 퇴역할 것이라는 점을 그들이 알고 있었기 때문일 것이다.

우리는 이미 그 기간의 절반까지 와 있다. 그러한 예언의 어느 정도가 실현되고 있을까? 호주 공군에 대한 고찰은 답의 일부를 제공해준다. 이 기간 전체 동안에 호주 공군은 단 1대의 적 항공기도 격추시키지 못했으며 단 1대의 새로운 전투항공기도 구매하지 못했다. 그렇기 때문에 그들의 전투서열에 있는 전투항공기의 수는 106대에서 72대로 감소했다. 미국의 경우 그에 해당하는 수치는 3002대에서 2159대였다. 중국의 경우는 4600대와 2785대였다. 독일은 360대와 269대였다. 일본은 360대와 263대였다. 싱가포르는 137대와 101대였다. 인도는 778대와 738대(해군항공 제외)였다. 이스라엘은 449대와 335대였다. 이런 전력의 대부분에서 소모는 해마다 전투서열이 약 3% 감소하게 만들고 있는 것으로 보인다. 2008년 4월 11일에 이스라엘 신문 ≪예디옷(Yediot)≫에 보도된 외무장관 이바노프와의 인터뷰에 따르면, 러시아의 경우에 새로 구입한 군사항공기의 수는 1992~1997년에 100대이던 것이 2000~2007년에는 2대에 불과했다. 공대공과 공대지 미사일뿐 아니라 전자기기에서의 진보가 2006년에 가용했던 다수의 항공기를 그 이전의 것들에 비해 훨씬 더 유능하게 만들어주었음은 사실이다. 이는 아마도 그것들이 충돌한다면 소모가 불과 며칠 만에 작전을 종결지어버리게 될 것—그 뒤에는 사람들이 서로 싸우기 위해 남겨놓을 수 있는 "공중수단"이라고는 연(kite)밖에 없게 될 것이다—이라는 점을 의미한다.

전투항공기의 수는 감소되고 있는 반면 우주선, 지대지미사일, 헬리콥터, 원격조종항공기, 무인기의 수는 급격히 증가하고 있다. 의심의 여지없이 이 모든 것들은 항공력이 그 표적에 도달하고 그것을 파괴할 수 있는 능력을 몇 배나 증가시켰다. 그럼에도 불구하고 우주선을 제외한다면, 그것들이 왜 독립된 군종의 일부가 되어야 하는지에 대한 설득력 있는 이유는 사실 존재하지 않는다. 아마도 가장 긴 사거리를 가진(그래서 우주발사 기기로도 기능할 수 있는) 것들을 제외한다면 지대지미사일은 육군과 해군에 의해서도 마찬가지로 전개될 수 있고 또 그렇게 되고 있다. 헬리콥터, 원격조종항공기, 무인기에도 마찬가지가 적용된다. 앞서 상정했던 것처럼 21세기 전쟁들이 주로 저강도 종류의 것들로 이루어진다고 가정한다면 독립적인 항공력을 위한 납득할 만한 경우는 전혀 존재하지 않는다.

분명 규모, 지리, 전략적 이해관계 등에 따라 서로 다른 국가는 이러한 문제들을 서로 다른 방식으로 다룰 것이다. 어떤 단일한 공식도, 어떤 단일한 조직체계도 그 모두를 만족시키지는 못할 것이다. 어떤 면에서 보면 그것은 문제가 되지 못한다. 매일같이 전투항공기의 수가 꾸준히 감소하는 것은 항공전력의 "핵심" 임무가 어느 곳에서나 잠식되고 있음을 의미한다. 이러한 과정을 무시하는 이들은 스스로를 위험에 빠뜨리고 있을 뿐이다.

제16장

항공 및 우주력
상승과 가속

리처드 P. 핼리언(Richard P. Hallion)

군사용 비행기가 등장한 지 한 세기가 지났으며, 세계 최초의 공군이 창설된 지도 거의 한 세기가 지났다. 1903년에 발명되어 1908년에는 군에 의해 채택되었으며 1911년에 전투에 가담했던 비행기는 같은 세기의 전자혁명을 기준으로 봐도 놀랄 만한 비율로 확산되고 성숙되었다. 그리고 컴퓨터의 잠재적인 영향이 대부분 간과되고 말았던 것—1945년에 국립학술원(National Research Council) 연구위원회의 한 저명한 위원은 미국은 5~6개보다 많은 전자컴퓨터를 결코 필요로 하지 않을 것이라고 단도직입적으로 말했는데, 이는 수천만 개의 컴퓨터로 이루어진 반세기 후의 미국 컴퓨터 시장을 예상하지 못한 것이었다—과 상당 정도 같은 방식으로 비행기가 군사(軍事)에 미친 영향 또한 거의 누구도 예견하거나 인지하지 못한 것이었다.[1]

불안한 탄생

새로운 기술 개발자와 시현자들은 전형적으로 의심이나 조롱에 직면하며, 항공분야에서는 항상 그랬다. 프랭클린(Benjamin Franklin)이 "기술 시현자"로서 과학자 찰스(J. A. C. Charles)와 로베르(Robert) 형제[장(Jean)과 노엘(Noël)] 가 띄운 소형 무인수소기구가 파리 상공에서 상승하는 것을 바라보았던 1783년 8월에 한 구경꾼은 "이걸 어디다 쓸 수 있죠?"라고 물었고, 프랭클린도 "이 막 태어난 아기를 어디에 쓸 수 있단 말이예요?"라고 쏘아붙였다.[2] 그 아기는 빠르게 자라났다. 기구는 인류에게 최초의 "땅에서 떨어진(off-the-planet)" 관측지점을 제공해주었으며, 그리 놀랄 것도 없이 기구는 곧 군사적 목적으로 채택되었다. 1794년 4월에 프랑스의 공공안전위원회(Committee of Public Safety)는 세계 최초의 공중전투부대를 조직했으며, 다음 달에는 "적의 행군과 기동에 대한 관측(*l'observation des marches et mouvements des enemis*)"을 위해 전쟁에 투입되었다.[3] 1794년 6월 26일의 플뢰뤼스 전투(Battle of Fleurus)에서 비행사 쿠텔(Jean Coutelle)과 모렐로(Antoine Morelot) 장군은 기구인 랑트르프레낭(*l'Entreprenant*)를 타고 9시간을 체공하면서 적 전력을 관측하고 프랑스 본부에 전달할 메시지를 투하했다. 이러한 초보적인 정보·감시·정찰(ISR) 체계의 도움을 받은 프랑스 전력은 혁명기의 가장 중대한 전투에서 오스트리아-네덜란드 적들에 대해 압도적인 승리를 거두었다.[4]

한 세기 이상이 지나 기구가 이제는 범용되면서 후속품인 비행기가 주목을 받게 되었다. 1890년대에 프랑스와 미국 정부는 공히 비행기의 잠재적 가치를 인식했는데, 이는 특히 기구와는 달리 그것이 바람에 지배되지 않았기 때문이다. 2명의 주목할 만한 정치적 인물인 프랑스의 프레시네(Charles-Louis de Freycinet)와 미국의 루스벨트(Theodore Roosevelt)가 군사용 비행기를 개발하려는 첫 시도를 개시했다. 이로부터 아데르(Clément Ader)의 아비옹(*Avion*) III와 랭글리(Samuel Langley)의 "그레이트 에어로드롬(Great Aerodrome)"이 탄생했다. 모두 비행에는 실패했다. 다행히도 두 가지 모두 연구와 조사를 위해 박물관에 보존되어 있다.[5] 그러한 비행기들의 실패와 개척자 라이트(Wright) 형제 이전의 다른 이들의 실패는 회의론자들을 강화시켜놓았다. 영국항공협회(Aeronautical Society of Great Britain)에 합류하도록 초청을 받았을 때 영국의 과학자 켈빈 경(Lord Kelvin)은 "나는 기구를 제외한 항공술에 대해 눈곱만큼의 믿음도 갖고 있지 않으며, 우리가 듣고 있는 어떤 시험에서든지 좋은 결과가 나올 것이라는 기대 또한 갖고 있지 않습니다"라고 강하게 답변했다.[6]

물론 그는 틀렸다. 추진, 구조개념, 항공역학이론에서 혁명이 진행되었으며, 불과 몇 년 내에 라이트 형제는 키티호크(Kitty Hawk)에서 하늘을 날았다. 항공 열성주의자였던 미래학자 웰스는 그보다 꼭 2년 앞서 "길게는 서기 2000년 전에, 매우 가능성 있게는 1950년 이전에 성공적인 비행기가 하늘로 치솟아서 무사히 복귀하게 될 것"이라고 썼었다. 이는 그러한 발전이 얼마나 놀라운 일이었는지를 보여주는 것이었다.[7] 그들의 첫 비행이 있고 난 지 5년도 채 지나지 않아 라이트 형제는 세계 최초의 군사용 비행기를 설계·제작·조종했다. 이 비행기는 1908년에 버지니아의 포트마이어(Fort Myer)에서 오빌 (Orville)에 의해 시범 비행되었으며, 같은 때에 윌버(Wilbur)는 유럽에서 자신들이 설계한 항공기를 선보였다. 그럼에도 불구하고 회의는 계속되었다. 1910년 프랑스에서 열린 에어쇼에 참석하고 있던 포슈(Ferdinand Foch)—그는 당시 가장 걸출한 군사이론가였다—는 비행기를 프랑스 육군에게는 무가치한 것으로 일축해 버리고 말았다.[8] 다음 해에 이탈리아군은 리비아에 대한 전쟁에서 비행기를 사용했다. 1914년 8월에 이르면 강대국 육군들에서는 수백 대의 비행기가 쓰이고 있었다. 독일, 영국, 프랑스의 정찰항공기들은 제1차 세계대전이 시작되는 시점에 있었던 두 차례의 "여건 조성(shaping)" 전투, 즉 타넨베르크와 마른 전투의 결과에 결정적인 영향을 주었다. 그것들이 가한 영향은 그 적은 수에 비해 훨씬 더 컸다. 이러한, 그리고 또 다른 전쟁 경험에 의해 생각을 바꾼 포슈는 비행기를 무시한 지 6년 만에 "항공에서의 우세만이 실제 전투에서 우세를 확보하는 데 필수불가결한 포의 우세를 가능하게 해준다"고 진술하며 "공중에서의 승리는 땅에서 승리를 확보하기 위한 예비단계이다"라고 부언하는 작전명령을 하달했다. 이런 그의 행동은 찬사를 받을 만한 것이었다.[9] 전쟁 후에 그는 유명한 항공 열성주의자로 남았다.

항공력의 성숙

전간기 동안에 항공기의 성능은 극적으로 증가했으며, 국제적인 공중공격에 대한 두려움이 대중문학을 지배하고 임박한 국가적 재앙에 대한 민심을 소란케 하는 예견과 항공민족주의의 대두를 조장했다. 그러한 예견이 얼마나 과장된 것이었든지 간에 전간기가 끝날 무렵에 이르면 국가의 생존은 분명 공중에 대한 통제를 보존하는 데 달려 있었다. 1945년에는 원자폭탄과 장거리 비행기의 결합이 핵시대의 시작을 이끌었다. 그 운명적인 해에 위대한 군사이론가 풀러(J. F. C. Fuller)는 군비와 그것이 역사에 미친 영향에 대한 중대한 저술을 발간했는데, 그 속에서 그는 행동반경, 타격력, 조준의 정확성, 화력의 규모, 이동성에 따라 무기들의 "힘과 한계"를 특징지었다. 그것들 중에 그가 "지배적인 특성, 즉 전투를 지배하는 특성"으로 선택한 것은 행동반경이었다. 그는 다음과 같이 언급했다.

그러므로 다른 모든 무기들이 수행하는 역할은 이 지배적인 역할과 연계되어야 한다. 달리 말하자면, 우수한 항속거리나 사거리를 가진 무기는 연합전술의 지주(支柱)로서 간주되어야 한다. 그래서 활, 창, 칼로 무장한 한 무리의 투사들이 있다면 전술은 활을 중심으로 만들어져야 한다. 대포, 머스킷, 창으로 무장했다면 대포를 중심으로 그렇게 해야 한다. 그리고 항공기, 포, 소총으로 무장했다면 비행기를 중심으로 그렇게 해야 한다.[10]

군사분석가인 동시에 역사가로서 풀러의 자격은 흠잡을 데 없는 것이었으며, 그는 항공인도 아니요 분명 항공력 열성분자도 아니었음을 고려했을 때 그의 결론은 훨씬 더 숙고와 고려의 가치가 있는 것이었다. 고도, 도달거리,• 속도는 군사(軍事)와 항공력 시대에서 늘 중요한 진리였으며, 그것들의 조합이 기동성과 탑재장비(payload)와 결합되었을 때 상승작용을 일으키며 군사에서 그러한 차이가 만들어지는 것이었다. 울퉁불퉁한 지형과 해양표면의 롤링역학(rolling dynamic)••에 구속받지 않고 3차원 내에서 자유로이 이동하는 비행기는 다른 군사력은 달성할 수 없는 효과를 적시에 달성할 수 있었다. 풀러가 자신의 말을 글로 남길 무렵에는 제트기 시대 이전의 미숙함에도 불구하고 프로펠러 추진 비행기가 이미 해전과 지상전의 세기를 뒤엎어놓은 상태였다. 태평양 전구에서 연합군의 항공기들은 일본이 당한 해양 손실의 45%를 직접적으로 책임졌다.(21세기의 또 다른 "3차원 체계"인 잠수함이 48%를 책임졌다.) 유럽 전구에서 영국 공군의 항공기는 공중 또는 해상 행동으로 파괴되었던 추축국 선박의 51%를 격침시켰다. 게다가 연합군 항공기들은 바다에서 손실된 785척의 유보트 중 47%를 격침시켰다.[11] 지상에서는 나치 독일의 군의무감이 1945년에 이르면 연합군의 공중공격이 "독일군에게 사상을 유발한 요인에 있어 포나 보병무기들에 훨씬 더 앞서 있었다"고 판단했다. 게다가 그것은 훨씬 치명적이었다. 독일의 사상률은 전쟁 초기의 1명 사망에 8명 부상 비율이었던 것이 전쟁이 끝날 무렵에는 보다 치명적인 1 대 3의 비율로 변화했으며, 이는 "항공전의 파괴적인 효과" 때문—독일의 수많은 고위 전투지휘관들이 이에 공감했

• 항공력의 고유한 특성으로 거론되는 '거리'는 'Range'나 'Reach'로 표현된다. 과거에는 '항속거리'의 차원에서 'Range'로 표현되었으나 요즘에는 공중급유기의 도움으로 확장된 행동반경을 고려하여 '도달거리'의 의미로서 'Reach'로 표현되는 추세이다.

•• 배가 진행방향에 대해 좌우로 흔들리는 동요와 관련된 역학을 의미한다.

다—이었다.[12] 괴벨스(Joseph Goebbels)•는 히틀러와의 마지막 대화들 중 하나를 기록하면서 분명 "몇 번이고 우리는 대화의 출발점으로 되돌아가곤 했다. 그것은 우리가 당한 군사적 곤경은 모두가 적의 공중우세에 기인한 것이라는 점이었다"라고 언급했다.[13]

고속혁명—이는 터보제트엔진의 개발과, 비행기의 모양을 바꿔놓았던 천음속 공기역학의 정교화(이는 "제트시대"의 상징인 후퇴익으로 가장 잘 요약된다)에 따른 산물이었다—은 공중재급유와 결합되었을 때 몇 시간 내에 전 세계적으로 도달할 수 있는 능력을 창출하여 위기 개입(그것이 인도주의적 목적에 의한 것이든 전투 목적에 따른 것이든 간에)과 전구 수준의 전쟁을 재정의했다.[14] 고속혁명과 급격히 진행되던 전자혁명의 결합은 "시스템" 비행기와, 컴퓨터화된 비행통제와 발전된 센서의 등장을 통해 "스마트" 비행기와 "스마트" 무기를 탄생시켰으며, 현대에는 오늘날 관심을 집중시키고 있는 자동화된 무인기로까지 확장할 수 있게 해주었다. 정밀혁명과 함께 항공력은 완숙해져서 "속도, 항속거리, 유연성, 정밀성, 치명성"을 결합시키는, 모든 형태의 전투력 중에 독보적인 자리를 차지하게 되었다. 그것은 의미심장하게도 후세인이 쿠웨이트를 장악하는 자신의 계획을 마무리했던 1990년 6월에 발간되었던, 미 공군을 위한 전략기획의 골격인 라이스(Donald B. Rice) 공군장관의 『전 지구적 도달능력-전 지구적 힘(Global Reach-Global Power)』에서 처음 천명된 특성들의 강력한 조합이었다.[15] 매우 논쟁적이기는 했지만 그것의 선견지명은 몇 달 내에 입증되었으며, 라이스와 참모총장 맥픽 대장에 의해 뒤이어 수행된 걸프전 이후 공군에 대한 재구조화와 재조직화뿐만 아니라 공군을 효과중심적인 모델—이후, 전 세계적으로 대부분의 항공인들이 이 모델을 채택했다—의 전쟁에 맞게 개조하는 데도 지적 토대를 제공했다.

비행기처럼 로켓도 회의와 조롱에 직면하는 가운데 점점 힘을 더해갔다. 그것이 군사적으로 처음 사용된 것은 1232년까지 거슬러 올라가는데, 카이펑(K'ai-feng) 포위전 동안에 중국 방어자들이 몽골 침입자들에게 흑색화약 로켓을 발사했었다. 로켓은 병사들에게 활이나 장창의 도달거리를 넘어서는 사거리를 제공했는데, 이는 대포가 쓰이기 이전 시대에는 그것을 목격했던 이들이

• 나치 독일에서 1933년 3월 1일부터 1945년 4월까지 대중 계몽 및 선전부 장관을 역임한 인물로, 히틀러의 가장 최측근 중 한 명이다

놓칠 수 없는 이점이었다. 설계와 개념이 단순했던 그것은 지속력을 가지고 있었다. 5세기가 넘는 시간이 흐른 후에 자칭 "마이소르의 호랑이(Tiger of Mysore)" 티푸 술탄(Tipu Sultan)은 그와 유사한 로켓을 광범위하게 사용하여 포병 장교였던 콩그리브(William Congreve) 경으로 하여금 산업적으로 표준화를 이룬 것을 제외하고는 진보된 게 거의 없던 영국판 로켓을 발전시키도록 하는 데 기여했다. 영국 해군의 로켓 사수들은 나폴레옹 전쟁 동안 넬슨 제독이 덴마크 함대를 격파하면서 하룻밤에 2만 5000발의 로켓을 코펜하겐에게 발사했으며, 1812년 전쟁 동안에 포트 맥헨리(Fort McHenry)에 대한 영국의 공격 시 그러한 로켓의 모습은 미국 국가(國歌)의 "로켓의 붉은 섬광(rockets' red glare)"으로 영원히 기억된다.[16] 그 뒤에는 장거리 라이플형 포(rifled artillery)가 급속하게 확산되었으며, 흑색화약 로켓은 군사적 폐물이 되어 그 후 대부분 해안에서 침몰해가는 선박에게 구명줄(lifesaving line)을 발사하거나 작살을 발사하거나 대중적 구경거리의 수단으로 쓰였다.

20세기 초에 이르면 로켓은 기념 불꽃놀이용이나 과학소설의 소재로 조롱을 받으면서 좋지 않은 평판을 받았다. 클라크대학(Clark University)의 물리학 교수 고더드(Robert H. Goddard)가 로켓은 달에 도달할 수 있다고 주장하고 그 뒤에 실험용 소형로켓을 발사했을 때 그는 널리 조롱받았다.[17] 전시에 과학연구개발국(Office of Scientific Research and Development) 국장이었던 부시(Vannevar Bush)는 캘리포니아 공과대학(California Institute of Technology)의 밀리컨(Robert Millikan)과 카르만(Theodore von Kármán)에게 "나는 어떻게 제대로 된 과학자나 기술자가 로켓과 놀아날 수 있는지 이해가 안 된다"고 말했다.[18] 그러한 감정을 가졌던 이가 그뿐만은 아니었다. 연방연구자금을 로켓과 방풍창 제빙장치(windshield deicing) 중 어느 것에 지원할지를 선택하도록 했을 때 매사추세츠 공과대학의 항공공학 프로그램 책임자이자 국가항공자문위원회(National Advisory Committee for Aeronautics)의 의장이던 헌세이커(Jerome Hunsaker)는 경박하게 제빙장치를 선택하면서 "카르만이 벅 로저스(Buck Rogers)•의 일을 해낼 수 있다"고 말했다.[나중에 카르만은 결국 권위 있는 미국항공우주국 제트추진연구소(National Aeronautics and Space Administration Jet Propulsion Laboratory)

• 놀런(Philip Francis Nowlan)의 『서기 2419년의 대전쟁(Armageddon 2419 A.D.)』(1928년 8월에 출간)에서 등장하는 인물이다. 벅 로저스는 '우주 활용'이라는 개념을 대중매체에 소개한 것으로 이해된다.

로 발전될 조직을 출범시켰다.][19]

그리고는 제2차 세계대전이 발발했으며, 네벨베르퍼(*Nebelwerfer*)와 카추샤와 같은 전장로켓, 로켓추진 대함미사일, 바주카, 대(對)전차화기(*Panzerfaust*), 사거리 200마일 이상인 V-2, 그리고 다수의 로켓가속 초음속 비행기와 미사일이 쓰였다. 로켓은 순식간에 무기연구에서 가장 중요한 자리로 도약했다. 항공기술의 실태를 평가하는, 육군항공군이 후원하고 카르만이 이끄는 연구팀의 일원이었던 드라이든(Hugh L. Dryden)은 1945년 4월에 장거리 탄도미사일 연구가 "우리 나라의 미래 방어에서 필수적"이라고 올바르게 판단했다.[20] 몇 달 내에 육군항공군의 항공물자사령부(Air Materiel Command)는 지구선회위성의 가능성을 보고하기 위해 더글러스 항공사(Douglas Aircraft Company)와 연구계약을 체결했다. 1946년 5월에 더글러스 팀—훗날 랜드연구소가 된다—은 "세계를 선회하는 우주선"에 대한 도전, 전망, 작전환경, 설계 요구사항을 열거하는 인상적으로 상세한 분석을 제출했다. 그들은 2개의 서로 다른 설계들(하나는 보수적이었고 다른 하나는 보다 도전적이었다)을 검토했고, 정찰과 통신을 위한 위성의 가치를 예측했으며, 유인 우주비행의 전망에 대해 숙고했고, 모든 어려움에도 불구하고 "기술과 경험은 이제 대기권을 관통할 수 있고 지구의 위성이 될 수 있을 만큼의 속도를 낼 수 있는 비행체를 설계하고 만들어낼 수 있는 지점에 도달했다"고 결론 내렸다.[21]

그럼에도 불구하고 표면적으로만 알고 있던 놀라울 정도로 많은 당국들이 그러한 무기가 함축하는 바를 계속해서 경시하거나 간과하고 말았다. 드라이든이 자신이 권고하는 바를 집필한 지 불과 몇 달 뒤인 1945년 6월에 티자드 경(Sir Henry Tizard)이 이끄는 위원회—저명한 과학자들이 참가하고 있었다—는 영국의 참모총장들에게 제출된 보고서•에서 "로켓으로 매우 장거리의 폭격을 가하는 것의 군사적 이점은 극도로 과장되기 쉽다는 게 우리의 시각이다"라고 결론지었다.[22] 4년 뒤에 부시는 대륙간탄도미사일은 설령 제작된다 해도 "비용분석의 시험을 결코 버텨낼 수 없을 것"이라고 주장했다.[23] 그는 다르게 생각하는 "아마도 과학적인 문제에 짧게 몰두한 것으로 들떠 있는 저명한 군사적 인물들"을 풍자적으로 꾸짖었으며, "너무 빠르게 발사되어 지구를 떠나 달

• 군사적 사안에 대해 조언하고 군사작전의 준비와 수행을 위해 운영되는 참모총장위원회(The Chiefs of Staff Committee)에 제출하기 위해 마련된 보고서이다.

처럼 위성이 된 채, 막연하게 지정된 군사적 목적을 위해 지구 주변을 정처 없이 도는 미사일들이 전시장을 이룰 정도이다"라며 분명한 불신의 목소리로 위성을 조롱했다.[24]

10년도 채 지나지 않아 스푸트니크의 충격은 가장 완고한 이들에게까지도 실로 새로운 시대가 도래했음을 보여주었다. 또 다른 10년 내에 핵탄두를 장착하고 전 세계에 걸쳐 도달할 수 있는 대륙간미사일이 다양한 국가의 미사일 격납고(silo)와 잠수함 발사관에서 발사대기 중이게 되었다. 이는 냉전을 특징지었던 "공포의 균형"을 재정의하여 소련과 미국으로 하여금 달에 착륙하기 위한 로켓추진 "우주개발 경쟁"에 임하게 하고 상대에 대해 최대한 많이 알기 위해 정보수집 위성들을 서로 쏘아 올리게 만들었다. 우주비행 혁명은 정찰, 경보(警報), 통신, 기상예측, 그리고 (아마도 가장 눈에 띄게는) 항법을 완전히 바꿔놓았다.[25] 그 모든 것들로부터 군사력의 투사와 적용에서의 변혁—이것의 미광은 일찌감치 베트남전 동안에 분명히 감지되었다—이 등장했다. 그것은 1991년 사막의 폭풍 작전과 함께 세상에 보다 온전한 형태로 드러났는데, 그 전역은 대기 중인 위성들이 군사전역의 전망에 어떤 의미를 줄 수 있는지 극적인 방식으로 확인시켜주었다.[26]

사막의 폭풍 작전의 영향

걸프전은 이 전역의 마지막 폭탄이 땅에 떨어지기 전부터도 항공(그리고 우주)력의 장점에 대한 격렬한 논쟁을 발생시켰다. 이미 이 주제가 간과되었던 수십 년이 흐른 뒤에 새로운 세대의 실행자 겸 사상가들—특히 영국의 메이슨(R. A. "Tony" Mason) 공군소장과 미 공군의 워든(John A. Warden III) 대령—이 항공력 교리와 교육에 이미 새로운 활력을 불어넣은 상태였다. 그들은 두에, 트렌처드, 미첼, 슬레서, 테더로 거슬러 올라가는 보다 오래된 개념적 틀을 훨씬 초월하여 추론하고 확장해갔다. 그들이 나중에 상당한 책임을 지게 되는 자리에 오르는 보다 하급장교들[예를 들어 영국 공군의 가든(Timothy Garden)과 미 공군의 뎁툴라(David A. Deptula)와 메일링거(Philip Meilinger)]에게 그들이 미친 영향은 심대했다.[27] 결국 사막의 폭풍 작전 이후에는 연구의 확산[미국의 랜드연구소와 호주의 항공력발전센터(Air Power Development Centre)가 가장 일관된 모습을 보여주었다]과 항공 및 우주력의 장점, 한계, 속성, 본질에 대한 세계적인 논쟁—이는 전간기 동안이나 제2차 세계대전 이후의 논쟁과 언쟁보다 훨씬 더 대규모적인 것이었다—이 사실상 지속적으로 진행되는 모습을 보여주었다.[28] 항공인들에게 있어서 전력투사에 대한 새로운 "규범적" 태도는 영국 공군의 램버트(Andrew P. N. Lambert) 대령에 의해 간명하게 표현되었다. 그는 1996년에 대범하게 다음과 같이 썼다.

> 카이사르, 마호메트, 샤를마뉴(Charlemagne)에게 있어 힘은 그들이 보유하고 있던 각 군대의 힘과 능력에 있었다. 서기 2000년에 이르러 힘은 다른 매체도 포함하게 되었으며, 스페인의 펠리페 2세와 영국의 엘리자베스 1세와 빅토리아에게 있어 힘은 전 세계를 일주하는 해군함대로부터 나왔다. 세 번째 천년에 다가가고 동력비행은 여전히 채 100년도 안 된 상황에서 보자면 이제는 공중을 매개로 하여 전달되는 힘이 마찬가지로 결정적일 수 있음이 분명해졌다. 기술이 가속되고 야간과 악기상이 극복될수록 항공력은 전쟁의 보다 오래된 형태를 점점 더 지배하도록 발전될 것이다.[29]

특히 이웃한 군종의 전통주의자들에게는 전혀 보편적으로 받아들여지지 않았지만, 그럼에도 불구하고 걸프전 이후에는 그러한 감정에 반향이 있었다. 다음 해에, 항공사상을 견지하고 있던 미 상원의원 챔블리스(Saxby Chambliss)는 유명한 전략 및 국제 문제연구소(Center for Strategic and International Studies: CSIS)에 의해 수행되는 항공 및 우주력에 대한 포괄적이고도 광범위한 연구를 소개하며 "2차원적—수평적—인 전쟁은 이제 역사가 되었다. 이제는 초점이 3차원, 즉 수직적인 그것으로 옮겨졌다. 이는 항공 및 우주 전력의 영역이다"라고 말했다.[30] 뒤이은 분쟁과 위기들—특히 미국에 대한 9/11 공격에 뒤이어 이루어지는 테러리즘에 대한 거의 10년간의 투쟁에 선행된 동맹군 작전—은 21세기의 도전에 대해 골몰하던 다양한 주창자들에 의해 열성적으로 모색되고 공표된 "교훈들"을 통해 이러한 대화에 나름의 자극을 가했다.[31]

항공 및 우주력에 대한 국제적인 논의는, 점점 더 많은 수의 유명한 조사와 편찬이 등장하여 보다 낡은 기존의 연구들을 보충하고 확장시키며 보다 협소한 전문적 연구와 교리적 작업의 확산을 보완해온 역사적인 배경 아래 발생했다.[32] 항공 및 우주의 역사에 대한 새로운 연구[전기(傳記) 포함]의 무한해 보이는 등장—그중 다수는 오래전부터 해결되고 해소되었다고 생각되었던 이슈들에 대한 사려 깊고 분석적이며 날카로운 고찰로 특징지어진다—에 주목하는 것은 유쾌한 일이다. 군사사 내에서나 기술공동체의 역사 내에서나 할 것 없이 항공우주의 역사에 대한 폭넓은 관점이나 서술에는 합의가 존재하지 않기 때문에 그중 다수는 사실 모순되며, 이러한 상황은 그 분야와 그 행위자에 대한 거의 계속적인 재고찰을 촉진하고 있다.[33]

제2차 세계대전은 사라져 가는 기억이 되었고, 한국전쟁도 거의 그렇게 되었으며, 베트남전에 대한 논의는 거의 다 끝나가고 있으며, 냉전도 오늘날 군사요원들 중 다수는 경험해보지 못한 위기의 시기가 되어버린 이 시점에 항공 및 우주력의 실태와 전망에 대해서는 어떻게 얘기할 수 있을까? 다음은 이 책의 장들과 항공과 군사(軍事)에 대한 보다 광범위한 역사 모두를 재검토함으로써 도출된 몇 가지의 개인적인 생각들이다.

유리한 지점 확보의 이점

항공 및 우주력이 제공해주는 가장 중요한 단일 능력은 적시적인 우세, 즉 "전략적 이점, 우세한 관점, 또는 포괄적인 시각을 허락해주는 위치"를 제공해주는 능력이다.[34] 성공적인 전쟁은 사실 정보를 획득하고 활용하는 게 전부이며 늘 그래왔다. 1990년대 중반에 미 공군의 한 연구가 결론지었듯이 "소규모 전쟁이나 주요한 지역적 우발사태나 할 것 없이 정보 집약적인 분쟁이 되었다".[35] 10년 뒤에 사이버 전쟁의 시대가 도래하면서 정보 지배를 확보하고 보존하는 일이 훨씬 더 중요해졌다. 의미심장하게도 기구, 비행기, 궤도 선회 우주선은 맨 처음에는 정찰을 위해 사용되었다. 실제로, 당시에 가장 발전된 작전항공기는 많은 경우 처음에는 정찰 플랫폼으로 사용되었다. 독일의 첫 전투기인, 1915년의 포커 아인데커는 개조된 정찰기였다. 영국의 팔방미인인 모스키토(de Havilland Mosquito)는 폭격기이자 야간전투기로서 마찬가지로 두각을 나타내기 전에 처음에는 정찰항공기로서 비행했었다. 미국군에 도입되었던 유일한 작전 가능한 마하3 비행기인 블랙버드(Lockheed Blackbird)는 전략적인 정보를 수집하기 위해 설계된 것이었다. 정찰을 위해 만들어졌던 무인기가 처음으로 전투에 사용되면서 이제 역사는 다시 한 번 반복되고 있다.

오늘날 공중 및 우주 관측은—비록 그것은 지휘, 통제, 통신, 컴퓨터를 의미하는 C4라는 용어로 보다 더 적절히 표현될 수 있지만— 그것이 항공기에 의한 것이든, 우주선에 의한 것이든, 무인기에 의한 것이든, 또는 합동감시표적 공격레이더

체계(Joint Surveillance Target Attack Radar System), EP-3, 리벳조인트, 님로드 R1 등과 같은 전문화된 플랫폼에 의한 것이든 ISR이라는 약어로 포괄된다. C4ISR은 연합군이 수행하는 합동전투작전에 필수적인 핵심 신경체계이다.[36] (특히 걸프전과 그 이후의 분쟁들에서 맞닥뜨리게 되었던) 결정적인 도전은 정보·감시·정찰의 획득보다는 그것의 적시적인 처리와 분배—즉, 가공되지 않은 정보·감시·정찰 산물을 활용 가능한 정보로 변환시키고 그것을 전개된 전력들에게 전달해주어 그것이 작전계획과 전투수행에 통합되도록 만드는 일—이다. 정보·감시·정찰의 획득, 처리, 분배 체계와 구조를 통합하는 일은 항공 및 우주 전력을 보유하는 것과 마찬가지로 모든 군종에게 전적으로 적절한 일이다. 그러나 후자와 관련해서 보자면, 그러한 체계들 중 가장 강력하고 유능하며 정교한 것은 독립적인 항공전력, 그리고(또는) 국가정보조직이 보유하고 있는 체계가 될 것으로 보인다.

공중지배의 필수성

항공력 전력에게 항구적으로 필요한 가장 중요한 단일 요소는 항속적인 공중지배이다. 10여 년 전에 메일링거가 언급했듯이, 대개 "공중을 통제하는 이가 일반적으로 표면을 통제하게 된다".[37] 그리고 일반적으로 공중통제의 상실은 보통 표면을 통제하거나 지키거나, 또는 그보다 더 중요하게 국가주권을 행사할 수 없음과 동일시된다. 그러나 여기에 그치지 않고 공중지배의 상실은 다른 모든 군사작전을 위태롭게 하는데, 이는 공중지배 자체가 다른 모든 작전의 효과적인 보증자이기 때문이다. 1944년 노르망디에서 아이젠하워 장군은 자신의 아들에게 "만약 내가 공중제패를 장악하고 있지 못했다면 나는 여기 있을 수 없었을 것"이라고 술회했다.[38] 공중제패를 확보하고 있었던 그는 그의 적들에게는 알려지지 않았던 집중과 기동상의 이점을 누렸던 것이다. 연합군의 압도적인 항공력은 독일 지상전력에게 결정적으로 개입할 수 있는 능력을 거부했다. "적의 공중우세는 우리의 움직임에 매우 심대한 효과를 미치고 있다"라고 아내에게 털어놓던 독일의 로멜(Erwin Rommel) 원수는 "거기에는 해답이 없을 뿐이다"라고 말했다.[39] 이에 대해 로멜의 해군보좌관 루게(Friedrich Ruge) 해군중장은 "우리의 움직임은 극도로 느리고 보급물자는 거의 도달하지 못하고 있다. 전술부대를 전개시키는 것은 불가능해지고 있으며 포는 더 이상 그

포격진지로 옮겨 갈 수 없다. **튀니지 전역 시 바다에서 발생했던 것과 정확히 똑같은 일이 여기서는 땅에서 발생하고 있다**"라고 개탄하며 보고했다. 종합적으로 그는 "영·미 공군을 활용하는 것이 오늘날 전쟁의 유형이며, 우회가 측면이 아니라 하늘로부터 이루어지고 있다"라고 결론 내렸다.[40]

공중지배, 공중제패, 공중우세는 동일한 것이 아니다. 공중지배는 어느 일방의 군과 영토뿐 아니라 적의 그것들 위의 공중도 총괄적으로 통제하는 것이다. 공중제패는 공중지배가 최대한으로 표현된 것으로서, 적의 개입능력에 대해서는 거의 염려하지 않고 작전을 최대한 수행할 수 있는 능력이다. 공중우세는 공중지배의 보다 덜한 형태로서, 어느 일방이 적의 개입 노력에도 불구하고 성공적으로 항공작전을 수행할 수 있는 상황이다. 공중제패와 공중우세 중에서 언제나 공중제패가 선호되는 이유는, 공중우세가 플랫폼의 수가 감소하는 현대에는 감당하기 어려울 수도 있는 손실율의 발생을 함축하기 때문이다. 원칙적으로 말하자면 1973년의 아랍-이스라엘 전쟁에서나 포클랜드 전쟁에서나 할 것 없이 승전국들—이스라엘과 영국—은 결코 공중우세를 상실하지 않았다. 그러나 실제로는 그 누구도 적에 대한 공중지배는 확보하지 못했기 때문에 그들은 전쟁의 결과를 위협하는 손실을 경험했었다. 이스라엘은 불과 19일 만에 전전(戰前) 전투항공전력의 35%를 잃고 말았다. 영국은 재래식 폭탄을 투하하는 1950년대 항공기들에 직면해 상대적으로 현대적이었던 그들의 함대가 퇴각할 수밖에 없어지는 모습이 연출되었던 바다에서의 소모전을 견뎌냈다.

공중지배는 강대국들에게 특히 중요한데, 이는 그들은 자신들의 "뒷마당"에 대해서만 관심을 가져도 되는 적에 대해 수적 우세를 확보하고 있는 전개전력들을 활용해 위기지역에 개입해야 할 수 있기 때문이다. 아르킬로코스(Archilochus)•의 기억할 만한 고슴도치와 여우 간의 구분에 대해 벌린(Isaiah Berlin)이 언급했던 말로 표현하자면, 강대국은 많은 일을 알고 있으며 행하는 여우이다. 반면에 지역적 행위자는 "한 가지 큰 일", 즉 자신의 영토를 보존하는 일만 알면 되는 고슴도치이다. 그것은 자신의 공역(空域)을 침입자에게 거부하는 것을 의미하며, 마찬가지로 개입하는 국가에게는 "한 가지 큰 일", 즉 공중통제를 확보하고 보존하는 일—공중지배를 확보하는 일—만이 남게 된다.

• 고대 그리스의 시인으로서 기원전 650년경에 활동했다.

어떻게 하면 공중지배가 상실될 수 있는가?

오래전부터 확립되어 있었다 해도 공중지배는 상실될 수 있으며, 그것도 순식간에 그럴 수 있다. 공중지배는 필연적으로 기술적 투자, 적시적인 획득, 적절한 선택, 충분한 전력구조, 적합한 훈련의 결합에 달려 있기 때문에 한 국가가 누리는 공중지배의 이점은 그러한 내적 요소들 중 어느 하나가 불충분하거나 부적합한 것으로 판명 나는 경우 약해질 수 있다. 외적 환경—예를 들면, 정치적·경제적 구조와 의사결정, 위협의 성격에서의 변화, 기술적 진보— 또한 그것을 취약하게 만든다. 예를 들어, 프랑스는 유럽에서 가장 강력한 항공국가로 제1차 세계대전을 마쳤다. 그들은 가장 거대하고 강력한 항공군과 탄탄하면서도 창의적인 산업을 보유하고 있었다. 그럼에도 불구하고 향후 20년간의 일련의 형편없는 결정으로 인해 프랑스는 항공에서의 지배력을 상실하고 말았으며, 1940년에는 불과 20년 전까지만 해도 사실상 무력했었던 국가 앞에서 무너지고 말았다. 전후의 의심스러운 정치적·산업적 결정은 전후 군사항공기 혁명을 주도할 수 있는 모든 기회를 영국에게서 앗아가 버리고 말았다. 그 대신 군사항공기술의 주도권은 미국에게로 넘어갔다. 미국은 그들의 최상급 재래식 전투기[멀린(Merlin) 엔진을 사용하는 P-51 머스탱]를 위해서나 첫 제트엔진 경험[면허 제작한 GE I-A와 개조된 파워제트—프랭크 휘틀(Frank Whittle)—엔진]을 위해서나 할 것 없이 영국의 구상에 의존해야 했었다. 초음속 비행과 핵전쟁 시나리오에 매료된 미 공군—이들은 우수한 전투기(F-86 세이버)로 한국전쟁 항공전에서 쉽게 승리한 바 있었다—은, 1960년대에 베트남에서 전쟁에 빠져들 무렵 그들에게 잘못된 항공기와 잘못된 훈련 및 교리를 가져다줄 발전과 훈련에서의 선택지를 취했다. 북베트남 상공에서의 항공전, 특히 롤링썬더 국면 동안의 그것은 한국의 항공전에서 압도적인 성공을 거둔 지 10년 만에 미국(특히 공군)에게 공중지배의 위기를 맞게 했다. 그 결과, 수백 대의 항공기가 손실되고 항공인들은 포로가 되거나 죽음을 당했으며, 어렵게 학습한 일련의 쓰라린 교훈들이 공군으로 하여금 베트남전 후에 새롭고 훨씬 더 적절한 설계를 개발하는 일에 착수하게 했다. 깜짝 놀랄 만한 공중승리를 만끽했던 이스라엘—이들은 1967년 전역의 성공을 손쉽게 복제해낼 수 있을 것으로 과도하게 확신하고 있었다—은 6년 뒤에는 고정식 및 이동식 지대공미사일과 속사할 수 있으며 레이더 신호를 활용하는 경량의 이동식 포 체계가 서로 망을 이루고 있는 것의 중요성을 놓쳐

버린 결과 1973년의 전쟁에서 위태롭게 재앙을 모면해야 했다.[41]

급격히 변화하는 기술과 급속히 변혁되고 있는 외부세계에 직면하여 체계 획득에 소요되는 시간이 점점 더 길어지고 있다는 게 특히 문제가 되고 있다. 예를 들어 1945년 이후 전투기 개발에 드는 시간은 구상에서부터 작전에 취역하기까지 2.5년에서 대략 25년으로 10배가량이 늘었다. 이런 증가는 그 자체가 (작기는 하지만) 몹시 정교한 공중수단인 무기들로 무장한 비행기들의 매우 복잡한 체계가 발전해온 상황을 반영한다. 잘 알려진, 컴퓨터의 능력("기본적으로 18개월에서 24개월마다 2배씩 증가한다")에 대한 무어의 법칙(Moore's Law)• 으로 압축되는 기술변화의 시대에 이는 설계가 그것의 개발과 배치 주기의 기간에 대한 적절성을 유지하도록 하는 데 상당한 도전을 가한다. 비단 공군뿐 아니라 모든 전투전력에게 획득개혁이 21세기 초의 해소되지 않은 가장 큰 도전들 중 하나로 남아 있다.

현실 안주의 문화에 맞서기

공중지배를 확고히 하는 데 가장 큰 위험은 현실 안주, 특히 '공중전투의 시대는 그럭저럭 지나가고 말았다'는, 수년간 표방되어왔던 믿음이다. 서부전선으로부터 페르시아 만에 이르는 모든 전쟁으로부터 도출되었던 예들로 입증될 수 있는 이러한 주장은 전형적으로 방공의 성격과 새로운 무기의 능력이 공중지배 전투기를 쓸모없거나 적합하지 않은 것으로 만든다고 주장한다. 공중전투의 시대가 지나갔다는 믿음은 제2차 세계대전 전에 영국 공군으로 하여금 경직되고 정형화된 "빅(Vic)" 편대대형••을 발전시키게 함으로써 손실을 가장 감당하기 어려운 바로 그 시점이었던 영국전투 동안에 영국 공군의 전투기 승무원들이 불필요하게 손실되는 결과를 초래했었다. "미그기의 길목" 상공에서 벌어지는 치열한 전투와 함께 격렬한 한국전쟁 항공전이 개시되기 한 해 전인 1949년에 부시(Vannevar Bush)는 대적하는 항공기들 간의 공중전투가

• '새로 개발되는 메모리칩의 능력은 18~24개월에 약 2배가 된다'는 컴퓨터 기술개발 속도에 관한 법칙으로서, 미국 인텔 사 창업자인 무어(Gordon Moore)가 1965년에 제언했다.

•• 3~4대의 항공기가 편대를 이루어 근접 비행하는데, 그중 리더가 꼭짓점을 형성하고 나머지가 좌우에서 단층을 이루어 전체적으로 'V' 자를 뒤집어놓은 형태의 편대비행이다. 영국전투 시 독일 공군 조종사들은 이 대형을 "바보들의 대열"이라고 불렀다.

"이제는 지나간 일"이 되고 말았다고 예견했었다.[42] 1957년에 악명 높은 샌디스 백서(Sandys White Paper)•는 미래는 미사일에게 속할 것이라는 전제에 입각하여 영국 공군의 전투기 개발을 무력화하고 말았다. 1960년대에 맥나마라도 국방부에 많은 지시를 했었는데, 대략 8년이라는 개발기간을 소모하고 나서야 비로소 바로 잡힐 수 있었다.••

보다 최근에는, 냉전이 종식된 지 20년 만에 평론가들뿐 아니라 다양한 서구 국가의 고위 정치 및 국방 관리들도, 신형 또는 개량된 전투항공기—이들 중 다수는 서구 군대들이 오래전부터 누려왔던 기술적 이점을 무효화하는 체계, 센서, 대응조치, 무기로 무장하고 있다—가 급속하게 확산되는 증거에 직면해서도 공중지배를 상실하는 것의 위험성을 반복적으로(그리고 놀랍게도) 과소평가하는 모습을 보여주었다. 예를 들어, 1990년 8월과 이라크의 쿠웨이트 점령 이래 그 공군이 계속적으로 전시의 템포를 유지해왔던(그리고 그들의 전투기, 공격기, 폭격기, 정보·감시·정찰, 기동, 공중재급유 전력이 그 시점 이후로 힘들게 비행을 계속해왔던) 미국은 2009년의 경우에서 볼 수 있는 것처럼 자본의 재편을 절박하게 필요로 하는 낡은 항공함대를 보유하고 있다. 사막의 폭풍 작전 시 전투경험으로부터 명백히 드러난 성능상의 분명한(그리고 다소 환상에 불과한) 차이에 매료된 민간 고위 국방 및 정치 지도자들은 지난 15년 동안 반복적으로 기관(민간과 군) 지도자들의 맹렬한 경고를 무시하고 많은 수의 새로운 대체 비행기를 획득하는 데 투자하지 않기로 선택했었다. 그 결과 미국의 전투기 전력은 그 연령이 평균 25년이었으며, F-15C는 너무나 낡아 만약 그것이 자동차였다면 옛날 차량번호판을 장착하고 있었을 것이다. KC-135 공중재급유기 함대와 B-52 폭격기 함대는 공히 40세가 넘었다. 더 심각한 점은, 그러한 연령과 함께 구조와 성능상의 불이익—이는 가능한 작전이 제한되고 비행안전이 감소되는 것(F-15 2대가 이미 구조적인 결함으로 인해 비행 중 해체되어 그중 1대는 조종사가 사망하고 다른 1대는 거의 그럴 뻔했다)으로 반영되었다—이 전개된 미군 전력과 멀리 떨어진 곳으로부터 발생한 반군활동에서 마주칠 수 있는 적대적인 전력 간의 전력투사능력에서 있을 수 있는 차이에 추가되었다는 점이다.[43]

• 국방장관 던컨 샌디스(Duncan Sandys)에 의해 출간된 영국 정부의 1957년 국방백서를 의미한다. 이 백서는 특히 영국의 항공산업에 가장 큰 영향을 준 것으로 평가된다.

•• 전반적으로 맥나마라는 효과성보다는 비용에 더 큰 관심을 갖고 있었다.

보다 넓게 국제적인 면에서 보았을 때 전투기는 지금처럼 변하지 않고 남아 있을까? 물론 그렇지 않다. 오늘날의 전투기는 1960년대나 1940년대, 또는 제1차 세계대전기의 전투기와 닮지 않았다. 유인항공기이든 무인기이든 할 것 없이 능력, 센서, 무기, 성능은 모두가 왕성하게 변화되고 있다. 요점은, 역사적 진리는 변하지 않을 것이라는 점이다. 즉, 공중지배는 합동전과 연합전의 성공을 보장하는 데 필수적인 요구사항이며, 앞으로도 그럴 것이다.

항공인, 우주인, 그리고 우주의 "무기화"에 관해

"공중"과 "우주"의 구분은 점점 더 그 의미를 상실해가고 있다. 우주의 "무기화"에 대한 논쟁도 마찬가지이다. 스푸트니크 발사의 충격이 있은 초기부터 우주는 국제안보에 점점 더 중요해지게 되었다. 미국의 경우 아이젠하워부터 해서 뒤이은 행정부들은 일련의 대통령 훈령, 공법, 정책선언, 국제협정을 통해 국가 우주정책의 골격을 마련했다.[44] 1980년대 중반에 이르러서는 미국의 우주작전 수행자들이 전투전력에 대한 지원을 제공하기 위해 필요한 일단의 개별적 능력들—이는 고도의 기밀로 취급되었다—을 설정해놓았다. 제1차 걸프전에서 그들이 거둔 성공은 우주가 전통적인 항공력과 동등한 행위자로 성숙했음을 보여주었다. 맥픽 장군에 의해 요청된, 공군 우주의 미래에 대한 영향력 있는 한 연구는 "왕성한 우주작전은 우리 나라의 안보에 결정적으로 중요"하고, "우주에서의 국가 성취도는 국제적 지위와 위신, 기술적 힘, 군사적 능력을 측정하는 지표이며 앞으로도 그럴 것"이고, "우주로 진출해야 할 가장 중요한 단일 이유는 전 지구적인 시야(Global View)를 확보하는 것이다… 전 지구적인 시야는 전 지구적인 도달거리(Global Reach)와 전 지구적인 힘(Global Power)을 가능하게 해주는 요소이다"라고 올바르게 결론 내렸다.[45] 걸프전의 항공사령관이었던 호너 장군이 미국 우주전력의 사령관이 되어 우주전쟁센터(Space Warfare Center)와 공군의 전시 우주구성군인 제14공군의 창설을 감독했다. 이러한 조직적·구조적 변화는 공군의 우주공동체를 주로 연구와 개발에 초점을 두는("준비가 되었을 때 발사"하는) 조직에서 전개된 전력들을 지원하기 위해 적시적인 "전쟁수행자의 요구에 따른 발사"에 초점을 두는 조직으로 변모시켰다.[46]

사막의 폭풍 작전 직후에 공군의 장거리 전략기획 모임에는 불편한 암류(暗流)가 흘렀다. 그것은 우주의 미래가 어떻게 될까 하는 문제에 기인한 것이었다. 미 해병대가 미 해군과의 특수한 관계 속에서 파트너를 이루고 있는 것과 상당히 동일한 방식으로 우주공동체는 공군과 제휴하는 "군단(corp)"이 될까? 공군이 육군으로부터 뛰쳐나온 것과 같은 방식으로 우주공동체는 "미첼처럼 행하고"• 공군과 "결별"할까? 만약 그렇게 된다면 그 조직적 모델은 어떻게 될 것인가? 공군이 모델이 될 것인가, 아니면 스타트렉(*Star Trek*)과 같은 "우주함대(Star Fleet)"가 모델이 될 것인가? 우주 장군 또는 우주 제독이 존재할 것인가? 대령들••은 어떻게 될까? 우주 비행기와 우주 순양함은? 이러한 질문에 대한 해답은 여전히 제시되지 못한 채로 있다. 아마도 적절한 시기가 되면 우주는 군단 또는 심지어 구별되는 독자적인 군종을 형성시킬 것이다. 그렇게 된다면 그 시점에서는 공중-우주 관계에서 주요한 파트너로 꾸준히 진화해갈 것이다. 그러한 관계 속에서 양자는 공히 지구의 대기권 내와 그 아래 지구 표면에서 발생하는 일을 관찰·통보·개입·통제하는 데 기여하게 될 것이다.

전력투사에 기여하는 존재로서 우주력과 항공력은 서로 불가분하게 연계되고 상관되어 있어서 우주 무기화의 문제는 실제적인 가치가 거의 없다. 오늘날의 타격항공기는 이륙하여 우주에서 파생되는 정보를 기초로 식별된 표적지역으로 비행해 가고, 우주기반 항법과 우주기반 통신을 사용하여 무기투발지점까지 항법해 가며, 우주에서 파생된 기상정보를 고려한 경로를 따라가고, 위성으로 그 표적까지 유도되는 합동직격탄과 같은 무기를 투발한다. 내장된 레이저 지시 체계를 사용하여 비행기로부터 투하된 폭탄에 의해 파괴되든 위성 입력에 의해 유도되는 합동직격탄과 같은 폭탄에 의해 파괴되든 표적화된 설비의 운명에는 아무런 차이가 없다. 결과는 동일하다. 이것이 우주에 존재하는 군사무기를 둘러싼 다른 이슈가 그리 많이 존재하지 않는다거나, 국가들이 우주환경 내에서 그들이 선택하는 무기를 그 종류에 상관없이 자유롭게 활용할 수 있어야 한다고 말하는 것은 아니다. 분명, 위성항법체계와 합동직격탄의 등장 이후 우주가 군사술(military art)에 구속받지 않는 전혀 새로운 환경이라는 허구는 진작 폐기되었다. 군사전력—지상, 해상, 항공을 막론하고—이 오늘날 그렇듯이 우주기반 통신, 기상, 정보, 경보, 신호, 항법에 의존할 때(그리

• 미국의 미첼은 육군의 장군(준장, 사후 소장)이었지만 미 공군의 아버지로 간주된다. 그는 항공모함이 아니라 전투함에 투자하는 것에 대해 육군과 해군의 지도자들을 비난한 이유로 군법회의에 항명죄로 회부되기도 했다.

•• 육·공군 대령을 의미하는 'Colonel'과 해군의 대령을 의미하는 'Captain' 모두를 포괄한다.

고 특히 기계화된 기동전력의 경우처럼 그러한 의존이 거의 총체적일 때), 그리고 개인과 설비가 우주에서 파생되는 정보에 기초하며 우주신호를 활용하는 무기들을 사용하는 공격 아래 놓이게 될 때 우주는 이미 무기화되었다고 말할 수 있다. 남아 있는 유일한 문제는 우주가 사실 무기화되는지가 아니라 그것이 무기화되어 있는 정도이다.

항공 및 우주력과 효과중심작전

항공 및 우주력은 동시적이고 병행적이며 시간 압축적이고 노드를 지향하는 힘의 투사를 강조하는 총괄적인 효과중심전략의 일부로서 적용될 때 가장 잘 작동된다. 군사사의 상당 기간에 걸쳐 지휘관들은 선형적이고 순차적인 방식으로 힘을 투사했다. 그것은 단일한 접근선을 따라, 일련의 요새에 대해 또는 일련의 전장을 따라 투사되었으며, 또한 적이 공격자에게 항복하거나 그를 견뎌낼 때까지 하나씩 순차적으로 투사되었다. 그 역사의 상당 기간 동안 항공전도 정밀무기(이것은 공중에서의 실적의 척도를 "파괴된 표적당 소티의 수"에서 "소티당 파괴된 표적"으로 반전시켰다)가 등장할 때까지 그와 유사한 방식으로 진행되었다. 그래서 제2차 세계대전의 연합폭격기공세는 공중을 매체로 했음에도 불구하고 기본적으로 "고전적인" 선형적·순차적 공격의 형태였다. 일본에 대한 폭격기공세도, 베트남에서의 롤링썬더도, 그리고 심지어 라인배커도 마찬가지였다. 항공력은 "지원"이라는 용어로 파악되었는데, 그것은 전구사령관의 전반적인 전역목표를 "지원"하지만 그 자체적으로 구별되는 기여는 하지 못하는 하나의 필요요소였다.

걸프전은 그 모든 것을 변화시켰다. 가능한 조준지점의 엄청난 수를 고려해 표적군(target set)이 특정 범주[말하자면 전력(電力), 교통, 방공, 또는 야전전력]에 있는 모든 표적은 기본적으로 동등하다는 "상당히 공유된" 인식보다는 노드에 미치는 효과(nodal effect)와 순차적 세분효과(cascading effect)를 기초로 하여 평가되었다. 기획자들은 공중공격이 공격을 받는 이들에게 유발하는 강력한 심리적 스트레스에 대해서도 잘 인지하고 있었다. 역설적이게도 그러한 스트레스는 개별적인 적 민간인보다는 개별적인 적 병사에게 더 큰 것으로 보였다. 그 결과는 순차적이지 않고 동시적이며, 선형적이지 않고 병행적인 항공전역계획으로 나타났다. 한 기획자가 "능지처참(death by a thousand cuts)"이라 불렀던 전역의 첫날 밤부터 복수의 표적군들이 동시적으로 공격되었다.[47] 간단히 말하자면, 기획자들은 우선 이라크의 방어능력 자체, 즉 그들의 통합방공체계를 표적으로 삼았다. 그것이 분쇄되자—즉, 효과가 달성되자— 다른 순차적 세분효과들이 그 뒤를 따랐다. 즉, 전력, 후세인 체제의 통치기구, 그들의 교통과 야전전력에 대한 공격이 이어졌다. 전후 심문보고서들은 이라크의 지휘관들과 야전전력의 부대원들이 사실상 공격자들—이들은 공중 및 우주 C4ISR 체계가 제공하는 정보와 의사결정의 이점과 연합군으로 하여금 이라크 전력을 꼼짝 못하게 만든 가운데 무제한적으로 기동할 수 있게 해준 공중지배 덕분에 심각한 압박을 받던 후세인의 전력보다 훨씬 더 신속하고 결정적으로 행동하고 대응할 수 있었다—의 시간 차원 밖에서 작전을 수행하고 있는 자신들을 발견했었음을 보여주었다. 항공력은 기본적으로 쿠웨이트에 있는 이라크 육군을 그들이 절망 속에서 무질서하게 도주해야 할 때까지 꼼짝 못하게 만들었다. 전쟁이 끝날 때까지 이라크 육군의 지휘관들은 그들이 여전히 점유하고 있는 이라크의 정확한 지역이 어디인지, 또는 연합군 전력의 전방배치선이 실제로 어느 지점에 위치해 있는지를 알지 못했으며, 그들과의 첫 만남에서 연합군 지도자들은 그들의 위치를 지도 상에서 알려주어야 했다.

사막의 폭풍 작전 항공전역의 성공은, 비록 집요한 저항의 기류가 존재하고 전투작전은 상대를 정밀하게 표적화할 수 있는 네트워크와 노드들의 체계로 취급함으로써 합리적으로 수행될 수 있다는 효과중심작전의 함의를 거부하는 전통주의자들로부터의 노골적인 반대 또한 있었음에도 불구하고, 효과중심작전이 광범위하게 채택되도록 고무했다. 반대자들은 (클라우제비츠의 "안개와 마찰"을 상기시키면서) 전쟁의 계속적인 "혼돈스럽고", "예측할 수 없는" 성격을 강조했다. 그들은 전쟁의 미래는 본질적으로 일련의 살인적인 전력 대 전력의 근접전투로 남을(사실은, 남을 수밖에 없을) 것임을 암시했다. 보다 최근, 즉 9/11 이후에 들어서서는 비평가들이 효과중심전쟁이라는 인식과 용어의 번복과 심지어 그것의 사용금지까지 요청했다.[48] 그러나 장기적으로 보았을 때 그런 노력이 전 세계의 군(역설적이게도 그것의 탄생지인 미국은 제외하고)• 에 의한 효과중심작전 원칙의 실제적인 적용을 변화시키지는 못할 것 같다. 군사사를

• 효과중심작전 개념의 탄생을 주도했던 미 합동전력사령부(USJFCOM)는 매티스 해병대장이 지휘하던 2008년 8월에 이 개념의 사용을 공식 중단했다.

살짝 살펴보기만 해도 대부분의 경우에 승리가 첫째, 적과 적의 의도를 가장 잘 이해하고, 둘째, 적이 가장 귀중하게 지키려 하는 것과 달성하려고 하는 것을 식별하며, 셋째, 자신들의 정의된 요망효과를 달성할 수 있는 신중하게 할당된 전력을 사용해 전장을 합리화하고 질서 있게 만들려고 하는(오늘날의 용어로 말하자면 "전투공간을 준비하는") 지휘관에게 돌아갔음을 고려해보았을 때 이는 이상한 캠페인이다. 요약하자면, 효과중심작전은 항공전을 위한 착상 이상의 것이다. 그것은 모든 형태의 전투력을 효율적으로 운용하는 데 필수적인, 그리고 특히 합동 및 연합군의 항공(그리고 우주)력의 능력에 적합한, 본질적으로 "상식"이다.

과학, 기술, 그리고 항공 및 우주력

항공 및 우주력은 태생적으로 과학과 기술의 힘에 의존한다. 게다가 특히 위협의 변화하는 성격을 고려해보았을 때 그 적절성을 보존하기 위해 항공 및 우주력은 선천적으로 진보적인 기술변화를 반영해야 한다. 대기권 내에서나 우주로의 비행은 가장 복잡한 과학적·기술적 일부 지식분야에 대한 통달을 요구한다. 그렇기 때문에 다른 군종보다도 항공 및 우주 전력은 발전된 과학과 기술에 대한 가능한 한 최대한의 투자를 필요로 한다. 기획자들에게 도전은 "돌발하는" 도전(1960년대와 1970년대의 지대공미사일 위기와 같은)이나 기회[터보제트엔진이나 저시인성 기술(low observable)과 같은]가 대두되었을 때 그것들에 대처하기에 충분한 유연성을 유지하는 동시에 특정의 요구를 이행하기 위해 필요한 적정 기술의 요구수준을 결정하는 것이다. "학습된 교훈"을 잘못 읽는 것이 그렇듯이 공공연하게 공상적인 생각은 너무 보수적인 생각과 마찬가지로 많은 문제를 유발한다.[49]

항공우주 과학과 기술의 태생적으로 복잡한 성격상 항공 및 우주력은 민간항공과 군사항공이 불가분하게 뒤얽혀 있기 때문에 민간과 군의 항공기 개발 모두를 지원해줄 수 있는 강건한 항공우주 산업기지(미국의 경우에는 국가적이고, 유럽동맹의 경우에는 국제적인)의 유지를 필요로 한다. 항공우주 산업기지는 거의 인정받지 못하고 있지만 크게 중요하다. 그것은 프로그램 축소, 직업시장의 변동, 교육정책의 변화, 학생의 선택, 정치적 변덕에 취약하다. 방위정책이 너무 흔하게 "땅 위의 군화(boots-on-the-ground)"를 중시하는 심성에 사로잡혀 있으며, "당면한 위기(crisis du jour)"에 대한 우선과 그것을 바탕으로 한 기획이 미래의 요구와 능력에 대한 이성적인 고찰을 대체하는 시대에서 항공력—이것은 본디 창출되는 데 있어 고비용적이고 시간소비적이며, 장기적인 미래에 초점을 둔다—은 쉽게 무시될 수 있다. 여기에 문제가 있다. 일단 무시되면 재편성되기는 매우 어렵다는 점이다. 20년 이상이 걸리는 새로운 항공기로의 대체주기/ 과학, 기술, 공학, 수학에 자격을 갖춘 충분한 수의 요원들을 모집·훈련·고용·유지시키는 데 있어서의 도전/ 프로그램 관리와 획득목표에 있어서의 우선순위 변화와 같은 모든 것이 이어지는 행정부 동안에 항공(그리고 우주)력 능력과 전력구조의 원활하고도 질서정연한 발전을 심각하게 제약하고 위태롭게 하는 방향으로 작동된다. 힘들고 급격하게 변화하는 외부적인 "현실세계"도 마찬가지이다.

항공 및 우주력: 임무, 사람, 그리고 전투환경

항공(그리고 우주)력은 단순하게 고정된 배역을 맡는 것이 아니라 다른 형태의 군사력과 동일한 기준으로 유지되어야 한다. 이는 사소하거나 불필요하기까지 한 사항처럼 보일 수 있지만 그렇지 않다. 너무도 흔하게 항공력은 그것이 100% 효과적이지는 않아서, 항상 100% 만족스럽지는 않아서 비판받는다. 사실 그렇다. 그러나 다른 어떤 형태의 군사력 투사도 그렇지는 못하다. 분명 항공력은 "완벽한" 형태의 전력투사가 아니다. 그 어떤 것도 그렇지 못하다. 분명 그것은 잘못 사용될 수 있으며, 그것의 성공에 대한 기대가 부적절하며 실제적인 전투 적용을 통해 그 부적절성이 입증되는 경우가 존재한다. 그것은 대규모의 고정식 또는 이동식 기지(비행장 또는 항공모함)와 많은 수의 훈련된 요원들에 대한 고비용적인 투자를 필요로 한다. 그것은 (일부 특화된 기기나 체계를 제외하고는) 체공에서 지속성이 결여되어 있으며, 비단 전투효과성만이 아니라 기본적인 비행안전을 위해서도 높은 수준의 정비능력을 필요로 한다. 그것은 만병통치약이 아니다. 그것은 아무리 해도 자력으로 분쟁에서 승리할 수는 없다. 그럼에도 불구하고, 모든 것을 감안해볼 때, 항공력의 가장 열성적인 옹호론자들이 희망하는 것처럼 전지전능하지는 않더라도 그 비판자들이 일반적으로 주장하는 것보다는 그것이 효율적이고 효과적이라는 점이 입증되었다. 전투경험—카세린(Kasserine) 전투로부터 아나콘다 작전에 이르는—은 지상

지휘관들이 항공력의 잠재성을 충분히 다루지 못하는 경우, 그 결과 그들은 자신의 전력에 발생하는 불필요한 사상을 경험하게 됨을 보여준다. 실제로 9/11 이후의 항공작전에서 가장 흥미로운 측면은, 적 전력을 표적으로 삼아 처리하는 데 유인과 무인 체계에 의한 공중공격이 얼마나 효과적인지—그리고 우군의 지상전력이 다양한 지상 기동과 진입 계획이 틀어지고 말았을 때 그들을 구출하고 퇴각시키는 데 얼마나 항공력에 의존하는지— 확인되었다는 점이다.

항공력은 "전략폭격" 또는 "근접항공지원" 중 한 가지를 선택하는 일 이상의 것이다. "심지어 각 군 대학이라는 환경 내에서조차도 항공력에 대한 대중적 논의는 많은 경우 이러한 종류의 상호 배타적인 "선택"에 대한 주장으로 전락하고 만다." 그러나 실제 항공력은 다면적이며, 모든 분쟁의 스펙트럼을 망라하고 다양한 수준의 투자와 적용에 걸쳐 있다. "전략폭격"과 "근접항공지원"은 항공력이 이행할 수 있는 두 가지 종류의 임무이지만, 항공력은 다른 많은 임무 또한 수행할 수 있다.(그리고 수행했다.) 거기에는 항공차단, 리더십 공격, 공중기동, 해양 감시와 타격, 정찰이 포함된다. 그와 마찬가지로, 공군의 리더십은 많은 경우 누가 반짝거리는 일단의 비행기들을 가질 것인지를 둘러싼 "전투기 장군들"과 "폭격기 장군들" 간의 "투쟁"으로 묘사되는 것보다 복잡하고 미묘하다. 분명, 공군의 보다 높은 회의체—예를 들어, 미 공군의 정기적인 코로나(*Corona*) 회의•— 내의 의사결정 환경에 노출된 이라면 누구나 그러한 묘사가 얼마나 희화적인지를 금세 알아차릴 수 있을 것이다.

항공력은 먼 거리에서 신속하게, 그리고 보통 대응할 수 있는 거리 밖에서 적을 타격할 수 있게 해주며, 동시에 우군 전력에 가해지는 위험은 감소시켜준다. 그렇게 함으로써 전투원과 무고한 이들의 매우 심각한 손실과 부수피해가 전통적으로 발생하는 근접전투에 임해야 할 필요성을 제거하거나 최소화한다. 근접전투는 어떻게 해서든지 피해야 할 진흙탕이다. 그것은 자기 자신의 이점을 잃게 만들고, 아군으로부터 그 기술, 장비, 훈련상의 강점을 실질적으로 박탈하여 그들을 오늘날 "순교"의 기회만을 물색하고 있을 수 있는 상대와

• 아놀드 대장의 주관으로 1944년 2월 맥스웰 공군기지에서 있었던 미 육군항공대의 3성, 4성 장군 회의에 그 기원을 두고 있는 미 공군의 고위지휘관 회의이다. 제5대 공군참모총장인 르메이 대장이 1961년에 개최된 회의에서 참석한 각 지휘관들에게 그가 가장 선호하는 시거(cigar)인 '코로나'와 고급 브랜디를 선물한 이후 "코로나" 회의로 불린다. 이 회의에서는 공군장관의 새로운 훈령이 토의되고, 전략적 비전을 비롯한 공군 관련 주요 사항들이 논의된다.

다투는 수준에 위치하게 만드는 수단이다. 그러나 실로 이상한 점은, 항공력은 너무 "깔끔"하고, 너무 "안전"하며 국가나 동맹의 정신적 결의를 보여줄 수 있게 충분한 수의 사람들을 "위험스러운" 상황에 처하게 만들지 못한다는, 흔히 듣게 되는 비판이다. 소화기와 대포(거리를 두고 타격할 수 있는 이것들은 그 사수로 하여금 적이 도달할 수 있는 거리 너머에 위치할 수 있게 해주었다)의 "비도덕성"을 욕했던 중세의 성직자와 기사들을 떠올리게 만드는 이러한 후자의 주장은 그 자체로 그 중심에 논리와 윤리학이 결여되어 있는 것이다. 잘못된 윤리적 '신호'를 주기 위해 자신의 병력은 적 전력에 아주 가깝게 위치시키면서 항공(그리고 우주)력 전력이 갖고 있는 가치는 무시하거나 평가절하하는 것은 적의 교전문제를 풀어주는 것이지 자기 자신의 문제를 풀어주는 것은 아니다. 그것은 혹독하고 유혈적인 근접전투의 필요성뿐 아니라 그 장점까지도 만들어내려는 불쾌한 심성을 반영하는 것이다.

항공전력의 차별성

모든 군종은 항공 및 우주력을 투사하고(투사하거나) 활용할 합법적인 필요성을 갖고 있지만 공군만이 "전담" 항공 및 우주력 제공자이다. 각 군종은 공중과 우주 매개체를 자신들에게 유리하게 활용할 수 있는 자신들만의 방법을 찾으려 할 것으로 능히 기대된다. 그러나 그것이 모든 군종이 동일한 수준의 공중 및 우주 지각(知覺), 기동성, 전력 적용, 또는 동일한 대응률을 제공한다고 말하는 것은 아니다. 영국의 한 관리가 "600노트 포함(砲艦)"이라 불렀던 것처럼, 공군은 위기가 개시됨에 따라 초음속으로 전개되고 그에 대응한다. 해군 항공전력은 항모타격단의 속도로 대응하며, 지상전 항공전력[코소보에서 호크기동부대(Task Force Hawk)가 보여준 것과 같은]은 기계화된 차량의 속도로 대응한다. 그러므로 공군은 몇 시간 내에 위기지역에 전개되는 데 반해 해군전력은 상당히 오랜 시간을 소비하며, 지상전 전력은 그보다 훨씬 더 오랜 시간을 소비한다. 능력과 전투효과성 또한 매우 다르다. 공군은 분쟁의 모든 스펙트럼에 걸쳐, 그리고 작전의 전체 전구에 걸쳐 항공전을 수행할 수 있는 광범위한 자산들을 보유한다. 해군 항공전력은 함대작전을 지원하고 보호하며, 전형적으로 해군 전투공간 내에서 벌어지는—하지만 전체 전구에 걸치지는 못하는— 연안지역 전쟁을 수행할 수 있는 체계를 보유한다. 지상전 전력은 전형적으로 사단지역

전역에서, 또는 기껏해야 군단의 전선에서 교전 중인 전투전력에게 요청에 따른 화력지원을 제공할 수 있는 체계를 보유한다.

이러한 차이는 상당하지만 또한 서로 보완적이다. 도전거리는 합동군 항공전역이 전구사령관의 요구를 충족시키고 그의 목표를 달성시킬 수 있도록 항공노력의 완전한 통합과 협력을 달성하는 일(다시 한 번 이는 효과중심작전 개념을 상기시킨다)이다. 이러한 이유 때문에 우선 다양한 군종이 투사하는 항공력의 종류와 능력 간의 차이가 분명하게 이해되고 인식되는 게 필수적이다. 둘째, 전투지휘관들이 합동군 공군구성군 사령관(JFACC)을 통해 항공 지원과 개입의 요구를 제출해야 할 필요성을 이해하는 게 필수적이다. 셋째, 항공인이 합동군 공군구성군 사령관이 되는 게 필수적이다. 합동군 공군구성군 사령관이 "공군" 항공인일 필요는 없지만, 그(또는 그녀)는 항공전의 미묘함을 인지하고 있으며 전구사령관의 전역계획을 가장 잘 이행할 수 있도록 가용한 항공 및 우주력을 가장 잘, 그리고 가장 효과적으로 편성하고 활용하려는 데 헌신적인 개인이어야 한다.

보고서들은 상당 정도 과장되었다!

유인 군사용 비행기, 항공전력, 또는 항공력을 묻어버리기에는 시기상조이다. 이는 유인비행기, 공군, 그리고 항공력 자체의 임박한(또는, 보다 장기적인 맥락에서의) 사망을 예견하는 이들에 대한 반사적 반응 이상의 것이다. 의심의 여지없이, 모든 것은 변화하며—또한 모든 것은 변했으며— 시간이 흐름에 따라 계속 변화할 것이다. 분명, 군사용 유인 및 무인 항공기가 혼합된 군, 항공력의 역할과 임무, 그리고 항공전력의 성격도 계속해서 변화할 것이다.

첫째, 비행기. 시간이 흐름에 따라 무인기가 고위험의 많은 역할에서 유인 전투항공기를 대신하게 될 것이다. 센서와 기체에 탑재된 비행통제 프로그램이 보다 "지능적이고" 거의 또는 총체적으로 자동화되어가는 것에서 볼 수 있듯이, 정보분배망이 확산됨에 따라 유인전투기나 타격항공기가 고위협지역으로 이동해 가야 할 필요성은 줄어들 것이다. 이런 역할에서는 무인 전투항공기(UCAV)가 순식간에 부상할 것이다. 오랫동안 이스라엘이 무인기 체계, 기술, 전투작전에 상당하고도 일관되게 투자해옴에 따라 프레데터와 글로벌호크와 같은 체계들은 이미 이러한 지경에 도달했다. 기동이 매우 어려운 9G 유인전투기와 영공을 넘는 유인폭격기는 공중 또는 지상 통제사(혹은 조종사)에 의해 감독되거나 통제되는 자동 또는 반자동 무인기에 의해 대체될 것이다.

오늘날의 제트전투기를 생각해보자. 그것은 한국전쟁기의 기관포나 기총으로 무장한 전투기, 심지어 베트남전 시기의 미사일로 무장한 전투기와도 매우 다르다. 그것은 전투기의 대용물로서 첨단 중거리 공대공미사일과 같은 자동 기계화된 공중무기를 운용하는 실로 매우 복잡한 정보공유체계이다. 요약하자면 그것은 요격기를 발사하는 전투기이다. 미래의 전투기는 적과 교전하며 첨단 공대공미사일을 발사하는 몇 개의 소형 무인전투기를 발사하는 유인 플랫폼이 될지도 모른다.(실제로, 미사일을 장착한 무인기가 이라크의 미그기를 우발적으로 공격하여 거의 격추했던 사례가 이미 존재한다.)

미래의 폭격기는 적 통합방공체계의 유효 사거리 밖에서 체공하면서 적과 교전하기 위해 공기흡입식 극초음속 미사일을 사용하는 플랫폼 항공기(유인 혹은 무인)일 수 있다. 그러한 미사일을 위한 기술은 충분히 가용하며 오늘날 많은 국가들이 도달할 수 있는 경지에 와 있다. 적의 위협 사거리 밖에 상당히 떨어져 있을 수 있다는 점을 제외하고도 그러한 미사일의 이점은 그 속도가 유동적인 정보를 행동 가능한 정보로 변환시켜주면서 600~1000해리의 거리에서 "돌출하는" 표적과 위협을 처리하는 데 특히 적합하게 만들어주는 데 있다. 순항미사일을 발사하는 오늘날의 폭격기, 함선, 잠수함, 심지어 공중타격 전투기조차도 그와 같은 표적 자체를 처리하는 데는 적합하지 않으며, 이는 단순히 방어체계의 위험한 성격에 기인하는 것이 아니다. 실제로 "타격자산이 표적에 도달하기까지(shooter-to-target)"의 주기가 너무 느려서—확연하게 아음속인 순항미사일이나, 천음속의 속도로 경합상태에 있는 공역의 상당한 영역을 이동해야 할 필요성이 그 예가 된다— 마침내 표적지역에 도달할 때까지는 진정한 "'아직 멀었어요?'의 지대(zone of 'are we there yet?')"• 에 들어가 있을 때 "탐지자산으로부터 타격자산까지의(sensor-to-shooter)" 순환주기의 완결에 대해 이야기하는 것은 타당하지 않다. 장거리 체공체계(유인 또는 무인)를 우주기반 정보·감시·정찰과 극초음속 무기와 연결시키는 것은 전투력 적용을 극적으로 변형시키리라는 것을 약속해준다.

9/11 이후 지상작전의 성격은 일부 사람들로 하여금 맥나마라 시대의 "대

• 정확한 현 위치를 파악할 수 없는 지대를 의미한다.

(對)반군작전 항공기"의 심성으로 회귀할 것을 요구하도록 강제했다. 심지어 경무장을 하고 있는 반군전력의 현 방공능력 상태를 고려해보아도 이보다 더 어리석은 일은 있을 수 없다. 방공기술이 오늘날보다 훨씬 덜 발전되어 있었던(그래서 훨씬 덜 치명적이었던) 시기인 거의 40년 전에 남동 아시아와 중동에서 체공하고 있거나 저고도에서 공격 중이던 항공기들이 경험했던 손실률만 고려해봐도 이는 확인될 수 있다. 1972년 북베트남의 봄 공세 동안에 SA-7의 도입은 프로펠러 추진 "타격" 및 전방항공통제(FAC) 비행기들—심지어 튼튼하며 중무장을 하고 있던 더글러스 A-1조차도—을 하늘로부터 몰아냈다. 1973년 중동전쟁 동안에 이스라엘이 잃어버렸던 대략 109대의 항공기들 중 거의 60%는 근접항공지원 임무를 수행하는 중에 격추된 것이었다.(그리고 대략 동일한 비율의 아랍 항공기들이 이스라엘의 지대공미사일과 대공포에 의해 격추되었다.) 물론 스팅어 미사일이 도입된 이후 아프가니스탄에서 소련의 항공경험은 오늘날 잘 인지되어 있다.[50] 그 자체의 능력이 계속 증대되고 있는 현대의 휴대 가능한 미사일 체계는 현대판 O-1, O-2, OV-10 항공기의 항공작전을 불가능하게 할 정도로 치명적이다. 기획자들은 한두 명의 개인이 탑승하는 그와 같은 플랫폼에 투자하기보다는 무인항공기, 특히 보다 정교한 "대기 중인" 타격항공기나 포(砲)로 무장한 지상전력과의 분산정보공유체계를 사용하는 이른바 초소형 무인기(micro-UAV)에 더 관심을 기울여야 한다.

무인기에 관해서 보았을 때, 다양한 군종(특히 공군)의 항공인들이 무인항공기에 신속하게 적응하지 못했다고 주장하는 것은 다시 한 번 과도한 단순화에 해당한다. 많은 경우 그렇게 이야기되지만, 사실 무인기 발전의 기록은 그와 같은 발전이 그렇게 되는데 필요한 기술적 요구사항과 능력의 발전에 부합하여 발생되었음을 보여준다. 신뢰성 있고 재사용이 가능한 무인기—예를 들어, 프레데터나 글로벌호크—는 컴퓨터 이전, 전자 이전, 전기신호식 비행제어(fly-by-wire),• 개선 센서의 시대에는 제작될 수 없었다. 컴퓨터화된 비행의 시대가 도래하면서 각 군은 신속하게 무인기의 잠재력을 움켜잡았으며, 다시 한 번 처음에는 그것의 능력을 정보·감시·정찰 체계로서 바라보았다. 1980년대 말에 이르

• 항공기를 조종할 때 조종기기를 전선으로 연결하여 유압장치나 모터를 이용함으로써 컴퓨터가 제어하도록 하는 조종방식을 말한다. 최근에는 이를 광섬유로 조종하는 FBL(Fly-by-light)이 적용되고 있다.

러 무인기 개발을 위한 주요 활동들이 진행되었으며, 특히 미국에서 그랬다. 미국의 초기 천음속 및 초음속 항공기 프로그램처럼 무인기 개발을 위한 초기 노력은 많은 경우 대가가 크고 고비용적인 일련의 실망과 실패[육군의 아퀼라(Aquila) 프로그램, 공군의 태싯 레인보우(Tacit Rainbow), 첨단국방과학기술연구소(Defense Advanced Research Projects Agency)의 다크스타(Dark Star)와 같은]로 특징지어졌다. 프레데터와 글로벌호크와 같은 성공적인 체계가 등장했을 때 그것은 군, 특히 공군의 고위급 내에서 각광받았으며, 순식간에 전투 목적을 위해 활용되었다.[51]

무인기는 항공 및 우주력 도구상자에 있는 또 하나의 강력한 도구이며, 그것의 확산은 항공력을 사용하는 전력들, 특히 공군으로 하여금 주로 유인체계에 쏠려 있던 초점에서 벗어나 재구조화하도록 만들 것이다. 미 공군에게 이는 시간이 흐를수록 그 전투자산의 점점 더 많은 수가 무인기가 될 것이라는 점을 의미하며, 이는 다른 나라의 공군들에게도 마찬가지일 가능성이 크다. 중요한 선례가 있다. 이미 공군요원의 중대한 일부는 무인체계를 운용하고 있다. 미국과 동맹군 전력에게 그토록 중대한 위성을 통제하는 우주작전 수행자들이 그렇다. 사회학적으로 보았을 때 시간이 흐를수록 무인기를 운용하는 이들 중 보다 적은 수가 조종장교로 분류될 것이며, 보다 많은 수는 숙련된 사병 조작사나 육군의 준위계급을 가진 항공인들과 유사한 새로운 기간요원이 될 것이다.

공군의 경우, 단기적으로나 심지어 장기적으로도 그들은 사라지지 않을 것이다. 공군이 보유하고 있는 능력의 범위와 그들이 이행하는 책임, 그리고 항공력 "전담" 공급자로서 그들의 성격은 오늘날 그들이 육군과 해군의 자군 중심 항공군을 초월하는 특별한 지위를 점유하도록 하고 있으며, 앞으로도 계속해서 그렇게 할 것이다. 육군과 해군은 자신들의 작전영역에 초점을 맞출 수밖에 없기 때문에 그들이 공군이 오늘날 이행하는 항공 및 우주력 기능의 전 범위를 맡을 수 있을 것으로 기대될 수는 없다. 그렇기는 해도 육군과 해군은 계속해서 자신들의 항공능력을 개선하고 연마해야 하며, 특히 (육군의 경우) 현대의 다차원적인 전쟁을 수행하는 데 필요한 "언덕 너머, 그리고 다음 빌딩의 뒤"에 대한 정보·감시·정찰 정보를 장병들에게 공급하게 위한 무인기와 초소형 무인기 개발을 위해 노력해야 한다. 급조 폭발물과 같이 매우 어려워 보이는 문제에 대해서도 항공적인 처방은 놀라울 정도로 효과적임을 입증했으며,

미래의 훨씬 더 효율적인 항공능력에 대해서도 암시해준다.[52] 해군에게 무인기는 항모항공단의 구성을 보완하고 나아가 그것을 지배함으로써 항모타격단의 지속적인 유용성과 생존성을 보장하는 수단을 제공해준다. 공군에게 그랬듯이 육군과 해군 모두에게 초음속 미사일은 필수품이 될 것이다. 육군의 경우 그것은 전구의 대량파괴무기 위협에 맞서 군단을 방어하는 데 쓰일 것이며, 해군의 경우는 함대방어와 연안표적에 대한 함대력 투사를 위해 쓰일 것이다. 공군은 지금까지 그래 왔듯이 우주발사, 전 지구적이거나 전구적인 정보·감시·정찰, 전구와 본국에서의 공중지배, 장거리 고능력 타격, 공중기동(장거리와 전구 내), 그리고 전구에 걸친 특수작전을 제공하는 주된 수단으로 남아 있을 것이다.

항공력이 2차원 지상전의 단순한 맥락으로 복귀하는 것은 비행 자체가 발명되지 않는 것과 마찬가지로 결코 가능하지 않다. 항공력은 다른 형태의 군사력과 마찬가지로 항상 그 형태가 발전하고 변화하고 있다는 점을 인정해야 한다. 1918년 영국 공군의 탄생은 세계 최초의 독립공군의 창설뿐 아니라 자체적인 특별한 군종을 인정받을 수 있을 만큼 항공력—즉, 공중을 활용하는 매개체 또는 보다 넓은 의미에서 3차원적 매개체—이 군사에 있어서 중요성과 의미를 달성했음에 대한 인정 또한 나타내는 것이었다.[53] 그러한 인정은 항공력이 자체적인 특별한 속성과 특성을 갖고 있는 분쟁의 무대를 반영함을 보여주는 신호였다. 그러한 차원은 공기역학의 법칙에 탄도학의 법칙과 케플러 궤도역학이 뒤따르는 대기권의 변경(邊境)까지 확장된다. 그곳으로부터 모든 것은 우주의 공간이다. 때가 도래하면 공중-우주의 관계는 변화할지 모른다. 공군은 항공 및 우주군이 되었으며, 우주 및 항공군이 되어가고 있는 중이라고 말할 수 있다.* "대기적(大氣的)" 형태의 전력투사로 정의되는 항공력은 우주가 지배하는 3차원 전력이라는 보다 넓은 범주로 포함되어버릴 수 있다. 그러나 그런 경우, 우주는 공중에 대한 우세와 통제를 가능하게 해주는 전 지구적인 관점을 제공할 수 있는 반면, 항공력은 계속해서 표면에 대한 우세와 통제를 유지할 것이라는 점을 숙고하는 게 중요하다.

군사용 비행기가 등장한 이후 한 세기 동안 세계는 심대한 변혁을 경험했

---

* 현재는 공중에서의 활동이 주가 되고 이를 우주능력이 지원하는 형국이지만, 장차 우주에서의 활동이 주가 되고 공중에서의 그것이 겸해질 것이라는 의미이다.

다. 전 세계적인 제국의 시대에 탄생한 비행기는 그러한 세계를 파괴하고, 그 잔해 더미로부터 등장한 전체주의 전력을 격파했으며, 대두되던 우주력의 도움을 받아 지속되는 전 세계적인 위협에 직면해 자유를 보존했던 불안한 40년간의 냉전을 유지시키는 데 역할을 수행했다. 1989년 이후 항공 및 우주력은 중동과 남서 아시아에서 영국이 공중통제를 달성했던 가장 초기 이후 거의 생각조차 않았던 적들에 대적해야 하는 새로운 전 세계적 환경에 적응해야만 했다. 비행기는 민간과 군의 대량 기동을 위한 가장 위대하고도 신뢰성 있는 수단이 되었다. 위성은 현대사회의 위대한 가능화 요소가 되었다. 그것은 정보의 전달자요, 지도(指導)의 원천이며, 기상과 안보 위험에 대한 경보의 제공자요, 통신수단의 제공자이다. 항공우주혁명—특히 군사항공의 혁명—을 오늘날처럼 매우 중대한 전 세계적 변혁을 유발하는 힘이 되게 만든 남성과 여성의 신중하고도 양심적이며 용감한 노력이 없었다면 이것들 중 그 어떤 것도 발생하지 못했을 것이다. 이 책과 같은 노력은 생각과 관점을 새롭게 하는 데 필요한 현재 진행 중인 논쟁과 논의를 자극할 뿐 아니라 우리가 밟고 서 있는 이들의 봉사와 희생을 회상하게 해준다는 면에서도 환영받을 것이다.

주

/ 서문

1. Sir Michael Howard, *The Causes of Wars* (London: Unwin Paperbacks, 1983), 215-217. John Keegan, *The Face of Battle* (London: Penguin Books, 1978), 20-35도 참조할 것.
2. Howard, *The Causes of wars*, 215-217.
3. Pieter Geyl, *Use and Abuse of History* (New Haven, CT: Yale University Press, 1955), 70. 이 진술은 나폴레옹(Napoleon Bonaparte)에 대한 프랑스의 역사서술 관련해서 그의 전시 연구에서 등장한다.
4. Ibid., 62.
5. H. L. Mencken, "The Divine Afflatus," in *A Mencken Chrestomathy* (New York: Random House, 1949), 443. 이 에세이는 원래 *New York Evening Mail* 1917년 11월 16일 자에 발표되었으며, *Prejudices: Second Series* (New York: Alfred A. Knopf, 1920)에 다시 수록되었다.
6. Geyl, *Use and Abuse of History*, 61.
7. 이러한 견해에 대해 윌못(H. P. Willmott)에게 감사한다.
8. Carl H. Builder, *The Icarus Syndrome: The Role of Air Power Theory in the Evolution and Fate of the U.S. Air Force* (New Brunswick, NJ, and London: Transaction Publishers, 1994), 36.
9. Colonel Peter Faber, "The Evolution of Air Power Theory in the United States: From World War I to Colonel John Warden's *The Air Campaign*," in *Asymmetric Warfare*, ed. John Andreas Olsen (Trondheim: Royal Norwegian Air Force Academy, 2002), 45-116.

제1부 / 제1장

1. Albert Robida, *La Guerre au Vingtième Siècle* (Paris: G. Decaux, 1887).
2. Ivan S. Bloch, *The Future of War in Its Technical, Economic and Political Relations: Is War Now Impossible?* trans. R. C. Long (New York: Doubleday & McClure, 1899).
3. Alfred Gollin, *No Longer an Island: Britain and the Wright Brothers, 1902-1909*

(Stanford: Stanford University Press, 1984), 19.

4. H. G. Wells, *The War in the Air* (London: George Bell & Sons, 1908).

5. Philippe Bernard, "A propos de la stratégie aérienne pendant la Première Guerre Mondiale: Mythes et réalités," *Revue d'histoire moderne et contemporaine* 16 (1969): 354-355.

6. Felix P. Ingold, *Literatur und Aviatik: Europäische Flugdichtung* (Basel: Birkhäuser Verlag, 1978), 96, 104, 116-117.

7. Kriegswissenschaftliche Abteilung der Luftwaffe (KAdL), *Die Militärluftfahrt bis zum Beginn des Weltkrieges 1914*, ed. Militärgeschichtliches Forschungsamt, 3 vols., 2d rev. ed. (Frankfurt: Mittler und Sohn, 1965-1966), 2: 86.

8. Jürgen Eichler, "Die Militärluftschiffahrt in Deutschland 1911-1914 und ihre Rolle in den Kriegsplänen des deutschen Imperialismus," *Zeitschrift für Militärgeschichte* 24, no. 4 (1985): 407-410.

9. *Flight* 5, no. 10 (March 7, 1914): 248-249.

10. John R. Cuneo, *Winged Mars*, 2 vols. (Harrisburg:Military Service Publishing Co., 1942, 1947), 2: 92-94.

11. Charles Christienne et al., *Histoire de l'aviation militaire française* (Paris: Charles Lavauzelle, 1980), 88.

12. John H. Morrow Jr., *German Air Power in World War I* (Lincoln: University of Nebraska Press, 1982), 16-17.

13. Peter Mead, *The Eye in the Air: History of Air Observation and Reconnaissance for the Army 1785-1945* (London: Her Majesty's Stationery Office, 1983), 51-58.

14. *Flight* 3, no. 41 (October 9, 1914): 1026.

15. Bernard, "Stratégie aérienne," 359-360; correspondence, Flandin to D'Aubigny, September 21, 1915, File A81, Service Historique de L'Armée de l'Air (SHAA).

16. File AIR1/2319/223/29/1-18, Public Record Office (PRO).

17. *Flight* 7, no. 26 (June 25, 1915): 446-448, 455; *Flight* 7, no. 30 (July 23, 1915): 525-526, 539-542; *Flight* 7, no. 43 (December 22, 1915): 798, 802.

18. Frank J. Cappelluti, "The Life and Thought of Giulio Douhet" (Ph.D. diss., Rutgers University, 1967), 67-110 passim.

19. Louis Thébault, *L'Escadrille 210* (Paris: Jouve, 1925), 29, 49, 53, 59.

20. Johannes Werner, *Boelcke. Der Mensch, der Flieger, der Führer der deutsche Jagdfliegerei* (Leipzig: K. F. Köhler, 1932), 158-168.

21. Douglas H. Robinson, *Giants in the Sky: A History of the Rigid Airship* (Seattle:

University of Washington Press, 1973), 122.

22. Hugh Trenchard, "Short Notes on the Battle of the Somme 1 July-11 November 1916," File MFC 76/1/4, Trenchard Papers (TP), Royal Air Force Museum (RAFM), Hendon.

23. "L'Aéronautique militaire française pendant la Guerre de 1914-1918," vol. 2, "1917-1918," *Icare, revue de l'aviation française*, no. 88 (Printemps 1979), 17.

24. Guy Pedroncini, *Pétain: Général en chef 1917-1918* (Paris: Presses Universitaires de France, 1974), 41, 57.

25. Ibid., 41-42.

26. Lieutenant Marc [Jean Béraud Villars], *Notes d'un pilote disparu* (1916-1917) (Paris: Hachette, 1918). Translated by Stanley J. Pincetl and Ernst Marchand as *Notes of a Lost Pilot* (Hamden: Archon, 1975), 211-221.

27. Bernard, "Stratégie aérienne," 363.

28. 항공폭격계획에 대한 미국원정군의 설명(1917년 11월 18일) AIR 1/1976/204/273/40, PRO; Pedroncini, *Pétain*, 58.

29. Georg P. Neumann, ed., *In der Luft unbesiegt* (Munich: Lehmanns, 1923), 79-91, 166-175.

30. Correspondence, Haig GHQ no. O.B./1826 to Secretary, War Office, May 18, 1917, AIR 1/2267/209/70/34, PRO.

31. George Kent Williams, "Statistics and Strategic Bombardment: Operations and Records of the British Long-Range Bombing Force during World War I and Their Implications for the Development of the Post-War Royal Air Force, 1917-1923" (Ph.D. diss., Oxford University, 1987), 45-64, 186.

32. MFC 76/1/1, TP, RAFM.

33. Cappelluti, "Douhet," 138-145.

34. 위어가 트렌처드에게 보낸 서한(1918년 9월 10일), MFC 76/1/94, TP, RAFM.

35. Williams, "Statistics," 233-251, 257, 260-262.

제1부 / 제2장

1. 예를 들어 Karl-Heinz Völker, *Dokumente und Dokumentarfotos zur Geschichte der deutschen Luftwaffe* (Stuttgart: VDA, 1968), 469, document 200, "Luftkriegführung"을 참조할 것.

2. James Corum, "From Biplanes to Blitzkrieg: The Development of German Air Doctrine between the Wars," *War in History* 3 (1996): 85-101을 참조할 것.

3. Robert J. Young, "The Strategic Dream: French Air Doctrine in the Inter-War Period, 1919-939," *Journal of Contemporary History* 9 (1974): 59-61.

4. Philip Meilinger, "Trenchard and 'Morale Bombing': The Evolution of Royal Air Force Doctrine before World War II," *The Journal of Military History* 60 (1996): 243-270. 사이크스에 대해서는 Eric Ash, *Sir Frederick Sykes and the Air Revolution 1912-1918* (London:Taylor and Francis, 1999)을 참조할 것.

5. National Archives II, College Park, MD, RG18/223 Box 1, RAF War Manual Part I, Operations (May 1935), 1, 57.

6. 독일의 수치는 Klaus Maier et al., *Das Deutsche Reich und der Zweite Weltkrieg: Band II, Die Errichtung der Hegemonie auf dem europaischen Kontinent* (Stuttgart: DVA, 1979), 339-340에서 도출되었으며, 연합군의 수치는 Ernest May, *Strange Victory: Hitler's Conquest of France* (New York: Hill & Wang, 2000), 477, 479; F. R. Kirkland, "The French Air Force in 1940," *Air University Review* 36(1985): 101-102로부터 도출되었다.

7. Kirkland, "French Air Force," 103, 110; J. Truelle, "La production aeronautique militaire francaise jusqu'en juin 1940," *Revue d'histoire de la Deuxieme Guerre Mondiale* 19 (1969): 98-102.

8. Richard Overy, "Air Power, Armies and the War in the West, 1940," 32d Harmon Memorial Lecture, United States Air Force Academy, Colorado Springs, 1989, 8-17을 참조할 것.

9. 독일의 기획에 관한 세부사항을 위해서는 Maier, *Das Deutsche Reich und der Zweite Weltkrieg: Band II*, 369-371, 375-382를 참조할 것.

10. 세부사항은 Richard Overy, *The Battle of Britain* (London: Penguin, 2000), 34-35, 40-41, 124에서 확인할 수 있다.

11. 영국의 수치는 런던의 큐(Kew)에 소재한 국립문서고(the National Archives) 소장 문서인 AIR 22/293, "Statistics: Aircraft Production, Imports and Exports," June 1-September 30 [1940]에서 도출되었다.

12. Maier, *Das Deutsche Reich und der Zweite Weltkrieg: Band II*, 391; National Archives, Kew, AIR 16/365, "Fighter Command Operational Strength," September 19, 1940.

13. Maier, *Das Deutsche Reich und der Zweite Weltkrieg: Band II*, 388-390.

14. Hans-Adolf Jacobsen, ed., *Generaloberst Halder: Kriegstagebuch: Band II* (Stuttgart: Kohlhammer, 1963), 98-100, entry for September 14, 1940; Maier, *Das Deutsche Reich und der Zweite Weltkrieg: Band II*, 390-392.

15. 두에에 대해서는 Philip Meilinger, "Giulio Douhet and the Origins of Airpower Theory," in *Paths of Heaven: The Evolution of Airpower Theory* (Maxwell Air Force Base, AL: Air University Press, 1997), 1-40을 참조할 것.

16. Charles Webster and Noble Frankland, *The Strategic Air Offensive against Germany: Volume IV* (London: Her Majesty's Stationery Office, 1961), 36-37에서 재인용. 항공력에 대한 히틀러의 태도에 관해서는 Richard Overy, "Hitler and Air Strategy," *Journal of Contemporary History* 15 (1980): 405-421을 참조할 것.

17. *Fuehrer Conferences on Naval Affairs 1939-1945* (London: Greenhill Books, 1990), 172, Report on Conferences with the Fuehrer on January 8 and 9, 1941.

18. Williamson Murray, *Luftwaffe* (London: George Allen and Unwin, 1985), 59-60; Maier, *Das Deutsche Reich und der Zweite Weltkrieg: Band II*, 397은 1940년 10월에만 해도 200대의 폭격기가 파괴되거나 손상되었으며, 그중 67%는 비전투 손실에 희생되었다고 쓰고 있다.

19. Murray, *Luftwaffe*, 77. The figures were 1,711 in 1940, 1,511 in 1941.

20. See Reginald V. Jones, *Most Secret War: British Scientific Intelligence 1939-1945* (London: Hamish Hamilton, 1978), chaps. 16-18; Alfred Price, *Instruments of Darkness: The History of Electronic Warfare, 1939-1945* (London: Greenhill Books, 2005), 25-50.

21. Maier, *Das Deutsche Reich und der Zweite Weltkrieg: Band II*, 407에 수록된 통계로부터 계산되었다.

22. John Ray, *The Night Blitz, 1940-1941* (London: Arms and Armour, 1996), 260.

23. 영국대공습의 사회사에 관해서는 Angus Calder, *The Myth of the Blitz* (London: Jonathan Cape, 1991); Amy H. Bell, *London Was Ours: Diaries and Memoirs of the London Blitz* (London: I. B. Tauris, 2008); Brad Beaven and John Griffiths, "The Blitz, Civilian Morale and the City," *Urban History* 26 (1999): 71-88; Helen Jones, *British Civilians in the Front Line: Air Raids, Productivity and Wartime Culture*, 1939-1941 (Manchester: Manchester University Press, 2006)을 참조할 것.

24. Marco Bragadin, *The Italian Navy in World War II* (Annapolis: U.S. Naval Institute Press, 1957), 365-366.

25. Vera Zamagni, "Italy: How to Lose the War and Win the Peace," in *The Economics of World War II: Six Great Powers in International Comparison*, ed. Mark Harrison (Cambridge: Cambridge University Press, 1998), 192-193.

26. Edward von der Porten, *The German Navy in World War II* (London: Macmillan, 1969), 174-178. Also see Kenneth Poolman, *Focke-Wulf Condor: Scourge of the*

Atlantic (London: Macdonald and Janes, 1978).

27. Wesley F. Craven and James L. Cate, *The Army Air Forces in World War II*, 7 vols. (Chicago: University of Chicago Press, 1948), 1: 538-553; Samuel E. Morison, *The Two-Ocean War: A Short History of the United States Navy in the Second World War* (Boston: Little, Brown, 1963), 122-129.

28. Craven and Cate, *The Army Air Forces in World War II*, 2: 387-388; J. R. Butler, *Grand Strategy III, Part II: June 1941-August 1942* (London: Her Majesty's Stationery Office, 1964), 302-308.

29. John Buckley, "Atlantic Airpower Co-operation, 1941-1943," in *Airpower: Theory and Practice*, ed. John Gooch (London: Frank Cass, 1995), 175-197에 있는 훌륭한 논의를 참조할 것.

30. Horst Boog et al., *Das Deutsche Reich und der Zweite Weltkrieg: Band IV: Der Angriff auf die Sowjetunion* (Stuttgart: DVA, 1983), 313.

31. Evan Mawdsley, *Thunder in the East: The Nazi-Soviet War, 1941-1945* (London: Hodder Arnold, 2005), 86-87.

32. Mawdsley, *Thunder in the East*, 58-59; Boog et al., *Das Deutsche Reich und der Zweite Weltkrieg: Band IV*, 689, 699-700.

33. Boog et al., *Das Deutsche Reich und der Zweite Weltkrieg: Band IV*, 701-703.

34. Ibid., 312-316.

35. 이 비교수치는 Richard Overy, *The Air War 1939-1945*, 2d ed. (Washington, DC: Potomac Books, 2005), 150에 수록되어 있다. 독일의 항공기 생산에 대한 최상의 역사서술은 Lothar Budrass, *Flugzeugindustrie und Luftrustung in Deutschland 1918-1945* (Dusseldorf: Droste Verlag, 1998), parts V and VI이다.

36. John Erickson, "Alexander Novikov," in *Stalin's Generals*, ed. Harold Shukman (London: Weidenfeld and Nicholson, 1993), 163-172.

37. Robert Kilmarx, *A History of Soviet Air Power* (London: Faber and Faber, 1962), 176-179; Alexander Boyd, *The Soviet Air Force since 1918* (London: Macdonald and Janes, 1977), 142-146; Erickson, "Novikov," 163-164.

38. Joel Hayward, *Stopped at Stalingrad: The Luftwaffe and Hitler's Defeat in the East, 1942-43* (Lawrence: University Press of Kansas, 1998), 309-310, 322-323.

39. Andrew Brookes, *Air War over Russia* (London: Ian Allen, 2003), 125-130.

40. Mawdsley, *Thunder in the East*, 201-202, 266-267.

41. Overy, *Air War*, 57. 소련 전장항공의 전반적 역사를 위해서는 Kenneth Whiting, "Soviet Air-Ground Coordination," in *Case Studies in the Development of Close Air*

Support, ed. Benjamin F. Cooling (Washington, DC: Office of Air Force History, 1990), 115-152를 참조할 것.

42. Overy, *Air War*, 67-68.

43. Craven and Cate, *The Army Air Forces in World War II*, 2: 137, 205-206; 3: 806-807.

44. Ian Gooderson, *Air Power at the Battlefront* (London: Frank Cass, 1998)을 참조할 것. 대지공격 항공기의 전반적 역사를 위해서는 Richard Hallion, *Strike from the Sky: The History of Battlefield Air Attack, 1911-1945* (Washington, DC: Smithsonian Institution Press, 1998), chaps. 13-14; Will A. Jacobs, "The Battle for France, 1944," in *Case Studies in the Development of Close Air Support*, 237-294를 참조할 것.

45. National Archives II, College Park, United States Strategic Bombing Survey, Interview no. 62, Colonel General Alfred Jodl, June 29, 1945에서 인용

46. Arthur Tedder, *Air Power in War* (London: Hodder and Stoughton, 1948), 52에서 재인용

47. 예를 들어 Tami D. Biddle, "British and American Approaches to Strategic Bombing: Their Origins and Implementation in the World War II Combined Bomber Offensive," in Gooch, *Airpower Theory and Practice*, 97-114; Richard Overy, "Allied Bombing and the Destruction of German Cities," in *A World at Total War: Global Conflict and the Politics of Destruction, 1937-1945*, eds. Roger Chickering, Stig Förster, and Bernd Greiner (Cambridge: Cambridge University Press, 2005), 279-287을 참조할 것.

48. 예를 들어 Malcolm Smith, "The RAF and Counter-Force Strategy before World War II," *Journal of the Royal United Services Institute* 121 (1976): 69-72를 참조할 것.

49. National Archives, Kew AIR 14/225, Air Staff "Western Air Plans," December 9, 1937.

50. Hayward S. Hansell, *The Air Plan that Defeated Hitler* (Atlanta: Higgins-McArthur, 1972), 81-83, 92-93, 298-307.

51. 프랑스에 대해서는 Daniele Voldman, "Les civils, enjeux du bombardement des villes," in *La violence de guerre 1914-1945*, eds. Stéphane Audoin-Rouzeau, Annette Becker, Christian Ingrao, and Henry Rousso (Brussels: Editions complexes, 2002), 161-162를, 이탈리아에 대해서는 Marco Patricelli, *L'Italia sotto le bombe* (Rome-Bari: Laterza, 2007)을 참조할 것. Gabriella Gribaudi, *Guerra Totale: Tra bombe alleate e violenze naziste, Napoli e il fronte meridionale 1940-44* (Turin: Bollati Boringhieri, 2005) chaps. 5-7도 참조할 것.

52. 최근 논쟁에 대해서는 Jörg Friedrich, *Der Brand: Deutschland im Bombenkrieg*

1940-1945 (Munich: Propylaen Verlag, 2002); Hermann Knell, *To Destroy a City: Strategic Bombing and Its Human Consequences in World War II* (Cambridge, MA: Da Capo Press, 2003); Anthony Grayling, *Among the Dead Cities: Was the Allied Bombing of Civilians in World War II a Necessity or a Crime?* (London: Bloomsbury, 2006)을 참조할 것.

53. Martin Gilbert, *Finest Hour: Winston S. Churchill, 1939-1941* (London: William Heinemann, 1983), 329-330.

54. Winston Churchill, *The Second World War: Volume II* (London: Cassell, 1949), 567.

55. Gilbert, *Finest Hour*, 1136.

56. 선전의 역할에 대해서는 Nicholas Cull, *Selling War: The British Propaganda Campaign against American "Neutrality" in World War II* (Oxford: Oxford University Press, 1995), chap. 5; Mark Connelly, "The British People, the Press, and the Strategic Air Campaign against Germany, 1939-1945," *Contemporary British History* 16 (2002): 39-58을 참조할 것.

57. 루스벨트에 대해서는 Jeffrey S. Underwood, *The Wings of Democracy: The Influence of Air Power on the Roosevelt Administration* (College Station: Texas A&M University Press, 1992)를, 스파츠에 대해서는 Richard G. Davis, *Carl A. Spaatz and the Air War in Europe* (Washington, DC: Smithsonian Institution Press, 1992), 106-116을 참조할 것.

58. 예를 들어 Lamberto Mercuri, *Guerra psicologica. La propaganda anglo-americana in Italia 1942-46* (Rome: Archivio Trimestrale, 1983)을 참조할 것.

59. 독일의 기만에 대해서는 Edward Westermann, "Hitting the Mark but Missing the Target: Luftwaffe Deception Operations, 1939-1945," *War in History* 10 (2003): 206-221을 참조할 것.

60. Webster and Frankland, *Strategic Air Offensive: Volume IV*, 205-213, appendix 13, "Report by Mr. Butt to Bomber Command, 18 August 1941."

61. Ibid., 143-148, appendix 8 (xxii), Air Ministry Directive, February 14, 1942.

62. RAFM, Hendon, London, Harris Papers, Misc. Box A, Folder 4, Ministry of Economic Warfare, "100 German Cities" [n.d.].

63. Webster and Frankland, *Strategic Air Offensive: Volume IV*, 153-154, appendix 8 (xxviii), "Combined Chiefs of Staff Directive, January 21, 1943."

64. 전전(戰前) 공습 예방조치의 역사에 대해서는 Bernd Lemke, *Luftschutz in Grossbritannien und Deutschland 1923 bis 1939* (Munich: Oldenbourg, 2005), part IV를

참조할 것.

65. Keith Lowe, *Inferno: The Devastation of Hamburg 1943* (London: Viking, 2007), 322-323.

66. F. Golucke, *Schweinfurt und der strategische Luftkrieg*, 1943 (Paderborn: Schoningh Verlag, 1980).

67. Murray, *Luftwaffe*, 214-218.

68. W. Hays Park, "'Precision' and 'Area' Bombing: Who Did Which, and When?" in *Airpower: Theory and Practice*, 162; J. Kreis, *Piercing the Fog: Intelligence and Army Air Forces Operations in World War II* (Washington, DC: Office of Air Force History, 1996), 237-246.

69. 수확체감의 문제에 관해서는 Jurgen Brauer and Hubert van Tuyll, *Castles, Battles and Bombs: How Economics Explains Military History* (Chicago: University of Chicago Press, 2008), 197-243을 참조할 것. 드레스덴에 대해서는 Donald Bolxham, "Dresden as a War Crime," in *Firestorm: The Bombing of Dresden, 1945*, eds. Paul Addison and Jeremy Crang (London: Pimlico, 2006), 180-208; Stefan Goebel, "Coventry und Dresden: Transnationale Netzwerke der Erinnerung in den 1950er und 1960er Jahren," in *Deutschland im Luftkrieg: Geschichte und Erinnerung*, ed. Dietmar Süss (Munich: Oldenbourg, 2007), 111-120에 있는 논의를 참조할 것.

70. Richard Overy. "World War II: The Bombing of Germany," in *The War in the Air 1914-1994*, ed. Alan Stephens (Fairbairn, Australia: Air Power Studies Centre, 1994), 117-132; Adam Tooze, *The Wages of Destruction: The Making and Breaking of the Nazi Economy* (London: Allen Lane, 2006), chap. 19를 참조할 것.

71. 예를 들어 Richard J. Evans, *The Third Reich at War* (London: Allen Lane, 2008), 441-466을 참조할 것.

제1부 / 제3장

1. 태평양에서 미국과 일본 사이의 전쟁 경과에 대한 가장 유용한 전반적 연구는 Ronald Spector, *Eagle against the Sun: The American War with Japan* (New York: Free Press, 1985)이다. 리바인(Alan Levine)은 *The Pacific War: Japanese versus the Allies* (Westport, CT: Praeger, 1995)에서 외교와 대전략을 포함해 태평양 전구에서의 사건들을 미묘하고도 간결하게 다루었다. 태평양 전쟁의 항공력에 대한 훌륭한 약사(略史)는 Richard J. Overy, *The Air War, 1939-1945* (New York: Stein and Day, 1981), 85-101; and John Buckley, *Air Power in the Age of Total War* (Bloomington: Indiana University Press, 1999), 170-197에서 찾을 수 있다. 이 장은 Samuel Eliot Morrison,

History of United States Naval Operations in World War II, 15 vols. (Boston: Little Brown, 1947-1962)와 동일한 저자의 축약본인 *The Two-Ocean War* (Boston: Atlantic, 1963), 그리고 Wesley F. Craven and James L. Cate, *The Army Air Forces in World War II*, 7 vols. (Washington, DC: Office of Air Force History, 1983)에도 상당 정도 의존하여 쓰였다.

2. 개전 환경에 대한 매우 훌륭한 논의는 Eric Bergerud, *Fire in the Sky: The Air War in the South Pacific* (Boulder, CO: Westview, 2000)에서 찾을 수 있다.
3. Overy, *Air War*, 85-101.
4. William Mitchell, *Winged Defense: The Development and Possibilities of Modern Air Power, Economic and Military* (New York: Putnam's, 1925), 71.
5. 항공단전술학교에 대해서는 Peter R. Faber, "Interwar U.S. Army Aviation and the Air Corps Tactical School: Incubators of American Air Power," in *The Paths of Heaven: The Evolution of Airpower Theory*, ed. Philip Meilinger (Maxwell Air Force Base, AL: Air University Press, 1997), 183-238을 참조할 것.
6. Haywood S. Hansell, *The Air Plan that Defeated Hitler* (Atlanta: Higgins-MacArthur, 1972), 298.
7. Craven and Cate, *Army Air Forces*, 6: 202-203.
8. Spector, *Eagle against the Sun*, 43.
9. Edward S. Miller, *War Plan Orange: The U.S. Strategy to Defeat Japan, 1897-1945* (Annapolis: U.S. Naval Institute Press, 1991).
10. William Trimble, *Admiral William Moffett: Architect of Naval Aviation* (Washington, DC: Smithsonian Institution Press, 1994).
11. Craig C. Felker, *Testing American Sea Power: U.S. Navy Strategic Exercises, 1923-1940* (College Station: Texas A&M University Press, 2007), 2.
12. Ibid., 58-59.
13. 함선의 유형에 대한 데이터는 *Conway's All the World's Fighting Ships, 1922-1946* (Annapolis: U.S. Naval Institute Press, 1997)을 참조했다.
14. Lisle Rose, *The Ship that Held the Line* (Annapolis: U.S. Naval Institute Press, 1995).
15. 이 장에서 언급되는 항공기 유형에 대한 데이터는 René J. Francillon, *Japanese Aircraft of the Pacific War* (Annapolis: U.S. Naval Institute Press, 2000)과 Gordon Swanborough and Peter M. Bowers, *United States Navy Aircraft since 1911* (Annapolis: U.S. Naval Institute Press, 1990)을 참조했다.
16. Steve Ewing, *Reaper Leader: The Life of Jimmy Flatley* (Annapolis: U.S. Naval Institute Press, 2002), 104-105.

17. Clark Reynolds, *The Fast Carriers: The Forging of an Air Navy* (Annapolis: U.S. Naval Institute Press, 1968), 15.

18. U.S. Marine Corps, *Small Wars Manual* (Washington, DC: U.S. Government Printing Office, 1940), chap. IX.

19. Edward C. Johnson, *Marine Corps Aviation: The Early Years, 1912-1940* (Washington, DC: USMC History and Museums Division, 1977), 35.

20. 이 주제를 가장 잘 다루고 있는 영문 연구는 Mark R. Peattie, *Sunburst: The Rise of Japanese Naval Air Power, 1909-1941* (Annapolis: U.S. Naval Institute Press, 2001)이다. David C. Evans and Mark R. Peattie, *Kaigun* (Annapolis: U.S. Naval Institute Press, 2000), chap. 9도 그렇게 말할 수 있다.

21. Peattie, *Sunburst*, 77ff.

22. Evans and Peattie, *Kaigun*, 312.

23. John Dower, *War without Mercy: Race and Power in the Pacific War* (New York: Pantheon, 1986), 99ff.

24. Peattie, *Sunburst*, 155-159; Buckley, *Air Power in the Age of Total War*, 178.

25. Saburo Sakai, *Samurai!* (Annapolis: U.S. Naval Institute Press, 1991), 26-27.

26. Horst Boog, "Higher Command and Leadership in the Luftwaffe, 1935-1945," in *Air Power: Promise and Reality*, ed. Mark K. Wells (Chicago: Imprint, 2000), 135.

27. Osamu Tagaya, "The Imperial Japanese Air Forces," in *Why Air Forces Fail: The Anatomy of Defeat*, eds. Robin Higham and Stephen J. Harris (Lexington: University Press of Kentucky, 2006), 179.

28. Gordon Prange, *At Dawn We Slept: The Untold Story of Pearl Harbor* (New York: McGraw-Hill, 1981).

29. Roberta Wohlstetter, *Pearl Harbor: Warning and Decision* (Stanford: Stanford University Press, 1962). Also Irving Janis, *Groupthink: Psychological Studies of Policy Decisions and Fiascoes*, 2d ed. (Boston: Little, Brown, 1982), chap. 4.

30. William H. Bartsch, *December 8, 1941: MacArthur's Pearl Harbor* (College Station: Texas A&M Press, 2003), 413ff; Levine, *Pacific War*, 37-39.

31. Peattie, *Sunburst*, 171-172.

32. Spector, *Eagle against the Sun*, 154; Craven and Cate, *Army Air Forces*, 1: 438-444; John B. Lundstrom, *The First Team* (Annapolis: U.S. Naval Institute Press, 1984), 136ff.

33. Morison, *Naval Operations*, 4: 60.

34. 미드웨이 해전에 대한 표준적인 문헌에는 Gordon Prange, *Miracle at Midway* (New York: Penguin, 1982); Walter Lord, *Incredible Victory* (New York: Harper and Row,

1967); and Mitsuo Fuchida and Masatake Okumiya, *Midway: The Battle that Doomed Japan* (Annapolis: U.S. Naval Institute Press, 1992)가 포함된다. 보다 최근의 연구인 Jonathan Parshall and Anthony Tully, *Shattered Sword: The Untold Story of the Battle of Midway* (Washington, DC: Potomac Books, 2005)는 이 전투에 대한 우리의 이해를 넓히는 데 상당히 기여하고 있다.

35. Morison, *Naval Operations*, 4: 84.

36. John S. Thach, "A Beautiful Silver Waterfall," in *Carrier Warfare in the Pacific: An Oral History Collection*, ed. E. T. Wooldridge (Washington, DC: Smithsonian Institution Press, 1993), 58.

37. Captain Bruce R. Linder, USN (Ret.), "Lost Letter of Midway," *Proceedings* (August 1999): 32.

38. Craven and Cate, *Army Air Forces*, 1: 459.

39. Peattie, *Sunburst*, 174-175.

40. Parshall and Tully, *Shattered Sword*, 387-388.

41. 과달카날 전투를 위해서는 Richard B. Frank, *Guadalcanal: The Definitive Account of the Landmark Battle* (New York: Random House, 1990); John Lundstrom, *The First Team and the Guadalcanal Campaign* (Annapolis: U.S. Naval Institute Press, 1994)와 Morrison, *Naval Operations*, vol. 5를 참조할 것.

42. Robert Sherrod, *History of Marine Corps Aviation in World War II* (San Rafael, CA: Presidio, 1980), 85-86.

43. James B. Wellons, "General Roy S. Geiger, USMC: Marine Aviator, Joint Force Commander" (master's thesis, USAF School of Advanced Air and Space Studies, June 2007), 81-82.

44. Morison, *Naval Operations*, 5: 371.

45. Sakai, *Samurai!* 31.

46. Morison, *Naval Operations*, 5: 107.

47. George C. Kenney, *General Kenney Reports: A Personal History of the Pacific War* (New York: Duell, Sloan and Pearce, 1949), 28-29.

48. Thomas E. Griffith Jr., *MacArthur's Airman: General George C. Kenney and the War in the Southwest Pacific* (Lawrence: University Press of Kansas, 1998), 27.

49. Kenney, *General Kenney Reports*, 52-53.

50. Griffith, *MacArthur's Airman*, 69.

51. Ibid., 96.

52. Kenney, *General Kenney Reports*, 185.

53. Morison, *Naval Operations*, 6: 63.

54. Spector, *Eagle against the Sun*, 229.

55. Morison, *Naval Operations*, 6: 290.

56. *U.S. Navy War Photographs* (New York: U.S. Camera, 1945), 15.

57. Spector, *Eagle against the Sun*, 271-272.

58. Ibid., 422-423; Levine, *Pacific War*, 115.

59. Hansell, *Air Plan that Defeated Hitler*, 108.

60. William H. Tunner, *Over the Hump* (Washington, DC: Office of Air Force History, 1985), chap. III.

61. Henry Probert, *The Forgotten Air Force: The Royal Air Force in the War against Japan, 1941-1945* (London: Brassey's Ltd., 1995), 192.

62. Max Hastings, *Retribution: The Battle for Japan, 1944-45* (New York: Knopf, 2008), 133.

63. H. P. Willmott, *The Battle of Leyte Gulf: The Last Fleet Action* (Bloomington: Indiana University Press, 2005).

64. M. G. Sheftall, *Blossoms in the Wind: Human Legacies of the Kamikaze* (New York: NAL Caliber, 2005), 33-48.

65. James J. Fahey, *Pacific War Diary* (Boston: Houghton Mifflin, 1963), 228-232.

66. B-29 프로그램에 대해서는 Jacob Vander Meulen, *Building the B-29* (Washington: Smithsonian Institution Press, 1995)를 참조할 것.

67. Kenneth P. Werrell, *Blankets of Fire: U.S. Bombers over Japan during World War II* (Washington, DC: Smithsonian Institution Press, 1996), 71.

68. Ibid., 90-91.

69. Thomas R. Searle, "'It Made a Lot of Sense to Kill Skilled Workers': The Firebombing of Tokyo in March 1945," *The Journal of Military History* 66 (January 2002), 103-134.

70. Robert S. Burrell, *The Ghosts of Iwo Jima* (College Station: Texas A&M University Press, 2006), 30-31.

71. Ibid., 106. 스펙터도 회의적인 입장이지만, "구출된 항공인이 그 섬을 점령하는 가운데 죽음을 당한 해병의 수를 상회한다는 것은 사실일 수 있다"고 인정하고 있다. Spector, *Eagle against the Sun*, 502.

72. Werrell, *Blankets of Fire*, 159-163.

73. Vander Meulen, *Building the B-29*, 8.

74. Conrad Crane, *Bombs, Cities and Civilians: American Airpower Strategy in World

War II (Lawrence: University Press of Kansas, 1993), 133.

75. Alvin D. Coox, "Strategic Bombing in the Pacific, 1942-1945," in *Case Studies in Strategic Bombardment*, ed. R. Cargill Hall (Washington, DC: Office of Air Force History, 1998), 321.

76. Overy, *Air War*, 99.

77. Morison, *Naval Operations*, 14: 234-237.

78. Sherrod, *History of Marine Corps Aviation*, 390.

79. John Hersey, *Hiroshima* (New York: Vintage, 1989): 49.

80. 이 문제와 관련된 자료(사료)와 해석에 대한 훌륭한 논의는 Barton Bernstein, "Truman and the A-Bomb: Targeting Noncombatants, Using the Bomb, and Defending His 'Decision,'" *The Journal of Military History* 62, no. 3 (1998) 547-570에서 찾을 수 있다.

81. Craven and Cate, *Army Air Forces*, 5: 734.

82. Morison, *Two-Ocean War*, 282.

83. Levine, *Pacific War*, 83.

84. Evans and Peattie, *Kaigun*, 312.

85. Craven and Cate, *Army Air Forces*, 1: 17.

86. *The United States Strategic Bombing Survey (European War) (Pacific War)* (Maxwell Air Force Base, AL: Air University Press, 1987), 107.

제2부 / 제4장

1. 각 군이 수행한 출격의 정확한 기여 수치는 미 공군 69.3%, 미 해군 16.1%, 미 해병 10.3%, 그리고 지상기반 우군 외국군 4.3%였다. Robert Frank Futrell, *The United States Air Force in Korea 1950-1953* (Washington, DC: Office of Air Force History, 1983), 689-691.

2. Xiaoming Zhang, *Red Wings over the Yalu* (College Station: Texas A&M University Press, 2002), 201.

3. Bernard Brodie, ed., *The Absolute Weapon: Atomic Power and World Order* (New York: Harcourt Brace, 1946), 76.

4. 1947년 9월에 미 공군이 창설되기 전 미국의 항공력은 주로 미 해군과 미 육군항공군에 의해 운용되었다.

5. 적과 접촉하고 있는 지상전력을 위한 공세적인 항공작전을 묘사하기 위해 가장 널리 사용되는 용어는 '근접항공지원(close air support)'이다. 그러나 '지원'이라는 단어는 오해의 소지가 있기 때문에 이 장에서는 '근접공중공격(close air attack)'이라는 표현을 쓸

것이다.

6. M. J. Armitage and R. A. Mason, *Air Power in the Nuclear Age* (Urbana: University of Illinois Press, 1985), 22.

7. 항공전력에 기여한 기타 국가로는 호주, 남아프리카공화국, 그리스, 영국, 한국, 태국, 캐나다, 터키가 포함된다.

8. 항공모함으로부터의 첫 출격은 1950년 7월 3일에 미 해군 77기동부대의 타격전투기들에 의해 이루어졌다. 전쟁이 진행되는 동안 23척의 항공모함들이 작전에 투입되었는데, 미국 17척, 영국 5척, 호주 1척이었다.

9. 맥아더는 극동사령관과 더불어 연합군 최고사령관이라도 직함도 갖고 있었는데, 전자는 미국의 임명직이었고, 후자는 전후 일본 점령을 책임지고 있는 연합국의 임명직이었다.

10. Futrell, *The United States Air Force in Korea 1950-1953*, 50-51, 693.

11. David Halberstam, *The Fifties* (New York: Random House, 1993), 67에서 재인용.

12. Futrell, *The United States Air Force in Korea 1950-1953*, 46.

13. Ibid., 692. 나머지 225대 중 147대는 공대공전투에서 격추되었으며, 78대는 적의 기타 활동으로 인해 손실되었다.

14. Matthew B. Ridgway, *The Korean War* (New York: Doubleday, 1967), 244. 리지웨이는 맥아더의 후임으로 1951년 4월에 유엔군 사령관에 임명되었다.

15. 예를 들어 Jeffrey Grey, "Definite Limitations: The Air War in Korea 1950-1953," in *The War in the Air 1914-1994*, ed. Alan Stephens (Maxwell Air Force Base, AL: Air University Press, 2001): 158-160, 162를 참조할 것.

16. William T. Y'Blood, "The U.S. Air Force in Korea—1950-1953," *Air Power History* 47, no. 2 (Summer 2000): 24-25.

17. Halberstam, *The Fifties*, 82.

18. Armitage and Mason, *Air Power in the Nuclear Age*, 29-30.

19. Zhang, *Red Wings over the Yalu*, 208-209.

20. "[공군]의 기본임무는… 지상전력에 대한 전술적 지원이다." Raymond L. Garthoff, *Soviet Military Doctrine* (Glencoe, NY: Free Press, 1953), 325-326.

21. Walter J. Boyne, *Beyond the Wild Blue* (New York: St. Martin's Press, 1997), 64. 레닌(Vladimir Lenin)은 "자본가들은 우리에게 그들을 교수형에 처하는 데 쓰게 될 밧줄을 팔게 될 것이다"라고 말한 적이 있다. 냉전 초기 닌 엔진(Nene engines)의 판매는 레닌의 냉소적인 관찰을 실체가 있게 만든다.

22. Zhang, *Red Wings over the Yalu*, 252, n. 37.

23. 미 공군의 전설적인 전략가이자 전투기 조종사인 보이드는 한국에서 왜 F-86 조종사들이 MiG-15에 대해 그토록 성공적이었는지를 탐구한 뒤 "OODA[관찰, 판단, 결심,

행동I 순환주기" 개념을 발전시켰다. 보이드는 F-86의 유압제어체계가 그 조종사들에게 OODA 순환주기의 "행동" 국면을 위한 결정적인 이점을 제공해주었다고 결론 내렸다.

24. Zhang, *Red Wings over the Yalu*, 122-123.

25. 격추율에 대한 주장을 고찰한 결과는 위의 책 202-203쪽을 참조할 것.

26. Boyne, *Beyond the Wild Blue*, 70.

27. Armitage and Mason, *Air Power in the Nuclear Age*, 39.

28. Halberstam, *The Fifties*, 407.

29. 당시에는 "정찰"이라는 용어가 사용되었으며, 보다 기술적(記述的)인 "정보·감시·정찰"은 비교적 최근에 쓰이게 된 용어이다.

30. Futrell, *The United States Air Force in Korea 1950-1953*, 548-549.

31. Ibid., 572.

32. Ibid., 569.

제2부 / 제5장

1. 이 장은 대부분 본 저자의 *To Hanoi and Back: The U.S. Air Force and North Vietnam, 1966-1973* (Washington, DC; Smithsonian Institution Press, 2000)과 Jacob Van Staaveren, *Gradual Failure: The Air War over North Vietnam, 1965-1966* (Washington, DC: Air Force History and Museums Program, 2002)에 의존한다. 이 책들에서 독자들은 광범위한 기록들을 발견할 수 있다. 해군 항공작전에 대한 개관을 제공하고 있는 연구서에는 Edward J. Marolda, *By Sea, Air and Land: An Illustrated History of the U.S. Navy and the War in the Southeast Asia* (Washington, DC: Naval Historical Center, 1994); Peter B.Mersky and Norman Polmar, *The Naval Air War in Vietnam* (Baltimore: Nautical and Aviation Publishing Company of America, 1986); and John B. Nichols and Barrett Tillman, *On Yankee Station: The Naval Air War over Vietnam* (Annapolis: U.S. Naval Institute Press, 1987)이 포함된다. 아래의 주(註)들은 논의되는 일부 주제들에 대한 보다 좋은 연구물들을 제시해줄 것이다.

2. Edwin E. Moise, *Tonkin Gulf and the Escalation of the Vietnam War* (Chapel Hill: University of North Carolina Press, 1996)은 8월 2일의 어뢰정 공격은 실제 발생한 데 반해 8월 4일의 공격은 그렇지 않았다는 지배적인 시각을 주장한다.

3. William J. Duiker, *Ho Chi Minh* (New York: Hyperion, 2000); Military Institute of Vietnam, *Victory in Vietnam: The Official History of the People's Army of Vietnam, 1954-1975*, trans. Merle L. Pribbenow (Lawrence: University Press of Kansas, 2002); Ilya V. Gaiduk, *The Soviet Union and the Vietnam War* (Chicago: Ivan R. Dee, 1996);

Qiang Zhai, *China and the Vietnam Wars, 1950-1975* (Chapel Hill: University of North Carolina Press, 2000).

4. Jack Broughton, *Thud Ridge* (Philadelphia: J. B. Lippincott, 1969). See also his *Going Downtown: The War against Hanoi and Washington* (New York: Orion Books, 1988) and *Rupert Red Two: A Fighter Pilot's Life from Thunderbolts to Thunderchiefs* (St. Paul, MN: Zenith Press, 2007).

5. Timothy N. Castle, *One Day Too Long: Top Secret Site 85 and the Bombing of North Vietnam* (New York: Columbia University Press, 1999).

6. Stephen P. Randolph, *Powerful and Brutal Weapons: Nixon, Kissinger, and the Easter Offensive* (Cambridge, MA: Harvard University Press, 2007).

7. 1972년 2월 3일에 백악관에서 있었던 닉슨과 벙커의 토의는 녹음되었다. Aloysius Casey and Patrick Casey, "Lavelle, Nixon, and the White House Tapes," *Air Force Magazine* (February, 2007): 86-90을 참조할 것.

8. John Darrell Sherwood, *Afterburner: Naval Aviators and the Vietnam War* (New York: New York University Press, 2004); Carol Reardon, *Launch the Intruders: A Naval Attack Squadron in the Vietnam War, 1972* (Lawrence: University Press of Kansas, 2005).

9. Jeffrey Ethell and Alfred Price, *One Day in a Long War: May 10, 1972, Air War, North Vietnam* (New York: Random House, 1989).

10. Todd P. Harmer and C. R. Anderegg, *The Shootdown of Trigger 4* (Washington, DC: Headquarters U.S. Air Force, 2001).

11. Marshall L. Michel III, *Clashes: Air Combat over North Vietnam, 1965-1972* (Annapolis: U.S. Naval Institute Press, 1997).

12. Benjamin F. Schemmer, *The Raid* (New York: Harper and Row, 1976).

13. Stuart I. Rochester and Frederick Kiley, *Honor Bound: The History of American Prisoners of War in Southeast Asia, 1961-1973* (Washington, DC: Office of the Secretary of Defense, 1998); Vernon E. Davis, *The Long Road Home: U.S. Prisoner of War Policy and Planning in Southeast Asia* (Washington, DC: Office of the Secretary of Defense, 2000).

14. Marshall L. Michel III, *The Eleven Days of Christmas: America's Last Vietnam Battle* (San Francisco: Encounter Books, 2002).

15. General John Bogt, interview with Lieutenant Colonel Arthur W. McCants Jr. and James C. Hasdorff (Air Force History Program), August 8-9, 1978. "Linebacker II USAF Bombing Survey," in Herman L. Gilster, *The Air War in Southeast Asia: Case Studies of Selected Campaigns* (Maxwell Air Force Base, AL: Air University Press,

1993), 75-115도 참조할 것.

16. U. S. Grant Sharp, *Strategy for Defeat: Vietnam in Retrospect* (San Rafael, CA: Presidio Press, 1978); William W. Momyer, *Air Power in Three Wars* (Washington, DC: U.S. Government Printing Office, 1978).

17. Mark Clodfelter, *The Limits of Air Power: The American Bombing of North Vietnam* (New York: Free Press, 1989). See also Earl H. Tilford Jr., *Crosswinds: The Air Force's Setup in Vietnam* (College Station: Texas A&M University Press, 1993).

제2부 / 제6장

1. Shmuel L. Gordon, *30 Hours in October* (Tel Aviv: Maarhot, 2008).

2. 저자는 이 기간 내내 이스라엘 공군에서 복무했으며, 전투기 조종사이자 지휘관으로서 이 전쟁들에 참가했다. 저자는 현역 복무가 본인의 판단에 영향을 미치거나 비판에 관여하는 일이 없기를 희망한다.

3. Max Weber, "Doctrine of the German Air Force," in *The Impact of Air Power*, ed., Eugene Emme (Princeton: D. Van Nostrand Co., 1959). 원래 1935년에 독일에서 출판되었다.

4. Yigal Allon, *The Making of Israel's Army* (London: Sphere Books Ltd., 1971); Moshe Dayan, *Story of My Life* (New York: Morrow, 1976); Dan Horowitz, "The Israeli Concept of National Security," in *National Security and Democracy in Israel*, ed. Avner Yaniv (Boulder, CO: Westview Press, 1993).

5. Yizhak Shteigman, *From the War of Independence to Operation Kadesh 1949-1956* (Tel Aviv: Israeli Air Force History Branch, 1990), 16.

6. 국무회의 시 벤구리온의 발언(1958년 12월 21일, 정부문서보관소). Avi Cohen, *The Defense of the Water Sources* (Tel Aviv: Ministry of Defense, IAF, 1992), 26-27에서 재인용.

7. David Ben-Gurion, *Diary of the War*, vol. 3, ed. Gershon Rivlin and Elhanan Oren (Tel Aviv: Ministry of Defense, 1982), 622.

8. Ezer Weizman, *On Eagle's Wings: The Personal Story of the Leading Commander of the Israeli Air Force* (Tel Aviv: Stimatzky's Agency Ltd., 1976).

9. IAF Document, Operation Branch (November 2, 1955).

10. Yoash Zidon-Chatto, *By Day, By Night, Through Haze and Fog* (Tel Aviv: Maariv Library, 1995), 223-227.

11. Yizhak Shteigman, *Operation Kadesh: The IAF in 1950-1956: Strengthening and Activities* (Tel Aviv: Ministry of Defense, IAF, 2006), 301-305; interview with Gene-

ral Dan Tolkowsky (May 1982).

12. Moti Havakuk, "The Development of the IAF in Light of the Conclusions of the 1956 War," in *Roar of Engines: 50 Years to Sinai War 1956*, ed. Hagai Golan and Shaul Shai (Tel Aviv: Ministry of Defense, 2006), 301-305.

13. Shmuel L. Gordon, *Air Leadership, Modern Operational Culture* (Tel Aviv: Ministry of Defense, Maarhot, 2003).

14. 모티 호드의 지휘참모학교 강의(1976년 1월 23일).

15. Ze'ev Zahor, "Everything Is Dependent on the IAF, ROTEM Case 1960," in *Restless Decade: Chapters in the IAF History 1956-1967*, ed. Ze'ev Lahish and Meir Amitai (Tel Aviv: Ministry of Defense, IAF, 1995), 225-248.

16. Yigal Sheffy, *The "Rotem" Affair and the Israeli Security Perception 1957-1960* (Tel Aviv: Maarhot, 2008).

17. 6일 전쟁에서 공중우세를 놓고 이루어진 전역에 대한 이야기는 주로 이스라엘 공군의 공식적인 연구에 기초한다. Yossi Abudi, ed., *The IAF in the Six Days War: Achievement of Air Superiority* (Tel Aviv: IAF, 1972).

18. 수많은 서적, 연구서, 논문이 6일 전쟁에 대해 다루고 있다. 아랍의 관점을 보여주는 흥미로운 책에는 Ibrahim Abu-Laghod, ed., The Arab-Israeli Confrontation of June 1967: An Arab Perspective (Evanston, IL: Northwestern University Press, 1970)가 있다. Nadav Safran, *From War to War: The Arab-Israeli Confrontation 1948-1967* (New York: Pegasus, 1969)은 서구의 관점을 보여준다.

19. Moti Havakuk, *Air-to-Air Warfare: November 1956-June 1967* (Tel Aviv: IAF, 1993), 62-68; Cohen, *The Defense of the Water Sources*, 176.

20. Zahor, "Everything Is Dependent on the IAF, ROTEM Case 1960," 225-248.

21. Weizman, *On Eagle's Wings*, 259 (Hebrew version).

22. Shlomo Aloni, *IAF Air Campaign: The Six Days War* (Tel Aviv: Decal Publishers, 2008). 이 책은 임무, 표적, 사상(死傷), 성공의 맥락에서 모케드 작전을 가장 상세하게 기술하고 있다.

23. Rafi Harlev, "40 Years to the Six Days War," in *40 Years for the Six Days War and 25 Years for the Lebanon War: Essays Collection 36*, ed. Oded Marom (Tel Aviv: Fisher Institute for Air and Space Strategic Studies, August 2007), 11; Abudi, *The IAF in the Six Days War*, appendix 1, 502.

24. *Operation Order MOKED* (March 23, 1967), updated version (private collection).

25. Ehud Yonay, *No Margin for Error* (New York: Pantheon House, 1993), 208-213.

26. Weizman, *On Eagle's Wings*, 189-246.

27. *Operation Order MOKED*.

28. Ibid., 2; Abudi, *The IAF in the Six Days War*, 33-43.

29. Dani Shapira, *Alone in the Sky* (Tel Aviv: Sifriat Maariv, 1994), 244-257.

30. Harlev, "40 Years to the Six Days War," 9.

31. Abudi, *The IAF in the Six Days War*, 454.

32. Harlev, "40 Years to the Six Days War," 11.

33. Aloni, *IAF Air Campaign: The Six Days War*, 183.

34. Abudi, *The IAF in the Six Days War*, appendix G, 502.

35. 상세한 분석은 위의 책 351-358쪽에 수록된 데이터에 기초한 것이다.

36. Ibid., 458.

37. Yitzhak Rabin, *The Rabin Memoirs* (Berkeley, CA: University of California Press, 1996), 18 (Hebrew version).

38. Gordon, *Air Leadership, Modern Operational Culture*.

39. Hod lecture.

40. Gordon, *Air Leadership, Modern Operational Culture*.

41. Fouad Ajami, *The Arab Predicament* (Cambridge: Cambridge University Press, 1981), 12-13.

42. Henry Kissinger, *My Years in the White House* (Boston: Little, Brown, 1979), 605-606.

43. 이와 관련된 에세이로서 이집트의 관점을 보여주는 것은 Ahmed S. Khalidi, "The War of Attrition," *Journal of Palestine Studies* (Autumn, 1973): 60-87이다. Yaacov Bar Siman-Tov, *The Israeli-Egyptian War of Attrition 1969-1970* (New York: Columbia University Press, 1980)에서는 그와 다른 관점이 제시된다.

44. Yzhak Grinberg, *Planning the IDF Order of Battle between the Six Days War and Yom Kippur War* (Tel Aviv: Ministry of Defense, 2005), 34, table 3.

45. Dan Schiftan, *Attrition: The Political Strategy of Nasser's Egypt after the 1967 War* (Tel Aviv: Maarhot, 1989), 97-110.

46. Abdel Magid Farid, *Nasser: The Final Years* (Reading: Ithaca Press, 1994), 135-136.

47. Golda Meir, *My Life* (New York: Dell, 1975), 279 (Hebrew version).

48. 욤키푸르 전쟁 시 군사정보의 총책임자였던 제이라(Eli Zeira) 장군과 저자의 토의(2007년 5월 10일).

49. Daniel Dishon, ed., *Middle East Record 1969-1970* (Jerusalem: Israel University Press, 1977), 159.

50. Amos Amir, *Fire in the Sky* (Barnsley, UK: Pen and Sword Books, 2005), 218-224.

51. Elliezer "Cheetah" Cohen, *Israel's Best Defense* (New York: Orion Books, 1993), 310 (Hebrew version).

52. Moti Havakuk and Niv Faran, *Israeli Air Force Losses in Air Combats* (Tel Aviv: IAF Headquarters, 2001), 31-36.

53. Schiftan, *Attrition*, 239 (calculations by the author).

54. Ibid.

55. Ibid.

56. Mohamed Abdel Ghani el Gamasy, *The October War: Memoirs of Field Marshal El-Gamasy of Egypt* (Cairo: American University in Cairo Press, 1993), chapter 2.

57. 이 부분은 이스라엘 공군의 공식 브리핑, 아랍의 기록, 당시 이스라엘 공군본부의 핵심인물 대부분과의 인터뷰에 대한 장기적이고도 철저하며 구체적인 연구에 기초한다.

58. Lon Nordeen, *Fighters over Israel* (New York: Orion Books, 1990); Martin van Creveld, *Military Lessons of the Yom Kippur War: Historical Perspectives* (Beverly Hills, CA: Sage, 1975.

59. Anwar Sadat, *In Search of Identity: An Autobiography* (New York: Harper and Row, 1978); Hasan Al-Badri et al., *The Ramadan War 1973* (Dunn Loring, VA: T. N. Dupuy Associates, 1978), chapter 3.

60. 이집트의 관점을 보여주는 다른 많은 흥미로운 연구서에는 Muhamed Heikal, *The Road to Ramadan* (London: Collins, 1975)와 Al-Badri et al., *The Ramadan War 1973* 이 있다. Insight Team of the Sunday Times, *Insight on the Middle East War* (London: Andre Deutsch Ltd., 1974)도 흥미로운 연구이다.

61. Uri Bar-Josef, *The Watchman Fell Asleep: The Surprise of Yom Kippur and Its Sources* (Albany: State University of New York Press, 2005).

62. Amir, *Fire in the Sky*, 239-240.

63. Recording of Operational Forum of the IAF Headquarters, October 6, 1973 (personal collection).

64. Cohen, *Israel's Best Defense*, 324-325.

65. Saad el Shazly, *The Crossing of the Suez* (San Francisco: American Mideast Research, 1980), 180-182 (Hebrew version). 다른 자료는 항공기 500대를 언급하기도 한다. Suhir al-Husaini, "Amazing Cooperation," *Maarhot*, no. 332 (October-November 1993): 75를 참조할 것.

66. Dayan, *Story of My Life*, 581.

67. Recording of General David Elazar in the IAF Command Cell, October 7, 1973 (personal collection).

68. Shazly, *The Crossing of the Suez*, 168-169, 173-174.

69. Updating General Elazar, Operation Center, October 7, 1973 (personal collection); Avraham "Bren" Adan, *On the Banks of the Suez* (London: Arms and Armour, 1980). 엘라자르 장군은 1973년 10월 7일에 남부사령관으로부터 최신 보고를 받았다. Recording of a discussion in Elazar's personal room (personal collection).

70. IAF Operational Department, *The IAF Annual Assessment* (August 29, 1973), table: Operational Plans (personal collection).

71. 1973년 전쟁 시 이스라엘 공군본부 작전국장이었으며 훗날 이스라엘 공군사령관이 되는 눈(Avihu Ben Nun) 대령과 저자의 인터뷰(2006년 7월 24일).

72. 펠레드 장군의 부사령관이었으며 1982년 전쟁에서는 이스라엘 공군사령관이었던 이브리 장군과 저자의 인터뷰(2007년 2월 5일).

73. Michael R. Rip and Joseph F. Fontanellam, "A Window on the Arab-Israeli 'Yom Kippur' War of October 1973: Military Photo-Reconnaissance from High Altitude and Space," *Intelligence and National Security* 6 (January 1991), 15-89.

74. Ze'ev Lahish, "Intelligence Assessments for Operation Dugman 5, October 7, 1973," *Special Intelligence Review* (Tel Aviv: IAF, 1983), 18.

75. "The Israeli Air Force in the Yom Kippur War," report prepared for General Beni Peled, the IAF commander's debriefings in the United States (Tel Aviv: IAF Headquarters, 1974), 25.

76. Gordon, *30 Hours in October*, part 6; Amir, *Fire in the Sky*, 243-248.

77. Weizman, *On Eagle's Wings*, 329.

78. Shazly, *The Crossing of the Suez*.

79. Havakuk and Faran, *Israeli Air Force Losses in Air Combats*, 38.

80. 1982년 전쟁에 대한 시리아의 관점을 위해서는 Mustafa Tlas, ed., *The Israeli Invasion of Lebanon* (Damascus: Tashrin, 1983)을 참조할 것. 폭넓은 관점을 위해서는 Itamar Rabinovich, *The War for Lebanon 1970-1985* (Ithaca, NY: Cornell University Press, 1985)를 참조할 것.

81. 이스라엘에서 개발되고 생산되어 1982년 전쟁에서 중대한 역할을 수행한 일부 체계가 Ze'ev Bonen and Dan Arkin, *RAFAEL: From Laboratory to Campaign* (Tel Aviv: N. D. D. Media, 2003)에 기록되어 있다.

82. 대사는 피격되어 여생을 심각한 불구의 상태로 살아야 했다.

83. Yossi Abudi, ed., *The Operations of the IAF in the "Peace of Galilee" War* (Tel Aviv: IAF Headquarters, 1984), 25.

84. Tlas, *The Israeli Invasion of Lebanon*, 189-190.

85. David Ivri, "How We Destroyed the SAM Array in SHELEG War," in *40 Years for the Six Days War and 25 Years for the Lebanon War*, 23-29.

86. Abudi, *The Operations of the IAF in the "Peace of Galilee" War*, 354.

87. Ivri, "How We Destroyed the SAM Array in SHELEG War."

88. Tlas, *The Israeli Invasion of Lebanon*, 191.

89. Ivri, "How We Destroyed the SAM Array in SHELEG War," 28.

90. David Ivri, "Operational Command System," in *Essays Collection* 10, ed. Oded Marom (February 2003), 2-3.

91. Shmuel L. Gordon, *Conflict in the Air: Issues in Air Strategy of Germany and Britain 1914-1945* (Tel Aviv: Maarhot, 1985), 109-144.

제2부 / 제7장

1. 이 장은 상당 정도 Lawrence Freedman, *Official History of the Falklands Campaign*, vol. II, *War and Diplomacy*, rev. ed. (London: Routledge, 2007)에 기초한다. 다른 자료를 위해서는 Despatch by Admiral Sir John Fieldhouse, GCB, GBE, commander of the Task Force Operations in the South Atlantic: April to June 1982, December 14, 1982; supplement to the *London Gazette*, December 13, 1982: David Brown, *The Royal Navy and the Falklands War* (London: Leo Cooper, 1987); Rodney Burden, Michael Draper, Douglas Rough, Colin Smith, and David Wilton, *Falklands: The Air War* (London: Arms and Armour Press, 1986); Michael Clapp and Ewan Southby-Tailyour, *Amphibious Assault: Falklands: The Battle of San Carlos Waters* (London: Leo Cooper, 1996); James Corum, "Argentine Airpower in the Falklands War," Air and Space Power Journal (Fall 2002); Jeffrey Ethell and Alfred Price, *Air War South Atlantic* (London: Sidgwick and Jackson, 1983); Major General Sir Jeremy Moore and Rear Admiral Sir John Woodward, "The Falklands Experience," *Journal of the Royal United Services Institute* (March 1983); and Admiral Sandy Woodward with Patrick Robinson, *One Hundred Days: The Memoirs of the Falklands Battle Group Commander* (London: HarperCollins, 1992)을 참조할 것.

2. Freedman, *Official History of the Falklands Campaign*, 79.

3. Ibid., 442.

4. Ibid., 431.

제3부 / 제8장

1. Edward N. Luttwak, *Strategy: The Logic of War and Peace*, rev. ed. (Cambridge,

MA: Belknap Press of Harvard University Press, 2001), 271-273.

2. 예를 들어 Richard P. Hallion, *Storm over Iraq: Air Power and the Gulf War* (Washington, DC: Smithsonian Institution Press, 1992); Richard G. Davis, *On Target: Organizing and Executing the Strategic Air Campaign against Iraq* (Washington, DC: Air Force History and Museums Program, 2002); and Luttwak, *Strategy*, 185-205를 참조할 것.

3. 이 장은 항공작전의 전 스펙트럼—공대공 재급유, 공수, 정찰, 전자전, 지휘와 통제, 다양한 기타 지원활동과 같은 중요한 요소들을 포함하는—을 다루기보다 이라크의 정치적·경제적·군사적 기간구조뿐 아니라 이라크의 군사력에 대해서도 폭탄을 투하하고 미사일을 투발했던 연합군 항공기들에 초점을 둔다.

4. Kevin M. Woods, *The Mother of All Battles: Saddam Hussein's Strategic Plan for the Persian Gulf War* (Annapolis: U.S. Naval Institute Press, 2008)은 이라크의 관점에 대한 훌륭한 통찰력을 제공해준다. 이는 미 합동전력사령부의 공식 보고서이자 '이라크 관점 프로젝트(Iraqi Perspective Project)'의 일부이다. Ofra Bengio, *Saddam Speaks on the Gulf Crisis: A Collection of Documents* (Syracuse, NY: Syracuse University Press, 1992)도 참조할 것.

5. Woods, *The Mother of All Battles*, 65.

6. Ibid., 60-92; Kenneth M. Pollack, *Arabs at War: Arab Military Effectiveness, 1948-1991* (Lincoln: University of Nebraska Press, 2002), 235-237.

7. 침공의 배경에 대한 매우 훌륭한 논의를 위해서는 Amatzia Baram, "The Iraqi Invasion of Kuwait: Decision-making in Baghdad," in *Iraq's Road to War*, ed., Amatzia Baram and Barry Rubin (London: Macmillan, 1993), 5-36을 참조할 것. Anthony H. Cordesman and Abraham R. Wagner, *The Gulf War: The Lessons of Modern War* (Boulder, CO: Westview Press, 1996), 4: 33-61; Lawrence Freedman and Efraim Karsh, *The Gulf Conflict 1990-1991* (London: Faber and Faber, 1993), 19-63; Ghazi A. Algosaibi, *The Gulf Crisis: An Attempt to Understand* (London: Kegan Paul International, 1993), 1-19; Saad al-Bazzaz, "An Insider's View of Iraq," *Middle East Quarterly* 2, no. 4 (1995)도 참조할 것.

8. "Address to the Nation Announcing the Deployment of United States Armed Forces to Saudi Arabia," August 8, 1990, in *Public Papers of the Presidents of the United States: George Bush, 1990* (Washington, DC: U.S. Government Printing Office, 1991), 1,108.

9. John Lewis, *Days of Fear: The Inside Story of the Iraqi Invasion of Kuwait* (Dubai: Motivate Publishing, 1997); Kanan Makiya, *Cruelty and Silence: War, Tyranny, Up-*

rising, and the Arab World (New York: St. Martin's Press, 2006).

10. 구체적인 내용을 위해서는 Amatzia Baram, "Calculation and Miscalculation in Baghdad," in *International Perspectives on the Gulf Conflict 1990-1991*, ed. Alex Danchev and Dan Keohane (London: Macmillan, 1994), 23-58을 참조할 것.

11. Department of Defense, *Conduct of the Persian Gulf War: Final Report to Congress* (Washington, DC: U.S. Government Printing Office, 1992), 33.

12. 항공력 논쟁에 대해서는 예를 들어 John Andreas Olsen, *John Warden and the Reconnaissance of American Air Power* (Washington, DC: Potomac Books, 2007); Richard T. Reynolds, *Heart of the Storm: The Genesis of the Air Campaign against Iraq* (Maxwell Air Force Base, AL: Air University Press, 1995); James C. Slife, *Creech Blue: Gen Bill Creech and the Reformation of the Tactical Air Forces, 1978-1984* (Maxwell Air Force Base, AL: Air University Press, 2004); and Barry D. Watts, "Doctrine, Technology and Air Warfare," in *Air Power Confronts an Unstable World*, ed. Richard P. Hallion (London: Brassey's Ltd., 1997), 13-50을 참조할 것.

13. Department of Defense, *Conduct of the Persian Gulf War*, 84.

14. Eliot A. Cohen et al., *The Gulf War Air Power Survey*, vol. 2, part 2: *Effects and Effectiveness* (Washington, DC: U.S. Government Printing Office), 79.

15. Woods, *The Mother of All Battles*, 130.

16. Ibid., 133.

17. 항공인들의 시각에 대한 개인적 서술을 위해서는 Tom Clancy, *Every Man a Tiger*, with Chuck Horner (New York: G. P. Putnam's Sons, 1999)와 Buster C. Glosson, *War with Iraq: Critical Lessons* (Charlotte, NC: Glosson Family Foundation, 2003)를 참조할 것.

18. 전투항공기를 제공한 국가들을 알파벳순으로 정리해보면 바레인, 캐나다, 이집트, 프랑스, 이탈리아, 쿠웨이트, 오만, 카타르, 사우디아라비아, 아랍에미리트, 영국, 미국 등이다.

19. 이란-이라크 전쟁과 이라크 공군의 전쟁수행에 대한 통찰력을 위해서는 Pollack, *Arabs at War*, 182-235를 참조할 것.

20. Woods, *The Mother of All Battles*, 71. 이라크의 방공체계에 대해서는 Michael R. Gordon and Bernard E. Trainor, *The General's War: The Inside Story of the Conflict in the Gulf* (Boston: Little Brown, 1995), 102-122와 Cohen et al., *Gulf War Air Power Survey: Operations*, vol. 2, part 1, 77-82를 참조할 것.

21. Benjamin S. Lambeth, *The Transformation of American Air Power* (Ithaca, NY: Cornell University Press, 2000), 112.

22. Richard G. Davis, *Decisive Force: Strategic Bombing in the Gulf War* (Washington, DC: Air Force History and Museums Program, 1996), 36.

23. Woods, *The Mother of All Battles*, 182-185.

24. Cohen et al., *Gulf War Air Power Survey: Operations*, vol. 2, part 1, 145.

25. Woods, *The Mother of All Battles*, 189-190; Cohen et al., *Gulf War Power Survey*, vol. 2, part 2, 109. Clancy, *Every Man a Tiger*, 536-544도 참조할 것.

26. Lambeth, *The Transformation of Air Power*, 114.

27. Woods, *The Mother of All Battles*, 190.

28. Ibid., 281. 결과적으로 공중공격은 44개 비행장의 594개 강화격납고 중 375개소를 파괴했다. Cohen et al., *Gulf War Air Power Survey*, vol. 2, part 2, 146.

29. Woods, *The Mother of All Battles*, 204.

30. Cohen et al., *Gulf War Air Power Survey*, vol. 2, part 2, 109-111.

31. Woods, *The Mother of All Battles*, 177.

32. Ibid., 193.

33. Ibid.

34. Cohen et al., *Gulf War Air Power Survey*, vol. 2, part 1, 95, 155.

35. Department of Defense, *Conduct of the Persian Gulf War*, 124-129. Davis, *Decisive Force*, 47도 참조할 것.

36. Woods, *The Mother of All Battles*, 182. 상세한 내용을 위해서는 Hazim Abd al-Razzaq al-Ayyubi, "Forty-Three Missiles on the Zionist Entity," first published in *Amman al-Arab al-Yawm*, translated by Foreign Broadcast Information Service (FBIS), October 25-November 12, 1998을 참조할 것.

37. Woods, *The Mother of All Battles*, 184-192; Cohen et al., *Gulf War Air Power Survey*, vol. 2, part 1, 189.

38. Woods, *The Mother of All Battles*, 265.

39. Cohen et al., *Gulf War Air Power Survey*, vol. 2, part 2, 148.

40. Woods, *The Mother of All Battles*, 273에서 재인용

41. Cohen et al., *Gulf War Air Power Survey*, vol. 2, part 1, 5.

42. Davis, *Decisive Force*, 4-5.

43. Cohen et al., *Gulf War Air Power Survey*, vol. 2, part 2, 148; 저자와 전(前) 이라크 정보국장 사마라이(Wafiq Samarrai) 퇴역장군의 토의.

44. Woods, *The Mother of All Battles*, 206.

45. Cohen et al., *Gulf War Air Power Survey*, vol. 2, part 2, 277.

46. Ibid., 285.

47. Woods, *The Mother of All Battles*, 187.

48. Ibid.

49. Cohen et al., *Gulf War Air Power Survey*, vol. 2, part 2, 349; Daniel T. Kuehl, "Airpower vs. Electricity: Electric Power as a Target for Strategic Air Operations," in *Airpower: Theory and Practice, ed. John Gooch* (London: Frank Cass, 1995), 237-266.

50. Gordon and Trainor, *The Generals' War*, 324-327.

51. Cohen et al., *Gulf War Air Power Survey*, vol. 2, part 2, 345; William M. Arkin, "Baghdad: The Urban Sanctuary in Desert Storm," *Airpower Journal* 11, no. 1 (Spring 1997): 4-21.

52. Cohen et al., *Gulf War Air Power Survey*, vol. 2, part 2, 167.

53. Wayne W. Thompson, "Al Firdos: The Last Two Weeks of Strategic Bombing in DESERT STORM," *Air Power History* (Summer 1996): 63을 참조할 것.

54. Davis, *Decisive Force*, 43.

55. Cohen et al., *Gulf War Air Power Survey*, vol. 2, part 2, 171.

56. Ibid., 159.

57. Ibid., 170.

58. Ibid., 161.

59. Ibid., 170-202.

60. Fred Frostic, *Air Campaign against the Iraqi Army in the Kuwaiti Theater of Operations, Project Air Force* (Santa Monica, CA: RAND, 1994), 6.

61. Davis, *Decisive Force*, 66.

62. Ibid., 68.

63. Woods, *The Mother of All Battles*, 186; Stephen T. Hosmer, *Psychological Effects of U.S. Air Operations in Four Wars 1941-1991: Lessons for U.S. Commanders* (Santa Monica, CA: RAND, 1996), xxvii.

64. Cohen et al., *Gulf War Air Power Survey*, vol. 2, part 2, 197-199.

65. Pollack, *Arabs at War*, 246.

66. Woods, *The Mother of All Battles*, 228.

67. Ibid., 232, 234.

68. Ibid., 142.

69. Cohen et al., *Gulf War Air Power Survey*, vol. 2, part 1, 342.

70. Ibid., 269-286.

71. Ibid., 320; Cohen et al., *Gulf War Air Power Survey*, vol. 2, part 2, 97, note 38.

72. Cohen et al., *Gulf War Air Power Survey*, vol. 2, part 2, 98-99.

73. Lambeth, *The Transformation of American Air Power*, 130.

74. Cohen et al., *Gulf War Air Power Survey*, vol. 2, part 1, 250.

75. Woods, *The Mother of All Battles*, 287.

76. Cohen et al., *Gulf War Air Power Survey*, vol. 2, part 1, 295.

77. 지상전에 대한 상세한 내용을 위해서는 예를 들어 Robert H. Scales, *Certain Victory: The U.S. Army in the Gulf War* (London: Brassey's Ltd., 1997); Richard M. Swain, *"Lucky War": Third Army in Desert Storm* (Fort Leavenworth, KS: U.S. Army Command and General Staff College Press, 1994); Pollack, *Arabs at War*, 246-256; and Department of Defense, *Conduct of the Persian Gulf War*, 226-296을 참조할 것.

78. Scales, *Certain Victory*, 146.

79. Cohen et al., *Gulf War Air Power Survey*, vol. 2, part 1, 294.

80. Ibid., 306.

81. Ibid., 311, 313-315(화력지원협조선에 대한 논쟁 관련).

82. Cohen et al., *Gulf War Air Power Survey*, vol. 2, part 2, 245.

83. Pollack, *Arabs at War*, 256.

84. Lambeth, *The Transformation of American Air Power*, 103.

85. 합동군 공군구성군 사령관의 역할에 대한 논쟁을 위해서는 예를 들어 James A. Winnefeld and Dana J. Johnson, *Joint Air Operations: Pursuit of Unity of Command and Control, 1942-1991* (Annapolis: U.S. Naval Institute Press, 1993)을 참조할 것.

86. Cohen et al., *Gulf War Air Power Survey*, vol. 2, part 1, 156.

87. Cohen et al., *Gulf War Air Power Survey*, vol. 2, part 2, 114.

88. 항공력의 효과성에 대한 논쟁을 위해서는 *Security Studies* 7, no. 2 (Winter 1997-1998): 93-171과 *Security Studies* 7, no. 3 (Spring 1998): 182-238을 참조할 것.

89. 카프지에 대한 이라크의 시각을 위해서는 Woods, *The Mother of All Battles*, 14-30을 참조할 것.

90. Luttwak, *Strategy*, 194-199.

91. Cohen et al., *Gulf War Air Power Survey*, vol. 2, part 1, 322-325.

92. 이 학설을 강력히 옹호하는 저작은 Robert A. Pape, *Bombing to Win: Air Power and Coercion in War* (Ithaca, NY: Cornell University Press, 1996)이다.

93. Cohen et al., *Gulf War Air Power Survey*, vol. 2, part 1, 332.

94. Cohen et al., *Gulf War Air Power Survey*, vol. 2, part 2, 12; Frostic, *Air Campaign against the Iraqi Army in the Kuwaiti Theater of Operations*, 5.

95. John G. Heidenrich, "The Gulf War: How Many Iraqis Died?" *Foreign Policy* 90

(Spring 1993)과 John Muller, "The Perfect Enemy: Assessing the Gulf War," *Security Studies* 5, no. 1 (Autumn 1995). 미군에서는 그 전구에 전개된 총 50만여 명의 군사요원들 중 148명이 사망하고 458명이 부상을 당했다. 얼마나 많은 이라크인이 사망했는지는 평가하기 어렵지만, 일부 연구들은 사막의 폭풍 작전 동안 연합군의 행동에 의해 죽음을 당한 군인과 민간인의 수가 1만 명에 훨씬 미치지 못했음을 보여준다.

96. Woods, *The Mother of All Battles*, 243.

97. 전략폭격이 체제와 안보기구의 구성에 어떠한 영향을 미쳤는지에 대한 추가적인 정보를 위해서는 John Andreas Olsen, *Strategic Air Power in Desert Storm* (London: Frank Cass, 2003)을 참조할 것. 종파적-종교적, 그리고 종족적 요소들에 대한 추가 통찰력을 위해서는 Amatzia Baram, *Building toward Crisis: Saddam Husayn's Strategy for Survival* (Washington, DC: Washington Institute for Near East Policy, 1998)을 참조할 것.

98. Davis, *Decisive Force*, 54-55.

99. Woods, *The Mother of All Battles*, 249.

100. Ibid.

101. Ibid., 299.

제3부 / 제9장

1. Ivo Andric, *Gospodjica* (Zagreb: Mladost, 1961), 77. Lenard J. Cohen, *Broken Bonds: The Disintegration of Yugoslavia* (Boulder, CO: Westview Press, 1993), 268에서 발췌.

2. Robert C. Owen, "Summary," in *Deliberate Force: A Case Study in Effective Air Campaigning*, ed. Robert C. Owen (Maxwell Air Force Base, AL: Air University Press, 2000), 513-514.

3. Norman Cigar, "How Wars End: War Termination and Serbian Decisionmaking in the Case of Bosnia," *South East European Monitor* (January 1996).

4. 오늘날까지도 인종청소의 체계적인 야만행위를 믿기는 어렵다. 그러나 많은 보고서에 잘 기록되어 있으며, Roy Gutman, *A Witness to Genocide* (New York: Macmillan, 1993)과 David Rieff, *Slaughterhouse: Bosnia and the Failure of the West* (New York: Simon & Schuster, 1995)를 포함하는 몇몇 저작에도 요약되어 있다.

5. Karl A. Mueller, "The Demise of Yugoslavia and the Destruction of Bosnia: Strategic Causes, Effects, and Responses," in Owen, *Deliberate Force*, 21.

6. 저자와 헌터(Robert A. Hunter)의 1996년 7월 23일 인터뷰[테이프 1, a면, 목록 50/ 미 공군 역사연구센터의 발칸 항공전역 연구(BACS) 파일에 포함].

7. 이 용어의 기원은 모호하지만, 이 지역에 대한 2개 저작은 "해묵은 증오감" 인식을 분명

히 뒷받침해준다. Rebecca West, *Black Lamb and Grey Falcon* (London: Penguin Books, 1941)와 Robert Kaplan, *Balkan Ghosts: A Journey through History* (New York: St. Martin's Press, 1993)을 참조할 것.

8. Cohen, *Broken Bonds*, throughout and chapter 9 in particular.

9. Carole Rogel, *The Breakup of Yugoslavia and the War in Bosnia* (Westport, CT: Greenwood Press, 1998), 47.

10. 유엔안전보장이사회 결의안(UNSCR) 제816호(1993년 3월 31일), 2쪽.

11. UNSCR 836, June 4, 1993, 3.

12. Bradley S. Davis, "The Planning Background," in Owen, *Deliberate Force*, 57. 스미스는 나토 남유럽연합군(AFSOUTH)의 총사령관이었다.

13. Richard Holbrooke, interview by Mark McLaughlin and Karl Mueller, May 24, 1996, n.p., BACS.

14. Leighton Smith, "NATO Operations in Bosnia-Herzegovina: Deliberate Force, 29 August-14 September 1995," presentation to the Air War College, Maxwell Air Force Base, AL, November 9, 1995, videotape, index 1280, BACS.

15. Smith, "NATO Operations," 1270-1330.

16. 워커(Scott G. Walker)에 대한 저자의 인터뷰(1997년 2월 28일, BACS). 워커는 그런 타격임무를 책임지는 부사령관이었다.

17. "NATO Jets Knock Out Base for Serb Planes," *Stars and Stripes*, November 22, 1994, 1-2; Roger Cohen, "NATO, Expanding Bosnia Role, Strikes a Serbian Base in Croatia," *New York Times*, November 22, 1995, 1.

18. Holbrooke interview, May 24, 1996, side A, index 567, BACS.

19. 이 분쟁에 대한 자신의 회고록에서 홀브룩은 "서방의 실수는… 세르비아인들을 이성적인 사람들로 취급한 것이었다… 사실, 그들은 무력이나 그것을 사용하려는 확실하고도 신뢰할 수 있는 위협만을 존중했다"라고 분명히 말했다. Richard Holbrooke, *To End a War* (New York: Random House, 1998), 152.

20. Tim Ripley, *Operation Deliberate Force: The UN and NATO Campaign in Bosnia 1995* (London: Centre for Defence and International Security Studies, 1995), 47.

21. Ibid., 96-112.

22. Adrian Humphreys, "Canadian's Saga Puts NATO Strike on Trial," *Canadian National Post*, June 14, 2008.

23. 보스니아에서의 대실패에 대한 가장 신랄하고도 비관적인 평가를 위해서는 Rieff, *Slaughterhouse*, 224-225와 이 책 전체를 참조할 것. Roger Cohen, "Conflict in the Balkans: The Overview; After 2nd Strike from NATO, Serbs Detain U.N. Troops," *New York*

Times, May 27, 1995 또한 참조할 것.

24. Christopher Bellamy, "BOSNIA CRISIS: Rapid Reaction Unit Starts to Take Shape," *Independent* (London), July 13, 1995; Mike O'Connor, "Bosnian Government Said to Hamper New, Stronger U.N. Force," *New York Times*, August 17, 1995.

25. Ripley, *Deliberate Force*, 140-142.

26. Michael Evans, "Muted Threat Falls Short of Summit Hopes," and "American Deal Sours Over Dinner," *Times* (London), July 22, 1995.

27. Bradley S. Davis, "The Planning Background," in Owen, *Deliberate Force*, 57.

28. Ripley, *Operation Deliberate Force*, 195.

29. 보스니아 개입 동안의 나토 항공기획에 대한 가장 철저하고 전문성 있는 우수한 논의는 Christopher M. Campbell, "The Deliberate Force Air Campaign Plan," BACS, 87-126으로 남아 있다. 연구서를 저술할 당시에 캠벨 대령은 미 공군의 합동교리 항공전역기획 과정의 교관으로 복무하고 있었으며, 그 전에는 나토 항공기획을 담당하는 몇몇 보직과 유엔평화유지군의 참모부에서 근무했었다.

30. UNSCR 836, 3, and North Atlantic Council, Memorandum to the Secretary General, NATO, subject: NAC Decision Statement MCM-KAD-084-93, "Operational Options for Air Strikes in Bosnia-Herzegovina," August 8, 1993.

31. Campbell, "Campaign Plan," 101.

32. NATO Military Committee, memorandum to the Secretary General, NAC MCM-KAD-57-95. Richard L. Sargent, "Deliberate Force Targeting," 282-283도 참조할 것.

33. Mark A. Bucknam, *Responsibility of Command: How UN and NATO Commanders Influenced Airpower over Bosnia* (Maxwell Air Force Base, AL: Air University Press, 2003), 204-206; AIRSOUTH, briefing, subject: NATO Air Operations in Bosnia-Herzegovina—Deliberate Force, about August 1, 1995, BACS.

34. Holbrooke, *To End a War*, 99.

35. 1995년 8월 30일과 1995년 9월 15일의 항공기 수는 다음과 같다. 프랑스 44/47; 독일 0/14; 이탈리아 20/20; 네덜란드 18/18; 나토 8/8; 스페인 11/11; 터키 18/18, 영국 28/28; 미국 122/141. 총 269/305. 이 정보는 Richard L. Sargent, "Aircraft Used in Deliberate Force," in Owen, *Deliberate Force*, 203-205에서 발췌함. "신중한 힘 작전에서 사용된 무기", "신중한 힘 작전의 표적처리", "신중한 힘 작전의 전술"을 포함하는 사전트의 장(章)들은 이러한 주제들에 대한 정보를 얻을 수 있는 최상의 자료(평문)로 남아 있다.

36. 독일은 신중한 힘 작전 동안에 공지타격을 수행하지 않았다. 이탈리아의 타격항공기는 정밀타격을 수행할 수 있었지만 그 전역 동안에 정밀무기를 사용하지 않았다. 네

덜란드 전투기들은 레이저유도폭탄을 투하할 수 있었지만 다른 항공기가 레이저빔으로 표적을 지시해줄 때만 그럴 수 있었다.

37. Sargent, "Weapons," 259-268.

38. 신중한 힘 작전 시 교전규칙의 발전에 대한 구체적인 논의를 위해서는 Ronald M. Reed, "Chariots of Fire: Rules of Engagement in Operation Deliberate Force," in Owen, *Deliberate Force*, 381-421을 참조할 것.

39. Mark J. Conversino, "Executing Deliberate Force, 30 August-14 September 1995," in Owen, *Deliberate Force*, 150-163.

40. John A. Tirpak, "Deliberate Force," *Air Force Magazine* (October 1998).

41. Reed, "Chariots of Fire," 406; Robert C. Owen, "Operation Deliberate Force: A Case Study on Humanitarian Constraints in Aerospace Warfare," *Proceedings of Humanitarian Challenges in Military Intervention Workshop*, Carr Center for Human Rights Policy, John F. Kennedy School of Government, Harvard University, November 29-30, 1999, 69-71.

42. AIRSOUTH, "Air Campaign Targeting," briefing, June 2, 1995, BACS; and Sargent, "Targeting," 285.

43. 항공전역에 대한 이 축약된 서술은 주로 Owen, *Deliberate Force* 전반(全般)과 Ripley, *Deliberate Force*의 특히 훌륭한 서술이 담긴 241-291쪽에서 발췌되었다. 기타 자료들은 아래에 적절히 제시되었다.

44. Daniel Williams, "NATO Continues Extensive Bombing across Bosnia," *Washington Post*, August 31, 1995, A1; Ripley, *Deliberate Force*, 217.

45. Williams, "NATO Continues," A1.

46. Holbrooke, *To End a War*, 106. 밀로셰비치의 역할은 극히 중요했는데, 이는 세르비아공화국 대통령 카라지치와 그의 군 지휘관 믈라디치가 전범으로 기소되어 있어 국제협상에 참석하기 위해 자신들의 통제 아래 있던 지역을 떠나는 경우 즉각 체포될 수 있었기 때문이다.

47. 폭격을 재개하는 외교적 배경에 대한 구체적인 논의를 위해서는 Holbrooke, *To End a War*, 18-98과 Ripley, *Deliberate Force*, 261-267을 참조할 것.

48. 조어브(Daniel R. Zoerb)에 대한 톰슨(Wayne Thompson)과 레이건(Tim Reagan)의 인터뷰(1995년 10월 20일/BACS). 당시 조어브 대령은 신중한 힘 작전을 위한 라이언 장군의 선임기획관이었다.

49. Ripley, *Deliberate Force*, 276.

50. Tim Ripley, "F-16 Precision Strikers, Operation Deliberate Force over Bosnia," *Code One* (January 1996). 야간 저고도 항법 및 표적 추적 장비가 항공기 지형레이더를 갖

춘 고해상도 적외선센서와 결합하여 조종사에게 표적지역에 대한 상세한 화면정보를 제공해주고, 레이저 지시기는 종말무기유도(terminal weapon guidance)를 제공해주었다.

51. 나토 제5연합전술공군(5 ATAF)의 부사령관인 소여(David Sawyer) 준장의 평가(Ripley, "F-16 Precision Strikers"에 수록).

52. Tirpak, "Deliberate Force."

53. Holbrooke, *To End a War*, 144-148.

54. Conversino, "Executing Deliberate Force," 156-157.

55. Bruce W. Nelan, "More Talking, More Bombing," *Time*, September 18, 1995.

56. Tirpak, "Deliberate Force."

57. Ripley, *Deliberate Force*, 314-315.

58. Ibid., 296.

59. 정밀항공력의 작전적 의미에 대한 최근의 탐구를 위해서는 Robert A. Pape, "The True Worth of Air Power," *Foreign Affairs* (March-April 2004)를 참조할 것. 페이프는 정밀무기가 항공력의 독립적인 결정성에 미치는 효과에 대해 언급하면서 "정밀무기는 군사적 힘을 근본적으로 변화시켜 놓았지만 많은 항공력 옹호론자들이 주장했던 혁명을 유발하지는 못했다… 오히려 정밀무기는 항공력과 지상력을 함께 사용하는 것의 효과성을 증대시킴으로써 현대전을 혁명적으로 바꿔놓았다. 달리 말해, 미국은 여전히 낡은 방식으로 전쟁에서 승리하고 있는 것이다. 그러나 새로운 정밀항공무기가 쓰이면서 항공력은 이제 그 어느 때보다 강력해졌다"고 주장했다.

제3부 / 제10장

1. *Kosovo Report: Independent International Commission on Kosovo*, annex 2 (Oxford: Oxford University Press, 2000), 42.

2. Ibid., 56.

3. Ibid., 53.

4. Ibid., 69.

5. 유엔안전보장이사회 결의안 제1160호(1998년)

6. Wesley K. Clark, *Waging Modern War* (New York: Public Affairs, 2001), 112.

7. Ibid., 117.

8. Ibid., 119.

9. Ibid., 117.

10. 공영방송(PBS) 프론트라인(*Frontline*)의 나우만 장군에 대한 인터뷰[Louis Sell, *Slobodan Milosevic and the Destruction of Yugoslavia* (Durham, NC: Duke University

Press, 2002), 267에서 재인용].

11. Clark, *Waging Modern War*, 122.

12. Benjamin S. Lambeth, *NATO's Air War for Kosovo: A Strategic and Operational Assessment*, DRR-2449-AF (Santa Monica, CA: RAND, December 2000), 11.

13. United Kingdom Ministry of Defence (UK MOD), Press Release 148/98, June 12, 1998.

14. Ibid.

15. 보스턴 글로브(*Boston Globe*)의 1998년 6월 11일 자 보도(*Kosovo Report*, 73에서 재인용)

16. Sell, *Slobodan Milosevic*, 287.

17. 유엔고등난민판무관(UN High Commission for Refugees). *Kosovo Report*에서 재인용.

18. UNSCR 1199, 1998.

19. Sell, *Slobodan Milosevic*, 289.

20. Headquarters Allied Forces Southern Europe, website briefing notes, March 27, 1999.

21. Clark, *Waging Modern War*, 153.

22. Sell, *Slobodan Milosevic*, 291.

23. Report of the Secretary-General Prepared Pursuant to Resolution 1160, 1199, and 1203 of the United Nations Security Council, UN Doc/Si998/1221, December 24, 1998, 3.

24. *Kosovo Report*, 82.

25. Headquarters Allied Forces Central Europe, website release, March 27, 1999.

26. General Sir Rupert Smith, DSACEUR, in evidence to the House of Commons Defence Committee, May 17, 2000, *Lessons of Kosovo*, vol. II, para. 934.

27. Wesley K. Clark, testimony before U.S. Senate Armed Services Committee, October 21, 1999.

28. *New York Times*, March 25, 2004.

29. *Guardian* (London), March 25, 1999.

30. Press Conference, HQ NATO, March 23, 1999.

31. *Guardian* (London), March 29, 1999.

32. David Halberstam, *War in a Time of Peace* (New York: Touchstone, 2002), 425.

33. Ibid.

34. Ibid.

35. *Aviation Week and Space Technology*, March 29, 1999, 30.

36. Clark, *Waging Modern War*, 123.

37. 영국 국방부와 미국 국방부의 브리핑(1999년 3월 31일).
38. 주카노비치(Nebojsa Djukanovic) 대령과의 인터뷰(2005년 6월 12일, 세르비아 공군 및 방공사령부 본부).
39. Alexandar Radic and Vladimir Jovanovic, *Air Forces Monthly*, April 2002, 30.
40. 서방 측 자료들로 본 항공전에 대한 포괄적인 분석을 위해서는 Lambeth, *NATO's Air War for Kosovo*를 참조할 것.
41. 세르비아 MiG-29의 저항에 대한 상세하고도 믿을 만한 묘사를 위해서는 Mark Nixon, "The Knights," *Air Force Monthly* (January 2002)를 참조할 것.
42. 니콜리치(Nebojsa Nikolic) 중령과의 인터뷰(2005년 6월 12일, 세르비아 공군 및 방공사령부 본부).
43. 제250미사일여단의 전임 여단장이었던 드라가니치(Jovica Draganic) 대령과의 인터뷰(2005년 6월 13일, 베오그라드).
44. 현역 및 퇴역 고위 방공장교들과의 면담(2005년 6월 9~13일, 베오그라드).
45. 노비사드 대학 직원과의 인터뷰(2005년 6월 11일).
46. SA-7 조작사와의 인터뷰(2005년 6월 11일, 노비사드).
47. Lambeth, *NATO's Air War for Kosovo*, 102-120.
48. 드라가니치 대령과의 인터뷰(2005년 6월 13일, 베오그라드).
49. Ibid.
50. 세르비아 방공참모부와의 인터뷰(2005년 6월 9일, 베오그라드).
51. Christopher Haave and Phil Haun, *A-10s over Kosovo* (Maxwell Air Force Base, AL: Air University Press, 2003), 106.
52. *Daily Telegraph* (London), March 28, 1999.
53. 예를 들어 John Keegan, "Why Air Strikes Are Not Working," *Daily Telegraph*, March 30, 1999를 참조할 것.
54. *Guardian* (London), March 30, 1999.
55. *Daily Telegraph* (London), April 2, 1999.
56. James Shea, NATO HQ Briefing, March 31, 1999.
57. *Daily Telegraph* (London), April 2, 1999.
58. Belgrade interviews, June 9-13, 2005.
59. *Sunday Telegraph* (London), April 4, 1999.
60. *Daily Telegraph* (London), April 26, 1999.
61. Haave and Haun, *A-10s over Kosovo*, 138.
62. *Sunday Telegraph* (London), April 4, 1999.
63. *Guardian* (London), April 6, 1999.

64. *Daily Telegraph* (London), April 12, 1999.

65. F-16 조종사들의 대대장과 저자가 나눈 인터뷰(1999년 8월 16일, 워싱턴).

66. *Washington Post*, May 30, 1999.

67. *Washington Watch*, U.S. Air Force Association, June 10, 1999, 5.

68. Clark, *Waging Modern War*, 182-183.

69. HQ NATO Media Briefing, April 21, 1999.

70. Clark, *Waging Modern War*, 268.

71. NATO Briefing, May 8, 1999.

72. 코소보에 대한 유럽안보협력기구(OSCE) 보고서, viii (*Kosovo Report*, 88에 수록).

73. 유엔고등난민판무관 판단서(1999년 5월, *Kosovo Report*, Annex 1에 수록).

74. *Guardian* (London), May 13, 1999.

75. *Daily Telegraph* (London), May 18, 1999.

76. *Washington Post*, May 30, 1999.

77. 베오그라드 국방관료들과의 인터뷰(2005년 6월).

78. 베오그라드에서의 인터뷰(2005년 6월).

79. Lambeth, *NATO's Air War for Kosovo*, 56.

80. General Michael E. Ryan, Chief of Staff, USAF, in Air Force Policy letter, August 1999.

81. 이런 표현의 기원과 그에 대한 설명을 위해서는 저자의 *Air Power: A Centennial Appraisal* (London: Brassey's Ltd., 1994), 235-278을 참조할 것.

82. General John Jumper, Commander U.S. Air Force in Europe and Commander Allied Air Forces Central Europe, "Kosovo Victory: A Commander's Perspective," *Air Power Review* 2, no. 4 (Winter 1999): 7-9.

83. Bruce R. Nardulli et al., *Disjointed War: Military Operations in Kosovo 1999* (Santa Monica, CA: RAND Arroyo Center, 2002), 48.

84. Jumper, "Kosovo Victory," 8.

85. *Aviation Week and Space Technology*, November 15, 1999.

86. 제509폭격비행단 단장 바니지(Leroy Barnidge) 준장(코소보에서 나토의 항공작전에 대한 항공우주교육재단 콜로키엄, 1997년 9월 17일, 워싱턴).

87. Lambeth, *NATO's Air War for Kosovo*, 91.

88. Rebecca Grant, *The B-2 Goes to War* (Arlington, VA: Iris Press, 2001), 30.

89. Rear Admiral I. R. Henderson, Royal Navy, "Coalition Operations—Learning the Lessons," Shephard Airpower Conference and Exhibition, London, January 29, 2001.

90. Ibid.

91. Air Force Doctrine Document 2, *Organization and Employment of Aerospace Po-*

wer, USAF, September 28, 1998, 6-7.

92. John Warden, *The Air Campaign: Planning for Combat* (Washington, DC: National Defense University Press, 1988).

93. *New York Times*, May 13, 1999.

94. *Washington Post*, June 4, 1999.

95. 미 상원 군사위원회에서 쇼트(Michael C. Short) 장군의 증언(1999년 10월 21일); *Washington Post*, October 22, 1994, 14.

96. *Daily Telegraph* (London), April 28, 1999.

97. Clark, *Waging Modern War*, 124.

98. *Daily Telegraph* (London), May 5, 1999.

99. 상원 군사위원회에서 코언(William S. Cohen)과 셸턴(Henry H. Shelton) 장군의 합동 진술(1999년 10월, *Air Force Magazine*, December 1999에 보도).

100. Tim Ripley, *Defence Systems Daily*, December 1, 1999.

101. 미 상원 군사대비태세 점검위원회(Military Readiness Committee)에서 미 공군 핸디(J. W. Handy) 중장의 증언(1999년 10월 26일).

102. Jumper, "Kosovo Victory," 9.

103. Air Commodore Stuart Peach, RAF, "Air Warfare: A Contemporary Perspective," in *Effects Based Warfare*, ed. Christopher Finn (London: London Stationery Office, 2002), 92.

제4부 / 제11장

1. 이 장은 저자의 책 *Air Power against Terror: America's Conduct of Operation Enduring Freedom* (Santa Monica, CA: RAND Corporation, 2005)를 발췌한 것이다.

2. James R. Asker, "Washington Outlook," *Aviation Week and Space Technology*, September 7, 2001, 33.

3. Michael Grunwald, "Terrorists Hijack Four Airliners, Destroy World Trade Center, Hit Pentagon; Hundreds Dead," *Washington Post*, September 12, 2001.

4. 이런 조치와 미국의 즉각적인 기타 군사적 대응에 대한 가장 구체적인 설명은 *The 9/11 Commission Report: Final Report of the National Commission on Terrorist Attacks upon the United States* (New York: W. W. Norton and Company, 2004), 20-46에서 찾을 수 있다.

5. David von Drehle, "Bush Pledges Victory," *Washington Post*, September 14, 2001.

6. Eric Schmitt and Michael R. Gordon, "U.S.Dispatches Ground Troops and TopOfficer," *New York Times*, September 21, 2001.

7. Rebecca Grant, "An Air War Like No Other," *Air Force Magazine*, November 2002, 33.

8. Thomas E. Ricks, "Warplanes Begin Deploying to Gulf, Central Asia," *Washington Post*, September 20, 2001.

9. Thomas E. Ricks and Vernon Loeb, "Initial Aim Is Hitting Taliban Defenses," *Washington Post*, October 8, 2001.

10. Michael Evans, "U.S. Troops and Helicopters Set for Ground War," *Times* (London), October 11, 2001.

11. David A. Fulghum, "Afghanistan Crash Reveals U.S. Intel Operation," *Aviation Week and Space Technology*, October 1, 2001, 28.

12. 월드(Charles F. Wald) 당시 미 공군중장과의 대담(2002년 5월 15일, 미 공군본부, 워싱턴).

13. Bradley Graham and Vernon Loeb, "Cave Complexes Smashed by Bombs," *Washington Post*, October 12, 2001.

14. Thom Shanker and Steven Lee Myers, "U.S. Sends in Special Plane with Heavy Guns," *New York Times*, October 16, 2001.

15. Steven Lee Myers and Thom Shanker, "Pilots Told to Fire at Will in Some Zones," *New York Times*, October 17, 2001.

16. Karen DeYoung and Vernon Loeb, "Land-Based Fighters Join Airstrikes in Afghanistan," *Washington Post*, October 18, 2001.

17. "Afghan War Continues for Second Month," *Air International*, December 2001, 323.

18. 항구적 자유 작전을 위해 특수작전전력을 제공한 연합국에는 호주, 캐나다, 덴마크, 프랑스, 독일, 노르웨이, 폴란드, 터키, 영국이 포함되었다. Nora Bensahel, *The Counterterror Coalitions: Cooperation with Europe, NATO, and the European Union* (Santa Monica, CA: RAND, 2003), 55-63을 참조할 것.

19. James Dao, "More U.S. Troops in bin Laden Hunt; Hideouts Bombed," *New York Times*, November 19, 2001.

20. 전쟁이 시작될 시점에 아프가니스탄에 있었던 것으로 여겨졌던 알카에다의 최고위 리더 20명 중 불과 3명만이 미국의 군사행동에 의해 사망한 것으로 판단되었다. 아테프(Atef)에 추가하여 이집트 이슬람 지하드 운동의 고위 리더인 나스르(Fahmi Nasr)와 안와르(Tariq Anwar)가 교전 중 사망한 것으로 나중에 지정되었다.

21. 초기계획에 대한 당시 항구적 자유 작전을 위한 공군구성군 사령관이었던 미 공군 모즐리(T. Michael Moseley) 중장(당시)의 언급.

22. Tony Capaccio, "Sixty Percent of Bombs Dropped on Afghanistan Precision-Guided,"

Bloomberg.com, November 20, 2001.

23. James Dao and Eric Schmitt, "Bin Laden Hunted in Caves; Errant U.S. Bomb Kills Three GIs," *New York Times*, December 6, 2001.

24. Vernon Loeb, "'Friendly Fire' Deaths Traced to Dead Battery," *Washington Post*, March 24, 2002; John Hendren and Maura Reynolds, "The U.S. Bomb That Nearly Killed Karzai," *Los Angeles Times*, March 27, 2002.

25. John Pomfret, "Kandahar Bombs Hit Their Marks," *Washington Post*, December 12, 2001.

26. Anthony Cordesman, *The Lessons of Afghanistan: Warfighting, Intelligence, Force Transformation, Counter-Proliferation, and Arms Control* (Washington, DC: Center for Strategic and International Studies, June 28, 2002), 20.

27. Susan B. Glasser, "U.S. Attacks on al Qaeda Intensify," *Washington Post*, December 10, 2001.

28. Thom Shanker and Eric Schmitt, "Marines Advance Toward Kandahar to Prepare Siege," *New York Times*, December 5, 2001.

29. Stephen Farrell and Michael Evans, "SAS Searches bin Laden Cave System," *Times* (London), December 4, 2001.

30. Steve Vogel, "Al Qaeda Tunnels, Arms Cache Totaled; Complex Believed Largest Found in War," *Washington Post*, February 16, 2002.

31. Esther Schrader, "U.S. Keeps Pressure on al Qaeda," *Los Angeles Times*, January 8, 2002.

32. Steve Vogel and Walter Pincus, "Al Qaeda Complex Destroyed; Search Widens," *Washington Post*, January 15, 2002.

33. Keith Richburg and William Branigan, "Attacks Out of the Blue: U.S. Air Strikes on Taliban Hit Military Targets and Morale," *Washington Post*, November 18, 2001.

34. Martin Arostegui, "The Search for bin Laden," *Insight Magazine*, September 2, 2002.

35. 저자에게 보내온 전자메일(2002년 1월 30일, Sandra I. Erwin, "Naval Aviation: Lessons from the War," *National Defense*, June 2002, 16에 부분적으로 수록).

36. David A. Fulghum, "U.S. Troops Confront al Qaeda in Vicious Mountain Battle," *Aviation Week and Space Technology*, March 11, 2002, 24-25.

37. 다군종적인 합동기동부대(Joint Task Force)로 지정된 부대에 '연합(combined)'이라는 용어가 추가되는 것은 그 조직에 연합군 부대들(이 경우에는 연합군 특수작전 요원들)이 포함되어 있음을 의미한다.

38. 하겐벡(Franklin L. Hagenbeck) 중장과의 대담(미 육군본부, 2004년 7월 1일, 워싱턴).

39. 아나콘다 작전 첫날의 육군 아파치 헬기 작전에 대한 상세하고도 생생한 서술을 위해서는 Dodge Billingsley, "Choppers in the Colis: Operation Anaconda Was a 'Back to Basics' Campaign for U.S. Combat Helicopters," *Journal of Electronic Defense*, September 2002를 참조할 것.

40. Major Mark G. Davis, USA, "Operation Anaconda: Command and Confusion in Joint Warfare" (master's thesis, School of Advanced Air and Space Studies, Maxwell Air Force Base, AL, June 2004), 113.

41. 미 공군 콜리(John D. W. Corley) 중장과의 대담(미 공군본부, 2003년 5월 13일, 워싱턴). 한 해 전에 콜리 장군은 아나콘다 작전이 진행되는 내내 공군구성군의 연합항공작전본부장이었다.

42. 하겐벡 중장과의 대담.

43. 콜리 장군과의 대담.

44. 테일후크협회(Tailhook Association)의 2002년 연례회의 겸 심포지엄[2002년 9월 6일, 리노(Reno, NV)]에서 있었던, 항구적 자유 작전 시 항공모함 비행단장들에 의한 발표에서 언급.

45. Elaine M. Grossman, "Operation Anaconda: Object Lesson in Poor Planning or Triumph of Improvisation?" InsideDefense.com, accessed August 12, 2004.

46. Lieutenant Colonel John M. Jansen, USA, et al., "Lines One Through Three . . . N/A," *Marine Corps Gazette*, April 2003, 34.

47. 모즐리 장군과의 대담

48. 초기계획에 대한 태평양 공군[히캄(Hickam) 공군기지, 하와이] 작전국장 뎁톨라 소장의 언급(2002년 10월 4일).

49. 항구적 자유 작전에서 미 해군의 중대한 기여에 대해 상세히 다룬 연구를 위해서는 Benjamin S. Lambeth, *American Carrier Air Power at the Dawn of a New Century* (Santa Monica, CA: RAND, 2005), 9-38을 참조할 것.

50. David A. Fulghum, "Afghanistan Crash Reveals U.S. Intel Operation," *Aviation Week and Space Technology*, October 1, 2001, 28; and "U.S. Girds for Demands of Long Winter War," *Aviation Week and Space Technology*, November 12, 2002, 34.

51. Christopher J. Bowie, Robert P. Haffa Jr., and Robert E. Mullins, *Future War: What Trends in America's Post-Cold War Military Conflicts Tell Us about Early 21st Century Warfare* (Arlington, VA: Northrop Grumman Analysis Center, January 2003), 60.

52. Ibid., 4.

53. 동맹군 작전을 수행하는 데 있어서 여러 문제들에 대한 보다 상세한 정보를 위해서는 Benjamin S. Lambeth, *NATO's Air War for Kosovo: A Strategic and Operational*

Assessment (Santa Monica, CA: RAND, 2001)의 특히 101-218쪽을 참조할 것.

54. 미 중부사령부 작전참모부(USCENTCOM J-3)의 레너트(Victor E. Renaurt) 미 공군소장과의 대담(2003년 9월 5일, 워싱턴).

55. 한 보도의 언급에 따르면, 부시 대통령은 백악관에서 프레데터 실시간 동영상에 계속해서 접근할 수 있었다. Peter Pae, "Future Is Now for Creator of Predator," *Los Angeles Times*, January 3, 2002.

56. 지휘와 통제에 대한 소련의 접근법이 어떻게 작전적·전술적 수준에서 소련군의 주도적인 행동을 억압하고 유연성을 제한했는지에 대한 추가적인 논의를 위해서는 Benjamin S. Lambeth, *Russia's Air Power in Crisis* (Washington, DC: Smithsonian Institution Press, 1999), 71-109를 참조할 것.

57. 이 장의 초기 버전에서 호너 대장의 언급.

58. 지상전에서 항공력의 사용에 대한 이러한 새로운 접근법의 더 상세한 내용을 알고 싶다면 Major General David A. Deptula, USAF, Colonel Gary Crowder, USAF, Major General L. Stamper, USAF, "Direct Attack: Enhancing Counterland Doctrine and Joint Air-Ground Operations," *Air and Space Power Journal*, Winter 2003, 5-12를 참조할 것.

59. 이 장의 초기 버전에서 호너 대장의 언급.

60. Brigadier General Charles J. Dunlap Jr., USAF, "Air and Information Operations: A Perspective on the Use of 'Lawfare' in Modern Conflicts," presentation at a conference on Current Issues in the Law of Armed Conflict, Naval War College, Newport, RI, June 2003.

제4부 / 제12장

1. 항공력에 대한 그런 이론들과 그것들의 취약점에 대해 간략하게 논의하려면Williamson Murray, *Luftwaffe* (Baltimore, MD: Nautical and Aviation Publishing Company of America, 1985), appendix 1을 참조할 것.

2. 이 점과 관련해서는 John A. Warden III, *The Air Campaign: Planning for Combat*, rev. ed. (Washington, DC: National Defense University Press, 1998)을 참조할 것.

3. Public Record Office, Air 20/40, Air Staff Memorandum No. 11 A, March 1924.

4. 이는 반드시 지엽적이거나 편협한 노력은 아니었다. 북베트남에 대한 항공전역—특히 롤링썬더 노력(1965~1968년)—의 특징은 해군의 노력과 공군의 그것 간에 거의 완벽한 협조 결여라고 할 수 있다. 이 같은 문제에 대한 최상의 논의를 위해서는 Mark Clodfelter, *The Limits of Air Power: The American Bombing of North Vietnam* (Lincoln: University of Nebraska Press, 2006)을 참조할 것.

5. Sir Charles Webster and Noble Frankland, *The Strategic Air Offensive against Germany*, vol. 3, *Victory* (London: Her Majesty's Stationery Office, 1962), 32-41.

6. 영국 야전군(Field Army) 사령관 램(G. C. M. Lamb) 중장, "Keeping the High Intensity Warfare Flame Alive"[왕립합동군사연구소(Royal United Services Institute)의 2008년 지상전 컨퍼런스 발표문]. 이 발표문은 저자가 개인적으로 소장하고 있다.

7. 1990년에 이라크의 쿠웨이트 점령을 둘러싸고 이라크와의 군사적 대결이 임박하자 전문가들뿐 아니라 정보 당국들도 이라크 지상전력(의 군사력)이 전투에 단련된 나치 무장친위대(Waffen SS)의 베테랑들과 동등한 수준인 것으로 상정했다. 그들의 항공능력에 대한 평가는 보다 제한적이었다. Williamson Murray, *Operations*, vol. 2, rep. 1, *Gulf War Air Power Survey*, ed. Eliot Cohen (Washington, DC: Air Force Historical Studies Office, 1993)을 참조할 것.

8. 해병대발전사령부의 사령관 아모스(James Amos) 중장과의 인터뷰(2008년 5월 23일).

9. Michael R. Gordon and Bernard Trainor, *Cobra II: The Inside Story of the Invasion and Occupation of Iraq* (New York: Pantheon, 2006), 50.

10. 사실, '순조로운 출발(running start)' 개념은 미국이 뒤이어 경험하게 되는 문제들의 원인이라기보다는 그 증상이었다. 그것은 작전에 미국 병력이 그리 많이 필요하지 않을 것이며, 분쟁 이후 시기에는 특히 그럴 것이라는 럼즈펠드의 기이한 믿음을 반영하는 것이었다.

11. Gordon and Trainor, *Cobra II*, 67-68.

12. 영국은 2002년 12월에서야 북부가 아니라 남부에 자신들의 전력을 전개시키기로 결정했다. 한편 미 제4사단은 2003년 2~3월에 터키로의 진입을 거부당하여 쿠웨이트를 통해 전개해야 했던 관계로 전쟁이 끝난 뒤에야 도착했다.

13. 이어지는 논의는 번역된 이라크 문서와 기록들뿐 아니라 그러한 문서들에 대한 공개적인 논의까지도 광범위하게 검토한 결과에 기초한다. Kevin M. Woods, *Iraqi Perspectives Project: A View of Operation Iraqi Freedom from Saddam's Senior Leadership*, with Michael R. Pease, Mark E. Stout, Williamson Murray, and James G. Lacey (Washington, DC: U.S. Government Printing Office, 2006)을 참조할 것.

14. 노획된 미디어 테이프(1995년경), "유엔 사찰보고서에 대한 국제적 반응을 토의하는 사담 후세인과 고위 보좌관들".

15. 공화국수비대 총참모부장 알르바에이(Hamid Isma'aeli Dawish al R'baei) 소장과의 '이라크의 관점 프로젝트' 인터뷰(2003년 11월 18일).

16. 이라크 공군사령관 알티크리티(Hamid Raja Shala al Hadithi al Tikriti) 중장과의 '이라크의 관점 프로젝트' 인터뷰(2003년 11월 12일).

17. 이러한 반응은 제2차 세계대전 동안 독일의 대응과 꽤 유사한데, 당시 독일 공군의 대

공포가 고고도로 비행하는 영국과 미국의 폭격기들에 대해 대부분 비효과적이었을 때 그 체제의 정치지도부는 대부분 그것이 독일 주민들의 사기에 미치는 효과 때문에 사격을 계속하게 만들었다.

18. Kevin M. Woods, *The Mother of All Battles: Saddam Hussein's Strategic Plan for the Persian Gulf War* (Annapolis: U.S. Naval Institute Press, 2008), 270.

19. Woods, *Iraqi Perspectives Project*, 149.

20. 이라크의 문서들에 따르면, 후세인과 그의 심복들은 후세인 체제를 전복시키는 데 있어 1991년 1월과 2월에 미군과 연합군의 항공 및 지상 전력에 의해 수행된 전쟁보다 반란의 영향력이 훨씬 더 컸다고 믿었다.

21. U.S. Air Forces Central (USCENTAF), "Operation Iraqi Freedom—By the Numbers," Assessment and Analysis Division, April 30, 2003, 3. 영국의 토네이도 1대가 그것이 우군인지 적인지를 식별하는 데 실패한 패트리어트 미사일에 의해 격추당했다.

22. 미 공군이 중부전선에서 소련 공군에 맞서 대적해야 했던 엄청난 수의 전력을 고려했을 때 충분히 납득할 만한 사유로 지휘관들은 공중우세의 획득을 그들의 최우선적인 과업으로 우선시하고 근접항공지원은 최하의 우선순위를 갖게 만들었다.

23. 해병의 시각에서 보면 근접항공지원은 항상 가용해야 했는데, 이는 해병은 자신들의 조직도에서 포를 운용하는 조직은 소규모로 유지하고 그런 화력을 항공기로부터 가용한 화력으로 대체했기 때문이다.

24. 아모스(James Amos) 중장과의 인터뷰(*Quantico*, 2008년 6월].

25. Ibid.

26. 이 점에 대해서는 특히 Billy Owens and Ed Offley, *Lifting the Fog of War* (Baltimore, MD: Johns Hopkins University Press, 2001)을 참조할 것. 임무의 기획과 수행 중에 발생하는 마찰에 대한 보다 상세한 논의를 위해서는 Gordon and Trainor, *Cobra II*, 169-176을 참조할 것. 전쟁뿐 아니라 인간사에서도 마찰의 불가피성에 관해서는 Barry D. Watts, *Clausewitzian Friction and Future War* (Washington, DC: National Defense University Press, 1996)을 참조할 것.

27. 사실, 걸프전 동안에는 재래식 폭탄을 대규모로 사용하는—당시에는 부정확한 컴퓨터 좌표에 입각해 투하되기도 했다— B-52가 미국의 병기고에서 가장 두려운 항공기였다.

28. Gordon and Trainor, *Cobra II*, 175.

29. 후세인의 소재지를 보호하기 위해 취해진 조치들에 대한 논의를 위해서는 Woods, *Iraqi Perspectives Project*, 127을 참조할 것.

30. Gordon and Trainor, *Cobra II*, 177.

31. Eric Schmitt, "In the Skies over Iraq, Silent Observers Become Futuristic Weapons," *New York Times*, April 18, 2003.

32. USCENTAF, "Operation Iraqi Freedom," 2.

33. Woods, *Iraqi Perspectives Project*, 128.

34. 1991년 3월 봉기를 진압하는 데 있어 체제가 행한 잔학행위(진압전술에는 반란을 일으킨 도시들의 군중들에게 겨자와 사린 가스를 사용하는 것이 포함되었다)를 고려해 보았을 때 대중의 사기는 전혀 중요하지 않았다. 이는 어떤 이라크인도 후세인이 타도되었다는 게 분명해지기 전에는 체제에 대항해 반기를 드는 위험을 감수하려 하지 않았기 때문이다.

35. 이는 전후 시기를 준비함에 있어 부시 행정부가 취한 접근법이 전반적으로 엉성했음을 보여주는 또 하나의 지표이다. 이 주제에 대해서는 이루 헤아릴 수 없을 정도로 많은 탁월한 저서들이 있지만 이를 가장 효과적으로 보여주는 자료는 다큐멘터리 영상인 *No End in Sight*(DVD로 접할 수 있다)이다.

36. Williamson Murray and Robert H. Scales Jr., *The Iraq War: A Military History* (Cambridge, MA: Harvard University Press, 2003), 121-122.

37. Jamie Cox, "Callsign 'Deadly' - Snakes in the Attack: A Personal Account of an AH-1W Pilot during the War with Iraq," 비(非)발간 문헌.

38. Murray and Scales, *The Iraq War*, 105-108.

39. Woods, *Iraqi Perspectives Project*.

40. 물론 이는 제1차 세계대전 말기에 영국 공군의 지휘관들이 하던 주장이었지만, 그것은 폭격이 군사적 대형보다는 민간인들에게 가하는 영향에 관한 것이었다. 이러한 문제에 대한 고찰을 위해서는 Murray, *Luftwaffe*, appendix 1을 참조할 것.

41. Woods, *Iraqi Perspectives Project*, 125.

42. Ibid., 126.

43. Ibid., 125.

44. Ibid., 128-129.

45. Ibid., 139.

46. 그리고 그는 미군 부대들이 바그다드 중심으로 진격해 들어와도 이라크의 보다 영예로운 승리로 보고만 하면 연합군의 총탄에 의해 우발적으로 죽을 수 있을지는 몰라도, 만약 후세인의 생각에 바트당의 노선에 적합하지 않은 것을 보고하면 적어도 그 체제가 생존해 있는 한 즉시 죽음을 당할 것이라고 생각했다.

47. 물론 공군 특수작전 부대들 내에는 특수임무를 수행하는 C-130들이 존재하며, 그러한 항공기들은 지상전력을 지원하기 위해 공중으로부터 파괴적인 화력을 가하는 AC-130 무장수송기와 더불어 얼마든지 많은 비밀스러운 임무들을 수행할 수 있다.

48. 아모스 중장과의 인터뷰.

49. Woods, *Iraqi Perspectives Project*, 147.

50. Gordon and Trainor, *Cobra II*, 340.

51. USCENTAF, "Operation Iraqi Freedom".

— 적 대응 횟수: 대공포 사용 1224/ 로켓 발사 1660/ 지대공미사일 방사체(emitter) 가동 436/ 지대지미사일 발사 19.

— 항공기 수: 미 공군(전투기 293, 폭격기 51, 공중급유기 182, 정보·감시·정찰 60, 특수작전/구조 58, 공수 111, 특수작전전력 73), 미 해병(전투기 130, 공중급유기 22), 미 해군(전투기 232, 공중급유기 52, 정보·감시·정찰 18), 호주 공군(전투기 14, 수송 3), 영국 공군(전투기 66, 정보·감시·정찰 9, 공중급유기 12, 특수작전/구조 14, 공수 4).

— 출격 횟수: 미 공군(전투기 8828, 폭격기 505, 공수 7413, 공중급유기 6193, 정보·감시·정찰 452, 구조 191), 미 해병(전투기 3794, 공중급유기 454, 정보·감시·정찰 305), 미 해군(전투기 5568, 공중급유기 2058, 정보·감시·정찰 357), 영국 공군(전투기 1736, 공중급유기 359, 정보·감시·정찰 273), 호주 공군(전투기 302).

— 소비된 무장량: 유도무기 19948, 비유도무기 9251, 20밀리 16901, 30밀리 311597.

제4부 / 제13장

1. 저자는 2008년에 쓰인 이 논문에 기여한 바에 대해 메이어(Chaim Meyer)와 랫츠(Elena Ratz)에게 깊은 감사를 표한다.

2. 이스라엘 측에 대한 가장 상세한 정보는 2개의 위노그라드 보고서인 위노그라드 조사위원회 잠정 보고서(2007년)와 최종 보고서(2008년)에서 찾을 수 있다. 위원회 위원들의 의견과 상충되게 이스라엘 대법원은 그 위원회에서 이루어진 일부 증언을 공개하도록 판결했다.[욤키푸르 전쟁 이후 아그라나트 조사위원회(Agranat Commission of Inquiry)에서 이루어졌던 증언들은 전쟁이 끝난 지 35년이 지난 뒤인 2008년에야 공개되었다.] 그러나 두 보고서와 증언들은 심각한 검열의 대상이 되었다. 신뢰할 만한 정보는 전후에 발간된 다음과 같은 이스라엘의 문헌들에서도 찾을 수 있다. Amos Harel and Avi Issacharof, *34 Days: Israel, Hezbollah and the War in Lebanon* (New York: Palgrave MacMillan, 2008); Amir Rapaport, *Friendly Fire: How We Defeated Ourselves in the Second Lebanon War* (in Hebrew) (Tel Aviv: Ma'ariv, 2007); Ofer Shelah and Yoav Limor, *Captives of Lebanon: The Truth on the Second Lebanon War* (in Hebrew) (Tel Aviv: Yedioth Ahronoth and Hemed, 2007). 이스라엘에서의 의사결정 과정에 관해 이 장에서 사용되는 데이터는 주로 이러한 문헌들에 기초한다.

3. Reuven Erlich and Yoram Kahati, "Hezbollah as a Case Study of the Battle for Hearts and Minds," Intelligence and Terrorism Information Center, May 2007.

4. 헤즈볼라의 역사와 배경에 관해서는 Augustus Richard Norton, *Hezbollah: A Short History* (Princeton: Princeton University Press, 2007); Judith Palmer Harik, *Hezbol-*

lah: The Changing Face of Terrorism (London: I. B. Tauris, 2005)를 참조할 것.

5. Frank Hoffman, *Conflicts in the 21st Century: The Rise of Hybrid Wars* (Arlington, VA: Potomac Institute for Policy Studies, 2007).
6. 이스라엘의 철수 후 전략과 이스라엘 방위군의 작전계획에 대해서는 주 2에서 언급한 문헌들을 참조할 것. 레바논과 헤즈볼라 내의 과정에 대한 훌륭한 묘사를 위해서는 Reuven Erlich, "The Road to the Second Lebanon War: The Lebanese Scene in the Years 2000-2006," Intelligence and Terrorism Center, http://www.intelligence.org.il/, accessed November 18, 2008을 참조할 것.
7. Erlich and Kahati, "Hezbollah as a Case Study."
8. 추가적인 정보를 위해서는 Efraim Inbar, "Strategic Follies: Israel's Mistakes in the Second Lebanese War," Begin-Sadat Center for Strategic Studies, perspective paper no. 21, September 10, 2006, http://www.biu.ac.il/SOC/besa/perspectives21.html; Giora Eiland, "The Decision Making Process in Israel," in *The Second Lebanon War: Strategic Perspectives*, ed. Shlomo Brom and Meir Elran (Tel Aviv: Institute for National Security Studies, 2007)을 참조할 것.
9. 총리실 공식 웹사이트에 게재된 내각장관(Cabinet Secretary) 마이몬(Israel Maimon)의 발표. http://www.pmo.gov.il/PMO/Archive/Spokesman/2006/07/spokegov120706.htm
10. 총리실 공식 웹사이트에 게재된, 이스라엘 국회에서의 올메르트 총리의 연설. http://www.pmo.gov.il/PMO/Archive/Speeches/2006/07/speechkneset170706.htm
11. 위노그라드 조사위원회의 웹사이트에 게재된 올메르트 총리의 증언, http://www.vaadatwino.org.il/statements.html, 47-48. 위노그라드 조사위원회 잠정 보고서, 101쪽도 참조할 것.
12. Winograd Commission of Inquiry, *Interim Report,* 70.
13. 이스라엘의 전통적인 교리에 대한 설명을 위해서는 Israel Tal, *National Security: The Israeli Experience* (Westport, CT: Praeger, 2000)을 참조할 것. 이스라엘의 전통적인 교리에 대한 미국의 관점을 위해서는 Eliot Cohen, Michael Eisenstadt, and Andrew Bacevich, *Knives, Tanks and Missiles: Israel's Security Revolution* (Washington, DC: Washington Institute for Near East Policy, 1998)을 참조할 것. 제2차 레바논 전쟁에 앞선 몇 년간의 이스라엘 방위군 교리의 변화에 대한 목소리를 위해서는 Sarah Kreps, "The 2006 Lebanon War: Lessons Learned," *Parameters* (Spring 2007): 72-84; Ron Tira, *The Limitations of Standoff Firepower-Based Operations: On Standoff Warfare, Maneuver, and Decision* (Tel Aviv: Institute for National Security Studies Memorandum 89, March 2007); Avi Kober, "The Second Lebanon War," Begin-Sadat Center for Strategic Studies, perspective paper no. 22, September 28, 2006; Efraim In-

bar, "How Israel Bungled the Second Lebanon War," *Middle East Quarterly Magazine* (June 22, 2007); Amir Kulick, "The IDF's Combat Approach vs. Hizbollah," *Strategic Assessment* 9, no. 3. (November 2006)을 참조할 것.

14. 이 장의 모든 데이터는 위노그라드 조사위원회의 잠정 보고서와 최종 보고서뿐 아니라 전쟁 동안의 이스라엘 방위군 대변인의 발표와 이스라엘 공군의 공식 웹사이트인 http://www.iaf.org.il에서 찾을 수 있는 이스라엘 공군의 보고서들에서 발췌되었다. Amos and Issacharof, *34 Days*도 참조할 것.

15. 전쟁 동안의 헤즈볼라의 작전적 활동에 대해서는 Steven Erlanger and Richard Oppel, "A Disciplined Hezbollah Surprises Israel with Its Training, Tactics and Weapons," *New York Times*, August 7, 2006; Andrew Exum, "*Hezbollah at War: A Military Assessment*," policy focus no. 63 (Washington, DC: Washington Institute for Near East Policy, December 2006); Kulick, "The IDF's Combat Approach vs. Hizbollah"; Ralph Peters, "Lessons from Lebanon: The New Model Terrorist Army," *Armed Forces Journal*, no. 144 (October 2006)을 참조할 것.

16. 전쟁의 결과와 그러한 결과가 발생한 이유에 대한 다른 견해들을 위해서는 Shai Feldman, "The Hezebollah-Israel War: A Preliminary Assessment," *Middle East Brief* (Waltham, MA: Crown Center for Middle East Studies, September 2006); Avi Kober, "The Israel Defense Forces in the Second Lebanon War: Why the Poor Performance?" *Journal of Strategic Studies* 31, no. 1 (February 2008): 3-40; Edward Luttwak, "Misreading the Lebanon War," *Jerusalem Post*, August 20, 2006; David Makovsky and Jeffery White, *Lessons and Implications of the Israel-Hizballah War: A Preliminary Assessment*, policy focus no. 60 (Washington, DC: Washington Institute for Near East Policy, October 2006); Shlomo Brom, "Political and Military Objectives in a Limited War against a Guerrilla Organization," in *The Second Lebanon War: Strategic Perspectives*; Eyal Zisser, "The Battle for Lebanon: Lebanon and Syria in the Wake of the War," in *The Second Lebanon War: Strategic Perspecives*를 참조할 것.

17. 로켓 전역과 이스라엘이 그것에 대처한 방식에 대한 상세한 기술을 위해서는 Uzi Rubin, *The Rocket Campaign against Israel during the 2006 Lebanon War*, Begin-Sadat Center for Strategic Studies, June 2007, 23과 그 하단을 참조할 것.

18. 레바논에 야기된 피해에 관한 정보는 유엔환경계획 레바논 전후 환경평가(United Nations Environment Program Lebanon Post-Conflict Environmental Assessment)에서 발췌했음. http://postconflict.unep.ch/publications.php?prog=lebanon(검색일, 2009년 1월 2일).

제5부 / 제14장

1. James Corum and Wray Johnson, *Airpower and Small Wars* (Lawrence: University Press of Kansas, 2003). 카리브 해 지역과 라틴 아메리카에서 군사개입을 실행함에 있어 미군의 항공력 사용에 대해서는 11-50쪽을, 전간기에 스페인과 이탈리아의 항공력 사용에 대해서는 66-73, 80-81쪽을 참조할 것.
2. 영국 공군과 공중통제 교리에 대한 개관을 위해서는 Peter Gray, "The Myth of Air Control and the Realities of Imperial Policing," *RAF Air Power Review* 4, no. 2 (Summer 2001)와 James Corum, "Air Control: Reassessing the History," *RAF Air Power Review* 4, no. 2 (Summer 2001): 15-36을 참조할 것.
3. David Omissi, *Air Power and Colonial Control: The Royal Air Force 1919-1939* (Manchester: Manchester University Press, 1990), 25-27.
4. Howard Sachar, *The Emergence of the Middle East 1914-1924* (New York: Alfred Knopf, 1969), 369-372.
5. Mark Jacobsen, "Only by the Sword: British Counter-Insurgency in Iraq, 1920," *Small Wars and Insurgencies* 2, no. 2 (August 1991): 351-352, 358. 1920년에 이라크 주민의 규모(약 400만 명)를 고려해보았을 때 그러한 반군활동에 대적하기 위해 활용된 영국군 병사 대 주민의 비율은 2006~2007년에 이라크 반군들과 싸우던 미군 병사 대 주민 비율의 2.5배 이상이었다.
6. Ibid., 357. 이라크의 봉기는 1040명의 영국군 병사들이 사망하고 실종되는 대가를 치르고 진압되었다.
7. 1923년 여름에 이라크에는 6개의 인도 육군 보병대대가 존재했다.
8. 1926년에 이르면 영국군은 이라크 육군을 창설하기에 이르렀는데, 여기에는 훈련센터들과 6개 보병대대, 4개 기병연대, 4개 포대, 그리고 지원부대들이 포함되었다. Lieutenant Colonel R. H. Beadon, "The Iraqi Army," *RUSI Journal* (May 1926): 343-354를 참조할 것.
9. Arnaud Teyssier, "L'Aviation Contre les Insurrections: L'Expérience Français au Levant au Lendemain de la Première Guerre Mondiale," *Revue Historique des Armées* no. 169 (December 1987): 48-54, esp. 52.
10. Ibid., 54.
11. Ibid., 55.
12. Jérome Millet, "L'Aviation Militaire Français dans la Guerre du Rif," *Revue Historique des Armées*, no. 166 (March 1987): 46-58.
13. S. Lainé, "L'Aéronautique Militaire Français au Maroc 1911-1939," *Revue Historique des Armées*, no. 4 (1978): 107-120, esp. 112-118.

14. Charles Christienne and Pierre Lissarague, *A History of French Military Aviation* (Washington, DC: Smithsonian Institution Press, 1986), 231.

15. Capitaine W. Breyton, "L'Aviation Sanitaire au Maroc en 1933," *Revue de L'Armée de L'Air*, no. 56 (March 1934): 243-264.

16. Lainé, "L'Aéronautique Militaire Français au Maroc 1911-1939," 118.

17. Omissi, *Air Power and Colonial Control*, 174.

18. Ibid., 20-21.

19. Philip Towle, *Pilots and Rebels: The Use of Aircraft in Unconventional Warfare, 1918-1988* (London: Brassey's Ltd., 1989), 40-43.

20. Omissi, *Air Power and Colonial Control*, 119-121.

21. 그리스 내전에서 항공활동에 대한 훌륭한 개관을 위해서는 Victor Flintham, *Air Wars and Aircraft* (New York: Facts on File, 1990), 9-13을 참조할 것. Corum and Johnson, *Airpower and Small Wars*, 93-110도 참조할 것.

22. 그리스 내전에 대한 개관을 위해서는 Edgar O'Ballance, *The Greek Civil War, 1944-1949* (New York: Frederick A. Praeger, 1966)를 참조할 것. 그리스에 대한 미국의 개입에 대해서는 Lawrence Wittner, *American Intervention in Greece, 1943-1949* (New York: Columbia University Press, 1982)를 참조할 것.

23. 전전(戰前) 그리스 공군은 1941년의 독일 침공 동안에 파괴되었다. 그리스의 일부 요원은 괴멸되는 것을 모면하여 영국 공군에 의해 3개 대대[1개 경폭격기 대대(제13대대), 2개 스핏파이어 전투기 대대(제335, 336대대)]로 편성되었다. 이 부대들은 그리스 정부로 전속되어 새로운 그리스 공군(그 당시에는 불과 58대의 구식 항공기와 300명이 안 되는 숙련 조종사를 보유하고 있었다)의 중심을 형성하게 되는 1946년까지 영국 공군의 지휘하에 있었다.

24. M. Campbell, E. W. Downs, and L. V. Schuetta, *The Employment of Airpower in the Greek Guerrilla War, 1947-1949*, Project No. AU-411-62-ASI (Maxwell Air Force Base, AL: Concepts Division, Aerospace Studies Institute, Air University, December 1964), 8.

25. 그리스를 지원하기로 한 미국의 결정에 대해서는 Harry S. Truman, *Memoirs* (Garden City: Doubleday, 1956), 2: 100-109를 참조할 것. 미국의 군사원조 프로그램에 대한 개관을 위해서는 Duncan Clarke and Daniel O'Connor, *Send Guns and Money: Security Assistance and U.S. Foreign Policy* (Westport, CT: Praeger, 1997)를 참조할 것.

26. J. C. Murray, "The Anti-Bandit War, Conclusion," *Marine Corps Gazette* (May 1954): 52.

27. Parker Borg, *The United States, the Huk Movement, and Ramon Magsaysay*, Government 644 (April 26, 1965), 6-8. 랜스데일은 자신의 책 *In the Midst of Wars: An American's Mission to Southeast Asia* (New York: Harper and Row, 1972)에서 필리핀 제도에서의 자신의 경험을 자전적으로 기술했다. 보해넌은 필리핀 육군의 고위장교인 발레리아노(Napoleon Valeriano)와 함께 *Counter-Guerrilla Operations: The Philippine Experience* (1962; repr., New York: Praeger, 2006)를 저술했다.

28. 발레리아노와 보해넌은 공중을 통해 "한 지역을 호되게 타격하는 것"은 많은 경우 민간인 사상을 유발하고 역효과를 낳았다고 썼다. Bohannan and Valeriano, *Counter-Guerrilla Operations*, 105-106을 참조할 것.

29. 1950년에 트루먼 대통령은 국가안보 메모 NSC 84/C에 서명했다. 이 메모는 미국의 원조는 그리스에서 사용되었던 대부분 군사적인 접근법이 아니라 경제적·정치적 해법을 강조해야 함을 역설하는 것이었다.

30. 필리핀 제도에서 항공력의 사용에 대해서는 H. Peterson, George C. Reinhardt, and E. E. Conger, ed., *Symposium on the Role of Airpower in Counterinsurgency and Unconventional Warfare: The Philippine Huk Campaign*, RM-3652-PR (Santa Monica: RAND, July, 1963)을 참조할 것.

31. 말레이 반도 대반군작전 프로그램에 대한 분석을 위해서는 James Corum, *Training Indigenous Forces in Counterinsurgency: A Tale of Two Insurgencies* (Carlisle, PA: U.S. Army War College, Strategic Studies Institute, March 2006)을 참조할 것.

32. 말레이 반도에서 영국 공군의 작전에 대해서는 Royal Air Force, *The Malayan Emergency 1948-1960* (London: Ministry of Defence, June 1970)을 참조할 것.

33. 인도차이나에서 프랑스 공군의 작전에 대한 개관을 위해서는 Patrick Facon, "L'Armée de l'Air et la Guerre d'Indochine (1945-1954)," *Revue Historique des Armeés*, no. 177 (December 1989): 95-107을 참조할 것.

34. 디엔비엔푸 전투에 대해서는 Bernard Fall, *Hell in a Very Small Place* (Philadelphia: Lippincott, 1966)을 참조할 것. 디엔비엔푸에서 프랑스 공군에 대해서는 Patrick Facon, "L'armée de l'Air et Dien Bien Phu," *Revue Historique des Armeés*, no. 158 (March 1985): 79-87을 참조할 것.

35. Christienne and Lissarague, *A History of French Military Aviation*, 464-465.

36. John Talbot, "The War Without a Name—France in Algeria 1954-1962," in *The Chopper Boys: Helicopter Warfare in Africa*, ed. J. Ventner (London: Greenhill Books, 1994), 37-44.

37. Lieutenant Colonel Claude Careé, "Aspects Opérationnels du Conflit Algérien 1954-1960," *Revue Historique des Armeés*, no. 166 (March 1987): 82-111을 참조할 것.

38. Alistair Horne, *A Savage War for Peace: Algeria 1954-1962* (London: Penguin Books, 1977), 335-338.

39. 남베트남 공군에 대한 미국의 임무수행 초기에 대해서는 Robert Futrell, *The United States Air Force in Southeast Asia: The Advisory Years to 1965* (Washington, DC: Office of Air Force History, 1981)를 참조할 것.

40. Ibid., 149, 239, 263.

41. 베트남에서 미국의 자문노력에 대해서는 James Willbanks, *Abandoning Vietnam* (Lawrence: University Press of Kansas, 2004)을 참조할 것.

42. Major A. J. C. Lavalle, USAF, *The Vietnamese Air Force, 1951-1975: An Analysis of Its Role in Combat and Fourteen Hours at Koh Tang* (Washington, DC: Office of Air Force History, 1985), 33.

43. 1972년 4월에 남베트남 공군은 연합군 항공전력이 수행한 총 소티의 거의 30%—총 1만 7000소티 중 4904소티—를 담당했다. 다음 달에 남베트남 공군은 총 1만 8444소티 중 5500소티를 수행했다. A. J. C. Lavalle, *Airpower and the 1972 Spring Invasion*, USAF Southeast Asia Monograph Series, vol. II (Washington, DC: U.S. Government Printing Office, 1976).

44. Thomas Marks, "Thailand: Anatomy of a Counterinsurgency Victory," *Military Review* (January-February 2007): 35-51, and Warren Trest, *Air Commando One: Heinie Aderholt and America's Secret Air Wars* (Washington, DC: Smithsonian Institution Press, 2000).

45. 이 전역에 대한 개관을 위해서는 James Corum, "The Air War in El Salvador," *Airpower Journal* (Summer 1998)을 참조할 것.

46. 2001년 콜롬비아에서의 전략적 상황에 대해서는 Max Manwaring, "United States Security Policy in the Western Hemisphere: Why Colombia, Why Now, and What Is to Be Done?" *Small Wars and Insurgencies* (Autumn 2001): 67-96을 참조할 것.

47. 2001년에 콜롬비아군에게는 42대의 구식 UH-1 헬리콥터와 18대의 UH-60 블랙호크(Black Hawk) 헬리콥터가 제공되었다. Karen DeYoung, "Colombia to Get Fewer, Stronger, Helicopters," *Washington Post*, October 13, 2000, 18.

48. 콜롬비아 공군은 고정익과 회전익 항공기 모두를 보유하고 있다. 그들은 연락·타격·병력수송 임무를 수행할 수 있도록 잘 구성되어 있다. 타격항공기로는 A-37 개조 훈련기와 수퍼 투카노(Embraer Super Tucano)를 보유하고 있다. 이스라엘제 크피르(Kfir) 전폭기는 정밀유도무기를 운용할 수 있다. 콜롬비아군은 연락을 위해서는 세스나(Cessna Skymaster)를, 정찰을 위해서는 OV-10 브롱코(Bronco), 경(輕)수송을 위해서는 CE208과 CASA212를 보유하고 있다. 중(重)수송에는 C-130이 사용된다. 콜롬비

아 공군과 항공전력은 UN-60과 개조된 UH-1, 잉여 Mi-17를 갖춘, 주로 헬리콥터 전력이다. 콜롬비아는 그 공군을 6개의 사령부로 조직했으며, 각 사령부는 사령부의 지역에서 이루어지는 작전을 지원하는 강력한 항공 분견부대를 갖추고 있다. 각 사령부는 연락·타격·정찰·수송 항공기를 골고루 보유한다.

49. 미국의 원조 프로그램의 핵심요소는 콜롬비아군을 위한 훈련이다. 2002년에는 6230명에 이르는 콜롬비아군과 경찰 요원들이 미국의 훈련과정을 이수했다. 미국에서 운영되는 콜롬비아 요원을 위한 과정에는 헬리콥터 조종사 훈련, 항공정비, 레이더 운용, 방공기술, 통신과 탐색 및 구조가 포함되었다. 미 국무부의 수치(數値)이다.

50. Rich Lowry, "Colombia Comeback," *National Review*, November 23, 2007.

51. 아프가니스탄 전쟁에 대한 훌륭한 개관을 위해서는 Lester W. Grau, ed., *The Bear Went over the Mountain: Soviet Combat Tactics in Afghanistan* (Washington, DC: National Defense University Press, 1996)을 참조할 것.

52. 이 전쟁에 대한 소련의 시각을 보여주는 훌륭한 저술은 Lester W. Grau and Michael Gress, eds. and trans., *The Soviet Afghan War: How a Superpower Fought and Lost: The Russian General Staff* (Lawrence: University Press of Kansas, 2002), 314-318을 참조할 것.

53. 1990년대에 체첸에서 있었던 싸움에 대해서는 Anatol Lieven, *Chechenya: Tombstone of Russian Power* (New Haven, CT: Yale University Press, 1998)를 참조할 것. 1999~2000년 전투 동안 러시아의 항공력 사용에 대해서는 Marcel de Haas, "The Use of Russian Air Power in the Second Chechen War," *RAF Air Power Review* 6, no. 1 (Spring 2003): 35-60을 참조할 것.

54. 현대 반군활동에서의 리더십과 조직에 대한 논의를 위해서는 T. X. Hammes, *The Sling and the Stone* (St. Paul: Zenith Press, 2004)를 참조할 것.

55. 헤즈볼라에 대한 이스라엘의 폭격전역에 대한 훌륭한 논의는 Kenneth Schow, "Falcons against the Jihad" (master's thesis, Maxwell Air Force Base, AL: Air University Press, November 1995)에서 찾을 수 있다.

56. 남부 레바논에서 이스라엘의 작전에 대한 서술은 Clive Jones, "Israeli Counter Insurgency Strategy and the War in South Lebanon, 1985-97," *Small Wars and Insurgencies* (Winter 1997): 82-108; Shmuel Gordon, *The Vulture and the Snake: Counter-Guerrilla Air Warfare: The War for Southern Lebanon*, Study 39, Begin-Sadat Center for Strategic Studies, July 1998; Brigadier General Ephraim Segoli, IAF (Ret.), *The Israeli-Lebanese Dilemma* (Maxwell Air Force Base, AL: School of Advanced Airpower Studies, 1998)에서 찾을 수 있다.

57. Steven Erlanger and Richard Oppel Jr., "A Disciplined Hezbollah Surprises Israel with Its Training, Tactics and Weapons," *New York Times*, August 7, 2006.

58. 100여 명의 이스라엘 민간인이 헤즈볼라 공격에 의해 사망했으며, 이스라엘의 가정과 사업에 수백만 달러의 피해가 가해졌다. Bill Gertz, "Mossad Missed Hezbollah Threat," *Washington Times*, August 16, 2006과 "Lebanon's New Crisis," *Washington Post*, November 15, 2006을 참조할 것.

59. 항공력이 전쟁을 혁명적으로 변화시켰다는 주장에 대해서는 Max Boot, "The New American Way of War," *Foreign Affairs* 82, no. 4 (July-August 2003); Richard Andres and Colonel Thomas Griffith, USAF, "Winning the Allies: The Strategic Value of the AfghanModel," *International Security* 30, no. 3 (Winter 2005): 124-160; Major General Charles Dunlap, USAF, "Making Revolutionary Change: Airpower in COIN Today," *Parameters* (Summer 2005): 52-66을 참조할 것.

60. 항공력의 수위(首位)를 옹호하는 이들의 주장에 대한 훌륭한 비판을 위해서는 Stephen Biddle, *Afghanistan and the Future of Warfare* (Carlisle, PA: U.S. Army War College, Strategic Studies Institute, November 2002)를 참조할 것. 토라보라에서 알카에다의 진지를 식별해내는 데 실패한 것에 대해서는 29쪽을 볼 것. 안드레스-그리피스의 주장에 대한 반론을 위해서는 Stephen Biddle, "Allies, Airpower and Modern Warfare," *International Security* 30, no. 3. (Winter 2005), 161-176을 참조할 것.

61. 2007년 10월의 경우에 아프가니스탄 항공단은 수송기 5대(2대만 운용가능했다), Mi-17 헬리콥터 7대, Mi-35 무장 헬리콥터 6대로 구성되어 있었다.

62. Jason Straziuso, "Afghan Air Force Struggles to Take Flight," *Air Force Times*, October 10, 2007.

63. Staff Sergeant Jon Cupp, USAF, "Iraqi Air Force Makes Strides Toward Transition," USAF Office of Public Affairs, September 7, 2007; Technical Sergeant Kevin Williams, USAF, "Iraqi Air Force Takes Flight with Help from U.S. Airmen," USAF Office of Public Affairs, April 4, 2007을 참조할 것.

64. 이라크 공군은 4개(정찰대대 1개, 수송대대 1개, 헬리콥터 대대 2개) 소규모 대대로 조직되었다. 2008년에 그들에게는 타격능력이 갖춰져 있지 않았다.

65. *The Report of the Independent Commission on the Security Forces of Iraq*, Gen. James Jones, USMC (Ret.), Chair, September 6, 2007을 참조할 것. 2008년 5월의 경우, 불과 1500명에 이르는 이라크 공군 요원만이 훈련 프로그램을 이수한 상태였다. Anthony Cordesman, *Iraqi Force Development* (Washington, DC: Center for Strategic and International Studies, May 2008)도 참조할 것.

66. 2008년에 훈련과 자문 임무를 지원해줄 수 있는 미 공군의 능력은 여전히 보잘것없는 상태였다. 300명도 안 되는 요원들이 그 임무에 각별히 할당되어 있었다. 랜드연구소

의 연구는 미 공군의 접근법에 대해 비판했으며, 적어도 비행단(wing) 규모의 전문적인 자문단을 조직할 것을 주장했다. Alan J. Vick, et. al., *Air Power in the New Counterinsurgency Era* (Santa Monica, CA: RAND, 2006), 126-127, 129-132, 136-143을 참조할 것.

67. Air Force Doctrine Document 2-3, *Irregular Warfare* (August 2007).

68. Field Manual 3-24, *Counterinsurgency* (December 2006), para. 6-22.

69. Ibid., annex E, paras. E-17-18, E-31.

70. Corum and Johnson, *Airpower in Small Wars*, 406-409.

71. 라마디(Ramadi)라는 이라크의 도시에서 치열한 전투가 진행되는 동안에 30명 이상의 여성과 어린이가 미군의 폭격에 의해 죽음을 당했다는, 2006년 11월에 일부 이라크인들이 했던 주장은 민간인 사상에 대한 잘못된 주장의 사례였다. 사실, 그곳에서는 공중타격이 이루어지지 않았다. 초기에는 이와 같이 널리 알려졌지만, 불과 몇 주 뒤에 그 이야기에 대한 정정이 이루어졌다. Solomon Moore, "Marines Deny Airstrikes Used against Insurgents in Ramadi," *Los Angeles Times*, December 29, 2006.

72. 집속탄을 금지하기 위한 서구에서의 광범위한 움직임에 대한 예(例)를 위해서는 "No Place for Cluster Bomb," *New York Times*, August 26, 2006; "Norway Plans Talks on Cluster-Bomb Ban," *Washington Times*, November 18, 2006을 참조할 것.

제5부 / 제15장

1. 이 주제에 대한 가장 최근의 연구물은 R. Yermiash, "The Wings of Empire: The Royal Air Force in Palestine and Transjordan, 1919-1939" (PhD dissertation, Hebrew University of Jerusalem, 2008, 히브리어로 저술)이다.

2. 저자는 Martin van Creveld, *The Changing Face of War: Lessons of Combat, from the Marne to Iraq* (New York: Presisio, 2007), 229-256에서 그러한 경우 모두에 대해 논의했다.

3. "Air Force Not Doing Enough in Iraq and Afghanistan," http://www.ar15.com/forums/topic.html?b=1&f=5&t=701310&page=5.

제5부 / 제16장

1. 이 국립학술원 위원은 하버드대학교의 수학자 에이컨(Howard Aiken)이었다. 이 놀랄만한 추산의 맥락을 위해서는 Paul E. Ceruzzi, *A History of Modern Computing*, 2d ed. (1998; rept., Cambridge, MA: MIT Press, 1999), 13을 참조할 것.

2. Général Pierre Lissarrague, *Premiers envols* (Paris: Éditions Joël Cuénot, 1982), 17; and Tom D. Crouch, *The Eagle Aloft: Two Centuries of the Balloon in America* (Washington, DC: Smithsonian Institution Press, 1983), 14.

3. Alain Dégardin and Francis Villadier, "Des ballons pour la République," in Antoine Dumas et al., eds., Les temps des ballons (Paris: Éditions de la Martiniére and the Musée de l'Air et de l'Éspace, 1995), 76과 J. Jobé, *The Romance of Ballooning: The Story of the Early Aeronauts* (New York: Edita Lausanne and the Viking Press, 1971), 66-67에서 재인용.

4. Dumas et al., eds., *Les temps des ballons*, 76-83; Frederick S. Hayden, *Aeronautics in the Union and Confederate Armies, with a Survey of Military Aeronautics Prior to 1860* (Baltimore, MD: Johns Hopkins University Press, 1941), 1: 7-11.

5. 아데르의 시도에 대한 평가는 엇갈린다. Pierre Lissarrague의 *Clément Ader: Inventeur d'avions* (Toulouse: Bibliothèque Historique Privat, 1990)와 Charles H. Gibbs-Smith의 훨씬 더 비판적인 *Clément Ader: His Flight Claims and His Place in History* (London: Her Majesty's Stationery Office, 1968)를 참조할 것. 랭글리를 위해서는 Samuel P. Langley와 Charles M. Manly의 *Langley Memoir on Mechanical Flight*, parts 1-2 [Smithsonian Contributions to Knowledge 시리즈, vol. 27, no. 3 (1911)에 수록된 연구임]를 참조할 것.

6. 켈빈이 바덴-파월(B.F.S. Baden-Powell) 소령에게 보낸 서한(1896년 12월 8일, Library and Archives of the Royal Aeronautical Society, London의 서한파일 13번). 이 서한을 활용할 수 있게 해 준 리들(Brian Riddle)에게 감사한다.

7. In Charles M. Westenhoff, ed., *Military Airpower: The CADRE Digest of Airpower Opinions and Thoughts* (Maxwell Air Force Base, AL: Air University Press, 1990), 51.

8. "육군을 위한 항공, 그것은 영점이다(L'aviation pour "Armée, c'est zéro)." Patrick Facon, "L'armée français et l'aviation (1891-1914)," *Revue historique des armées*, no. 164 (September 1986): 77에서 재인용.

9. Foch to commander, troisième bureau, no. 6145 (November 3, 1916), reprinted in Bernard Pujo, "L'evolution de la pensée du général Foch sur l'emploi de l'aviation en 1915-1916," Institute d'histoire des conflits contemporains, Service historique de l'armée de l'air, et Fondation pour les études de defense nationale, *Colloque air 1984* (Paris: École Militaire, September 1984), 221.

10. Major General J. F. C. Fuller, *Armament and History: A Study of the Influence of Armament on History from the Dawn of Classical Warfare to the Second World War* (New York: Charles Scribner's Sons, 1945), 7.

11. 태평양 관련 데이터는 Joint Army-Navy Assessment Committee, *Japanese Naval and*

Merchant Shipping Losses during World War II by All Causes (Washington, DC: U.S. Government Printing Office, February 1947), table II, vii에서 산출되었음. 유럽 관련 데이터는 Captain Stephen W. Roskill, *The War at Sea, 1939-45*, vol. 3 (London: Her Majesty's Stationery Office, 1961), appendices X X and Y, tables III and IV, 457-461, 471-472에 있는 통계를 기초로 산출되었음.

12. Lieutenant Colonel Richard L. Meiling, Medical Corps, "Interview with Professor Doctor Siegfried Handloser, Lt. Gen., Chief Medical Officer, OKW," interview no. 75 (July 27, 1945), appendix 2, U.S. Strategic Bombing Survey, *Consolidated Report of the Medical Sciences Branch* (Washington, DC: U.S. Strategic Bombing Survey Morale Division, 1945), archives of the Air Force Historical Research Agency, Maxwell Air Force Base, Alabama. 본인으로 하여금 이 문서에 대해 알게 해준 램버트 공군준장에게 감사의 마음을 전한다. 다른 지휘관들의 시각에 대한 예를 위해서는 Seymour Freidin and William Richradson, eds., *The Fatal Decisions* (New York: William Sloane Associates, 1956), 215, 227, 286을 참조할 것. 이는 나치 장군들이었던 크라이페(Werner Kreipe), 블루멘트리트(Günther Blumentritt), 바에에를라린(Fritz Bayerlein), 자이츨러(Kurt Zeitzler), 짐머만(Bodo Zimmermann), 만토이펠(Hasso von Manteuffel)의 진술들을 모아놓은 것이다.

13. Goebbels diary, entry for March 21, 1945; Joseph Goebbels, *Final Entries, 1945: The Diaries of Joseph Goebbels*, ed. Hugh Trevor-Roper (New York: G. P. Putnam's Sons, 1978).

14. 예를 들어 James O. Young, "Riding England's Coattails: The Army Air Forces and the Turbojet Revolution," Richard P. Hallion, "The Air Force and the Supersonic Breakthrough," and Thomas A. Julian, "The Origins of Air Refueling in the United States Air Force," all in *Technology and the Air Force: A Retrospective Assessment*, ed. Jacob Neufeld, George M. Watson Jr., and David Chenoweth (Washington, DC: U.S. Government Printing Office, 1997), 3-39, 49-99; Richard K. Smith, *Seventy-Five Years of Inflight Refueling* (Washington, DC: Air Force History and Museums Program, 1998); Keith A. Hutchinson, *Air Mobility: The Evolution of Global Reach* (Vienna, VA: Point One VII, 1999); and A. Timothy Warnock, ed., *Short of War: Major USAF Contingency Operations 1947-1997* (Maxwell Air Force Base, AL: Air University Press in association with the Air Force History and Museums Program, 2000)을 참조할 것.

15. Secretary Donald B. Rice, *The Air Force and U.S. National Security: Gobal Reach-Global Power, A White Paper* (Washington, DC: Office of Secretary of the Air

Force, June 1990), 1. 공군장관 참모단(SAF/OSX)이 만들어낸 이 중대한 문서의 주 저자는 당시 미 공군중령이던 뎁툴라였다. 그는 랜드연구소의 보위(Christopher Bowie) 박사의 도움을 받아 이를 저술했으며, 워든(John A. Warden III) 대령, 피아자(John Piazza) 대령, 보이드(Charles Boyd) 중장이 주로 의견을 개진했다.

16. Joseph Needham, *Science in Traditional China: A Comparative Perspective* (Cambridge: Harvard University Press, 1981), 30-52; Denys Forrest, *Tiger of Mysore: The Life and Death of Tipu Sultan* (London: Chatto and Windus, 1970), 140; Frank H. Winter, *The First Golden Age of Rocketry: Congreve and Hale Rockets of the Nineteenth Century* (Washington, DC: Smithsonian Institution Press, 1990), 1-11.

17. Milton Lehman, *This High Man: The Life of Robert H. Goddard*, 2d ed. (1963; repr., New York: Pyramid Books, 1970), 102-103; David A. Clary, *Rocket Man: Robert H. Goddard and the Birth of the Space Age* (New York: Hyperion, 2003), 134-136.

18. Theodore von Kármán, *The Wind and Beyond: Theodore von Kármán—Pioneer in Aviation and Pathfinder in Space*, with Lee Edson (Boston: Little, Brown, 1967), 243.

19. Ibid.; Frank J. Malina, "The U.S. Army Air Corps Jet Propulsion Research Project, GALCIT Project No.1, 1939-1946: A Memoir," in *Essays on the History of Rocketry and Astronautics: Proceedings of the Third through the Sixth History Symposia of the International Academy of Astronautics*, vol. 2, ed. R. Cargill Hall, National Aeronautics and Space Administration (NASA) Conference Publication 2014 (Washington, DC: NASA, 1977), 155도 참조할 것. 헌세이커가 미국의 항공공학 개척자들 사이에서 왜 존경을 받았는지는 헤아리기 어렵다. 그는 더글러스(Donald Douglas)로 하여금 항공계에 들어오지 말도록 충고했으며(젊은 더글러스는 현명하게 이 충고를 무시했다), 영국의 월리스(Barnes Wallis)로 하여금 미국으로 이주하지 말도록 권고했고, R101, 애크런, 메이컨, 힌덴부르크(Hindenburg)와 같은 비행선의 재앙 이후에도 비행선의 가치를 과대평가했다. 또한 로켓의 중요성을 놓치고 말았으며, 제트엔진은 전쟁의 결과에 영향을 줄 수 있도록 적기에 준비되지 못할 것이라는 이유에서 전시의 터보제트엔진 연구에 반대하는 주장을 펼쳤다. 그 후 국가항공자문위원회가 전후 세계를 놓고 고심하는 가운데 그는 로켓과 우주비행에 대한 적대감을 계속해서 견지하다 스푸트니크 발사 직전에 그 기관을 떠나고 말았다. 이로써 탁월하게 더 유능했던 두리틀과 드라이든 박사가 그 조직의 미래를 이끌어가게 되었다. 헌세이커에 대한 세 가지 시각을 위해서는 William F. Trimble의 칭찬 일색의 전기인 *Jerome C. Hunsaker and the Rise of American Aeronautics* (Washington, DC: Smithsonian Institution Press, 2002)와 Jack C. Kerrebrock의 약간 더 균형 잡힌 "Jerome Clarke Hunsaker, 1886-1984," in National Academy of Sciences, *Biographical Memoirs*, no. 78 (Washington, DC: National Academics Press, 2000), 94-107, 그리고 James Doolittle이 Carroll V. Glines와 함께 쓴, 직설적인 *I Could Never Be So Lucky Again: An Autobiography* (New York: Bantam, 1991), 516-517을 참조할 것.

20. Hugh L. Dryden, "Present State of the Guided Missile Art," 1, a study paper in the Technical Intelligence Supplement to Theodore von Kármán et al., *Where We Stand: First Report to General of the Army H. H. Arnold on Long-Range Research Problems of the AIR FORCES with a Review of German Plans and Developments* (August 22, 1945), Papers of General Henry H. Arnold, Microfilm Reel 194, Manuscript Division, Library of Congress, Washington, DC.

21. Francis H. Clauser et al., *Preliminary Design of an Experimental World-Circling Spaceship*, Report No. SM-11827 (Santa Monica, CA: Douglas Aircraft Company, Inc., Santa Monica Plant Engineering Division, May 2, 1946), 1. 9-16과 라이드나우어(Louis Ridenour)의 언급도 참조할 것. 이 보고서는 육군항공군 계약승인 W33-038-ac-14105에 따라 작성되었으며, 새로이 설립된 랜드연구소(더글러스 항공사의 한 부서로 시작했다)의 첫 연구노력들 중 하나에 해당한다. 이 보고서는 랜드연구소의 웹사이트 http://www.rand.org/pubs/special_memoranda/SM11827/에서 볼 수 있다. RAND, *The RAND Corporation: The First Fifteen Years* (Santa Monica, CA: RAND, 1963), 9도 참조할 것.

22. Sir Henry Tizard et al., "Future Development in Weapons and Methods of War: Report by Sir Henry Tizard's 'Ad Hoc' Committee," Chiefs of Staff Committee Report C.O.S. (45) 402 (O), Copy No. 94, June 16, 1945, 17, in the Papers of General Muir Fairchild, Box 4, "Joint Strategic Survey" file, Manuscript Division, Library of Congress, Washington, DC. The Tizard Ad Hoc Committee consisted of Tizard, P. M. S. Blackett, C. D. Ellis, C. P. Thomson, and J. D. Bernal.

23. Vannevar Bush, *Modern Arms and Free Men: A Discussion of the Role of Science in Preserving Democracy*, 2d ed. (1968; repr., Cambridge, MA: MIT Press, 1949), 86.

24. Ibid., 85.

25. 스푸트니크의 영향을 위해서는 Walter A. McDougall, *The Heavens and the Earth: A Political History of the Space Age* (New York: Basic Books, Inc., 1985), 141-156과 Howard E. McCurdy, *Space and the American Imagination* (Washington, DC: Smithsonian Institution Press, 1997), 62-63을 참조할 것. 소련의 관점을 위해서는 Asif A.

Siddiqi, *Challenge to Apollo: The Soviet Union and the Space Race, 1945-1974*, SP-2000-4408 (Washington, DC: NASA, 2000), 167-169를 참조할 것.

26. David N. Spires, *Beyond Horizons: A Half Century of Air Force Space Leadership* (Peterson Air Force Base, CO: Air Force Space Command, 1997), 243-269.

27. Air Vice Marshal R. A. Mason, *War in the Third Dimension: Essays in Contemporary Air Power* (London: Brassey's Defence Publishers, 1986)와 Colonel John A. Warden III, *The Air Campaign: Planning for Combat* (1988; repr., New York: to Excel Press, 2000)을 참조할 것. 워든과 그의 영향을 위해서는 John Andreas Olsen, *John Warden and the Renaissance of American Air Power* (Washington, DC: Potomac Books, 2007)를 참조할 것. 가든은 영국 공군의 고위지휘관으로 진급했으며, 결국 국제적인 전략연구에서 주요한 인물이 되었다. 뎁툴라는 미 공군의 고위지휘관이 되었으며, 제1차 걸프전 동안에 이라크를 전략적으로 표적화하는 책임을 맡았다. 그 뒤로 그는 자신의 추종자들을 탄생시켰다. 메일링거는 미 공군의 고급항공력연구학교(School of Advanced Airpower Studies)의 초대 교장이 되었으며, 항공교리에 대한 영향력 있는 사상가로 자리했다.

28. 예를 들어 Alan Stephens, ed., *Smaller but Larger: Conventional Air Power into the 21st Century* (Canberra: RAAF Air Power Studies Centre, 1991); Norman Friedman, *Desert Victory: The War for Kuwait* (Annapolis: U.S. Naval Institute Press, 1991); Group Captain Gary Waters, RAAF, *Gulf Lesson One—The Value of Air Power: Doctrinal Lessons for Australia* (Canberra: RAAF Air Power Studies Centre, 1992); Richard P. Hallion, *Storm over Iraq: Air Power and the Gulf War* (Washington, DC: Smithsonian Institution Press, 1992); Thomas A. Keaney and Eliot A. Cohen, *Gulf War Air Power Survey Summary Report* (Washington, DC: U.S. Government Printing Office, 1993); James A. Winnefeld and Dana J. Johnson, *Joint Air Operations: Pursuit of Unity in Command and Control, 1942-1991* (Annapolis: U.S.Naval Institute Press and RAND, 1993); Christopher Bowie, Fred Frostic, Kevin Lewis, John Lund, David Ochmanek, and Philip Propper, *The New Calculus: Analyzing Airpower's Changing Role in Joint Theater Campaigns*, Report MR-149-AF (Santa Monica, CA: RAND, 1993); Major General Robert H. Scales Jr., USA, *Certain Victory: The U.S. Army in the Gulf War* (Washington, DC: Brassey's, Inc., 1994); Squadron Leader S. A. Mackenzie, RNZAF, *Strategic Air Power Doctrine for Small Air Forces* (Canberra: RAAF Air Power Studies Centre, 1994); Group Captain Andrew P. N. Lambert, RAF, *The Psychology of Air Power* (London: Royal United Services Institute for Defence Studies, 1995); and Colonel David A. Deptula, USAF, *Firing for*

Effect: Change in the Nature of Warfare (Arlington, VA: Aerospace Education Foundation of the Air Force Association, 1995).

29. Group Captain Andrew P. N. Lambert, RAF, and Arthur C. Williamson, eds., *The Dynamics of Air Power* (Bracknell, UK: Royal Air Force Staff College, 1996), xi.

30. Daniel Gouré and Christopher M. Szara, eds., *Air and Space Power in the New Millenium* (Washington, DC: Center for Strategic and International Studies in cooperation with VII Inc., 1997), vii의 서문에서.

31. 예를 들어 Group Captain Andrew G. B. Vallance, RAF, *The Air Weapon: Doctrines of Air Power Strategy and Operational Art* (London: Macmillan Press Ltd., 1996); Lambert and Williamson, eds., *The Dynamics of Air Power*, G. A. S. C. Wilson, ed., *British Security 2010* (London: Ministry of Defence, 1996); Alan Vick, David T. Orletsky, John Bordeaux, and David A. Shlapak, *Enhancing Air Power's Contribution against Light Infantry Targets*, MR-697-AF (Santa Monica, CA: RAND, 1996); George and Meredith Friedman, *The Future of War: Power, Technology, and American World Dominance in the 21st Century* (New York: St.Martin's Griffin, 1996); Gouré and Szara, eds., *Air and Space Power in the New Millennium*, xvii-xxii, 48-87, 107; Richard P. Hallion, ed., *Air Power Confronts an Unstable World* (London: Brassey's Ltd., 1997); Allan D. English, ed., *The Changing Face of War: Learning from History* (Montreal: McGill-Queens University Press and the Royal Military College of Canada, 1998); Alan Vick et al., *Aerospace Operations in Urban Environments*, MR-1187-AF (Santa Monica, CA: RAND, 2000); Donald Kagan and Frederick W. Kagan, *While America Sleeps: Self-Delusion, Military Weakness, and the Threat to Peace Today* (New York: St. Martin's Griffin, 2000); Stephen T. Hosmer, *Why Milosevic Decided to Settle When He Did*, Report MR-1351-AF (Santa Monica, CA: RAND, 2001); Stephen T. Hosmer, *Operations against Enemy Leaders*, MR-1385-AF (Santa Monica, CA: RAND, 2001); John Andreas Olsen, ed., *From Manoeuvre Warfare to Kosovo?* (Trondheim: Royal Norwegian Air Force Academy, 2001); John Andreas Olsen, ed., *A Second Aerospace Century* (Trondheim: NATO Combined Air Operations Centre 3 and Royal Norwegian Air Force Academy, 2001); Michael Evans, *Australia and the Revolution in Military Affairs* (Duntroon: Australian Army Land Warfare Studies Centre, 2001); Michael Evans and Alan Ryan, *From Breitenfeld to Baghdad: Perspectives on Combined Arms Warfare* (Duntroon: Australian Army Land Warfare Studies Centre, 2003); Wing Commander J. W. Waller, RAAF, *Effects-Based Operations and the Royal Australian Air Force* (Canberra:

RAAF Aerospace Centre, 2003); Benjamin S. Lambeth, *Air Power against Terror: America's Conduct of Operation Enduring Freedom*, Report MG-166 (Santa Monica, CA: RAND, 2005); Frederick W. Kagan, F*inding the Target: The Transformation of American Military Policy* (New York: Encounter Books, 2006); Matthew Butler, *Effects-Based Targeting: The Future of Targeting for the Royal Australian Air Force* (Canberra: RAAF Air Power Development Centre, 2008); Sanu Kainikara, *A Fresh Look at Air Power Doctrine* (Canberra: RAAF Air Power Development Centre, 2008).

32. 특히 Air Vice Marshal Tony Mason, *Air Power: A Centennial Appraisal* (London: Brassey's Ltd., 1994); Alan Stephens, ed., *The War in the Air, 1914-1994* (Canberra: RAAF Air Power Development Centre, 1994; Maxwell Air Force Base, AL: Air University Press, 2001); Colonel Philip Meilinger, USAF, ed., *The Paths of Heaven: The Evolution of Airpower Theory* (Maxwell Air Force Base, AL: Air University Press, 1997); Sebastian Cox and Peter Gray, eds., *Air Power History: Turning Points from Kitty Hawk to Kosovo* (London: Frank Cass Publishers, 2002); Stephen Budiansky, *Air Power: From Kitty Hawk to Gulf War II: A History of the People, Ideas and Machines That Transformed War in the Century of Flight* (New York: Viking, 2003); and Walter J. Boyne, *The Influence of Air Power upon History* (Gretna, LA: Pelican Publishing Co., 2003). 여전히 상당한 가치가 있는 "고전적" 연구서로는 Robin Higham의 *Air Power: A Concise History* (New York: St. Martin's Press, 1972)와 Eugene M. Emme의 *The Impact of Air Power* (Princeton: D. Van Nostrand Co., 1959)가 있다.

33. 예를 들어 지속적인 고찰의 대상이 되고 있는 주제인 영국전투의 연구결과로는 Richard Overy의 깊이 있는 *The Battle of Britain: The Myth and the Reality* (New York: W. W. Norton and Co., 2000); Paul Addison and Jeremy A. Crang, eds., *The Burning Blue: A New History of the Battle of Britain* (London: Pimlico, 2000); Christine Goulter, Andrew Gordon, and gary Sheffield "The Royal Navy Did Not Win the 'Battle of Britain': but We Need a Holistic View of British Defences in 1940," *RUSI Journal* (October 2006): 66-67; 그리고 Anthony J. Cummings의 수정주의적인 "Did Radar Win the Battle of Britain?" *The Historian* 69, no. 4 (Winter 2007): 688-705가 있다. 다른 또 하나의 주제는 영국 공군 폭격기사령부와 나치 독일에 대한 전략적 공중공세로서, 이에 대해서는 꼼꼼하게 연구되었으며 강력한 주장을 담고 있고 도발적인 2개의 연구물—Air Commodore Henry Probert, *Bomber Harris: His Life and Times: The Biography of Marshal of the Royal Air Force Sir Arthur Harris, the Wartime Chief of Bomber Command* (London: Greenhill Books, 2001); Tami Davis

Biddle, *Rhetoric and Reality in Air Warfare: The Evolution of British and American Ideas about Strategic Bombing, 1914-1945* (Princeton: Princeton University Press, 2002)—이 그 결론과 해석에서는 상당히 견해를 달리 하고 있다. 세 번째 주제는 매혹적인 미첼 준장으로서, 이에 대해서는 연구물이 서로 다른 주장을 강력하게 펼치고 있다. Rondall R. Rice, *The Politics of Air Power: From Confrontation to Cooperation in Army Aviation Civil-Military Relations* (Lincoln: University of Nebraska Press, 2004)와 Douglas Waller, *A Question of Loyalty: Gen. Billy Mitchell and the Court-Martial that Gripped a Nation* (new York: HarperCollins Publishers, 2004)이 그것이다.

34. Philip B. Gove, ed., *Webster's Seventh New Collegiate Dictionary* (Springfield, MA: G. and C. Merriam Company, Publishers, 1971), 981.

35. Dr. Charles L. Morefield, "Air Force Information Applications in the 21st Century," in *Information Applications* (*New World Vistas: Air and Space Power for the 21st Centrury* 연구 시리즈의 일부), (Washington, DC: Air Force Scientific Advisory Board, 1996), vii. *New World Vistas* 연구는 공군과학자문위원회를 활성화하고 과학적·기술적 미래 환경과 그들에게 가해질 수 있는 기회와 도전을 평가하기 위해 공군장관 위드널(Sheila Widnall) 박사에 의해 이루어졌다. 공군참모총장 포글먼(Ronald Fogleman) 대장이 이를 지원했다. 전반적으로 이는 훌륭한 구상이었으며, 장기적인 기획이나 공군의 장차 투자 및 획득에 중대한 기준점을 제공하는 것이었다.

36. 예를 들어 Committee on C4ISR for Future Naval Strike Groups, *C4ISR for Future Naval Strike Groups* (Washington, DC: National Research Council, 2006), xii를 참조할 것.

37. Colonel Philip S. Meilinger, USAF, *Ten Propositions on Air Power* (Washington, DC: Air Force History and Museums Program, 1994), proposition 1.

38. John S. D. Eisenhower, *Strictly Personal* (Garden City, NY: Doubleday and Co., 1974), 72.

39. B. H. Liddell Hart, ed., *The Rommel Papers*, with Lucie-Maria Rommel, Manfred Rommel, and General Fritz Bayerlein (New York: Harcourt, Brace, and Co., 1953), 491.

40. Friedrich Ruge, *Rommel in Normandy: Reminiscences by Friedrich Ruge* (San Rafael, CA: Presidio Press, 1979), 181, 187.

41. 보다 상세한 내용을 위해서는 Richard P. Hallion. "A Troubling Past: Air Force Fighter Acquisition since 1945," *Airpower Journal* 4, no. 4 (Winter 1990): 4-23을 참조할 것.

42. Bush, *Modern Arms and Free Men*, 49.

43. 예를 들어 한 공군 고위장교의 경우, 그는 중위 때 처음 F-15를 배정받아 비행했었는데, 유럽에 전개된 지역 지휘관이 된 20년 뒤에도 자신이 같은 비행기를 조종하고 있음을 발견했다. 그로부터 10여 년이 지난 뒤에는 그의 아들이 바로 그 비행기에 배정되었다. 이는 제1차 세계대전 시 스파드 전투기 조종사의 아들에게 1950년대 초에 마찬가지로 스파드 전투기를 조종하도록 배정되었던 바와 같다.

44. 미국의 국가안보 우주정책의 발전에 대한 훌륭한 고찰을 위해서는 Cargill Hall, "The Evolution of U.S. National Security Space Policy and Its Legal Foundations in the 20th Century," *Journal of Space Law* 33, no. 1 (2007): 1-103을 참조할 것. 이는 문서고에 접근할 수 있는 특권을 누렸던 최고 수준의 학자에 의해 이루어진 극히 중요한 연구물이다.

45. Air University, *Spacecast 2020* (Maxwell Air Force Base, AL: Air University Press, 1994), 1: ix-x.

46. 호너 대장이 우주사령부를 맡은 후에 그는 참석자들이 국가안보에 필요한 무장을 탑재하고 발사되는 것을 막고 있는 지속적인 지연을 경험하고 있던 타이탄(Titan) IV 미사일에 대한 최신 정보를 보고하는 연속적인 회의를 주재했다. 한 차례 회의에 너무 많은 시간이 소비되는 것을 경험하고 있던 호너는 결국 소리를 지르고 말았다. "만약 저 미사일이 2주 내에 발사대에 서지 못한다면 나는 그것에 갈색 칠을 하고 거기에 건물번호를 써놓을 것이다." 이에 우주사령부는 신속하게 타이탄과 그에 탑재된 무장을 발사했으며, 보다 작전에 초점을 두는 심성을 갖게 되었다. 우주공동체에 대한 호너의 대응과 그가 직면했던 도전을 위해서는 Tom Clancy[호너(Chuck Horner) 미 공군 퇴역대장 공저), *Every Man a Tiger* (New York: G. P. Putnam's Sons, 1999), 518-524와 호너 대장과의 대담(2009년 1월, Shalimar, Florida)을 참조할 것.

47. Colonel John A. Warden III to the author.

48. 예를 들어 합동전문군사교육에서 EBO와 "효과중심적 접근법", "작전실체평가(operational net assessment)", "복합체계분석(system of systems analysis)"과 같은 용어를 사용하지 않기로 한 미 합동전력사령부 사령관 매티스 해병대장의 결정과 관련해서는 Ann Roosevelt, "USJFCOM Drops Effects Based Operations Terms and Concepts," *Defence Daily* (August 19, 2008)를 참조할 것.

49. 예를 들어 한국전쟁 후에 미 해군은 그 전쟁의 혹독한 시련 속에서 식별된 결핍문제를 해결하기 위해 자신들의 항공기와 무기 획득 프로그램을 적극적으로 개조했다. "좋은" 전쟁을 치렀던 공군은 한국전쟁은 이례적인 경험이었다고 결론을 내리고 그 기획관들이 말했던 미래전의 "규범적인" 형태, 즉 '높은 마하 속도의 항공기를 활용하는 핵 시나리오(high-Mach nuclear scenarios)'로 회귀했다. 그 결과, 1953년 이후 공군의 실제적인 필요와는 관련이 없는 항공기 및 무기 프로그램이 연이어 채택되어 10년 뒤에

는 그들의 국가안보상의 책임을 이행하고자 원래 미 해군을 위해 설계된 전투기와 공격기(F-4 팬텀 II, A-7 코르세어 II, A-1 스카이레이더)를 조달해야 하는 지경이 되었다. 그러한 교훈이 공군과 함께하고 있어 다음번에는 그들의 장차 필요에 더 밀접하게 관련되어 있는 항공기들을 획득했다.

50. David K. Mann, The 1972 *Invasion of Military Region I: Fall of Quang Tri and Defense of Hue* (Hickam Air Force Base, HI: Headquarters Pacific Air Forces, Directorate of Operations Analysis, contemporary historical examination of current operations/Corona Harvest Division, March 15, 1973); John F. Kreis, *Air Warfare and Air Base Air Defense, 1914-1973* (Washington, DC: Office of Air Force History, 1988), 325-338.

51. 저자가 1991~2006년에 공군 항공참모부에서 근무했던 경험에 기초한 개인적 기억이다.

52. 예를 들어 '수리부엉이(Horned Owl)' C-12에 기초한 미 공군의 대(對)급조폭발물 프로그램은 급조폭발물을 설치하는 테러리스트들을 단념시키고 무기와 폭발물 은닉처를 파악하기 위해 전방감시 적외선 및 지표투과 레이더를 실시간 지상기지와 결합시켜 사용한다.

53. 그렇다면 잠수함도 별도의 군종을 요구할 수 있었을 텐데 왜 그렇지 않았을까? 왜냐하면 그것은 가장 특수한 환경 아래에서만 지상에서 벌어지고 있는 일에 영향을 줄 수 있었으며, 그것의 기동은 물로 덮여 있는 세계 표면의 3/5 이하에 구속되어 있기 때문이다. 반면에 비행기는 지구 전체에 걸쳐 구속받지 않는다.

주요 참고문헌

Addison, Paul, and Jeremy Crang, eds. *The Burning Blue: A New History of the Battle of Britain*. London: Pimlico, 2000.

______. *Firestorm: The Bombing of Dresden 1945*. London: Pimlico, 2006.

Aloni, Shlomo. *IAF Air Campaign: The Six Days War*. Tel Aviv: Decal Publishing, 2008.

Amir, Amos. *Fire in the Sky*. Barnsley, UK: Pen and Sword Books, 2005.

Anderegg, C. R. *Sierra Hotel: Flying Air Force Fighters in the Decade after Vietnam*. Washington, DC: Air Force History and Museums Program, 2001.

Armitage, M. J., and R. A. Mason. *Air Power in the Nuclear Age*, 2d ed. Urbana: University of Illinois Press, 1985.

Ash, Eric. *Sir Frederick Sykes and the Air Revolution, 1912-1918*. London: Taylor and Francis, 1999.

Bar, Siman-Tov Yaacov. *The Israeli-Egyptian War of Attrition, 1969-1970*. New York: Columbia University Press, 1980.

Bartsch, William H. *December 8, 1941: MacArthur's Pearl Harbor*. College Station: Texas A&M University Press, 2003.

Beckett, Ian, ed. *The Roots of Counterinsurgency: Armies and Guerrilla Warfare, 1900-1945*. London: Blandford Press, 1988.

Bell, Amy H. *London Was Ours: Diaries and Memoirs of the London Blitz*. London: I. B. Tauris, 2008.

Bensahel, Nora. *The Counterterror Coalitions: Cooperation with Europe, NATO, and the European Union*. Santa Monica, CA: RAND, 2003.

Bergerud, Eric. *Fire in the Sky: The Air War in the South Pacific*. Boulder, CO: Westview Press, 2000.

Biddle, Tami Davis. *Rhetoric and Reality in Air Warfare: The Evolution of British and American Ideas about Strategic Bombing, 1914-1945*. Princeton: Princeton University Press, 2002.

Boyd, Alexander. *The Soviet Air Force since 1918*. London: Macdonald and Jane's, 1977.

Boyne, Walter J. *Beyond the Wild Blue: History of the United States Air Force, 1947-*

1997. New York: St. Martin's Press, 1997.

Bragadin, Marco. *The Italian Navy in World War II*. Annapolis: U.S. Naval Institute Press, 1957.

Brauer, Jurgen, and Hubert van Tuyll. *Castles, Battles, and Bombs: How Economics Explains Military History*. Chicago: University of Chicago Press, 2008.

Brodie, Bernard, ed. *The Absolute Weapon: Atomic Power and World Order*. New York: Harcourt Brace, 1946.

Brom, Shlomo, and Meir Elran, eds. *The Second Lebanon War: Strategic Perspectives*. Tel Aviv: Institute for National Security Studies, 2007.

Brookes, Andrew. *Air War over Russia*. London: Ian Allen, 2003.

Broughton, Jack. *Thud Ridge*. Philadelphia: J.B. Lippincott, 1969.

______. *Going Downtown: The War against Hanoi and Washington*. New York: Orion Books, 1988.

______. *Rupert Red Two: A Fighter Pilot's Life from Thunderbolts to Thunderchiefs*. St. Paul, MN: Zenith Press, 2007.

Brown, David. *The Royal Navy and the Falklands War*. London: Leo Cooper, 1987.

Buckley, John. *Air Power in the Age of Total War*. Bloomington: Indiana University Press, 1999.

Bucknam, Mark A. *Responsibility of Command: How UN and NATO Commanders Influenced Airpower over Bosnia*. Maxwell Air Force Base, AL: Air University Press, 2003.

Budiansky, Stephen. *Air Power: The Men, Machines, and Ideas That Revolutionized War, from Kitty Hawk to Gulf War II*. New York: Viking, 2004.

Builder, Carl H. *The Icarus Syndrome: The Role of Air Power Theory in the Evolution and Fate of the U.S. Air Force*. New Brunswick: Transactions Publisher, 1994.

Burden, Rodney, Michael Draper, Douglas Rough, Colin Smith, and David Wilton. *Falklands: The Air War*. London: Arms and Armour Press, 1986.

Burrell, Robert S. *The Ghosts of Iwo Jima*. College Station: Texas A&M University Press, 2006.

Butler, J. R. *Grand Strategy III, Part II: June 1941-August 1942*. London: Her Majesty's Stationery Office, 1964.

Calder, Angus. *The Myth of the Blitz*. London: Jonathan Cape, 1991.

Castle, Timothy N. *One Day Too Long: Top Secret Site 85 and the Bombing of North Vietnam*. New York: Columbia University Press, 1999.

Chickering, Roger, Stig Förster, and Bernd Greiner, eds. *A World at Total War: Global Conflict and the Politics of Destruction, 1937-1945*. Cambridge: Cambridge University Press, 2005.

Christienne, Charles, and Pierre Lissarague. *A History of French Military Aviation*. Washington, DC: Smithsonian Institution Press, 1986.

Churchill, Winston. *The Second World War: Volume II*. London: Cassell, 1949.

Clapp, Michael, and Ewan Southby-Tailyour. *Amphibious Assault: Falklands: The Battle of San Carlos Waters*. London: Leo Cooper, 1996.

Clark, Wesley K. *Waging Modern War*. New York: Public Affairs, 2001.

Clarke, Shaun. *Strategy, Air Strike, and Small Nations*. RAAF Base Fairbairn, ACT, Australia: Airpower Studies Center, 1999.

Clary, David A. *Rocket Man: Robert H. Goddard and the Birth of the Space Age*. New York: Hyperion, 2003.

Clodfelter, Mark. *The Limits of Air Power: The American Bombing of North Vietnam*. New York: Free Press, 1989.

Cohen, Elliezer. *Israel's Best Defense*. New York: Orion Books, 1993.

Cohen, Eliot A. et al. *Gulf War Air Power Survey*. Vol. 1, *Part I: Planning*. Washington, DC: U.S. Government Printing Office, 1993.

______. *Gulf War Air Power Survey*. Vol. 1, *Part II: Command and Control*. Washington, DC: U.S. Government Printing Office, 1993.

______. *Gulf War Air Power Survey*. Vol. 2, *Part I: Operations*. Washington, DC: U.S. Government Printing Office, 1993.

______. *Gulf War Air Power Survey*. Vol. 2, *Part II: Effects and Effectiveness*. Washington, DC: U.S. Government Printing Office, 1993.

______. *Gulf War Air Power Survey*. Vol. 5, *Part A: A Statistical Compendium*. Washington, DC: U.S. Government Printing Office, 1993.

Cohen, Lenard J. *Broken Bonds: The Disintegration of Yugoslavia*. Boulder, CO: Westview Press, 1993.

Cooling, Benjamin F., ed. *Case Studies in the Development of Close Air Support*. Washington, DC: Office of Air Force History, 1990.

Cooper, Malcolm. *The Birth of Independent Air Power: British Air Policy in the First World War*. London: Allen and Unwin, 1986.

Cordesman, Anthony J. *The Lessons and Non-Lessons of the Air and Missile Campaign in Kosovo*. Westport, CT: Praeger, 2001.

———. *The Lessons of Afghanistan: Warfighting, Intelligence, Force Transformation, Counter-Proliferation, and Arms Control*. Washington, DC: Center for Strategic and International Studies, June 28, 2002.

Cordesman, Anthony J., and Abraham R. Wagner. *The Gulf War: The Lessons of Modern War*. Volume IV. Boulder, CO: Westview Press, 1996.

Corum, James, and Wray Johnson. *Airpower and Small Wars*. Lawrence: University Press of Kansas, 2003.

Cox, Sebastian, and Peter Gray, eds. *Air Power History: Turning Points from Kitty Hawk to Kosovo*. London: Frank Cass Publishers, 2002.

Crane, Conrad. *Bombs, Cities and Civilians: American Airpower Strategy in World War II*. Lawrence: University Press of Kansas, 1993.

Craven, Wesley F., and James L. Cate. *The Army Air Forces in World War II*. 7 vols. Chicago: University of Chicago Press, 1948.

Crouch, Tom D. *The Eagle Aloft: Two Centuries of the Balloon in America*. Washington, DC: Smithsonian Institution Press, 1983.

Cull, Nicholas. *Selling War: The British Propaganda Campaign against American "Neutrality" in World War II*. Oxford: Oxford University Press, 1995.

Daalder, Ivo, and Michael O'Hanlon. *Winning Ugly: NATO's War to Save Kosovo*. Washington, DC: Brookings Institution Press, 2000.

Davis, Richard G. Carl A. *Spaatz and the Air War in Europe*. Washington, DC: Smithsonian Institution Press, 1992.

———. *Decisive Force: Strategic Bombing in the Gulf War*. Washington, DC: Air Force History and Museums Program, 1996.

———. *On Target: Organizing and Executing the Strategic Air Campaign against Iraq*. Washington, DC: Air Force History and Museums Program, 2002.

Davis, Vernon E. *The Long Road Home: U.S. Prisoner of War Policy and Planning in Southeast Asia*. Washington, DC: Office of the Secretary of Defense, 2000.

Doolittle, James H. *I Could Never Be So Lucky Again: An Autobiography*. With Carroll V. Glines. New York: Bantam, 1991.

Douhet, Giulio. *The Command of the Air*. New York: Coward-McCann, Inc., 1942. Originally published as *Il Dominio dell'Aria: Saggio sull' Arte della Guerra Aerea, con una Appendice Contentente Nozioni Elementari di Aeronautica*. Rome: Stabilimento Poligraphico per l'Amministrazione della Guerra, 1921.

Dower, John. *War without Mercy: Race and Power in the Pacific War*. New York:

Pantheon, 1986.

Duiker, William J. *Ho Chi Minh.* New York: Hyperion, 2000.

El-Gamasy, Mohamed Abdel Ghani. *The October War Memoirs of Field Marshal El-Gamasy of Egypt.* Cairo: American University in Cairo Press, 1993.

Ethell, Jeffrey, and Alfred Price. *Air War South Atlantic.* London: Sidgwick and Jackson, 1983.

______. *One Day in a Long War: May 10, 1972, Air War, North Vietnam.* New York: Random House, 1989.

Emme, Eugene M. *The Impact of Air Power.* Princeton: D. Van Nostrand Co., 1959.

Evans, David C., and Mark R. Peattie. *Kaigun.* Annapolis: U.S. Naval Institute Press, 1997.

Evans, Richard J. *The Third Reich at War.* London: Allen Lane, 2008.

Ewing, Steve. *Reaper Leader: The Life of Jimmy Flatley.* Annapolis: U.S. Naval Institute Press, 2002.

Fahey, James J. *Pacific War Diary.* Boston: Houghton Mifflin, 1963.

Felker, Craig C. *Testing American Sea Power: U.S. Navy Strategic Exercises, 1923-1940.* College Station: Texas A&M University Press, 2007.

Finn, Christopher, ed. *Effects Based Warfare.* London: London Stationery Office, 2002.

Flintham, Victor. *Air Wars and Aircraft.* New York: Facts on File, 1990.

Francillon, René J. *Japanese Aircraft of the Pacific War.* Annapolis: U.S. Naval Institute Press, 2000.

Frank, Richard B. *Guadalcanal: The Definitive Account of the Landmark Battle.* New York: Random House, 1990.

Freedman, Lawrence. Official History of the Falklands Campaign. Vol. II, War and Diplomacy. Rev. ed. London: Routledge, 2007.

Freedman, Lawrence, and Efraim Karsh. *The Gulf Conflict, 1990-1991: Diplomacy and War in the New World Order.* London: Faber and Faber, 1993.

Frostic, Fred. *Air Campaign against the Iraqi Army in the Kuwaiti Theater of Operations.* Santa Monica, CA: RAND, 1994.

Fuchida, Mitsuo, and Masatake Okumiya. *Midway: The Battle That Doomed Japan.* Annapolis: U.S. Naval Institute Press, 1992.

Fuller, J. F. C. *Armament and History: A Study of the Influence of Armament on History from the Dawn of Classical Warfare to the Second World War.* New York: Charles Scribner's Sons, 1945.

Futrell, Robert Frank. *The United States Air Force in Southeast Asia: The Advisory Years to 1965.* Washington, DC: Office of Air Force History, 1981.

———. *The United States Air Force in Korea, 1950-1953.* Washington, DC: Office of Air Force History, 1983.

Gaiduk, Ilya V. *The Soviet Union and the Vietnam War.* Chicago: Ivan R. Dee, 1996.

Gibbs-Smith, Charles H. *Clément Ader: His Flight Claims and His Place in History.* London: Her Majesty's Stationery Office, 1968.

Gilbert, Martin. *Finest Hour: Winston S. Churchill, 1939-1941.* London: William Heinemann, 1983.

Gilster, Herman L. *The Air War in Southeast Asia: Case Studies of Selected Campaigns.* Maxwell Air Force Base, AL: Air University Press, 1993.

Gollin, Alfred. *No Longer an Island: Britain and the Wright Brothers, 1902-1909.* Stanford: Stanford University Press, 1984.

Gooch, John, ed. *Airpower: Theory and Practice.* London: Frank Cass, 1995.

Gooderson, Ian. *Air Power at the Battlefront.* London: Frank Cass, 1998.

Gordon, Michael R., and Bernard E. Trainor. *The Generals' War: The Inside Story of the Conflict in the Gulf.* Boston: Little, Brown, 1995.

———. *Cobra II: The Inside Story of the Invasion and Occupation of Iraq.* London: Atlantic Books, 2006.

Goure, D., and C. M. Szara. *Air and Space Power in the New Millennium.* Washington, DC: Center for Strategic and International Studies, 2006.

Grant, Rebecca. *The B-2 Goes to War.* Arlington, VA: Iris Press, 2001.

Grau, Lester, ed. *The Bear Went over the Mountain: Soviet Combat Tactics in Afghanistan.* Washington, DC: National Defense University Press, 1996.

Gray, Peter W., ed. *British Air Power.* London: London Stationery Office, 2003.

Grayling, Anthony. *Among the Dead Cities: Was the Allied Bombing of Civilians in WWII a Necessity or a Crime?* London: Bloomsbury, 2006.

Griffith, Thomas E., Jr. *MacArthur's Airman: General George C. Kenney and the War in the Southwest Pacific.* Lawrence: University Press of Kansas, 1998.

Gutman, Roy. *A Witness to Genocide.* New York: Macmillan, 1993.

Haave, Christopher, and Phil Haun. *A-10s over Kosovo.* Maxwell Air Force Base, AL: Air University Press, 2003.

Halberstam, David. *War in a Time of Peace: Bush, Clinton and the Generals.* London: Bloomsbury, 2002.

Hall, R. Cargill, ed. *Case Studies in Strategic Bombardment*. Washington, DC: Air Force History and Museums Program, 1998.

Hallion, Richard P. *Rise of the Fighter Aircraft, 1914-1918*. Baltimore: Nautical and Aviation Publishing Company of America, 1984.

______. *Storm over Iraq: Air Power and the Gulf War*. Washington, DC: Smithsonian Institution Press, 1992.

______. *Strike from the Sky: The History of Battlefield Air Attack, 1911-1945*. Washington, DC: Smithsonian Institution Press, 1998.

Hallion, Richard P., ed. *Air Power Confronts an Unstable World*. London: Brassey's Ltd., 1997.

Hammes, T. X. *The Sling and the Stone*. St. Paul, MN: Zenith Press, 2004.

Hammond, Grant T. *The Mind of War: John Boyd and American Security*. Washington, DC: Smithsonian Institution Press, 2001.

Hansell, Haywood S., Jr. *The Air Plan that Defeated Hitler*. New York: Arno Press, 1972, 1980.

Harel, Amos, and Avi Issacharof. *34 Days: Israel, Hezbollah and the War in Lebanon*. New York: Palgrave Macmillan, 2008.

Harik, Judith Palmer. *Hezbollah: The Changing Face of Terrorism*. London: I. B. Tauris, 2006.

Harmer, Todd P., and C. R. Anderegg. *The Shootdown of Trigger 4*. Washington, DC: Headquarters U.S. Air Force, 2001.

Harrison, Mark, ed. *The Economics of World War II: Six Great Powers in International Comparison*. Cambridge: Cambridge University Press, 1998.

Hastings, Max. *Retribution: The Battle for Japan, 1944-45*. New York: Knopf, 2008.

Hayden, Frederick S. *Aeronautics in the Union and Confederate Armies, with a Survey of Military Aeronautics Prior to 1860*. Vol. 1. Baltimore: Johns Hopkins University Press, 1941.

Hayward, Joel. *Stopped at Stalingrad: The Luftwaffe and Hitler's Defeat in the East, 1942-43*. Lawrence: University Press of Kansas, 1998.

Heikal, Muhamed. *The Road to Ramadan*. London: Collins, 1975.

Hersey, John. *Hiroshima*. New York: Vintage, 1989.

Higham, Robin. *Air Power: A Concise History*. New York: St. Martin's Press, 1972.

Higham, Robin, and Stephen J. Harris, eds. *Why Air Forces Fail: The Anatomy of Defeat*. Lexington: University Press of Kentucky, 2006.

Holbrooke, Richard. *To End a War.* New York: Random House, 1998.

Hosmer, Stephen T. *Psychological Effects of U.S. Air Operations in Four Wars, 1941-1991: Lessons for U.S. Commanders.* Santa Monica, CA: RAND Corporation, 1996.

———. *The Conflict over Kosovo: Why Milosevic Decided to Settle When He Did.* SantaMonica, CA: RAND, 2000.

Hutchinson, Keith A. *Air Mobility: The Evolution of Global Reach.* Vienna, VA: Point One VII, 1999.

Jackson, Mike. *Soldier.* London: Bantam, 2007.

Jamison, Perry D. *Lucrative Targets: The U.S. Air Force in the Kuwaiti Theater of Operations.* Washington, DC: Air Force History and Museums Program, 2001.

Janis, Irving. *Groupthink: Psychological Studies of Policy Decisions and Fiascoes.* 2d ed. Boston: Little, Brown, 1982.

Jobé, J. *The Romance of Ballooning: The Story of the Early Aeronauts.* New York: Edita Lausanne and Viking Press, 1971.

Johnson, Edward C. *Marine Corps Aviation: The Early Years, 1912-1940.* Washington, DC: U.S. Marine Corps History and Museums Division, 1977.

Jones, Helen. *British Civilians in the Front Line: Air Raids, Productivity and Wartime Culture, 1939-1941.* Manchester: Manchester University Press, 2006.

Jones, Reginald V. *Most Secret War: British Scientific Intelligence, 1939-1945.* London: Hamish Hamilton, 1978.

Kaplan, Robert. *Balkan Ghosts: A Journey through History.* New York: St. Martin's Press, 1993.

Kármán, Theodore von. *The Wind and Beyond: Theodore von Kármán—Pioneer in Aviation and Pathfinder in Space.* With Lee Edson. Boston: Little, Brown, 1967.

Kennett, Lee. *The First Air War, 1914-1918.* New York: Free Press, 1991.

Kenney, George C. *General Kenney Reports: A Personal History of the Pacific War.* New York: Duell, Sloan and Pearce, 1949.

Kilmarx, Robert. *A History of Soviet Air Power.* London: Faber and Faber, 1962.

Kissinger, Henry. *My Years in the White House.* Boston: Little, Brown, 1979.

Knell, Hermann. *To Destroy a City: Strategic Bombing and Its Human Consequences in World War II.* Cambridge, MA: Da Capo Press, 2003.

Kreis, J. *Air Warfare and Air Base Air Defense, 1914-1973.* Washington, DC: Office of Air Force History, 1988.

———. *Piercing the Fog: Intelligence and Army Air Forces Operations in World War II.*

Washington, DC: Air Force History Program, 1996.

Kumaraswamy, P. R., ed. *Revisiting the Yom Kippur War*. London: Frank Cass, 2000.

Laghod, Ibrahim Abu, ed. *The Arab-Israeli Confrontation of June 1967: An Arab Perspective*. Evanston, IL: Northwestern University Press, 1970.

Lambert, Andrew. *The Psychology of Air Power*. London: Royal United Services Institute for Defence Studies, 1995.

Lambert, Andrew, and Arthur C. Williamson, eds. *The Dynamics of Air Power*. Bracknell, UK: Royal Air Force Staff College, 1996.

Lambeth, Benjamin S. *Russia's Air Power in Crisis*. Washington, DC: Smithsonian Institution Press, 1999.

______. *The Transformation of American Air Power*. Ithaca, NY: Cornell University Press, 2000.

______. *NATO's Air War for Kosovo: A Strategic and Operational Assessment*. Santa Monica, CA: RAND, 2001.

______. *Air Power against Terror: America's Conduct of Operation Enduring Freedom*. Santa Monica, CA: RAND, 2005.

______. *American Carrier Air Power at the Dawn of a New Century*. Santa Monica, CA: RAND, 2005.

Lavalle, A. J. C. *Airpower and the 1972 Spring Invasion*. USAF Southeast Asia Monograph Series, Vol. II. Washington, DC: U.S. Government Printing Office, 1976.

______. *The Vietnamese Air Force, 1951-1975: An Analysis of Its Role in Combat and Fourteen Hours at Koh Tang*. Washington, DC: Office of Air Force History, 1985.

Lehman, Milton. *This High Man: The Life of Robert H. Goddard*. 2d ed. New York: Pyramid Books, 1970.

Levine, Alan. *The Pacific War: Japan versus the Allies*. Westport, CT: Praeger, 1995.

Liddle, Peter H. *The Airman's War, 1914-18*. Poole, Dorset: Blandford, 1987.

Lord, Walter. *Incredible Victory*. New York: Harper and Row, 1967.

Lowe, Keith. *Inferno: The Devastation of Hamburg 1943*. London: Viking, 2007.

Lundstrom, John B. *The First Team*. Annapolis: U.S. Naval Institute Press, 1984.

______. *The First Team and the Guadalcanal Campaign*. Annapolis: U.S. Naval Institute Press, 1994.

Luttwak, Edward N. *Strategy: The Logic of War and Peace*. Rev. ed. Cambridge, MA: Belknap Press of Harvard University Press, 2001.

Mackenzie, S. A. *Strategic Air Power Doctrine for Small Air Forces*. Canberra: RAAF Air

Power Studies Centre, 1994.

Magid, Nasser Farid Abdel. *The Final Years*. Reading: Ithaca Press, 1994.

Marolda, Edward J. *By Sea, Air, and Land: An Illustrated History of the U.S. Navy and the War in Southeast Asia*. Washington, DC: U.S. Naval Historical Center, 1994.

Mason, R. A. *War in the Third Dimension: Essays in Contemporary Air Power*. London: Brassey's Defence Publishers, 1986.

———. *Air Power: A Centennial Appraisal*. London: Brassey's Ltd., 1994.

Mawdsley, Evan. *Thunder in the East: The Nazi-Soviet War, 1941-1945*. London: Hodder Arnold, 2005.

McCurdy, Howard E. *Space and the American Imagination*. Washington, DC: Smithsonian Institution Press, 1997.

McDougall, Walter A. *The Heavens and the Earth: A Political History of the Space Age*. New York: Basic Books, 1985.

Mead, Peter. *The Eye in the Air: History of Air Observation and Reconnaissance for the Army 1785-1945*. London: Her Majesty's Stationery Office, 1983.

Meilinger, Philip S. *Ten Propositions on Air Power*. Washington, DC: Air Force History and Museums Program, 1994.

Meilinger, Philip S., ed. *Paths of Heaven: The Evolution of Airpower Theory*. Maxwell Air Force Base, AL: Air University Press, 1997.

Mersky, Peter B., and Norman Polmar. *The Naval Air War in Vietnam*. Baltimore, MD: Nautical and Aviation Publishing Company of America, 1986.

Michel,Marshall L., III. *Clashes: Air Combat over North Vietnam, 1965-1972*. Annapolis: U.S. Naval Institute Press, 1997.

———. *The Eleven Days of Christmas: America's Last Vietnam Battle*. San Francisco: Encounter Books, 2002.

Military History Institute of Vietnam. *Victory in Vietnam: The Official History of the People's Army of Vietnam, 1954-1975*. Translated by Merle L. Pribbenow. Lawrence: University Press of Kansas, 2002.

Miller, Edward S. *War Plan Orange: The U.S. Strategy to Defeat Japan, 1897-1945*. Annapolis: U.S. Naval Institute Press, 1991.

Mitchell, William. *Winged Defense: The Development and Possibilities of Modern Air Power, Economic and Military*. New York: Putnam's, 1925.

Moise, Edwin E. *Tonkin Gulf and the Escalation of the Vietnam War*. Chapel Hill: University of North Carolina Press, 1996.

Momyer, William W. *Air Power in Three Wars*. Washington, DC: U.S. Government Printing Office, 1978.

Morison, Samuel Eliot. *History of United States Naval Operations in World War II*. 15 vols. Boston: Little, Brown, 1947-1962.

______. *The Two-Ocean War: A Short History of the United States Navy in the Second World War*. Boston: Little, Brown, 1963.

Morrow, John H., Jr. *Building German Air Power, 1909-1914*. Knoxville: University of Tennessee Press, 1976.

______. *German Air Power in World War I*. Lincoln: University of Nebraska Press, 1982.

______. *The Great War in the Air: Military Aviation from 1909 to 1921*. Washington, DC: Smithsonian Institution Press, 1993.

Murray, Williamson. *Luftwaffe*. Baltimore, MD: Nautical and Aviation Publishing Company of America, 1985.

______. *The Luftwaffe, 1933-1945: Strategy for Defeat*. Washington, DC: Brassey's, Inc., 1996.

Murray, Williamson, and Robert H. Scales Jr. *The Iraq War: A Military History*. Cambridge: Harvard University Press, 2003.

Nardulli, Bruce R., et al. *Disjointed War: Military Operations in Kosovo 1999*. Santa Monica, CA: RAND, 2002.

National Commission on Terrorist Attacks upon the United States. *The 9/11 CommissionReport: Final Report of the National Commission on Terrorist Attacks upon the United States*. New York: W. W. Norton and Company, 2004.

Neufeld, Jacob, George M. Watson Jr., and David Chenoweth, eds. Technology and the Air Force: A Retrospective Assessment. Washington, DC: U.S. Government Printing Office, 1997.

Nichols, John B., and Barrett Tillman. *On Yankee Station: The Naval Air War over Vietnam*. Annapolis: U.S. Naval Institute Press, 1987.

Norton, Augustus Richard. *Hezbollah: A Short History*. Princeton: Princeton University Press, 2007.

O'Ballance, Edgar. *The Greek Civil War, 1944-1949*. New York: Frederick A. Praeger, 1966.

Olsen, John Andreas. *Strategic Air Power in Desert Storm*. London: Frank Cass, 2003.

______. *John Warden and the Renaissance of American Air Power*. Washington, DC: Potomac Books, 2007.

Olsen, John Andreas, ed. *Asymmetric Warfare.* Trondheim: Royal Norwegian Air Force Academy, 2002.

______. *A Second Aerospace Century.* Trondheim: Royal Norwegian Air Force Academy, 2001.

Omissi, David. *The Royal Air Force, Air Power and Colonial Control, 1919-1939.* Manchester: Manchester University Press, 1990.

Overy, Richard J. *The Air War, 1939-1945.* New York: Stein and Day, 1981.

______. *The Battle of Britain: The Myth and the Reality.* London: Penguin, 2000.

Owen, Robert C., ed. *Deliberate Force: A Case Study in Effective Air Campaigning.* Maxwell Air Force Base, AL: Air University Press, 2000.

Owens, Bill and Ed Offley. *Lifting the Fog of War.* Baltimore: Johns Hopkins University Press, 2001.

Pape, Robert A. *Bombing to Win: Air Power and Coercion in War.* Ithaca, NY: Cornell University Press, 1996.

Parshall, Jonathan, and Anthony Tully. *Shattered Sword: The Untold Story of the Battle of Midway.* Washington, DC: Potomac Books, 2005.

Peattie, Mark R. *Sunburst: The Rise of Japanese Naval Air Power, 1909-1941.* Annapolis: U.S. Naval Institute Press, 2001.

Peterson, H., G. C. Reinhardt, and E. E. Conger, eds. *Symposium on the Role of Airpower in Counterinsurgency and Unconventional Warfare: The Philippine Huk Campaign*, RM-3652-PR. Santa Monica, CA: RAND, July 1963.

Pisano, Dominick A., Thomas J. Dietz, Joanne M. Gernstein, and Karl S. Schneide. *Legend, Memory, and the Great War in the Air.* Seattle: University of Washington Press, 1992.

Pollack, Kenneth M. *Arabs at War: Arab Military Effectiveness, 1948-1991.* Lincoln: University of Nebraska Press, 2002.

Poolman, Kenneth. *Focke-Wulf Condor: Scourge of the Atlantic.* London: Macdonald and Janes, 1978.

Prange, Gordon. *At Dawn We Slept: The Untold Story of Pearl Harbor.* New York: McGraw Hill, 1981.

______. *Miracle at Midway.* New York: Penguin, 1982.

Price, Alfred. *Instruments of Darkness: The History of Electronic Warfare, 1939-1945.* London: Greenhill Books, 2005.

Probert, Henry. *The Forgotten Air Force: The Royal Air Force in the War against Japan,*

1941-1945. London: Brassey's Ltd., 1995.

———. *Bomber Harris: His Life and Times: The Biography of Marshal of the Royal Air Force Sir Arthur Harris, the Wartime Chief of Bomber Command*. London: Greenhill Books, 2001.

Putney, Diane T. *Airpower Advantage: Planning the Gulf War Air Campaign, 1989-1991*. Washington, DC: Air Force History and Museums Program, 2005.

Raleigh, Walter, and H. A. Jones. *The War in the Air*. 6 vols. Oxford: Clarendon Press, 1922-1937.

Randolph, Stephen P. *Powerful and Brutal Weapons: Nixon, Kissinger, and the Easter Offensive*. Cambridge: Harvard University Press, 2007.

Ray, John. *The Night Blitz, 1940-1941*. London: Arms and Armour, 1996.

Reardon, Carol. *Launch the Intruders: A Naval Attack Squadron in the Vietnam War, 1972*. Lawrence: University Press of Kansas, 2005.

Report of the Independent International Commission on Kosovo. Oxford: Oxford University Press, 2000.

Reynolds, Clark. *The Fast Carriers: The Forging of an Air Navy*. Annapolis: U.S. Naval Institute Press, 1968.

Reynolds, Richard T. *Heart of the Storm: The Genesis of the Air Campaign against Iraq*. Maxwell Air Force Base, AL: Air University Press, 1995.

Rice, Rondall R. *The Politics of Air Power: From Confrontation to Cooperation in Army Aviation Civil-Military Relations*. Lincoln: University of Nebraska Press, 2004.

Ridgway, Matthew B. *The Korean War*. New York: Doubleday, 1967.

Rieff, David. *Slaughterhouse: Bosnia and the Failure of the West*. New York: Simon & Schuster, 1995.

Ripley, Tim. *Operation Deliberate Force: The UN and NATO Campaign in Bosnia 1995*. London: Centre for Defence and International Security Studies, 1995.

Robinson, Douglas H. *The Zeppelin in Combat: A History of the German Naval Airship Division, 1912-1918*. London: Foulis, 1962.

———. *Giants in the Sky: A History of the Rigid Airship*. Seattle: University of Washington Press, 1973.

Rochester, Stuart I., and Frederick Kiley. *Honor Bound: The History of American Prisoners of War in Southeast Asia, 1961-1973*. Washington, DC: Office of the Secretary of Defense, 1998.

Rogel, Carole. *The Breakup of Yugoslavia and the War in Bosnia*. Westport, CT: Greenwood Press, 1998.

Rose, Lisle. *The Ship That Held the Line.* Annapolis: U.S. Naval Institute Press, 1995.

Sachar, Howard. *The Emergence of the Middle East 1914-1924.* New York: Alfred Knopf, 1969.

Sadat, Anwar. *In Search of Identity: An Autobiography.* New York: Harper and Row, 1978.

Safran, Nadav. *From War to War: The Arab Israeli Confrontation 1948-1967.* New York, Pegasus, 1969.

Sakai, Saburo. *Samurai!* Annapolis: U.S. Naval Institute Press, 1991.

Scales, Robert H. *Certain Victory: The U.S. Army in the Gulf War.* London: Brassey's Ltd., 1997.

Schemmer, Benjamin F. *The Raid.* New York: Harper and Row, 1976.

Sell, Louis. *Slobodan Milosevic and the Destruction of Yugoslavia.* Durham, NC:Duke University Press, 2002.

Sharp, U.S. Grant. *Strategy for Defeat: Vietnam in Retrospect.* San Rafael, CA: Presidio Press, 1978.

Shazly, Saad el. *The Crossing of the Suez.* San Francisco: American Mideast Research, 1980.

Sheftall, M. G. *Blossoms in the Wind: Human Legacies of the Kamikaze.* New York: NAL Caliber, 2005.

Sherrod, Robert. *History of Marine Corps Aviation in World War II.* San Rafael, CA: Presidio Press, 1980.

Sherwood, John Darrell. *Fast Movers: Jet Pilots and the Vietnam Experience.* New York: Free Press, 1999.

______. *Afterburner: Naval Aviators and the Vietnam War.* New York: New York University Press, 2004.

Shukman, Harold, ed. *Stalin's Generals.* London: Weidenfeld and Nicholson, 1993.

Siddiqi, Asif A. *Challenge to Apollo: The Soviet Union and the Space Race, 1945-1974*, SP-2000-4408. Washington, DC: National Aeronautics and Space Administration, 2000.

Slife, James C. *Creech Blue: Gen Bill Creech and the Reformation of the Tactical Air Forces, 1978-1984.* Maxwell Air Force Base, AL: Air University Press, 2004.

Smith, Herschel. *A History of Aircraft Piston Engines.* Manhattan, KS: Sunflower University Press, 1986.

Smith, Richard K. *Seventy-Five Years of Inflight Refueling*. Washington, DC: Air Force History and Museums Program, 1998.

Spector, Ronald. *Eagle against the Sun: The American War with Japan*. New York: Free Press, 1985.

Spires, David N. *Beyond Horizons: A Half Century of Air Force Space Leadership*. Peterson Air Force Base, CO: Air Force Space Command, 1997.

Stephens, Alan, ed. *Smaller but Larger: Conventional Air Power into the 21st Century*. Canberra: RAAF Air Power Studies Centre, 1991.

______. *The War in the Air, 1914-1994*. Fairbairn, Australia: Air Power Studies Centre, 1994.

Summers, Harry G., Jr. *On Strategy II: A Critical Analysis of the Gulf War*. New York: Dell Publishing, 1992.

Swain, Richard M. *"Lucky War": Third Army in Desert Storm*. Fort Leavenworth, KS: U.S. Army Command and General Staff College Press, 1994.

Swanborough, Gordon, and Peter M. Bowers. *United States Navy Aircraft since 1911*. Annapolis: U.S. Naval Institute Press, 1990.

Tal, Israel. *National Security: The Israeli Experience*. Westport, CT: Praeger, 2000.

Tedder, Arthur. *Air Power in War*. London: Hodder and Stoughton, 1948.

Thompson, Wayne. *To Hanoi and Back: The U.S. Air Force and North Vietnam, 1966-1973*. Washington, DC: Smithsonian Institution Press, 2000.

Tilford, Earl H., Jr. *Setup: What the Air Force Did in Vietnam and Why*. Maxwell Air Force Base, AL: Air University Press, 1991.

______. *Crosswinds: The U.S. Air Force's Setup in Vietnam*. College Station: Texas A&M University Press, 1993.

Tlas, Mustafa, ed. *The Israeli Invasion of Lebanon*. Damascus: Tashrin, 1983.

Tooze, Adam. *The Wages of Destruction: The Making and Breaking of the Nazi Economy*. London: Allen Lane, 2006.

Towle, Philip. *Pilots and Rebels: The Use of Aircraft in Unconventional Warfare, 1918-1988*. London: Brassey's Ltd., 1989.

Trest, Warren. *Air Commando One: Heinie Aderholt and America's Secret Air Wars*. Washington, DC: Smithsonian Institution Press, 2001.

Trimble, William. *Admiral William Moffett: Architect of Naval Aviation*. Washington, DC: Smithsonian Institution Press, 1994.

______. *Jerome C. Hunsaker and the Rise of American Aeronautics*. Washington, DC:

Smithsonian Institution Press, 2002.

Tunner, William H. *Over the Hump.* Washington, DC: Office of Air Force History, 1985.

Underwood, Jeffery S. *The Wings of Democracy: The Influence of Air Power on the Roosevelt Administration.* College Station: Texas A&M University Press, 1992.

United States Strategic Bombing Survey (European War) (Pacific War). Maxwell Air Force Base, AL: Air University Press, 1987.

U.S. Department of Defense. *Conduct of the Persian Gulf War: Final Report to Congress.* Washington, DC: U.S. Government Printing Office, 1992.

U.S. Marine Corps. *Small Wars Manual.* Washington, DC: U.S. Government Printing Office, 1940.

Vallance, Andrew G. B. *The Air Weapon: Doctrines of Air Power Strategy and Operational Art.* London: Macmillan Press Ltd., 1996.

Vander Meulen, Jacob. *Building the B-29.* Washington, DC: Smithsonian Institution Press, 1995.

Ventner, J., ed. *The Chopper Boys: Helicopter Warfare in Africa.* London: Greenhill Books, 1994.

Vergnano, Piero. *Origins of Aviation in Italy, 1783-1918.* Genoa: Intyprint, 1964.

Van Creveld, Martin. *Military Lessons of the Yom Kippur War: Historical Perspectives.* Beverly Hills: Sage, 1975.

______. *The Changing Face of War: Lessons of Combat, from the Marne to Iraq.* New York: Presidio Press, 2007.

Van Creveld, Martin, S. L. Canby, and K. S. Brower. *Airpower and Maneuver Warfare.* Maxwell Air Force Base, AL: Air University Press, 1994.

Van Staaveren, Jacob. *Gradual Failure: The Air War over North Vietnam, 1965-1966.* Washington, DC: Air Force History and Museums Program, 2002.

Von der Porten, Edward. *The German Navy in World War II.* London: Macmillan, 1969.

Waller, Douglas. *A Question of Loyalty: Gen. Billy Mitchell and the Court-Martial That Gripped a Nation.* New York: HarperCollins Publishers, 2004.

Warden, John A. III. *The Air Campaign: Planning for Combat.* Washington, DC: U.S. Government Printing Office, 1988.

Warnock, A. Timothy, ed. *Short of War: Major USAF Contingency Operations 1947-1997.* Maxwell Air Force Base, AL: Air University Press in association with the Air Force History and Museums Program, 2000.

Waters, Gary. *Gulf Lesson One—The Value of Air Power: Doctrinal Lessons for Aus-*

tralia. Canberra: RAAF Air Power Studies Centre, 1992.

Watts, Barry D. *Clausewitzian Friction and Future War*. Washington, DC: Institute for National Strategic Studies, National Defense University, 1996.

Webster, Charles, and Noble Frankland. *The Strategic Air Offensive against Germany: Volume IV*. London: Her Majesty's Stationery Office, 1961.

Weizman, Ezer. *On Eagle's Wings: The Personal Story of the Leading Commander of the Israeli Air Force*. Tel Aviv: Stimatzky's Agency Ltd, 1976.

Wells, H. G. *The War in the Air*. London: George Bell and Sons, 1908.

Wells, Mark K., ed. *Air Power: Promise and Reality*. Chicago: Imprint, 2000.

Werrell, Kenneth P. *Blankets of Fire: US Bombers over Japan during World War II*. Washington, DC: Smithsonian Institution Press, 1996.

West, Rebecca. *Black Lamb and Grey Falcon*. London: Penguin Books, 1941.

Willbanks, James. *Abandoning Vietnam*. Lawrence: University Press of Kansas, 2004.

Willmott, H. P. *The Battle of Leyte Gulf: The Last Fleet Action*. Bloomington: Indiana University Press, 2005.

Winnefeld, James A., and Dana J. Johnson. *Joint Air Operations: Pursuit of Unity of Command and Control, 1942-1991*. Annapolis: U.S. Naval Institute Press, 1993.

Winter, Denis. *The First of the Few: Fighter Pilots of the First World War*. London: Penguin, 1982.

Winter, Frank H. *The First Golden Age of Rocketry: Congreve and Hale Rockets of the Nineteenth Century*. Washington, DC: Smithsonian Institution Press, 1990.

Wittner, Lawrence. *American Intervention in Greece, 1943-1949*. New York: Columbia University Press, 1982.

Wohlstetter, Roberta. *Pearl Harbor: Warning and Decision*. Stanford: Stanford University Press, 1962.

Woods, Kevin M. *The Mother of All Battles: Saddam Hussein's Strategic Plan for the Persian Gulf War*. Annapolis: U.S. Naval Institute Press, 2008.

Woods, Kevin M. *Iraqi Perspectives Project: A View of Operation Iraqi Freedom from Saddam's Senior Leadership*. With Michael R. Pease, Mark E. Stout, Williamson Murray, and James G. Lacey. Annapolis: U.S. Naval Institute Press, 2006.

Woodward, Sandy. *One Hundred Days: The Memoirs of the Falklands Battle Group Commander*. With Patrick Robinson. London: HarperCollins, 1992.

Wooldridge, E. T., ed. *Carrier Warfare in the Pacific: An Oral History Collection*. Washington, DC: Smithsonian Institution Press, 1993.

Zhai, Qiang. *China and the Vietnam Wars, 1950-1975.* Chapel Hill: University of North Carolina Press, 2000.

Zhang, Xiaoming. *Red Wings over the Yalu.* College Station: Texas A&M University Press, 2002.

찾아보기

ⓗ

지은이 (수록순)

／존 H. 모로우 (John H. Morrow Jr)

조지아대학교의 프랭클린 역사학 교수이다. 현대 유럽·전쟁·사회의 역사를 전공하고 있다. *Building German Air Power, 1909-1914* (1976), *German Air Power in World War I* (1982), *The Great War in the Air: Military Aviation from 1909 to 1921* (1993)의 저자이다. *A Yankee Ace in the RAF: The World War I Letters of Captain Bogart Rogers* (1996)를 편저했으며, *The Oxford Illustrated History of the First World War* (1998)의 한 장을 저술했다. 제1차 세계대전의 역사를 포괄적으로 다룬 모로우의 저서 *The Great War: An Imperial History*가 2004년에 출판되었다. 1988~1989년에는 워싱턴에 있는 국립항공우주박물관의 찰스 린드버그 방문교수였으며, 그곳에서 제1차 세계대전기 항공에 대한 오늘날의 갤러리를 만드는 데 기여했다. 모로우는 국방대학, 공군대학, 미 육군사관학교(2005년 봄에 방문교수로 일했다)에서 강의했다. 미 공군장관의 역사자문위원회를 이끌었으며 텔레비전 다큐멘터리들에서 초기 항공력에 대해 해설하기도 했다. 모로우는 펜실베이니아대학교에서 박사학위를 취득했다.

／리처드 오버리 (Richard Overy)

캠브리지대학교의 곤빌 앤드 키스 칼리지(Gonville and Caius College)를 졸업한 후 1972~1979년에 캠브리지대학교의 퀸스칼리지(Queen's College)에서 강의했다. 1980년에 킹스칼리지런던으로 옮겼고 1994년에 현대사 교수로 임명되었다. 2004년에는 엑서터대학교(Exeter Uni.)로 옮겨 그곳에서 역사학 교수가 되었다. 오버리는 항공력의 역사와 제2차 세계대전사의 전문가이다. *Goering: The "Iron Man"* (1984), *Bomber Command 1939-1945* (1997), *The Battle of Britain* (2000), *The Air War 1939-1945*, 2d ed.(2006), *Why the Allies Won*, 2d ed.(2006)를 저술했다. 그의 책 *Dictators: Hitler's Germany and Stalin's Russia* (2004)은 2005년에 역사분야 Wolfson Prize와 Hessell-Tiltman Prize를 받았다. 2001년에는 군사사에 대한 기여를 인정받아 군사사학회의 Samuel Eliot Morison Prize를 받았다. 현재는 제2차 세계대전사와 유럽에서 폭격의 역사에 대한 저술을 준비하고 있다. 오버리는 왕립역사학회(1977년)와 영국학사원(2000년), 킹스칼리지런던(2003년)의 회원이다. 2006년에는 BBC 다큐멘터리 〈뉘른베르크: 나치전범재판(Nuremberg: Nazis on Trial)〉에 출연했다.

／리처드 R. 뮬러 (Richard R. Muller)

고급항공우주학교의 군사사 교수이다. 제2차 세계대전과 항공력 발전의 역사를 전공하는 군사사가로서 항공력의 역사, 전략, 의사결정, 기술, 군사혁신에 관한 핵심과목들을 강의하고 있다. 2005년 6월에 고급항공우주학교 교수진에 합류하기 전에는 미 공군 지휘참모대의 교수진으로 14년간 일했다(과정장, 학과장, 교육 및 커리큘럼 담당 학장을 역임했다). *The German Air War in Russia* (1992), *The Luftwaffe's Way of War: German Air Force Doctrine, 1911-1945* (제임스 S. 코럼과 공저, 1998), *The Luftwaffe over Germany: Defense of the Reich* (도널드 L. 콜드웰과 공저, 2007), 그리고 다수의 논문, 책의 장, 서평을 저술했다. 뮬러는 프랭클린 앤드 마셜 칼리지(Franklin and Marshall College)에서 학사학위를, 오하이오 주립대학교에서 석사·박사 학위를 취득했다. 예일대학교와 국립항공우주박물관에 펠로우십 직위를 갖고 있다.

/ 앨런 스티븐스 (Alan Stephens)

호주 뉴사우스웨일스대학교(University of New South Wales)의 방문교수로서 군사사와 전략, 특히 항공력에 대해 강의하고 있다. 호주연방의회의 외교 및 국방 자문관, 국립호주대학교의 전략 및 국방 연구센터의 방문교수, 호주 공군의 공식사가를 역임했다. 호주 공군의 조종사이기도 한 스티븐스는 호주 공군 참모대학, 뉴잉글랜드대학교, 국립호주대학교, 뉴사우스웨일스대학교를 졸업했다. 스티븐스은 국내외에서 왕성한 강의와 저술 활동을 해왔다. *The War in the Air: 1914-1994* (1994), *New Era Security* (1996)를 편저했으며, 항공력과 관련해 다양한 세미나와 출판물에 기고해왔다. *High Fliers: Leaders of the RAAF* (1996), *The Australian Centenary History on Defence, Volume 2: The Royal Australian Air Force* (2001)를 저술했으며, 가장 최근의 저서는 *Making Sense of War: Strategy for the 21st Century* (2006)이다.

/ 웨인 톰슨 (Wayne Thompson)

1975년에 샌디에이고의 캘리포니아대학교에서 역사학 박사학위를 취득했다. 베트남전 동안에 타이완에 있는 미 공군 정보기지에서 일했고, 1990~2003년에는 볼링공군기지(Bolling AFB)에 있는 미 공군 역사실에서 일했다. 톰슨은 펜타곤의 체크메이트(Checkmate) 항공전력기획단에 미 공군 역사프로그램 연락 담당으로 참여했고, 『걸프전 항공력 운용 조사보고서(Gulf War Air Power Survey)』를 작성하기 위한 선임 역사자문관이었으며 그 조사보고서의 작전 관련 부문의 주요 저자 중 한 명이었다. 톰슨은 *Air War in the Persian Gulf* (1995)의 공동저자이며, 신중한 힘 작전의 초기 비밀보고서를 작성했으며, *Silver Wings, Golden Valor: The USAF Remembers Korea* (2006)의 저술에도 참가했다. 톰슨은 20년 동안의 비밀보고서들을 기초로 연구하여 보다 작은 항공작전들과 더불어 롤링썬더, 라인배커 I과 II를 다루고 있는 *To Hanoi and Back: The U.S. Air Force and North Vietnam, 1966-1973* (2000)을 저술했다.

/ **슈무엘 L. 고든** (Shmuel L. Gordon)

1964년에 이스라엘 공군에 합류하여 전투조종사로 복무했다. 대대장으로 3년을 복무했으며, 이스라엘 공군의 지휘·통제·통신·컴퓨터·정보센터의 센터장(대령)으로 퇴역했다. 1985년에는 이스라엘 국방대 미래전장 연구팀의 팀장이 되었으며, 1988~1991년에는 랜드연구소의 교리 및 첨단체계 선임분석가로 일했다. 고든은 이스라엘의 국가전략과 현대전에 관해 폭넓은 저술활동을 해왔으며, 현재 주 관심사는 포스트모던 전략과 대(對)테러리즘 항공전을 위한 교리이다. 전략연구에 대한 공적으로 Carmon Prize를, 국방연구에 대한 공적으로 Histadrut Prize를, 안보관련 저술로 Yizhak Sade Prize를, 현역으로서 25년간 비행한 공적을 인정받아 이스라엘 공군 Silver Wings를 받았다. 고든은 텔아비브대학교에서 역사 학사학위와 국제관계 석사학위를, 예루살렘 히브리대학교에서 국제관계 및 전략학 박사학위를 취득했으며 이스라엘 국방대, 첨단체계과정, 대대장과정, 비행교관학교, 이스라엘 공군사관학교를 이수했다.

/ **로런스 프리드먼** (Lawrence Freedman)

1982년부터 킹스칼리지런던(King's College London)에서 전쟁학 교수로 일해왔으며, 2003년에는 같은 대학의 부총장(연구분야)에 임명되었다. 킹스칼리지런던에 합류하기 전에는 옥스퍼드대학교의 너필드 칼리지(Nuffield College), 전략학국제연구소(International Institute for Strategic Studies), 왕립국제문제연구소(Royal Institute of International Affairs)에서 연구직에 있었다. 1995년에 영국학술원 특별회원에 임명되었으며, 1996년에는 대영제국 3등급 훈장(Commander of the British Empire: CBE)을 받았고, 1997년에는 포클랜드 전역에 대한 공식사가(Official Historian)에 임명되었다. 프리드먼은 핵전략과 냉전에 대해 왕성한 저술활동을 펼쳤을 뿐 아니라 오늘날의 안보문제들에 대해서도 꾸준히 논평하고 있다. 프리드먼의 최근 저술에는 *Kennedy's Wars: Berlin, Cuba, Laos and Vietnam* (2000), *The Cold War* (2001), *Super Terrorism* (2002), *The Evolution of Nuclear Strategy*, 3d edition(2003), *Deterrence* (2004), *Official History of the Falklands Campaign* (2005), *A Choice of Enemies: America Confronts the Middle East* (2008)가 포함된다. 프리드먼은 맨체스터대학교, 요크대학교, 옥스퍼드대학교에서 수학했다.

/ **존 안드레아스 올슨** (John Andreas Olsen)

노르웨이 국방대의 교수부장이자 전략학 처장이다. 또한 스웨덴 국방대의 작전술 및 전술 방문교수이다. 노르웨이 공군의 현역 중령인 그는 독일 지휘참모대를 졸업(2005년)했다. 최근 보직에는 포츠담 소재 독일 작전사령부의 노르웨이 연락장교, 베를린 주재 무관의 군사보좌관, 노르웨이 공군사관학교의 교관 겸 연구관이 포함되어 있다. 올슨은 드몽포르대학교(De Montfort Uni.)에서 역사 및 국제관계 분야 박사학위를, 워릭대학교(Warwick Uni.)에서 현대 영국 문학 및 정치 석사학위를, 트론헤임대학교(Trondheim Uni.)에서 영문학 석사와 공학학사 학위를 취득했다. *Strategic Air Power in Desert Storm*(2003)과 *John Warden and the Renaissance of American Air Power*(2007)를 저술했으며, *Asymmetric Warfare*(2002)와 *On New Wars*(2006)를 포함하는 몇몇 연구서를 편저했다.

／ 로버트 C. 오언 (Robert C. Owen)

엠브리리들(Embry-Riddle) 항공대학교의 항공과학과 교수이며 항공운항대학(College of Aviation)의 학생맞춤형교육과정 책임교수이다. 항공운항, 법률, 역사 관련 과목을 강의하고 있으며, 그 대학의 항공우주연구소 소장이기도 하다. 오언은 28년간 미 공군에서 복무하고 사업에도 잠시 손을 댔다가 2002년에 엠브리리들 교수진에 합류했다. 오언의 군 경력에는 다수의 작전·참모·교육 보직이 포함되어 있다. 최상급 조종사로서 공군본부와 공중기동사령부 본부에서 근무했으며, 미 공군사관학교와 고급항공우주학교에서 학술 관련 보직을 맡기도 했다. 공군본부에 있는 동안에는『걸프전 항공력 운용 조사보고서(Gulf War Air Power Survey)』의 연표를 저술했다. 가장 최근에는 *Deliberate Force: A Case Study in Effective Air Campaigning*을 편저했으며, 공군 역사센터는 최근에 오언의 책 *The Rise of Global Airlift in the USAF*의 완성된 원고를 구입했다. 대령으로 퇴역한 오언은 군사 및 국가안보 문제 논평가로도 일하고 있으며, 랜드연구소의 비상근 선임분석가이기도 하다.

／ 토니 메이슨 (Tony Mason)

영국 공군의 퇴역 소장이며 버밍엄대학교 사회과학대학 명예학장이다. 메이슨의 학문적 전공분야는 외교와 군사력 간의 상호작용, 특히 항공력이다. 메이슨은 *Air Power in the Nuclear Age, 1945-1985*(1985)와 *Air Power: A Centennial Appraisal*(1994)을 포함해 항공력과 국방 문제에 대한 몇 가지의 저서, 논문, 발표문을 저술했다. 메이슨은 영국 공군, 미 공군, 그리고 호주·뉴질랜드·독일·스웨덴·네덜란드·스위스·노르웨이·오만·인도·태국·대한민국·중화민국 공군의 정책연구에 기여했다. 메이슨은 영국 공군 참모대학과 미 항공전대학을 이수했으며, 런던에 소재한 세인트앤드류스대학교와 버밍엄대학교에서 학위를 취득했다. 영국 공군에서의 메이슨의 마지막 임명직은 1986~1989년 동안 공군장관이었다. 메이슨은 버밍엄대학교의 안보 및 외교 연구센터의 전임 소장이었으며 영국 하원 국방위원회의 특별자문관이다. 아울러 국방문제에 대해 빈번하게 언론매체에서 논평하고 있다. 2007년에는 왕립항공학회의 명예회원으로 임명되었다.

/ **벤저민 S. 램버스** (Benjamin S. Lambeth)

랜드연구소의 선임연구원이다. 1989~1990년에 랜드연구소의 국제안보 및 국방정책 프로그램을 책임졌으며, 1974년에 랜드연구소에 합류하기 전에는 CIA 국가평가실(Office of National Estimates)에서 일했다. 민간조종사로서 램버스는 미 공군·해군·해병대뿐만 아니라 영국 공군, 캐나다군, 호주 공군, 독일 공군, 네덜란드 공군, 노르웨이 공군, 이스라엘 공군과 함께 40대 이상의 서로 다른 유형의 전투항공기를 조종하거나 동승했다. 1989년 12월에는 소련의 MiG-29 전투기를 조종한 최초의 미국 시민이자, 제2차 세계대전 종결 이후의 소련 공역에서 유형을 막론하고 전투항공기를 조종할 수 있도록 초대된 첫 서방인이 되었다. 램버스는 하버드대학교에서 정치학 박사학위를 취득했으며, *Russia's Air Power at the Crossroads* (1996), *The Transformation of American Air Power* (2000), *NATO's Air War for Kosovo* (2001), *Air Power Against Terror* (2005)를 포함해 많은 책을 저술했다.

/ **윌리엄슨 머리** (Williamson Murray)

1963년에 예일대학교를 졸업한 뒤 미 공군에서 5년간 장교로 복무하면서 제314전술공수비행단에 소속되어 남동아시아에서 일하기도 했다. 그 후에는 예일대학교로 복귀하여 개츠케(Hans Gatzke)와 케이건(Donald Kagan) 교수의 지도 아래 군사-외교사 분야에서 박사학위를 취득했다. 그곳에서 2년간 강의하고 1977년에 오하이오 주립대학교로 옮겼으며 1995년에 역사학 명예교수로 은퇴했다. 머리는 공군대학, 미 육군사관학교, 해군대학을 포함한 다수의 학술 및 군사 기관에서 강의했다. 머리는 *The Change in the European Balance of Power, 1938-1939: The Path to Ruin* (1984), *Luftwaffe* (1985), *German Military Effectiveness* (1992), *The Air War in the Persian Gulf* (1995), *Air War, 1914-1945* (1999)의 저자이자, *The Iraq War: A Military History* (2003)의 공저이며, 군사에 관한 다수의 책과 논문의 편저이다. 다수의 연구직과 교수직을 역임했으며 세계 전역에서 강의했다. 현재 국방분석연구소의 선임연구원이며 그곳에서 '이라크의 관점 연구 프로젝트(Iraqi Perspectives Project)'•를 수행해왔다. 아나폴리스의 미 해군사관학교의 방문교수이기도 하다.

/ **이타이 브룬** (Itai Brun)

이스라엘 공군의 준장이며 현재 이스라엘 방위군 군사학종합연구센터(Center for Interdisciplinary Military Studies)의 소장이다. 2006년 9월에 그 직을 맡기 전에는 이스라

• 미 합동전력사령부가 수행하고 있는, 이라크 자유 작전 분석을 위한 연구 프로젝트이다. 후세인 정부의 내부적인 작동체계 등을 연구했다.

엘 정보공동체에서 분석가로 일했으며, 특히 정치-전략적 평가와 방법론을 담당했다. 2001~2004년에는 이스라엘 공군 정보부의 분석과를 책임졌고, 1995~1996년에는 이스라엘 국방장관의 법률보좌관보로 일했다. 브룬은 1996년에 이스라엘의 법정 변호사가 되었다. 정보와 항공력에 대한 다양한 논문을 발표했으며, 이스라엘 전역에서 군사와 안보 관련 문제들에 대해 컨퍼런스에서 강의했다. 아울러 전쟁의 변화하는 특성과 전쟁에서 정보의 역할에 대해 다양한 출판물에 논문과 에세이를 기고했다. 브룬는 이스라엘 방위군 지휘참모대를 졸업했으며 하이파대학교에서 법학 학사학위를, 텔아비브대학교에서 정치학 석사학위를 취득했다.

／ 제임스 S. 코럼 (James S. Corum)

발틱국방대학(Baltic Defence College)•의 학장이다. 1991년부터 2004년까지 앨라배마의 맥스웰 공군기지에 있는 미 공군 고급항공우주학교(School of Advanced Air and Space Studies: SAASS)의 교수였다. 2005년에 옥스퍼드대학교 올 소울스 칼리지(All Souls College)의 방문교수였으며[레버흄 프로그램(Leverhulme Programme)의 펠로우십 포함], 그 뒤에는 캔자스의 포트 레번워스(Fort Leavenworth)에 있는 미 육군 지휘참모대의 부교수를 역임했다. 코럼은 *The Roots of Blitzkrieg: Hans von Seeckt and German Military Reform* (1992), *The Luftwaffe: Creating the Operational Air War 1918-1940* (1997), *The Luftwaffe's Way of War: German Air Doctrine, 1911-1945* (리처드 R. 뮬러와 공저, 1998), *Airpower in Small Wars: Fighting Insurgents and Terrorists* (레이 존슨과 공저, 2003), *Fighting the War on Terror: A Counterinsurgency Strategy* (2007)를 포함하여 군사사에 대한 몇 가지 책을 저술했다. 또한 항공력과 군사사 관련해서 여러 주제를 가지고 50개 이상의 책 장(章)과 저널원고를 집필했으며, 대(對)반군작전에 대한 미 육군과 해병의 교리인 『야전교범 3-24』의 주요 저자 중 한 명으로 참여했다. 코럼은 2004년에 이라크에서 미 육군 예비군의 중령으로서 복무했다. 코럼은 브라운대학교에서 석사학위를, 옥스퍼드대학교에서 석사학위(M. Litt.)를, 캐나다 퀸스대학교에서 박사학위를 취득했다.

／ 마틴 반 크레벨드(Martin van Creveld)

네덜란드에서 출생했지만 이스라엘에서 성장하고 교육받았다. 예루살렘의 히브리대학교에서 석사학위를, 런던정경대학에서 역사학 박사학위를 취득했다. 1971년 이래 히브리대학교의 역사학과 교수진으로 일해왔으며, 지금은 정교수이다. 반 크레벨드는 군사사와 전략에 대한 세계적인 석학 중 한 명이며 전쟁의 미래에 대해 각별한 관심을 갖고

• 발트 해 연안의 국가인 에스토니아, 라트비아, 리투아니아가 1999년에 설립한 다국적 군사대학이다.

있다. 20권의 책을 저술했으며 여기에는 *Supplying War*(1978), *Command in War*(1985), *The Transformation of War*(1991), *The Rise and Decline of the State*(1999), *The Changing Face of War: Lessons of Combat, from the Marne to Iraq*(2006), *The Culture of War*(2008)가 포함된다. 반 크레벨드는 몇몇 국가의 국방조직에서 자문가로 일해왔으며, 그리고 캐나다에서 뉴질랜드까지, 노르웨이에서 남아프리카까지, 사실상 모든 국방대학(민간과 군을 막론하여)에서 교육하거나 강의해왔다. 또한 각종 텔레비전과 라디오 프로그램에도 출연했을 뿐 아니라 세계 도처의 신문과 잡지에 수백 편의 글을 기고하거나 인터뷰했다.

/ 리처드 P. 핼리언(Richard P. Hallion)

머릴랜드대학교에서 역사학 박사학위를 취득했다. 1974년에 과학 및 기술 큐레이터로서 국립항공우주박물관(NASM)에 합류했다. 1982년에 미 공군에 합류하여 라이스(Donald Rice) 공군장관의 이슈 및 정책 선임분석관으로 일했으며, 11년간 공군 역사가로 일하기도 했다. 핼리언은 2006년에 안보, 방첩, 특별프로그램 관리국(Directorate for Security, Counterintelligence, and Special Programs Oversight)에서 항공우주문제 선임 자문관을 역임한 뒤 공군 수석과학관의 항공우주기술(초음속과 전 지구적 타격) 담당 선임자문관으로 일했다. 가장 최근에는 과학·기술·공학·수학 관련 수요를 조사하는 국립학술연구원위원회에서 일했다. 핼리언은 복엽기부터 F-15E까지에 이르는 다양한 항공기를 경험했다. 핼리언은 수많은 저술을 남기고 폭넓게 교육·강의·자문했으며, 지금은 영국 공군 항공력연구센터의 자문위원회에서 일하고 있다. 저술에 *Rise of Fighter Aircraft, 1914-1918*(1984), *Storm over Iraq: Air Power and the Gulf War*(1992), *Strike from the Sky: The History of the Battlefield Air Attack, 1911-1945*(1998) 등이 있다.

강창부

공군사관학교를 졸업하고 서울대학교 서양사학과에서 학사·석사 과정을 마쳤다. 2007년 영국 버밍엄대학교에서 역사학 박사학위를 취득했으며, 현재는 공군사관학교에서 서양의 역사와 전쟁의 과거, 현재, 미래를 강의하고 있다. 주요 저·역서에 『다시 쓰는 전쟁론: 손자와 클라우제비츠를 넘어』(2018, 역서), 『항공전의 역사』(2017, 역서), 『근현대 전쟁사』(2016, 역서), 『서양사 강좌』(2016, 공저), 『현대전의 이해』(2014, 역서), 『항공우주시대 항공력 운용』(2010, 공저)이 있다.

한울아카데미 1964

항공전의 역사

엮은이 | 존 안드레아스 올슨
옮긴이 | 강창부
펴낸이 | 김종수
펴낸곳 | 한울엠플러스(주)
편　집 | 배소영

초판 1쇄 발행 | 2017년 2월 27일
초판 3쇄 발행 | 2024년 2월 5일

주소 | 10881 경기도 파주시 광인사길 153 한울시소빌딩 3층
전화 | 031-955-0655
팩스 | 031-955-0656
홈페이지 | www.hanulmplus.kr
등록번호 | 제406-2015-000143호

Printed in Korea
ISBN 978-89-460-6871-1 93390

* 책값은 겉표지에 표시되어 있습니다.